SOTHIS PRESS

Sothis Press aims to completely reimagine the public domain book with an emphasis on universal access to captivatingly designed print editions. We believe that technology will enable every single book ever published to be perpetually accessible in beautiful print form. Sothis is beauty in ubiquity.

Printed and bound by CPI Group (UK) Ltd,
Croydon, CR0 4YY

www.sothis.press
1 Waterhouse Square, London, EC1N 2ST

Lehrbuch der Kombinatorik

Ausführliche Darstellung der Lehre von den Kombinatorischen Operationen (Permutieren, Kombinieren, Variieren); Mit 506 Gelösten und Analogen Ungelösten Übungsbeispielen, Nebst den Resultaten der Letzteren

Hans Staudacher

SOTHIS PRESS

ISBN 978-1-0365-0340-6

Lehrbuch der Kombinatorik
is in the public domain.

This edition is published by
Sothis Press © 2023. The company
is registered in England and Wales.
The Company Number is 14900389.

Lehrbuch

der

Kombinatorik.

Ausführliche Darstellung

der

Lehre von den kombinatorischen Operationen

(Permutieren, Kombinieren, Variieren)

mit 506 gelösten und analogen ungelösten Übungsbeispielen

nebst den Resultaten der letzteren.

Nach System Kleyer

für den Unterricht und zum Selbststudium

bearbeitet von

Hans Staudacher

Kgl. Professor.

Stuttgart.

Verlag von Julius Maier.

1893.

Vorwort.

Die in den letzten Jahrzehnten erschienenen Lehrbücher der allgemeinen Arithmetik und Algebra enthalten zwar grösstenteils ein den kombinatorischen Operationen gewidmetes Kapitel, der Gegenstand wird aber darin meistens nur sehr summarisch behandelt, indem selten mehr als die Bildungsweise der Komplexionen und die Aufsuchung ihrer Anzahl für den einfachsten Fall mitgeteilt wird. Und doch verdient dieser Zweig der allgemeinen Arithmetik wohl bessere Berücksichtigung; denn wenn auch die früher viel begangenen Wege der „kombinatorischen Analysis" von den heutigen Mathematikern fast ganz verlassen worden sind, so bildet die Kombinationslehre doch immer die wesentlichste Voraussetzung der Wahrscheinlichkeitsrechnung, so dass in der That die Beantwortung einer jeden kombinatorischen Frage zugleich eine Reihe von Problemen über die Wahrscheinlichkeit löst. Aber hierin sind gerade diejenigen Fälle die fruchtbarsten, welche gewisse Beschränkungen voraussetzen und in den mathematischen Lehrbüchern gewöhnlich gar nicht berührt werden. Es möchte deshalb den lernenden Freunden der Mathematik nicht unwillkommen sein, im folgenden eine umfassendere Behandlung des Gegenstandes zu finden, verbunden mit einer grossen Anzahl von Aufgaben, welche die vielfache Verwendbarkeit der vorgetragenen Lehren darthun werden. Meines Wissens ist bisher eine derartige Bearbeitung der kombinatorischen Operationen nicht vorhanden; die Materialien hiezu sind in verschiedenen Zeitschriften über längere Zeiträume zerstreut und deshalb nicht jedermann zugänglich. Ich erwähne als Quellen insbesondere die Aufsätze von Stern, Weiss, Oettinger, Cantor u. a. in Crelles Journal, Grunerts Archiv und der Zeitschrift für Mathematik und Phyik von Schlömilch, Kahl und Cantor. Auch die Nouv. Ann. de mathém. par Terquem et Gerono haben manche Anregung geboten. Die Aufgaben sind fast durchaus neu angefertigt und nur wenige derselben (besonders über Anagramme), der bekannten Sammlung von Heis entnommen.

Eine Anzahl Druckfehler und Schreibversehen, welche durch die beschleunigte Fertigstellung des Buches stehen geblieben sind, bitte ich vor dem Gebrauche korrigieren zu wollen. (Siehe Druckfehler-Berichtigungen, S. 299.)

H. Staudacher.

Inhaltsverzeichnis.

Kombinatorik oder die Lehre von den kombinatorischen Operationen. Seite
(Permutation, Kombination, Variation) 1

A) Von den Permutationen 4
a) Permutationen ohne Wiederholung 4
b) Permutationen mit Wiederholung 24
c) Gelöste Aufgaben über die Permutationen ohne Wiederholung 28
d) Gelöste Aufgaben über die Permutationen mit Wiederholung 42
e) Ungelöste Aufgaben über die Permutationen ohne Wiederholung 50
f) Ungelöste Aufgaben über die Permutationen mit Wiederholung 55

B) Von den Kombinationen 57
a) Kombinationen ohne Wiederholung 57
b) Gelöste Aufgaben über die Kombinationen ohne Wiederholung 78
c) Ungelöste Aufgaben über die Kombinationen ohne Wiederholung 96
d) Kombinationen mit Wiederholung 104
e) Gelöste Aufgaben über Kombinationen mit Wiederholung 128
f) Ungelöste Aufgaben über Kombinationen mit Wiederholung 145
g) Kombinationen zu bestimmten Summen 151
h) Gelöste Aufgaben über die Kombinationen zu bestimmten Summen . . . 163
i) Ungelöste Aufgaben über die Kombinationen zu bestimmten Summen . . 170

C) Von den Variationen 173
a) Variationen ohne Wiederholung 174
b) Gelöste Aufgaben über Variationen ohne Wiederholung 192
c) Ungelöste Aufgaben über die Variationen ohne Wiederholung 202
d) Variationen mit Wiederholung 206
e) Gelöste Aufgaben über die Variationen mit Wiederholung 227
f) Ungelöste Aufgaben über die Variationen mit Wiederholung 254
g) Variationen zu bestimmten Summen 200
h) Gelöste Aufgaben über die Variationen zu bestimmten Summen 279
i) Ungelöste Aufgaben über die Variationen zu bestimmten Summen 286

Resultate zu den ungelösten Aufgaben 289

Druckfehler-Berichtigungen 299

Druck von Carl Hammer in Stuttgart

1145. Heft. | Preis des Heftes 25 Pf. | Kombinatorik oder die Lehre von den kombinatorischen Operationen. Seite 1—16.

Vollständig gelöste Aufgaben-Sammlung

— nebst Anhängen ungelöster Aufgaben, für den Schul- & Selbstunterricht —
mit
Angabe und Entwicklung der benutzten Sätze, Formeln, Regeln, in Fragen und Antworten
erläutert durch
viele Holzschnitte & lithograph. Tafeln,
aus allen Zweigen
der Rechenkunst, der niederen (Algebra, Planimetrie, Stereometrie, ebenen u. sphärischen Trigonometrie, synthetischen Geometrie etc.) u. höheren Mathematik (höhere Analysis, Differential- u. Integral-Rechnung, analytische Geometrie der Ebene u. des Raumes etc.); — aus allen Zweigen der Physik, Mechanik, Graphostatik, Chemie, Geodäsie, Nautik, mathemat. Geographie, Astronomie; des Maschinen-, Strassen-, Eisenbahn-, Wasser-, Brücken- u. Hochbau's; der Konstruktionslehren als: darstell. Geometrie, Polar- u. Parallel-Perspektive, Schattenkonstruktionen etc. etc.
für
Schüler, Studierende, Kandidaten, Lehrer, Techniker jeder Art, Militärs etc.
zum einzig richtigen und erfolgreichen
Studium, zur Forthülfe bei Schularbeiten und zur rationellen Verwertung der exakten Wissenschaften,
herausgegeben von

Dr. Adolph Kleyer,
Mathematiker, vereideter königl. preuss. Feldmesser, vereideter grossh. hessischer Geometer I. Klasse
in Frankfurt a. M.

unter Mitwirkung der bewährtesten Kräfte.

Kombinatorik

oder

Die Lehre von den kombinatorischen Operationen.

(Permutation, Kombination, Variation.)

Nach System Kleyer bearbeitet von **Prof. H. Staudacher.**

Seite 1—16.

Inhalt:

Die Lehre von den kombinatorischen Operationen. — Von den Permutationen. — Permutationen ohne Wiederholung.

Stuttgart 1892.
Verlag von Julius Maier.

Preisgekrönt in Frankfurt a. M. 1881.

PROSPEKT.

Dieses Werk, welchem **kein ähnliches** zur Seite steht, erscheint monatlich in 3—4 Heften zu dem **billigen Preise** von 25 ₰ pro Heft und bringt eine Sammlung der wichtigsten und praktischsten **Aufgaben aus dem Gesamtgebiete der Mathematik, Physik, Mechanik, math. Geographie, Astronomie, des Maschinen-, Strassen-, Eisenbahn-, Brücken- und Hochbaues, des konstruktiven Zeichnens** etc. etc. und zwar in **vollständig gelöster Form, mit vielen Figuren, Erklärungen** nebst **Angabe** und **Entwickelung** der **benutzten Sätze, Formeln, Regeln** in **Fragen** mit **Antworten** etc., so dass die Lösung jedermann verständlich sein kann, bezw. wird, wenn eine grössere Anzahl der Hefte erschienen ist, **da dieselben sich in ihrer Gesamtheit ergänzen** und alsdann auch **alle Teile der reinen** und **angewandten** Mathematik — nach besonderen selbständigen Kapiteln angeordnet — vorliegen.

Fast jedem Hefte ist ein **Anhang** von **ungelösten** Aufgaben beigegeben, welche der eigenen Lösung (in analoger Form wie die bezüglichen gelösten Aufgaben) des Studierenden überlassen bleiben, und zugleich von den Herren Lehrern für den Schulunterricht benutzt werden können. Die **Lösungen** hierzu werden später in besonderen Heften für die Hand des Lehrers erscheinen. Am Schlusse eines jeden Kapitels gelangen: Titelblatt, Inhaltsverzeichnis, Berichtigungen und erläuternde Erklärungen über das betreffende Kapitel zur Ausgabe.

Das Werk behandelt zunächst den Hauptbestandteil des mathematisch-naturwissenschaftlichen Unterrichtsplanes folgender Schulen: **Realschulen I. und II. Ordn., gleichberechtigten höheren Bürgerschulen, Privatschulen, Gymnasien, Realgymnasien, Progymnasien, Schullehrer-Seminaren, Polytechniken, Techniken, Baugewerkschulen, Gewerbeschulen, Handelsschulen, techn. Vorbereitungsschulen** aller Arten, **gewerbliche Fortbildungsschulen, Akademien, Universitäten, Land- und Forstwissenschaftsschulen, Militärschulen, Vorbereitungs-Anstalten** aller Arten als z. B. für das **Einjährig-Freiwillige- und Offiziers-Examen** etc.

Die **Schüler, Studierenden** und **Kandidaten** der mathematischen, technischen und naturwissenschaftlichen Fächer werden durch diese, **Schritt für Schritt gelöste**, Aufgabensammlung **immerwährend** an ihre in der Schule erworbenen oder nur gehörten Theorien etc. erinnert und wird ihnen hiermit der Weg zum **unfehlbaren** Auffinden der Lösungen derjenigen Aufgaben gezeigt, welche sie bei ihren **Prüfungen** zu lösen haben, zugleich aber auch die **überaus grosse Fruchtbarkeit** der mathematischen Wissenschaften vorgeführt.

Dem **Lehrer** soll mit dieser Aufgabensammlung eine **kräftige** Stütze für den Schul-Unterricht geboten werden, indem zur Erlernung des **praktischen Teils** der mathematischen Disciplinen — **zum Auflösen von Aufgaben** — in den meisten Schulen oft keine Zeit erübrigt werden kann, **hiermit** aber dem Schüler bei seinen häuslichen Arbeiten eine vollständige Anleitung in die Hände gegeben wird, **entsprechende Aufgaben zu lösen**, die gehabten **Regeln, Formeln, Sätze** etc. **anzuwenden** und **praktisch zu verwerten**. Lust, Liebe und Verständnis für den Schulunterricht wird dadurch erhalten und belebt werden.

Den **Ingenieuren, Architekten, Technikern** und Fachgenossen aller Art, **Militärs** etc. etc. soll diese Sammlung **zur Auffrischung** der erworbenen und vielleicht vergessenen mathematischen Kenntnisse dienen und zugleich durch ihre **praktischen** in allen **Berufszweigen vorkommenden Anwendungen** einem **toten Kapital lebendige Kraft** verleihen und somit den **Antrieb** zu weiteren **praktischen Verwertungen** und **weiteren Forschungen** geben.

Alle Buchhandlungen nehmen Bestellungen entgegen. Wichtige und praktische Aufgaben werden mit Dank von der Redaktion entgegengenommen und mit Angabe der Namen verbreitet. — Wünsche, Fragen etc., welche die Redaktion betreffen, nimmt der Verfasser, Dr. Kleyer, Frankfurt a. M., Fischerfeldstrasse 16, entgegen, und wird deren Erledigung thunlichst berücksichtigt.

Stuttgart. **Die Verlagshandlung.**

Kombinatorik

oder

die Lehre von den kombinatorischen Operationen.

(Permutation, Kombination, Variation.)

Frage 1. Was ist der Gegenstand der kombinatorischen Operationen?

Erkl. 1. Kombinieren (vom lat. bini, je zwei, abgeleitet) heisst ursprünglich „je zwei Dinge verbinden", wird aber jetzt allgemein im Sinne von „zusammenstellen, verbinden", ohne Rücksicht auf die Anzahl der verbundenen Dinge gebraucht. Kombinatorische Operation ist also ein „zusammenstellendes Verfahren"; unter Kombinatorik versteht man die Lehre von diesen Verfahrungsarten.

Antwort. Wenn eine beliebige Anzahl gleichartiger oder verschiedenartiger Dinge gegeben ist, so kann die Aufgabe gestellt werden, dieselben nach einem gewissen im voraus bestimmten Gesetze anzuordnen, oder eine gewisse Menge von den gegebenen Dingen auf gesetzmässige Art auszuwählen und zusammenzustellen. Gegenstand der kombinatorischen Operationen ist es nun, die einem beliebig gegebenen Gesetze entsprechenden Anordnungen der gegebenen Dinge in übersichtlicher und vollständiger Weise aufzufinden, und anzugeben, wie viele solcher Anordnungen in jedem Falle möglich sind, ohne dass es nötig wird, dieselben wirklich alle zu bilden.

Frage 2. Was ist über die geschichtliche Entwicklung dieses Teiles der Mathematik zu merken?

Erkl. 2. Plutarchos, berühmter Schriftsteller, geb. ungefähr 46 n. Chr. zu Chäronea in der griechischen Landschaft Böotien.

Xenokrates, griechischer Philosoph, geb. zu Chalcedon 396 v. Chr., Schüler des Platon.

Aristotēles, der berühmteste Philosoph des Altertums, geb. zu Stagira in Macedonien 384 v. Chr., ebenfalls Schüler des Platon und Lehrer Alexanders des Grossen.

Chrysippos, griechischer Philosoph, 282 bis 209 v. Chr.

Hipparchos, der grösste Astronom des griechischen Altertums von 160 bis 125 v. Chr., geb. zu Nicäa in Bithynien.

Antwort. Die systematische Entwicklung und Ausbildung der Kombinatorik ist erst seit dem vorigen Jahrhundert in Angriff genommen und im gegenwärtigen vollendet worden, doch finden sich Spuren kombinatorischer Kenntnisse schon im Altertum. So erzählt Plutarch, dass der Philosoph Xenokrates die Anzahl der aus allen Buchstaben zusammensetzbaren Silben angegeben habe. Wenn die von ihm genannte Zahl auch unrichtig ist, so kann sie ihrer Grösse wegen (über eine Billion) doch keinesfalls durch wirkliches Abzählen gefunden sein, sondern setzt die Kenntnis einer gewissen Formel voraus, die uns freilich nicht überliefert wurde. Auch die Philosophen Aristoteles und Chrysippos beschäftigten sich mit der

Anzahl der Möglichkeiten, die aus gegebenen Grundannahmen sich ableiten lassen, ebenfalls eine Aufgabe, die kombinatorische Kenntnisse erfordert. Ebenso werden dem Astronomen Hipparchos hieher gehörige Berechnungen zugeschrieben.

Als viel umfassender erweist sich das kombinatorische Wissen der allerdings bedeutend späteren indischen Mathematiker Aryabhatta, Brahmagupta und Bhâskara. Sie behandeln Aufgaben über Versetzungen ungleicher und teilweise gleicher Gegenstände und andere hieher gehörige Fragen einfacherer Art, deren Lösungen richtig (wenn auch ohne Beweis) gegeben werden.

Im Abendlande findet sich die Behandlung kombinatorischer Probleme erst im 16. Jahrhundert; so z. B. löst Johann Buteo 1559 die Aufgabe, wie viele verschiedene Würfe mit vier Würfeln möglich seien, während im 17. Jahrhundert der Pater Mersenne die möglichen Verbindungen der musikalischen Töne zu bestimmen sucht. Pascal, Guldin, van Schooten behandeln ebenfalls Probleme der Kombinationslehre, während Wallis und Jakob Bernouilli schon ziemlich vollständige Abhandlungen über diesen Gegenstand veröffentlichten und sich namentlich mit der Anwendung der gefundenen Resultate auf die Wahrscheinlichkeitsrechnung beschäftigten. Auch Leonhard Euler hat Verdienste um die Erweiterung dieser Theorie. Die wichtigsten Fortschritte machte dieselbe aber erst durch Hindenburg, dem Begründer der „kombinatorischen Analysis", d. h. der Anwendung der kombinatorischen Sätze auf die Lehre von den Funktionen und unendlichen Reihen. In derselben Richtung waren auch Rothe und Pfaff thätig, denen diese Wissenschaft ebenfalls manche wichtige Erweiterung verdankt.

Aryabhatta (geb. 476 n. Chr.), Brahmagupta (geb. 598 n. Chr.), Bhâskara (geb. 1114 n. Chr.).

Erkl. 3. Pascal, Blaise, geb. zu Clermont 1623, gest. zu Paris 1662, berühmter Mathematiker.

Guldin, Paul, geb. 1577 zu St. Gallen, gest. in Graz 1643.

van Schooten, Franz, 1620 bis 1661 Professor in Leyden.

Wallis, John, geb. zu Ashford 1616, gest. in Oxford 1703.

Bernouilli, Jakob, 1654 bis 1705 in Basel.

Euler, Leonhard, einer der grössten deutschen Mathematiker, geb. in Basel 1707, gest. in Petersburg 1783.

Hindenburg, Karl Friedrich, geb. 1741 in Dresden, gest. 1808 als Professor in Leipzig.

Rothe, Heinrich August, geb. zu Dresden 1773, gest. 1842 als Professor in Erlangen.

Pfaff, Johann Friedrich, geb. 1765 zu Stuttgart, gest. 1825 als Professor in Halle.

(Bobek, Lehrbuch der Wahrscheinlichkeitsrechnung.)

Frage 3. Wie viele kombinatorische Hauptoperationen werden unterschieden?

Antwort. Man unterscheidet drei Hauptoperationen der Kombinatorik:

1) das Permutieren,

2) das Kombinieren (im engeren Sinne) und

3) das Variieren.

Unterscheidungsmerkmal dieser drei Operationen ist das verschiedene Bildungsgesetz, das denselben zu Grunde liegt.

Frage 4. Wie werden die Grössen benannt, mit denen sich die Kombinationslehre beschäftigt und welcher Art sind dieselben?

Antwort. Die Grössen, mit denen sich die Kombinationslehre beschäftigt und welche ganz beliebige Gegenstände (Dinge, Objekte) sein können, werden hier einfach Elemente genannt und entweder durch verschiedene Buchstaben oder durch Nummern bezeichnet. Im allgemeinen sind dieselben als unter sich vollkommen gleichartig und gleichberechtigt zu betrachten und bedürfen weder einer bestimmten Benennung, noch haben sie Zahlwerte, weshalb hier das Wort „Nummer" statt „Zahl" gebraucht wurde. Ist z. B. von vier verschiedenen Personen die Rede, so bezeichnet man sie entweder durch die Buchstaben a, b, c, d, oder durch die Nummern 1, 2, 3, 4. Sind aber mehrere Gruppen von Gegenständen vorhanden und soll ausgedrückt werden, dass die zu einer Gruppe gehörigen Gegenstände unter sich gleichartig, die Gruppen selbst aber ungleichartig sind, so bezeichnet man die Elemente gleicher Art durch denselben Buchstaben und unterscheidet sie durch angehängte Zeiger (Indices). Seien z. B. vier weisse Kugeln und drei schwarze gegeben, so kann man erstere durch a_1, a_2, a_3, a_4, letztere durch b_1, b_2, b_3 bezeichnen und von einander unterscheiden.

Frage 5. Wie werden die gesuchten gesetzmässigen Verbindungen der einzelnen Elemente genannt?

Antwort. Die gesuchten gesetzmässigen Verbindungen der gegebenen Elemente heissen Formen oder Komplexionen. Man unterscheidet die Komplexionen nach ihrem Range, indem man als niedrigsten Rang diejenige Form ansieht, in welcher die durch Buchstaben bezeichneten Elemente in alphabetischer Folge (mit a beginnend ohne Auslassung eines Buchstabens) stehen, oder die durch Nummern bezeichneten Elemente in der Folge der natürlichen Zahlen, mit 1 beginnend. Eine Komplexion heisst von höherem Range als eine andere, wenn in ihr ein späterer Buchstabe oder eine höhere Nummer vorkommt als in letzterer, oder wenn ein späterer Buchstabe oder eine höhere Nummer an einer früheren Stelle steht als in dieser.

Erkl. 4. Komplexion ist vom lat. complecti „umfassen", abgeleitet, heisst also „Zusammenfassung".

Erkl. 5. Die Formen abc oder 12345 sind vom niedrigsten Range; hingegen ist abd von höherem Range als abc, oder 12435 von höherem Range als 12345; ebenso sind bad und 12453 von höherem Range als abd und 12435.

Erkl. 6. Die Komplexionen bestehen nur aus nebeneinander gestellten Buchstaben oder Nummern ohne arithmetische Verbindung, sind also nicht als Produkte oder dekadische Zahlen anzusehen (obwohl ihnen später in besonderen Fällen dieser Sinn beigelegt werden kann); die Form 1253 wird also ausgesprochen: eins, zwei, fünf, drei.

Frage 6. Wie werden die Komplexionen in Bezug auf die Anzahl der in ihnen vorkommenden Elemente benannt?

Antwort. In Bezug auf die Anzahl der in ihnen enthaltenen Elemente heissen die Komplexionen von der ersten, zweiten, dritten, $\cdots$ $n$ten Klasse, je nachdem sie ein, zwei, drei, $\cdots$ oder n Elemente umfassen. Die Komplexionen der ersten Klasse heissen auch Unionen, die der zweiten Klasse Binionen

Erkl. 7. Nebenstehende Benennungen sind von den lat. Zahlwörtern unus „eins", bini „je zwei", ambo „beide", terni „je drei", quaterni „je vier", quini „je fünf" u. s. w. abgeleitet.

oder Amben, die der dritten Ternionen oder Ternen, die der vierten Quaternionen oder Quaternen, die der fünften Quinionen u. s. w.

Frage 7. Was sind Komplexionen ohne und mit Wiederholung?

Antwort. Wenn alle Elemente, die in einer Komplexion stehen, von einander verschieden sind, so hat man eine Komplexion ohne Wiederholung, z. B. *acef*; kommt aber dasselbe Element mehrmals darin vor, so heisst sie eine Komplexion mit Wiederholung, z. B. *bbcdd*, 12223.

A) Von den Permutationen.

Frage 8. Welches Gesetz liegt der Operation des Permutierens zu Grunde?

Erkl. 8. „Permutation" (vom latein.) heisst „Vertauschung, Versetzung".

Erkl. 8a. Eigentlich kann das Permutieren als ein besonderer Fall der in Antwort zu Frage 3 unter 3) genannten Operation des Variierens angesehen werden, so dass man nur zwei wirklich verschiedene, kombinatorische Operationen anzunehmen hätte. Es ist jedoch (wenigstens in Deutschland) gebräuchlicher geblieben, diesen Fall seines häufigen Vorkommens und seiner einfacheren Lösung wegen als besondere Operation aufzufassen.

Antwort. Wenn eine beliebige Zahl von Elementen gegeben ist und man verlangt, dieselben so oft als möglich in jedesmal anderer Ordnung nebeneinander zu stellen, so nennt man diese Operation das Permutieren und die erhaltenen Anordnungen der Elemente die Permutationen derselben.

Jede Komplexion enthält also sämtliche gegebenen Elemente und unterscheidet sich von den übrigen Komplexionen nur durch die Stellung der Elemente. Es gibt Permutationen ohne Wiederholung und solche mit Wiederholung (Frage 7).

a) Permutationen ohne Wiederholung.

Frage 9. Welche Bezeichnungen gelten für die Operation des Permutierens ohne Wiederholung?

Erkl. 9. $P(abcde)$ wird gelesen: „Permutationen der Elemente a, b, c, d, e"; hingegen P_n heisst: „Permutationszahl von n Elementen".

Antwort. Die Aufgabe des Permutierens wird durch Vorsetzung des Buchstabens P vor die gegebenen Elemente bezeichnet; z. B.

$$P(abcde)$$

bedeutet, dass man alle möglichen verschiedenen Anordnungen der Elemente a, b, c, d, e bilden und anschreiben soll. Um anzudeuten, dass man nur die Anzahl der möglichen Permutationen von n Elementen angeben soll, ohne die Komplexionen selbst zu bilden, schreibt man:

$$P_n$$

Frage 10. Wie gross ist die Anzahl aller Permutationsformen von n Elementen ohne Wiederholung?

Antwort. Die Anzahl aller Permutationsformen von n Elementen ohne Wiederholung ist:

$$P_n = 1 \cdot 2 \cdot 3 \cdots n = n!$$

Erkl. 10. Die abgekürzte Schreibweise:

$$n!$$

für das Produkt der natürlichen Zahlen von 1 bis n ist von Kramp (Arithmétique universelle, 1808) eingeführt worden und wird gesprochen: „n Fakultät“.

Unter einer „Fakultät“ (im allgemeinen) versteht man in der Mathematik ein Produkt aus Faktoren, die eine arithmetische Progression bilden, z. B.:

$$(a+b)(a+2b)(a+3b)\cdots(a+nb)$$

Häufiger werden jedoch gegenwärtig solche allgemeinen Produkte „Faktoriellen“ genannt, während das Wort „Fakultät“ meistens auf das Produkt der natürlichen Zahlen eingeschränkt wird.

Erkl. 11. Diese Rekursionsformel kann noch in andere Form gebracht werden. Setzt man nämlich $n-1$ statt n, so wird:

$$P_{n-1} = (n-1)\,P_{n-2}$$

und addiert man diese Gleichung zu:

$$P_n = n\,P_{n-1}$$

so kommt:

$$P_n + P_{n-1} = n\,P_{n-1} + (n-1)\,P_{n-2}$$

oder:

$$P_n = (n-1)(P_{n-1} + P_{n-2})$$

Beweis. Man denkt sich alle Komplexionen von $n-1$ Elementen gebildet und bezeichnet deren noch unbekannte Anzahl durch:

$$P_{n-1};$$

kommt nun ein neues ($n$tes Element) hinzu, so kann dieses in jeder der bisherigen Komplexionen an die letzte, vorletzte, drittletzte u. s. w. bis erste Stelle gesetzt werden, so dass aus jeder der P_{n-1} Komplexionen von $n-1$ Elementen dadurch n Komplexionen von je n Elementen entstehen. Demnach ist:

$$P_n = n\cdot P_{n-1} \quad \text{(siehe Erkl. 11)}$$

Aus dieser allgemeinen Rekursionsformel folgen die Beziehungen:

$$P_2 = 2\cdot P_1$$
$$P_3 = 3\cdot P_2$$
$$\cdot\;\cdot\;\cdot\;\cdot\;\cdot$$
$$\cdot\;\cdot\;\cdot\;\cdot\;\cdot$$
$$P_{n-1} = (n-1)\,P_{n-2}$$
$$P_n = n\cdot P_{n-1}$$

Multipliziert man alle diese Gleichungen, so fallen die auf beiden Seiten vorkommenden Faktoren:

$$P_2 P_3 \cdots P_{n-1}$$

aus, und man hat:

$$P_n = P_1\cdot 2\cdot 3 \cdots (n-1)\,n$$

oder, da ein Element natürlich nur eine Komplexion bildet, also:

$$P_1 = 1$$

ist, so folgt:

$$P_n = 1\cdot 2\cdot 3 \cdots n = n! \quad \text{(siehe Erkl. 10)}$$

Frage 11. Wie können die Permutationen ohne Wiederholung für eine beliebige Anzahl von Elementen in einfachster Weise gebildet werden?

Antwort. Man schreibt zuerst die Komplexion des niedrigsten Ranges an, d. h. die gegebenen Elemente in natürlicher Ordnung (siehe Frage 5) und leitet daraus die übrigen Formen dadurch ab, dass man in der zuletzt erhaltenen Komplexion das späteste Element, auf das noch ein höheres folgt, so wenig als möglich erhöht (d. h. durch das nächsthöhere unter den noch später stehenden Elementen ersetzt) und die zur Vollständigkeit der jeweiligen Komplexion noch fehlenden Elemente in natürlicher Ordnung folgen lässt.

Durch dieses Verfahren entsteht z. B. aus der Komplexion:

1234

zunächst die Form:

1243

und aus dieser wieder:

1324

Erkl. 12. Nachstehend sind sämtliche Komplexionen von:

$$P(1234)$$

nach dem in Frage 11 angegebenen Verfahren hingeschrieben, wie jede aus der vorhergehenden abzuleiten ist:

1234	2134	3124	4123
1243	2143	3142	4132
1324	2314	3214	4213
1342	2341	3241	4231
1423	2413	3412	4312
1432	2431	3421	4321

Da nämlich in der Form 1243 weder auf 4 noch auf 3 ein **höheres** Element mehr folgt, so ist 2 das zu erhöhende, welches durch das **nächsthöhere** der späteren Elemente, d. h. durch 3 ersetzt wird, während man die jetzt noch fehlenden Elemente 2 und 4 in natürlicher Ordnung folgen lässt; aus 1324 erhält man nun:

1342

u. s. w. Die Aufstellung der Komplexionen ist eine **vollständige**, sobald man auf diese Weise zu einer Form gekommen ist, welche die Elemente in **umgekehrter Folge** enthält wie die erste (hier 4321).

Erkl. 12a. Die in nebenstehender Antwort beschriebene Anordnung der Komplexionen heisst die **lexikographische Anordnung**, weil bei derselben die Elemente so lange als möglich in alphabetischer Ordnung wie in einem Wörterbuche aufeinander folgen.

Bei dieser Bildungsweise der Komplexionen bleibt jedes Element so lange an seiner Stelle, bis die nachfolgenden auf alle möglichen Arten permutiert sind. Für die Elemente $1, 2, \cdots n$ entstehen demnach P_{n-1} Komplexionen, die mit 1 beginnen, ebensoviele mit 2 beginnende u. s. f., also im ganzen:

$$n \cdot P_{n-1}$$

Komplexionen. Man hat also durch das gezeigte Verfahren alle überhaupt möglichen Permutationsformen gefunden (s. Frage 10).

Frage 12. Können die Permutationen gegebener Elemente noch auf andere Weise angeordnet werden, als in Frage 11 gezeigt wurde?

Antwort. Ausser auf vorstehende Art können sämtliche Komplexionen auch auf andere gesetzmässige Weisen angeordnet werden. Es sind in dieser Hinsicht besonders noch zwei Methoden zu bemerken, nach welchen die Komplexionen auseinander abgeleitet werden:

a) durch Vertauschung von jedesmal nur zwei Elementen,

b) durch cyklische Vertauschung.

Frage 13. Wie werden die Permutationen gegebener Elemente durch Vertauschung von nur je zwei Elementen erhalten?

Erkl. 13. Nachstehend folgen sämtliche Komplexionen von:

$$P(1234)$$

durch Vertauschung von jedesmal nur zwei Elementen gebildet:

1234	2431	3124	4321
1243	2413	3142	4312
1342	2314	3241	4213
1324	2341	3214	4231
1423	2143	3412	4132
1432	2134	3421	4123

Antwort. Man geht wieder von der Komplexion niedrigsten Ranges aus und vertauscht ein möglichst spätes Element gegen ein noch späteres, dessen Rang möglichst wenig von dem des ersteren verschieden ist (um möglichst wenig grösser oder kleiner ist), während man alle übrigen Elemente ihre Stellen beibehalten lässt. Auf diese Weise erhält man z. B. aus:

1234

zuerst die Komplexion:

1243

aus dieser:

1342

Erkl. 13a. Im folgenden soll das Verfahren des Beweises der Deutlichkeit wegen auch für

$P(1234)$

durchgeführt werden. Man bildet zuerst (nach Frage 13):

$P(234) = 234 \quad 342 \quad 423$

$\qquad\qquad 243 \quad 324 \quad 432$

und setzt jeder Komplexion 1 vor; hierdurch entstehen die Formen vom Range 1:

1234
1243
1342
1324
1423
1432

In der letzten Komplexion von $P(234)$ vertauscht man 2 mit 1, bildet wieder nach Frage 13:

$P(431) = 431 \quad 314 \quad 143$

$\qquad\qquad 413 \quad 341 \quad 134$

und setzt jeder dieser Komplexionen 2 vor; man hat dann die Formen vom Range 2:

2431
2413
2314
2341
2143
2134

In der letzten Komplexion von $P(431)$ wird nun 3 mit 2 vertauscht und nach Frage 13 gebildet:

$P(124) = 124 \quad 241 \quad 412$

$\qquad\qquad 142 \quad 214 \quad 421$

woraus durch Vorsetzung von 3 entstehen:

3124
3142
3241
3214
3412
3421

Vertauscht man endlich in der letzten Form von $P(124)$ 4 mit 3 und bildet nach Frage 11:

$P(321) = 321 \quad 213 \quad 132$

$\qquad\qquad 312 \quad 231 \quad 123$

so entstehen noch durch Vorsetzung von 4 die Komplexionen:

4321
4312
4213
4231
4132
4123

wodurch alle in Erkl. 11 aufgestellten Formen in derselben Ordnung wieder gefunden sind.

und hieraus wieder:

1324

u. s. f. Setzt man dieses Verfahren so lange als möglich fort, so entstehen dieselben Komplexionen wie nach dem früheren, nur in anderer Anordnung.

Beweis. Man zeigt durch wirkliche Aufstellung der Komplexionen, dass die Behauptung für zwei oder drei Elemente richtig ist und wendet dann den Schluss von n auf $n+1$ an. Für zwei Elemente geben beide Methoden übereinstimmend:

$P(12) = 12$

$\qquad\quad 21$

Für drei Elemente erhält man nach Frage 10:

$P(123) = 123 \quad 213 \quad 312$

$\qquad\qquad 132 \quad 231 \quad 321$

Nach der neuen Methode bilde man zunächst:

$P(23) = 23$

$\qquad\quad 32$

setze jeder Komplexion das Element 1 vor, so hat man:

123
132;

vertausche in der letzten Komplexion von $P(23)$ nämlich in 32 das Element 2 mit 1 und setze den dadurch entstehenden Komplexionen:

31 13

das Element 2 vor; dies gibt die Formen:

231
213.

Endlich vertausche man in der Komplexion 13 das Element 3 mit 2, wodurch:

12 21

entstehen, denen man das Element 3 vorsetzt und dadurch die beiden letzten Komplexionen:

312
321

erhält.

Angenommen, die Uebereinstimmung beider Methoden sei nun für n Elemente:

$1\,2\,3 \cdots n$

nachgewiesen und es trete jetzt noch ein neues Element p hinzu, so bilde man wie vorher alle Komplexionen der n Elemente:

$2\,3 \cdots n p$

durch Vertauschung von nur zwei Elementen und setze jeder derselben 1 voraus; man hat dann alle Komplexionen aus $n+1$ Elementen vom Range 1 und der verlangten Bildungsweise. In der letzten derselben vertausche man 2 mit 1, lasse 2 an der Spitze stehen und versetze die übrigen n Elemente wieder auf die verlangte Weise, so ergeben sich alle Komplexionen der $n+1$ Elemente vom Range 2; hierauf vertausche man 2 mit 3 u. s. w., bis endlich zuletzt p an die Spitze der Komplexionen tritt. Durch dieses Verfahren sind dann auch alle Komplexionen der $n+1$ Elemente auf die verlangte Weise angeordnet. Da aber die so erhaltenen Formen für $n=3$ mit den aus dem Verfahren von Frage 11 entstehenden nach Obigem wirklich übereinstimmen, so gilt dasselbe jetzt auch für $n=4$ und deshalb für $n=5$ u. s. w.

Frage 14. Was versteht man unter cyklischer Vertauschung gegebener Elemente?

Figur 1.

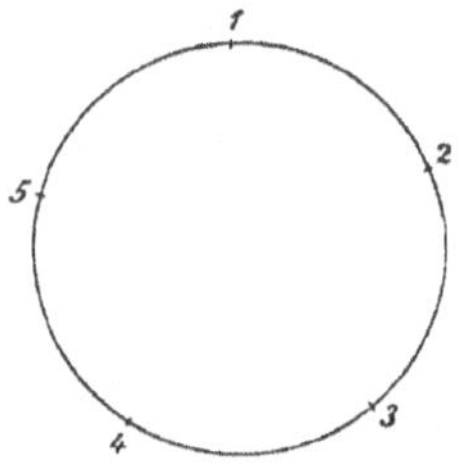

Erkl. 14. Cyklisch, vom latein. cyclus, griech. κυκλος, heisst „kreisförmig".

Erkl. 15. Kreisförmig heissen diese Permutationen aus folgendem Grunde: Schreibt man die Elemente auf dem Umfange eines Kreises in gleichen Abständen nach der Richtung eines Uhrzeigers an und liest dieselben in diesem Sinne, wobei man nach jedem Umlaufe den Anfang der Ablesung um einen Rang zurückverlegt, so erhält man die nebenstehenden Resultate (siehe Figur 1).

Antwort. Die Vertauschung gegebener Elemente heisst cyklisch, wenn das letzte Element an die Stelle des ersten tritt, das erste an die Stelle des zweiten u. s. f., so dass alle Elemente um eine Stelle zurückweichen, während das letzte an die Spitze kommt, und wenn man dieses Verfahren so lange fortsetzt, bis wieder die Anordnung erscheinen würde, von der man ausgegangen ist. Man erhält auf diese Weise z. B. für fünf Elemente der Reihe nach:

12345
51234
45123
34512
23451
12345

Hiermit ist der Cyklus geschlossen, da die ursprüngliche Anordnung wieder erhalten wurde.

Offenbar enthält jeder Cyklus ebensoviele Komplexionen als Elemente.

Frage 15. Wie erhält man sämtliche Cyklen, welche aus n Elementen zu bilden sind, um daraus alle möglichen Permutationen der n Elemente ableiten zu können?

Erkl. 16. Die letzten zwei Elemente geben den einen Cyklus:

34

und dessen Vertauschung:

43

Antwort. Man bilde zuerst den Cyklus aus den zwei letzten Elementen und permutiere dieselben; jeder Permutation setze man das drittletzte Element vor, so hat man die Cyklen für drei Elemente, deren jeder wie oben (also cyklisch) zu permutieren ist. Wird sämtlichen so erhaltenen Komplexionen das viertletzte Element vorgesetzt, so ergeben sich alle Cyklen von vier Elementen, die wieder cyklisch vertauscht werden u. s. w.

demnach hat man für drei Elemente die zwei Cyklen:

234

243

cyklisch zu vertauschen, woraus die Komplexionen:

234		243
423	und	324
342		432

entstehen. Setzt man jeder derselben das Element 1 vor, so ergeben sich die in Antwort zu Frage 15 angegebenen Cyklen, deren jeder wieder cyklisch zu vertauschen ist, um sämtliche **K o m p l e x i o n e n** von vier Elementen zu finden.

Auf diese Weise finden sich nach und nach für die Elemente:

1234

folgende Cyklen:

1234
1423
1342
1243
1324
1432

Die Ausführung siehe in Erkl. 16.

Frage 16. Wie kann gezeigt werden, dass man durch cyklische Vertauschung in der That alle möglichen Permutationsformen erhält?

Antwort. Aus der vorhergehenden Frage in Verbindung mit dem Schlusssatze der Antwort zu Frage 14 geht hervor, dass man erhält:

für zwei Elemente einen Cyklus, also $1 \cdot 2 = P_2$ Komplexionen,
„ drei „ P_2 Cyklen, „ $P_2 \cdot 3 = P_3$ „
„ vier „ P_3 „ „ $P_3 \cdot 4 = P_4$ „

demnach allgemein:

für n Elemente P_{n-1} Cyklen, also $P_{n-1} \cdot n = P_n$ Komplexionen,

übereinstimmend mit der in Frage 10 gefundenen Anzahl aller möglichen Permutationsformen.

Frage 17. Was versteht man unter einer I n v e r s i o n?

Erkl. 17. Inversion kommt vom lat. inversio und heisst „Umkehrung“.

Erkl. 18. Von allen Komplexionen gegebener Elemente enthält also nur die niedrigste keine Inversion; hingegen enthält die des höchsten Ranges lauter Inversionen; z. B. 4321 hat sechs Inversionen: 4 vor 3, 4 vor 2, 4 vor 1, 3 vor 2, 3 vor 1, 2 vor 1. Ebenso kommen in der Komplexion *edcba* 10 Inversionen vor, von denen *e* vier, *d* drei, *c* zwei, *b* eine bildet.

Antwort. Unter einer Inversion zweier Elemente versteht man eine solche Stellung derselben, dass ein Element höheren Ranges einem solchen niedrigeren Ranges voraussteht; dabei ist es gleichgültig, ob in einer Komplexion aus mehreren Elementen die beiden fraglichen Elemente unmittelbar aufeinander folgen, oder ob noch andere Elemente zwischen ihnen stehen. In der Komplexion:

4132

sind z. B. vier Inversionen enthalten; es steht nämlich:

1) 4 vor 1
2) 4 „ 3
3) 4 „ 2
4) 3 „ 2

Frage 18. Welche Aenderung erleidet die Anzahl der in einer Komplexion vorkommenden Inversionen, wenn man in derselben nur zwei Elemente miteinander vertauscht?

Antwort. Wenn in einer Komplexion irgend zwei beliebige Elemente miteinander vertauscht werden, während alle übrigen

Erkl. 19. Zur Erklärung des zweiten Teiles nebenstehenden Beweises diene die Vertauschung der Elemente 4 und 2 in der Komplexion:

143652

Da zwischen den zu vertauschenden Elementen drei andere (365) stehen, so kann man dieselben auch dadurch in die verlangte Stellung:

123654

einrücken lassen, dass man zuerst das Element 4 mit seinem rechts benachbarten $(3+1)$ mal vertauscht, wodurch nach und nach folgende Formen entstehen:

134652

136452

136542

136524

und das Element 4 bereits an die verlangte (sechste) Stelle gerückt ist. Vertauscht man nun auch das Element 2 mit seinem links benachbarten dreimal, so entstehen die Formen:

136254

132654

123654

und nimmt dasselbe jetzt die verlangte (zweite) Stelle ein, während alle übrigen Elemente die in der ursprünglichen Form gegebene Stellung bewahrt haben. Da nun im ganzen siebenmal je zwei benachbarte Elemente vertauscht wurden, so hat sich auch die Inversionszahl der Komplexion siebenmal um je eine Inversion geändert. In der That sind die Inversionszahlen der oben erhaltenen Komplexionen der Reihe nach folgende:

Gegebene Komplex.:	143652	Inversionen:	6
	134652	„	5
	136452	„	6
	136542	„	7
	136524	„	6
	136254	„	5
	132654	„	4
Gesuchte Komplex.:	123654	„	3

Die Anzahl der Inversionen hat sich also um

$$6-3=3$$

d. h. um eine ungerade Anzahl geändert.

Erkl. 20. Die Summe oder Differenz aus einer geraden Zahl $2m$ und einer ungeraden $2k+1$ ist stets eine ungerade Zahl:

$$2m \pm (2k+1) = 2(m \pm k) \pm 1$$

Hingegen ist die Summe oder Differenz aus einer ungeraden Zahl $2m+1$ und einer zweiten ungeraden Zahl $2k+1$ stets eine gerade Zahl:

$$(2m+1)+(2k+1) = 2(m+k+1)$$

$$(2m+1)-(2k+1) = 2(m+k)$$

(Vergl. Staudacher, Lehrbuch der Grundrechnungsarten mit Buchstabengrössen, II. Teil, Frage 37.)

Elemente ihre Stellen behalten, so ändert sich die Anzahl der vor dieser Vertauschung vorhandenen Inversionen stets um eine ungerade Anzahl.

Beweis. 1) Die vertauschten Elemente stehen nebeneinander.

In diesem Falle ändert sich die Anzahl der in der Komplexion vorhandenen Inversionen offenbar um eine, indem durch die Vertauschung der nebeneinander stehenden Elemente entweder eine neue Inversion entstehen oder eine vorhandene verschwinden kann. Vertauscht man z. B. in der Komplexion:

35241

die Elemente 2 und 4, so entsteht die neue Inversion 4 vor 2; vertauscht man aber die Elemente 5 und 2, so verschwindet die bisherige Inversion 52 und geht in die natürliche Folge 25 über; alle übrigen vorhandenen Inversionen werden durch eine solche Vertauschung nicht berührt.

2) Die vertauschten Elemente sind durch k zwischen ihnen stehende Elemente getrennt.

In diesem Falle kann man die verlangte Aenderung dadurch bewirkt denken, dass man das erstere der beiden fraglichen Elemente $k+1$ mal mit seinem rechts benachbarten vertauscht und hierauf das andere noch k mal mit seinem links benachbarten; auf diese Weise rücken die beiden Elemente in ihre neuen Stellungen ein, nachdem $2k+1$ Vertauschungen von je zwei unmittelbar nebeneinander stehenden Elementen vorgenommen wurden. Da aber jede derartige Vertauschung nach dem ersten Teile dieses Beweises die Anzahl der Inversionen um eine ändert, so ändert sich durch die $2k+1$ Vertauschungen die Inversionszahl $2k+1$ mal um 1, d. h. im ganzen um eine ungerade Anzahl (denn $2k+1$ kann nur eine ungerade Zahl vorstellen). War demnach die Anzahl der Inversionen in der gegebenen Komplexion vor der Vertauschung der beiden Elemente gerade, so ist sie nach der Vertauschung ungerade und umgekehrt (s. Erkl. 20).

Erkl. 21. Werden sämtliche Permutationen beliebiger Elemente nach dem in Frage 13 gezeigten Verfahren (Vertauschung von je zwei Elementen) entwickelt, so ist die Anzahl der Inversionen in den einzelnen Formen die ganze Reihe hindurch abwechselnd gerade und ungerade. Folgt unmittelbar aus Frage 19.

Erkl. 22. Unter allen möglichen Permutationen beliebiger Elemente sind stets ebensoviele mit gerader Inversionszahl als mit ungerader. Folgt aus vorhergehender Erklärung.

Erkl. 23. Die Anzahl der in den verschiedenen Komplexionen enthaltenen Inversionen ist in der Lehre von den Determinanten von Wichtigkeit. (Vergl. Weichold, Lehrbuch der Determinanten, Erkl. 12 bis 16.)

Frage 19. Wie viele Inversionen sind in sämtlichen Permutationen von n Elementen enthalten?

Antwort. Die Gesamtzahl aller Inversionen, die in allen Permutationen von n Elementen vorkommen, ist:

$$J_n = \frac{1}{4} n(n-1) P_n$$

Beweis. Es bezeichne J_n die Anzahl sämtlicher Inversionen, die in den Komplexionen von n Elementen enthalten sind, so hat man offenbar sofort:

$$J_1 = 0, \quad J_2 = 1$$

denn ein Element kann keine Inversion geben, zwei Elemente enthalten die einzige Inversion 21.

Bildet man die Permutationen von drei Elementen und bezeichnet einstweilen die Stellung des dritten Elementes 3 durch einen Punkt, so entstehen drei Gruppen:

12 ·	1 · 2	· 12
21 ·	2 · 1	· 21

welche bereits

$$3 J_2$$

Inversionen enthalten. Wenn nun an Stelle des Punktes überall das Element 3 gesetzt wird, so gibt die erste Gruppe keine neue Inversion, jede Komplexion der zweiten Gruppe gibt eine neue Inversion, jede der dritten Gruppe zwei neue Inversionen, so dass im ganzen:

$$0 \cdot P_2 + 1 \cdot P_2 + 2 P_2 = (1+2) P_2$$

neue Inversionen entstehen. Folglich ist:

$$J_3 = 3 J_2 + (1+2) P_2$$

Werden nun ebenso die Permutationen von vier Elementen gebildet und die Stellung des neuen Elementes 4 einstweilen durch einen Punkt bezeichnet, so ergeben sich vier Gruppen (siehe Erkl. 24), von welchen jede

Erkl. 24. Die in nebenstehender Antwort genannten vier Gruppen werden erhalten, wenn man die Permutationen von drei Elementen viermal nebeneinander schreibt und den Punkt, der das vierte Element vorstellt, einmal an die letzte Stelle, dann an die vorletzte u. s. w. setzt, nämlich:

123 ·	12 · 3	1 · 23	· 123
132 ·	13 · 2	1 · 32	· 132
231 ·	23 · 1	2 · 31	· 231
213 ·	21 · 3	2 · 13	· 213
312 ·	31 · 2	3 · 12	· 312
321 ·	32 · 1	3 · 21	· 321

die vorher gefundenen J_3 Inversionen bereits enthält, so dass in allen zusammen:

$$4 J_3$$

schon bekannte Inversionen vorkommen.

Setzt man nun statt des Punktes das Element 4, so gibt jede Komplexion:

der ersten Gruppe keine
„ zweiten „ eine
„ dritten „ zwei
„ vierten „ drei
} neue Inversionen,

so dass insgesamt ist:

$$J_4 = 4 J_3 + (1 + 2 + 3) P_3$$

Das Bildungsgesetz der Permutationen bleibt auch für fünf und mehr Elemente unverändert, und deshalb folgt auch die Anzahl der neu auftretenden Inversionen für J_5 u. s. w., demselben Gesetze, das für J_3 und J_4 gefunden wurde; man hat deshalb allgemein:

$$J_{n+1} = (n+1) J_n + (1 + 2 + 3 + \cdots + n) P_n$$

$$= (n+1) J_n + \frac{n(n+1)}{2} P_n \quad \text{(siehe Erkl. 25)}$$

Dividiert man diese Gleichung durch die bekannte:

$$P_{n+1} = (n+1) P_n$$

so wird:

$$\frac{J_{n+1}}{P_{n+1}} = \frac{J_n}{P_n} + \frac{n}{2}$$

und wenn hierin für n nach und nach die Zahlen 1, 2, 3, $\cdots$ n gesetzt werden, so erhält man die Gleichungen:

$$\frac{J_2}{P_2} = \frac{J_1}{P_1} + \frac{1}{2}$$

$$\frac{J_3}{P_3} = \frac{J_2}{P_2} + \frac{2}{2}$$

$$\frac{J_4}{P_4} = \frac{J_3}{P_3} + \frac{3}{2}$$

$$\cdots\cdots\cdots$$

$$\frac{J_n}{P_n} = \frac{J_{n-1}}{P_{n-1}} + \frac{n-1}{2}$$

deren Addition gibt:

$$\frac{J_n}{P_n} = \frac{J_1}{P_1} + \frac{1}{2}[1 + 2 + 3 + \cdots + (n-1)]$$

also:

$$\frac{J_n}{P_n} = \frac{1}{4} n (n-1)$$

oder:

$$J_n = \frac{1}{4} n (n-1) P_n$$

wie behauptet wurde.

Erkl. 25. Die Reihe der Zahlen:

$$1 + 2 + 3 + \cdots + n$$

bildet eine „arithmetische Progression“, deren Summe gleich dem Produkte aus der Anzahl ihrer Glieder (hier n) und der halben Summe des ersten und letzten Gliedes ist, also:

$$\frac{n(n+1)}{2}$$

(Vergl. Kleyer, Lehrbuch der arithmetischen und geometrischen Progressionen.)

Analog ist die Summe der weiter unten vorkommenden Reihe:

$$1 + 2 + 3 + \cdots + (n-1) = \frac{(n-1)n}{2}$$

Frage 20. Wie lässt sich eine Komplexion von beliebig gegebener Rangzahl Q finden, d. h. angeben, wie in der vollständigen Entwicklung aller Permutationen die Qte Komplexion heisst, ohne die vorhergehenden anzuschreiben, wenn das Bildungsgesetz von Frage 11 (lexikographische Anordnung) zu Grunde gelegt wird?

Erkl. 26. Unter den n! möglichen Komplexionen beginnen nämlich $(n-1)$! mit dem ersten Elemente, ebenso viele mit dem zweiten u. s. w.

Erkl. 26a. Die in nebenstehender Antwort bewerkstelligte Aufsuchung der 583. Komplexion von $P(abcdef)$ stellt sich in kürzester Schreibweise folgendermassen dar:

Vorhandene Elemente	Rangzahl	Gesuchtes Anfangs-Element
a, b, c, d, e, f	$583 = 4\cdot 120 + 103$	e
a, b, c, d, f	$103 = 4\cdot 24 + 7$	f
a, b, c, d	$7 = 1\cdot 6 + 1$	b
a, c, d	$1 = 0\cdot 2 + 1$	a
c, d	$1 = 0\cdot 1 + 1$	c
		d

Folglich ist die 583. Komplexion:

$$efbacd$$

Die Divisoren der Rangzahlen (Reste) sind der Reihe nach:

$$5!,\ 4!,\ 3!,\ 2!,\ 1$$

Erkl. 27. Man kann übrigens auch den Rest 0 vollständig vermeiden, wenn man in einem solchen Falle den Quotienten um eine Einheit kleiner nimmt, als er wirklich wäre, wodurch dann ein Rest gleich dem Divisor bleibt. Hierdurch werden alle Elemente der Komplexion bis zum letzten nach dem gleichen Verfahren gefunden. So ist im obigen Beispiele statt der letzten Gleichung:

$$1 = 1\cdot 1 + 0$$

gesetzt worden:

$$1 = 0\cdot 1 + 1$$

und dadurch vollständige Analogie mit den vorhergehenden Gleichungen hergestellt.

Antwort. Wenn die gesuchte Komplexion aus n Elementen besteht, so dividiere man die gegebene Rangzahl Q durch $(n-1)$! (Erkl. 26) und sei der Quotient q_1, der Rest r_1. Daraus folgt, dass die q_1 ersten Elemente bereits an der Spitze gestanden haben, ehe die verlangte Komplexion an die Reihe kommt, dass dieselbe also das $(q+1)$te Element an der ersten Stelle besitzt und eine der r_1 folgenden Komplexionen sein muss.

Um die nächste Stelle zu besetzen, dividiert man den Rest r_1 durch $(n-2)$!, so gibt der Quotient q_2 wieder an, wie viel von den noch vorhandenen $(n-1)$ Elementen bereits am Anfange gestanden haben, und dass die gesuchte Komplexion mit dem (q_2+1)ten dieser $n-1$ Elemente beginnt. Hiermit ist auch die zweite Stelle besetzt. Der Rest r_2 zeigt wieder an, dass die gesuchte Komplexion unter den r_2 folgenden enthalten ist. Man dividiert nun wieder r_2 durch $(n-3)$!, findet dadurch analog wie vorher das an die dritte Stelle zu setzende Element, und fährt so fort, bis alle Stellen besetzt sind.

Ergibt sich irgend ein Rest, etwa:

$$r_m = 0$$

so ist die letzte der mit dem $q_m$ten noch vorhandenen Elemente beginnenden Komplexionen die gesuchte (siehe Erkl. 27).

Wenn z. B. die 583. Komplexion der Elemente:

$$abcdef$$

gesucht werden soll, so bilde man, da jedes Element $5! = 120$ mal an erster Stelle stehen wird:

$$583 = 4\cdot 120 + 103$$

Die gesuchte Komplexion beginnt also mit dem fünften Elemente e. Von den noch verfügbaren fünf Elementen $abcdf$ kann jedes $4! = 24$ mal zu Anfang stehen, also bildet man:

$$103 = 4\cdot 24 + 7$$

woraus folgt, dass das fünfte Element f zu nehmen und an die zweite Stelle der gesuchten Komplexion zu setzen ist. Es sind nun noch vier Elemente $abcd$ übrig, deren jedes $3! = 6$ mal zu Anfang stehen kann; man bildet:

$$7 = 1\cdot 6 + 1$$

d. h. die gesuchte Komplexion von $abcd$

beginnt mit dem zweiten Elemente *b* und ist die erste von diesen, nämlich:

bacd

Die 583. Komplexion von $P(abcdef)$ lautet demnach:

efbacd

Frage 21. Wie lässt sich die Rangzahl einer gegebenen Komplexion bestimmen, d. h. angeben, die wievielste in der vollständigen Entwicklung aller Komplexionen die gegebene ist, bei lexikographischer Anordnung derselben?

Erkl. 28. In kürzester Darstellung wäre die Berechnung der Rangzahl für die Komplexion:

efbacd

auf folgende Weise anzuordnen:

Stelle	Element	Vorausgehende	
		Elemente	Komplexionen
1.	*e*	*a*, *b*, *c*, *d*	$4 \cdot 5! = 480$
2.	*f*	*a*, *b*, *c*, *d*	$4 \cdot 4! = 96$
3.	*b*	*a*	$1 \cdot 3! = 6$
4.	*a*	—	— —
5.	*c*	—	— —
6.	*d*		Summe = 582

Rangzahl der gegebenen Komplexion:

583

Antwort. Zur Auflösung dieser Aufgabe ist der umgekehrte Weg einzuschlagen, wie bei der vorhergehenden Frage; derselbe lässt sich am einfachsten an einem Beispiele klar machen. Es sei die gegebene Komplexion:

efbacd

Da *e* das fünfte Element unter den gegebenen ist, so sind bereits:

$$4 \cdot 5! = 480$$

Komplexionen vorausgegangen, die der Reihe nach mit *a*, *b*, *c*, *d* begannen, bevor *e* an die Spitze tritt. Die erste Komplexion dieser Art ist dann:

eabcdf

An zweiter Stelle soll nun *f* stehen, also müssen bereits die Elemente *a*, *b*, *c*, *d* an derselben gestanden haben, d. h. der ersten mit *ef* beginnenden Komplexion gehen:

$$4 \cdot 4! = 96$$

andere voraus. Man steht nun bei der Komplexion:

efabcd

An der dritten Stelle bleibt nun *a* für:

$$1 \cdot 3! = 6$$

Komplexionen, dann folgt:

efbacd

welche bereits die gesuchte ist.

Die Gesamtzahl der vorausgegangenen Komplexionen ist demnach:

$$480 + 96 + 6 = 582$$

also entspricht der gesuchten Komplexion die Rangzahl:

583

Frage 22. Wie findet man eine einzelne Komplexion von gegebener Rangzahl, wenn die Anordnung von Frage 13 (Vertauschung von nur je zwei Elementen) zu Grunde gelegt wird?

Antwort. Bezeichnet man die Elemente stets mit

$$1, 2, 3, \cdots n$$

so folgen dieselben an erster Stelle in

Erkl. 29. Wie man untersucht, ob die Verbindung der bereits bestimmten Elemente ungeraden oder geraden Ranges ist, lässt sich am besten an einem Beispiele klar machen. Man habe z. B. die 253. Komplexion der Elemente:

$$1, 2, 3, 4, 5, 6$$

zu suchen. Zunächst ist:

$$Q = 253 = 120 \cdot 2 + 13$$

Die gesuchte Komplexion hat also an erster Stelle das dritte Element, d. h. ein Element ungeraden Ranges; die zweite Stelle wird demnach in steigender Ordnung besetzt durch die Elemente:

$$1, 2, 4, 5, 6$$

Nun ist aber:

$$13 = 24 \cdot 0 + 13$$

demnach ist das erste Element dieser Reihe an die zweite Stelle zu setzen, so dass die gesuchte Komplexion mit den Elementen:

$$31$$

beginnt. Der Rang dieser Binion bestimmt sich nun, wenn man bemerkt, dass die an der ersten Stelle schon vorausgegangenen beiden Elemente (1 und 2) bereits 5·2 Binionen ergaben, nämlich der Reihe nach:

$$12, 13, 14, 15, 16$$
$$26, 25, 24, 23, 21$$

und dass die vorliegende Binion 31 die erste mit dem Anfangselemente 3 ist; sie ist also im ganzen vom Range:

$$5 \cdot 2 + 1 = 11$$

d. h. von ungeradem, folglich sind die Elemente der dritten Stelle in der steigenden Ordnung:

$$2, 4, 5, 6$$

einzuführen. Nun ist wieder der vorige Rest:

$$13 = 6 \cdot 2 + 1$$

demnach das dritte Element 5 vorstehender Reihe auszuwählen, so dass die gesuchte Komplexion mit den Elementen:

$$315$$

beginnt. Da jede der 10 Biniomen, welche 31 vorausgehen, 4 Ternionen liefert und 315 unter den mit 31 beginnenden Ternionen die dritte ist (indem 312 und 314 vorausgehen), so hat sie den Rang:

$$4 \cdot 10 + 3 = 43$$

d. h. ungeraden, weshalb die für die vierte Stelle noch verfügbaren Elemente wieder in steigender Ordnung:

$$2, 4, 6$$

anzuwenden sind. Da ferner der vorige Rest:

$$1 = 2 \cdot 0 + 1,$$

so wird die vierte Stelle mit dem ersten der vorstehenden Elemente besetzt und man hat nun die Quaternion:

$$3152$$

Da von den 42 Ternionen, welche 315 vorausgehen, jede mit drei noch vorhandenen Elementen zu einer Quaternion verbunden worden natürlicher Ordnung, wobei jedes $(n-1)!$ mal an der Spitze steht.

An der zweiten Stelle folgen die Elemente (mit Ausschluss des bereits an der ersten stehenden) bald in steigender, bald in fallender Ordnung, und zwar steigend, wenn die erste Stelle mit einem Elemente ungeraden Ranges besetzt ist; fallend, wenn sie ein Element geraden Ranges erhält. Bei Besetzung der zweiten Stelle treten also die Elemente in folgender Ordnung auf:

1. Stelle:	2. Stelle enthält der Reihe nach die Elemente:	
1	$2, 3, 4, 5, \cdots (n-1), n,$	jedes $(n-2)!$ mal
2	$n, (n-1), \cdots 5, 4, 3, 1,$	„ „ „
3	$1, 2, 4, 5, \cdots (n-1), n$	„ „ „
4	$n, (n-1), \cdots 5, 3, 2, 1$	„ „ „
. . . .	. . . .	

Ist nun die gegebene Rangzahl:

$Q = (n-1)!\, q_1 + r_1$ (s. Antw. zu Frage 20)

so kommt an die erste Stelle das $(q_1 + 1)$te Element der natürlichen Folge $1, 2, 3, \cdots n$; wenn ferner:

$$r_1 = (n-2)!\, q_2 + r_2$$

so erhält die zweite Stelle das $(q_2 + 1)$te Element aus der für die zweite Stelle gültigen, oben angegebenen Reihenfolge, die steigend oder fallend ist, je nachdem die erste Stelle mit einem Elemente ungeraden oder geraden Ranges besetzt wurde.

Indem man nun zur dritten Stelle übergeht, ist wieder zu beachten, dass auf derselben die noch vorhandenen Elemente wieder abwechselnd steigend oder fallend aufeinander folgen, je nachdem die Binion, welche die erste und zweite Stelle bereits einnimmt, von ungeradem oder geradem Range ist (siehe Erkl. 29).

Wenn nun:

$$r_2 = (n-3)!\, q_3 + r_3$$

so ist an die dritte Stelle das $(q_3 + 1)$te Element der hiefür gültigen Reihenfolge zu setzen.

Je nachdem die so gefundene Ternion (der drei ersten Stellen) ungeraden oder geraden Ranges ist, müssen die für die vierte Stelle noch verfügbaren Elemente wieder in steigender oder fallender Ordnung genommen werden u. s. f.

Endlich kommt man auf die Zerlegung:

$$r_{n-3} = 2 q_{n-2} + r_{n-2}$$

woraus, genau wie für die früheren Stellen, das an drittletzter Stelle zu setzende Element, sowie die steigende oder fallende Ordnung ist, bis die vorstehende an die Reihe kommt, und diese selbst die erste der mit 315 beginnenden Quaternionen ist, so hat sie den Rang:

$$3 \cdot 42 + 1 = 127$$

d. h. ungeraden. Die fünfte Stelle wird also mit den noch übrigen zwei Elementen in der steigenden Ordnung:

$$4,\ 6$$

besetzt, und da der vorige Rest:

$$1 = 1 \cdot 0 + 1$$

ist, so kommt das erste Element 4 an die fünfte Stelle, worauf für die letzte nur noch das Element 6 übrig bleibt. Die 253. Komplexion lautet also vollständig:

315246

der beiden für die vorletzte Stelle noch übrigen Elemente folgt.

Fügt man hinzu noch die Gleichung:

$$r_{n-2} = 1 \cdot q_{n-1} + r_{n-1}$$

so wird auch die vorletzte Stelle in analoger Weise besetzt und hiermit ist die gesuchte Komplexion vollständig gefunden.

Keiner der während der Rechnung vorkommenden Reste darf bei diesem Verfahren den Wert 0 erhalten; man beobachtet deshalb stets die in Erkl. 27 angegebene Regel.

Erkl. 30. Die kürzeste Darstellung der in vorstehender Erklärung ausgeführten Berechnung wäre etwa folgende:

Zerlegung der Rangzahl:

$$\begin{cases} 1)\ 253 = 120 \cdot 2 + 13 \\ 2)\ 13 = 24 \cdot 0 + 13 \\ 3)\ 13 = 6 \cdot 2 + 1 \\ 4)\ 1 = 2 \cdot 0 + 1 \\ 5)\ 1 = 1 \cdot 0 + 1 \end{cases}$$

Reihenfolge der Elemente:	Stelle:	Element:	
1) 1, 2, 3, 4, 5, 6	1.	3	Rang desselben: . . . . = 3
2) 1, 2, 4, 5, 6	2.	1	Rang der Binion 31: . . . 2·5 + 1 = 11
3) 2, 4, 5, 6	3.	5	Rang der Ternion 315: . . 10·4 + 3 = 43
4) 2, 4, 6	4.	2	Rang der Quaternion 3152: 42·3 + 1 = 127
5) 4, 6	5.	4	— — — — —
6)	6.	6	

Gesuchte Komplexion: 315246

Frage 23. Wie kann zu einer beliebigen gegebenen Komplexion die entsprechende Rangzahl gefunden werden, wenn die in Frage 13 beschriebene Anordnung vorausgesetzt wird?

Erkl. 31. Man stellt neben ausgeführte Berechnung am einfachsten in folgender Weise dar:

Gegebene Komplexion 315246.

Anfangskomplex.	Rang derselben	Folge der übrigen Elemente	Anzahl der vorausgeg. Komplex.
1) 3 · · · · ·	3	1,2,4,5,6	2·5! = 240
2) 31 · · · ·	5·2+1=11	2,4,5,6	0·4! = 0
3) 315 · · ·	4·10+3=43	2,4,6	2·3! = 12
4) 3152 · ·	3·42+1=127	4,6	0·2! = 0
5) 31523 ·	—	6	0 = 0
			Summe 252

Rangzahl der gegebenen Komplexion:

253

Antwort. Das Verfahren ist die Umkehrung des in vorhergehender Antwort beschriebenen; seine Anwendung erhellt am besten aus einem Beispiele.

Sei die gegebene Komplexion:

315246

Ehe das Element 3 an die Reihe kommt, sind bereits:

$$2 \cdot 5! = 240$$

Komplexionen vorausgegangen, und da dasselbe ungeraden Ranges ist, so erscheinen an der zweiten Stelle die übrigen Elemente in der steigenden Folge:

1, 2, 4, 5, 6

Die Anfangsbinion 31 der gegebenen Komplexion ist demnach die erste, folglich gehen ihr keine weiteren Komplexionen voraus. Da ihr Rang ungerade ist (siehe Erkl. 29), so wird die Reihenfolge der Elemente an dritter Stelle steigend:

2, 4, 5, 6

Druck von Carl Hammer in Stuttgart.

1146. Heft. | Preis des Heftes 25 Pf. | Kombinatorik oder die Lehre von den kombinatorischen Operationen. Forts. v. Heft 1145. — Seite 17—32.

Vollständig gelöste
Aufgaben-Sammlung

— nebst Anhängen ungelöster Aufgaben, für den Schul- & Selbstunterricht —
mit
Angabe und Entwicklung der benutzten Sätze, Formeln, Regeln, in Fragen und Antworten
erläutert durch
viele Holzschnitte & lithograph. Tafeln,
aus allen Zweigen
der Rechenkunst, der niederen (Algebra, Planimetrie, Stereometrie, ebenen u. sphärischen Trigonometrie, synthetischen Geometrie etc.) u. höheren Mathematik (höhere Analysis, Differential- u. Integral-Rechnung, analytische Geometrie der Ebene u. des Raumes etc.); — aus allen Zweigen der Physik, Mechanik, Graphostatik, Chemie, Geodäsie, Nautik, mathemat. Geographie, Astronomie; des Maschinen-, Strassen-, Eisenbahn-, Wasser-, Brücken- u. Hochbau's; der Konstruktionslehren als: darstell. Geometrie, Polar- u. Parallel-Perspektive, Schattenkonstruktionen etc. etc.
für
Schüler, Studierende, Kandidaten, Lehrer, Techniker jeder Art, Militärs etc.
zum einzig richtigen und erfolgreichen
Studium, zur Forthülfe bei Schularbeiten und zur rationellen Verwertung der exakten Wissenschaften,
herausgegeben von

Dr. Adolph Kleyer,
Mathematiker, vereideter königl. preuss. Feldmesser, vereideter grossh. hessischer Geometer I. Klasse
in Frankfurt a. M.

unter Mitwirkung der bewährtesten Kräfte.

Kombinatorik
oder
Die Lehre von den kombinatorischen Operationen.
(Permutation, Kombination, Variation.)

Nach System Kleyer bearbeitet von **Prof. H. Staudacher.**

Forts. von Heft 1145. Seite 17—32.

Inhalt:

Permutationen ohne Wiederholung. — Permutationen mit Wiederholung. — Gelöste Aufgaben über die Permutationen ohne Wiederholung.

Stuttgart 1892.
Verlag von Julius Maier.

Preisgekrönt in Frankfurt a. M. 1881.

PROSPEKT.

Dieses Werk, welchem **kein ähnliches** zur Seite steht, erscheint monatlich in 3—4 Heften zu dem **billigen Preise** von 25 ₰ pro Heft und bringt eine Sammlung der wichtigsten und praktischsten **Aufgaben aus dem Gesamtgebiete der Mathematik, Physik, Mechanik, math. Geographie, Astronomie,** des **Maschinen-, Strassen-, Eisenbahn-, Brücken- und Hochbaues, des konstruktiven Zeichnens** etc. etc. und zwar in **vollständig gelöster Form, mit vielen Figuren, Erklärungen** nebst **Angabe** und **Entwickelung** der **benutzten Sätze, Formeln, Regeln** in **Fragen** mit **Antworten** etc., so dass die Lösung jedermann verständlich sein kann, bezw. wird, wenn eine grössere Anzahl der Hefte erschienen ist, **da dieselben sich in ihrer Gesamtheit ergänzen** und alsdann auch **alle Teile der reinen und angewandten** Mathematik — nach besonderen selbständigen **Kapiteln** angeordnet — vorliegen.

Fast jedem Hefte ist ein **Anhang** von **ungelösten** Aufgaben beigegeben, welche der eigenen **Lösung** (in **analoger Form** wie die **bezüglichen gelösten** Aufgaben) des Studierenden überlassen bleiben, und zugleich von den Herren Lehrern für den Schulunterricht benutzt werden können. Die **Lösungen** hierzu werden **später** in besonderen Heften für die Hand des Lehrers erscheinen Am Schlusse eines jeden Kapitels gelangen: Titelblatt, Inhaltsverzeichnis, Berichtigungen und erläuternde Erklärungen über das betreffende Kapitel zur Ausgabe.

Das Werk behandelt zunächst den Hauptbestandteil des mathematisch-naturwissenschaftlichen Unterrichtsplanes folgender Schulen: **Realschulen I. und II. Ordn., gleichberechtigten höheren Bürgerschulen, Privatschulen, Gymnasien, Realgymnasien, Progymnasien, Schullehrer-Seminaren, Polytechniken, Techniken, Baugewerkschulen, Gewerbeschulen, Handelsschulen, techn.** Vorbereitungsschulen aller Arten, **gewerbliche Fortbildungsschulen, Akademien, Universitäten, Land- und Forstwissenschaftsschulen, Militärschulen, Vorbereitungs-Anstalten** aller Arten als z. B. für das **Einjährig-Freiwillige- und Offiziers-Examen** etc.

Die **Schüler, Studierenden** und **Kandidaten** der mathematischen, technischen und naturwissenschaftlichen Fächer werden durch diese, **Schritt für Schritt gelöste,** Aufgabensammlung **immerwährend** an ihre in der Schule erworbenen oder nur gehörten Theorien etc. erinnert und wird ihnen hiermit der Weg zum **unfehlbaren** Auffinden der Lösungen derjenigen Aufgaben gezeigt, welche sie bei ihren **Prüfungen** zu lösen haben, zugleich aber auch die **überaus grosse Fruchtbarkeit** der mathematischen Wissenschaften vorgeführt.

Dem **Lehrer** soll mit dieser Aufgabensammlung eine kräftige Stütze für den Schul-Unterricht geboten werden, indem zur Erlernung des **praktischen Teils** der mathematischen Disciplinen — **zum Auflösen von Aufgaben** — in den meisten Schulen oft keine Zeit erübrigt werden kann, **hiermit** aber dem Schüler bei seinen häuslichen Arbeiten eine vollständige Anleitung in die Hände gegeben wird, **entsprechende Aufgaben zu lösen,** die gehabten **Regeln, Formeln, Sätze** etc. **anzuwenden** und **praktisch zu verwerten.** Lust, Liebe und Verständnis für den Schulunterricht wird dadurch erhalten und belebt werden.

Den **Ingenieuren, Architekten, Technikern** und Fachgenossen aller Art, **Militärs** etc. etc. soll diese Sammlung **zur Auffrischung** der erworbenen und vielleicht vergessenen mathematischen Kenntnisse dienen und zugleich durch ihre **praktischen in allen Berufszweigen vorkommenden Anwendungen** einem **toten Kapital lebendige Kraft** verleihen und somit den **Antrieb** zu weiteren **praktischen Verwertungen** und **weiteren Forschungen** geben.

Alle Buchhandlungen nehmen Bestellungen entgegen. Wichtige und praktische Aufgaben werden mit Dank von der Redaktion entgegengenommen und mit Angabe der Namen verbreitet. — Wünsche, Fragen etc., welche die Redaktion betreffen, nimmt der Verfasser, Dr. Kleyer, Frankfurt a. M., Fischerfeldstrasse 16, entgegen, und wird deren Erledigung thunlichst berücksichtigt.

Stuttgart. **Die Verlagshandlung.**

Die in den Fragen 22 und 23 angegebenen Verfahrungsweisen rühren vom Verfasser her und sind hier zum ersten male veröffentlicht.

Der gegebenen Anfangsternion 315 gehen also voraus die Ternionen 312, 314 mit zusammen:

$$2 \cdot 3! = 12$$

Komplexionen. Nach Erkl. 29 ist 315 wieder **ungeraden Ranges**, also halten die noch übrigen Elemente in der vierten Stelle die steigende Reihenfolge:

2, 4, 6

ein, so dass 3152 die erste Gruppe umfasst, d. h. keine vorausgehende Komplexion vorhanden ist.

Die gegebene Quaternion 3152 ist abermals **ungeraden Ranges**, die fünfte Stelle wird also in der steigenden Ordnung:

4, 6

besetzt, d. h. die gegebene Komplexion 315246 ist die **erste** dieser Gruppe. Die gesuchte Rangzahl wird demnach:

$$2 \cdot 5! + 0 \cdot 4! + 2 \cdot 3! + 0 \cdot 2! + 1 = 240 + 12 + 1 = 253$$

Frage 24. Wie findet man eine Komplexion von gegebener Rangzahl Q, ohne die übrigen zu bilden, wenn die cyklische Anordnung von Frage 15 zu Grunde gelegt wird?

Antwort. Wenn die gegebenen Elemente:

$$1, 2, 3, \cdots n$$

sind, so ergeben sich $(n-1)!$ Cyklen von je n Elementen, deren jeder mit 1 beginnt und n cyklische Permutationen liefert.

Ist also:

$$1) \quad Q = nq_n + r_n$$

so heisst das: **Die gesuchte Komplexion gehört zum $(q_n + 1)$ten Cyklus und ist die $r_n$te cyklische Permutation desselben.**

Hierin bedeutet q_n die Ganzen, welche die Division $Q:n$ ergibt, r_n den Rest derselben, welcher nicht grösser als n sein kann; würde sich aber:

$$r_n = 0$$

ergeben, so wäre die gesuchte Komplexion die letzte (d. h. $n$te) des $q_n$ten Cyklus selbst. Um nun den Wortausdruck der Gleich. 1) auch für diesen Fall beibehalten zu können, würde man den Quotienten um eine Einheit kleiner nehmen, wodurch dann der Rest $r_n = n$ wird. Diese Bemerkung gilt für alle Reste r, die im folgenden vorkommen werden (s. Erkl. 32).

Der $(q_n + 1)$te **Cyklus** von n Elementen entsteht aber, wenn man der $(q_n + 1)$ten **cyklischen Permutation** der Elemente:

$$2, 3, \cdots n$$

das Element 1 vorsetzt (siehe Frage 15).

Es entsteht also nun die Frage:

„**Wie heisst die Permutation von der Rangzahl $q_n + 1$ aus $n - 1$ Elementen**"?

Erkl. 32. Keiner der Reste $r_n, r_{n-1} \cdots r_2$ kann demnach **grösser** werden als sein Index, er wird diesem **gleich**, wenn die entsprechende Division aufgeht, indem man in jedem solchen Falle den Quotienten q um eine Einheit erniedrigt.

Erkl. 33. Man könnte in analoger Weise auch noch die Gleichung:

$$q_2 + 1 = 1 \cdot q_1 + r_1$$

zufügen, welche nichts anders ist als die Identität:

$$1 = 1;$$

denn weil $q_2 = 0$ und $r_1 = 1$ (ein Element hat nur eine Komplexion), so muss auch $q_1 = 0$ sein. Es ist jedoch für das Folgende nicht nötig, diese Gleichung wirklich anzuschreiben.

Erkl. 34. Um den Gang der **allgemeinen** Lösung besser überblicken zu können, soll derselbe an einem Zahlenbeispiele nochmal entwickelt werden. Es ist die 587. cyklische Permutation der Elemente $abcdef$ zu suchen. Man hat hier:

$$587 = 6 \cdot 97 + 5$$

Die gesuchte Komplexion gehört also zum 98. Cyklus von 6 Elementen und ist die 5. desselben. Um diesen aufzufinden, ist die 98. cyklische Permutation der **fünf** Elemente $bcdef$ zu bilden und a vorzusetzen; da nun:

$$98 = 5 \cdot 19 + 3$$

so gehört dieselbe zum 20. Cyklus von 5 Elementen und ist die dritte dieses Cyklus. Letzterer wird aber gefunden, wenn man der 20. cyklischen Permutation der vier Elemente *cdef* das Element *b* vorsetzt. Deshalb hat man wieder:

$$20 = 4 \cdot 4 + 4 \text{ (s. Erkl. 32)}$$
$$5 = 3 \cdot 1 + 2$$
$$2 = 2 \cdot 0 + 2 \text{ (s. Erkl. 32)}$$

Es ist also hier:

$$r_2 = 2$$

weshalb man von der zweiten Permutation des Cyklus *ef*, d. h. von *fe* auszugehen hat, woraus der Cyklus:

dfe

entsteht. Dessen zweite cyklische Permutation ist *edf*, also der richtige Cyklus von vier Elementen:

cedf

Seine vierte cyklische Permutation wird *edfc*, woraus der Cyklus von fünf Elementen:

bedfc

und als dritte cyklische Permutation *fcbed* entsteht. Die gesuchte Komplexion gehört demnach zum Cyklus:

afcbed

der gegebenen sechs Elemente und ist seine fünfte cyklische Permutation, nämlich:

cbedaf

welche mit der vorher behandelten dem Sinne nach identisch ist, wenn $n-1$ statt n und $q_n + 1$ statt Q gesetzt wird. Analog wie oben setzt man also jetzt:

$$2) \quad q_n + 1 = (n-1)\, q_{n-1} + r_{n-1}$$

d. h. die gesuchte Permutation gehört dem $(q_{n-1} + 1)$ten Cyklus der $n-1$ Elemente $2, 3 \cdots n$ an und ist die r_{n-1}te cyklische Permutation desselben. Da aber dieser $(q_{n-1} + 1)$te Cyklus wieder dadurch erhalten wird, dass man der $(q_{n-1} + 1)$ten cyklischen Permutation der $n-2$ Elemente:

$$3, 4, \cdots n$$

das Element 2 vorsetzt (s. Frage 15), so kann man zur Auffindung der letztgenannten wieder setzen:

$$3) \quad q_{n-1} + 1 = (n-2)\, q_{n-2} + r_{n-2}$$

Fährt man so fort, so kommt man schliesslich auf die Gleichung:

$$q_3 + 1 = 2 q_2 + r_2$$

d. h. auf die $r_2$te cyklische Permutation des $(q_2 + 1)$ten Cyklus der zwei Elemente:

$$n-1, n$$

Da aber zwei Elemente nur einen Cyklus geben, so muss $q_2 = 0$ sein, während r_2 den Wert 1 oder 2 haben kann (siehe Erkl. 26). Diese Komplexion kann man nun sofort hinschreiben; sie ist:

$$(n-1)\, n$$

wenn $r_2 = 1$ oder:

$$n\, (n-1)$$

wenn $r_2 = 2$.

Man setzt nun der entsprechenden Komplexion das Element $n-2$ vor, so hat man den richtigen Cyklus von drei Elementen, von dem man die $r_3$te cyklische Permutation aufsucht, ihr das Element $n-3$ vorsetzt u. s. w. So erhält man rückwärtsschreitend endlich den richtigen $(q_r + 1)$ten Cyklus von n Elementen, dessen $r_n$te cyklische Permutation die gesuchte ist (siehe Erkl. 27).

Frage 25. Wie kann die Stelle jedes einzelnen Elementes in einer Komplexion von gegebener Rangzahl Q nach der cyklischen Anordnung gefunden werden?

Antwort. Mit Hilfe der in Frage 24 angegebenen Zurückführung einer Komplexion auf immer engere Cyklen kann auch für jedes Element seine Stelle in einer Komplexion von gegebener Rangzahl gefunden werden.

Erkl. 35. Bei jeder Permutation eines Cyklus von k Elementen rückt jedes Element um eine Stelle höher (nach rechts); wenn es aber nach und nach an der $k$ten Stelle angekommen ist, so kann es bei der nächsten Permutation nicht auf die $(k+1)$ te Stelle rücken (da keine solche vorhanden ist), sondern kommt wieder auf die erste Stelle; seine Stellenzahl ist also um k erniedrigt.

Erkl. 36. Für die in Erkl. 34 berechnete 587. Komplexion der Elemente *abcdef* wurde daselbst gefunden:

$$r_1 = 1, \quad r_2 = 2, \quad r_3 = 2,$$
$$r_4 = 4, \quad r_5 = 3, \quad r_6 = 5$$

In der gesuchten Komplexion nehmen nun die einzelnen Elemente folgende Stellen ein:

a die Stelle r_6
b " " $r_5 + r_6$
c " " $r_4 + r_5 + r_6$
d " " $r_3 + r_4 + r_5 + r_6$
e " " $r_2 + r_3 + r_4 + r_5 + r_6$
f " " $r_1 + r_2 + r_3 + r_4 + r_5 + r_6$

Die Berechnung dieser Summen beginnt man bei dem niedrigsten Index. Hier wäre nun $r_1 + r_2 = 3$; da aber diese Summe nicht > 2 werden kann, so sind 2 Einheiten wegzunehmen (siehe Antwort zu Frage 22) und ist zu setzen:

$$r_1 + r_2 = 1;$$

demnach wird:

$$(r_1 + r_2) + r_3 = 1 + 2 = 3$$

also die erlaubte Ziffer hier nicht überschritten. Es folgt:

$$(r_1 + r_2 + r_3) + r_4 = 3 + 4$$

oder vielmehr, da diese Summe 4 nicht überschreiten darf (also 4 Einheiten wegbleiben müssen):

$$r_1 + r_2 + r_3 + r_4 = 3$$

Dann wird:

$$(r_1 + r_2 + r_3 + r_4) + r_5 = 3 + 3$$

wovon 5 Einheiten wegzunehmen sind, d. h.:

$$r_1 + r_2 + r_3 + r_4 + r_5 = 1$$

Endlich:

$$(r_1 + r_2 + r_3 + r_4 + r_5) + r_6 = 1 + 5 = 5$$

überschreitet nicht den erlaubten Betrag. Es steht demnach das Element

f an der Stelle 6

Aus dem eben Gesagten erhellt, dass man zur Berechnung der Restsummen bei dem Rest mit kleinstem Index beginnt und addiert, bis eine Summe entsteht, die grösser als der Index des letzten Summanden wird; von dieser lässt man so viel Einheiten weg, als der letzte Index enthält, ehe man zum nächsten Summanden übergeht. Darnach wird z. B.:

$$r_2 + r_3 = 4 - 3 = 1$$
$$(r_2 + r_3) + r_4 = 1 + 4 - 4 = 1$$
$$(r_2 + r_3 + r_4) + r_5 = 1 + 3 = 4$$
$$(r_2 + r_3 + r_4 + r_5) + r_6 = 4 + 5 - 6 = 3$$

Folglich kommt das Element:

e an die Stelle 3

Man beginnt (unter Beibehaltung gleicher Bezeichnung wie in voriger Antwort) mit dem Cyklus von 2 Elementen:

$$(n-1)\, n$$

worin also:

$n-1$ die Stelle 1
n " " 2 oder $r_1 + 1$ (s. Erkl. 33)

einnimmt und wovon die r_2 te Permutation zu bilden ist. Dadurch rückt jedes Element $r_2 - 1$ mal auf die nächsthöhere Stelle, so dass nun

$n-1$ die Stelle $1 + r_2 - 1 = r_2$
n " " $r_1 + 1 + r_2 - 1 = r_1 + r_2$

einnimmt. Da nur zwei Stellen vorhanden sind, so kann $r_1 + r_2$ nicht > 2 werden; bei Ueberschreitung dieses Wertes müssen 2 Einheiten weggelassen werden (siehe Erkl. 35). Setzt man, um den Cyklus von 3 Elementen zu bilden, der bisher gefundenen Komplexion das Element $n-2$ vor, so hat nun:

$n-2$ die Stelle 1
$n-1$ " " $r_2 + 1$
n " " $r_1 + r_2 + 1$

und wenn hiervon die r_3 te cyklische Permutation gesucht wird, so rücken alle Elemente um $r_3 - 1$ Stellen höher, so dass nun:

$n-2$ die Stelle r_3
$n-1$ " " $r_2 + r_3$
n " " $r_1 + r_2 + r_3$

einnimmt. Keine dieser Summen kann > 3 sein; würde dieser Wert überschritten, so sind 3 Einheiten wegzulassen. Durch Vorsetzung des Elementes $n-3$ entsteht der Cyklus von 4 Elementen, in welchem demnach:

$n-3$ die Stelle 1
$n-2$ " " $r_3 + 1$
$n-1$ " " $r_2 + r_3 + 1$
n " " $r_1 + r_2 + r_3 + 1$

einnimmt, welche in der zu bildenden r_4 ten cyklischen Permutation sich alle um $r_4 - 1$ Stellen erhöhen; es hat nun:

$n-3$ die Stelle r_4
$n-2$ " " $r_3 + r_4$
$n-1$ " " $r_2 + r_3 + r_4$
n " " $r_1 + r_2 + r_3 + r_4$

wobei keine dieser Summen den Wert 4 überschreiten kann; sonst wären 4 Einheiten wegzulassen.

Hier tritt klar das Gesetz hervor, dass in der gesuchten Komplexion (der r_n ten des entsprechenden Cyklus aller n Elemente)

Ferner findet man ebenso:

$$r_3 + r_4 + r_5 + r_6 = 4$$
$$r_4 + r_5 + r_6 = 1$$
$$r_5 + r_6 = 2$$
$$r_6 = 5$$

d. h. es kommen die Elemente:

d an die Stelle 4
c „ „ „ 1
b „ „ „ 2
a „ „ „ 5

Die gesuchte Komplexion lautet demnach:

cbedaf

wie in Erkl. 27 ebenfalls gefunden wurde.

1 die Stelle r_n
2 „ „ $r_{n-1} + r_n$
3 „ „ $r_{n-2} + r_{n-1} + r_n$
. . . .
n „ „ $r_1 + r_2 + \cdots\cdots + r_n$

einnimmt, wobei keine Summe n überschreiten darf. Ueber die Berechnung derselben siehe das Beispiel in Erkl. 36.

Frage 26. Wie kann für eine beliebig nach der cyklischen Anordnung (s. Frage 15) abgeleitete Komplexion die zugehörige Rangzahl gefunden werden?

Antwort. Es seien:

$$s_1, s_2, s_3 \cdots s_n$$

die Stellen, welche die Elemente:

$$1, 2, 3 \cdots n$$

in der gegebenen Komplexion einnehmen; nach Frage 25 bestehen sodann die Gleichungen:

$$1) \quad \begin{aligned} r_n &= s_1 \\ r_{n-1} + r_n &= s_2 \\ r_{n-2} + r_{n-1} + r_n &= s_3 \\ &\cdots\cdots \\ r_1 + r_2 + \cdots + r_{n-1} + r_n &= s_n \end{aligned}$$

Hieraus folgt zuerst der Rest r_n, dann die übrigen durch successive Subtraktion jedes bereits gefundenen Restes in der Ordnung, dass die Indices der Subtrahenden abnehmen; sobald sich dabei eine negative Differenz oder 0 ergibt, ist der Index des zuletzt abgezogenen (bereits bekannten) Restes hinzuzuzählen. Die Rechnung ist dann die Umkehrung der in Erkl. 36 ausgeführten. Die Werte sämtlicher Reste müssen positiv, > 0 und höchstens gleich dem zugehörigen Index werden.

Nachdem diese Werte gefunden sind, erhält man die Rangzahlen ($q_2, q_3 \cdots q_n$) der zugehörigen Cyklen durch die in Frage 24 aufgestellten Gleichungen:

$$2) \quad \begin{aligned} q_2 + 1 &= 1 \cdot q_1 + r \\ q_3 + 1 &= 2 q_2 + r_2 \\ &\cdots\cdots \\ q_n + 1 &= (n-1)\, q_{n-1} + r_{n-1} \\ Q &= n q_n + r_n \end{aligned}$$

Durch allmähliche Substitution für $q_2, q_3 \cdots$ in die jeweils folgende Gleichung mit der Bemerkung, dass:

$$q_1 = 0 \text{ und } r_1 = 1 \text{ (siehe Erkl. 33)}$$

Erkl. 37. Aus den Gleichungen 2) erhält man durch fortgesetzte Substitutionen:

$$q_2 = 0$$
$$q_3 = r_2 - 1$$
$$q_4 = 3(r_2 - 1) + (r_3 - 1)$$
$$q_5 = 3 \cdot 4 (r_2 - 1) + 4 (r_3 - 1) + (r_4 - 1)$$
$$\cdots\cdots\cdots\cdots$$
$$q_n = 3 \cdot 4 \cdots (n-1)(r_2 - 1) + 4 \cdot 5 \cdots (n-1)(r_3 - 1) + \cdots + (n-1)(r_{n-2} - 1)(r_{n-1} - 1)$$

woraus sodann der in nebenstehender Antwort enthaltene Wert der gesuchten Rangzahl Q folgt.

Erkl. 38. Die praktische Ausführung der nötigen Rechnungen erhellt aus folgendem Beispiele:

Die Rangzahl der cyklischen Komplexion:

cbedaf

anzugeben. (Umkehrung der Aufgabe in Erkl. 36.)

Die Gleichungen 1) werden hier:

$$r_6 = 5$$
$$r_5 + r_6 = 2$$
$$r_4 + r_5 + r_6 = 1$$
$$r_3 + r_4 + r_5 + r_6 = 4$$
$$r_2 + r_3 + r_4 + r_5 + r_6 = 3$$
$$r_1 + r_2 + r_3 + r_4 + r_5 + r_6 = 6$$

Aus der zweiten folgt:

$$r_5 = 2 - r_6 = 2 - 5 = -3$$

wegen des negativen Zeichens ist der Index des abgezogenen Restes r_6 zu addieren, also:

$$r_5 = -3 + 6 = 3$$

Ferner aus der dritten Gleichung, wenn die eingeklammerten Summanden die zu addierenden Indices bedeuten:

$$r_4 = 1 - r_6 - r_5 = 1 - 5 + (6) - 3 + (5) = 4$$

Durch Subtraktion von r_6 entsteht nämlich die negative Differenz — 4, also ist der Index 6 zu addieren; die nächste Differenz $2 - r_5 = -3$ muss ebenso durch Addition des Index 5 positiv gemacht werden.

Die folgenden Gleichungen geben analog:

$$r_3 = 4 - r_6 - r_5 - r_4 = 4 - 5 + (6) - 3 - 4 + (4) = 2$$

$$r_2 = 3 - r_6 - r_5 - r_4 - r_3 = 3 - 5 + (6) - 3 - 4 + (4) - 2 + (3) = 2$$

$$r_1 = 6 - r_6 - r_5 - r_4 - r_3 - r_2 = 6 - 5 - 3 + (5) - 4 + (4) - 2 - 2 + (2) = 1$$

Letztere dient nur als Probe, da in allen Fällen

$$r_1 = 1$$

sein muss (s. Erkl. 33).

Die Gleichung 3) in nebenstehender Antwort gibt nun die Rangzahl der Komplexion *cbedaf*:

$$Q = 3 \cdot 4 \cdot 5 \cdot 6 \cdot 1 + 4 \cdot 5 \cdot 6 \cdot 1 + 5 \cdot 6 \cdot 3 + 6 \cdot 2 + 5 = 587$$

Will man auch die Rangzahlen der einzelnen Cyklen kennen, aus welchen die verlangte Komplexion hervorgeht, so hat man durch die Gleichungen 2):

$$q_2 + 1 = 1$$
$$q_3 + 1 = 2 \cdot 0 + 2 = 2$$
$$q_4 + 1 = 3 \cdot 1 + 2 = 5$$
$$q_5 + 1 = 4 \cdot 4 + 4 = 20$$
$$q_6 + 1 = 5 \cdot 19 + 3 = 98$$

Die in den Fragen 24, 25 und 26 enthaltenen Sätze sind zuerst von Bourget aufgestellt worden (Nouv. Ann. d. Math. 1883).

findet sich schliesslich:

3) $Q = 3 \cdot 4 \cdot 5 \cdots n\,(r_2 - 1) + 4 \cdot 5 \cdots n\,(r_3 - 1) + 5 \cdots n\,(r_4 - 1) + \cdots + n\,(r_{n-1} - 1) + r_n$

(siehe Erkl. 37).

Frage 27. Was versteht man unter absoluten Permutationen und wie werden dieselben bezeichnet?

Antwort. Absolute Permutationen gegebener Elemente nennt man diejenigen Komplexionen derselben, in denen kein Element an derjenigen Stelle steht, die es in der niedrigsten Komplexion eingenommen hat.

Die vollständige Darstellung der absoluten Permutationen der Elemente $1, 2 \cdots n$ bezeichnet man durch:

$${}^{a}P(1, 2 \cdots n)$$

die Anzahl derselben einfach durch:

$${}^{a}P_n$$

analog wie in Frage 9.

Frage 28. Wie findet man sämtliche absoluten Permutationen gegebener Elemente?

Antwort. Man bildet alle Komplexionen der gegebenen Elemente:

$$1, 2, 3 \cdots n$$

nach dem in Frage 11 erklärten Verfahren und streicht hiervon diejenigen, in welchen 1 an der ersten Stelle steht, oder 2 an der zweiten u. s. w. oder endlich n an der letzten Stelle. Die übrigbleibenden Komplexionen sind die absoluten.

Erkl. 39. Von den in Erkl. 12 angeführten Permutationen von vier Elementen gehören nicht zu den absoluten und sind deshalb zu streichen:

1) Alle Komplexionen der ersten Gruppe (mit 1 beginnend),

2) in der zweiten Gruppe die erste und letzte (wegen 3) und die erste und dritte (wegen 4),

3) in der dritten Gruppe die dritte und vierte (wegen 2) und die erste und dritte (wegen 4),

4) in der vierten Gruppe die dritte und vierte (wegen 2) und die zweite und vierte (wegen 3),

Die absoluten Permutationen der Elemente 1, 2, 3, 4 sind demnach:

$$
\begin{aligned}
{}^aP(1,2,3,4) = {} & 2143 \quad 3142 \quad 4123 \\
& 2341 \quad 3412 \quad 4312 \\
& 2413 \quad 3421 \quad 4321
\end{aligned}
$$

Frage 29. Welche Rekursionsformel lässt sich für die Anzahl der absoluten Permutationen von n Elementen aufstellen?

Antwort. Die Anzahl der absoluten Permutationen von n Elementen wird durch die Rekursionsformel:

$$ {}^aP_n = (n-1)\,({}^aP_{n-1} + {}^aP_{n-2}) $$

dargestellt.

Beweis. Denkt man sich alle Komplexionen der n Elemente:

$$ 1,\ 2,\ \cdots n $$

nach Frage 11 gebildet, so erhält man n Gruppen von je $(n-1)!$ Komplexionen, und die Komplexionen jeder Gruppe beginnen alle mit dem gleichen Elemente. Die erste Gruppe (mit dem Element 1 beginnend) ist nun sofort zu streichen. Betrachtet man irgend eine andere Gruppe, z. B. die mit dem Elemente k beginnende, so kann man in ihr zweierlei Arten von brauchbaren Komplexionen unterscheiden. Erstens solche, in denen das Element 1 an der $k$ten Stelle steht, während die übrigen $n-2$ Elemente absolut permutiert sind; solcher Komplexionen gibt es in der Gruppe demnach:

$$ {}^aP_{n-2} $$

Zweitens Komplexionen, in denen 1 nicht mehr an der $k$ten Stelle steht, also sämtliche $n-1$ Elemente absolut permutiert sind; deren Anzahl in der Gruppe ist demnach:

$$ {}^aP_{n-1} $$

und folglich die Anzahl der absoluten Permutationen in der $k$ten Gruppe:

$$ {}^aP_{n-1} + {}^aP_{n-2} $$

Da aber dieselbe Betrachtung für jede der $n-1$ Gruppen gilt, die nicht mit 1 beginnen, so ist die Gesamtzahl aller absoluten Permutationen gegeben durch:

$$ {}^aP_n = (n-1)\,({}^aP_{n-1} + {}^aP_{n-2}) $$

wie oben behauptet.

Erkl. 40. Die in gegenwärtiger Frage gefundene Rekursionsformel kann noch in andere Form gebracht werden. Es ist nämlich:

$$
\begin{aligned}
1)\quad {}^aP_n &= (n-1)\,({}^aP_{n-1} + {}^aP_{n-2}) \\
&= n\,{}^aP_{n-1} + (n-1)\,{}^aP_{n-2} - {}^aP_{n-1}
\end{aligned}
$$

Da aber nach der bewiesenen Rekursionsformel:

$$ {}^aP_{n-1} = (n-2)\,({}^aP_{n-2} + {}^aP_{n-3}) $$

so wird durch Einsetzen dieses Wertes für das letzte Glied der vorhergehenden Gleichung:

$$
\begin{aligned}
2)\quad {}^aP_n &= n\,{}^aP_{n-1} + (n-1)\,{}^aP_{n-2} - \\
&\qquad (n-2)\,({}^aP_{n-2} + {}^aP_{n-3}) \\
&= n\,{}^aP_{n-1} - (n-2)\cdot{}^aP_{n-3} + {}^aP_{n-2}
\end{aligned}
$$

Wird hier abermals:

$$ {}^aP_{n-2} = (n-3)\,({}^aP_{n-3} + {}^aP_{n-4}) $$

eingesetzt, so folgt nach analoger Reduktion wie bei vorhergehender Gleichung:

$$ 3)\quad {}^aP_n = n\cdot{}^aP_{n-1} + (n-3)\,{}^aP_{n-4} - {}^aP_{n-3} $$

Indem man auf das letzte Glied dieser Gleichung wieder die Rekursionsformel anwendet und dieses Verfahren so fortsetzt, erhält man schliesslich, da die Zeichen der zwei letzten Glieder in den aufeinanderfolgenden Gleichungen 1), 2), 3), $\cdots$ fortwährend wechseln:

a) für ein gerades n:

$$ {}^aP_n = n\,{}^aP_{n-1} - 2\,{}^aP_1 + {}^aP_2 $$

b) für ein ungerades n:

$$ {}^aP_n = n\,{}^aP_{n-1} + 2\,{}^aP_1 - {}^aP_2 $$

oder, da:

$$ {}^aP_1 = 0 \text{ und } {}^aP_2 = 1 $$

so lassen sich beide Fälle zusammenfassen in der Gleichung:

$$ {}^aP_n = n\,{}^aP_{n-1} + (-1)^n $$

Diese neue Form der Rekursionsformel tritt für die **absoluten** Permutationen an die Stelle der in Frage 10 für gewöhnliche Permutationen abgeleiteten und unterscheidet sich von dieser durch den Summanden:

$$(-1)^n$$

Diese Gleichung entspricht genau der in Erkl. 11 abgeleiteten für sämtliche Permutationen.

Frage 30. Lässt sich auch eine independente Formel für die Anzahl der absoluten Permutationen von n Elementen aufstellen?

Erkl. 41. Nebenstehende Formel heisst independent (d. h. unabhängig), weil man mittels derselben ${}^aP_n$ berechnen kann, ohne den Wert von ${}^aP_{n-1}$ zu kennen, der bei der Rekursionsformel als bekannt vorausgesetzt wird. Ueber den Unterschied von rekurrierender und independenter Formel siehe auch den Band dieser Encyklopädie: Staudacher, Lehrbuch der Grundrechnungsarten mit Buchstabengrössen, II. Teil, IV. Abschnitt.

Erkl. 42. Es ist:

$$(-1)^n = (-1)(-1)^{n-1} = -(-1)^{n-1}$$

folglich, wenn man diese Gleichung mit (-1) multipliziert:

$$-(-1)^n = +(-1)^{n-1}$$

Erkl. 43. Nachstehend soll zur Erläuterung des allgemeinen Beweises die independente Formel für $n = 5$ vollständig abgeleitet werden; man hat zunächst:

$$P_5 = 5\,P_4$$
$${}^aP_5 = 5\,{}^aP + (-1)^5$$
$$\overline{P_5 - {}^aP_5 = 5\,(P_4 - {}^aP_4) + (-1)^4}$$

Da aber wieder:

$$P_4 = 4\,P_3$$
$${}^aP_4 = 4\,{}^aP_3 + (-1)^4$$
$$\overline{P_4 - {}^aP_4 = 4\,(P_3 - {}^aP_3) + (-1)^3}$$

so wird durch Einsetzung dieses Wertes:

$$P_5 - {}^aP_5 = 5\cdot 4\,(P_3 - {}^aP_3) + 5\,(-1)^3 + (-1)^4$$

und durch Fortsetzung dieses Verfahrens:

$$\begin{aligned} P_5 - {}^aP_5 &= 5\cdot 4\cdot 3\,(P_2 - {}^aP_2) + 5\cdot 4\,(-1)^2 + \\ &\qquad 5\,(-1)^3 + (-1)^4 \\ &= 5\cdot 4\cdot 3\cdot 2\,(P_1 - {}^aP_1) + 5\cdot 4\cdot 3(-1) + \\ &\qquad 5\cdot 4\,(-1)^2 + 5\,(-1)^3 + (-1)^4 \\ &= 5\cdot 4\cdot 3\cdot 2 - 5\cdot 4\cdot 3 + 5\cdot 4 - 5 + 1 \\ &= 5\,! - \frac{5\,!}{2\,!} + \frac{5\,!}{3\,!} - \frac{5\,!}{4\,!} + \frac{5\,!}{5\,!} \end{aligned}$$

Subtrahiert man diese Gleichung von:

$$P_5 = 5\,!$$

Antwort. Die Anzahl der **absoluten Permutationen** von n Elementen wird independent ausgedrückt durch die Formel:

$${}^aP_n = n\,!\left[\frac{1}{2\,!} - \frac{1}{3\,!} + \frac{1}{4\,!} - \cdots + (-1)^n \frac{1}{n\,!}\right]$$

Beweis. Aus der in Frage 10 abgeleiteten Rekursionsformel für gewöhnliche Permutationen:

$$P_n = n\,P_{n-1}$$

und der in Erkl. 40 für absolute Permutationen gefundenen:

$${}^aP_n = n\,{}^aP_{n-1} + (-1)^n$$

folgt durch Subtraktion:

$$\begin{aligned} P_n - {}^aP_n &= n\,(P_{n-1} - {}^aP_{n-1}) - (-1)^n \\ &= n\,(P_{n-1} - {}^aP_{n-1}) + (-1)^{n-1} \end{aligned}$$

(siehe Erkl. 42)

Ersetzt man in dieser rekurrierenden Formel n durch $n-1$, so wird analog:

$$P_{n-1} - {}^aP_{n-1} = (n-1)\,(P_{n-2} - {}^aP_{n-2}) + (-1)^{n-2}$$

und wenn dieser Wert in die vorhergehende Gleichung eingesetzt wird:

$$\begin{aligned} P_n - {}^aP_n &= n\,[(n-1)\,(P_{n-2} - {}^aP_{n-2}) + \\ &\qquad (-1)^{n-2}] + (-1)^{n-1} \\ &= n\,(n-1)\,(P_{n-2} - {}^aP_{n-2}) + \\ &\qquad n\,(-1)^{n-2} + (-1)^{n-1} \end{aligned}$$

Hierin kann wieder:

$$P_{n-2} - {}^aP_{n-2} = (n-2)\,(P_{n-3} - {}^aP_{n-3}) + (-1)^{n-3}$$

gesetzt werden, wodurch:

$$\begin{aligned} P_n - {}^aP_n &= n(n-1)\,(n-2)\,(P_{n-3} - {}^aP_{n-3}) + \\ &\qquad n\,(n-1)\,(-1)^{n-3} + n\,(-1)^{n-2} + (-1)^{n-1} \end{aligned}$$

erhalten wird.

Setzt man diese Substitutionen auf der rechten Seite dieser Gleichung fort, so folgt allgemein, wenn k eine beliebige ganze Zahl $< n$ bedeutet:

$$\begin{aligned} P_n - {}^aP_n &= n\,(n-1)\,(n-2)\cdots \\ &\qquad (n-k+1)\,(P_{n-k} - {}^aP_{n-k}) + \\ &\qquad n\,(n-1)\,(n-2)\cdots(n-k+2)\,(-1)^{n-k} + \\ &\qquad n\,(n-1)\cdots(n-k+3)\,(-1)^{n-k+1} + \\ &\qquad n\,(-1)^{n-2} + (-1)^{n-1} \end{aligned}$$

so kommt nach Ausscheidung des gemeinschaftlichen Faktors:

$$^{a}P_5 = 5!\left(\frac{1}{2!}-\frac{1}{3!}+\frac{1}{4!}-\frac{1}{5!}\right)$$
$$= 5\cdot 4\cdot 3 - 5\cdot 4 + 5 - 1 = 44$$

als Anzahl der absoluten Permutationen von fünf Elementen.

Erkl. 44. Die independente Formel für die Anzahl der absoluten Permutationen ist zuerst von Nik. Bernoulli I. (1687 bis 1759) aufgefunden worden. Ueber die Beweise der in den Fragen 29 und 30 enthaltenen Sätze vergl. die Aufsätze von Seelhorst in Arch. f. Math. u. Ph. 1884, und S. Kantor in Zeitschr. f. Math. u. Ph. 1883. Ueber die Anzahl der Permutationen von n Elementen, von denen nur m nicht an ihrer anfänglichen Stelle stehen, siehe den Abschnitt III über die Variationen.

und hieraus für

$$k = n - 1:$$

$$P_n - {}^{a}P_n = n(n-1)(n-2)\cdots 2(P_1 - {}^{a}P_1) + n(n-1)(n-2)\cdots 3(-1) + n(n-1)(n-2)\cdots 4(-1)^2 + \cdots + n(-1)^{n-2} + (-1)^{n-1}$$

oder, da:

$$P_1 = 1 \text{ und } {}^{a}P_1 = 0$$

ist:

$$P_n - {}^{a}P_n = n(n-1)(n-2)\cdots 2 - n(n-1)(n-2)\cdots 3 + n(n-1)(n-2)\cdots 4 + \cdots + n(-1)^{n-2} + (-1)^{n-1}$$
$$= n! - \frac{n!}{2!} + \frac{n!}{3!} - \cdots + \frac{n!}{(n-1)!}(-1)^{n-2} + \frac{n!}{n!}(-1)^{n-1}$$

Subtrahiert man diese Gleichung von der bekannten:

$$P_n = n! \quad \text{(siehe Frage 10)}$$

und beachtet, dass:

$$-(-1)^{n-2} = +(-1)^{n-1}$$

und

$$-(-1)^{n-1} = +(-1)^{n}$$

so folgt:

$$^{a}P_n = n!\left[\frac{1}{2!} - \frac{1}{3!} + \cdots + (-1)^{n-1}\frac{1}{(n-1)!} + (-1^{n})\frac{1}{n!}\right]$$

entsprechend der Behauptung.

b) Permutationen mit Wiederholung.

Frage 31. Was sind Permutationen mit Wiederholung?

Antwort. Permutationen mit Wiederholung nennt man die Versetzungen gegebener Elemente dann, wenn eines oder mehrere der letzteren öfter als einmal in jeder Komplexion vorkommen dürfen.

Frage 32. Welche Bezeichnungen gelten für Permutationen mit Wiederholung?

Antwort. Um anzudeuten, dass ein Element, z. B. a, öfters (α mal) in jeder Komplexion vorkommen soll, gibt man demselben den Exponenten α; im übrigen bleibt die Bezeichnungsweise von Frage 9 beibehalten. Es bedeutet also:

$$P(a^{\alpha} b^{\beta} c^{\gamma}),$$

dass man alle Komplexionen angeben soll, die aus den Elementen a, b, c gebildet werden können, wenn das Element a in jeder Komplexion α mal, b in jeder β mal, c in jeder γ mal enthalten ist. Jede Komplexion besteht also aus $\alpha + \beta + \gamma$ Elementen.

Will man aber nur die **Anzahl** der möglichen Komplexionen aus n Elementen bezeichnen, in denen ein gewisses Element α mal, ein anderes β mal, ein drittes γ mal, die übrigen nur je einmal vorkommen sollen, so schreibt man:

$$P_n^{(\alpha, \beta, \gamma)}$$

Frage 33. Wie viele Komplexionen erhält man durch Permutation von n Elementen, unter denen α gleiche vorkommen?

Erkl. 45. Statt der einen Komplexion mit Wiederholung, z. B.:

$$abaac$$

die drei gleiche Elemente enthält, wird man $3! = 6$ Komplexionen erhalten, wenn die Elemente a verschieden wären; unterscheidet man dieselben etwa durch a_1, a_2, a_3, so hätte man:

$$a_1 b a_2 a_3 c \quad a_2 b a_1 a_3 c \quad a_3 b a_1 a_2 c$$
$$a_1 b a_3 a_2 c \quad a_2 b a_3 a_1 c \quad a_3 b a_2 a_1 c$$

welche, wenn die Indices weggelassen werden, sämtlich mit obiger Komplexion $abaac$ zusammenfallen. Das gleiche gilt von **jeder** Komplexion mit Wiederholung aus obigen Elementen, da jede die drei gleichen Elemente a enthält.

Antwort. Die Anzahl der Permutationsformen von n Elementen, unter denen α gleiche vorkommen, ist:

$$P_n^{(\alpha)} = \frac{n!}{\alpha!}$$

Beweis. Die Anzahl der Komplexionen wäre:

$$n!$$

wenn alle Elemente verschieden wären. Wenn aber in jeder Form α Elemente gleich werden, so sind diejenigen Komplexionen identisch, die sich anfangs durch die Stellung dieser α Elemente unterschieden. Denkt man sich nun alle **verlangten** Komplexionen gebildet, so würden umgekehrt aus **jeder** solchen $\alpha!$ entstehen, wenn die gleichen Elemente verschieden wären, weil sich letztere Elemente selbst auf $\alpha!$ Arten permutieren liessen. Es ist deshalb:

$$P_n^{(\alpha)} \cdot \alpha! = P_n = n!$$

oder:

$$P_n^{(\alpha)} = \frac{n!}{\alpha!}$$

Frage 34. Wie viele Komplexionen erhält man durch Permutation von n Elementen, unter denen **mehrere Gruppen gleicher Elemente** vorkommen?

Erkl. 46. Betrachtet man z. B. unter den in:

$$P(a^2 b^3 c^3 d)$$

vorkommenden Komplexionen folgende einzelne:

$$aabcdcbbc$$

so entstehen aus ihr durch Unterscheidung von a_1 und a_2 die $2! = 2$ Komplexionen:

$$a_1 a_2 bcdcbbc$$
$$a_2 a_1 bcdcbbc$$

Unterscheidet man nun $b_1 b_2 b_3$, so gibt jede dieser Komplexionen $3! = 6$, die analog wie in Erkl. 38 gebildet werden, so dass bereits $2!3! = 12$ Formen entstanden sind; die erste derselben würde sein:

$$a_1 a_2 b_1 cdcb_2 b_3 c$$

Unterscheidet man jetzt die Elemente c in c_1, c_2, c_3, so gibt nach Erkl. 45 jede der 12

Antwort. Kommen unter den n gegebenen Elementen nicht nur von einer Art α gleiche vor, sondern ausserdem β gleiche Elemente einer andern Art, γ gleiche einer dritten Art u. s. w., so ist die Anzahl der Komplexionen:

$$P_n^{(\alpha, \beta, \gamma \cdots)} = \frac{n!}{\alpha!\beta!\gamma!\cdots}$$

Beweis. Wenn die **verlangten** Komplexionen alle gebildet sind und man denkt sich nun die α gleichen Elemente verschieden, so entstehen nach vorhergehendem Satze aus jeder ursprünglichen Komplexion deren $\alpha!$ Nimmt man **in diesen letzteren** jetzt auch die β gleichen Elemente als verschieden an, so erhält man wieder aus je einer Komplexion deren $\beta!$

Aus **jeder** ursprünglich verlangten Komplexion sind also bereits $\alpha!\,\beta!$ Komplexionen genannten Komplexionen wieder $3! = 6$, wonach also im ganzen deren:

$$12 \cdot 6 = 2!\,3!\,3!$$

entstehen, die sämtlich aus der einzigen Komplexion:

$$aabcdcbbc$$

hervorgegangen sind. Das gleiche geschieht durch Ungleichmachen der Elemente mit jeder der verlangten

$$P_9^{(2,\,3,\,3)}$$

Formen, weshalb offenbar:

$$P_9^{(2,\,3,\,3)} = \frac{9!}{2!\,3!\,3!} = 2520$$

sein muss.

geworden. Betrachtet man in jeder von diesen auch die γ gleichen Elemente als ungleich, so werden wieder $\gamma!$ Komplexionen aus jeder einzelnen, so dass man im ganzen bereits

$$\alpha!\,\beta!\,\gamma!$$

Formen aus jeder ursprünglichen erhalten hat.

Sind endlich alle Elemente als ungleich angesehen, so ist die Komplexionszahl $n!$, demnach:

$$P_n^{(\alpha,\,\beta,\,\gamma\,\cdots)} \times \alpha!\,\beta!\,\gamma!\cdots = n!$$

oder:

$$P_n^{(\alpha,\,\beta,\,\gamma\,\cdots)} = \frac{n!}{\alpha!\,\beta!\,\gamma!\cdots}$$

Frage 35. Wie werden sämtliche Permutationen mit Wiederholung aus beliebig gegebenen Elementen in systematischer Weise gebildet und angeordnet?

Antwort. Die Bildung und Anordnung der Permutationsformen mit Wiederholung geschieht ausschliesslich durch ein analoges Verfahren wie in Frage 11:

Man schreibt als erste Komplexion die gegebenen Elemente in natürlicher Ordnung und leitet die übrigen Formen dadurch ab, dass man in der zuletzt erhaltenen Komplexion jedesmal das späteste Element, auf das noch ein höheres folgt, so wenig als möglich erhöht (d. h. durch das nächsthöhere unter den noch später stehenden Elementen ersetzt) und die noch fehlenden Elemente in natürlicher Ordnung folgen lässt.

Erkl. 47. Es folgen hier die nach nebenstehender Regel abgeleiteten Komplexionen:

$$P(1^3\,2\,3^2)$$

111233	121133	132113	231113	312311
111323	121313	132131	231131	313112
111332	121331	132311	231311	313121
112133	123113	133112	233111	313211
112313	123131	133121	311123	321113
112331	123311	133211	311132	321131
113123	131123	211133	311213	321311
113132	131132	211313	311231	323111
113213	131213	211331	311312	331112
113231	131231	213113	311321	331121
113312	131312	213131	312113	331211
113321	131321	213311	312131	332111

$$P_6^{(3,\,2)} = \frac{6!}{3!\,2!} = 60$$

Erkl. 48. Die in den Fragen 13 und 15 gezeigten Anordnungen der Komplexionen haben hier keine Bedeutung.

Frage 36. Wie kann die Rangzahl einer einzelnen gegebenen Komplexion gefunden werden, ohne die übrigen zu bilden?

Antwort. Aus dem Beispiele in Erkl. 47 ist ersichtlich, dass sich die Gesamtzahl der Permutationen in Gruppen zerlegen lässt; alle Komplexionen der ersten Gruppe beginnen mit dem niedrigsten Elemente, alle Formen der zweiten Gruppe mit dem nächsthöheren Elemente u. s. w.

Die Anzahl der jeder Gruppe zugehörigen Komplexionen richtet sich darnach, wie oft

Erkl. 49. Um die Rangzahl der in der Entwicklung von:

$$P(a^3 b^2 c^2)$$

vorkommenden Komplexion von 7 Elementen:

$$cbcaaba$$

zu bestimmen, ergibt sich nach nebenstehender Antwort folgende Rechnung:

1. Stelle a; Zahl der Komplexionen von $P(a^2b^2c^2)$:

$$P_6^{(2,2,2)} = \frac{6!}{2!\,2!\,2!} = 90$$

1. Stelle b; Zahl der Komplexionen von $P(a^3bc^2)$:

$$P_6^{(3,1,2)} = \frac{6!}{3!\,2!} = 60$$

Unter den nun folgenden, mit c beginnenden Komplexionen befindet sich auch die verlangte. Man hält also c an der ersten Stelle fest und hat nun:

2. Stelle a; Zahl der Komplexionen von $P(a^2b^2c)$:

$$P_5^{(2,2,1)} = \frac{5!}{2!\,2!} = 30$$

Die nun folgenden haben bereits das verlangte Element b an der zweiten Stelle. Man hält deshalb auch dieses fest und fährt fort:

3. Stelle a; Zahl der Komplexionen von $P(a^2bc)$:

$$P_4^{(2,1,1)} = \frac{4!}{2!} = 12$$

3. Stelle b; Zahl der Komplexionen von $P(a^3c)$:

$$P_4^{(3,1)} = \frac{4!}{3!} = 4$$

Die nun folgende Komplexion heisst:

$cbcaaab$

Die nächste:

$cbcaaba$

ist die verlangte. Die Anzahl der vorausgegangenen Komplexionen ist:

$$90 + 60 + 30 + 12 + 4 + 1 = 197$$

also die Rangzahl der gegebenen Komplexion:

198

das an die Spitze kommende Element wiederholbar ist. Um dieselbe zu finden, sondert man das Element, welches an der ersten Stelle stehen soll, ab und bestimmt die Permutationszahl aller übrigen. So enthält z. B. in der Entwicklung:

$$P(a^\alpha b^\beta c^\gamma \cdots)$$

wenn $\alpha + \beta + \gamma \cdots = n$, die mit a beginnende Gruppe:

$$P_{n-1}^{(\alpha-1, \beta, \gamma, \cdots)}$$

Komplexionen, die mit b beginnende Gruppe deren:

$$P_{n-1}^{(\alpha, \beta-1, \gamma, \cdots)}$$

u. s. f., da im ersteren Falle eines der Elemente a an der ersten Stelle festgelegt ist, im zweiten Falle eines der Elemente b u. s. w., also jedesmal nur noch $n-1$ Elemente mit Wiederholung permutiert werden können. Nachdem man auf diese Weise bis an die Gruppe gelangt ist, welche mit dem vorgeschriebenen Elemente beginnt, sondert man für die zweite Stelle zunächst das Element a, dann b u. s. w. ab und bestimmt ähnlich wie für die erste Stelle, wie viele Komplexionen an der zweiten Stelle a oder b u. s. w. haben, bis das in der gegebenen Form verlangte Element die zweite Stelle einnimmt. Die Zahl der zu permutierenden Elemente ist hier jedesmal nur noch $n-2$, da die erste und zweite Stelle schon besetzt sind. Auf diese Art schreitet man nach und nach bis zu jener Komplexion fort, welche in allen Stellen die verlangten Elemente aufweist. Aus dem in Erkl. 49 durchgeführten Beispiele wird das ganze Verfahren leicht klar werden.

Frage 37. Wie kann eine einzelne Komplexion von gegebener Rangzahl bestimmt werden, ohne die übrigen zu bilden?

Antwort. Das zur Bestimmung einer Komplexion von gegebener Rangzahl einzuhaltende Verfahren ist dem in vorhergehender Antwort beschriebenen ganz analog. Man sucht zuerst die Anzahl der Komplexionen, die das erste, zweite, $\cdots$ Element an erster Stelle haben, und addiert die gefundenen Zahlen; sobald deren Summe die gegebene Rangzahl überschreitet, ist man bei demjenigen Elemente angekommen, das in der gesuchten Komplexion die erste Stelle einnimmt; der letzte Summand, welcher die Ueberschreitung bewirken würde, bleibt also weg. Nachdem nun die erste Stelle besetzt ist, sucht man die Anzahl der Komplexionen

Erkl. 50. Es handelt sich in Frage 37 offenbar um die Umkehrung der Frage 36. Zum besseren Verständnisse der allgemeinen Lösung soll die 198. Komplexion von $P(a^3b^2c^2)$ bestimmt werden. Wie in Erkl. 49 hat man:

1. Stelle a; Zahl der Komplexionen $= 90$
1. „ b; „ „ „ $= 60$

Summe: 150

Die gesuchte Komplexion muss also mit c beginnen. Indem man dieses Element absondert, ergeben sich weiter:

2. Stelle a; Zahl der Komplexionen = 30
2. „ b; „ „ „ = 20

Die Summe: $150 + 30 + 20 = 200$

überschreitet die gegebene Rangzahl, also hat auch die gesuchte Komplexion das Element b an zweiter Stelle und die Summe der vorausgegangenen Komplexionen ist:

$$150 + 30 = 180$$

3. Stelle a; Zahl der Komplexionen = 12
3. „ b; „ „ „ = 4

Summe: $180 + 12 + 4 = 196$

Die 197. Komplexion hat bereits c an dritter Stelle und lautet:

$$cbcaaab$$

folglich die 198. Komplexion:

$$cbcaaba$$

wie in Erkl. 49.

aus den noch übrigen Elementen, welche mit dem ersten, zweiten, ··· Elemente beginnen, und addiert dieselben wieder zur vorigen Summe, bis abermals die gegebene Rangzahl überschritten wird. Dadurch bestimmt sich das Element, das an die zweite Stelle der gesuchten Komplexion zu setzen ist. Durch Wiederholung dieses Verfahrens werden nach und nach alle Stellen besetzt, wie aus dem in Erkl. 50 dnrchgeführten Beispiele zu ersehen ist.

c) Gelöste Aufgaben über die Permutationen ohne Wiederholung.

Aufgabe 1. Auf wie viele Arten lassen sich sieben verschiedene Elemente anordnen?

Auflösung. Nach Frage 9 ist die gesuchte Zahl:

$$P_7 = 7! = 1 \cdot 2 \cdot 3 \cdot 4 \cdot 5 \cdot 6 \cdot 7 = 5040 \text{ Arten.}$$

Aufgabe 2. Sämtliche Permutationen der Elemente:

$$uvxy$$

zu bilden nach dem Verfahren von Frage 11.

Auflösung. Nach dem Verfahren in Frage 11 erhält man:

$$\begin{array}{lllll} P(uvxy) = & uvxy & vuxy & xuvy & yuvx \\ & uvyx & vuyx & xuyv & yuvx \\ & uxvy & vxuy & xvuy & yvux \\ & uxyv & vxyu & xvyu & yvxu \\ & uyvx & vyux & xyuv & yxuv \\ & uyxv & vyxu & xyvu & yxvu \end{array}$$

Aufgabe 3. Wie heisst nach lexikographischer Anordnung die erste und letzte mit wz beginnende Permutation von:

$$P(uvwxyz)?$$

Wie die erste und letzte mit zyv beginnende?

Auflösung. Die erste mit wz beginnende Komplexion ist:

$$wzuvxy$$

die letzte:

$$wzyxvu$$

Die erste mit zyv beginnende lautet:

$$zyvuwx$$

die letzte:

$$zyvxwu$$

da die späteren Elemente immer zuerst in natürlicher Ordnung zu setzen sind, und bei der letzten Komplexion in umgekehrter Ordnung.

Aufgabe 4. Wie viele Permutationen der Elemente:

1, 2, 3, 4, 5, 6, 7, 8

beginnen

1) mit 5,

2) mit 123,

3) mit 8642?

Auflösung. 1) Mit jedem Elemente beginnen so viele Permutationen, als sich die übrigen Elemente permutieren lassen, also:

$$7! = 5040$$

Komplexionen.

2) Werden die Elemente 123 am Anfang festgehalten, so lassen sich die übrigen noch auf 5! Arten permutieren; die Anzahl der gesuchten Komplexionen ist demnach:

$$120$$

3) Hält man 8642 an der Spitze der Komplexionen fest, so geben die übrigen noch:

$$4! = 24$$

Permutationen.

Aufgabe 5. In wie vielen Permutationen von acht Elementen stehen die Elemente 8, 6, 4, 2 an beliebigen Stellen nebeneinander und zwar:

1) in dieser Ordnung,

2) in beliebiger Ordnung?

Auflösung. 1) Man betrachtet die unveränderliche Gruppe 8642 als ein einziges Element, so sind nur fünf bewegliche Elemente vorhanden, und die Anzahl ihrer Permutationen ist:

$$P_5 = 5! = 120$$

2) In jeder von den eben gefundenen Komplexionen können die nebeneinanderstehenden Elemente 8642 unter sich auf 4! Arten permutiert werden; die Anzahl der gesuchten Komplexionen ist also:

$$4! \cdot 5! = 2880$$

Aufgabe 6. In wie vielen Permutationen von neun Elementen stehen die Elemente 4, 5, 6 auf der ersten, mittleren und letzten Stelle:

1) in dieser Ordnung,

2) in beliebiger Ordnung?

Auflösung. 1) Da die erste, mittlere und letzte Stelle bereits durch 4, 5 und 6 besetzt sind, so müssen die übrigen sechs Stellen durch die Elemente 1, 2, 3, 7, 8, 9 in beliebiger Ordnung eingenommen werden, was auf 6! Arten geschehen kann.

2) In den eben gefundenen 6! Komplexionen können die Elemente 4, 5, 6 auf der ersten, mittleren und letzten Stelle selbst unter sich auf 3! Arten wechseln, so dass die gesuchte Anzahl ist:

$$3!\,6! = 4320$$

Komplexionen.

Aufgabe 7. Alle Permutationen, die in:

$$P(stuv)$$

enthalten sind, durch Vertauschung von je zwei Elementen abzuleiten.

Auflösung. Nach Frage 13 findet man:

$P(stuv) =$	*stuv*	*tvus*	*ustv*	*vuts*
	stvu	*tvsu*	*usvt*	*vust*
	suvt	*tusv*	*utvs*	*vtsu*
	sutv	*tuvs*	*utsv*	*vtus*
	svtu	*tsvu*	*uvst*	*vsut*
	svut	*tsuv*	*uvts*	*vstu*

Aufgabe 8. Die Elemente:

abcdefghik

cyklisch zu vertauschen; ebenso die Elemente:

350176

Auflösung. Nach Frage 14 erhält man:

1)	*abcdefghik*	*fghikabcde*
	kabcdefghi	*efghikabcd*
	ikabcdefgh	*defghikabc*
	hikabcdefg	*cdefghikab*
	ghikabcdef	*bcdefghika*
2)	350176	176350
	635017	017635
	763501	501763

Aufgabe 9. Es sollen alle Cyklen gebildet werden, durch deren cyklische Vertauschung sämtliche Permutationen der Elemente:

12345

sich ergeben.

Auflösung. Man bildet zuerst den (einzigen) Cyklus der beiden letzten Elemente:

45

permutiert dieselben und setzt jeder Permutation das Element 3 vor. Dadurch entstehen die zwei Cyklen dritter Ordnung:

345, 354

Permutiert man dieselben cyklisch und setzt jeder Permutation das Element 2 vor, so erhält man sechs Cyklen vierter Ordnung, nämlich:

2345	2354
2534	2435
2453	2543

Durch abermalige cyklische Vertauschung jedes Cyklus und Vorsetzung des Elementes 1 finden sich endlich die 24 Cyklen fünfter Ordnung:

12345	12534	12453	12354	12435	12543
15234	14253	13245	14235	15243	13254
14523	13425	15324	15423	13524	14325
13452	15342	14532	13542	14352	15432

Aufgabe 10. Wie viele Inversionen enthalten die Komplexionen:

1) 314625
2) *gfedcba*?

Auflösung.

1) 3 vor 2 . . . . 1 Inversion
   4 „ 2 . . . . 1 „
   6 „ 2, 5 . . . 2 Inversionen

Summe: 4 Inversionen.

2)	g	vor	f, e, d, c, b, a . .	6	Inversionen
	f	„	e, d, c, b, a . . .	5	„
	e	„	d, c, b, a	4	„
	d	„	c, b, a	3	„
	c	„	b, a	2	„
	b	„	a	1	Inversion
			Summe:	21	Inversionen.

Aufgabe 11. Wie viele Inversionen enthalten sämtliche Komplexionen:

1) der Aufgabe 2,

2) von $P(1234567)$?

Auflösung. 1) Nach Frage 19 ist die Anzahl aller Inversionen der Aufgabe 2, d. h. von vier Elementen:

$$J_4 = \frac{1}{4} \cdot 4 \cdot 3 \cdot 4! = 72$$

2) Für sieben Elemente:

$$J_7 = \frac{1}{4} \cdot 7 \cdot 6 \cdot 7! = 52920$$

Für die Gesamtzahl der Inversionen ist es natürlich einerlei, nach welchem Gesetze die Komplexionen geordnet wurden.

Aufgabe 12. Wie heisst nach der lexikographischen Anordnung:

1) die 393. Komplexion von 123456,

2) die 4800. Komplexion von $abcdefg$?

Erkl. 51. In Beispiel 2) ist Erkl. 27 zu beachten; man setzt deshalb nicht:

$$480 = 4 \cdot 120 + 0$$

sondern:

$$480 = 3 \cdot 120 + 120$$

Ebenso zur Bestimmung der folgenden Stellen.

Auflösung. Nach Frage 20 hat man:

1)

Vorhandene Elemente	Rangzahl	Gesuchtes Element
1, 2, 3, 4, 5, 6	$393 = 3 \cdot 120 + 33$	4
1, 2, 3, 5, 6	$33 = 1 \cdot 24 + 9$	2
1, 3, 5, 6	$9 = 1 \cdot 6 + 3$	3
1, 5, 6	$3 = 1 \cdot 2 + 1$	5
1, 6	$1 = 0 \cdot 1 + 1$	1

Gesuchte Komplexion:

423516

2)

Vorhandene Elemente	Rangzahl	Gesuchtes Element
a, b, c, d, e, f, g	$4800 = 6 \cdot 720 + 480$	g
a, b, c, d, e, f	$480 = 3 \cdot 120 + 120$	d
a, b, c, e, f	$120 = 4 \cdot 24 + 24$	f
a, b, c, e	$24 = 3 \cdot 6 + 6$	e
a, b, c	$6 = 2 \cdot 2 + 2$	c
a, b	$2 = 1 \cdot 1 + 1$	b

Demnach ist die gesuchte Komplexion:

$gdfecba$

Aufgabe 13. Die wievielste Permutation der Elemente $abcdefg$ nach der lexikographischen Anordnung ist:

$fgcbdae$?

Auflösung. Nach Frage 21 bildet man:

Stelle	Element	Vorausgehende Elemente	Vorausgehende Komplexionen
1.	f	a, b, c, d, e	$5 \cdot 6! = 3600$
2.	g	a, b, c, d, e	$5 \cdot 5! = 600$
3.	c	a, b	$2 \cdot 4! = 48$
4.	b	a	$1 \cdot 3! = 6$
5.	d	a	$1 \cdot 2! = 2$
6.	a	—	— —
			Summe: 4256

Die gesuchte Komplexion ist die

4257 te

Aufgabe 14. Wie heisst die 207. Komplexion von:

$$P(123456)$$

wenn sie aus der natürlichen Anordnung durch Vertauschung von nur je zwei Elementen hervorgehen soll?

Auflösung. Nach dem in Frage 22 und Erkl. 29 gezeigten Verfahren hat man zu bilden:

1) $207 = 1 \cdot 5! + 87$
2) $87 = 3 \cdot 4! + 15$
3) $15 = 2 \cdot 3! + 3$
4) $3 = 1 \cdot 2! + 1$
5) $1 = 0 \cdot 1 + 1$

	Reihenfolge der Elemente	Stelle	Element
1)	1, 2, 3, 4, 5, 6	1.	2
2)	6, 5, 4, 3, 1	2.	3
3)	1, 4, 5, 6	3.	5
4)	1, 4, 6	4.	4
5)	6, 1	5.	6

Rang desselben . . . . $= 2$
Rang der Binion 23: . . . $1 \cdot 5 + 4 = 9$
Rang der Trinion 235: . . $8 \cdot 4 + 3 = 35$
Rang der Quaternion 2354: $34 \cdot 3 + 2 = 104$
— — — — — —

Gesuchte Komplexion:

235461

Aufgabe 15. Die wievielste Permutation der Elemente:

a, b, c, d, e, f, g

heisst:

$gdfecba$

wenn die Komplexionen durch Vertauschung von nur je zwei Elementen aus der natürlichen Anordnung abgeleitet werden?

Auflösung. Nach Frage 23 und Erkl. 31 hat man zu bilden:

Anfangs-komplexion	Rang derselben	Folge der übrigen Elemente	Anzahl der vorausgehenden Komplexionen
1) g ······	7	a, b, c, d, e, f	$6 \cdot 6! = 4320$
2) gd ·····	$6 \cdot 6 + 4 = 40$	f, e, c, b, a	$3 \cdot 5! = 360$
3) gdf ····	$5 \cdot 39 + 1 = 196$	e, c, b, a	$0 \cdot 4! = 0$
4) $gdfe$ ···	$4 \cdot 195 + 1 = 781$	a, b, c	$0 \cdot 3! = 0$
5) $gdfec$ ··	$3 \cdot 780 + 3 = 2343$	a, b	$2 \cdot 2! = 4$
6) $gdfecb$ ·	— —	a	$1 \cdot 1 = 1$
			Summe: 4685

Die gegebene Komplexion ist die

4686 te

Aufgabe 16. Es soll die 2355. cyklische Permutation der Elemente:

1, 2, 3, 4, 5, 6, 7

angegeben werden, ohne die vorhergehenden zu bilden.

Auflösung. Nach Frage 24 und Erkl. 34 sucht man zunächst die Cyklen, denen die gesuchte Komplexion angehört, durch folgende Zerlegungen:

Preisgekrönt in Frankfurt a. M. 1881.

Der **ausführliche Prospekt** und das **ausführliche Inhaltsverzeichnis** der „vollständig gelösten Aufgabensammlung von Dr. Ad. Kleyer“ kann von jeder Buchhandlung, sowie von der Verlagshandlung **gratis und portofrei** bezogen werden.

Bemerkt sei hier nur:

1). Jedes Heft ist aufgeschnitten und gut brochiert, um den **sofortigen** und **dauernden** Gebrauch zu gestatten.

2). Jedes Kapitel enthält sein besonderes Titelblatt, Inhaltsverzeichnis, Berichtigungen und Erklärungen am Schlusse desselben.

3). Auf jedes einzelne Kapitel kann abonniert werden.

4). Monatlich erscheinen 3—4 Hefte zu dem **Abonnementspreise** von 25 Pfg. pro Heft.

5). Die **Reihenfolge** der Hefte im nachstehenden, kurz angedeuteten Inhaltsverzeichnis ist, **wie aus dem Prospekt ersichtlich**, **ohne jede Bedeutung** für die Interessenten.

6). Das Werk enthält **Alles**, was sich überhaupt auf mathematische Wissenschaften bezieht, alle Lehrsätze, Formeln und Regeln etc. mit Beweisen, alle praktischen Aufgaben in vollständig gelöster Form mit Anhängen ungelöster analoger Aufgaben und vielen vortrefflichen Figuren.

7). Das Werk ist ein **praktisches Lehrbuch für Schüler aller Schulen**, **das beste Handbuch** für Lehrer und Examinatoren, **das vorzüglichste Lehrbuch zum Selbststudium**, **das vortrefflichste Nachschlagebuch** für Fachleute und Techniker jeder Art.

8). Alle Buchhandlungen nehmen Bestellungen entgegen.

Das vollständige

Inhaltsverzeichnis

der bis jetzt erschienenen Hefte

kann durch jede Buchhandlung bezogen werden.

Halbjährlich erscheinen Nachträge über die inzwischen neu erschienenen Hefte.

Druck von Carl Hammer in Stuttgart.

1147. Heft.	Preis des Heftes 25 Pf.	Kombinatorik oder die Lehre von den kombinatorischen Operationen. Forts. v. Heft 1146. — Seite 33—48.

Vollständig gelöste
Aufgaben-Sammlung

— nebst Anhängen ungelöster Aufgaben, für den Schul- & Selbstunterricht —
mit
Angabe und Entwicklung der benutzten Sätze, Formeln, Regeln, in Fragen und Antworten
erläutert durch
viele Holzschnitte & lithograph. Tafeln,
aus allen Zweigen
der Rechenkunst, der niederen (Algebra, Planimetrie, Stereometrie, ebenen u. sphärischen Trigonometrie, synthetischen Geometrie etc.) u. höheren Mathematik (höhere Analysis, Differential- u. Integral-Rechnung, analytische Geometrie der Ebene u. des Raumes etc.); — aus allen Zweigen der Physik, Mechanik, Graphostatik, Chemie, Geodäsie, Nautik, mathemat. Geographie, Astronomie; des Maschinen-, Strassen-, Eisenbahn-, Wasser-, Brücken- u. Hochbau's; der Konstruktionslehren als: darstell. Geometrie, Polar- u. Parallel-Perspektive, Schattenkonstruktionen etc. etc.
für
Schüler, Studierende, Kandidaten, Lehrer, Techniker jeder Art, Militärs etc.
zum einzig richtigen und erfolgreichen
Studium, zur **Forthülfe** bei Schularbeiten und zur **rationellen** Verwertung der exakten Wissenschaften,
herausgegeben von

Dr. Adolph Kleyer,
Mathematiker, vereideter königl. preuss. Feldmesser, vereideter grossh. hessischer Geometer I. Klasse
in **Frankfurt a. M.**

unter Mitwirkung der bewährtesten Kräfte.

Kombinatorik
oder
Die Lehre von den kombinatorischen Operationen.
(Permutation, Kombination, Variation.)

Nach System Kleyer bearbeitet von **Prof. H. Staudacher.**

Forts. von Heft 1146. Seite 33—48.

Inhalt:

Gelöste Aufgaben über die Permutationen ohne Wiederholung. - Gelöste Aufgaben über die Permutationen mit Wiederholung.

Stuttgart 1892.
Verlag von Julius Maier.

$2355 = 7 \cdot 336 + 3$	(3. Permutation des	337. Cyklus	von 7	Elementen)
$337 = 6 \cdot 56 + 1$	(1. „ „	57. „	„ 6	„)
$57 = 5 \cdot 11 + 2$	(2. „ „	12. „	„ 5	„)
$12 = 4 \cdot 2 + 4$	(4. „ „	3. „	„ 4	„)
$3 = 3 \cdot 0 + 3$	(3. „ „	1. „	„ 3	„)
$1 = 2 \cdot 0 + 1$	(1. „ „	1. „	„ 2	„)

Cyklus:	67;	1. Permutation:	67
„	567;	3. „	675
„	4675;	4. „	6754
„	36754;	2. „	43675
„	243675;	1. „	243675
„	1243675;	3. „	7512436

Die gesuchte Komplexion ist demnach:

7512436

Aufgabe 17. Wie können für die 2355. cyklische Permutation der Elemente:

1, 2, 3, 4, 5, 6, 7

die auf jeder einzelnen Stelle stehenden Elemente berechnet werden?

Erkl. 52. Bei der Addition der Reste muss nach Frage 25, sobald der darüber stehende Index überschritten wird, eine dem letzteren gleiche Zahl von Einheiten weggelassen werden; z. B. für das Element 7 lautet die Addition:

$1 + 1 = 2$

$2 + 3 = 5$, davon ab $3 = 2$

$2 + 4 = 6$, „ „ $4 = 2$

$2 + 2 = 4$

$4 + 1 = 5$

$5 + 3 = 8$, davon ab: $7 = 1$

Analog bei den übrigen Summen.

Auflösung. Für die 2355. Permutation ergeben sich aus der vorhergehenden Auflösung folgende Reste (mit Hinzufügung des oben nicht angeschriebenen letzten Restes $r_1 = 1$):

$r_7 = 3 \qquad r_4 = 4$

$r_6 = 1 \qquad r_3 = 3$

$r_5 = 2 \qquad r_2 = 1$

$r_1 = 1$

Nach Frage 25 und Erkl. 36 sind also die gesuchten Stellen:

Element	r_1 r_2 r_3 r_4 r_5 r_6 r_7	Stelle
7	$1 + 1 + 3 + 4 + 2 + 1 + 3 =$	1.
6	$1 + 3 + 4 + 2 + 1 + 3 =$	7.
5	$3 + 4 + 2 + 1 + 3 =$	2.
4	$4 + 2 + 1 + 3 =$	5.
3	$2 + 1 + 3 =$	6.
2	$1 + 3 =$	4.
1	$3 =$	3.

Die gesuchte Komplexion ist also wie in Aufgabe 13:

7512436

Aufgabe 18. Die wievielte Permutation der Elemente:

1, 2, 3, 4, 5, 6, 7

in der cyklischen Anordnung der Komplexionen heisst:

5367142?

Erkl. 53. Zur Probe der Richtigkeit des gefundenen Resultates bestimmen wir die 474. Permutation der sieben Elemente nach

Auflösung. Nach Frage 26 und Erkl. 38 hat man, da die Stellen der Elemente:

$s_1 = 5, \quad s_2 = 7, \quad s_3 = 2, \quad s_4 = 6$

$s_5 = 1, \quad s_6 = 3, \quad s_7 = 4$

sind, folgende Gleichungen zu bilden:

cyklischer Anordnung durch das Verfahren der Aufgabe 13. Man erhält:

$$474 = 7 \cdot 67 + 5$$
$$68 = 6 \cdot 11 + 2$$
$$12 = 5 \cdot 2 + 2$$
$$3 = 4 \cdot 0 + 3$$
$$1 = 3 \cdot 0 + 1$$
$$1 = 2 \cdot 0 + 1$$

Cyklus:	67	1.	Permutation:	67
„	567	1.	„	567
„	4567	3.	„	6745
„	36745	2.	„	53674
„	253674	2.	„	425367
„	1425367	5.	„	5367142

entsprechend der oben gegebenen Komplexion.

$$r_7 = 5$$
$$r_6 + r_7 = 7$$
$$r_5 + r_6 + r_7 = 2$$
$$r_4 + r_5 + r_6 + r_7 = 6$$
$$r_3 + r_4 + r_5 + r_6 + r_7 = 1$$
$$r_2 + r_3 + r_4 + r_5 + r_6 + r_7 = 3$$
$$r_1 + r_2 + r_3 + r_4 + r_5 + r_6 + r_7 = 4$$

Hieraus finden sich die Werte der Reste durch folgende Berechnung:

$$r_7 = 5$$
$$r_6 = 7 - r_7 = 7 - 5 = 2$$
$$r_5 = 2 - r_7 - r_6 = 2 - 5 + (7) - 2 = 2$$
$$r_4 = 6 - r_7 - r_6 - r_5 = 6 - 5 - 2 + (6) - 2 = 3$$
$$r_3 = 1 - r_7 - r_6 - r_5 - r_4 = 1 - 5 + (7) - 2 - 2 + (5) - 3 = 1$$
$$r_2 = 3 - r_7 - r_6 - r_5 - r_4 - r_3 = 3 - 5 + (7) - 2 - 2 - 3 + (4) - 1 = 1$$
$$r_1 = 4 - r_7 - r_6 - r_5 - r_4 - r_3 - r_2 = 4 - 5 + (7) - 2 - 2 - 3 + (4) - 1 - 1 = 1$$

Hieraus folgt nach Gleichung 3) in Frage 26 die Rangzahl:

$$Q = 3 \cdot 4 \cdot 5 \cdot 6 \cdot 7\,(1-1) + 4 \cdot 5 \cdot 6 \cdot 7\,(1-1) + 5 \cdot 6 \cdot 7\,(3-1) + 6 \cdot 7\,(2-1) + 7\,(2-1) + 5 = 474$$

Aufgabe 19. Die absoluten Permutationen der Elemente:

1) a, b, c, d

2) 1, 2, 3, 4, 5

anzugeben.

Auflösung. Man bildet sämtliche Permutationen nach der lexikographischen Anordnung und lässt darunter diejenigen weg, in denen eines der gegebenen Elemente an seiner ursprünglichen (natürlichen) Stelle erscheint. Man erhält dann:

1)

badc	*cadb*	*dabc*
bcda	*cdab*	*dcab*
bdac	*cdba*	*dcba*

2)

21453	31254	41253	51234
21534	31452	41523	51423
23154	31524	41532	51432
23451	34152	43152	53124
23514	34251	43251	53214
24153	34512	43512	53412
24513	34521	43521	53421
24531	35124	45123	54123
25134	35214	45132	54132
25413	35412	45213	54213
25431	35421	45231	54231

Aufgabe 20. Die Anzahl der absoluten Permutationen anzugeben, welche:

1) 7 Elemente
2) 12 Elemente

zulassen.

Auflösung. Nach der independenten Formel in Frage 30 erhält man:

1) $^aP_7 = 7!\left(\frac{1}{2!} - \frac{1}{3!} + \frac{1}{4!} - \frac{1}{5!} + \frac{1}{6!} - \frac{1}{7!}\right) = 2520 - 840 + 210 - 42 + 7 - 1 = 1854$

2) $^aP_{12} = 12!\left(\frac{1}{2!} - \frac{1}{3!} + \frac{1}{4!} - \frac{1}{5!} + \frac{1}{6!} - \frac{1}{7!} + \frac{1}{8!} - \frac{1}{9!} + \frac{1}{10!} - \frac{1}{11!} + \frac{1}{12!}\right)$

$= 239500800 - 79833600 + 19958400 - 3991680 + 665280 - 95040 +$
$11880 - 1320 + 132 - 12 + 1 = 176214841$

Aufgabe 21. Acht Personen, die täglich an einem Tische zusammenkommen, wollen sich jeden Tag in anderer Ordnung setzen und zwar so, dass jede Person an jedem folgenden Tage einen andern Platz einnimmt als am vorhergehenden. Wie viele Tage dauert der Wechsel und in welcher Ordnung sitzen sie nach der Hälfte dieser Zeit?

Auflösung. Die acht Personen müssen ihre Plätze nach cyklischer Ordnung so oft als möglich wechseln. Die Anzahl aller Komplexionen von acht Elementen ist:

$$P_8 = 1 \cdot 2 \cdot 3 \cdot 4 \cdot 5 \cdot 7 \cdot 8 = 40320$$

Der Wechsel der Plätze dauert also 40320 Tage; hätten sie also z. B. am 1. Januar 1892 angefangen, so wäre derselbe beendet am 23. Mai 2002.

Erkl. 54. Vom 1. Jan. 1892 bis 1. Jan. 1901 sind 9 Jahre, worunter 2 Schaltjahre, weil 1900 kein Schaltjahr ist . . . . . = 3287 Tage.
Vom 1. Jan. 1901 bis 1. Jan. 2002
(101 Jahre mit 25 Schalttagen) = 36890 Tage.
Summe: 40177 Tage.

Die noch fehlenden 143 Tage erstrecken sich noch bis 23. Mai 2002.

Nach der Hälfte dieser Zeit ist die

20161. Komplexion

an der Reihe. Dieselbe bestimmt sich nach Frage 24:

$$20161 = 8 \cdot 2520 + 1$$
$$2521 = 7 \cdot 360 + 1$$
$$361 = 6 \cdot 60 + 1$$
$$61 = 5 \cdot 12 + 1$$
$$13 = 4 \cdot 3 + 1$$
$$4 = 3 \cdot 1 + 1$$
$$2 = 2 \cdot 0 + 2$$

Erkl. 55. Die Anordnung der Komplexionen muss cyklisch sein, weil nach den andern Methoden jede Person ihren Platz so lang als möglich behalten würde, was der gegebenen Bedingung nicht entspricht.

Man hat also im Cyklus von zwei Elementen die zweite Permutation:

87

und von allen andern Cyklen die erste, so dass die gesuchte Komplexion lautet:

12345687

Aufgabe 22. Sechs Herren und sechs Damen sollen so an einem Tische Platz nehmen, dass abwechselnd ein Herr neben eine Dame kommt.

1) Wie viele verschiedene Anordnungen sind überhaupt möglich, wenn jeder Wechsel von zwei Personen oder Plätzen als solcher gezählt wird?

Auflösung. Man bezeichne die Herren durch die Elemente $a, b, c, \cdots$, die Damen durch $1, 2, 3, \cdots$

1) Die Herren unter sich können auf

$$P_6 = 6!$$

Arten wechseln; auf ebensoviele Arten die

2) Wie müssen die Personen wechseln, damit jedesmal jede Dame zwischen zwei andern Herren sitze, oder jeder Herr zwischen zwei andern Damen?

3) Jeder Herr stets zwischen denselben Damen und umgekehrt, aber sowohl Damen als Herren jedesmal auf andern Plätzen?

Damen unter sich. Jede Anordnung der Damen kann zwischen jede Anordnung der Herren eingeschoben werden, wodurch

$$6! \cdot 6!$$

Versetzungen entstehen. Ausserdem kann jeder Herr mit seiner benachbarten Dame (alle nach derselben Richtung) den Platz wechseln, so dass im ganzen:

$$2 \cdot 6!\, 6! = 1036800$$

Versetzungen möglich sind.

2) Die Herren haben eine cyklische Vertauschung der Plätze vorzunehmen, während die Damen ihre Plätze behalten, oder umgekehrt; in jedem Falle gibt es sechs Anordnungen; z. B.:

$$a\,1\,b\,2\,c\,3\,d\,4\,e\,5\,f\,6$$
$$f\,1\,a\,2\,b\,3\,c\,4\,d\,5\,e\,6$$

u. s. w. oder auch:

$$a\,1\,b\,2\,c\,3\,d\,4\,e\,5\,f\,6$$
$$a\,6\,b\,1\,c\,2\,d\,3\,e\,4\,f\,5$$

u. s. w.

3) Sowohl die Herren als die Damen vertauschen in der ganzen Reihe ihre Plätze cyklisch, so dass jeder Herr und jede Dame nach und nach jeden der zwölf Plätze einnimmt; im ganzen zwölf Anordnungen, z. B.:

$$a\,1\,b\,2\,c\,3\,d\,4\,e\,5\,f\,6$$
$$6\,a\,1\,b\,2\,c\,3\,d\,4\,e\,5\,f$$
$$f\,6\,a\,1\,b\,2\,c\,3\,d\,4\,e\,5$$

. . . .

Aufgabe 23. Fünf weisse Kugeln mit den Nummern 1, 2, 3, 4, 5 und vier schwarze Kugeln mit den Nummern 1, 2, 3, 4 sollen auf alle möglichen Arten so in einer Reihe angeordnet werden, dass die Farben abwechseln. Auf wie viele Arten kann das geschehen?

Auflösung. Da hier eine weisse Kugel mehr ist als eine schwarze, so müssen erstere die ungeraden Stellen einnehmen, letztere die geraden. Die weissen Kugeln können unter sich auf 5! Arten vertauscht werden, die schwarzen unter sich auf 4! Arten. Jede Komplexion der erstern Art kann mit jeder der zweiten Art zusammengestellt werden, so dass im ganzen:

$$5! \cdot 4! = 2880$$

Komplexionen entstehen.

Aufgabe 24. Man hat vier schwarze, vier weisse und vier rote Kugeln, jede Sorte mit den Nummern 1, 2, 3, 4 bezeichnet, die auf alle möglichen Arten so in eine Reihe geordnet werden sollen, dass je drei aufeinanderfolgende Kugeln von verschiedener Farbe sind. Wie viele Anordnungen gibt es?

Auflösung. Jede Sorte Kugeln für sich gibt 4! Permutationen, von denen jede in alle andern so eingeschoben werden kann, dass die schwarzen Kugeln jedesmal die 1., 4., 7. und 10. Stelle, die weissen die 2., 5.,

8. und 11. Stelle, die roten die 3., 6., 9. und 12. Stelle einnehmen; hieraus entstehen:

$$4!\,4!\,4!$$

Komplexionen. In jeder solchen lässt nun die erste Gruppe, aus einer schwarzen, weissen und roten Kugel bestehend, in sich selbst 3! Vertauschungen der Farben zu, wobei aber jede auch die entsprechende Vertauschung innerhalb der übrigen Gruppen gleichzeitig erfordert, wenn je drei aufeinanderfolgende Kugeln durch die ganze Reihe hindurch von verschiedener Farbe bleiben sollen. Die Anzahl aller möglichen Anordnungen ist demnach:

$$3!\,4!\,4!\,4! = 82944$$

Aufgabe 25. Wie viele 10ziffrige Zahlen lassen sich anschreiben, in denen jede Ziffer nur einmal vorkommt?

Auflösung. Die 10 Ziffern:

$$0,\ 1,\ 2,\ 3,\ 4,\ 5,\ 6,\ 7,\ 8,\ 9$$

lassen

$$P_{10} = 10! = 3628800$$

Permutationen zu; hievon sind aber alle diejenigen abzuziehen, in welchen 0 auf der ersten Stelle steht, indem dieselben in Wirklichkeit nur 9ziffrige Zahlen vorstellen; die Anzahl dieser Permutationen ist 9!, also die gesuchte Anzahl:

$$10! - 9! = 9!\,9 = 3265920$$

Aufgabe 26. Wie gross ist die Summe aller Zahlen, die durch die Permutationen gegebener Ziffern ohne Wiederholung gebildet werden?

Erkl. 56. Da hier nicht ausdrücklich gesagt ist, dass alle Zahlen $n$ziffrig sein sollen, so dürfen auch die mit 0 anfangenden, also $(n-1)$ziffrigen Zahlen hinzugerechnet werden.

Erkl. 57. Die verlangte Summe ist zunächst:

$$S = (a + b + c + \cdots)\cdot(n-1)!\,(1 + 10 + 10^2 + \cdots + 10^{n-1})$$

Der letztere Faktor enthält eine geometrische Progression von n Gliedern, deren Summe ist:

$$\frac{10^n - 1}{10 - 1}$$

(Vergl. Kleyer, Lehrbuch der arithmetischen und geometrischen Progressionen.)

Auflösung. Es seien

$$a,\ b,\ c, \cdots n$$

die gegebenen Ziffern, beliebig aus der Reihe $0, 1, \cdots 9$ gewählt, und alle von einander verschieden. Man denke sich alle Permutationen untereinander geschrieben (auch diejenigen, welche etwa mit 0 anfangen (siehe Erkl. 56), wenn diese Ziffer unter den gegebenen sich befindet). Jede Kolonne der untereinander stehenden Ziffern gibt dann dieselbe Summe (weil jede Ziffer auf jeder Stelle gleich oft vorkommt), nämlich:

$$(a + b + c + \cdots + n)\cdot(n-1)!$$

Multipliziert man sodann jede dieser Teilsummen mit dem Stellenwerte der entsprechenden Kolonne, so ergibt sich:

Summe der letzten Kolonne rechts:	$(a + b + c + \cdots)\cdot(n-1)!$
„ „ vorletzten „ „ :	$(a + b + c + \cdots)\cdot(n-1)!\cdot 10$
„ „ drittletzten „ „ :	$(a + b + c + \cdots)\cdot(n-1)!\cdot 10^2$
. . . .	. . . .
Summe der ersten Kolonne links:	$(a + b + c + \cdots)\cdot(n-1)!\cdot 10^{n-1}$

Summe aller als dekadische Zahlen betrachteten Komplexionen:

$$S = (a + b + c + \cdots)\cdot(n-1)!\cdot\frac{10^n - 1}{10 - 1} \quad \text{(siehe Erkl. 57)}$$

Aufgabe 27. Wie gross ist die Summe aller dekadischen Zahlen, die mit geraden Ziffern:

0, 2, 4, 6, 8

geschrieben werden, wenn jede Ziffer nur einmal in jeder Zahl vorkommen darf?

Auflösung. Rechnet man zu den verlangten 5ziffrigen Zahlen auch die mit 0 anfangenden, eigentlich 4ziffrigen hinzu, so ist die Summe nach Aufgabe 26:

$$S = (0+2+4+6+8)\cdot 4!\,\frac{10^5-1}{9} = 20\cdot 24\cdot 11111 = 5333280$$

Sollen aber nur die wirklich 5ziffrigen Zahlen summiert werden, so ist von der gefundenen Summe die Summe S' der mit 0 beginnenden abzuziehen; für letztere hat man ebenfalls nach Aufgabe 26:

$$S' = (2+4+6+8)\cdot 3!\,\frac{10^4-1}{9} = 133320$$

folglich:

$$S - S' = 5333280 - 133320 = 5199960$$

Aufgabe 28. Wie heisst die 79. Permutation von:

„BRAUN"

nach der lexikographischen Anordnung?

Erkl. 58. Wäre die Frage umgekehrt gestellt, so dass man von der Komplexion „URBAN" ausgehend auf die Komplexion „BRAUN" kommen sollte, die in der lexikographischen Anordnung der gegebenen vorausgeht, so müsste man von der gegebenen Komplexion bis zur letzten:

urnba

fortschreiten, auf welche dann wieder die natürliche Anordnung:

abnru

folgen würde, und aus dieser noch die gesuchte Komplexion ableiten. Dieselbe wäre dann die

$3+38 = 41$. Permutation.

Oder man könnte rückwärts schreiten, indem man die umgekehrte natürliche Elementenfolge als Ausgang nimmt und setzt:

urnba = 12345

Dann ist:

urban = 12453

also die 4. Permutation, und man sucht dann die

$4+79 = 83$. Permutaton

von 12345, nämlich:

Vorhandene Elemente	Rangzahl	Gesuchtes Element
1, 2, 3, 4, 5	$83 = 3\cdot 4!+11$	4
1, 2, 3, 5	$11 = 1\cdot 3!+5$	2
1, 3, 5	$5 = 2\cdot 2!+1$	5
1, 3	$1 = 0\cdot 1+1$	1

Also die gesuchte Komplexion:

42513 = *braun*

Auflösung. Man sucht zuerst, die wievielte Permutation der natürlichen Elementenfolge:

abnru

die gegebene Komplexion „*braun*" ist und findet nach Aufgabe 13:

Stelle	Element	Vorausgehende Elemente	Vorausgehende Komplexionen
1.	*b*	*a*	24
2.	*r*	*a*, *n*	12
3.	*a*	—	—
4.	*u*	*n*	1
		Summe:	37

Die gegebene Komplexion ist also die 38. Permutation.

Nun suche man die $38+79 = 117$. Permutation von $P(abnru)$ nach Aufgabe 12 und erhält:

Vorhandene Elemente	Rangzahl	Gesuchtes Element
a, *b*, *n*, *r*, *u*	$117 = 4\cdot 4!+21$	*u*
a, *b*, *n*, *r*	$21 = 3\cdot 3!+3$	*r*
a, *b*, *n*	$3 = 1\cdot 2!+1$	*b*
a, *n*	$1 = 0\cdot 1+1$	*a*

Also die gesuchte Komplexion:

„URBAN"

Andere Auflösung. Man suche, wie viele Komplexionen nach der gegebenen noch mit *b* beginnen, nämlich:

mit	*brn*	beginnen	2
„	*bru*	„	2
„	*bu*	„	6

ferner beginnen:

mit *n*	24
„ *r*	24
	58
mit *ua*, *ub*, *un*	18
„ *ura*	2
	78

Demnach heisst die 79. Permutation:
„URBAN“

Aufgabe 29. Die wievielte Permutation von „LANDESHUT“ heisst „THUSNELDA“:

1) nach der lexikographischen Anordnung,

2) wenn nur je zwei Elemente vertauscht werden,

3) nach der Methode der cyklischen Vertauschungen?

Erkl. 58a. Werden die Buchstaben eines Wortes oder mehrerer Wörter so versetzt, dass die neue Zusammenstellung wieder einen bestimmten Wortsinn gibt, so heisst letztere ein Anagramm der ersteren und auch umgekehrt, z. B. Tafel — Falte, Armut — Traum — Murat, Regen — Neger u. s. w.

(Siehe auch die Aufgaben 46, 93, 94.)

Auflösung. 1) Man geht von der natürlichen Anordnung der Elemente:

a, *d*, *e*, *h*, *l*, *n*, *s*, *t*, *u*

aus und erhält sodann nach Frage 21:

1) „LANDESHUT“:

Stelle	Element	Vorausgehende Elemente	Vorausgehende Komplexionen
1.	*l*	*a*, *d*, *e* *h*	4·8! = 161280
2.	*a*	—	— —
3.	*n*	*d*, *e*, *h*	3·6! = 2160
4.	*d*	—	— —
5.	*e*	—	— —
6.	*s*	*h*	3! = 6
7.	*h*	—	— —
8.	*u*	*t*	1 = 1
			Summe: 163447

2) „THUSNELDA“:

Stelle	Element	Vorausgehende Elemente	Vorausgehende Komplexionen
1.	*t*	*a*, *d*, *e*, *h*, *l*, *n* *s*	7·8! = 282240
2.	*h*	*a*, *d*, *e*	3·7! = 15120
3.	*u*	*a*, *d*, *e*, *l*, *n*, *s*	6·6! = 4320
4.	*s*	*a*, *d*, *e*, *l*, *n*	5·5! = 600
5.	*n*	*a*, *d*, *e*, *l*	4·4! = 96
6.	*e*	*a*, *d*	2·3! = 12
7.	*l*	*a*, *d*	2·2! = 4
8.	*d*	*a*	1·1 = 1
			Summe: 302393

Demnach ist „THUSNELDA“ die

302394 — 163448 = 138946 te

Permutation von „LANDESHUT“.

2) Bei Vertauschung von nur je zwei Elementen geht man ebenfalls von obiger natürlichen Anordnung aus und erhält dann analog wie in Aufgabe 15:

1) „LANDESHUT“:

Besetzte Stellen	Rangzahl ihrer Komplexion	Reihenfolge der übrigen Elemente	Anzahl der vorausgehenden Komplexionen
l·······	5	*a, d, e, h, n, s, t, u*	$4\cdot 8! = 161280$
la······	$4\cdot 8 + 1 = 33$	*d, e, h, n, s, t, u*	$0\cdot 7! =$ —
lan·····	$32\cdot 7 + 4 = 228$	*u, t, s, h, e, d*	$3\cdot 6! = 2160$
land····	$227\cdot 6 + 6 = 1368$	*u, t, s, h, e*	$5\cdot 5! = 600$
lande···	$1367\cdot 5 + 5 = 6840$	*u, t, s, h*	$4\cdot 4! = 96$
landes··	$6839\cdot 4 + 3 = 27359$	*h, t, u*	$2\cdot 3! = 12$
landesh·	$27358\cdot 3 + 1 = 82075$	*t, u*	$0\cdot 2! =$ —
landeshu	···········	*t*	$1\cdot 1 = 1$
			Summe: 164149

2) „THUSNELDA“:

Besetzte Stellen	Rangzahl ihrer Komplexion	Reihenfolge der übrigen Elemente	Anzahl der vorausgehenden Komplexionen
t·······	8	*u, s, n, l, h, e, d, a*	$7\cdot 8! = 282240$
th······	$7\cdot 8 + 5 = 61$	*a, d, e, l, n, s, u*	$4\cdot 7! = 20160$
thu·····	$60\cdot 7 + 7 = 427$	*a, d, e, l, n, s*	$6\cdot 6! = 4320$
thus····	$426\cdot 6 + 6 = 2562$	*n, l, e, d, a*	$5\cdot 5! = 600$
thusn···	$2561\cdot 5 + 1 = 12806$	*l, e, d, a*	$0\cdot 4! =$ —
thusne··	$12805\cdot 4 + 2 = 51222$	*l, d, a*	$1\cdot 3! = 6$
thusnel·	$51221\cdot 3 + 1 = 153664$	*d, a*	$0\cdot 2! =$ —
thusneld	···········	*a*	$0\cdot 1 =$ —
			Summe: 307326

Erkl. 59. Die Berechnung wird folgende (die positiven Summanden sind die zu ergänzenden Indices):

$r_9 = 2$

$r_8 = 4 - 2 = 2$

$r_7 = 5 - 2 - 2 = 1$

$r_6 = 7 - 2 - 2 - 1 = 2$

$r_5 = 1 - 2 + 9 - 2 - 1 - 2 = 3$

$r_4 = 3 - 2 - 2 + 8 - 1 - 2 - 3 = 1$

$r_3 = 6 - 2 - 2 - 1 - 2 + 6 - 3 - 1 = 1$

$r_2 = 9 - 2 - 2 - 1 - 2 - 3 + 5 - 1 - 1 = 2$

Das gesuchte Anagramm erfordert also:

$$307327 - 164149 = 143178$$

Vertauschungen von zwei Elementen nach Frage 13.

3) Auch hier geht man von der natürlichen Anordnung aus und hat dann:

1) „LANDESHUT“:

$r_9 = 2$, folglich $r_9 = 2$

$r_8 + r_9 = 4$, „ $r_8 = 2$

$r_7 + r_8 + r_9 = 5$, „ $r_7 = 1$

$r_6 + r_7 + r_8 + r_9 = 7$, „ $r_6 = 2$

$r_5 + r_6 + r_7 + r_8 + r_9 = 1$, „ $r_5 = 3$

$r_4 + r_5 + r_6 + r_7 + r_8 + r_9 = 3$, „ $r_4 = 1$

$r_3 + r_4 + r_5 + r_6 + r_7 + r_8 + r_9 = 6$, „ $r_3 = 1$

$r_2 + r_3 + r_4 + r_5 + r_6 + r_7 + r_8 + r_9 = 9$, „ $r_2 = 2$

(siehe Erkl. 59) $r_1 = 1$

Hieraus folgt die Rangzahl:

$$Q = 3\cdot 4\cdot 5\cdot 6\cdot 7\cdot 8\cdot 9\cdot 1 + 4\cdot 5\cdot 6\cdot 7\cdot 8\cdot 9\cdot 0 + 5\cdot 6\cdot 7\cdot 8\cdot 9\cdot 0 + 6\cdot 7\cdot 8\cdot 9\cdot 2 + 7\cdot 8\cdot 9\cdot 1 + 8\cdot 9\cdot 0 + 9\cdot 1 + 2 = 188003$$

2) „THUSNELDA“:

$$
\begin{aligned}
r_9 &= 9, &\text{folglich}\quad r_9 &= 9\\
r_8 + r_9 &= 8, &\text{„}\quad r_8 &= 8\\
r_7 + r_8 + r_9 &= 6, &\text{„}\quad r_7 &= 6\\
r_6 + r_7 + r_8 + r_9 &= 2, &\text{„}\quad r_6 &= 3\\
r_5 + r_6 + r_7 + r_8 + r_9 &= 7, &\text{„}\quad r_5 &= 4\\
r_4 + r_5 + r_6 + r_7 + r_8 + r_9 &= 5, &\text{„}\quad r_4 &= 4\\
r_3 + r_4 + r_5 + r_6 + r_7 + r_8 + r_9 &= 4, &\text{„}\quad r_3 &= 3\\
r_2 + r_3 + r_4 + r_5 + r_6 + r_7 + r_8 + r_9 &= 1, &\text{„}\quad r_2 &= 1\\
\text{(siehe Erkl. 59a)} & & r_1 &= 1
\end{aligned}
$$

Folglich ist die Rangzahl:

$$
\begin{aligned}
Q' = {} & 3\cdot4\cdot5\cdot6\cdot7\cdot8\cdot9\cdot0 + 4\cdot5\cdot6\cdot7\cdot8\cdot9\cdot2 + \\
& 5\cdot6\cdot7\cdot8\cdot9\cdot3 + 6\cdot7\cdot8\cdot9\cdot3 + 7\cdot8\cdot9\cdot2 + \\
& 8\cdot9\cdot5 + 9\cdot7 + 9 = 176832
\end{aligned}
$$

Das zweite Wort erscheint also hier früher als das erste, und um von dem gegebenen Worte auf das verlangte Anagram „THUSNELDA“ zu kommen, müssen demnach:

$$
\begin{aligned}
& 9! - (Q + 1) + (Q' + 1) = \\
& \qquad 362880 - 188002 + 176832 = 351710
\end{aligned}
$$

cyklische Permutationen gemacht werden.

Erkl. 59a. Berechnung der Reste (die positiven Summanden bedeuten die zu ergänzenden Indices):

$$
\begin{aligned}
r_9 &= 9\\
r_8 &= 8 - 9 + 9 = 8\\
r_7 &= 6 - 9 + 9 - 8 + 8 = 6\\
r_6 &= 2 - 9 + 9 - 8 + 8 - 6 + 7 = 3\\
r_5 &= 7 - 9 + 9 - 8 + 8 - 6 - 3 + 6 = 4\\
r_4 &= 5 - 9 + 9 - 8 + 8 - 6 + 7 - 3 - 4 + \\
&\qquad 5 = 4\\
r_3 &= 4 - 9 + 9 - 8 + 8 - 6 + 7 - 3 - 4 + \\
&\qquad 5 - 4 + 4 = 3\\
r_2 &= 1 - 9 + 9 - 8 + 8 - 6 + 7 - 3 + 6 - \\
&\qquad 4 - 4 + 4 - 3 + 3 = 1
\end{aligned}
$$

Aufgabe 30. In wie vielen Permutationen von:

$$P(a, b, c, d, e, f)$$

stehen:

1) die Elemente a, b

2) die Elemente b, d, f

in irgend einer Ordnung nebeneinander?

Auflösung. 1) Man betrachte ab als untrennbar und bezeichne dieses Doppelelement durch einen Buchstaben, z. B. x; in den 120 Komplexionen von $P(x, c, d, e, f)$ werden dann überall a und b aufeinanderfolgen und in ebensovielen wird die Aufeinanderfolge ba vorkommen; die gesuchte Anzahl von Permutationen ist also 240.

2) Bezeichne die Gruppe bdf durch einen Buchstaben y und bilde:

$$P(a, c, e, y)$$

so erhält man 4! Komplexionen, welche bdf enthalten. Da aber die Elemente b, d, f selbst wieder auf 3! Arten vertauscht werden können, so ist die Anzahl der gesuchten Permutationen:

$$4!\,3! = 144$$

Aufgabe 31. Wie viele unter den Zahlen, welche mit den sieben Ziffern:

$$0,\ 1,\ 2,\ 3,\ 4,\ 5,\ 6$$

geschrieben werden, endigen auf zwei gerade Ziffern (0 ebenfalls als gerade Ziffer betrachtet)?

Auflösung. Die gesuchten Zahlen sind alle diejenigen, deren Endziffern:

02	24
04	26
06	46

oder die Umkehrungen derselben sind. Betrachtet man irgend eines der drei ersten

Paare als Doppelelement x, so wird dieses auf jeder Stelle (ausgenommen auf der ersten, die hier nicht in Betracht kommt) $P_5 = 5!$ mal stehen können; das gleiche gilt von den Umkehrungen 20, 40, 60. Ebenso können die drei letzten obigen Zifferpaare auf jeder Stelle 5! mal vorkommen, so dass die Anzahl der Komplexionen, welche die verlangte Eigenschaft haben:

$$2 \cdot 6 \cdot 5!$$

sein muss.

Unter den Komplexionen aber, welche auf eines der drei letzten geraden Zifferpaare endigen, befinden sich auch solche, die 0 an der ersten Stelle haben, also nicht als 7ziffrige Zahlen gelten können. Hält man 0 an der ersten Stelle fest, so geben z. B.:

$$P[1, 3, 5, 6, (24)]$$

4! Komplexionen; ebensoviele entstehen aus den Endpaaren (26), (46) und den drei Umkehrungen (42), (62), (64). Die Anzahl der gesuchten 7ziffrigen Zahlen, die auf zwei gerade Ziffern enden, ist demnach:

$$2 \cdot 6 \cdot 5! - 6 \cdot 4! = 1296$$

Aufgabe 32. Auf wie viele Arten lassen sich n Punkte, von denen nicht mehr als zwei in einer Geraden liegen, zu verschiedenen n Ecken verbinden?

Erkl. 60. Für $n = 4$ hätte man (z. B. vom Punkt 1 ausgehend und wieder dahin zurückkehrend) Gerade zu ziehen durch

234
243
324

Die drei noch fehlenden Permutationen sind nur die Umkehrungen der hier angeschriebenen.

Auflösung. Geht man von irgend einem Punkte aus, so sind von ihm ab so viele Linienzüge möglich, als die übrigen Punkte unter sich vertauscht werden könnten, wobei jedoch zu bemerken ist, dass jeder Zug auch in umgekehrter Ordnung vorkommt und hiedurch ein Vieleck entsteht, das bereits gezählt ist. Zieht man die Verbindungslinien von einem andern Punkte aus, so entstehen keine neuen Vielecke mehr. Die Anzahl der letzteren ist demnach:

$$\frac{1}{2} P_{n-1} = \frac{1}{2} (n-1)!$$

d) Gelöste Aufgaben über die Permutationen mit Wiederholung.

Aufgabe 33. Wie viele Komplexionen geben sieben Elemente, unter denen vier gleiche sich befinden?

Auflösung. Nach Frage 33 erhält man:

$$P_7^{(4)} = \frac{7!}{4!} = 210$$

Aufgabe 34. Wie viele Komplexionen enthalten:

1) $P(a^2 b^2)$
2) $P(a^3 b^4 c)$
3) $P(1, 2^2, 3^3, 4^4)$?

Auflösung. Nach Frage 34 enthalten:

1) $P_4^{(2,2)} = \frac{4!}{2!\,2!} = 6$ Komplexionen.

2) $P_8^{(3,4)} = \frac{8!}{3!\,4!} = 280$ Komplexionen.

3) $P_{10}^{(2,3,4)} = \frac{10!}{2!\,3!\,4!} = 12600$ Komplexionen.

Aufgabe 35. Sämtliche Permutationen der Elemente a, b anzuschreiben, wenn jedes dreimal in jeder Komplexion erscheinen darf.

Auflösung. Nach dem in Frage 35 beschriebenen Verfahren lassen sich folgende Komplexionen bilden:

$P(a^3b^3) =$	*aaabbb*	*baaabb*
	aababb	*baabab*
	aabbab	*baabba*
	aabbba	*babaab*
	abaabb	*bababa*
	ababab	*babbaa*
	ababba	*bbaaab*
	abbaab	*bbaaba*
	abbaba	*bbabaa*
	abbbaa	*bbbaaa*

Aufgabe 35a. Sämtliche Permutationen von:

$$P(1^3, 2, 3)$$

zu entwickeln.

Auflösung. Man erhält wie vorher:

$P(1^3, 2, 3) =$	11123	21113	31112
	11123	21131	31121
	11213	21311	31211
	11231	23111	32111
	11312		
	11321		
	12113		
	12131		
	12311		
	13112		
	13121		
	13211		

Aufgabe 36. Wie viele Komplexionen von:

$$P(a^5, b^2, c)$$

beginnen:

1) mit a
2) mit b
3) mit c?

Auflösung. 1) Hält man a an der ersten Stelle der Komplexionen fest, so sind noch $P(a^4, b^2, c)$ zu bilden, deren Anzahl:

$$P_7^{(4,2)} = \frac{7!}{4!\,2!} = 105$$

ist.

2) Wird b an die erste Stelle gesetzt, so bleiben noch $P(a^5, b, c)$ zu bilden, deren Anzahl ist:

$$P_7^{(5)} = \frac{7!}{5!} = 42$$

3) Tritt c an die erste Stelle, so hat man noch $P(a^5, b^2)$, worin

$$P_7^{(5,2)} = \frac{7!}{5!\,2!} = 21$$

Komplexionen enthalten sind. Demnach beginnen:

105 Komplexionen mit a
42 „ „ b
21 „ „ c

Aufgabe 37. Wie viele Komplexionen von:

$$P(1,\ 2^3,\ 3^4,\ 4^3)$$

beginnen:

1) mit 22
2) mit 313
3) mit 1234?

Auflösung. 1) Wenn die beiden ersten Stellen mit 22 besetzt sind, so bleiben für die übrigen neun Stellen noch zu bilden die $P(1,\ 2,\ 3^4,\ 4^3)$, deren Anzahl ist:

$$P_9^{(4,\,3)} = \frac{9\,!}{4\,!\,3\,!} = 2520$$

2) Wenn die ersten drei Stellen durch 313 besetzt werden, so bleiben für die übrigen noch:

$$P(2^3,\ 3^2,\ 4^3)$$

deren Anzahl ist:

$$P_8^{(3,\,2,\,3)} = \frac{8\,!}{3\,!\,2\,!\,3\,!} = 560$$

Ebensoviele Komplexionen beginnen mit irgend einer der Permutationen von 313, nämlich mit 133 und 331.

3) Werden die ersten vier Stellen durch 1234 besetzt, so hat man noch:

$$P(2^2,\ 3^3,\ 4^2)$$

zu bilden, deren Anzahl ist:

$$P_7^{(2,\,3,\,2)} = \frac{7\,!}{2\,!\,3\,!\,2\,!} = 210$$

Ebensoviele Komplexionen beginnen mit jeder der 24 Permutationen von 1234.

Aufgabe 38. Die wievielste Komplexion von $P(1^3,\ 2,\ 3^2)$ heisst:

321311?

Erkl. 61. Voraus gehen die mit 1 oder 2 beginnenden Komplexionen; ferner die mit 31 beginnenden. Da die dritte Stelle das Element 1 enthalten soll, so gehen hier keine andern voraus. Bezüglich der vierten Stelle hat man zunächst 3211, dann folgt bereits 3213, da 2 nicht mehr vorkommen kann, und hier existiert nur die einzige Komplexion 321311 selbst.

Auflösung. Nach Frage 36 und Erkl. 49 verfährt man auf folgende Weise:

Stelle	Vorausgehende Elemente	Komplexionen
1.	1	$P_5^{(2,\,2)} = \frac{5\,!}{2\,!\,2\,!} = 30$
1.	2	$P_5^{(3,\,2)} = \frac{5\,!}{3\,!\,2\,!} = 10$
2.	31	$P_4^{(2)} = \frac{4\,!}{2\,!} = 12$
3.	—	— — —
4.	3211	$P_2 = 2\,! = 2$
		Summe: 54

Die gesuchte Komplexion ist die 55te.

Aufgabe 39. Wie heisst die 4001. Komplexion von:

$$P(a^3 b^2 c\, d^3)\,?$$

Auflösung. Nach Frage 27 und Erkl. 50 erhält man:

Stelle	Elemente	Anzahl der mit diesem Element beginnenden Komplexionen
1.	a	$P_8^{(2,\,2,\,3)} = \frac{8\,!}{2\,!\,2\,!\,3\,!} = 1680$
1.	b	$P_8^{(3,\,3)} = \frac{8\,!}{3\,!\,3\,!} = 1120$
1.	c	$P_8^{(3,\,2,\,3)} = \frac{8\,!}{3\,!\,2\,!\,3\,!} = 560$
		3360

Erkl. 61 a. Die in nebenstehender Auflösung eingeklammerten Anfangselemente sind nicht brauchbar, weil die zugehörige Anzahl der Komplexionen die Zahl 4000 übersteigen würde. Diese Komplexionen gehen also nicht alle der gesuchten voraus, sondern letztere ist selbst eine von ihnen; man kann deshalb gleich zur Besetzung der folgenden Stelle übergehen.

				3360
2.	*da*	$P_7^{(2,2,2)}$	$= \frac{7!}{2!\,2!\,2!}$	= 630
				3990
3.	(*daa*	$P_6^{(2,2)}$	$= \frac{6!}{2!\,2!}$	= —)
4.	(*daaa*	$P_5^{(2,2)}$	$= \frac{5!}{2!\,2!}$	= —)
5.	(*daaab*	$P_4^{(2)}$	$= \frac{4!}{2!}$	= —)
6.	*daaabb*	$P_3^{(2)}$	$= \frac{3!}{2!}$	= 3
6.	*daaabc*	$P_3^{(2)}$	$= \frac{3!}{2!}$	= 3
6.	(*daaabd*	P_3	= 3!	= —)
7.	*daaabdb*	P_2	= 2!	= 2
7.	*daaabdc*	P_2	= 2!	= 2
				Summe: 4000

Die 4001. Komplexion ist demnach:

daaabddbc

Aufgabe 40. Wie viele 8ziffrige Zahlen können mit den Ziffern:

2, 3, 3, 5, 6, 8, 8, 8

geschrieben werden?

Auflösung. Die Anzahl der möglichen Zahlen ist offenbar:

$$P_8^{(2,3)} = \frac{8!}{2!\,3!} = 3360$$

Aufgabe 41. Wie viele Zahlen lassen sich mit den Ziffern:

0, 0, 0, 1, 1, 1, 9, 9

anschreiben?

Auflösung. Die Ziffer 0 kann nicht an der ersten Stelle stehen, deshalb ist die Anzahl der möglichen Zahlen:

$$P_8^{(3,3,2)} - P_7^{(2,3,2)} = 560 - 210 = 350$$

Aufgabe 42. Wie gross ist die Summe aller Zahlen, welche aus den Permutationen der Ziffern:

1, 1, 5, 7, 7, 7

entstehen?

Auflösung. An erster Stelle steht das Element 1:

$$P_6^{(3)} = 120 \text{ mal}$$

das Element 5:

$$P_6^{(2,3)} = 60 \text{ mal}$$

das Element 7:

$$P_6^{(2,2)} = 180 \text{ mal}$$

Ebenso oft steht jedes Element auf jeder andern Stelle.

Die Summe der Einer der entstehenden Zahlen (wenn alle Permutationen untereinander geschrieben sind) ist also:

$$120 \cdot 1 + 60 \cdot 5 + 180 \cdot 7 = 1380$$

Folglich die Summe aller Zahlen:

$$1680\,(1 + 10 + 10^2 + 10^3 + 10^4 + 10^5) = 1680 \cdot \frac{10^6 - 1}{10 - 1}$$

$$= 1680 \cdot 111111 = 186666480$$

Aufgabe 43. Wie gross ist die Summe aller 8ziffrigen Zahlen, welche aus den Ziffern:

0, 0, 0, 4, 4, 6, 8, 8

bestehen?

Auflösung. Es steht an jeder Stelle:

das Element 0: $P_7^{(2,2,2)} = 630$ mal
„ „ 4: $P_7^{(3,2)} = 420$ „
„ „ 6: $P_7^{(3,2,2)} = 210$ „
„ „ 8: $P_7^{(3,2)} = 420$ „

Die Summe der Einer aller Zahlen ist demnach:

$$630 \cdot 0 + 420 \cdot 4 + 210 \cdot 6 + 420 \cdot 8 = 6400$$

und die Summe aller Zahlen selbst:

$$6400\,(1 + 10 + 10^2 + 10^3 + 10^4 + 10^5 + 10^6 + 10^7) = 6400 \cdot \frac{10^8 - 1}{10 - 1}$$
$$= 6400 \cdot 11111111 = 71111110400$$

Hiervon sind alle Zahlen abzuziehen, die mit 0 beginnen würden, deren Anzahl:

$$P_7^{(2,2,2)} = 630$$

ist. In diesen erscheint an jeder Stelle:

das Element 0: $P_6^{(2,2)} = 180$ mal
„ „ 4: $P_6^{(2,2)} = 180$ „
„ „ 6: $P_6^{(2,2,2)} = 90$ „
„ „ 8: $P_6^{(2,2)} = 180$ „

Summe: 630 Zahlen.

Die Summe ihrer Einer ist demnach:

$$180 \cdot 0 + 180 \cdot 4 + 90 \cdot 6 + 180 \cdot 8 = 2700$$

also die Summe der abzuziehenden Zahlen:

$$2700\,(1 + 10 + 10^2 + 10^3 + 10^4 + 10^5) = 2700 \cdot 111111 = 299999700$$

folglich die verlangte Summe:

$$71111110400 - 299999700 = 68111110700$$

Aufgabe 44. Wie viele Permutationen enthält:

$$P(a^3 b^2)$$

in denen:

1) bb
2) aa
3) aaa

nicht nebeneinander vorkommen?

Auflösung. Es ist:

$$P_5^{(3,2)} = 10$$

1) Man betrachtet bb als ein untrennbares Element, so gibt es:

$$P_4^{(3)} = 4$$

Permutationen, in denen dieses Doppelelement vorkommt; die Anzahl der gesuchten Komplexionen ist also:

$$10 - 4 = 6$$

2) Betrachtet man wieder aa als ein Element x und bildet:

$$P(xabb)$$

so ergeben sich 12 Komplexionen; da aber offenbar zwischen xa und ax kein Unterschied ist, demnach beide, wenn sie nebeneinander stehen, als ein Element y betrachtet werden können, so sind die Komplexionen von $P(ybb)$, deren Anzahl 3 ist, von obigen abzuziehen. Die Menge der gesuchten Komplexionen ist demnach:

$$10 - (12 - 3) = 1$$

3) Man betrachtet aaa als ein Element x, so liefert $P(xbb)$ 3 Komplexionen; die Anzahl der gesuchten ist folglich:

$$10 - 3 = 7$$

Aufgabe 45. Drei weisse und drei schwarze Kugeln sollen so in eine Reihe gelegt werden, dass in keiner Anordnung:

1) zwei weisse und zwei schwarze,

2) weder zwei weisse, noch zwei schwarze nebeneinander vorkommen.

Auf wie viele Arten kann die Anordnung geschehen?

Erkl. 62. Die in 1) verlangten Komplexionen sind folgende:

ababab	*baabab*
ababba	*babaab*
abbaba	*bababa*

die in 2) verlangten:

ababab
bababa

Auflösung. Man bezeichne die weissen Kugeln durch a, die schwarzen durch b.

1) Die Anzahl aller überhaupt möglichen Anordnungen ist 20. Betrachtet man $aa = x$ als ein Element und $bb = y$ ebenfalls als eines, so geben $P(xayb)$ 24 Komplexionen. Davon sind abzuziehen, da:

$$xa = ax = u, \quad yb = by = v$$

genommen werden kann, die Komplexionen von:

$$P(uyb) \text{ und } P(xav)$$

deren Anzahl je 6 ist, mit der Bemerkung, dass:

$$u(yb) \text{ und } (xa)v, \text{ sowie } (yb)u \text{ und } v(xa)$$

gleich sind, also zweimal abgezogen wurden. Die gesuchten Komplexionen sind demnach:

$$P(a^3 b^3) - [P(xayb) - P(uyb) - P(xav) + P(uy)]$$

also ihre Anzahl:

$$20 - (24 - 6 - 6 + 2) = 20 - 14 = 6$$

2) Komplexionen mit dem Doppelelemente $aa = x$ gibt es 20
hiervon ab die bloss durch xa und ax unterschiedenen 4
Rest: 16

Ebensoviele verschiedene Komplexionen enthalten das Doppelelement $bb = y$.

Komplexionen, die sowohl x als y enthalten, also bereits doppelt gerechnet sind, gibt es nach Auflösung 1) 14; folglich ist die Anzahl der gesuchten Komplexionen:

$$20 - 32 + 14 = 2$$

Aufgabe 46. Wie oft lassen sich vier weisse und vier schwarze Kugeln so anordnen, dass in keiner Komplexion drei von gleicher Farbe nebeneinander sind?

Auflösung. Die Anzahl aller Komplexionen ist:

$$\frac{8!}{4!\,4!} = 70$$

Bezeichnet man das dreifache Element aaa durch x, so gibt $P(xab^4)$ noch 30 Komplexionen, von denen diejenigen 5 abzuziehen sind, die sich nur durch $xa = ax = u$ unterscheiden und in $P(ub^4)$ enthalten sind.

Verschiedene Komplexionen mit dem dreifachen Elemente a gibt es also 25; ebensoviele mit dem dreifachen Elemente $bbb = y$.

Komplexionen, die sowohl x als y enthalten (also doppelt gezählt wurden), sind in $P(xaby)$ enthalten:

$$24 - 6 - 6 + 2 = 14 \quad \text{[Aufg. 43, Aufl. 1)]}$$

folglich die gesuchte Anzahl:

$$70 - 50 + 14 = 34$$

Aufgabe 46 a. 1) In wie vielen Komplexionen der vorhergehenden Aufgabe kommt a nicht mehrmals nebeneinander vor?

2) In wie vielen kommen sowohl a als b nur doppelt vor?

Auflösung. 1) Von der Gesamtzahl 70 sind abzuziehen die Komplexionen, in welchen a als Doppelelement u vorkommt, d. h. die in

$$P(ua^2b^4)$$

enthaltenen 105 Komplexionen, vermindert um die 25 Komplexionen, in denen es als dreifaches Element enthalten ist (siehe Aufgabe 46), und die 15 Komplexionen, welche das Doppelelement u zweimal enthalten [d. h. die Komplexionen von $P(u^2b^4)$], weil die beiden letzteren Arten unter den ersteren 105 Formen doppelt gerechnet sind; die verlangten Komplexionen sind also:

$$P(a^4b^4) - \{P(ua^2b^4) - P[(ua)ab^4] + P[(uaa)b^4] - P(u^2b^4)\}$$

und ihre Anzahl:

$$70 - (105 - 30 + 5 - 15) = 5$$

2) Sollen nur die Doppelelemente $aa = u$ und $bb = v$ vorkommen, so sind zu bilden:

$$P(u^2v^2) - P[(uu)v^2] - P[u^2(vv)] + P[(uu)(vv)]$$

deren Anzahl ist:

$$6 - 3 - 3 + 2 = 2$$

Erkl. 62 a. Die in Auflösung 1) gesuchten Komplexionen sind:

abababab
abababba
ababbaba
abbababa
babababa

Die in Auflösung 2) verlangten Komplexionen sind:

aabbaabb
bbaabbaa

Aufgabe 47. Die Gelehrten des 16. und 17. Jahrhunderts versteckten oft ihre Entdeckungen unter Anagrammen, um dieselben zunächst nur den Fachgenossen zur Enträtselung vorzulegen. So machte der englische Physiker Hooke den von ihm gefundenen Satz, dass die Kraft, mit welcher ein gedehnter elastischer Körper in seine ursprüngliche Form zurückzukehren strebt, der dehnenden Kraft gleich ist, durch die Buchstaben:

ceiiinosssttuv

bekannt, unter denen das Anagramm:

„*ut tensio sic vis*“

Druck von Carl Hammer in Stuttgart.

1157. Heft.	Preis des Heftes 25 Pf.	Kombinatorik oder die Lehre von den kombinatorischen Operationen. Forts. v. Heft 1147. — Seite 49—64.

Vollständig gelöste
Aufgaben-Sammlung

— nebst Anhängen ungelöster Aufgaben, für den Schul- & Selbstunterricht —
mit
Angabe und Entwicklung der benutzten Sätze, Formeln, Regeln, in Fragen und Antworten
erläutert durch
viele Holzschnitte & lithograph. Tafeln,
aus allen Zweigen
der Rechenkunst, der niederen (Algebra, Planimetrie, Stereometrie, ebenen u. sphärischen Trigonometrie, synthetischen Geometrie etc.) u. höheren Mathematik (höhere Analysis, Differential- u. Integral-Rechnung, analytische Geometrie der Ebene u. des Raumes etc.); — aus allen Zweigen der Physik, Mechanik, Graphostatik, Chemie, Geodäsie, Nautik, mathemat. Geographie, Astronomie; des Maschinen-, Strassen-, Eisenbahn-, Wasser-, Brücken- u. Hochbau's; der Konstruktionslehren als: darstell. Geometrie, Polar- u. Parallel-Perspektive, Schattenkonstruktionen etc. etc.
für
Schüler, Studierende, Kandidaten, Lehrer, Techniker jeder Art, Militärs etc.
zum einzig richtigen und erfolgreichen
Studium, zur Forthülfe bei Schularbeiten und zur rationellen Verwertung der exakten Wissenschaften,
herausgegeben von

Dr. Adolph Kleyer,
Mathematiker, vereideter königl. preuss. Feldmesser, vereideter grossh. hessischer Geometer I. Klasse
in **Frankfurt a. M.**

unter Mitwirkung der bewährtesten Kräfte.

Kombinatorik
oder
Die Lehre von den kombinatorischen Operationen.
(Permutation, Kombination, Variation.)

Nach System Kleyer bearbeitet von **Prof. H. Staudacher.**

Forts. von Heft 1147. Seite 49—64.

Inhalt:

Gelöste Aufgaben über die Permutationen mit Wiederholung. — Ungelöste Aufgaben über die Permutationen ohne Wiederholung. — Ungelöste Aufgaben über die Permutationen mit Wiederholung. — Von den Kombinationen. — Kombinationen ohne Wiederholung.

Stuttgart 1892.
Verlag von Julius Maier.

Preisgekrönt in Frankfurt a. M. 1881.

PROSPEKT.

Dieses Werk, welchem kein ähnliches zur Seite steht, erscheint monatlich in 3—4 Heften zu dem **billigen Preise** von 25 ₰ pro Heft und bringt eine Sammlung der wichtigsten und praktischsten **Aufgaben aus dem Gesamtgebiete der Mathematik, Physik, Mechanik, math. Geographie, Astronomie, des Maschinen-, Strassen-, Eisenbahn-, Brücken- und Hochbaues, des konstruktiven Zeichnens** etc. etc. und zwar in **vollständig gelöster Form, mit vielen Figuren, Erklärungen** nebst Angabe und **Entwickelung der benutzten Sätze, Formeln, Regeln in Fragen mit Antworten etc.**, so dass die Lösung jedermann verständlich sein kann, bezw. wird, wenn eine grössere Anzahl der Hefte erschienen ist, **da dieselben sich in ihrer Gesamtheit ergänzen** und alsdann auch **alle Teile der reinen und angewandten** Mathematik — nach besonderen selbständigen Kapiteln angeordnet — vorliegen.

Fast jedem Hefte ist ein **Anhang** von **ungelösten Aufgaben** beigegeben, welche der eigenen Lösung (in analoger Form wie die bezüglichen gelösten Aufgaben) des Studierenden überlassen bleiben, und zugleich von den Herren Lehrern für den Schulunterricht benutzt werden können. Die **Lösungen** hierzu werden später in besonderen Heften für die Hand des Lehrers erscheinen. Am Schlusse eines jeden **Kapitels** gelangen: Titelblatt, Inhaltsverzeichnis, Berichtigungen und erläuternde Erklärungen über das betreffende Kapitel zur Ausgabe.

Das Werk behandelt zunächst den Hauptbestandteil des mathematisch-naturwissenschaftlichen Unterrichtsplanes folgender Schulen: **Realschulen I. und II. Ordn., gleichberechtigten höheren Bürgerschulen, Privatschulen, Gymnasien, Realgymnasien, Progymnasien, Schullehrer-Seminaren, Polytechniken, Techniken, Baugewerkschulen, Gewerbeschulen, Handelsschulen, techn. Vorbereitungsschulen** aller Arten, **gewerbliche Fortbildungsschulen, Akademien, Universitäten, Land- und Forstwissenschaftsschulen, Militärschulen, Vorbereitungs-Anstalten** aller Arten als z. B. für das **Einjährig-Freiwillige- und Offiziers-Examen** etc.

Die **Schüler, Studierenden** und **Kandidaten** der mathematischen, technischen und naturwissenschaftlichen Fächer werden durch diese, **Schritt für Schritt gelöste**, Aufgabensammlung **immerwährend** an ihre in der Schule erworbenen oder nur gehörten Theorien etc. erinnert und wird ihnen hiermit der Weg zum **unfehlbaren** Auffinden der Lösungen derjenigen Aufgaben gezeigt, welche sie bei ihren **Prüfungen** zu lösen haben, zugleich aber auch die **überaus grosse Fruchtbarkeit** der mathematischen Wissenschaften vorgeführt.

Dem **Lehrer** soll mit dieser Aufgabensammlung eine kräftige Stütze für den Schul-Unterricht geboten werden, indem zur Erlernung des **praktischen Teils** der mathematischen Disciplinen — **zum Auflösen von Aufgaben** — in den meisten Schulen oft keine Zeit erübrigt werden kann, **hiermit** aber dem Schüler bei seinen häuslichen Arbeiten eine vollständige Anleitung in die Hände gegeben wird, **entsprechende Aufgaben zu lösen**, die gehabten **Regeln, Formeln, Sätze** etc. **anzuwenden** und **praktisch zu verwerten**. Lust, Liebe und Verständnis für den Schulunterricht wird dadurch erhalten und belebt werden.

Den **Ingenieuren, Architekten, Technikern** und Fachgenossen aller Art, **Militärs** etc. etc. soll diese Sammlung **zur Auffrischung** der erworbenen und vielleicht vergessenen mathematischen Kenntnisse dienen und zugleich durch ihre **praktischen in allen Berufszweigen vorkommenden Anwendungen** einem **toten Kapital** lebendige Kraft verleihen und somit den **Antrieb** zu weiteren **praktischen Verwertungen** und **weiteren Forschungen** geben.

Alle Buchhandlungen nehmen Bestellungen entgegen. Wichtige und praktische Aufgaben werden mit Dank von der Redaktion entgegengenommen und mit Angabe der Namen verbreitet. — Wünsche, Fragen etc., welche die Redaktion betreffen, nimmt der Verfasser, Dr. Kleyer, Frankfurt a. M., Fischerfeldstrasse 16, entgegen, und wird deren Erledigung thunlichst berücksichtigt.

Stuttgart. **Die Verlagshandlung.**

d. h. „wie die Spannung so die Kraft“ verborgen ist.

Die wievielste Permutation nach der lexikographischen Anordnung ist dieses Anagramm?

Erkl. 68. Ein berühmtes Anagramm ist das aus den Worten:

„révolution française“

(„französische Revolution“) gebildete:

„un Corse voté la finira“

(d. h. „ein erwählter Korse wird sie beenden“).

Nach Napoleons Sturz wurde daraus gebildet:

„La France veut son roi“

(d. h. „Frankreich will seinen König“).

Das schönste aller bekannten Anagramme ist aber wohl von Jablonsky, ehemaligem Rektor des Gymnasiums zu Lissa, erfunden worden. Zur Feier der Rückkehr des jungen Grafen Stanislaus Leszinski von einer grossen Reise in seine Heimat Lissa wurde eine Festlichkeit veranstaltet, bei welcher Jablonsky von 13 als antike Krieger gekleideten Schülern ein Ballet aufführen liess, das aus sieben Tänzen bestand. Jeder Krieger führte einen Schild, auf welchem je einer von den Buchstaben der Worte „DOMUS LESCINIA“ (d. h. „das Haus Leszinski“) in Gold sich befand. Nach dem ersten Tanze standen sie so, dass auf ihren nebeneinander gehaltenen Schilden die obigen Worte zu lesen waren; nach dem zweiten Tanze war die Gruppierung derart, dass die Schilde das Anagramm „ADES INCOLUMIS“ (d. h. „unversehrt bist du hier“) zeigten. Nach dem dritten war auf den Schilden zu lesen: „OMNIS ES LUCIDA“ (d. h. „ganz strahlend bist du“), nach dem vierten: „LUCIDA SIS OMEN“ (d. h. „strahlend sei gute Vorbedeutung“), nach dem fünften: „MANE SIDUS LOCI“ (d. h. „bleib des Ortes Stern“), nach dem sechsten: „SIS COLUMNA DEI“ (d. h. „sei eine Säule Gottes“) und nach dem siebenten: „I SCANDE SOLIUM“ (d. h. „geh, besteige den Thron!“).

Die im letzten Anagramm enthaltene Aufforderung erwies sich später als Prophezeiung, welche durch die am 12. Juli 1704 erfolgte Erwählung des Stanislaus Leszinski zum König von Polen in Erfüllung ging. (Siehe Heis, Sammlung von Aufgaben.)

Die Berechnung der Rangzahlen dieser Anagramme kann als Uebung dienen, führt aber auf sehr grosse Zahlen und ist zu weitläufig, um hier vollständig dargestellt zu werden.

Auflösung. Es beginnen mit den einfach vorkommenden Buchstaben:

			Komplexionen
c, e, n, o	zusammen	$4\cdot\frac{13!}{3!\,3!\,2!}$	= 345945600

Mit den dreifach vorkommenden Buchstaben:

i, s	zusammen	$2\cdot\frac{13!}{2!\,3!\,2!}$	= 518918400

Mit dem doppelt vorkommenden Buchstaben:

t	. . . .	$\frac{13!}{3!\,3!}$	= 172972800

Mit:

uc, ue, un, uo	zusammen	$4\cdot\frac{12!}{3!\,3!\,2!}$	= 26611200
ui, us	„	$2\cdot\frac{12!}{2!\,3!\,2!}$	= 39916800
utc, ute / *utn, uto*	„	$4\cdot\frac{11!}{3!\,3!}$	= 4435200
uti, uts	„	$2\cdot\frac{11!}{2!\,3!}$	= 6652800
uttc	. . . . . .	$\frac{10!}{3!\,3!}$	= 100800
uttec	. . . . .	$\frac{9!}{3!\,3!}$	= 10080
uttei	. . . . .	$\frac{9!}{2!\,3!}$	= 30240
uttenc, utteno		$2\cdot\frac{8!}{3!\,3!}$	= 2240
utteni	. . . .	$\frac{8!}{2!\,3!}$	= 3360
uttensc	. . . .	$\frac{7!}{3!\,2!}$	= 420
uttensic	. . . .	$\frac{6!}{2!\,2!}$	= 180
uttensii	. . . .	$\frac{6!}{2!}$	= 360
uttensioc	. . .	$\frac{5!}{2!\,2!}$	= 30
uttensioi	. . .	$\frac{5!}{2!}$	= 60
uttensiosc	. . .	$\frac{4!}{2!}$	= 12
uttensiosici / *uttensiosics*		$2\cdot 2!$	= 4
		Summe:	1115600586

Das gesuchte Anagramm ist also die 1115600587. Permutation der gegebenen Buchstaben.

Aufgabe 48. Ein Rechteck ist durch vier wagrechte und fünf senkrechte gleich weit entfernte Linien in kleinere Rechtecke geteilt. Auf wie viele Arten kann man von einem Eckpunkte zum gegenüberliegenden gelangen, wenn man stets auf den geradlinigen Strecken wagrecht oder senkrecht dazu so fortschreitet, dass die Summe aller zurückgelegten Strecken gleich der Summe zweier anstossenden Seiten des ganzen Rechteckes ist?

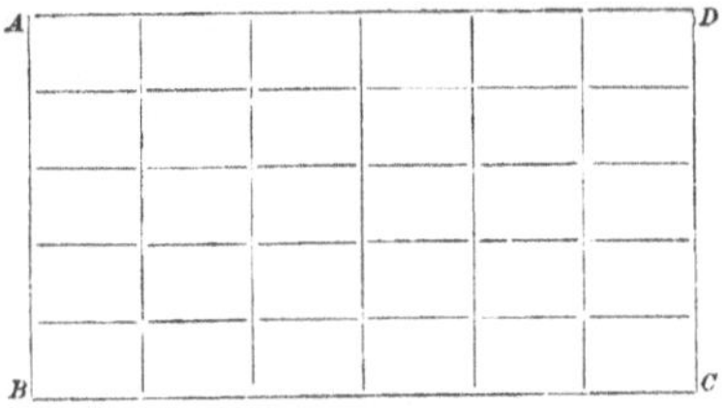

Auflösung. Welcher Weg auch gewählt werden mag, um z. B. von A nach C zu kommen, in jedem Falle müssen im ganzen sechs wagrechte und fünf senkrechte Einzelstrecken durchlaufen werden. Unter den zurückzulegenden elf Strecken müssen also sechs von der einen und fünf von der andern Art in beliebiger Ordnung aufeinanderfolgen, also ist die Anzahl der möglichen Fälle:

$$P_{11}^{(6,\,5)} = \frac{11!}{6!\,5!} = 462$$

Aufgabe 48a. Ein Würfel ist durch m gleich weit abstehende Ebenen parallel zu einer seiner Seitenflächen, durch n Ebenen parallel zu einer andern Seitenfläche und durch p Ebenen parallel zu einer dritten Seitenfläche in rechteckige Klötzchen (Parallelepipede) geteilt. Auf wie viele Arten kann man längs der Kanten dieser Klötzchen von einer Würfelecke zur entgegengesetzt liegenden gelangen, wenn der Gesamtweg stets gleich der Summe von drei Würfelkanten sein soll?

Auflösung. In jedem Falle müssen $m+1$ Kanten in der ersten Richtung, $n+1$ Kanten in der zweiten und $p+1$ in der dritten Teilungsrichtung im ganzen zurückgelegt werden, d. h. man hat unter $m+n+p+3$ Elementen dreier verschiedenen Arten $m+1$ Elemente der ersten Art, $n+1$ der zweiten und $p+1$ der dritten Art auf alle möglichen Weisen anzuordnen; die gesuchte Anzahl ist also:

$$P_{(m+n+p+3)}^{(m+1,\,n+1,\,p+1)} = \frac{(m+n+p+3)!}{(m+1)!\,(n+1)!\,(p+1)!}$$

e) Ungelöste Aufgaben über die Permutationen ohne Wiederholung.

Aufgabe 49. Auf wie viele Arten lassen sich 12 verschiedene Elemente anordnen?

Andeutung. Wie Aufgabe 1.

Aufgabe 50. Sämtliche Permutationen der Elemente:

$$a,\ m,\ o,\ r$$

nach der lexikographischen Anordnung zu bilden!

Andeutung. Analog der Aufgabe 2.

Aufgabe 51. Wie heisst nach der lexikographischen Anordnung die erste und die letzte mit 52 beginnende Permutation der Elemente:

1, 2, 3, 4, 5, 6?

Wie heisst die erste und letzte mit 431 beginnende?

Andeutung. Analog der Aufgabe 3.

Aufgabe 52. Wie viele Permutationen geben die 25 Buchstaben des lateinischen Alphabets? Wie viele derselben beginnen:

1) mit *e*, 2) mit *st*, 3) mit *sch*?

Andeutung. Analog der Aufgabe 4.

Aufgabe 53. In wie vielen Permutationen der Ziffern 1, 2, 3, 4, 5, 6, 7, 8, 9 stehen die Elemente 357 nebeneinander:

1) in dieser Ordnung,
2) in beliebiger Ordnung?

Andeutung. Analog der Aufgabe 5.

Aufgabe 54. In wie vielen Permutationen der Elemente *a*, *b*, *c*, *d*, *e*, *f*, *g*, *h*, *i* nehmen die Vokale *a*, *e*, *i* die erste, mittlere und letzte Stelle ein:

1) in dieser Ordnung,
2) in beliebiger Ordnung?

In wie vielen Permutationen folgen diese Vokale aufeinander:

1) in der gegebenen Ordnung,
2) in beliebiger Ordnung?

Andeutung. Analog der Aufgabe 6.

Aufgabe 55. Alle in $P(a, e, k, n, r)$ enthaltenen Permutationen durch Vertauschung von je zwei Elementen abzuleiten.

Andeutung. Analog der Aufgabe 7.

Aufgabe 56. Die Elemente:

76302415

cyklisch zu vertauschen.

Andeutung. Nach Aufgabe 8.

Aufgabe 57. Es sollen alle Cyklen gebildet werden, durch deren cyklische Vertauschung sämtliche Permutationen der Elemente *a*, *e*, *i*, *o*, *u* entstehen.

Andeutung. Analog der Aufgabe 9.

Aufgabe 58. Wie viele Inversionen enthalten die Komplexionen:

1) 27304561
2) *halbkreis*?

Andeutung. Analog der Aufgabe 10.

Aufgabe 59. Wie viele Inversionen enthalten sämtliche Komplexionen von:

1) $P(a, b, c, d, e)$
2) $P(0, 1, 2, 3, 4, 5, 6, 7, 8, 9)$?

Andeutung. Analog der Aufgabe 11.

Aufgabe 60. Wie heisst nach der lexikographischen Anordnung:

1) die 50. Komplexion von:

0, 2, 4, 6, 8

2) die 1841. Komplexion von:

a, b, c, d, e, f, g?

Andeutung. Analog der Aufgabe 12.

Aufgabe 61. Die wievielste Permutation nach der lexikographischen Anordnung ist:

1) 79315
2) *ostern*?

Andeutung. Analog der Aufgabe 13.

Aufgabe 62. Wie heisst die 666. Komplexion der Elemente *i, l, m, n, o, p*, wenn dieselbe durch Vertauschung von nur je zwei Elementen abgeleitet wird?

Andeutung. Analog der Aufgabe 14.

Aufgabe 63. Die wievielste Permutation der Elemente:

0, 1, 2, 3, 4, 5, 6, 7

heisst:

56403721

wenn die Komplexionen durch Vertauschung von nur je zwei Elementen gebildet werden?

Andeutung. Analog der Aufgabe 15.

Aufgabe 64. Die 3000. cyklische Permutation der Elemente:

h, i, l, m, n, o, p

anzugeben.

Andeutung. Analog der Aufgabe 16.

Aufgabe 65. Wie kann die Stelle jedes einzelnen Elementes in der 3000. cyklischen Permutation von:

h, i, l, m, n, o, p

bestimmt werden?

Andeutung. Analog der Aufgabe 17.

Aufgabe 66. Die wievielste cyklische Permutation der Elemente:

a, b, c, d, e, f, g, h, i

heisst:

ibghefdac?

Andeutung. Analog der Aufgabe 18.

Aufgabe 67. Die absoluten Permutationen der Elemente:

a, e, i, o, u

anzugeben.

Andeutung. Analog der Aufgabe 19.

Aufgabe 68. Wie viele absolute Permutionen geben:

1) 8, 2) 10 Elemente?

Andeutung. Analog der Aufgabe 20.

Aufgabe 69. Sieben Personen, die täglich an einem Tische zusammenkommen, wollen vom 1. April 1892 an täglich ihre Anordnung so wechseln, dass jede Person am folgenden Tage einen andern Platz einnimmt, als am vorhergehenden. Wie lange dauert der Wechsel? Welche Anordnung haben sie:

1) nach 1 Jahr,

2) am 1. Januar 1900?

Andeutung. Analog der Aufgabe 21.

Aufgabe 70. Gegeben sind fünf beliebige Konsonanten und die fünf Vokale a, e, i, o, u; dieselben sollen so nebeneinander gestellt werden, dass stets ein Konsonant und ein Vokal miteinander abwechseln. Auf wie viele Arten ist dies möglich? Wie vielerlei Silben entstehen hierdurch?

Andeutung. Analog der Aufgabe 22.

Aufgabe 71. Auf wie viele Arten können sechs beliebige Konsonanten und die fünf Vokale a, e, i, o, u so angeordnet werden, dass die entstehenden Worte mit einem Konsonanten anfangen und endigen, und die Konsonanten und Vokale regelmässig abwechseln?

Andeutung. Analog der Aufgabe 23.

Aufgabe 72. Je fünf weisse, blaue, rote, schwarze, numerierte Kugeln sollen so in eine Reihe geordnet werden, dass je vier aufeinanderfolgende Kugeln von verschiedener Farbe sind; auf wie viele Arten ist das möglich?

Andeutung. Analog der Aufgabe 24.

Aufgabe 73. Wie viele 5ziffrige Zahlen lassen sich anschreiben:

1) mit den ungeraden Ziffern:

1, 3, 5, 7, 9

2) mit den geraden Ziffern:

0, 2, 4, 6, 8?

Andeutung. Analog der Aufgabe 25.

Aufgabe 74. Wie gröss ist die Summe aller Zahlen, die

1) mit den ungeraden Ziffern:

1, 3, 5, 7, 9

2) mit den Ziffern:

0, 1, 2, 3, 4, 5, 6, 7, 8, 9

geschrieben werden, wenn jede Ziffer nur einmal in jeder Zahl vorkommen darf?

Andeutung. Analog der Aufgabe 27.

Aufgabe 75. Die wievielste Permutation von „ARMUT" heisst „TRAUM":

1) nach der lexikographischen Anordnung,

2) wenn nur je zwei Elemente vertauscht werden,

3) nach der Methode der cyklischen Vertauschung?

Andeutung. Analog der Aufgabe 28.

Aufgabe 76. Wie heisst die 162. lexikographische Permutation von „DANIEL"?

Andeutung. Suche, wie viele Komplexionen von der gegebenen an noch mit *d* beginnen u. s. w. nach Aufgabe 12.

Aufgabe 77. Die wievielste Permutation von „BEROLINUM" (Berlin) heisst „LUMEN ORBI" („Leuchte für die Welt")?

Andeutung. Analog der Aufgabe 28.

Aufgabe 78. In wie vielen Permutationen der Elemente $a, b, c, d, e, f, g, h, i$ stehen:

1) die Elemente d, e, f

2) die Elemente a, c, g, i

in irgend einer Ordnung nebeneinander?

Andeutung. Analog der Aufgabe 30.

Aufgabe 79. Wie viele unter den mit den Ziffern:

0, 1, 2, 5, 6, 9

geschriebenen 6ziffrigen Zahlen:

1) beginneu mit zwei geraden Ziffern,

2) endigen auf zwei ungerade Ziffern?

Andeutung. Analog der Aufgabe 31.

Aufgabe 80. Es sind sechs Punkte gegeben, von denen nicht mehr als zwei auf einer Geraden liegen. Wie viele verschiedene Sechsecke lassen sich durch Verbindung dieser Punkte erhalten?

Andeutung. Analog der Aufgabe 32.

---

f) Ungelöste Aufgaben über die Permutationen mit Wiederholung.

Aufgabe 81. Wie viele Komplexionen geben 10 Elemente, unter denen 5 gleiche sind?

Andeutung. Analog der Aufgabe 33.

Aufgabe 82. Wie viele Komplexionen enthalten:

1) $P(a^8 b^4)$
2) $P(a^2 b^2 c^2 d^4)$
3) $P(0^5 1^4 2^3)$?

Andeutung. Analog der Aufgabe 34.

Aufgabe 83. Sämtliche Komplexionen von:

$$P(0^3 1^2 2)$$

anzuschreiben.

Andeutung. Analog der Aufgabe 35.

Aufgabe 84. Wie viele Komplexionen von:

$$P(1\,2^4 3^3)$$

beginnen:

1) mit 1, 2) mit 2, 3) mit 3?

Andeutung. Analog der Aufgabe 36.

Aufgabe 85. Wie viele Komplexionen von:

$$P(a^3 bcd^3)$$

beginnen:

1) mit ab, 2) mit aca, 3) mit be
4) mit $dcba$, 5) mit $daad$?

Andeutung. Analog der Aufgabe 37.

Aufgabe 86. Die wievielste Komplexion von:

$$P(a^2 b^3 c^2)$$

heisst:

$$cbcabba?$$

Andeutung. Analog der Aufgabe 38.

Aufgabe 87. Wie heisst die 1099. Komplexion von:

$$P(a^3 bcd^3)\,?$$

Andeutung. Analog der Aufgabe 39.

Aufgabe 88. Wie viele 7 ziffrige Zahlen können mit den Ziffern:

1122233

geschrieben werden?

Andeutung. Anolog der Aufgabe 40.

Aufgabe 89. Wie viele Zahlen können mit den 9 Ziffern:

0, 0, 2, 3, 5, 5, 5, 6, 6

geschrieben werden?

Andeutung. Analog der Aufgabe 41.

Aufgabe 90. Wie gross ist die Summe aller Zahlen, welche mit den Ziffern:

1, 2, 2, 8, 8, 9

geschrieben werden?

Andeutung. Analog der Aufgabe 4

Aufgabe 91. Wie gross ist die Summe aller 7ziffrigen Zahlen, welche aus den Ziffern:

0, 0, 0, 0, 3, 6, 9

bestehen?

Andeutung. Analog der Aufgabe 4

Aufgabe 92. Wie viele Permutationen enthält:

$$P(1^3 2^3 3)$$

in denen:

1) 11, 2) 222, 3) 123

nicht nebeneinander stehen, und zwar bei 3) in der gegebenen oder in beliebiger Ordnung?

Andeutung. Analog der Aufgabe 4

Aufgabe 93. Vier weisse und drei schwarze Kugeln sollen so in eine Reihe gelegt werden, dass in keiner Anordnung mehr als zwei weisse oder zwei schwarze nebeneinander liegen. Wie viele solche Anordnungen gibt es?

Andeutung. Analog der Aufgabe 4

Aufgabe 94. Die wievielste Permutation von „HERODOT" heisst „THEODOR"?

Andeutung. Analog der Aufgabe

Aufgabe 95. Rheita, der Erfinder des Erdfernrohrs (1645), das aus vier konvexen (erhabenen) Glaslinsen besteht, machte dessen Zusammensetzung durch das Anagramm

cqounavteuxoar

bekannt, in welchem die Worte „convexa quatuor", d. h. „vier erhabene (Gläser)" verborgen sind. Die wievielste Permutation der ersteren Komplexion sind diese Worte?

Andeutung. Analog der Aufgabe

Aufgabe 96. Ein Rechteck ist durch p wagrechte und q senkrechte, gleich weit abstehende, Linien in kleinere Rechtecke geteilt. Auf wie viele Arten kann man von einem Endpunkte zum gegenüber liegenden gelangen, wenn man auf den geradlinigen wagrechten und senkrechten Strecken so fortschreitet, dass der Gesamtweg gleich der Summe zweier anstossenden Rechteckseiten ist?

Andeutung. Analog der Aufgabe

B) Von den Kombinationen.

Frage 38. Welches Gesetz liegt der Operation des Kombinierens zugrunde?

Antwort. Wenn eine beliebige Anzahl von Elementen gegeben ist und man verlangt, dass aus denselben eine bestimmte Anzahl auf alle möglichen Arten ausgewählt werden soll, so nennt man diese Operation das Kombinieren und die erhaltenen Zusammenstellungen der Elemente die Kombinationen derselben.

Jede Komplexion enthält also nur eine bestimmte (stets gleiche) Anzahl der gegebenen Elemente. Die Komplexionen unterscheiden sich unter einander durch die Verschiedenheit der in ihnen vorkommenden Elemente, während die Stellung derselben innerhalb der Komplexion gleichgültig ist. Der besseren Uebersichtlichkeit halber ist man jedoch übereingekommen, die Elemente jeder Komplexion nach der natürlichen Aufeinanderfolge (der Zahlenreihe oder des Alphabetes) zu ordnen. Inversionen sind demnach hier ausgeschlossen. Es gibt Kombinationen ohne Wiederholung und solche mit Wiederholung. Bei ersteren müssen die Elemente einer Komplexion sämtlich verschieden sein, bei letzteren kommt diese Beschränkung in Wegfall.

Erkl. 64. Sollen zwei Kombinationsformen (Komplexionen) als verschieden anzusehen sein, so muss jede von ihnen wenigstens ein Element enthalten, das in der anderen nicht vorkommt, z. B. *abde* und *acde*.

Erkl. 65. Nach Frage 6 bestimmt die Anzahl der in jede Komplexion eintretenden Elemente die Kombinationsklasse derselben. Die erste Klasse bilden die einzelnen Elemente selbst.

---

a) Kombinationen ohne Wiederholung.

Frage 39. Welche Bezeichnungen gelten für die Operation des Kombinierens ohne Wiederholung?

Antwort. Um anzudeuten, dass gegebene Elemente kombiniert werden sollen, setzt man ihnen den Buchstaben C vor und fügt diesem rechts oben (in Form eines Exponenten) die Zahl bei, welche die verlangte Kombinationsklasse bezeichnet. Das Symbol

$$C^3(abcde)$$

bedeutet also, dass alle Kombinationen der Elemente a, b, c, d, e zur dritten Klasse gebildet werden sollen. Will man hingegen nur die Anzahl der möglichen Kombinationen von n Elementen zur $k$ten Klasse andeuten, so schreibt man

$$C_n^k.$$

Frage 40. Wie viele Kombinationsklassen gibt es bei gegebener Elementenzahl?

Antwort. Da die Elemente einer Komplexion alle verschieden sein müssen, so kann es nur soviele Kombinationsklassen geben, als Elemente vorhanden sind. Bei n Elementen ist also die höchste Kombinationsklasse die $n$te und enthält nur eine Komplexion, nämlich die gegebenen Elemente in ihrer natürlichen Reihenfolge.

Frage 41. Wie werden die Komplexionen irgend einer Kombinationsklasse gebildet?

Antwort. Will man die Kombinationen zur $k$ten Klasse bilden, so schreibt man die ersten k gegebenen Elemente in natürlicher Ordnung an; diese bilden die erste Komplexion. Um aus dieser die nächste abzuleiten, ersetzt man das späteste noch erhöhbare Element durch das nächsthöhere und besetzt die Stellen, welche etwa zur Vervollständigung der Klassenzahl fehlen, durch noch höhere Elemente immer in steigender Ordnung, ohne jemals eines zu überspringen.

Hat man z. B. die sieben Elemente:

$$1, 2, 3, 4, 5, 6, 7$$

und soll die fünfte Kombinationsklasse bilden, so geht man von der Komplexion

$$1\,2\,3\,4\,5$$

aus und leitet davon ab:

$$1\,2\,3\,4\,6$$
$$1\,2\,3\,4\,7$$

nun ist in letzterer Komplexion das Element 4 das späteste noch erhöhbare, wird also durch 5 ersetzt und die noch fehlende fünfte Stelle durch das nächstfolgende Element 6 ausgefüllt. Man hat also

$$1\,2\,3\,5\,6$$

woraus wieder

$$1\,2\,3\,5\,7$$

folgt u. s. w.

Erkl. 66. Nachstehend sind sämtliche Komplexionen von:

$$C^3(12345)$$

in der Ordnung angeschrieben, wie sie durch das nebenerklärte Verfahren auseinander hervorgehen:

123	145
124	234
125	235
134	245
135	345

Eine andere Anordnung der Komplexionen als die in Frage 41 beschriebene ist nicht üblich.

Frage 42. Wie gross ist die Anzahl der Kombinationen von n Elementen zur $k$ten Klasse?

Antwort. Die Anzahl der Kombinationen von n Elementen zur $k$ten Klasse ist:

$$C_n^k = \frac{n(n-1)(n-2)\cdots(n-k+1)}{1\cdot 2\cdot 3\cdots k}$$

Beweis 1. Die Kombinationen zur ersten Klasse sind die gegebenen n Elemente einzeln genommen, also:

$$C_n^1 = n$$

Um die zweite Klasse zu erhalten, setzt man jedem Elemente (d. h. jeder Komplexion zur ersten Klasse) jedes der $n-1$ übrigen bei. Hiedurch entstehen $n(n-1)$ Komplexionen, in welchen sich jedoch je zwei bloss durch die Stellung der Elemente unterscheiden (z. B. ba und ab), demnach gemäss Fr. 38 als identisch betrachtet werden müssen. Die Anzahl der wirklich verschiedenen Komplexionen zur zweiten Klasse ist also

Erkl. 67. Für fünf Elemente

$$a, b, c, d, e$$

sind z. B. die Kombinationen zur ersten Klasse:

$$a, b, c, d, e, \text{ also } C_5^1 = 5.$$

Die Kombinationen der zweiten Klasse, gebildet wie in nebenstehendem Beweise 1 angegeben, sind:

ab	ba	ca	da	ea
ac	bc	cb	db	eb
ad	bd	cd	dc	ec
ae	be	ce	de	ed

worunter je zwei gleiche, also die wirklich verschiedenen:

ab bc cd de
ac bd ce
ad be
ae

oder:
$$C_5^2 = \frac{5\cdot 4}{1\cdot 2} = 10$$

Verbindet man jede der letzteren mit jedem nicht darin enthaltenen Elemente, so ergeben sich die Komplexionen:

abc acb adb aeb bca bda bea
abd acd adc aec bcd bdc bec
abe ace ade aed bce bde bed
cda cea dea
cdb ceb deb
cde ced dec

Hierunter sind je drei einander gleich, z. B.:

$abc = acb = bca$
$abd = adb = bda$
$abe = aeb = bea$
....

Demnach bleiben nur als wirklich verschiedene Komplexionen übrig:

abc bcd cde
abd bce
abe bde
acd
ace
ade

und es ist:
$$C_5^3 = \frac{5\cdot 4\cdot 3}{1\cdot 2\cdot 3} = 10$$

Um die vierte Klasse zu erhalten, müsste man jede der vorstehenden Komplexionen mit jedem der zwei noch darin fehlenden Elemente verbinden; dies gibt:

abcd abec aceb bcda bdea
abce abed aced bcde bdec
abdc acdb adeb bcea cdea
abde acde adec bced cdeb

Unter diesen sind wieder je vier einander gleich, nämlich:

$abcd = abdc = acdb = bcda$
$abce = abec = aceb = bcea$

u. s. w., so dass die Anzahl der verschiedenen Komplexionen ist:

$$C_5^4 = \frac{5\cdot 4\cdot 3\cdot 2}{1\cdot 2\cdot 3\cdot 4} = 5$$

und zwar:

abcd bcde
abce
abde
acde

Die fünfte Klasse enthält nur eine einzige Komplexion:

abcde

In der That werden die fünf vorhergehenden Formen einander gleich, wenn man zu jeder das noch fehlende Element hinzufügt.

$$C_n^2 = \frac{n(n-1)}{2} = \frac{n(n-1)}{1\cdot 2}$$

Verbindet man ferner jede dieser Formen mit jedem der $n-2$ noch nicht darin vorkommenden Elemente, so entstehen:

$$\frac{n(n-1)}{2}(n-2)$$

Komplexionen aus drei Elementen. Je drei dieser Komplexionen sind aber wieder identisch, da sie dieselben Elemente in verschiedener Stellung enthalten (siehe Erkl. 67), folglich ist die Anzahl der verschiedenen Kombinationen zur dritten Klasse:

$$C_3 = \frac{n(n-1)(n-2)}{1\cdot 2\cdot 3}$$

Nachdem nun die behauptete Formel für

$$k = 1, 2, 3$$

als wahr erkannt ist, wird der Beweis durch den Schluss von m auf $m+1$ vervollständigt.

Ist nämlich für irgend eine $(m-1)$te Klasse die Zahl:

$$C_n^{m-1}$$

bereits bekannt und man fügt jeder dieser Komplexionen jedes der fehlenden $n-m+1$ Elemente bei, so entstehen im ganzen:

$$(n-m+1)\,C_n^{m-1}$$

Komplexionen der $m$ten Klasse. Da man sich aber auch vorstellen kann, dass jede solche Komplexion durch Einführung eines ihrer m Buchstaben in eine Komplexion der $(m-1)$ten Klasse gebildet wurde, so ist die Anzahl derselben im ganzen auch durch

$$m\,C_n^m$$

ausgedrückt. Demnach muss:

$$m\cdot C_n^m = (n-m+1)\,C_n^{m-1}$$

sein, oder

$$C_n^m = \frac{n-m+1}{m}\,C_n^{m+1}$$

Es wurde aber oben gefunden:

$$C_n^1 = \frac{n}{1},\quad C_n^2 = \frac{n(n-1)}{1\cdot 2}$$

$$C_n^3 = \frac{n(n-1)(n-2)}{1\cdot 2\cdot 3};$$

folglich ist nun auch:

$$C_n^4 = \frac{n-3}{4}\,C_n^3 = \frac{n(n-1)(n-2)(n-3)}{1\cdot 2\cdot 3\cdot 4}$$

und allgemein:

$$C_n^k = \frac{n(n-1)(n-2)\cdots(n-k+1)}{1\cdot 2\cdot 3\cdots k},$$

wie behauptet wurde.

Beweis 2. Jede Komplexion von C_n^k enthält k Elemente, alle zusammen also

$$k \cdot C_n^k$$

Elemente und da n verschiedene vorhanden sind, so gibt der $n$te Teil dieses Produktes an, wie oft jedes Element in der Gesamtheit aller Komplexionen vorkommt. Diese Zahl ist aber auch ausgedrückt durch

$$C_{n-1}^{k-1};$$

denn um alle Komplexionen der $k$ten Klasse zu finden, welche ein bestimmtes Element enthalten, braucht man nur alle Kombinationen der $n-1$ andern Elemente zur $(k-1)$ten Klasse zu bilden und jeder derselben das bestimmte Element an der richtigen Stelle (der natürlichen Ordnung gemäss) einzufügen. Demnach ist für jeden beliebigen Wert von n und k:

$$\frac{k \cdot C_n^k}{n} = C_{n-1}^{k-1}$$

oder

$$C_n^k = \frac{n}{k} C_{n-1}^{k-1},$$

also auch

$$C_{n-1}^{k-1} = \frac{n-1}{k-1} C_{n-2}^{k-2}$$

$$C_{n-2}^{k-2} = \frac{n-2}{k-2} C_{n-3}^{k-3}$$

$$\cdots\cdots\cdots\cdots\cdots\cdots$$

$$C_{n-(k-1)}^{1} = \frac{n-k+1}{1}$$

Die Multiplikation dieser Gleichungen gibt nach Weglassung der gleichen Faktoren beider Seiten:

$$C_n^k = \frac{n}{k} \cdot \frac{n-1}{k-1} \cdot \frac{n-2}{k-2} \cdots\cdots \frac{n-k+1}{1} = \frac{n(n-1)(n-2)\cdots\cdots(n-k+1)}{1 \cdot 2 \cdot 3 \cdots\cdots k}$$

wie oben.

Erkl. 68. Zum besseren Verständnis des Beweises 2. betrachte man z. B. in der vorhergehenden Erklärung die fünf Kombinationen zur vierten Klasse, welche im ganzen:

$$4 \cdot C_5^4 = 4 \cdot 5 = 20$$

Elemente enthalten, so dass jedes derselben:

$$\frac{4 \cdot C_5^4}{5} = \frac{20}{5} = 4$$

mal vorkommt. Bildet man aber die Kombination von nur vier Elementen zur 3. Klasse, indem man irgend eines, z. B. b ausschliesst, so hat man auch vier Komplexionen:

acd *cde*
ace
ade

denen man nur an der richtigen Stelle b anzufügen braucht, um wieder die in Erkl. 67 aufgezählten Kombinationen der 4. Klasse zu finden, welche das Element b enthalten; demnach ist:

$$\frac{4 \cdot C_5^4}{5} = C_4^3$$

u. s. w.

Frage 43. Wie kann der Wert des Symbols C_n^k durch Fakultäten ausgedrückt werden?

Antwort. Der Wert des Symbols C_n^k kann auch durch die Gleichung

$$C_n^k = \frac{n!}{k!\,(n-k)!}$$

dargestellt werden.

Beweis. Multipliziert man bei dem in Frage 42 gefundenen Werte von C_n^k den Zähler und den Nenner mit

$$1 \cdot 2 \cdot 3 \cdots\cdots (n-k),$$

so kommt:

$$C_n^k = \frac{n(n-1)(n-2)\cdots(n-k+1)(n-k)\cdots 3 \cdot 2 \cdot 1}{1 \cdot 2 \cdot 3 \cdots k \cdot 1 \cdot 2 \cdot 3 \cdots (n-k)}$$

Erkl. 69. Da die Kombinationszahlen selbstverständlich ganze Zahlen sein müssen, so zieht man aus den beiden Ausdrucksformen von C_n^k in Frage 42 und 43 folgende Sätze:

1) das Produkt von k beliebigen, aufeinander folgenden, ganzen Zahlen ist durch das Produkt der ersten k ganzen Zahlen stets teilbar (siehe Frage 42).

2) Wenn $n > k$, so ist das Produkt der ersten n ganzen Zahlen stets teilbar durch das Produkt der ersten k ganzen Zahlen multipliziert mit dem Produkte der ersten $n - k$ ganzen Zahlen (siehe Frage 43).

Erkl. 70. Da nach Frage 10:
$n! = P_n$, also $k! = P_k$ und $(n-k)! = P_{n-k}$,
so folgt auch:

$$C_n^k = \frac{P_n}{P_k \cdot P_{n-k}}$$

d. h. die Anzahl der Kombinationen von n Elementen zur $k$ten Klasse ist ebenso gross als die Anzahl der Permutationen von n Elementen, welche in zwei Gruppen von k unter sich gleichen und $n-k$ unter sich gleichen Elementen zerfallen.

Der Zähler dieses Bruches ist aber (in umgekehrter Folge gelesen) das Produkt aller natürlichen Zahlen von 1 bis n, d. h. $n!$, weshalb nun

$$C_n^k = \frac{n!}{k!\,(n-k)!}$$

Frage 44. Gibt es für eine gegebene Anzahl von Elementen mehrere Kombinationsklassen, die gleich viele Komplexionen enthalten?

Erkl. 71. Aus nebenstehendem Satze folgt, dass man das Symbol:

$$C_n^0 = C_n^n = 1$$

setzen muss. Kombinatorisch würde C_n^0 keinen Sinn haben.

Antwort. Wenn n die Zahl der zu kombinierenden Elemente ist, so enthalten je zwei Kombinationsklassen, deren Ordnungszahlen die Summe n haben, gleich viele Komplexionen, d. h.

$$C_n^k = C_n^{n-k}$$

Beweis. Es ist nach Frage 43 Erkl. 70:

$$C_n^k = \frac{P_n}{P_k \cdot P_{n-k}}; \quad C_n^{n-k} = \frac{P_n}{P_{n-k} \cdot P_{n-(n-k)}} = \frac{P_n}{P_{n-k} \cdot P_k}$$

folglich

$$C_n^k = C_n^{n-k}$$

Frage 45. Welche Kombinationsklasse von n Elementen enthält die meisten Komplexionen?

Antwort. Ist die Anzahl n der Elemente gerade, so hat die $\frac{n}{2}$te Klasse die meisten Komplexionen; ist aber n ungerade, so findet sich die grösste Komplexionszahl für die $\frac{n-1}{2}$te und die $\frac{n+1}{2}$te Klasse und zwar für beide Klassen die nämliche Zahl.

Beweis. Nach Frage 43 erhält man

$$C_n^{k-1} = \frac{n(n-1)(n-2)\cdots(n-k+2)}{1 \cdot 2 \cdot 3 \cdots (k-1)}$$

und

$$C_n^k = \frac{n(n-1)(n-2)\cdots(n-k+2)\,(n-k+1)}{1 \cdot 2 \cdot 3 \cdots (k-1) \cdot k}$$

Letzterer Wert wird grösser sein als ersterer, wenn

$$\frac{n-k+1}{k} > 1$$

oder:

$$n-k+1 > k$$

$$n-1 > 2k$$

d. h.:

$$k < \frac{n+1}{2}$$

ist. Die Anzahl der Komplexionen wächst also, so lange die Ordnungszahl der Klasse niedriger als $\frac{n+1}{2}$ ist.

Bezeichnet demnach n eine gerade Zahl, so ist die nächstniedrige Klassenzahl die $\frac{n}{2}$ te; wenn hingegen n eine ungerade Zahl bedeutet, so ist die nächstniedrige Klassenzahl die $\frac{n-1}{2}$ te und zwar wird in letzterem Falle

$$C_n^{\frac{n-1}{2}} = C_n^{\frac{n+1}{2}} \text{ (Frage 44)}$$

denn es ist:

$$n - \frac{n-1}{2} = \frac{n+1}{2}$$

Erkl. 72. Für 10 Elemente wächst also die Anzahl der Komplexionen bis zur 5ten Klasse und ist in dieser die grösste, nämlich:

$$C_{10}^5 = \frac{10 \cdot 9 \cdot 8 \cdot 7 \cdot 6}{1 \cdot 2 \cdot 3 \cdot 4 \cdot 5} = 252$$

Für 11 Elemente hat man hiegegen zwei Klassen mit grösster Komplexionszahl, nämlich für $k = \frac{11-1}{2} = 5$ und $k = \frac{11-1}{2} = 6$ und zwar ist:

$$C_{11}^5 = \frac{11 \cdot 10 \cdot 9 \cdot 8 \cdot 7}{1 \cdot 2 \cdot 3 \cdot 4 \cdot 5} = 462 = C_{11}^6$$

Frage 46. Wie gross ist die Anzahl derjenigen Kombinationen von n Elementen zur $k$ten Klasse, welche von den gegebenen Elementen p bestimmte enthalten?

Antwort. Die Anzahl derjenigen Kombinationen von n Elementen zur $k$ten Klasse, in denen von den gegebenen Elementen p bestimmte vorkommen, ist

$$C_{n-p}^{k-p}$$

Beweis. Man sondert zunächst die p bestimmten Elemente von den n gegebenen ab und kombiniert die übrig bleibenden $n-p$ Elemente zur $(k-p)$ten Klasse. Verbindet man nun jede der so erhaltenen Komplexionen mit den anfangs abgesonderten Elementen, so entstehen offenbar alle Komplexionen der $k$ten Klasse, welche die verlangten p Elemente enthalten. Demnach ist die Behauptung bewiesen.

Erkl. 73. Verlangt man von den Kombinationen der sechs Elemente:

1, 2, 3, 4, 5, 6

zur vierten Klasse nur diejenigen, welche die Elemente 3 und 5 enthalten, so bilde man:

$$C^2(1,2,4,6) = \begin{matrix} 12 & 24 & 26 \\ & 14 & 26 \\ & 16 & \end{matrix}$$

und füge bei jeder derselben die weggelassenen Elemente 3,5 an passender Stelle (der natürlichen Zahlenfolge entsprechend) ein, so sind die verlangten Kombinationen:

1235 2345 3456
1345 2356
1356

Frage 47. Wie gross ist die Anzahl derjenigen Kombinationen von n Elementen zur $k$ten Klasse, welche von p bestimmten unter den gegebenen Elementen keines enthalten?

Antwort. Soll von den p bestimmten Elementen keines in einer Komplexion vorkommen, so müssen sie überhaupt von der Kombination ausgeschlossen werden; man hat also in Wirklichkeit nur $n-p$ Elemente zur

$k$ten Klasse zu kombinieren; demnach ist die gesuchte Anzahl

$$C_{n-p}^k$$

Frage 48. Wie gross ist die Anzahl derjenigen Kombinationen von n Elementen zur $k$ten Klasse, welche wenigstens eines von p bestimmten unter den gegebenen Elementen enthalten?

Antwort. Die Kombinationen, welche wenigstens eines der p bestimmten Elemente enthalten, dürfen natürlich auch deren zwei, oder drei, $\cdots$ oder p enthalten. Es sind also von der Gesamtzahl der Komplexionen nur jene auszuschliessen, in denen gar keines der p Elemente vorkommt, also ist die gesuchte Anzahl (nach Frage 47):

$$C_n^k - C_{n-p}^k.$$

Frage 49. Welche Beziehung besteht zwischen der Anzahl der Kombinationen von n Elementen und der von $n-1$ Elementen?

Antwort. Die Anzahl der Kombinationen von n Elementen zu einer beliebigen $k$ten Klasse ist gleich der Summe aus der Anzahl der Kombinationen von $n-1$ Elementen zur nämlichen und zu der nächstniedrigeren Klasse, d. h.

$$C_n^k = C_{n-1}^k + C_{n-1}^{k-1}.$$

Beweis. Die Kombinationen von n Elementen zur $k$ten Klasse bestehen 1) aus Komplexionen, welche ein bestimmtes Element nicht enthalten und 2) aus denjenigen, welche dieses Element enthalten. Die Anzahl der Komplexionen ersterer Art ist C_{n-1}^k (Fr. 47), die letztere Art hingegen C_{n-1}^{k-1} (Fr. 46); folglich muss sein wie behauptet:

$$C_n^k = C_{n-1}^k + C_{n-1}^{k-1}.$$

Erkl. 74. Wendet man den hier bewiesenen Satz wiederholt auf das erste Glied der rechten Gleichungsseite an, so erhält man nach und nach:

$$\begin{aligned}
C_n^k &= C_{n-1}^k + C_{n-1}^{k-1} \\
C_{n-1}^k &= C_{n-2}^k + C_{n-2}^{k-1} \\
C_{n-2}^k &= C_{n-3}^k + C_{n-3}^{k-1} \\
&\cdots\cdots\cdots\cdots\cdots\cdots \\
C_{k+1}^k &= C_k^k + C_k^{k-1} \\
C_k^k &= \phantom{C_k^k +{}} C_{k-1}^{k-1}
\end{aligned}$$

Die letzte Gleichung ist nichts anders als die Identität:

$$1 = 1$$

und die Zerlegung hört hier auf, weil bereits:

$$C_{k-1}^k = 0$$

gesetzt werden muss. Addiert man nun sämtliche Gleichungen und bemerkt, dass alle auf der linken Gleichungsseite stehenden Glieder (mit Ausnahme des ersten) sich gegen dieselben auf der rechten Seite stehenden Glieder aufheben, so folgt:

$$C_n^k = C_{n-1}^{k-1} + C_{n-2}^{k-1} + C_{n-3}^{k-1} + \cdots + C_{k-1}^{k-1}$$

Frage 50. Wie kann die Anzahl der Kombinationen von n Elementen zu einer beliebigen $k$ten Klasse als Summe der Kombinationszahlen zu allen niedrigeren Klassen (von der $k$ten bis zur $o$ten) dargestellt werden?

Antwort. Es ist die Anzahl der Kombinationen

$$C_n^k = C_{n-1}^k + C_{n-2}^{k-1} + C_{n-3}^{k-2} + \cdots \\ + C_{n-k}^2 + C_{n-k-1}^0.$$

Erkl. 75. Nach dem Satze in Frage 50 wäre z. B.:

$$C_9^5 = C_8^5 + C_7^4 + C_6^3 + C_5^2 + C_4^1 + C_3^0$$
$$= \frac{8\cdot7\cdot6\cdot5\cdot4}{1\cdot2\cdot3\cdot4\cdot5} + \frac{7\cdot6\cdot5\cdot4}{1\cdot2\cdot3\cdot4} + \frac{6\cdot5\cdot4}{1\cdot2\cdot3}$$
$$+ \frac{5\cdot4}{1\cdot2} + \frac{4}{1} + 1$$
$$= 56 + 35 + 20 + 10 + 4 + 1 = 126$$

übereinstimmend mit dem Werte von C_9^5 aus Frage 42.

Die in Erkl. 74 angegebene Zerlegung würde in vorliegendem Falle lauten:

$$C_9^5 = C_8^4 + C_7^4 + C_6^4 + C_5^4 + C_4^4$$
$$= \frac{8\cdot7\cdot6\cdot5}{1\cdot2\cdot3\cdot4} + \frac{7\cdot6\cdot5\cdot4}{1\cdot2\cdot3\cdot4} + \frac{5\cdot4\cdot3\cdot2}{1\cdot2\cdot3\cdot4}$$
$$+ \frac{5\cdot4\cdot3\cdot2}{1\cdot2\cdot3\cdot4} + 1$$
$$= 70 + 35 + 15 + 5 + 1 = 126$$

Beweis. Durch wiederholte Anwendung der in Frage 49 bewiesenen Zerlegung auf das zweite Glied der rechten Gleichungsseite erhält man nach und nach:

$$C_n^k = C_{n-1}^k + C_{n-1}^{k-1}$$
$$C_{n-1}^{k-1} = C_{n-2}^{k-1} + C_{n-2}^{k-2}$$
$$C_{n-2}^{k-2} = C_{n-3}^{k-2} + C_{n-3}^{k-3}$$
$$\cdots\cdots\cdots\cdots\cdots\cdots$$
$$C_{n-k+2}^2 = C_{n-k+1}^2 + C_{n-k+1}^1$$
$$C_{n-k+1}^1 = C_{n-k}^1 + C_{n-k}^0$$

Addiert man diese Gleichungen, indem man die auf der linken und rechten Seite stehenden gleichen Glieder weglässt, so kommt:

$$C_n^k = C_{n-1}^k + C_{n-2}^{k-1} + C_{n-2}^{k-2} + \cdots$$
$$+ C_{n-k+1}^2 + C_{n-k}^1 + C_{n-k-1}^0$$

indem man setzen kann

$$C_{n-k}^0 = C_{n-k-1}^0 = 1 \text{ (s. Erkl. 71).}$$

Frage 50a. Wie ist zu zeigen, dass für jeden Wert von m und n folgender Satz besteht:

$$C_m^k + C_m^{k-2} C_n^1 + C_m^{k-2} C_n^2 + \cdots + C_m^1 C_n^{k-1}$$
$$+ C_n^k = C_{m+n}^k$$

Antwort. Es seien folgende m Elemente

$$a_1 \; a_2 \; a_3 \cdots a_m$$

und ausserdem noch folgende n Elemente

$$b_1 \; b_2 \; b_3 \cdots b_n$$

gegeben.

Kombiniert man nun alle $m+n$ Elemente zur $k$ten Klasse, so ist die Anzahl der Komplexionen

$$C_{m+n}^k$$

Denkt man sich dieselben alle entwickelt, so lassen sie sich in folgende Gruppen vereinigen:

1) Komplexionen, in denen nur Elemente a vorkommen; Anzahl:

$$C_m^k$$

2) Komplexionen, welche $k-1$ Elemente a und ein Element b enthalten; deren Anzahl ist

$$C_m^{k-1} \cdot C_n^1;$$

denn $k-1$ Elemente können aus den m Elementen a auf C_m^{k-1} Arten ausgewählt werden und ein Element aus den n Elementen b auf C_n^1 Arten. Jede dieser letzteren lässt sich aber mit jeder der ersteren Arten verbinden, wodurch die angegebene Anzahl von Komplexionen der $k$ten Klasse entsteht.

3) Komplexionen, welche $k-2$ Elemente a und zwei Elemente b enthalten; ihre Anzahl ist analog wie bei den vorhergehenden:

$$C_m^{k-2} C_n^2 \quad \text{u. s. w.}$$

Erkl. 76. Soll der bewiesene Satz die vollständige Reihe der Kombinationszahlen von C_m^k bis C_n^k enthalten, so muss natürlich sowohl m als $n > k$ sein. Andernfalls bricht die Reihe ab, sobald ein Klassenexponent grösser als die zugehörige Elementenzahl wird. So ist z. B.:

$$C_{12}^5 = C_7^5 + C_7^4 \cdot C_5^1 + C_7^3 \cdot C_5^2 + C_7^2 \cdot C_5^3$$
$$+ C_7^1 \cdot C_5^2 + C_5^1$$

indem man 12 in $7+5$ zerlegt; setzt man aber etwa:

$$12 = 9 + 3$$

so wird:

$$C_{12}^5 = C_9^5 + C_9^4 \cdot C_3^1 + C_9^3 \cdot C_3^2 + C_9^2 \cdot C_3^3$$

Druck von Carl Hammer in Stuttgart.

1164. Heft. | Preis des Heftes 25 Pf. | Kombinatorik oder die Lehre von den kombinatorischen Operationen. Forts. v. Heft 1157. — Seite 65—80.

Vollständig gelöste Aufgaben-Sammlung

— nebst Anhängen ungelöster Aufgaben, für den Schul- & Selbstunterricht —
mit
Angabe und Entwicklung der benutzten Sätze, Formeln, Regeln, in Fragen und Antworten
erläutert durch
viele Holzschnitte & lithograph. Tafeln,
aus allen Zweigen
der Rechenkunst, der niederen (Algebra, Planimetrie, Stereometrie, ebenen u. sphärischen Trigonometrie, synthetischen Geometrie etc.) u. höheren Mathematik (höhere Analysis, Differential- u. Integral-Rechnung, analytische Geometrie der Ebene u. des Raumes etc.); — aus allen Zweigen der Physik, Mechanik, Graphostatik, Chemie, Geodäsie, Nautik, mathemat. Geographie, Astronomie; des Maschinen-, Strassen-, Eisenbahn-, Wasser-, Brücken- u. Hochbau's; der Konstruktionslehren als: darstell. Geometrie, Polar- u. Parallel-Perspektive, Schattenkonstruktionen etc. etc.
für
Schüler, Studierende, Kandidaten, Lehrer, Techniker jeder Art, Militärs etc.
zum einzig richtigen und erfolgreichen
Studium, zur Forthülfe bei Schularbeiten und zur rationellen Verwertung der exakten Wissenschaften,
herausgegeben von

Dr. Adolph Kleyer,
Mathematiker, vereideter königl. preuss. Feldmesser, vereideter grossh. hessischer Geometer I. Klasse
in **Frankfurt a. M.**
unter Mitwirkung der bewährtesten Kräfte.

Kombinatorik
oder
Die Lehre von den kombinatorischen Operationen.

(Permutation, Kombination, Variation.)

Nach System Kleyer bearbeitet von **Prof. H. Staudacher.**

Forts. von Heft 1157. Seite 65—80.

Inhalt:

Kombinationen ohne Wiederholung. — Gelöste Aufgaben über die Kombinationen ohne Wiederholung.

Stuttgart 1892.
Verlag von Julius Maier.

Preisgekrönt in Frankfurt a. M. 1881.

PROSPEKT.

Dieses Werk, welchem **kein ähnliches** zur Seite steht, erscheint monatlich in 3—4 Heften zu dem **billigen Preise** von 25 ₰ pro Heft und bringt eine Sammlung der wichtigsten und praktischsten **Aufgaben aus dem Gesamtgebiete der Mathematik, Physik, Mechanik, math. Geographie, Astronomie, des Maschinen-, Strassen-, Eisenbahn-, Brücken- und Hochbaues, des konstruktiven Zeichnens** etc. etc. und zwar in **vollständig gelöster Form, mit vielen Figuren, Erklärungen** nebst **Angabe** und **Entwickelung** der **benutzten Sätze, Formeln, Regeln in Fragen mit Antworten** etc., so dass die Lösung jedermann verständlich sein kann, bezw. wird, wenn eine grössere Anzahl der Hefte erschienen ist, **da dieselben sich in ihrer Gesamtheit ergänzen** und alsdann auch **alle Teile der reinen** und **angewandten** Mathematik — nach besonderen selbständigen Kapiteln angeordnet — vorliegen.

Fast jedem Hefte ist ein **Anhang** von **ungelösten** Aufgaben beigegeben, welche der eigenen Lösung (in analoger Form wie die bezüglichen gelösten Aufgaben) des Studierenden überlassen bleiben, und zugleich von den Herren Lehrern für den Schulunterricht benutzt werden können. Die **Lösungen** hierzu werden später in besonderen Heften für die Hand des Lehrers erscheinen. Am Schlusse eines jeden Kapitels gelangen: Titelblatt, Inhaltsverzeichnis, Berichtigungen und erläuternde Erklärungen über das betreffende Kapitel zur Ausgabe.

Das Werk behandelt zunächst den Hauptbestandteil des mathematisch-naturwissenschaftlichen Unterrichtsplanes folgender Schulen: **Realschulen I. und II. Ordn., gleichberechtigten höheren Bürgerschulen, Privatschulen, Gymnasien, Realgymnasien, Progymnasien, Schullehrer-Seminaren, Polytechniken, Techniken, Baugewerkschulen, Gewerbeschulen, Handelsschulen, techn. Vorbereitungsschulen** aller Arten, **gewerbliche Fortbildungsschulen, Akademien, Universitäten, Land- und Forstwissenschaftsschulen, Militärschulen, Vorbereitungs-Anstalten** aller Arten als z. B. für das **Einjährig-Freiwillige- und Offiziers-Examen** etc.

Die **Schüler, Studierenden** und **Kandidaten** der mathematischen, technischen und naturwissenschaftlichen Fächer werden durch diese, **Schritt für Schritt gelöste**, Aufgabensammlung **immerwährend** an ihre in der Schule erworbenen oder nur gehörten Theorien etc. erinnert und wird ihnen hiermit der Weg zum **unfehlbaren** Auffinden der Lösungen derjenigen Aufgaben **gezeigt**, welche sie bei ihren **Prüfungen** zu lösen haben, zugleich aber auch die **überaus grosse Fruchtbarkeit** der mathematischen Wissenschaften vorgeführt.

Dem **Lehrer** soll mit dieser Aufgabensammlung eine kräftige Stütze für den Schul-Unterricht geboten werden, indem zur Erlernung des **praktischen Teils** der mathematischen Disciplinen — **zum Auflösen von Aufgaben** — in den meisten Schulen oft **keine Zeit** erübrigt werden kann, **hiermit** aber dem Schüler bei seinen häuslichen Arbeiten **eine vollständige** Anleitung in die Hände gegeben wird, **entsprechende Aufgaben zu lösen,** die **gehabten Regeln, Formeln, Sätze** etc. **anzuwenden** und **praktisch zu verwerten.** Lust, Liebe und Verständnis für den Schulunterricht wird dadurch erhalten und belebt werden.

Den **Ingenieuren, Architekten, Technikern** und Fachgenossen aller Art, **Militärs** etc. etc. soll diese Sammlung **zur Auffrischung** der erworbenen und vielleicht vergessenen mathematischen Kenntnisse dienen und zugleich durch ihre **praktischen in allen Berufszweigen vorkommenden Anwendungen** einem **toten Kapital lebendige** Kraft verleihen und somit den **Antrieb** zu weiteren **praktischen** Verwertungen und **weiteren Forschungen** geben.

Alle Buchhandlungen nehmen Bestellungen entgegen. Wichtige und praktische Aufgaben werden mit Dank von der Redaktion entgegengenommen und mit Angabe der Namen verbreitet. — Wünsche, Fragen etc., welche die Redaktion betreffen, nimmt der Verfasser, Dr. Kleyer, Frankfurt a. M., Fischerfeldstrasse 16, entgegen, und wird deren Erledigung thunlichst berücksichtigt.

Stuttgart. **Die Verlagshandlung.**

Den Schluss bilden jene Komplexionen, welche nur aus Elementen b bestehen, und deren Anzahl

$$C_n^k$$

ist. Die Zusammenfassung aller Gruppen gibt demnach:

$$C_{m+n}^k = C_m^k + C_m^{k-1} C_n^1 + C_m^{k-2} C_n^2 + \cdots + C_m^1 C_n^{k-1} + C_n^k$$

Frage 51. Welche Beziehung besteht zwischen der Anzahl der Kombinationen beliebiger vieler Elemente zu allen ungeraden Klassen und zu allen geraden Klassen?

Antwort. Die Anzahl der Kombinationen beliebig vieler Elemente zu allen ungeraden Klassen ist stets um eine Einheit grösser als die Anzahl der Kombinationen zu allen geraden Klassen.

Dieser Satz kann in folgender Form ausgedrückt werden:

$$C_n^1 - C_n^2 + C_n^3 - C_n^4 + \cdots + (-1)^{n-1} C_n^n = 1$$

Erkl. 76a. Vorstehender Satz kann auch in folgender Form ausgesprochen werden:

Die Summe der Kombinationszahlen von n Elementen zu allen Klassen von der 0ten bis zur $n$ten mit abwechselnden Zeichen genommen, ist gleich Null, d. h.:

$$C_n^0 - C_n^1 + C_n^2 - C_n^3 + \cdots + (-1)^n C_n^n = 0$$

Denn setzt man in dieser Gleichung alle Glieder mit Ausnahme des ersten auf die rechte Seite, so erhält man (Frage 51) die identische Gleichung:

$$C_n^0 = 1,$$

also ist die Behauptung richtig.

Beweis. 1) Für ungerade n ist die Anzahl der Glieder ungerade und das letzte Glied positiv; es haben dann die gleichen Glieder:

$$C_n^1 \text{ und } C_n^{n-1}, \; C_n^2 \text{ und } C_n^{n-2} \text{ u. s. w.}$$

entgegengesetzte Zeichen und heben sich auf, so dass nur das letzte Glied:

$$+ C_n^n = 1$$

übrig bleibt.

2) Für gerade n ist die Anzahl der Glieder gerade und das letzte Glied negativ; die gleichen Glieder haben hier gleiche Zeichen. Man macht deshalb folgende Zerlegung:

$$\left.\begin{aligned} C_n^1 &= C_{n-1}^1 + C_{n-1}^0 \\ -C_n^2 &= -C_{n-1}^2 - C_{n-1}^1 \\ C_n^3 &= C_{n-1}^3 + C_{n-1}^2 \\ -C_n^4 &= -C_{n-1}^4 - C_{n-1}^3 \\ &\cdots\cdots\cdots\cdots \\ C_n^{n-1} &= C_{n-1}^{n-1} + C_{n-1}^{n-2} \\ -C_n^n &= -C_{n-1}^{n-1} \end{aligned}\right\} \text{(Frage 49)}$$

Die Addition dieser Gleichungen gibt, da auf der rechten Seite sich offenbar je zwei Glieder aufheben:

$$C_n^1 - C_n^2 + C_n^3 - C_n^4 + \cdots + C_n^{n-1} - C_n^n = C_{n-1}^0 = 1$$

Frage 52. Wie kann zu einer gegebenen Kombination die zugehörige Rangzahl gefunden werden, ohne die vorhergehenden Komplexionen anzuschreiben?

Antwort. Aus dem an der ersten Stelle der gegebenen Komplexion stehenden Elemente sieht man sofort, welche Elemente an dieser Stelle in den vorausgehenden Komplexionen bereits gestanden haben. Indem man der Reihe nach jedes dieser Elemente an der ersten Stelle denkt, sucht man jedesmal, wie oft sich die späteren Elemente auf den übrigen Stellen (also zur nächstniedrigeren Klasse) kombinieren lassen. Ist man auf diese Weise bis zu dem Elemente gelangt, mit welchem die gegebene Komplexion beginnt, so geht man zur zweiten Stelle über, untersucht, welche Elemente an dieser Stelle der gegebenen Komplexion vorausgehen können (der Natur der Kombinationen gemäss kann niemals ein niedrigeres auf ein höheres folgen) und bestimmt für jedes derselben die Kombinationszahl, wobei nun die Klasse bereits um zwei Einheiten niedriger ist. In dieser Weise fährt man auch für die folgenden Stellen fort, bis die gegebene Komplexion vollständig an die Reihe kommt. Addiert man nun alle gefundenen Kombinationszahlen, so stellt die Summe die Anzahl aller vorausgegangenen Komplexionen vor und die um eine Einheit vermehrte Zahl ist die gesuchte Rangzahl.

Dieses Verfahren ergibt die Rangzahl einer verlangten Komplexion durch Ausschliessung der vorhergehenden Komplexionen, d. h. derjenigen, welche einen niedrigeren Rang besitzen als die gegebene.

Das in Erkl. 77 durchgeführte Beispiel wird die hier gegebene Anleitung leicht verständlich machen.

Erkl. 77. Soll nach nebenstehendem Verfahren angegeben werden, die wie vielte Kombination der vierten Klasse aus den zwölf Elementen:

$$a,\ b,\ c,\ d,\ e,\ f,\ g,\ h,\ i,\ k,\ l,\ m,\ n$$

die Komplexion:

$$dhkl$$

ist, so verfährt man auf folgende Weise:

Steht a an der ersten Stelle, so sind die übrigen drei Stellen mit den Kombinationen der Elemente b bis m zu besetzen, deren Anzahl ist:

$$C_{11}^3 = \frac{11 \cdot 10 \cdot 9}{1 \cdot 2 \cdot 3} = 165$$

Steht b an der ersten Stelle, so können auf den drei andern Stellen nur die Elemente c bis m verwendet werden, also ist die Anzahl der mit b beginnenden Komplexionen:

$$C_{10}^3 = \frac{10 \cdot 9 \cdot 8}{1 \cdot 2 \cdot 3} = 84$$

Analog gibt c an der ersten Stelle noch:

$$C_9^3 = \frac{9 \cdot 8 \cdot 7}{1 \cdot 2 \cdot 2} = 84 \text{ Komplexionen.}$$

Tritt nun das verlangte Element d an die erste Stelle, so kann die zweite nur durch die späteren Elemente von e an besetzt werden und zwar beginnen mit de:

$$C_7^2 = \frac{7 \cdot 6}{1 \cdot 2} = 21 \text{ Komplexionen}$$

mit df:

$$C_6^2 = \frac{6 \cdot 5}{1 \cdot 2} = 15 \text{ Komplexionen}$$

mit dg:

$$C_5^2 = \frac{5 \cdot 4}{1 \cdot 2} = 10 \text{ Komplexionen}$$

Von den gesuchten mit dh beginnenden, folgen zunächst mit dhi:

$$C_3^1 = \frac{3}{1} = 3 \text{ Komplexionen}$$

und die nächstfolgende ist die verlangte:

$$dhkl$$

und ihre Rangzahl:

$$165 + 120 + 84 + 21 + 15 + 10 + 3 + 1 = 419$$

Erkl. 78. Zu besserer Uebersicht bringt man die Lösung in folgende Form:

Komplexionen beginnend mit:	Verfügbare Elemente:	Kombinationszahl:
a	$\left\{\begin{matrix} b, c, d, e, f, g, \\ h, i, k, l, m \end{matrix}\right\}$	$C_{11}^3 = 165$
b	$\left\{\begin{matrix} c, d, e, f, g, \\ h, i, k, l, m \end{matrix}\right\}$	$C_{10}^3 = 120$
c	$\left\{\begin{matrix} d, e, f, g, h \\ i, k, l, m \end{matrix}\right\}$	$C_9^3 = 84$
de	$\left\{\begin{matrix} f, g, h, i, \\ k, l, m \end{matrix}\right\}$	$C_7^2 = 21$
df	g, h, i, k, l, m	$C_6^2 = 15$
dg	h, i, k, l, m	$C_5^2 = 10$
dhi	k, l, m	$C_3^1 = 3$
		Summe 418

Die gesuchte Kombination ist demnach die 419. Komplexion.

Frage 53. Wie kann zu einer gegebenen Kombination die zugehörige Rangzahl durch Ausschliessung der Komplexionen höheren Ranges gefunden werden, ohne die vorhergehenden zu bilden?

Erkl. 79. Um die in Erkl. 77 vorgelegte Frage nach der Rangzahl der Komplexion:

$$dhkl$$

der zwölf Elemente

$$a, b, c, d, e, f, g, h, i, k, l, m$$

zu beantworten, hätte man — da die Elemente der gegebenen Komplexion das vierte, achte, zehnte und elfte sind — zu bilden:

$$C_{12}^4 - C_8^4 - C_4^3 - C_2^2 - C_1^1$$

$$= \frac{12\cdot11\cdot10\cdot9}{1\cdot2\cdot3\cdot4} - \frac{8\cdot7\cdot6\cdot5}{1\cdot2\cdot3\cdot4} - \frac{4\cdot3\cdot2}{1\cdot2\cdot3} - \frac{2\cdot1}{1\cdot2} - 1$$

$$= 495 - 70 - 4 - 1 - 1 = 495 - 76 = 419$$

Antwort. Die vorhandene Elementenzahl sei n und die verlangte Kombination gehöre zur $k$ten Klasse und habe an der ersten Stelle das $h$te, an der zweiten das $i$te, an der dritten das $m$te u. s. w., an der letzten Stelle das $r$te Element, wobei $h, i, m \cdots$ beliebige ganze Zahlen sind, aber jedenfalls:

$$h < i < m < \cdots < r < n$$

ist. Die Gesamtzahl aller Komplexionen ist:

$$C_n^k$$

Hievon sind auszuschliessen:

1) Alle Komplexionen, die schon an der ersten Stelle ein höheres Element als das $h$te haben; ihre Anzahl ist:

$$C_{n-h}^k$$

2) Alle Komplexionen, die zwar mit dem $h$ten Elemente beginnen, aber an der zweiten Stelle ein höheres Element haben als das $i$te; ihre Anzahl ist:

$$C_{n-i}^{k-1}$$

3) Alle Komplexionen, die an der ersten Stelle das $h$te, an der zweiten das $i$te Element führen, an der dritten aber ein höheres Element als das $m$te; ihre Anzahl ist:

$$C_{n-m}^{k-2}$$

4) Analog sind abzuziehen alle Komplexionen, die an der vierten, oder fünften u. s. w., oder $k$ten Stelle ein höheres Element enthalten als die gegebene, während

ihre vorhergehenden Stellen mit denen der letzteren übereinstimmen.

Der verbleibende Rest ist die **Rangzahl** (z) **der gegebenen Komplexion**, nämlich:

$$z = C_n^k - C_{n-h}^k - C_{n-i}^{k-1} - C_{n-m}^{k-2} - \dots - C_{n-r}^1$$

Dieses Verfahren führt rascher zum Ziele, als das in Frage 52 angegebene. (S. Erkl. 79.)

Frage 54. Wie wird eine Kombination von gegebener Rangzahl durch Ausschliessung der vorhergehenden Komplexionen gefunden, ohne die vorhergehenden zu bilden?

Antwort. Man besetzt die erste Stelle nach und nach mit den gegebenen Elementen in natürlicher Folge und bestimmt jedesmal die zugehörige Kombinationszahl, bis die Summe dieser Zahlen die gegebene Rangzahl überschreiten würde. Das Element, bei welchem dieser Fall eintritt, ist das Anfangselement der gesuchten Komplexion. Analog besetzt man nun die zweite Stelle der Reihe nach mit allen Elementen, die höher sind als das gefundene Anfangselement, bis wieder die Summe alle bisherigen Kombinationszahlen grösser als die gegebene Rangzahl wird. Hiedurch ist das Element der zweiten Stelle bekannt und man verfährt nun ganz analog mit der dritten und jeder folgenden Stelle. Die Erkl. 80 enthält ein vollständig durchgeführtes Beispiel dieser Art.

Erkl. 80. Um z. B. die 194. Kombination der Elemente:

$$a,\ b,\ c,\ d,\ e,\ f,\ g,\ h,\ i,\ k$$

zur fünften Klasse zu finden, ist nach nebenstehender Antwort folgender Gang einzuhalten:

Mit a beginnen: $C_9^4 = \frac{9 \cdot 8 \cdot 7 \cdot 6}{1 \cdot 2 \cdot 3 \cdot 4} = 126$

„ b „ $C_8^4 = \frac{8 \cdot 7 \cdot 6 \cdot 5}{1 \cdot 2 \cdot 3 \cdot 4} = 70$

Da die Anzahl dieser Komplexionen bereits 194 übersteigt, so beginnt die gesuchte sicher mit b, die zweite Stelle kann nun zuerst mit c besetzt werden und zwar beginnen:

mit bc: $C_7^3 = \frac{7 \cdot 6 \cdot 5}{1 \cdot 2 \cdot 3} = 35$

„ bd: $C_6^3 = \frac{6 \cdot 5 \cdot 4}{1 \cdot 2 \cdot 3} = 20$

„ be: $C_5^3 = \frac{5 \cdot 4 \cdot 3}{1 \cdot 2 \cdot 3} = 10$

„ bf: $C_4^3 = \frac{4 \cdot 3 \cdot 2}{1 \cdot 2 \cdot 3} = 4$

Letztere Komplexionen erstrecken sich bis zur Rangzahl:

$$126 + 35 + 20 + 10 + 4 = 195$$

enthalten demnach auch die gesuchte. Die dritte Stelle kann nun zuerst mit g besetzt werden und zwar beginnen:

mit bfg: $C_3^2 = \frac{3 \cdot 2}{1 \cdot 2} = 3$ (Summe 194)

also ist die gesuchte Kombination die letzte von dieser Art, nämlich:

$$bfgik$$

Frage 55. Wie kann die Kombination von gegebener Rangzahl durch Umkehrung des Verfahrens in Frage 53 (Ausschliessung der späteren Komplexionen) gefunden werden?

Antwort. Da die Rangzahl z, die Kombinationsklasse k, sowie die Anzahl der vor-

Erkl. 81. Das Beispiel in Erkl. 80 berechnet sich nach der nebenstehenden Methode folgendermassen:

Die Anzahl der möglichen Kombinationen ist:

$$C_{10}^5 = 252$$

also:

$$C_u^5 + C_r^4 + C_w^3 + C_x^2 + C_y^1 = 252 - 194 = 58$$

Aus der Bedingung:

$$C_u^5 = \frac{u(u-1)(u-2)(u-3)(u-4)}{1 \cdot 2 \cdot 3 \cdot 4 \cdot 5} \leqq 58$$

folgt als grösster Wert:

$$u' = 8$$

und:

$$58 - C_8^5 = 2$$

Ferner aus:

$$C_v^4 = \frac{v(v-1)(v-2)(v-3)}{1 \cdot 2 \cdot 3 \cdot 4} < 2$$

folgt als grösster Wert:

$$v' = 4$$

also:

$$2 - C_{v'}^4 = 1$$

Weiter gibt:

$$C_w^3 = \frac{w(w-1)(w-2)}{1 \cdot 2 \cdot 3} \leqq 1$$

$$w' = 3$$

mit dem Reste 0. Dann wäre aus:

$$C_x^2 = \frac{x(x-1)}{1 \cdot 2} = 0$$

$$x' = 1$$

abermals mit dem Reste 0 und endlich aus:

$$C_y^1 = \frac{y}{1} = 0$$

$$y' = 0$$

Die Ordnungszahlen der verlangten Elemente sind demnach:

$$n - u' = 10 - 8 = 2$$
$$n - v' = 10 - 4 = 6$$
$$n - w' = 10 - 3 = 7$$
$$n - x' = 10 - 1 = 9$$
$$n = y' = 10 - 0 = 10$$

und demnach die gesuchte 194. Kombination:

$$b f g i k$$

Erkl. 82. Sobald der Rest 1 erscheint, was bei irgend einer der gesuchten Grössen $u, v, w \cdots$ vorkommen kann, ist die folgende Kombinationszahl nicht mehr < 1, sondern $= 1$ und die späteren sind alle $= 0$ zu setzen. In obigem Beispiel ist dies schon nach Bestimmung der zweiten Stelle eingetreten. Das in Antwort zu Frage 55 ausgesprochene Verfahren bleibt jedoch nichtsdestoweniger auch für die folgenden Stellen gültig.

handenen Elemente n gegeben sind, so schreibt man die in Antwort zu Frage 53 gefundene Gleichung in der Form:

$$C_{n-h}^k + C_{n-i}^{k-1} + C_{n-m}^{k-2} + \cdots + C_{n-r}^1 = C_n^k - z$$

und hat daraus die Ordnungszahlen:

$$h, i, m, \cdots r$$

der in die verlangte Komplexion aufzunehmenden Elemente zu bestimmen.

Setzt man zur Abkürzung:

$$n - h = u, \; n - i = v, \; n - m = w, \cdots$$

so lautet vorhergehende Gleichung:

$$C_u^k + C_v^{k-1} + C_w^{k-2} + \cdots = C_n^k - z$$

Die Aufsuchung der entsprechenden Werte von $u, v \cdots$ geschieht nun durch Versuche. Man bestimmt den grössten Wert von u (als ganze Zahl), für welchen noch:

$$C_u^k \leqq C_n^k - z$$

Dieser sei u' und die Differenz:

$$C_n^k - z - C_{u'}^k = r_1$$

Nun wird der grösste Wert von v gesucht, für welchen noch:

$$C_v^{k-1} \leqq r_1;$$

derselbe sei v' und die Differenz:

$$r_1 - C_{v'}^{k-1} = r_2$$

Auf dieselbe Weise sucht man die grössten Werte $w' \cdots$, für welche die folgenden Kombinationszahlen $C_{w'}^{k-1} \cdots$ noch kleiner sind, als die jeweiligen Reste $r_2 \cdots$ oder diesen gleich.

Dann ist schliesslich:

$$h = n - u', \; i = n - v', \; m = n - w', \cdots$$

und damit bekannt, die wievielsten Elemente in die gesuchte Kombination eintreten.

Frage 56. Wie gross ist die Anzahl derjenigen Kombinationen von n Elementen zur $k$ten Klasse, welche p Elemente enthalten, die in einer beliebig darunter ausgewählten Komplexion nicht vorkommen?

Erkl. 83. Damit die Auflösung möglich ist, muss:

$$n - k \geqq p$$

und:

$$k \geqq p$$

also:

$$n \geqq 2p$$

sein.

Sind z. B. die sechs Elemente:

$$a, b, c, d, e, f$$

gegeben und man soll angeben, wie viele ihrer Kombinationen zur vierten Klasse mit irgend einer bestimmten, z. B. *abcd* zwei nicht gemeinschaftliche Elemente haben, so findet sich:

$$C_2^2 \cdot C_4^2 = 1 \cdot 6 = 6$$

und zwar sind dieselben folgende:

abef *bcef*
acef *bdef*
adef *cdef*

Lässt man nämlich nach Anleitung des Beweises die vier Elemente der gegebenen Komplexion *abcd* weg, so geben die übrigen nur noch die einzige Komplexion:

ef;

die weggelassenen Elemente geben aber die Komplexionen:

ab, *ac*, *ad*, *bc*, *bd*, *cd*

Man erhält also sechs verschiedene Brüche, welche als Zähler sämtlich *ef* und als Nenner eine der ebengenannten Komplexionen haben, also auch sechs Kombinationen der verlangten Art unter den fünfzehn, welche in:

$$C^4 (a, b, c, d, e, f)$$

enthalten sind.

Antwort. Die Anzahl der Kombinationen von n Elementen zur $k$ten Klasse, welche mit einer bestimmten dieser Komplexionen p Elemente nicht gemeinsam haben, ist:

$$C_{n-k}^p \cdot C_k^p$$

Beweis. Man denke sich sämtliche Kombinationen der Elemente zur $k$ten Klasse als Produkte angesehen und alle durch die bestimmte Komplexion (ebenfalls als Produkt betrachtet) dividiert. Die gesuchten Kombinationen sind dann diejenigen, bei denen nach Reduktion der gleichen Faktoren in Zähler und Nenner p Faktoren (Elemente) stehen bleiben. Die stehenbleibenden Faktoren der Nenner sind sodann nichts anders als die Kombinationen zur $p$ten Klasse der k Elemente, welche die gegebene Komplexion bilden; die Anzahl der verschiedenen Nenner beträgt demnach:

$$C_k^p$$

Die stehen bleibenden Faktoren der Zähler sind nur solche von den gegebenen Elementen, welche in den Nennern nicht vorkommen, d. h. die Kombinationen zur $p$ten Klasse aller Elemente mit Ausnahme der k Elemente, welche die gegebene Komplexion bilden. Die Anzahl der verschiedenen Zähler ist demnach:

$$C_{n-k}^p$$

Da aber jeder dieser Zähler mit jedem der vorher erwähnten Nenner einen anderen Bruch bildet, so ist die Anzahl der verschiedenen Brüche und demnach auch die Anzahl der gesuchten Kombinationen, die mit der gegebenen Komplexion p nicht gemeinschaftliche Elemente haben:

$$C_{n-k}^p \cdot C_k^p$$

Frage 56a. Wie gross ist die Anzahl derjenigen Kombinationen von n Elementen zur $k$ten Klasse, welche mit einer beliebig darunter ausgewählten Komplexion p Elemente gemeinsam haben?

Antwort. Die Anzahl der Kombinationen von n Elementen zur $k$ten Klasse, welche mit einer bestimmten von ihnen p Elemente gemeinsam haben, ist:

$$C_{n-k}^{k-p} \cdot C_k^{k-p}$$

Beweis. Die Kombinationen der $k$ten Klasse, welche mit der gegebenen p Elemente gemeinsam haben, enthalten ausserdem $k - p$ Elemente, welche in letzterer nicht vorkommen. Ihre Anzahl lässt sich demnach aus Frage 56 bestimmen, wenn statt p die Zahl $k - p$ gesetzt wird und ist:

$$C_{n-k}^{k-p} \cdot C_k^{k-p}$$

Frage 57. Wie kann gezeigt werden, dass für jeden beliebigen Wert von n und k:

$$C_n^k = 1 + C_{n-k}^1\, C_k^1 + C_{n-k}^2\, C_k^2 + \cdots + C_{n-k}^k\, C_k^k$$

ist?

Antwort. In der behaupteten Gleichung:

$$C_n^k = 1 + C_{n-k}^1\, C_k^1 + C_{n-k}^2\, C_k^2 + C_{n-k}^3\, C_k^3 + \cdots$$

stellt nach Frage 55 auf der ersten Seite das Glied $C_{n-k}^1\, C_k^1$ die Anzahl der Kombinationen vor, welche mit einer gegebenen Komplexion von n Elementen zur $k$ten Klasse ein Element nicht gemeinsam haben.

$C_{n-k}^2\, C_k^2$ stellt die Anzahl der Kombinationen vor, welche mit der genannten Komplexion zwei Elemente nicht gemeinsam haben u. s. w. Fügt man hinzu noch die gegebene Komplexion selbst (Summand 1), so umfasst die Summe offenbar alle möglichen Kombinationen, welche aus n Elementen zur $k$ten Klasse gebildet werden können. Die Behauptung ist also bewiesen.

Erkl. 84. Vorstehende Summe schliesst mit dem Gliede:

$$C_{n-k}^k\, C_k^k$$

nur dann, wenn:

$$n - k > k, \text{ d. h. } n > 2k$$

ist; andernfalls tritt das letzte Glied schon früher auf und heisst:

$$C_{n-k}^{n-k}\, C_k^{n-k}$$

Erkl. 85. Nimmt man:

$$n - k = k$$

also:

$$n = 2k$$

so entsteht die Beziehung:

$$C_{2k}^k = 1 + (C_k^1)^2 + (C_k^2)^2 + (C_k^3)^2 + \cdots + (C_k^k)^2$$

Erkl. 85a. Der Satz in Frage 57 ist ein spezieller Fall des in Frage 50a bewiesenen allgemeinen Satzes und folgt aus diesem, wenn man setzt:

$$m = n - k, \quad n = k;$$

man hat hiedurch:

$$C_n^k = C_{n-k}^k + C_{n-k}^{k-1}\, C_k^1 + C_{n-k}^{k-2}\, C_k^2 + \cdots + C_{n-k}^1\, C_k^{k-1} + C_k^k$$

oder unter Berücksichtigung der in Frage 44 bewiesenen Eigenschaft:

$$C_n^k = C_{n-k}^k \cdot C_k^k + C_{n-k}^{k-1}\, C_k^{k-1} + C_{n-k}^{k-2}\, C_k^{k-2} + \cdots + C_{n-k}^1\, C_k^1 + 1 \text{ (siehe Erkl. 72)}.$$

also den obigen Satz in umgekehrter Ordnung der Glieder.

Frage 58. Was ist unter gruppenweiser Kombination gegebener Elemente zu verstehen?

Antwort. Wenn n Elemente gegeben sind und man fragt, auf wie viele Arten sich dieselben in mehrere Gruppen so teilen lassen, dass die erste Gruppe k_1, die zweite k_2, die dritte k_3 u. s. f., die letzte k_r Elemente enthält und vorausgesetzt wird, dass:

$$k_1 + k_2 + k_3 + \cdots + k_r = n$$

ist, so nennt man diese Anordnungen gruppenweise Kombinationen der gegebenen Elemente.

Erkl. 86. Man kann sich bei der vorgelegten Aufgabe auch vorstellen, dass die gegebenen n Elemente in r Fächer verteilt werden sollen, so dass das erste Fach k_1 Elemente, das zweite k_2 Elemente, das letzte k_r Elemente enthält. Statt „gruppenweiser Kombinationen“ sagt man deshalb häufig: „Verteilung gegebener Elemente in Fächer.“

Frage 59. Wie viele Anordnungen erhält man unter den in Antwort zu Frage 58 gemachten Voraussetzungen?

Erkl. 86a. Das Produkt der in nebenstehender Antwort erhaltenen Kombinationszahlen lässt sich auch durch Fakultäten ausdrücken. Es ist nämlich nach Frage 43:

$$C_n^{k_1} = \frac{n!}{k_1!(n-k_1)!}$$

$$C_{n-k_1}^{k_2} = \frac{(n-k_1)!}{k_2![n-(k_1+k_2)]!}$$

$$C_{n-(k_1+k_2)}^{k_3} = \frac{[n-(k_1+k_2)]!}{k_3![n-(k_1+k_2+k_3)]!}$$

. . . .

$$C_{n-(k_1+k_2+\cdots+k_{r-1})}^{k_r} = \frac{[n-(k_1+k_2+\cdots+k_{r-1})]!}{k_r!}$$

Multipliziert man diese Gleichungen, so fällt auf der rechten Seite in jeder der zweite Faktor des Nenners gegen den Zähler des folgenden Bruches weg, so dass man hat:

$$C_n^{k_1} \cdot C_{n-k_1}^{k_2} \cdot C_{n-(k_1+k_2)}^{k_3} \cdots C_{k_r}^{k_r} = \frac{n!}{k_1!\,k_2!\,k_3!\cdots k_r!}$$

Nach Frage 34 ist dieses Produkt identisch mit der Anzahl der **Permutationen**, welche aus n Elementen gebildet werden können, unter denen k_1 gleiche der einen Art, k_2 gleiche einer andern Art, k_3 gleiche einer dritten Art u. s. w. sind. In der That sind hier (wie bei Permutationen) sämtliche Elemente in jede Anordnung eingetreten. Da aber die einzelnen Gruppen von k_1, k_2, $\cdots$ Elementen als Kombinationen zu betrachten sind, so ist die Stellung der Elemente innerhalb jeder Gruppe gleichgültig, d. h. jede Gruppe, welche dieselben Elemente in verschiedener Ordnung enthält, ist nur als eine Komplexion zu zählen, gerade als ob die Elemente der Gruppe alle gleich wären.

Erkl. 87. Die Form des Resultates von Erkl. 86 zeigt, dass es gleichgültig ist, in welcher Ordnung man die Gruppen auswählt; denn:

$$\frac{n!}{k_1!\,k_2!\,k_3!\cdots k_r!}$$

ändert seinen Wert nicht, wenn man die Aufeinanderfolge der Gruppen k_1, k_2, k_3, $\cdots$ vertauscht.

Es seien z. B. aus zwölf Elementen drei Gruppen von drei, sieben und zwei Elementen zu bilden. Trifft man die Auswahl in der genannten Ordnung, so ist die Anzahl der verschiedenen Verbindungen:

$$C_{12}^3 \cdot C_9^7 \cdot C_2^2 = \frac{12\cdot 11\cdot 10}{1\cdot 2\cdot 3} \cdot \frac{9\cdot 8\cdot 7\cdot 6\cdot 5\cdot 4\cdot 3}{1\cdot 2\cdot 3\cdot 4\cdot 5\cdot 6\cdot 7} \cdot \frac{2\cdot 1}{1\cdot 2}$$

$$= \frac{12!}{3!\,7!\,2!} = 7920$$

Wählt man aber zuerst sieben, dann zwei, dann drei Elemente, so ist die Anzahl der Verbindungen:

Antwort. Die Gesamtzahl der möglichen Anordnungen ist das Produkt der Kombinationszahlen für die einzelnen Gruppen, welche sich ergeben, wenn letztere aus den jeweils vorhandenen Elementen gebildet werden, nämlich:

$$C_n^{k_1} \cdot C_{n-k_1}^{k_2} \cdot C_{n-(k_1+k_2)}^{k_3} \cdots$$
$$C_{n-(k_1+k_2+\cdots+k_{r-1})}^{k_r}$$

Um zuerst die k_1 Elemente auszuwählen, welche die erste Gruppe bilden, stehen n Elemente zur Verfügung, also ist die Anzahl der möglichen Verbindungen:

$$C_n^{k_1}$$

Für die zweite Gruppe von k_2 Elementen sind nur noch $n-k_1$ Elemente verfügbar, so dass diese Gruppe auf:

$$C_{n-k_1}^{k_2}$$

Arten ausgewählt werden kann. Analog erhält man für die dritte Gruppe noch:

$$C_{n-(k_1+k_2)}^{k_3}$$

Arten u. s. w.; die letzte Gruppe (k_r Elemente) bleibt schliesslich von selbst übrig, lässt also nur noch:

$$C_{k_r}^{k_r} = 1$$

Anordnung zu.

Es kann aber nun jede Komplexion der ersten Gruppe mit jeder Komplexion der zweiten zusammentreffen, wodurch:

$$C_n^{k_1} \cdot C_{n-k_1}^{k_2}$$

Fälle verschiedener Anordnung entstehen; da von diesen Fällen wieder jeder einzelne

$$C_{12}^{7} \cdot C_{5}^{2} \cdot C_{3}^{3} - \frac{12 \cdot 11 \cdot 10 \cdot 9 \cdot 8 \cdot 7 \cdot 6}{1 \cdot 2 \cdot 3 \cdot 4 \cdot 5 \cdot 6 \cdot 7} \cdot \frac{5 \cdot 4}{1 \cdot 2} \cdot \frac{3 \cdot 2 \cdot 1}{1 \cdot 2 \cdot 3}$$

$$= \frac{12!}{7!\,2!\,3!} = 7920$$

mit jeder Komplexion der dritten Gruppe verbunden sein kann u. s. f., so hat man im ganzen:

$$C_n^{k_1} \cdot C_{n-k_1}^{k_2} \cdot C_{n-(k_1+k_2)}^{k_3} \cdots C_k^{k_r}$$

Anordnungen, wie behauptet wurde.

Frage 60. Was ist unter Kombinationen aus mehreren Elementenreihen zu verstehen?

Erkl. 88. Aus den zwei Elementenreihen:

$$\begin{array}{llll} a_1 & a_2 & a_3 & \\ b_1 & b_2 & b_3 & b_4 \end{array}$$

ergeben sich folgende Komplexionen zur zweiten Klasse:

$$\begin{array}{lll} a_1 b_2 & a_2 b_1 & a_3 b_1 \\ a_1 b_3 & a_2 b_3 & a_3 b_2 \\ a_1 b_4 & a_2 b_4 & a_3 b_4 \end{array}$$

Analog aus den drei Reihen:

$$\begin{array}{llllll} a_1 & a_2 & a_3 & & & \\ b_1 & b_2 & b_3 & b_4 & & \\ c_1 & c_2 & c_3 & c_4 & c_5 & c_6 \end{array}$$

die Komplexionen dritter Klasse:

$$\begin{array}{lll} a_1 b_2 c_3 & a_2 b_1 c_3 & a_3 b_1 c_2 \\ a_1 b_2 c_4 & a_2 b_1 c_4 & a_3 b_1 c_4 \\ a_1 b_2 c_5 & a_2 b_1 c_5 & a_3 b_1 c_5 \\ a_1 b_2 c_6 & a_2 b_1 c_6 & a_3 b_1 c_6 \\ a_1 b_3 c_2 & a_2 b_3 c_1 & a_3 b_2 c_1 \\ a_1 b_3 c_4 & a_2 b_3 e_4 & a_3 b_2 c_4 \\ a_1 b_3 c_5 & a_2 b_3 c_5 & a_3 b_2 c_5 \\ a_1 b_3 c_6 & a_2 b_3 c_6 & a_3 b_2 c_6 \\ a_1 b_4 c_2 & a_2 b_4 c_1 & a_3 b_4 c_1 \\ a_1 b_4 c_3 & a_2 b_4 c_3 & a_3 b_4 c_2 \\ a_1 b_4 c_5 & a_2 b_4 c_5 & a_3 b_4 c_5 \\ a_1 b_4 c_6 & a_2 b_4 c_6 & a_3 b_4 c_6 \end{array}$$

An der ersten Stelle erscheinen nur die Indizes 1 bis 3 der ersten Reihe, an der zweiten Stelle die Indizes 1 bis 4 der zweiten Reihe, an der dritten die Indizes 1 bis 6 der dritten Reihe. Da die Elemente *abc* stets in derselben Ordnung folgen, so ist es einfacher, diese nicht jedesmal anzuschreiben, sondern nur die Indizes in der vorgeschriebenen Weise zu verbinden, nämlich:

a b c	*a b c*	*a b c*
1 2 3	2 1 3	3 1 2
1 2 4	2 1 4	3 1 4
1 2 5	2 1 5	3 1 5
1 2 6	2 1 6	3 1 6
1 3 2	2 3 1	3 2 1
1 3 4	2 3 4	3 2 4
1 3 5	2 3 5	3 2 5
1 3 6	2 3 6	3 2 6
1 4 2	2 4 1	3 4 1
1 4 3	2 4 3	3 4 2
1 4 5	2 4 5	3 4 5
1 4 6	2 4 6	3 4 6

Antwort. Anstatt der bisher betrachteten einzigen Reihe von Elementen können auch mehrere Elementenreihen gegeben sein. Man bezeichnet in diesem Falle die Glieder jeder Reihe durch gleiche Buchstaben, denen Zeiger (Indizes) beigefügt werden, welche die Stellung der Glieder in der Reihe angeben, z. B.:

$$a_1,\ a_2,\ a_3,\ a_4,\ a_5,\ \cdots$$

oder:

$$b_1,\ b_2,\ b_3,\ \cdots$$

Die Elementenreihen unterscheiden sich also von einander durch den Buchstaben (Hauptgrösse genannt) und durch die Anzahl ihrer Glieder.

Wenn die Elemente zweier Reihen durch die gleichen Buchstaben bezeichnet und in gleicher Anzahl vorhanden sind, so heissen diese Reihen identisch.

Elemente, die verschiedenen Reihen angehören, aber den gleichen Index haben, wie a_1, b_1 oder a_3, b_3, c_3, heissen ähnlich.

Sollen nun die Kombinationen aus zwei Elementenreihen gebildet werden, so verbindet man jedes Element der ersten Reihe mit jedem Elemente der zweiten mit Ausnahme desjenigen, welches den gleichen Index hat. Ist noch eine dritte Elementenreihe vorhanden, so verbindet man jede der eben erhaltenen Kombinationen aus den beiden ersten Reihen mit jedem Elemente der dritten Reihe mit Ausnahme jener zwei Elemente, deren Indizes bereits in der betreffenden Kombination vorkommen. Allgemein enthält also jede Kombinationsform aus k Elementenreihen je ein Element jeder Reihe, jedoch so, dass ähnliche Elemente darunter nicht vorkommen. Dieselben sind also Komplexionen zur $k$ten Klasse, in denen die erste Stelle nur Elemente der ersten Reihe, die zweite Stelle nur Elemente der zweiten Reihe u. s. w. enthält.

Im folgenden sollen die Elementenreihen nach steigender Zahl der ihnen zukommenden Elemente geordnet werden, so dass keine spätere Reihe weniger Elemente hat als eine ihr vorausgehende. (Siehe Erkl. 89.)

Frage 61. Wie viele Komplexionen erhält man durch Kombination mehrerer Elementenreihen?

Antwort. Wenn k Elementenreihen gegeben sind, von denen die erste n_1, die zweite n_2, $\cdots$ die $k$te n_k Elemente enthält und es ist:

$$n_1 < n_2 < \cdots < n_k$$

so ist die Anzahl der möglichen Komplexionen (zur $k$ten Klasse):

$$n_1 (n_2 - 1)(n_3 - 2) \cdots (n_k - k + 1)$$

Beweis. Jedes der n_1 Elemente der ersten Reihe kann mit jedem Elemente der zweiten Reihe mit Ausschluss des ähnlichen verbunden werden, wodurch:

$$n_1 (n_2 - 1)$$

Komplexionen der zweiten Klasse entstehen. Jede von diesen tritt mit jedem Elemente der dritten Reihe mit Ausschluss der beiden ähnlichen zu einer Komplexion dritter Klasse zusammen, deren Anzahl demnach:

$$n_1 (n_2 - 1)(n_3 - 2)$$

ist. Die fortgesetzte Anwendung dieses Verfahrens auf die folgenden Reihen führt offenbar zu obiger Formel.

Erkl. 89. Die nebenstehend erhaltene Formel setzt die am Schlusse der Antwort zu Frage 60 angegebene Ordnung der Reihen voraus. Seien z. B. die Reihen:

$$a_1 \; a_2 \; a_3$$
$$b_1 \; b_2 \; b_3 \; b_4$$
$$c_1 \; c_2$$

gegeben, so müssen dieselben nach steigender Gliederzahl:

$$c_1 \; c_2$$
$$a_1 \; a_2 \; a_3$$
$$b_1 \; b_2 \; b_3 \; b_4$$

geordnet werden, wonach die Anzahl der Komplexionen:

$$2(3-1)(4-2) = 2 \cdot 2 \cdot 2 = 8$$

sich ergibt; bei der anfänglichen Folge der Reihen hätte man das unrichtige Resultat:

$$3(4-1)(2-2) = 0$$

erhalten.

Erkl. 90. Unter den gegebenen Elementenreihen können auch solche mit gleicher Gliederzahl vorkommen; z. B. die Reihen:

$$a_1 \; a_2 \; a_3$$
$$b_1 \; b_2 \; b_3 \; b_4$$
$$c_1 \; c_2 \; c_3 \; c_4$$
$$d_1 \; d_2 \; d_3 \; d_4$$

geben:

$$3(4-1)(4-2)(4-3) = 3 \cdot 3 \cdot 2 \cdot 1 = 18$$

Komplexionen.

Sollen aber überhaupt Kombinationen möglich sein, so muss jede Reihe mindestens so viele Elemente enthalten, als ihre Ordnungszahl angibt. Würde z. B. zu vorstehenden vier Reihen noch eine fünfte Elementenreihe mit vier Gliedern:

$$e_1 \; e_2 \; e_3 \; e_4$$

treten, so wäre die Bildung von Kombinationen unmöglich; in der That gibt auch die Formel:

$$3(4-1)(4-2)(4-3)(4-4) = 0$$

Frage 62. Wie viele Komplexionen erhält man durch Kombination von identischen Elementenreihen?

Antwort. Sind k identische Reihen von je n Elementen gegeben, so unterscheiden sich die Komplexionen nicht mehr durch die Elemente, sondern nur durch die Indizes und es sind diejenigen Komplexionen als identisch anzusehen, in denen die nämlichen k Zeiger in verschiedener Stellung vorkommen. Da aber die k Indizes jeder Komplexion $k!$ Anordnungen zulassen, so ist die Anzahl:

Erkl. 91. Bildet man die Kombinationen aus den drei identischen Reihen:

$$a_1 \; a_2 \; a_3 \; a_4$$
$$a_1 \; a_2 \; a_3 \; a_4$$
$$a_1 \; a_2 \; a_3 \; a_4$$

so bleiben nur die vier Komplexionen:

$$a_1\ a_2\ a_3$$
$$a_1\ a_2\ a_4$$
$$a_1\ a_3\ a_4$$
$$a_2\ a_3\ a_4$$

als wirklich verschieden übrig, indem je sechs nach der Vorschrift von Frage 60 gebildete Komplexionen sich nur durch verschiedene Anordnung der Zeiger unterscheiden, demnach als gleich anzusehen sind.

Erkl. 92. Es ist die in Frage 62 gefundene Anzahl:

$$\frac{n(n-1)\cdots(n-k+1)}{1\cdot 2\cdots k} = C_n^k$$

d. h. k identische Reihen von je n Elementen geben ebensoviele Komplexionen, wie aus einer Reihe von n Elementen entstehen, wenn diese zur $k$ten Klasse kombiniert werden.

$$n(n-1)(n-2)\cdots(n-k+1)$$

der vorhandenen Komplexionen durch $k!$ zu dividieren. Die Anzahl der wirklich verschiedenen Komplexionen ist demnach:

$$\frac{n(n-1)(n-2)\cdots(n-k+1)}{1\cdot 2\cdot 3\cdots k}$$

Frage 63. Wie viele Komplexionen erhält man, wenn k_1 identische Reihen von je n_1 Elementen mit k_2 anderen unter sich identischen Reihen aus je n_2 Elementen u. s. w., endlich mit k_r identischen Reihen aus je n_r Elementen kombiniert werden?

Antwort. Die Anzahl der aus k_1 identischen Reihen von je n_1 Elementen, k_2 identischen Reihen von je n_2 Elementen u. s. w., endlich k_r identischen Reihen von je n_r Elementen entstehenden Komplexionen ist:

$$C_{n_1}^{k_1}\cdot C_{n_2-k_1}^{k_2}\cdot C_{n_3-(k_1+k_2)}^{k_3}\cdots$$
$$C_{n_r-(k_1+k_2+\cdots+k_{r-1})}^{k_r}$$

Die Klasse dieser Kombinationen ist die:

$$(k_1+k_2+k_3+\cdots+k_r)\text{te}$$

Erkl. 93. Es seien folgende beiden Gruppen von identischen Reihen gegeben:

$$a_1\ a_2\ a_3$$
$$a_1\ a_2\ a_3$$
$$b_1\ b_2\ b_3\ b_4\ b_5\ b_6$$
$$b_1\ b_2\ b_3\ b_4\ b_5\ b_6$$
$$b_1\ b_2\ b_3\ b_4\ b_5\ b_6$$

Aus der ersten Gruppe folgen die Kombinationen:

$$a_1a_2 \quad a_1a_3 \quad a_2a_3$$

Diese müssen mit folgenden darunter stehenden Kombinationen von je drei Elementen der zweiten Gruppe verbunden werden:

$$\begin{matrix} b_3b_4b_5 & b_2b_4b_5 & b_1b_4b_5 \\ b_3b_4b_6 & b_2b_4b_6 & b_1b_4b_6 \\ b_3b_5b_6 & b_2b_5b_6 & b_1b_5b_6 \\ b_4b_5b_6 & b_4b_5b_6 & b_4b_5b_6 \end{matrix}$$

Die hiedurch entstehenden zwölf Komplexionen der fünften Klasse enthalten keine ähnlichen Elemente. Nach Frage 63 erhält man als Anzahl die möglichen Komplexionen:

$$C_3^2\cdot C_4^3 = 3\cdot 4 = 12$$

Wäre noch eine dritte Gruppe identischer Reihen, z. B.:

$$c_1\ c_2\ c_3\ c_4\ c_5\ c_6\ c_7\ c_8$$
$$c_1\ c_2\ c_3\ c_4\ c_5\ c_6\ c_7\ c_8$$

Beweis. Aus der ersten Gruppe von k_1 identischen Reihen entstehen nach Erkl. 92:

$$C_{n_1}^{k_1}$$

Komplexionen zur $k_1$ten Klasse; werden diese mit k_2 Elementen der folgenden identischen Reihengruppe verbunden, so stehen in dieser nur noch n_2-k_1 Elemente zur Verfügung, weil keine ähnlichen Elemente in eine Komplexion eintreten sollen und k_1 Indizes bereits in jeder der aus der ersten Reihengruppe gebildeten Kombinationen vorkommen. Man erhält also aus der zweiten Reihengruppe:

$$C_{n_2-k_1}^{k_2}$$

Kombinationen, welche mit den ersteren verbunden:

$$C_{n_1}^{k_1}\cdot C_{n_2-k_1}^{k_2}$$

gegeben, so müsste die erste obiger Kombinationen fünfter Klasse, nämlich:

$$a_1 a_2 b_3 b_4 b_5$$

verbunden werden mit:

$$c_6 c_7, \quad c_6 c_8, \quad c_7 c_8$$

die zweite obige Komplexion:

$$a_1 a_2 b_3 b_4 b_6$$

mit:

$$c_5 e_7, \quad c_5 c_8, \quad c_7 c_8$$

u. s. w., so dass im ganzen 36 Komplexionen entstünden.

Nebenstehender Satz gibt die Anzahl:

$$C_3^2 \cdot C_4^3 \cdot C_3^2 = 3 \cdot 4 \cdot 3 = 36$$

Erkl. 94. Wären die Reihen alle ungleich (also nie 2 identisch), so hätte man:

$$k_1 = k_2 = \cdots = k_r = 1$$

zu setzen und die Formel von Frage 63 geht dann über in:

$$C_{n_1}^1 \, C_{n_1-1}^1 \cdot C_{n_2-2}^1 \cdots C_{n_r-(r-1)}^1$$
$$= n(n_1 - 1)(n_2 - 2) \cdots [n_r - (r-1)]$$

welche nichts anderes ist, als die in Frage 61 gefundene, wenn die Anzahl der Reihen r ist (in Frage 61 waren k Reihen angenommen).

Erkl. 95. Der in Frage 63 gefundene Ausdruck für die Anzahl der Kombinationen wird offenbar identisch mit dem in Frage 59 erhaltenen, wenn alle Reihen gleich viele Elemente (n) enthalten und:

$$k_1 + k_2 + \cdots + k_r = n$$

ist.

Komplexionen der $(k_1 + k_2)$ ten Klasse geben.

Jede von diesen ist wieder mit k_3 Elementen der dritten identischen Reihengruppe zu verbinden, wofür jedesmal noch:

$$n_3 - (k_1 + k_2)$$

Elemente dieser letzteren verfügbar sind (wegen Ausschlusses ähnlicher Elemente), so dass:

$$C_{n_3-(k_1+k_2)}^{k_3}$$

Kombinationen entstehen, welche mit den vorhergehenden verbunden:

$$C_{n_1}^{k_1} \cdot C_{n_2-k_1}^{k_2} \cdot C_{n_3-(k_1+k_2)}^{k_3}$$

Komplexionen der $(k_1 + k_2 + k_3)$ten Klasse ergeben.

Da sich beim Uebergang zu jeder folgenden identischen Reihengruppe dieselben Schlüsse wiederholen, so folgt unmittelbar die Behauptung.

Frage 64. Wie wird die Aufgabe der Kombinationen aus identischen Reihen kurz angedeutet, ohne die Reihen sämtlich anzuschreiben?

Antwort. Sollen die Kombinationen aus k_1 identischen Reihen mit der Elementenzahl n_1, k_2 identischen Reihen mit der Elementenzahl n_2 und k_3 identischen Reihen mit n_3 Elementen gebildet werden, so kann diese Aufgabe angezeigt werden durch das Symbol:

$$C(a_1 \cdots a_{n_1};\ b_1 \cdots b_{n_2};\ c_1 \cdots c_{n_3})_{k_1, k_2, k_3}$$

oder, wo keine Missverständnisse möglich sind, noch kürzer durch:

$$C(n_1;\ n_2;\ n_3)_{k_1, k_2, k_3}$$

Bei letzterer Schreibweise wird also innerhalb der Klammer nur die Anzahl der Elemente der einzelnen Reihengruppen und ausserhalb der Klammer (in Form von Zeigern) die zu jeder Gruppe gehörige Reihenzahl angegeben. Die Kombinationsklasse braucht nicht angeschrieben zu werden, da sie immer der Summe der Reihenzahlen gleich ist.

Frage 65. Wie viele Komplexionen ergeben sich durch gruppenweise Kombination (V e r t e i l u n g in F ä c h e r) der Elemente m e h r e r e r Reihen?

Erkl. 96. Es sollen z. B. die gegebenen Elemente sein:

$$\begin{matrix} a_1 & a_2 & a_3 & a_4 \\ b_1 & b_2 & b_3 & b_4 & b_5 \\ c_1 & c_2 & c_3 & c_4 \\ d_1 & d_2 & d_3 & d_4 & d_5 & d_6 \end{matrix}$$

und in drei Fächer so verteilt werden, dass das erste Fach:

2 Elemente der 1. Reihe,
2 " " 2. "
1 " " 3. "
3 " " 4. "

enthalte, das zweite Fach:

1 Element der 1. Reihe,
2 Elemente " 2. "
3 " " 3. "
1 " " 4. "

das dritte Fach alle übrigen Elemente, d. h.:

1 Element der 1. Reihe,
1 " " 2. "
2 Elemente " 4. "

Die Elemente der ersten Reihe sind dann nach Frage 59 in Gruppen von:

$$2,\ 1,\ 1$$

Elementen zu teilen, woraus:

$$C_4^2 \cdot C_2^1 \cdot 1 = \frac{4!}{2!\,1 \cdot 1} = 12$$

Anordnungen entstehen.

Die Elemente der zweiten Reihe in Gruppen von:

$$2,\ 2,\ 1$$

Elementen, d. h.:

$$C_5^2 \cdot C_3^2 \cdot 1 = \frac{5!}{2!\,2!\,1} = 30$$

Anordnungen.

Die Elemente der dritten Reihe in Gruppen von:

$$1,\ 3$$

Elementen, d. h.:

$$C_4^1 \cdot C_3^3 = \frac{4!}{1 \cdot 3!} = 4$$

Anordnungen.

Die Elemente der vierten Reihe in Gruppen von:

$$3,\ 1,\ 2$$

Elementen, d. h.:

$$C_6^3 \cdot C_3^1 \cdot C_2^2 = \frac{6!}{3!\,1 \cdot 2!} = 60$$

Anordnungen.

Durch Verbindung dieser Anordnungen miteinander ergeben sich also:

$$12 \cdot 30 \cdot 4 \cdot 60 = 86400$$

Verteilungsarten in die drei Fächer.

Antwort. Es seien mehrere Reihen von $n_1, n_2, n_3 \cdots$ ungleichen Elementen vorhanden: dieselben sollen so in Fächer verteilt werden, dass in das erste Fach k_1 Elemente der ersten Reihe, l_1 Elemente der zweiten, m_1 Elemente der dritten Reihe kommen u. s. w., in das zweite Fach k_2 Elemente der ersten, l_2 Elemente der zweiten, m_2 Elemente der dritten Reihe u. s. w., in das dritte Fach k_3 Elemente der ersten, l_3 Elemente der zweiten, m_3 Elemente der dritten Reihe u. s. f., bis alle Fächer belegt sind, wobei:

$$\begin{aligned} k_1 + k_2 + k_3 + \cdots &= n_1 \\ l_1 + l_2 + l_3 + \cdots &= n_2 \\ m_1 + m_2 + m_3 + \cdots &= n_3 \\ \cdots\cdots\cdots\cdots\cdots \end{aligned}$$

sein muss. Wählt man nun a u s d e r e r s t e n R e i h e a l l e i n k_1 Elemente für das erste, k_2 Elemente für das zweite, k_3 Elemente für das dritte Fach u. s. w., so müssen sich nach Frage 59:

$$C_{n_1}^{k_1} \cdot C_{n_1 - k_1}^{k_2} \cdot C_{n_1 - (k_1 + k_2)}^{k_3} \cdots$$

Anordnungen ergeben, welche Zahl nach Erkl. 86 kürzer in der Form:

$$\frac{n_1!}{k_1!\,k_2!\,k_3! \cdots}$$

dargestellt werden kann.

Analog lassen sich die Elemente der zweiten Reihe in die verschiedenen Fächer auf:

$$C_{n_2}^{l_1} \cdot C_{n_2 - l_1}^{l_2} \cdot C_{n_2 - (l_1 + l_2)}^{l_3} \cdots = \frac{n_2!}{l_1!\,l_2!\,l_3! \cdots}$$

Arten auswählen, die Elemente der dritten Reihe auf:

$$\frac{n_3!}{m_1!\,m_2!\,m_3! \cdots}$$

Arten u. s. f.

Jede Anordnung der Elemente der ersten Reihe kann aber mit jeder Anordnung der Elemente der zweiten Reihe verbunden werden und jede dieser Verbindungen wieder mit jeder Anordnung der Elemente der dritten Reihe u. s. w. Die Gesamtzahl der Verteilungen auf die gegebenen Fächer ist demnach:

$$\frac{n_1!}{k_1!\,k_2!\,k_3! \cdots} \cdot \frac{n_2!}{l_1!\,l_2!\,l_3! \cdots} \cdot \frac{n_3!}{m_1!\,m_2!\,m_3! \cdots} \cdots$$

b) Gelöste Aufgaben über die Kombinationen ohne Wiederholung.

Aufgabe 97. Es sollen gebildet werden:

1) $C^4(1, 2, 3, 4, 5, 6, 7)$

2) $C^6(a_1\, a_2\, a_3 \cdots a_8)$

Auflösung. Durch genaue Einhaltung des in Frage 41 angegebenen Verfahrens entstehen folgende Komplexionen:

1)

1234	1256	1357	2346	2467
1235	1257	1367	2347	2567
1236	1267	1456	2356	3456
1237	1345	1457	2357	3457
1245	1346	1467	2367	3467
1246	1347	1567	2456	3567
1247	1356	2345	2457	4567

2)

$a_1 a_2 a_3 a_4 a_5 a_6$	$a_1 a_2 a_3 a_5 a_6 a_8$	$a_1 a_2 a_5 a_6 a_7 a_8$	$a_2 a_3 a_4 a_5 a_6 a_7$
$a_1 a_2 a_3 a_4 a_5 a_7$	$a_1 a_2 a_3 a_5 a_7 a_8$	$a_1 a_3 a_4 a_5 a_6 a_7$	$a_2 a_3 a_4 a_5 a_6 a_8$
$a_1 a_2 a_3 a_4 a_5 a_8$	$a_1 a_2 a_3 a_6 a_7 a_8$	$a_1 a_3 a_4 a_5 a_6 a_8$	$a_2 a_3 a_4 a_5 a_7 a_8$
$a_1 a_2 a_3 a_4 a_6 a_7$	$a_1 a_2 a_4 a_5 a_6 a_7$	$a_1 a_3 a_4 a_5 a_7 a_8$	$a_2 a_3 a_4 a_6 a_7 a_8$
$a_1 a_2 a_3 a_4 a_6 a_8$	$a_1 a_2 a_4 a_5 a_6 a_8$	$a_1 a_3 a_4 a_6 a_7 a_8$	$a_2 a_3 a_5 a_6 a_7 a_8$
$a_1 a_2 a_3 a_4 a_7 a_8$	$a_1 a_2 a_4 a_5 a_7 a_8$	$a_1 a_3 a_5 a_6 a_7 a_8$	$a_2 a_4 a_5 a_6 a_7 a_8$
$a_1 a_2 a_3 a_5 a_6 a_7$	$a_1 a_2 a_4 a_6 a_7 a_8$	$a_1 a_4 a_5 a_6 a_7 a_8$	$a_3 a_4 a_5 a_6 a_7 a_8$

Aufgabe 98. Wie gross sind folgende Kombinationszahlen:

1) C_{10}^5; 2) C_{24}^6; 3) C_{11}^{10}; 4) C_{2m-1}^m;

5) C_{m+n}^{m-n}

Auflösung. Nach Frage 42 erhält man:

1) $$C_{10}^5 = \frac{10 \cdot 9 \cdot 8 \cdot 7 \cdot 6}{1 \cdot 2 \cdot 3 \cdot 4 \cdot 5} = 126$$

2) $$C_{24}^6 = \frac{24 \cdot 23 \cdot 22 \cdot 21 \cdot 20 \cdot 19}{1 \cdot 2 \cdot 3 \cdot 4 \cdot 5 \cdot 6} = 134596$$

3) $$C_{11}^{10} = \frac{11 \cdot 10 \cdot 9 \cdot 8 \cdot 7 \cdot 6 \cdot 5 \cdot 4 \cdot 3 \cdot 2}{1 \cdot 2 \cdot 3 \cdot 4 \cdot 5 \cdot 6 \cdot 7 \cdot 8 \cdot 9 \cdot 10} = 11$$

4) $$C_{2m-1}^m = \frac{(2m-1)(2m-2) \cdots (2m-1-m+1)}{1 \cdot 2 \cdots m}$$
$$= \frac{(2m-1)(2m-2) \cdots (m+1)}{1 \cdot 2 \cdots (m-1)}$$

5) $$C_{m+n}^{m-n} = \frac{(m+n)(m+n-1) \cdots (m+n-m+n+1)}{1 \cdot 2 \cdots (m-n)}$$
$$= \frac{(m+n)(m+n-1) \cdots (2n+1)}{1 \cdot 2 \cdots (m-n)}$$

Aufgabe 99. Welche Klassen ergeben gleiche Kombinationszahlen bei zwölf Elementen?

Man stelle diese Kombinationszahlen auch als Fakultäten dar!

Auflösung. Für zwölf Elemente sind nach Frage 44 folgende Kombinationszahlen gleich:

$$C_{12}^1 = C_{12}^{11} = 12$$
$$C_{12}^2 = C_{12}^{10} = \frac{12!}{2! \cdot 10!}$$
$$C_{12}^3 = C_{12}^9 = \frac{12!}{3!\,9!}$$

$$C_{12}^{4} = C_{12}^{8} = \frac{12!}{4!\,8!}$$

$$C_{12}^{5} = C_{12}^{7} = \frac{12!}{5!\,7!}$$

Aufgabe 100. Wie viele Komplexionen von:

$$C^4\,(1, 2, 3, 4, 5, 6, 7)$$

enthalten:

1) das Element 5,
2) die Elemente 2, 4, 6,
3) „ „ 1, 3, 5, 7

und wie heissen dieselben?

Auflösung. Nach Frage 46 erhält man als Anzahl der verlangten Komplexionen:

1) $C_6^3 = \frac{6 \cdot 5 \cdot 4}{1 \cdot 2 \cdot 3} = 20$;

2) $C_4^1 = 4$; 3) $C_3^0 = 1$

Die Komplexionen heissen:

1)	1235	1356	2345	2567
	1245	1357	2356	3456
	1256	1456	2357	3457
	1257	1457	2456	3567
	1345	1567	2457	4567
2)	1246	2346	2456	2467
3)	1357			

Aufgabe 101. Wie viele Komplexionen von:

$$C^4\,(a, b, c, d, e, f, g, h)$$

enthalten **nicht**:

1) das Element a,
2) „ „ f,
3) die Elemente c, d, f

Auflösung. Nach Frage 47 enthalten von den verlangten Komplexionen:

1) das Element a nicht: $C_7^4 = 35$
2) „ „ f „ ebensoviele
3) die Elemente c, d, f nicht: $C_5^3 = 10$

Aufgabe 102. Wie viele Komplexionen von:

$$C^4\,(1, 2 \cdots 9)$$

enthalten wenigstens **eines** der geraden Elemente:

2, 4, 6, 8?

Auflösung. Nach Frage 48 sind nur die Komplexionen auszuschliessen, welche **kein** gerades Element enthalten, also ist die verlangte Anzahl:

$$C_9^4 - C_5^4 = 126 - 5 = 121$$

Aufgabe 103. Wie kann:

$$C_8^3$$

in eine Summe von Kombinationszahlen zur dritten Klasse zerlegt werden?

Auflösung. Nach Erkl. 75 hat man die Zerlegung:

$$C_8^3 = C_7^3 + C_6^3 + C_5^3 + C_4^3 + C_3^3 = 35 + 20 + 10 + 7 + 1 = 70$$

Aufgabe 104. Welche Werte haben folgende Summen von Kombinationszahlen:

1) $C_{10}^6 + C_9^6 + C_8^6 + C_7^6 + C_6^6$

2) $1 + C_3^2 + C_4^2 + C_5^2 + \cdots + C_n^2$

Auflösung. Nach Erkl. 75 ist:

1) $C_{10}^6 + C_9^6 + C_8^6 + C_7^6 + C_6^6$
$= C_{11}^7 = C_{11}^4 = 330$

2) Da $1 = C_2^2$

so ist die gegebene Summe:

$$= C_{n+1}^3 = \frac{(n+1)n(n-1)}{1\cdot 2\cdot 3}$$

Aufgabe 105. Folgende Kombinationszahlen als Summe von Kombinationszahlen mit abnehmenden Klassenexponenten darzustellen:

1) C_{15}^7; 2) C_{n+9}^8; 3) C_{k+x+1}^k

Auflösung. Der in Frage 50 bewiesene Satz gibt:

1) $C_{15}^7 = C_{14}^7 + C_{13}^6 + C_{12}^5 + C_{11}^4 + C_{10}^3 + C_9^2 + C_8^1 + 1$

2) $C_{n+9}^8 = C_{n+8}^8 + C_{n+7}^7 + C_{n+6}^6 + C_{n+5}^5 + C_{n+4}^4 + C_{n+3}^3 + C_{n+2}^2 + C_{n+1}^1 + C_n^0$

oder wenn man die Werte dieser Symbole einsetzt und die Summe sowie die Faktoren der Zähler umgekehrt ordnet:

$$1 + \frac{n+1}{1} + \frac{(n+1)(n+2)}{1\cdot 2} + \frac{(n+1)(n+2)(n+3)}{1\cdot 2\cdot 3} + \cdots$$
$$+ \frac{(n+1)(n+2)\cdots(n+8)}{1\cdot 2\cdots 8} = \frac{(n+2)(n+3)\cdots(n+9)}{1\cdot 2\cdots 8}$$

3) $C_{k+x+1}^k = C_{k+x}^k + C_{k+x-1}^{k-1} + C_{k+x-2}^{k-2} + \cdots + C_{x+1}^1 + C_x^0$

Aufgabe 106. Die Werte folgender Summen von Kombinationszahlen anzugeben:

1) $C_2^0 + C_3^1 + C_4^2 + \cdots + C_{99}^{97}$

2) $1 + C_x^1 + C_{x+1}^2 + C_{x+2}^3 + \cdots + C_{2x}^{x+1}$

Auflösung. Die Summierung geschieht nach Frage 50 und zwar gibt:

1) $C_{100}^{97} = C_{100}^3 = \frac{100\cdot 99\cdot 98}{1\cdot 2\cdot 3} = 161700$

2) Indem man den letzten Summanden in der Form:

$$C_{x+x}^{x+1}$$

schreibt, ist die verlangte Summe offenbar gleich:

$$C_{2x+1}^{x+1}$$

oder durch Einsetzung der Werte und umgekehrte Anordnung der Faktoren in den Zählern:

$$1 + \frac{x}{1} + \frac{x(x+1)}{1\cdot 2} + \frac{x(x+1)(x+2)}{1\cdot 2\cdot 3} + \cdots + \frac{x(x+1)\cdots 2x}{1\cdot 2\cdots(x+1)}$$
$$= \frac{(x+1)(x+2)\cdots(2x+1)}{1\cdot 2\cdots(x+1)} = \frac{(x+2)\cdots(2x+1)}{1\cdot 2\cdots x}$$

Druck von Carl Hammer in Stuttgart

1165. Heft. | Preis des Heftes 25 Pf. | Kombinatorik oder die Lehre von den kombinatorischen Operationen. Forts. v. Heft 1164. — Seite 81—96.

Vollständig gelöste

Aufgaben-Sammlung

— nebst Anhängen ungelöster Aufgaben, für den Schul- & Selbstunterricht —

mit

Angabe und Entwicklung der benutzten Sätze, Formeln, Regeln in Fragen und Antworten

erläutert durch

viele Holzschnitte & lithograph. Tafeln,

aus allen Zweigen

der **Rechenkunst,** der **niederen** (Algebra, Planimetrie, Stereometrie, ebenen u. sphärischen Trigonometrie, synthetischen Geometrie etc.) u. **höheren Mathematik** (höhere Analysis, Differential- u. Integral-Rechnung, analytische Geometrie der Ebene u. des Raumes etc.); — aus allen **Zweigen der Physik, Mechanik, Graphostatik, Chemie, Geodäsie, Nautik, mathemat. Geographie, Astronomie;** des **Maschinen-, Strafsen-, Eisenbahn-, Wasser-, Brücken- u. Hochbau's;** der **Konstruktionslehren** als: **darstell. Geometrie, Polar- u. Parallel-Perspective, Schattenkonstruktionen** etc. etc.

für

Schüler, Studierende, Kandidaten, Lehrer, Techniker jeder Art, Militärs etc.

zum einzig richtigen und erfolgreichen

Studium, zur **Forthülfe** bei Schularbeiten und zur **rationellen Verwertung** der exakten Wissenschaften,

herausgegeben von

Dr. Adolph Kleyer,

Mathematiker, vereideter königl. preuss. Feldmesser, vereideter grossh. hessischer Geometer I. Klasse

in **Frankfurt a. M.**

unter Mitwirkung der bewährtesten Kräfte.

Kombinatorik

oder

Die Lehre von den kombinatorischen Operationen.

(Permutation, Kombination, Variation.)

Nach System Kleyer bearbeitet von **Prof. H. Staudacher.**

Forts. von Heft 1164. Seite 81—96.

Inhalt:

Gelöste Aufgaben über die Kombinationen ohne Wiederholung.

Stuttgart 1892.

Verlag von Julius Maier.

Preisgekrönt in Frankfurt a. M. 1881.

PROSPEKT.

Dieses Werk, welchem kein ähnliches zur Seite steht, erscheint monatlich in 3—4 Heften zu dem billigen Preise von 25 ₰ pro Heft und bringt eine Sammlung der wichtigsten und praktischsten **Aufgaben** aus dem **Gesamtgebiete der Mathematik, Physik, Mechanik, math. Geographie, Astronomie,** des **Maschinen-, Strassen-, Eisenbahn-, Brücken- und Hochbaues, des konstruktiven Zeichnens** etc. etc. und zwar in **vollständig gelöster Form, mit vielen Figuren, Erklärungen** nebst **Angabe** und **Entwickelung** der **benutzten Sätze, Formeln, Regeln in Fragen mit Antworten** etc., so dass die Lösung jedermann verständlich sein kann, bezw. wird, wenn eine **grössere** Anzahl der Hefte erschienen ist, **da dieselben sich in ihrer Gesamtheit ergänzen** und alsdann auch **alle Teile der reinen** und **angewandten** Mathematik — nach besonderen **selbständigen** Kapiteln angeordnet — vorliegen.

Fast jedem Hefte ist ein **Anhang** von **ungelösten** Aufgaben beigegeben, welche der eigenen Lösung (in analoger Form, wie die bezüglichen gelösten Aufgaben) des Studierenden überlassen bleiben, und zugleich von den Herren Lehrern für den Schulunterricht benutzt werden können. — Die **Lösungen** hierzu werden später in besonderen Heften für die Hand des Lehrers erscheinen. Am Schlusse eines jeden Kapitels gelangen: **Titelblatt, Inhaltsverzeichnis, Berichtigungen** und **erläuternde Erklärungen über das betreffende Kapitel** zur Ausgabe.

Das Werk behandelt zunächst den Hauptbestandteil des mathematisch-naturwissenschaftlichen Unterrichtsplanes folgender Schulen: **Realschulen I. und II. Ord., gleichberechtigten höheren Bürgerschulen, Privatschulen, Gymnasien, Realgymnasien, Progymnasien, Schullehrer-Seminaren, Polytechniken, Techniken, Baugewerkschulen, Gewerbeschulen, Handelsschulen, techn. Vorbereitungsschulen aller Arten, gewerbliche Fortbildungsschulen, Akademien, Universitäten, Land- und Forstwissenschaftsschulen, Militärschulen, Vorbereitungs-Anstalten aller Arten als z. B. für das Einjährig-Freiwillige- und Offiziers-Examen,** etc.

Die **Schüler, Studierenden** und **Kandidaten** der mathematischen, technischen und naturwissenschaftlichen Fächer, werden durch diese, **Schritt für Schritt gelöste,** Aufgabensammlung **immerwährend** an ihre in der Schule erworbenen oder nur gehörten Theorien etc. **erinnert** und wird ihnen hiermit der Weg zum **unfehlbaren Auffinden** der Lösungen derjenigen Aufgaben gezeigt, welche sie bei ihren **Prüfungen** zu lösen haben, zugleich aber auch **die überaus grosse Fruchtbarkeit** der mathematischen Wissenschaften vorgeführt.

Dem **Lehrer** soll mit dieser Aufgabensammlung eine **kräftige Stütze** für den Schulunterricht geboten werden, indem zur Erlernung des **praktischen Teiles** der mathematischen Disziplinen — **zum Auflösen von Aufgaben** — in den meisten Schulen oft keine Zeit erübrigt werden kann, **hiermit** aber dem Schüler bei seinen häuslichen Arbeiten eine vollständige Anleitung in die Hände gegeben wird, entsprechende **Aufgaben zu lösen,** die gehabten **Regeln, Formeln, Sätze** etc. **anzuwenden** und **praktisch zu verwerten. Lust, Liebe** und **Verständnis** für den Schul-Unterricht wird dadurch **erhalten** und **belebt** werden.

Den **Ingenieuren, Architekten, Technikern** und **Fachgenossen aller Art, Militärs** etc. etc. soll diese Sammlung **zur Auffrischung** der erworbenen und vielleicht vergessenen **mathematischen** Kenntnisse dienen und zugleich durch ihre **praktischen in allen Berufszweigen vorkommenden Anwendungen** einem **toten Kapitale** lebendige Kraft verleihen und somit den **Antrieb** zu weiteren **praktischen Verwertungen** und **weiteren Forschungen** geben.

Alle Buchhandlungen nehmen Bestellungen entgegen. Wichtige und praktische Aufgaben werden mit Dank von der Redaktion entgegengenommen und mit Angabe der Namen verbreitet. — Wünsche, Fragen etc., welche die Redaktion betreffen, nimmt der Verfasser, Dr. **Kleyer,** Frankfurt a. M. Fischerfeldstrasse 16, entgegen und wird deren Erledigung thunlichst berücksichtigt.

Stuttgart. **Die Verlagshandlung.**

Aufgabe 107. Folgende Summen als Kombinationszahlen auszudrücken und zu berechnen:

1) $C_{10}^7 + C_{10}^6 C_9^1 + C_{10}^5 C_9^2 + C_{10}^4 C_9^3 + \cdots + C_{10}^1 C_9^6 + C_9^7$

2) $C_{x+4}^5 + C_{x+4}^4 C_{x-1}^1 + C_{x+4}^3 C_{x-1}^2 + C_{x+4}^2 C_{x-1}^3 + C_{x+4}^1 C_{x-1}^4 + C_{x-1}^5$

3) $C_{20}^{11} + C_{20}^{10} C_{20}^1 + C_{20}^9 C_{20}^2 + C_{20}^8 C_{20}^3 + \cdots + C_{20}^6 C_{20}^5$

4) $C_{2k}^k + C_{2k}^{k-1} C_k^1 + C_{2k}^{k-2} C_k^2 + \cdots + C_{2k}^1 C_k^{k-1} + C_k^k$

Auflösung. Nach der in Frage 50a bewiesenen allgemeinen Formel sind die gesuchten Summen:

1) $C_{19}^7 = \frac{19 \cdot 18 \cdot 17 \cdot 16 \cdot 15 \cdot 14 \cdot 13}{1 \cdot 2 \cdot 3 \cdot 4 \cdot 5 \cdot 6 \cdot 7} = 50388$

2) Setzt man in genannter Formel:

$$m = x + 4, \quad n = x - 1$$

so ist die Summe:

$$C_{2x+3}^5 = \frac{(2x+3)(2x+2)(2x+1)2x(2x-1)}{1 \cdot 2 \cdot 3 \cdot 4 \cdot 5}$$

3) Fügt man die gegebene Reihe noch einmal in umgekehrter Ordnung hinzu, so ist ihre Summe:

$$C_{40}^{11}$$

folglich die Summe der gegebenen Reihe:

$$\frac{1}{2} C_{40}^{11}$$

4) Hier ist:

$$m = 2k, \quad n = k$$

zu setzen, also die Summe:

$$C_{3k}^k$$

Aufgabe 108. Die Rangzahl der Kombination:

3689

aus den Ziffern 1 bis 9 durch Ausschliessung der Komplexionen niedrigeren Ranges zu finden.

Auflösung. Nach Frage 52 erhält man folgende Berechnung. Von den Kombinationen vierter Klasse der neun Ziffern beginnen

mit 1:	$C_8^3 = 56$
mit 2:	$C_7^3 = 35$
mit 34:	$C_5^2 = 10$
mit 35:	$C_4^2 = 6$
mit 367:	$C_2^1 = 2$
	109

Die gesuchte Komplexion hat also die Rangzahl:

110

Aufgabe 109. Die Rangzahl der Komplexion:

$$bdegi$$

aus den Elementen $a, b, c, d, e, f, g, h, i, k$ durch Ausschliessung der Komplexionen höheren Ranges zu finden.

Auflösung. Die Gesamtzahl aller Komplexionen ist:

$$C_{10}^5 = 252$$

Davon werden nach Frage 52 ausgeschlossen:

$$C_8^5 + C_6^4 + C_5^3 + C_3^2 + C_1^1 = 56 + 15 + 10 + 3 + 1 = 85$$

Die Rangzahl der gesuchten Komplexion ist demnach:

$$252 - 85 = 167$$

Aufgabe 110. Wie heisst die 10972. Kombination zur fünften Klasse aus den Elementen:

$$a_1, a_2, \cdots a_{20}?$$

Durch Ausschliessung der vorhergehenden Komplexionen zu bestimmen.

Auflösung. Von den verlangten Kombinationen beginnen

mit a_1: $C_{19}^4 = 3876$

mit a_2: $C_{18}^4 = 3060$

mit a_3: $C_{17}^4 = 2380$

9316

Die Hinzufügung der mit a_4 beginnenden überschreitet die gegebene Rangzahl; a_4 ist also das Anfangselement der gesuchten Komplexion. Es beginnen nun

mit $a_4 a_5$: $C_{15}^3 = 455$

mit $a_4 a_6$: $C_{14}^3 = 364$

mit $a_4 a_7$: $C_{13}^3 = 286$

mit $a_4 a_8$: $C_{12}^3 = 220$

mit $a_4 a_9$: $C_{11}^3 = 165$

mit $a_4 a_{10}$: $C_{10}^3 = 120$

10926

Unter den mit $a_4 a_{11}$ beginnenden Komplexionen ist die gesuchte. Weiter beginnen

mit $a_4 a_{11} a_{12}$:

$$C_8^2 = 28$$

Unter den mit $a_4 a_{11} a_{13}$ beginnenden Komplexionen befindet sich die verlangte; man hat also noch mit $a_4 a_{11} a_{13} a_{14}$:

$$C_6^1 = 6$$

mit $a_4 a_{11} a_{13} a_{15}$:

$$C_5^1 = 5$$

mit $a_4 a_{11} a_{13} a_{16}$:

$$C_4^1 = 4$$

mit $a_4 a_{11} a_{13} a_{17}$:

$$C_3^1 = 3$$

$$\overline{10972}$$

Die gesuchte Komplexion ist also die letzte mit:

$$a_4\, a_{11}\, a_{13}\, a_{17}$$

beginnende; sie heisst demnach:

$$a_4\, a_{11}\, a_{13}\, a_{17}\, a_{20}$$

Aufgabe 111. Dieselbe Aufgabe nach Frage 54 zu lösen durch Ausschliessung der höheren Komplexionen.

Auflösung. Da die Anzahl sämtlicher Komplexionen:

$$C_{20}^5 = 15504$$

ist, so sind die Unbekannten x, y, z, u, v aus der Gleichung:

$$C_x^5 + C_y^4 + C_z^3 + C_u^2 + C_v^1 = 15504 - 10972 = 4532$$

zu bestimmen. Die Bedingung:

$$C_x^5 = \frac{x(x-1)(x-2)(x-3)(x-4)}{1 \cdot 2 \cdot 3 \cdot 4 \cdot 5} \leqq 4532$$

gibt als Maximalwert:

$$x' = 16$$

Man hat sodann:

$$4532 - C_{16}^5 = 164$$

demnach:

$$C_y^4 \leqq 164, \quad y' = 9;$$

hierauf gibt:

$$C_z^3 < 164 - 126 = 38$$

der Maximalwert:

$$z' = 7$$

Für die vierte Stelle hat man:

$$C_u^2 \leqq 3$$

woraus:

$$u' = 3$$

und demnach:

$$v = 0 \quad \text{(Siehe Erkl. 82)}$$

Die gesuchte Komplexion hat demnach die Elemente:

$$20 - 16 = 4, \quad 20 - 9 = 11, \quad 20 - 7 = 13, \quad 20 - 3 = 17, \quad 20 - 0 = 2$$

und lautet wie oben:

$$a_4\, a_{11}\, a_{13}\, a_{17}\, a_{20}$$

Erkl. 97. Die Bestimmung von y geschieht aus der Bedingung:

$$\frac{y(y-1)(y-2)(y-3)}{1 \cdot 2 \cdot 3 \cdot 4} \leqq 164$$

woraus der Maximalwert:

$$y' = 9$$

und:

$$C_9^4 = 126$$

folgt. Weiter findet sich aus:

$$\frac{z(z-1)(z-2)}{1 \cdot 2 \cdot 3} \leqq 38$$

der Maximalwert:

$$z' = 7$$

und:

$$C_7^3 = 35$$

Aufgabe 112. a) In wie vielen Kombinationen fünfter Klasse der Elemente 1 bis 9 steht das Element 4

1) auf der 1. Stelle,
2) „ „ 2. „
3) „ „ 3. „
4) „ „ 4. „
5) „ „ 5. „

und b) in wie vielen kommt es gar nicht vor?

Auflösung. 1) Soll das Element 4 auf der ersten Stelle sein, so können die vier folgenden Stellen nur durch die Elemente:

5, 6, 7, 8, 9

besetzt werden. Die Anzahl der möglichen Komplexionen ist demnach:

$$C_5^4 = 5$$

2) Soll die zweite Stelle 4 sein, so bleiben für die erste die Elemente 1, 2, 3, für die drei letzten Stellen die Elemente 5, 6, 7, 8, 9, also ist die Anzahl solcher Komplexionen:

$$C_3^1 \cdot C_5^3 = 3 \cdot 10 = 30$$

3) Komplexionen, deren dritte Stelle 4 ist, bestehen demnach:

$$C_3^2 \cdot C_5^2 = 3 \cdot 10 = 30$$

4) Komplexionen mit 4 auf der vierten Stelle:

$$C_3^3 \cdot C_5^1 = 1 \cdot 5 = 5$$

5) Komplexionen mit 4 auf der fünften Stelle sind unmöglich.

6) Das Element 4 kommt nicht vor in:

$$C_8^5 = 56$$

Komplexionen.

Erkl. 98. Die Summe der für alle einzelnen Fälle gefundenen Komplexionen muss gleich:

$$C_9^5 = 126$$

sein. In der That ist:

$$5 + 30 + 30 + 5 + 56 = 126$$

Aufgabe 113. In wie vielen Kombinationen der Elemente:

$$a_1, a_2 \cdots a_{12}$$

zur sechsten Klasse stehen die Elemente:

$$a_5\, a_7$$

nebeneinander?

Auflösung. Die Elemente $a_5 a_7$ können folgende Stellungen haben:

	1.	2.	3.	4.	5.	6. Stelle
1)	·	·	·	·	a_5	a_7
2)	·	·	·	a_5	a_7	·
3)	·	·	a_5	a_7	·	·
4)	·	a_5	a_7	·	·	·
5)	a_5	a_7	·	·	·	·

Die Anzahl der entsprechenden Komplexionen ist

für 1): $C_4^4 = 1$

denn es können nur $a_1 a_2 a_3 a_4$ vorausgehen;

für 2): $C_4^3 \cdot C_2^1 = 20$

auf den drei ersten Stellen a_1 bis a_4, auf der letzten a_8 bis a_{12};

für 3): $C_4^2 \cdot C_5^2 = 60$

für 4): $C_4^1 \cdot C_5^3 = 40$

für 5): $C_5^4 = 5$

Summe = 126 Komplexionen.

Aufgabe 114. Die Zahl der Kombinationen der zehn Elemente:

$a, b, c, d, e, f, g, h, i, k$

zur sechsten Klasse anzugeben, welche:

1) 1, 2) 2, 3) 3, 4) 4, 5) 5, 6) 6

Elemente enthalten, die in der Komplexion:

bcefhk

nicht vorkommen.

Auflösung. Nach Frage 55 erhält man:

1) $C_6^1 \cdot C_4^1 = 6 \cdot 4 = 24$ Komplexionen,

2) $C_6^2 \cdot C_4^2 = 15 \cdot 6 = 90$ „

3) $C_6^3 \cdot C_4^3 = 20 \cdot 4 = 80$ „

4) $C_6^4 \cdot C_4^4 = 15 \cdot 1 = 15$ „

5) $C_6^5 \cdot C_4^5 = 6 \cdot 0 = 0$ „

ebenso:

6) $C_6^6 \cdot C_4^6 = 1 \cdot 0 = 0$ „

Rechnet man hiezu noch die gegebene Komplexion selbst, so ist die Gesamtzahl:

$$210 = C_{10}^6$$

Aufgabe 115. Die Zahl der Kombinationen siebenter Klasse aus den Elementen:

$a, b, c, d, e, f, g, h, i, j, k, l, m$

anzugeben, welche mit der Komplexion:

acegikm

1) 3, 2) 4, 3) 5

Elemente gemeinsam haben.

Auflösung. Nach Frage 56 ergeben sich:

1) $C_6^4 \cdot C_7^4 = 15 \cdot 35 = 525$ Komplexionen,

2) $C_6^3 \cdot C_7^3 = 20 \cdot 35 = 700$ „

3) $C_6^2 \cdot C_7^2 = 15 \cdot 21 = 315$ „

Aufgabe 116. Wie viele Kombinationen fünfter Klasse aus den Ziffern 0 bis 9 enthalten:

1) 3 ungerade,

2) 2 gerade Ziffern?

Auflösung. 1) Die gesuchte Anzahl ist identisch mit der Anzahl der Kombinationen, welche mit der Komplexion:

13579

drei Ziffern gemeinsam haben, d. h.:

$$C_5^2 \cdot C_5^2 = 100$$

2) Die gesuchte Zahl ist identisch mit der Anzahl der Kombinationen, welche mit der Komplexion:

02468

zwei Ziffern gemeinsam haben, d. h.:

$$C_5^3 \cdot C_5^3 = 100$$

Aufgabe 117. Die Anzahl der Amben, Ternen und Quaternen zu bestimmen, die in der gewöhnlichen Zahlenlotterie von 90 Nummern enthalten sind.

Auflösung. 1) Die Anzahl der Amben ist die Kombinationszahl von 90 Elementen zur zweiten Klasse:

$$C_{90}^2 = \frac{90 \cdot 89}{1 \cdot 2} = 4005$$

2) Die Anzahl der Ternen ist analog:

$$C_{90}^3 = \frac{90 \cdot 89 \cdot 88}{1 \cdot 2 \cdot 3} = 117480$$

3) Die Anzahl der Quaternen:

$$C_{90}^4 = \frac{90 \cdot 89 \cdot 88 \cdot 87}{1 \cdot 2 \cdot 3 \cdot 4} = 2555190$$

Aufgabe 118. Wie viel verschiedene Spiele von 9 Karten können aus 32 Karten verteilt werden?

Auflösung. Die gesuchte Anzahl ist:

$$C_{32}^{9} = \frac{32 \cdot 31 \cdot 30 \cdot 29 \cdot 28 \cdot 27 \cdot 26 \cdot 25 \cdot 24}{1 \cdot 2 \cdot 3 \cdot 4 \cdot 5 \cdot 6 \cdot 7 \cdot 8 \cdot 9} = 28048800$$

Aufgabe 119. Wie viele Verbindungslinien sind möglich:

1) zwischen 10 Punkten,

2) zwischen n Punkten,

von denen nicht mehr als zwei in einer Geraden liegen?

Auflösung. Man erhält so viele Verbindungslinien, als sich die 10, bezüglich n Punkte zu je zweien verbinden lassen, d. h.:

$$1)\ C_{10}^{2} = 45, \quad 2)\ C_{n}^{2} = \frac{n(n-1)}{1 \cdot 2}$$

Aufgabe 120. Wie viele Diagonalen hat:

1) ein Siebeneck,

2) ein nEck?

Auflösung. 1) Die sieben Punkte lassen sich nach vorhergehender Aufgabe auf:

$$C_{7}^{2} = 21$$

Arten miteinander verbinden; von diesen Verbindungsstrecken fallen sieben mit den Seiten zusammen, also ist die Anzahl der Diagonalen:

$$21 - 7 = 14$$

2) Die Anzahl der Diagonalen des nEckes ist analog:

$$C_{n}^{2} - n = \frac{n(n-1)}{1 \cdot 2} - n = \frac{n(n-3)}{2}$$

Aufgabe 121. Wie viele Schnittpunkte geben n Gerade in einer Ebene:

1) wenn keine Parallelen darunter sind und nicht mehr als zwei durch einen Punkt gehen;

2) wenn p von ihnen parallel unter sich sind;

3) wenn eine Gruppe von p_1 Parallelen und eine zweite Gruppe von p_2 Parallelen darunter sind?

Auflösung. 1) Je zwei nicht parallele Gerade schneiden sich in einem Punkte, also ist die Anzahl der Schnittpunkte:

$$C_{n}^{2} = \frac{n(n-1)}{1 \cdot 2}$$

2) Sind p Parallele darunter, so fallen dadurch:

$$C_{p}^{2} = \frac{p(p-1)}{1 \cdot 2}$$

Schnittpunkte weg und die gesuchte Anzahl ist:

$$C_{n}^{2} - C_{p}^{2}$$

3) Die Anzahl der Schnittpunkte vermindert sich wegen der ersten Gruppe von Parallelen um:

$$C_{p_1}^{2}$$

wegen der zweiten Gruppe um:

$$C_{p_2}^{2};$$

demnach ist die gesuchte Anzahl:

$$C_{n}^{2} - C_{p_1}^{2} - C_{p_2}^{2}$$

Aufgabe 122. Wie viele Schnittpunkte geben n Gerade in einer Ebene, wenn:

1) k derselben durch einen Punkt gehen;

2) k_1 derselben durch einen Punkt und k_2 durch einen andern Punkt gehen und keine Parallelen darunter sind?

Auflösung. 1) Da k Gerade durch einen Punkt gehen, so reduzieren sich:

$$C_k^2$$

Schnittpunkte auf einen einzigen, so dass nur:

$$C_n^2 - C_k^2 + 1$$

Schnittpunkte übrig bleiben.

2) Da für die zweite Gruppe von Geraden dasselbe gilt, wie für die erste, so ist die Anzahl der Schnittpunkte noch:

$$C_n^2 - C_{k_1}^2 - C_{k_2}^2 + 2$$

Aufgabe 123. Wie viele Dreiecke werden durch n Punkte bestimmt, wenn:

1) niemals drei Punkte in einer Geraden liegen; wenn:

2) k_1 Punkte in einer Geraden, k_2 Punkte in einer andern Geraden liegen?

Auflösung. 1) Die n Punkte bestimmen so viele Dreiecke, so oft sie zu je dreien verbunden werden können, d. h.:

$$C_n^3 = \frac{n(n-1)(n-2)}{1 \cdot 2 \cdot 3}$$

2) Liegen k_1 Punkte in einer Geraden, so fallen dadurch:

$$C_k^3 = \frac{k(k-1)(k-2)}{1 \cdot 2 \cdot 3}$$

Dreiecke weg und analog für die k_2 anderen Punkte; die gesuchte Anzahl ist demnach:

$$C_n^3 - C_{k_1}^3 - C_{k_2}^3$$

Aufgabe 124. Wie viele Parallelogramme werden gebildet, wenn p_1 Parallele von p_2 andern unter sich parallelen Geraden geschnitten werden?

Erkl. 99. Ein Parallelogramm ist ein Viereck, in welchem je zwei gegenüber liegende Seiten parallel sind.

Auflösung. Zu einem Parallelogramm gehören je zwei Parallele der einen Gruppe und je zwei Parallele der andern. Die erstere enthält:

$$C_{p_1}^2$$

Verbindungen von je zwei Geraden, die letztere enthält deren:

$$C_{p_2}^2$$

Aber jede Komplexion der ersteren Art bildet mit jeder der zweiten Art ein Parallelogramm. Demnach ist die Anzahl der Parallelogramme:

$$C_{p_1}^2 \cdot C_{p_2}^2$$

Aufgabe 125. Die Anzahl der Verbindungsstrecken zu finden, die zwischen den Schnittpunkten von n sich schneidenden Geraden gezogen werden können.

Auflösung. Die Anzahl der Schnittpunkte ist nach Aufgabe 121, 1):

$$C_n^2 = \frac{n(n-1)}{2}$$

Diese lassen sich wieder nach Aufgabe 119 auf:

$$C^2_{\frac{n(n-1)}{2}} = \frac{\frac{n(n-1)}{1\cdot 2}\left(\frac{n(n-1)}{1\cdot 2}-1\right)}{1\cdot 2}$$

$$= \frac{1}{8}\,n(n-1)(n-2)(n+1)$$

Arten miteinander verbinden. Von diesen Verbindungsstrecken fallen jedoch:

$$n\cdot C^2_{n-1} = \frac{n(n-1)(n-2)}{1\cdot 2}$$

mit den gegebenen Geraden selbst zusammen, denn auf **jeder** Geraden liegen $n-1$ Schnittpunkte, welche:

$$C^2_{n-1}$$

Verbindungen zu je zweien zulassen. Die Anzahl der Verbindungsstrecken, die noch zu ziehen möglich sind, ist demnach:

$$\frac{1}{8}\,n(n-1)(n-2)(n+1) - \frac{1}{2}\,n(n-1)(n-2) = \frac{1}{8}\,n(n-1)(n-2)(n-3)$$

Aufgabe 126. Die Anzahl der Schnittpunkte von n Ebenen anzugeben, wenn von diesen Ebenen k durch denselben Punkt gehen und l sich in parallelen Linien schneiden, parallele Ebenen aber nicht vorkommen.

Erkl. 100. Die räumliche Geometrie (Stereometrie) lehrt, dass je zwei Ebenen sich in einer geraden Linie schneiden, welche dann von jeder andern Ebene in einem Punkte geschnitten wird. Je drei Ebenen haben also einen Punkt gemeinschaftlich.

Auflösung. Im allgemeinen schneiden sich je drei Ebenen in einem Punkte, so dass die Anzahl der möglichen Schnittpunkte:

$$C_n^3$$

ist; k gegebene Ebenen, welche:

$$C_k^3$$

Schnittpunkte haben könnten, besitzen jedoch zusammen nur einen solchen und l Ebenen, welche:

$$C_l^3$$

Schnittpunkte haben sollten, geben gar keinen; folglich bleiben im ganzen:

$$C_n^3 - C_k^3 - C_l^3 + 1$$

Schnittpunkte.

Aufgabe 127. Wie viele dreiseitige Pyramiden (Tetraëder) werden durch n gegebene Punkte im Raume bestimmt, wenn p derselben in einer Ebene liegen?

Auflösung. Je vier gegebene Punkte bestimmen die Ecken eines Tetraëders (einer dreiseitigen Pyramide).

Es sind demnach:

$$C_n^4$$

Tetraëder möglich, von denen jedoch:

$$C_p^4$$

abgehen, weil die in einer Ebene liegenden p Punkte keine Tetraëder bilden können. Die gesuchte Anzahl ist demnach:

$$C_n^4 - C_p^4$$

Aufgabe 128. Es sind n Punkte im Raume gegeben, von denen niemals 4 in derselben Ebene liegen und durch dieselben alle möglichen Ebenen gelegt. Wie viele neue Schnittpunkte haben diese Ebenen unter sich?

Erkl. 101. Seien z. B. $n = 5$ Punkte A, B, C, D, E im Raume gegeben, so lassen sich durch dieselben:

$$C_5^3 = 10 = n'$$

Ebenen legen, welche im allgemeinsten Falle:

$$C_{10}^3 = 120$$

Schnittpunkte geben würden.

Es gehen aber durch jeden der fünf Punkte:

$$C_4^2 = 6$$

Ebenen, deren:

$$C_6^3 = 20$$

Schnittpunkte mit dem gegebenen Punkte zusammenfallen, so dass noch:

$$120 - 5 \cdot 20 = 20$$

Punkte übrig bleiben.

Die gegebenen fünf Punkte haben ferner:

$$C_5^2 = 10$$

Verbindungsgerade AB, $AC \cdots$ von denen jede als Durchschnitt von drei Ebenen angesehen werden kann (z. B. AB als Schnitt der Ebenen ABC, ABD, ABE), so dass:

$$10 \cdot C_3^3 = 10$$

Schnittpunkte ausfallen, welche unter oben abgezogenen $5 \cdot 20$ Punkten bereits zweimal inbegriffen sind, also wieder einmal addiert werden müssen. Man hätte bisher demnach:

$$120 - 5 \cdot 20 + 10 = 30$$

Schnittpunkte.

Jede der obengenannten zehn Verbindungsgeraden wird von einer durch die drei übrigen Punkte bestimmten Ebene geschnitten (z. B. AB durch die Ebene CDE), wodurch zehn Punkte entstehen, welche, da

$$C_3^2 = 3,$$

dreimal gerechnet sind, also zweimal abgezogen werden müssen. Man hat nun also schliesslich als wahre Anzahl der Schnittpunkte:

$$30 - 2 \cdot 10 = 10$$

Auflösung. Durch die gegebenen n Punkte lassen sich:

$$C_n^3 = \frac{n(n-1)(n-2)}{1 \cdot 2 \cdot 3}$$

Ebenen legen. Bezeichnet man diese Zahl zur Abkürzung durch n', so geben diese Ebenen (zu je drei zusammengenommen):

$$C_{n'}^3 = \frac{n'(n'-1)(n'-2)}{1 \cdot 2 \cdot 3}$$

Schnittpunkte. In dieser Anzahl sind aber:

1) die gegebenen Punkte selbst eingerechnet;

2) kommen Ebenen vor, von denen mehr als zwei durch dieselbe Gerade gehen, also keine Schnittpunkte unter sich geben;

3) sind vielfache Punkte darunter.

Jeder dieser drei Gründe veranlasst eine Aenderung der Zahl:

$$C_{n'}^3$$

Zu 1). Durch jeden der gegebenen n Punkte gehen so viele Ebenen, als man durch die $n-1$ anderen Punkte Gerade legen kann, d. h.:

$$C_{n-1}^2 = \frac{(n-1)(n-2)}{1 \cdot 2} = n''$$

Diese n'' Ebenen hätten unter sich:

$$C_{n''}^3$$

Schnittpunkte, welche sämtlich mit dem gegebenen Punkte zusammenfallen, so dass die Anzahl der neuen Schnittpunkte nunmehr noch:

$$C_{n'}^3 - n\,C_{n''}^3$$

ist.

Zu 2). Gerade, durch welche mehr als zwei Ebenen gehen, sind alle diejenigen, welche zwei der gegebenen Punkte verbinden, z. B. AB. Solcher gibt es:

$$C_n^2$$

und jede von ihnen ist der gemeinschaftliche

Erkl. 102. Der am Schlusse nebenstehender Auflösung gegebene Ausdruck wird aus der symbolischen Schreibweise auf folgende Art abgeleitet:

Die beiden letzten Glieder werden zusammengefasst in:

$$-C_n^2\, C_{n-2}^3\,(C_{n-2}^2-2) = -\frac{n\,(n-1)}{1\cdot 2}\,\frac{(n-2)\,(n-3)\,(n-4)}{1\cdot 2\cdot 3}\cdot\left(\frac{(n-2)\,(n-3)}{1\cdot 2}-2\right)$$

$$= -\frac{n\,(n-1)}{1\cdot 2}\cdot\frac{(n-2)\,(n-3)\,(n-4)}{1\cdot 2\cdot 3}\cdot\frac{n^2-5n+2}{1\cdot 2}$$

Ferner ist:

$$C_{n'}^3 = \frac{\frac{n\,(n-1)\,(n-2)}{1\cdot 2\cdot 3}\left(\frac{n\,(n-1)\,(n-2)}{1\cdot 2\cdot 3}-1\right)\left(\frac{n\,(n-1)\,(n-2)}{1\cdot 2\cdot 3}-2\right)}{1\cdot 2\cdot 3}$$

$$= \frac{n\,(n-1)\,(n-2)}{(1\cdot 2\cdot 3)^4}\,(n^3-3n^2+2n-6)\,(n^3-3n^2+2n-12)$$

$$= \frac{n\,(n-1)\,(n-2)\,(n-3)}{(1\cdot 2\cdot 3)^4}\,(n^2+2)\,(n^3-3n^2+2n-12)$$

Ebenso wird:

$$-n\cdot C_{n''}^3 = -n\cdot\frac{\frac{(n-1)\,(n-2)}{1\cdot 2}\left(\frac{(n-1)\,(n-2)}{1\cdot 2}-1\right)\left(\frac{(n-1)\,(n-2)}{1\cdot 2}-2\right)}{1\cdot 2\cdot 3}$$

$$= -\frac{n\,(n-1)\,(n-2)}{(1\cdot 2)^4\cdot 3}\,(n^2-3n)\,(n^2-3n-2)$$

$$= -\frac{n\,(n-1)\,(n-2)\,(n-3)}{2^4\cdot 3}\,(n^3-3n^2-2n)$$

Folglich gibt der ganze Ausdruck:

$$\frac{n\,(n-1)\,(n-2)\,(n-3)}{2^4\cdot 3^4}\,[(n^2+2)\,(n^3-3n^2+2n-12)-27\,(n^3-3n^2-2n)$$
$$-54\,(n-4)\,(n^2-5n+2)]$$

$$= \frac{n\,(n-1)\,(n-2)\,(n-3)}{1296}\,[n^5-3n^4-23n^3+63n^2+58n-24-54\,(n-4)\,(n^2-5n+2)]$$

Das Polynom:

$$n^5-3n^4-23n^3+63n^2+58n-24$$

ist aber durch $n-4$ teilbar (vergl. Staudacher, Lehrbuch der Grundrechnungsarten II. Teil, Frage 96) und besteht aus den Faktoren:

$$(n-4)\,(n^4+n^3-19n^2-13n+6);$$

folglich kann aus dem obigen Klammerausdrucke noch der Faktor $n-4$ ausgeschieden werden, worauf der in der Auflösung der Aufgabe 128 gegebene Ausdruck zum Vorschein kommt.

Schnitt von $n-2$ Ebenen, welche, (wenn sie nicht durch dieselbe Gerade gingen):

$$C_{n-2}^3$$

Schnittpunkte ergeben hätten, wodurch im ganzen:

$$C_n^2\cdot C_{n-2}^3$$

Punkte wegfallen. Diese Punkte sind aber wegen 1) schon abgezogen, jedoch zweimal, insofern sie nämlich ebensowohl mit dem Punkte A als mit dem Punkte B zusammenfallend gedacht werden können.

Man muss sie demnach wieder einmal addieren, so dass nun die gesuchte Zahl der neuen Schnittpunkte:

$$C_{n'}^3 - n\,C_{n''}^3 + C_n^2\cdot C_{n-2}^3$$

wird.

Zu 3). Vielfache Punkte können nur da entstehen, wo mehr als drei Ebenen sich in einem Punkte schneiden. Nach 2) ist dies nur dort möglich, wo die Verbindungsgeraden von je zwei gegebenen Punkten von denjenigen Ebenen geschnitten werden, welche durch die $n-2$ anderen gegebenen Punkte gelegt werden können. Die Anzahl dieser letzteren Ebenen ist:

$$C^3_{n-2}$$

und demnach liegen auf jeder der oben nannten C^2_n Verbindungsgeraden C^3_{n-2} Punkte, von denen jeder in der bisher gefundenen Zahl so oft eingerechnet ist, als sich die $n-2$ durch jede Verbindungsgerade AB gehenden Ebenen zu zweien zusammennehmen lassen, nämlich:

$$C^2_{n-2}$$

mal. Soll aber jeder solche Punkt nur einmal gerechnet werden, so ist er:

$$C^2_{n-2}-1$$

mal abzuziehen, so dass man schliesslich als wahre Anzahl der entstandenen Schnittpunkte hat:

$$C^3_{n'} - nC^3_{n''} + C^2_n \cdot C^3_{n-2}$$
$$- C^2_n \cdot C^3_{n-2}(C^2_{n-2}-1)$$

Führt man für n' und n'' die oben angegebenen Werte ein und vereinfacht möglichst, so wird die gesuchte Zahl:

$$\frac{1}{1296} n(n-1)(n-2)(n-3)(n-4)[n^4+n^3-73n^2+257n-102]$$

Aufgabe 129. Die Anzahl derjenigen Durchschnittspunkte der Diagonalen eines konvexen n-Eckes anzugeben, welche innerhalb des Vieleckes liegen.

Auflösung. Je vier Eckpunkte bestimmen ein Viereck, dessen zwei Diagonalen auch Diagonalen des gegebenen n-Ecks sind und sich innerhalb des Vierecks (also auch des n-Ecks schneiden). Im Innern des n-Ecks gibt es also so viele Schnittpunkte von Diagonalen, als aus den gegebenen Eckpunkten Vierecke gebildet werden können, d. h.:

$$C^4_n = \frac{n(n-1)(n-2)(n-3)}{1 \cdot 2 \cdot 3 \cdot 4}$$

Aufgabe 130. Auf wie viele Arten kann ein Whistspiel von 52 Karten unter vier Spieler verteilt werden, wenn jeder 13 Karten erhält?

Auflösung. 13 Karten können aus 52 Blättern auf:

$$C^{13}_{52}$$

Arten ausgeteilt werden; aus den noch übrigen 39 Blättern werden wieder 13 auf:

$$C^{13}_{39}$$

Arten gewählt, aus dem Rest von 26 Blättern ebenfalls 13 auf:

Erkl. 103. Ein Spieler wird also das nämliche Spiel unter $\frac{52!}{(13!)^4}$ Fällen nur einmal zu erwarten haben und wenn es sich nur um dieselbe Verteilung der Karten handelt, ohne Rücksicht darauf, welcher Spieler die bestimmte Gruppe von 13 Blättern in Händen hat, so wird dieselbe in:

$$\frac{52!}{4!(13!)^4}$$

Fällen einmal eintreten. Die Rechnung ergibt:

$$\frac{52!}{4!(13!)^4} = 2235197406895366368301560000$$

Um einen Begriff von der Grösse dieser Zahl zu geben, sei bemerkt, dass wenn von 1000 Millionen Menschen jeder in der Minute einmal die 52 Karten verteilen würde und dieselben Tag und Nacht ununterbrochen die Arbeit fortsetzten, im ganzen:

$$4 \cdot 252658 \cdot 688918 \text{ Jahre } 45 \text{ Tage}$$

nötig wären, um alle möglichen Spiele zu verteilen (Matthiessen in Grunert Archiv Bd. 47, über einen seltenen Fall beim Whistspiel).

$$C_{26}^{13}$$

Arten. Es bleiben dann noch 13 Karten übrig, welche nur:

$$C_{13}^{13} = 1$$

Komplexion geben. Da aber jede dieser Gruppen mit jeder andern zusammentreffen kann, so ist die Gesamtzahl der möglichen Spiele:

$$C_{52}^{13} \cdot C_{39}^{13} \cdot C_{26}^{13} \cdot C_{13}^{13} = \frac{52!}{13!\,39!} \cdot \frac{39!}{13!\,26!} \cdot \frac{26!}{13!\,13!} = \frac{52!}{(13!)^4}$$

Aufgabe 131. Eine Urne enthält m weisse und n schwarze Kugeln, die durch Nummern von einander unterschieden sind. In wie vielen Fällen ist es möglich, dass sich unter k gezogenen Kugeln l schwarze befinden?

Auflösung. Aus der Anzahl der schwarzen Kugeln lassen sich l derselben auf:

$$C_n^l$$

Arten auswählen; jede dieser Kombinationen muss noch mit $k-l$ weissen verbunden werden, die aus den m vorhandenen Kugeln dieser Art auf:

$$C_m^{k-l}$$

Arten gewählt werden können. Die gesuchte Anzahl von Fällen ist demnach:

$$C_n^l \cdot C_m^{k-l}$$

Aufgabe 132. Zwei Personen spielen mit einer Karte von 32 Blättern, von denen jede 6 erhält. Wie viele verschiedene Spiele kann einer der Spieler bekommen:

1) mit lauter Karten von einer Farbe,

2) mit 4 Karten von einer und 2 von einer andern Farbe,

3) mit 3 Karten von einer, 2 von einer andern und 1 von dritter Farbe?

Auflösung. 1) Unter den 8 Karten einer Farbe können 6 auf:

$$C_8^6 = \frac{8 \cdot 7}{1 \cdot 2} = 28$$

Arten sich verbinden, und da vier verschiedene Farben vorhanden sind, so ist die Anzahl der möglichen Fälle:

$$4 \cdot 28 = 112$$

2) Aus je 8 Karten von einer der vier Farben sind 4 zu wählen, was auf:

$$4 \cdot C_8^4 = 70$$

Arten geschehen kann. Aus den je 8 Karten einer der drei anderen Farben hat man ferner 2 zu nehmen auf:

$$3 \cdot C_8^2 = 84$$

Arten und jede von diesen mit jeder der vorigen zu verbinden, so dass es im ganzen:

$$4 \cdot C_8^4 \cdot 3 \cdot C_8^2 = 5880$$

mögliche Spiele gibt.

3) Nachdem die 3 Karten auf:

$$4 \cdot C_8^3 = 224$$

Arten ausgewählt sind, verbindet man sie mit den:

$$3 \cdot C_8^2 = 144$$

Arten, die für 2 Karten einer der drei anderen Farben bestehen und mit:

$$2 \cdot C_8^1 = 16$$

Fällen für die einzelne Karte aus einer der zwei übrigen Farben. Die Zahl der möglichen Fälle ist also:

$$C_8^3 \cdot C_8^2 \cdot C_8^1 \cdot 4! = 516096$$

Aufgabe 133. Auf wie viele Arten kann ein Produkt aus $2m$ verschiedenen Faktoren $a, b, c, \cdots$ in Produkte von je zwei Faktoren zerlegt werden?

Auflösung. Zuerst wählt man ein Faktorenpaar aus den $2m$ gegebenen Faktoren, was auf:

$$C_{2m}^2$$

Arten möglich ist. Aus den übrig bleibenden $2m-2$ Faktoren kann ein zweites Paar auf:

$$C_{2m-2}^2$$

Arten gewählt werden, aus den nun verbleibenden $2m-4$ Faktoren ein drittes Paar auf:

$$C_{2m-4}^2$$

Arten u. s. f., bis schliesslich nur noch ein Paar übrig bleibt. Jedes so gewählte Paar kann mit jedem andern verbunden werden, so dass man im ganzen:

$$C_{2m}^2 \cdot C_{2m-2}^2 \cdot C_{2m-4}^2 \cdots C_4^2 \cdot C_2^2$$

Zerlegungen in m Paare erhält, worunter aber diese Paare in allen möglichen Aufeinanderfolgen vorkommen. Da jedoch die verschiedene Anordnung der Paare offenbar gleichgültig ist — indem z. B. die Anordnungen ab, cd und cd, ab die nämliche Zerlegung des Produktes $abcd$ vorstellen, — so ist obige Zahl noch durch die Versetzungszahl der m Paare, d. h. durch $m!$ zu dividieren. Die gesuchte Anzahl der verschiedenen Zerlegungen ist demnach:

$$C_{2m}^2 \cdot C_{2m-2}^2 \cdot C_{2m-4}^2 \cdots C_2^2 : m!$$

Erkl. 104. Eine andere rekurrierende Auflösung dieser Aufgabe ist folgende: Man bezeichne die Anzahl der aus den $2m$ Faktoren möglichen Zerlegungen in Paare durch:

$$Z_{2m}$$

Wählt man zuerst das Paar ab, so geben die übrigen $2m-2$ Faktoren noch:

$$Z_{2m-2}$$

Zerlegungen; ebensoviele entstehen, wenn man zuerst ac, oder ad, oder überhaupt a mit irgend einem der $2m-1$ übrigen Faktoren verbunden hat. Demnach ist:

$$Z_{2m} = (2m-1)\, Z_{2m-2}$$

Indem man statt m der Reihe nach $m-1$, $m-2, \cdots m-(m-1)$ setzt, so entstehen die Gleichungen:

$$Z_{2m-2} = (2m-2)\, Z_{2m-4}$$
$$Z_{2m-4} = (2m-5)\, Z_{2m-6}$$
$$\cdots\cdots\cdots\cdots$$

endlich: $Z_2 = 1$

Die Multiplikation aller dieser Gleichungen gibt nach Weglassung der auf beiden Seiten vorkommenden gleichen Faktoren:

$$Z_{2m} = (2m-1)(2m-3)(2m-5)\cdots 1$$

oder in umgekehrter Ordnung:

$$Z_{2m} = 1 \cdot 3 \cdot 5 \cdots (2m-1)$$

als Anzahl der verschiedenen Zerlegungen.

Erkl. 105. Die beiden in verschiedener Form erscheinenden Resultate in der Auflösung der

Aufgabe 133 und in vorhergehender Erklärung sind natürlich identisch. Es ist nämlich:

$$\frac{C^2_{2m} \cdot C^2_{2m-2} \cdots C^2_4 \cdot C^2_2}{m!} = \frac{(2m)!}{2!\,(2m-2)!} \cdot \frac{(2m-2)!}{2!\,(2m-4)!} \cdot \frac{(2m-4)!}{2!\,(2m-6)!} \cdots \frac{4!}{2!\,2!} \cdot \frac{1}{m!} \quad \text{(Siehe Frage 43)}$$

$$= \frac{(2m)!}{2^m m!} = \frac{1 \cdot 2 \cdot 3 \cdot 4 \cdot 5 \cdot 6 \cdots (2m-2)(2m-1) \cdot 2m}{2 \cdot 4 \cdot 6 \cdots (2m-2) \cdot 2m}$$

$$= 1 \cdot 3 \cdot 5 \cdots (2m-1)$$

Aufgabe 134. Auf wie viele Arten kann ein Produkt von $2m-1$ Faktoren in Produkte aus m Faktoren des zweiten Grades und einen Faktor des ersten Grades zerlegt werden?

Auflösung. Man lässt zunächst einen Faktor weg und bildet aus den $2m$ übrigen die in vorhergehender Auflösung gefundene Zahl von:

$$1 \cdot 3 \cdot 5 \cdots (2m-1)$$

Zerlegungen. Da man aber für jeden weggelassenen Faktor dieselbe Anzahl erhält, so hat man im ganzen:

$$1 \cdot 3 \cdot 5 \cdots (2m-1)(2m+1)$$

Zerlegungen.

Aufgabe 135. Wie viele Teiler hat die Zahl 2310?

Auflösung. Die Zahl besteht aus den Faktoren:

$$2310 = 2 \cdot 3 \cdot 5 \cdot 7 \cdot 11;$$

sie ist also durch jeden derselben, sowie durch jedes Produkt aus zwei, drei oder vier von ihnen teilbar; ausserdem noch durch 1 und durch sich selbst. Die verlangten Teiler sind also nichts anderes, als die Kombinationen obiger Faktoren zu allen möglichen Klassen, wenn diese Komplexionen als Produkte betrachtet werden. Demnach ist die Anzahl der Teiler:

$$C^0_5 + C^1_5 + C^2_5 + C^3_5 + C^4_5 + C^5_5 = 2^5 = 32$$

(Siehe Erkl. 124.)

Aufgabe 136. Auf wie viele Arten lassen sich 15 numerierte Kugeln so in vier Fächer verteilen, dass das erste Fach 4, das zweite 5, das dritte und vierte je 3 Kugeln enthalten?

Erkl. 106. In kürzerer Form erhält man das Resultat nach Erkl. 86, nämlich:

$$\frac{15!}{4!\,5!\cdot 3!\,3!} = 12612600$$

Auflösung. Die 4 Kugeln für das erste Fach können aus den 15 gegebenen Kugeln auf:

$$C^4_{15}$$

Arten ausgewählt werden; die 5 Kugeln für das zweite Fach hierauf aus den 11 übrigen Kugeln auf:

$$C^5_{11}$$

Arten; die 3 Kugeln des dritten Faches aus den noch übrigen 6 Kugeln auf:

$$C^3_6$$

Arten, wonach für das vierte Fach noch 3 Kugeln übrig bleiben, so dass dieses nur auf eine Art (oder was dasselbe ist, auf C_3^3 Arten) gefüllt werden kann. Jede Füllungsart des ersten Faches kann mit jeder Füllung des zweiten zusammentreffen u. s. w. Im ganzen sind also:

$$C_{15}^4 \cdot C_{11}^5 \cdot C_6^3 \cdot C_3^3 = 12612600$$

verschiedene Füllungen möglich.

Aufgabe 137. Die Kombinationen aus den Elementenreihen:

$$\begin{array}{l} a_1\, a_2\, a_3 \\ b_1\, b_2\, b_3 \\ c_1\, c_2\, c_3\, c_4 \\ d_1\, d_2\, d_3\, d_4\, d_5\, d_6 \end{array}$$

zu bilden.

Auflösung. Indem man nur die Indizes anschreibt, während die Buchstaben immer in der Ordnung *abcd* folgen, erhält man durch das in Frage 60 erläuterte Verfahren:

abcd	*abcd*	*abcd*	*abcd*	*abcd*	*abcd*
1234	1324	2134	2314	3124	3214
1235	1325	2135	2315	3125	3214
1236	1326	2136	2316	3126	3215
1243	1342	2143	2341	3142	3216
1245	1345	2145	2345	3145	3245
1246	1346	2146	2346	3146	3246

Aufgabe 138. Wie viele Komplexionen ergibt die Kombination von 8 Elementenreihen, wenn die beiden ersten Reihen 7 Elemente, die dritte 10, die vierte und fünfte je 12, die sechste 15, die siebente und achte je 20 Elemente enthalten?

Auflösung. Nach Frage 61 ist die Anzahl der möglichen Komplexionen achter Klasse aus den gegebenen Reihen:

$$7\,(7-1)\,(10-2)\,(12-3)\,(12-4)\,(15-5)\,(20-6)\,(20-7)$$
$$= 7 \cdot 6 \cdot 8 \cdot 9 \cdot 8 \cdot 10 \cdot 14 \cdot 13 = 44030440$$

Aufgabe 139. Folgende drei Gruppen identischer Reihen zu kombinieren:

$$\begin{array}{l} a_1 a_2 a_3 a_4 \\ a_1 a_2 a_3 a_4 \\ a_1 a_2 a_3 a_4 \\ b_1 b_2 b_3 b_4 b_5 b_6 \\ b_1 b_2 b_3 b_4 b_5 b_6 \\ c_1\, c_2\, c_3\, c_4\, c_5\, c_6\, c_7\, c_8 \\ c_1\, c_2\, c_3\, c_4\, c_5\, c_6\, c_7\, c_8 \end{array}$$

oder kürzer ausgedrückt: die in dem Symbol:

$$C\,(4;\ 6;\ 8)_{3,\,2,\,2}$$

enthaltenen Komplexionen zu bilden.

Auflösung. Die gesuchten Kombinationen gehören zur siebenten Klasse und zwar können in denselben die Indizes 1, 2, 3, 4 auf allen Stellen vorkommen, die Indizes 5 und 6 nur auf den Stellen der Elemente b und c, d. h. auf der vierten bis siebenten, die Indizes 7 und 8 nur auf den Stellen der Elemente c, d. h. auf der sechsten und siebenten.

Die verlangten Komplexionen lauten demnach:

aaabbcc	*aaabbcc*
1234567	1342567
1234568	1242568
1234578	1342578
1234657	1342657
1234658	1342658
1234678	1342678
1235647	1345627
1235648	1345628
1235678	1345678
1243567	2341567
1243568	2341568
1243578	2341578
1243657	2341657
1243658	2341658
1243678	2341678
1245637	2345613
1245638	2345617
1245678	2345618

Aufgabe 140. Was bedeuten die Symbole:

1) $C(3;\ 7;\ 8;\ 12)_{2,\,3,\,2,\,4}$

2) $C(n;\ n+3;\ n+5)_{1,\,2,\,5}$

und wie viele Komplexionen enthalten sie?

Auflösung. 1) Das Symbol der Aufgabe 1) bedeutet die Kombination aus zwei identischen Reihen von je 3 Elementen, drei identischen Reihen von je 7, zwei identischen Reihen von je 8 und vier identischen Reihen von je 12 Elementen; dieselben gehören demnach zur elften Klasse.

Die Anzahl der Komplexionen ist nach Frage 63:

$$C_3^2 \cdot C_5^3 \cdot C_3^2 \cdot C_5^4 = 3 \cdot 10 \cdot 3 \cdot 5 = 450$$

2) Das Symbol:

$$C(n;\ n+3;\ n+5)_{1,\,2,\,5}$$

bedeutet die Kombinationen aus einer Reihe von n Elementen, zwei identischen Reihen von je $n+3$ Elementen und fünf identischen Reihen von je $n+5$ Elementen.

Dieselben gehören also zur achten Klasse und ihre Anzahl ist:

$$C_n^1 \cdot C_{n+2}^2 \cdot C_{n+2}^5 = \frac{n}{1}\,\frac{(n+2)(n+1)}{1\cdot 2}\,\frac{(n+2)(n+1)\,n\,(n-1)(n-2)}{1\cdot 2\cdot 3\cdot 4\cdot 5}$$

$$= \frac{(n-1)(n-2)\,n^2\,(n+1)^2\,(n+2)^2}{2!\,5!}$$

Aufgabe 141. In einer Gesellschaft von 21 Personen befinden sich 4 Ehepaare, 6 ledige Herren und 7 ledige Damen. Auf wie viele Arten lassen sich aus diesen Mitgliedern Gruppen von je 7 Personen bilden, so dass jede Gruppe 1 verheirateten Herren und 2 verhei-

Auflösung Man bezeichne die verheirateten Herren mit:

1, 2, 3, 4

Druck von Carl Hammer in Stuttgart

1174. Heft. | Preis des Heftes 25 Pf. | Kombinatorik oder die Lehre von den kombinatorischen Operationen. Forts. v. Heft 1165. — Seite 97—112.

Vollständig gelöste

Aufgaben-Sammlung

— nebst Anhängen ungelöster Aufgaben, für den Schul- & Selbstunterricht —
mit
Angabe und Entwicklung der benutzten Sätze, Formeln, Regeln, in Fragen und Antworten
erläutert durch
viele Holzschnitte & lithograph. Tafeln,
aus allen Zweigen
der **Rechenkunst**, der **niederen** (Algebra, Planimetrie, Stereometrie, ebenen u. sphärischer Trigonometrie, synthetischen Geometrie etc.) u. **höheren Mathematik** (höhere Analysis, Differential- u. Integral-Rechnung, analytische Geometrie der Ebene u. des Raumes etc.); — aus allen Zweigen der **Physik, Mechanik, Graphostatik, Chemie, Geodäsie, Nautik, mathemat. Geographie, Astronomie;** des **Maschinen-, Strassen-, Eisenbahn-, Wasser-, Brücken- u. Hochbau's;** der **Konstruktionslehren** als: **darstell. Geometrie, Polar- u. Parallel-Perspektive, Schattenkonstruktionen** etc. etc.
für
Schüler, Studierende, Kandidaten, Lehrer, Techniker jeder Art, Militärs etc.
zum einzig richtigen und erfolgreichen
Studium, zur **Forthülfe** bei Schularbeiten und zur **rationellen** Verwertung der exakten Wissenschaften,
herausgegeben von

Dr. Adolph Kleyer,
Mathematiker, vereideter königl. preuss. Feldmesser, vereideter grossh. hessischer Geometer I. Klasse
in **Frankfurt a. M.**
unter Mitwirkung der bewährtesten Kräfte.

Kombinatorik

oder

Die Lehre von den kombinatorischen Operationen.

(Permutation, Kombination, Variation.)

Nach System Kleyer bearbeitet von **Prof. H. Staudacher.**

Forts. von Heft 1165. Seite 97—112.

Inhalt:

Gelöste und ungelöste Aufgaben über die Kombinationen ohne Wiederholung. — Kombinationen mit Wiederholung.

Stuttgart 1892.
Verlag von Julius Maier.

Preisgekrönt in Frankfurt a. M. 1881.

PROSPEKT.

Dieses Werk, welchem **kein ähnliches** zur Seite steht, erscheint monatlich in 3—4 Heften zu dem **billigen Preise** von 25 ₰ pro Heft und bringt eine Sammlung der wichtigsten und praktischsten **Aufgaben aus dem Gesamtgebiete der Mathematik, Physik, Mechanik, math. Geographie, Astronomie, des Maschinen-, Strassen-, Eisenbahn-, Brücken- und Hochbaues, des konstruktiven Zeichnens** etc. etc. und zwar in **vollständig gelöster Form, mit vielen Figuren, Erklärungen** nebst **Angabe** und **Entwickelung** der **benutzten Sätze, Formeln, Regeln** in **Fragen** mit **Antworten** etc., so dass die **Lösung** jedermann verständlich sein kann, bezw. wird, wenn eine grössere Anzahl der Hefte erschienen ist, **da dieselben sich in ihrer Gesamtheit ergänzen** und alsdann **auch alle Teile** der **reinen** und **angewandten** Mathematik — nach besonderen selbständigen Kapiteln angeordnet — vorliegen.

Fast jedem Hefte ist ein **Anhang** von **ungelösten** Aufgaben beigegeben, welche der eigenen Lösung (in analoger Form wie die bezüglichen gelösten Aufgaben) des Studierenden überlassen bleiben, und zugleich von den Herren Lehrern für den Schulunterricht benutzt werden können. Die **Lösungen** hierzu werden später in besonderen Heften für die Hand des Lehrers erscheinen. Am Schlusse eines jeden Kapitels gelangen: Titelblatt, Inhaltsverzeichnis, Berichtigungen und erläuternde Erklärungen über das betreffende Kapitel zur Ausgabe.

Das Werk behandelt zunächst den Hauptbestandteil des mathematisch-naturwissenschaftlichen Unterrichtsplanes folgender Schulen: **Realschulen I. und II. Ordn., gleichberechtigten höheren Bürgerschulen, Privatschulen, Gymnasien, Realgymnasien, Progymnasien, Schullehrer-Seminaren, Polytechniken, Techniken, Baugewerkschulen, Gewerbeschulen, Handelsschulen, techn. Vorbereitungsschulen** aller Arten, **gewerbliche Fortbildungsschulen, Akademien, Universitäten, Land- und Forstwissenschaftsschulen, Militärschulen, Vorbereitungs-Anstalten** aller Arten als z. B. für das **Einjährig-Freiwillige- und Offiziers-Examen** etc.

Die **Schüler, Studierenden** und **Kandidaten** der mathematischen, technischen und naturwissenschaftlichen Fächer werden durch diese, **Schritt für Schritt gelöste**, Aufgabensammlung **immerwährend** an ihre in der Schule erworbenen oder nur gehörten Theorien etc. erinnert und wird ihnen hiermit der Weg zum **unfehlbaren** Auffinden der Lösungen derjenigen Aufgaben gezeigt, welche sie bei ihren **Prüfungen** zu lösen haben, zugleich aber auch die **überaus grosse Fruchtbarkeit** der mathematischen Wissenschaften vorgeführt.

Dem **Lehrer** soll mit dieser Aufgabensammlung eine kräftige Stütze für den Schul-Unterricht geboten werden, indem zur Erlernung des **praktischen Teils** der mathematischen Disciplinen — **zum Auflösen von Aufgaben** — in den meisten Schulen **oft keine Zeit** erübrigt werden kann, **hiermit** aber dem Schüler bei seinen häuslichen Arbeiten eine vollständige Anleitung in die Hände gegeben wird, **entsprechende Aufgaben zu lösen**, die gehabten **Regeln, Formeln, Sätze** etc. anzuwenden und **praktisch zu verwerten**. Lust, Liebe und **Verständnis** für den Schulunterricht wird dadurch erhalten und belebt werden.

Den **Ingenieuren, Architekten, Technikern** und Fachgenossen aller Art, **Militärs** etc. etc. soll diese Sammlung **zur Auffrischung** der erworbenen und vielleicht vergessenen mathematischen Kenntnisse dienen und zugleich durch ihre **praktischen** in **allen Berufszweigen vorkommenden Anwendungen** einem **toten Kapital lebendige** Kraft verleihen und somit den **Antrieb** zu weiteren **praktischen Verwertungen** und **weiteren Forschungen** geben.

Alle Buchhandlungen nehmen Bestellungen entgegen. Wichtige und praktische Aufgaben werden mit Dank von der Redaktion entgegengenommen und mit Angabe der Namen verbreitet. — Wünsche, Fragen etc., welche die Redaktion betreffen, nimmt der Verfasser, Dr. Kleyer, Frankfurt a. M., Fischerfeldstrasse 16, entgegen, und wird deren Erledigung thunlichst berücksichtigt.

Stuttgart. **Die Verlagshandlung.**

ratete Damen, sowie je zwei ledige Herren und Damen enthalte und in keiner ein Ehepaar enthalten sei?

ihre Frauen entsprechend mit:

$$a, b, c, d$$

die unverheirateten Herren mit:

$$e, f, g, h, i, k$$

die unverheirateten Damen mit:

$$l, m, n, o, p, q, r$$

Man kombiniere die Elementenreihen:

$$\begin{matrix} 1\,2\,3\,4 \\ a\,b\,c\,d \\ a\,b\,c\,d \end{matrix}$$

und verbinde jede Komplexion mit den Komplexionen von:

$$C^2\,(e, f, g, h, i, k)$$

und denen von:

$$C^2\,(l, m, n, o, p, q, r)$$

Die Anzahl derselben ist sodann:

$$C_4^1 \cdot C_3^2 \cdot C_6^2 \cdot C_7^2 = 3780$$

Aufgabe 142. Aus 8 roten, 10 weissen und 12 schwarzen numerierten Kugeln sollen Zusammenstellungen von je 2 roten, 4 weissen und 5 schwarzen mit verschiedenen Nummern versehenen Kugeln gemacht werden. Auf wie viele Arten ist das möglich?

Auflösung. Man denke sich zwei identische Reihen der Elemente a_1 bis a_8, vier identische Reihen der Elemente b_1 bis b_{10} und fünf identische Reihen der Elemente c_1 bis c_{12} und kombiniere dieselben ohne Wiederholung.

Die gesuchte Anzahl ist nach Frage 63:

$$C(8; 10; 12)_{2,4,5} = C_8^2 \cdot C_8^4 \cdot C_6^5 = 28 \cdot 70 \cdot 6 = 11760$$

Aufgabe 143. Man hat 3 rote, 3 grüne, 2 gelbe und 4 blaue Kugeln so in drei Fächer zu verteilen, dass sich im ersten Fache 1 gelbe und 2 blaue, im zweiten Fache 1 rote, 1 gelbe, 1 grüne, 1 blaue, im dritten Fache 2 rote, 2 grüne und 1 blaue Kugel befinden. Auf wie viele Arten kann das geschehen?

Auflösung. Nach Frage 65 erhält man für diesen Fall:

$$C_3^1 \cdot C_2^2 \times C_3^1 \cdot C_2^2 \times C_2^1\, C_1^1 \times C_4^2 \cdot C_2^1 \cdot C_1^1$$
$$= 3 \cdot 1 \cdot 3 \cdot 1 \cdot 2 \cdot 1 \cdot 6 \cdot 2 \cdot 1 = 216$$

Arten.

Mittels Fakultäten kann diese Anzahl folgendermassen dargestellt werden:

$$\frac{3!}{2!} \cdot \frac{3!}{2!} \cdot \frac{2!}{1!} \cdot \frac{4!}{2!\,2!} = 216$$

Aufgabe 144. Ein Spiel deutscher Karten von 36 Blättern soll in vier Haufen so gelegt werden, dass:

im ersten:	3 Herz,	2 Laub,	2 Eicheln,	2 Schellen,
„ zweiten:	2 „	4 „	3 „	0 „
„ dritten:	1 „	1 „	2 „	5 „
„ vierten:	3 „	2 „	2 „	2 „

sich befinden. Auf wie viele Arten ist das möglich?

Auflösung. Da von jeder der vier Sorten („Farben") 9 Blätter vorhanden sind, so ist die gesuchte Anzahl ausgedrückt durch:

$$\frac{9!}{3!2!2!2!}\cdot\frac{9!}{2!4!3!}\cdot\frac{9!}{2!5!}\cdot\frac{9!}{3!2!2!2!}$$
$$= 108884466432000$$

Aufgabe 145. Es sind 6 gleiche Kugeln gegeben, welche in zehn Fächer so verteilt werden sollen, dass nie mehr als e i n e Kugel in demselben Fache sich befindet. Auf wie viele Arten ist das möglich?

Auflösung. Bei jeder Verteilung werden nur sechs Fächer je eine Kugel enthalten, die übrigen leer bleiben; diese sechs Fächer werden aber aus den vorhandenen zehn auf alle möglichen Arten ausgewählt werden können.

Betrachtet man also die F ä c h e r als Elemente und kombiniert sie zur sechsten Klasse, so ist die Anzahl der Komplexionen gleich der Anzahl aller möglichen Verteilungen der Kugeln, also:

$$C_{10}^{9} = \frac{10\cdot 9\cdot 8\cdot 7}{1\cdot 2\cdot 3\cdot 4} = 210$$

Anfgabe 145 a. Wie gross ist die Anzahl der Verteilungen in voriger Aufgabe, wenn die Kugeln durch Nummern unterschieden sind?

Auflösung. Jede der vorher gefundenen 210 Anordnungen kann noch permutiert werden, indem nun ein Unterschied zu machen ist, ob in einem bestimmten Fache die mit 1, oder 2 u. s. w. bezeichnete Kugel liegt. Die Anzahl der möglichen Anordnungen ist nun:

$$C_{10}^{6}\cdot P_6 = 151200$$

---

c) Ungelöste Aufgaben über die Kombinationen ohne Wiederholung.

Aufgabe 146. Es sollen gebildet werden:

1) $C_9^3\,(1, 2, 3, 4, 5, 6, 7, 8, 9)$
2) $C^4\,(a, b, c, d, e, f)$
3) $C^8\,(a_1\ a_2\ a_3\ a_4\ a_5\ a_6\ a_7\ a_{10}$

Andeutung. Die Darstellung geschieht nach Frage 41 analog der Aufgabe 97.

Aufgabe 147. Folgende Kombinationszahlen zu berechnen:

1) C_{15}^{9}; 2) C_{30}^{27}; 3) C_{m-n}^{n}; 4) C_{2x+y}^{x+y}

Andeutung. Analog der Aufgabe 98.

Aufgabe 148. Welche Kombinationsklassen von 17 Elementen geben gleichviele Komplexionen und wie viele?

Andeutung. Analog der Aufgabe 99.

Aufgabe 149. In wie vielen Komplexionen von:

$$C^5(a, b, c, d, e, f, g, h, i)$$

kommen die Elemente:

1) a, e, i,
2) b, d, f, h

vor und wie heissen diese Komplexionen?

Andeutung. Analog der Aufgabe 100.

Aufgabe 150. Wie viele der Komplexionen von Aufgabe 149 enthalten die dort angegebenen Elemente nicht und wie heissen dieselben?

Andeutung. Analog der Aufgabe 101.

Aufgabe 151. Wie viele Komplexionen von:

$$C^3(1, 2, \cdots 9)$$

enthalten wenigstens eine ungerade Zahl?

Andeutung. Analog der Aufgabe 102.

Aufgabe 152. Wie viele Kombinationen fünfter Klasse aus den 26 Buchstaben des Alphabets enthalten von den Vokalen a, e, i, o, u:

1) wenigstens einen,
2) wenigstens drei,
3) höchstens drei?

Andeutung. Analog den Aufgabe 102. Man berücksichtige dabei, auf wie viele Arten zwei oder drei u. s. w. Vokale ausgewählt werden können.

Aufgabe 153. Folgende Summen von Kombinationszahlen anzugeben:

1) $C^x_{x+y} + C^x_{x+y-1} + C^x_{x+y-2} + \cdots + C^x_x$;

2) $C^n_{n+2} + C^{n-1}_{n+1} + C^{n-2}_n + \cdots + C^0_2$

3) $C^0_{n-1} + C^1_n + C^2_{n+1} + C^3_{n+2} + \cdots + C^{k+1}_{n+k}$;

4) $C^6_8 + C^5_8 C^1_4 + C^4_8 C^2_4 + C^3_8 C^3_4 + C^2_8 C^4_4$

5) $C^k_{n+k} + C^{k-1}_{n+k} C^1_{n+k} + C^{k-2}_{n+k} C^2_{n+k} + \cdots + C^1_{n+k} C^{k-1}_{n+k} + C^k_{n+k}$

Andeutung. Analog den Aufgaben 104 bis 107.

Aufgabe 154. Die Rangzahl der Kombination:

„amor“

aus den 25 Buchstaben des lateinischen Alphabetes durch Ausschliessung der Komplexionen niedrigeren Ranges zu finden.

Andeutung. Analog der Aufgabe 108.

Aufgabe 155. Die Rangzahl der Komplexion:

„*demos*"

aus den 26 Buchstaben des deutschen Alphabetes durch Ausschliessung der Komplexionen höheren Ranges zu finden.

Andeutung. Analog der Aufgabe **109.**

Aufgabe 156. Wie heisst die 10000. Kombination fünfter Klasse aus den 26 Buchstaben des Alphabetes? Durch Ausschliessung der Komplexionen niedrigeren Ranges zu berechnen.

Andeutung. Analog der Aufgabe **110.**

Aufgabe 157. Dieselbe Komplexion durch Ausschliessung der Komplexionen höheren Ranges zu berechnen.

Andeutung. Analog der Aufgabe **111.**

Aufgabe 158. In wie vielen Kombinationen fünfter Klasse der Elemente:

$0, 1, 2, 3, 4, 5, \cdots 9$

steht 1) das Element 3 an der dritten,
2) das Element 4 an der vierten Stelle?

Andeutung. Analog der Aufgabe 112.

Aufgabe 159. In wie vielen Kombinationen der Elemente:

a b c d e f g h i j k l m

zur sechsten Klasse stehen:

1) die Elemente *c* und *k* nebeneinander,
2) „ „ *e*, *g*, *i* „
3) die Elemente *fg* in der Mitte?

Andeutung. Analog der Aufgabe 113.

Aufgabe 160. Die Anzahl der Kombinationen fünfter Klasse aus den Elementen 0 bis 9 anzugeben, welche: 1) ein, 2) zwei, 3) drei, 4) vier, 5) fünf Elemente enthalten, die in der Komplexion:

02468

nicht stehen.

Andeutung. Analog der Aufgabe 114.

Aufgabe 161. Die Zahl der Kombinationen fünfter Klasse aus den 26 Buchstaben des Alphabetes anzugeben, welche: 1) einen, 2) zwei, 3) drei, 4) vier, 5) fünf Vokale enthalten.

Andeutung. Analog der Aufgaben 115 und 116.

Aufgabe 162. In einem Spielklub von 11 Mitgliedern soll eine Reihe von Partieen so eingerichtet werden, dass nach und nach jedes Mitglied mit jedem andern zum Spiele gelangt. An jeder Partie beteiligen sich vier Spieler. Wie viele Partieen müssen gespielt werden und an wie vielen nimmt jedes Mitglied teil?

Andeutung. Es sind für jede Partie 4 Teilnehmer aus den 11 Mitgliedern zu zu wählen.

Jedes Element kommt in der Gesamtzahl der Komplexionen gleich oft vor.

Aufgabe 163. Wie viele Gerade können durch sechs Punkte gezogen werden, von denen drei in einer Geraden liegen? Wie viel durch n Punkte, von denen p in einer Geraden liegen?

Andeutung. Analog der Aufgabe 119.

Aufgabe 164. Wie viele Schnittpunkte geben zwanzig Gerade in einer Ebene, von denen fünf durch einen Punkt gehen und vier parallel sind? Wie viele Schnittpunkte geben n solche Gerade, von denen p sich in einem Punkte schneiden und p_1 parallel sind?

Andeutung. Analog der Aufgaben 120 und 121.

Aufgabe 165. In einer Ebene liegen sechs Gerade, die durch den Punkt A gehen und acht Gerade die durch den Punkt B gehen und ausserdem sind drei der ersteren Geraden mit drei der letzteren Gruppe parallel. Wie viele Schnittpunkte haben die Geraden?

Andeutung. Analog der Aufgaben 122 und 121.

Aufgabe 166. Auf drei Geraden liegen die Punkte:

1, 2, 3
3, 4, 5
5, 6, 7, 1

Wie viele Dreiecke werden durch diese Punkte bestimmt?

Andeutung. Analog der Aufgabe 123.

Aufgabe 167. Ein System von vier parallelen Geraden wird von einem andern aus fünf parallelen Geraden und beide Systeme werden von einer dritten Gruppe aus sechs Parallelen geschnitten. Wie viele Schnittpunkte und wie viele Parallelogramme entstehen dadurch?

Andeutung. Analog der Aufgabe 124.

Aufgabe 168. Zehn Gerade schneiden sich sämtlich; wie viele Verbindungsstrecken können zwischen den Schnittpunkten (ausser den Geraden selbst) noch gezogen werden?

Andeutung. Analog der Aufgabe 125

Aufgabe 169. Es seien fünfzehn nicht parallele Ebenen gegeben, von denen vier sich im Punkte A und sechs im Punkte B schneiden und ausserdem fünf die Gerade AB enthalten. Wie viele Schnittpunkte der Ebenen sind im ganzen vorhanden?

Andeutung. Analog der Aufgabe 126.

Aufgabe 170. Durch zwanzig Punkte im Raume, von denen nie vier in einer Ebene liegen, sollen alle möglichen Ebenen gelegt werden. Wie viele gibt es und in wie viel Punkten schneiden sich dieselben?

Andeutung. Analog der Aufgabe 128.

Aufgabe 171. In wie vielen Punkten schneiden sich die Diagonalen eines konvexen Fünfeckes, Siebeneckes, Zwölfeckes innerhalb des Umfangs?

Andeutung. Analog der Aufgabe 129.

Aufgabe 172. Wie viele Dreiecke, Vierecke, Fünfecke und Sechsecke lassen sich aus zehn in einer Ebene liegenden Punkten bilden, von denen nicht mehr als zwei in einer Geraden liegen?

Andeutung. Analog der Aufgabe 130.

Aufgabe 173. Aus einem Spiele von 32 Karten werden dreimal nacheinander je 3 Karten abwechselnd an zwei Spieler verteilt. Wie viel verschiedene Spiele entstehen dadurch?

Andeutung. Analog der Aufgabe 131.

Aufgabe 174. Jemand hat 20 befreundete Personen, 11 Herren und 9 Damen, die er nach und nach zu Tische laden will und zwar jedesmal 2 Herren und 3 Damen, so oft bis jede Person mit jeder anderen zusammen geladen war. Wie viel Einladungen müssten erfolgen und wie oft ist jeder Herr und jede Dame daran beteiligt?

Andeutung. Nach Aufgabe 132. In Bezug auf die letztere Frage denke man sich eine bestimmte Person weggelassen und suche, wie oft die übrigen zusammen geladen werden können.

Aufgabe 175. Wie oft können aus einem Kartenspiel von 36 Blättern neun Karten so herausgenommen werden, dass

1) je drei von gleicher Farbe sind;

2) von einer Farbe drei, von jeder andern zwei Blätter darunter sind;

3) nur zweierlei Farben darin vorkommen?

Andeutung. Analog der Aufgabe 133.

Aufgabe 176. Auf wie viele Arten kann ein Produkt aus zwanzig verschiedenen Faktoren in Produkte von je zwei Faktoren zerlegt werden?

Andeutung. Analog der Aufgabe 134.

Aufgabe 177. Wie viele Zerlegungen in Produkte von je drei Faktoren gilt ein aus $3m$ Faktoren bestehendes Produkt? Wie viele ein aus $3m+2$ Faktoren bestehendes?

Andeutung. Analog der Aufgabe 134 und 134a. In letzterem Falle lasse man je zwei Faktoren weg.

Aufgabe 178. Wie oft kann ein aus mn Faktoren bestehendes Produkt in Produkte aus je n Faktoren zerlegt werden?

Andeutung. Man verfährt wie in der vorhergehenden Aufgabe und setzt n statt 3.

Aufgabe 179. Wie viele Teiler hat die Zahl 969969?

Andeutung. Analog der Aufgabe 135.

Aufgabe 180. Eine Gesellschaft von 25 Personen soll in drei Kähnen über einen Fluss befördert werden. Der erste Kahn fasst 5, der zweite 8, der dritte 12 Personen. Auf wie viele Arten kann sich die Gesellschaft bei der Ueberfahrt verteilen?

Andeutung. Analog der Aufgabe 136.

Aufgabe 181. Alle Kombinationen anzuschreiben, die aus den Elementenreihen:

$$\begin{array}{l} a_1\,a_2 \\ b_1\,b_2 \\ c_1\,c_2\,c_3\,c_4 \\ d_1\,d_2\,d_3\,d_4 \\ e_1\,e_2\,e_3\,e_4\,e_5\,e_6\,e_7 \\ f_1\,f_2\,f_3\,f_4\,f_5\,f_6\,f_7\,f_8 \end{array}$$

gebildet werden können.

Andeutung. Analog der Aufgabe 137.

Aufgabe 182. Folgende Gruppen von Elementenreihen zu kombinieren:

$$\begin{array}{l} a_1\,a_2\,a_3\,a_4 \\ a_1\,a_2\,a_3\,a_4 \\ b_1\,b_2\,b_3\,b_4\,b_5 \\ b_1\,b_2\,b_3\,b_4\,b_5 \\ c_1\,c_2\,c_3\,c_4\,c_5\,c_6\,c_7\,c_8\,c_9 \\ c_1\,c_2\,c_3\,c_4\,c_5\,c_6\,c_7\,c_8\,c_9 \end{array}$$

Andeutung. Analog der Aufgabe 139.

Aufgabe 183. Was bedeuten die Symbole:

1) $C(4;\ 4;\ 5;\ 5)_{2,1,2,1}$

2) $C(2;\ 4;\ 6;\ 8;\ 10)_{1,2,3,4,5}$

und wie viele Komplexionen enthält jedes?

Andeutung. Analog der Aufgabe 140.

Aufgabe 184. Es seien 7 weisse, 11 schwarze, 9 rote und 5 grüne numerierte Kugeln gegeben, aus denen alle möglichen Zusammenstellungen von je 3 weissen, 4 roten, 5 schwarzen und 2 grünen Kugeln gemacht werden sollen, so dass die gleichfarbigen Kugeln verschiedene Nummern tragen. Wie viele Fälle sind möglich?

Andeutung. Analog der Aufgabe 142.

Aufgabe 185. Bei einer Einquartierung sollen 4 Offiziere, 30 Mann und 8 Pferde so auf 3 Gutsbesitzer *A*, *B*, *C* verteilt werden, dass *A* 1 Offizier, 12 Mann und 3 Pferde, *B* 2 Offiziere, 8 Mann und 2 Pferde, *C* 1 Offizier, 10 Mann und 3 Pferde erhält. Auf wie viele Arten ist diese Verteilung möglich?

Andeutung. Analog der Aufgabe 143.

Aufgabe 186. Bei einem Ausfluge kommen 30 Schüler in ein Gasthaus, um zu übernachten; der Wirt hat aber nur 22 Betten frei, so dass in 8 Betten je 2 Schüler sich teilen müssen. Auf wie viele Arten kann die Belegung der Betten stattfinden?

Andeutung. Man sucht, wie oft sich 14 Schüler aus den vorhandenen auswählen und die übrigen 16 in Paare zusammenstellen lassen. Ferner steht es noch frei, welche 8 Betten mit je 2 Schülern belegt werden sollen.

Aufgabe 187. 7 Personen stehen an 7 beliebigen Eckpunkten eines Zwölfeckes und verändern ihre Plätze auf alle möglichen Weisen. Wie viele Stellungen sind möglich 1) wenn nur die Verschiedenheit der besetzten Ecken, 2) auch die Verschiedenheit der daselbst befindlichen Personen berücksichtigt wird?

Andeutung. Analog der Aufgaben 145 und 145 a.

---

d) Kombinationen mit Wiederholung.

Frage 66. Was versteht man unter Kombinationen mit Wiederholung?

Antwort. Kombinationen gegebener Elemente mit Wiederholung sind solche Verbindungen derselben, zu denen irgend ein Element nicht nur mit anderen Elementen, sondern auch mit sich selbst zusammentreten kann. Die Anordnung der Elemente innerhalb einer Komplexion ist wieder die alphabetische (oder die natürliche Zahlenfolge); gleiche Elemente werden stets unmittelbar nebeneinander gesetzt; zur Abkürzung schreibt man auch ein mehrfach vorkommendes Element nur einmal und setzt ihm die Zahl, wie oft es in der Komplexion vorkommt, als Exponenten bei. Z. B. statt:

$$aabbbc$$

schreibt man:

$$a^2b^3$$

obwohl hier aa, bbb keine Produkte, sondern nur Nebeneinanderstellungen der gleichen Elemente bedeuten.

Frage 67. Welche Arten von Kombinationen mit Wiederholung unterscheidet man?

Antwort. Man unterscheidet Kombinationen mit unbeschränkter Wiederholung, bei denen jedes Element in einer Komplexion so oft erscheinen kann, als die Klasse erlaubt, und Kombinationen mit beschränkter Wiederholung, bei denen vorgeschrieben ist, wie oft jedes Element höchstens in den Komplexionen vorkommen darf.

Wenn ohne weiteren Beisatz nur von „Kombinationen mit Wiederholung“ die Rede ist, so sind stets solche mit unbeschränkter Wiederholung gemeint.

Frage 68. Wie viele Kombinationsklassen gibt es bei n Elementen mit (unbeschränkter) Wiederholung?

Antwort. Die Anzahl der Kombinationsklassen von n Elementen bei unbeschränkter Wiederholung ist offenbar ebenfalls unbeschränkt, indem man jedes Element so oft in eine Komplexion einführen darf, als man will.

Frage 69. Welche Bezeichnungen gelten für Kombinationen mit (unbeschränkter) Wiederholung?

Antwort. Die Bezeichnung für Kombinationen mit unbeschränkter Wiederholung ist analog der in Frage 39 für solche ohne Wiederholung angegebenen, nur wird dem Kombinationszeichen C im jetzigen Falle links oben der Buchstabe w vorausgesetzt, man schreibt also z. B.:

$${}^{w}C^{k}(a, b, c, d) \text{ und } {}^{w}C^{k}_{n}$$

wobei erstere Schreibweise die wirklichen Komplexionen der vier Elemente a, b, c, d zur $k$ten Klasse, letztere die Anzahl dieser Komplexionen bedeutet.

Frage 70. Wie werden die Komplexionen für irgend eine Klasse mit Wiederholung gebildet?

Antwort. Um die Komplexionen beliebig vieler Elemente zur $k$ten Klasse zu bilden, setzt man zunächst das erste (niedrigste)

Erkl. 107. Im Folgenden sind sämtliche Komplexionen der Elemente:

1, 2, 3, 4

zur fünften Klasse in der Ordnung angeschrieben, wie sie aus dem beschriebenen Verfahren hervorgehen:

$${}^{w}C^{5}(1, 2, 3, 4)$$

=	11111	11333	13333	22444
	11112	11334	13334	23333
	11113	11344	13344	23334
	11114	11444	13444	23344
	11122	12222	14444	23444
	11123	12223	22222	24444
	11124	12224	22223	33333
	11133	12233	22224	33334
	11134	12234	22233	33344
	11144	12244	22234	33444
	11222	12333	22244	34444
	11223	12334	22333	44444
	11224	12344	22334	
	11233	12444	22344	
	11234			
	11244			

Element $k$mal. Zur Bildung der folgenden Komplexionen behält man die Elemente von links nach rechts so lange als möglich bei und ersetzt nur das letzte noch erhöhbare Element durch das nächst höhere. Fehlen dann zur Ergänzung der Klassenzahl noch Elemente, so wiederholt man das erhöhte Element selbst, so oft es angeht. Um z. B. die Elemente:

a, b, c, d

zur fünften Klasse zu kombinieren, beginnt man mit:

$aaaaa$

dann folgt der Reihe nach:

$aaaab$

$aaaac$

$aaaad$

Da nun das letzte Element nicht mehr erhöhbar ist, so muss das vorletzte durch b ersetzt und dieses auch zur Ergänzung der Klasse verwendet werden, nämlich:

$aaabb$;

hierauf folgt:

$aaabc$ u. s. w.

Die letzte Komplexion enthält nur das höchste Element so oft als die Klasse gestattet.

Frage 71. Wie gross ist die Anzahl der Kombinationen von n Elementen zur $k$ten Klasse mit Wiederholung?

Erkl. 108. Werden die in Erkl. 97 gebildeten Kombinationen:

$${}^{w}C^{5}(1, 2, 3, 4)$$

nach dem in nebenstehendem 1. Beweise beschriebenen Verfahren umgeformt, so entstehen folgende neue Komplexionen:

12345	12567	14567	23678
12346	12568	14568	24567
12347	12578	14578	24568
12348	12678	14678	24578
12356	13456	15678	24678
12357	13457	23456	25678
12358	13458	23457	34567
12367	13467	23458	34568
12368	13468	23467	34578
12378	13478	23468	34678
12456	13567	23478	35678
12457	13568	23567	45678
12458	13578	23568	
12467	13678	23578	
12468			
12478			

$$= C^{5}(1, 2, 3, 4, 5, 6, 7, 8)$$

Antwort. Die Anzahl der Kombinationen von n Elementen zur $k$ten Klasse mit Wiederholung ist:

$${}^{w}C_{n}^{k} = \frac{n(n+1)(n+2)\cdots(n+k-1)}{1\cdot 2\cdot 3\cdots k}$$

1. Beweis. Man denkt sich die verlangten Komplexionen aus den Elementen $1, 2, 3 \cdots n$ alle angeschrieben und bildet aus jeder von ihnen eine neue Komplexion auf folgende Art:

Das Element der ersten Stelle lässt man ungeändert, das Element der zweiten Stelle erhöht man um 1, das der dritten um 2 u. s. f., das der letzten ($k$ten) Stelle also um $k-1$. Dadurch verschwinden alle Wiederholungen und die Anzahl der vorkommenden Elemente steigt um $k-1$, ist also jetzt $n+k-1$. Die niedrigste (erste) Komplexion:

$$111\cdots 1$$

verwandelt sich in:

$$123\cdots k$$

und die höchste (letzte) Komplexion:

$$nnn\cdots n$$

in: $n(n+1)(n+2)\cdots(n+k-1)$

Erkl. 109. Der Wert von:

$$C^k_{n+k-1}$$

ergibt sich aus der Formel in Frage 42, wenn statt n in derselben $n+k-1$ gesetzt wird; also:

$$C^k_{n+k-1} = \frac{(n+k-1)(n+k-2)\cdots(n+k-1+k+2)(n+k-1-k+1)}{1\cdot 2\cdots(k-1)\cdot k}$$

$$= \frac{(n+k-1)(n+k-2)\cdots(n+1)\cdot n}{1\cdot 2\cdots(k-1)\cdot k}$$

$$= \frac{n(n+1)\cdots(n+k-2)(n+k-1)}{1\cdot 2\cdots(k-1)\cdot k}$$

Erkl. 110. Wenn in den Komplexionen von:

$${}^wC^5(1, 2, 3, 4)$$

die in Erkl. 107 angeschrieben sind, diejenigen vereinigt werden, welche das Element 1 enthalten und von jeder derselben dieses Element einmal weggenommen wird, so bleiben die Komplexionen:

1111	1333	3333
1112	1334	3334
1113	1344	3344
1114	1444	3444
1122	2222	4444
1123	2223	
1124	2224	
1133	2233	
1134	2234	
1144	2244	
1222	2333	
1223	2334	
1224	2344	
1233	2444	
1234		
1244		

Diese sind offenbar die Kombinationen der Elemente 1, 2, 3, 4 zur vierten Klasse mit Wiederholung.

und überhaupt sind die neu entstandenen Komplexionen identisch mit den aus:

$$C^k(1, 2, 3, \cdots n+k-1)$$

hervorgehenden, d. h. mit den Kombinationen ohne Wiederholung von $n+k-1$ Elementen zur $k$ten Klasse.

Um dies einzusehen, beachte man:

1) dass die neuen Komplexionen lauter verschiedene Elemente enthalten,

2) dass die Anzahl der vorkommenden Elemente, wie die letzte Komplexion zeigt, $n+k-1$ ist,

3) dass irgend eine der neuen Komplexionen sich von der vorhergehenden dadurch unterscheiden muss, dass das späteste erhöhbare Element dieser letzteren so wenig als möglich erhöht erscheint, weil dieses nämliche Gesetz auch in den zuerst angeschriebenen Kombinationen mit Wiederholung eingehalten ist.

Die neuen Komplexionen entsprechen demnach dem Bildungsgesetze in Frage 41, woraus also folgt, dass:

$${}^wC^k_n = C^k_{(n+k-1)}$$

oder nach Erkl. 109:

$${}^wC^k_n = \frac{n(n+1)\cdots(n+k-1)}{1\cdot 2\cdots k}$$

wie behauptet wurde.

2. Beweis. Man denke sich die verlangten Kombinationen mit Wiederholung sämtlich angeschrieben, so entsteht die vorläufig unbekannte Anzahl:

$${}^wC^k_n$$

von Komplexionen, deren jede k Elemente enthält; die Anzahl der angeschriebenen Elemente ist also im ganzen:

$$k\cdot{}^wC^k_n$$

und jedes Element (z. B. a) kommt im ganzen:

$$\frac{k}{n}\cdot{}^wC^k_n$$

mal vor.

Vereinigt man alle Komplexionen, welche das Element a enthalten und nimmt dasselbe von jeder einmal weg, so bleiben die Kombinationen der n Elemente zur $(k-1)$ten Klasse (mit Wiederholung) übrig (siehe Erkl. 110) und in diesen muss demnach das Element a noch:

$$\frac{k-1}{n} \cdot {}^{w}C_n^{k-1}$$

mal vorkommen; dies ist also die Anzahl der vorkommenden Elemente a, nachdem je ein a von ${}^{w}C_n^{k-1}$ Komplexionen weggenommen worden ist.

Es besteht folglich die Gleichung:

$$\frac{k}{n} \cdot {}^{w}C_n^{k} = {}^{w}C_n^{k-1} + \frac{k-1}{n} \cdot {}^{w}C_n^{k-1}$$

oder:

$$k \cdot {}^{w}C_n^{k} = (n+k-1) \cdot {}^{w}C_n^{k-1}$$

Werden nun auch nach und nach für k die Werte:

$$1,\ 2,\ 3, \cdots (k-1),\ k$$

gesetzt, so entstehen aus dieser Rekursionsformel die Gleichungen:

$$\begin{aligned} {}^{w}C_n^{1} &= n \\ 2 \cdot {}^{w}C_n^{2} &= (n+1)\, {}^{w}C_n^{1} \\ 3 \cdot {}^{w}C_n^{3} &= (n+2)\, {}^{w}C_n^{2} \\ &\cdots\cdots\cdots \\ (k-1)\, {}^{w}C_n^{k-1} &= (n+k-2)\, {}^{w}C_n^{k-2} \\ k\, {}^{w}C_n^{k} &= (n+k-1)\, {}^{w}C_n^{k-1} \end{aligned}$$

und durch Multiplikation derselben mit Weglassung der beiderseits gleichen Faktoren:

$$1 \cdot 2 \cdot 3 \cdots (k-1)\, k \cdot {}^{w}C_n^{k} = n\,(n+1)\,(n+2) \cdots (n+k-2)\,(n+k-1)$$

oder:

$${}^{w}C_n^{k} = \frac{n\,(n+1)\,(n+2) \cdots (n+k-1)}{1 \cdot 2 \cdot 3 \cdots k}$$

wie oben.

Erkl. 111. Multipliziert man Zähler und Nenner des für ${}^{w}C_n^{k}$ gefundenen Ausdruckes durch:

$$1 \cdot 2 \cdots (n-1)$$

so kann man auch setzen:

$${}^{w}C_n^{k} = \frac{(n+k-1)\,!}{k\,!\,(n-1)\,!}$$

Frage 72. Wie gross ist die Anzahl derjenigen Kombinationen mit Wiederholung von n Elementen zur $k$ten Klasse, welche von den gegebenen Elementen p bestimmte nicht enthalten?

Antwort. Die Anzahl der verlangten Kombinationen, welche p bestimmte unter den gegebenen Elementen nicht enthalten, ist:

$${}^{w}C_{n-p}^{k}$$

Denn in den Komplexionen, welche jene p bestimmten Elemente nicht enthalten, können alle übrigen $(n-p)$ Elemente mit unbeschränkter Wiederholung enthalten sein.

Erkl. 112. Die Anzahl der Komplexionen, in denen p besimmte Elemente vorkommen, bildet mit den in Frage 72 gefundenen zusammen die Gesamtzahl aller Komplexionen, also ist die Anzahl der ersteren:

$${}^{w}C_n^{k} - {}^{w}C_{n-p}^{k}$$

Frage 73. Wie kann bewiesen werden, dass:

$${}^{w}C_n^k = {}^{w}C_n^{k-1} + {}^{w}C_{n-1}^k$$

sein muss?

Antwort. Man hat nach Frage 71:

$${}^{w}C_n^{k-1} = \frac{n(n+1)\cdots(n+k-2)}{1\cdot 2\cdots(k-1)}$$

$${}^{w}C_{n-1}^k = \frac{(n-1)\,n\,(n+1)\cdots(n+k-2)}{1\cdot 2\cdot 3\cdots k}$$

folglich:

$${}^{w}C_n^{k-1} + {}^{w}C_{n-1}^k = \frac{n(n+1)\cdots(n+k-2)}{1\cdot 2\cdots k-1}\left(1+\frac{n-1}{k}\right)$$

$$= \frac{n(n+1)\cdots(n+k-2)(n+k-1)}{1\cdot 2\cdots(k-1)\cdot k} = {}^{w}C_n^k$$

Erkl. 113. Vorstehende Gleichung gibt durch Umstellung der Glieder:

1) ${}^{w}C_n^k - {}^{w}C_{n-1}^k = {}^{w}C_n^{k-1}$

d. h. der Unterschied der Kombinationszahlen von n und $n-1$ Elementen zu irgend einer Klasse ist gleich der Kombinationszahl von n Elementen zur nächst niedrigeren Klasse.

2) ${}^{w}C_n^k - {}^{w}C_n^{k-1} = {}^{w}C_{n-1}^k$

d. h. der Unterschied der Kombinationszahlen von beliebig vielen Elementen in zwei aufeinanderfolgenden Klassen ist gleich der Kombinationszahl der um eines verminderten Elemente in der höheren der beiden Klassen.

Frage 74. Wie kann die Kombinationszahl von n Elementen zur $k$ten Klasse als Summe dargestellt werden: 1) von Kombinationszahlen aller Klassen von der ersten bis zur $k$ten; 2) von Kombinationszahlen von 1, 2, 3 ⋯ bis n Elementen?

Antwort. 1) Es besteht die Beziehung:

$${}^{w}C_n^k = 1 + {}^{w}C_{n-1}^1 + {}^{w}C_{n-1}^2 + {}^{w}C_{n-1}^3 + \cdots + {}^{w}C_{n-1}^k$$

Beweis. Die in Frage 73 bewiesene Zerlegung einer Kombinationszahl in die Summe zweier andern gibt, wenn sie wiederholt auf das erste Glied der rechten Gleichungsseite angewendet wird, nach und nach folgende Gleichungen:

$${}^{w}C_n^k = {}^{w}C_n^{k-1} + {}^{w}C_{n-1}^k$$

$${}^{w}C_n^{k-1} = {}^{w}C_n^{k-2} + {}^{w}C_{n-1}^{k-1}$$

$${}^{w}C_n^{k-2} = {}^{w}C_n^{k-3} + {}^{w}C_{n-1}^{k-2}$$

$$\cdots\cdots\cdots\cdots\cdots$$

$${}^{w}C_n^{k-(k-1)} = {}^{w}C_n^{k-k} + {}^{w}C_{n-1}^{k-(k-1)}$$

Addiert man dieselben und beachtet, dass:

$${}^{w}C_n^{k-k} = {}^{w}C_n^0 = 1$$

gesetzt werden muss (siehe Erkl. 114), so folgt nach Weglassung der gleichen Glieder auf beiden Seiten:

Erkl. 114. Dass man nehmen muss:

$${}^{w}C_n^0 = 1$$

erhellt sofort daraus, dass die letzte der in Antwort 1) addierten Gleichungen auch in der Form:

$${}^{w}C_n^1 = {}^{w}C_n^0 + {}^{w}C_{n-1}^1$$

geschrieben werden kann und n Elemente zur ersten Klasse offenbar um eine Komplexion mehr geben als $n-1$ Elemente zur ersten Klasse.

$$^{w}C_n^k = 1 + {}^{w}C_{n-1}^1 + {}^{w}C_{n-1}^2 + \cdots + {}^{w}C_{n-1}^{k-1} + {}^{w}C_{n-1}^k$$

wie behauptet wurde.

2) Man kann behaupten, dass:

$$^{w}C_n^k = {}^{w}C_1^{k-1} + {}^{w}C_2^{k-1} + {}^{w}C_3^{k-1} + \cdots + {}^{w}C_n^{k-1}$$

Beweis. Indem man die Zerlegung von Frage 73 auf das zweite Glied der rechten Gleichungsseite wiederholt anwendet, ergeben sich die Beziehungen:

$$^{w}C_n^k = {}^{w}C_n^{k-1} + {}^{w}C_{n-1}^k$$

$$^{w}C_{n-1}^k = {}^{w}C_{n-1}^{k-1} + {}^{w}C_{n-2}^k$$

$$^{w}C_{n-2}^k = {}^{w}C_{n-2}^{k-1} + {}^{w}C_{n-3}^k$$

. . . .

$$^{w}C_{n-(n-1)}^k = {}^{w}C_{n-(n-1)}^{k-1} + {}^{w}C_{n-n}^k$$

welch letztere auch in der Form:

$$^{w}C_1^k = {}^{w}C_1^{k-1} + 0$$

geschrieben werden kann. Die Addition derselben gibt:

$$^{w}C_n^k = {}^{w}C_1^{k-1} + {}^{w}C_2^{k-1} + \cdots + {}^{w}C_n^{k-1}$$

wie behauptet wurde.

Frage 75. Wie findet man die Rangzahl einer gegebenen Kombination mit Wiederholung, ohne die vorhergehenden Komplexionen zu bilden?

Antwort. Das hier anzuwendende Verfahren ist ganz analog dem in Frage 51 für Kombinationen ohne Wiederholung angegebenen und soll deshalb nur an einem Beispiele durchgeführt werden. Sei die gegebene Komplexion von 8 Elementen zur fünften Klasse folgende:

46668

Wenn zuerst das Element 1 an der ersten Stelle steht, so sind die übrigen vier Stellen durch die Kombinationen mit Wiederholung aller 8 Elemente zu besetzen. Mit dem Elemente 1 beginnen also:

$$^{w}C_8^4 = \frac{8 \cdot 9 \cdot 10 \cdot 11}{1 \cdot 2 \cdot 3 \cdot 4} = 330$$

Komplexionen. Steht 2 an der Spitze, so können die vier anderen Stellen durch die Elemente:

2, 3, ⋯ 8

besetzt sein; mit dem Elemente 2 beginnen also:

$$^{w}C_7^4 = \frac{7 \cdot 8 \cdot 9 \cdot 10}{1 \cdot 2 \cdot 3 \cdot 4} = 210$$

Komplexionen. Mit 3 beginnen analog:

$$^{w}C_6^4 = \frac{6 \cdot 7 \cdot 8 \cdot 9}{1 \cdot 2 \cdot 3 \cdot 4} = 126$$

Komplexionen.

Erkl. 115. Zu besserer Uebersicht kann man die Lösung nebenstehender Aufgabe in folgende Form bringen:

Komplexionen beginnend mit:	Verfügbare Elemente:	Kombinationszahl:
1	1, 2, 3, 4, 5, 6, 7, 8	$^{w}C_8^4 = 330$
2	2, 3, 4, 5, 6, 7, 8	$^{w}C_7^4 = 210$
3	3, 4, 5, 6, 7, 8	$^{w}C_6^4 = 126$
44	4, 5, 6, 7, 8	$^{w}C_5^3 = 35$
45	5, 6, 7, 8	$^{w}C_4^3 = 20$
4666	6, 7, 8	— = 3
	Summe:	724

Da zu den mit 4 beginnenden Komplexionen auch die gegebene gehört, so geht man zur zweiten Stelle über, auf welcher sich zunächst das Element 4 wiederholt, während die drei folgenden Stellen alle Kombinationen der Elemente:

$$4, 5 \cdots 8$$

enthalten können. Mit 44 beginnen demnach:

$$^{w}C_5^3 = \frac{5 \cdot 6 \cdot 7}{1 \cdot 2 \cdot 3} = 35$$

Komplexionen. Mit 45 beginnen:

$$^{w}C_4^3 = \frac{4 \cdot 5 \cdot 6}{1 \cdot 2 \cdot 3} = 20$$

Komplexionen.

Unter den mit 46 beginnenden Komplexionen ist die erste:

$$46666$$

welche mit der gegebenen bis auf die letzte Stelle übereinstimmt; es folgt noch:

$$46667$$

und dann die gesuchte, deren Rangzahl demnach:

$$z = 330 + 210 + 226 + 35 + 20 + 2 = 724$$

ist.

Erkl. 116. Durch das hier durchgeführte Verfahren wird die Rangzahl einer gegebenen Komplexion mittels Ausschliessung der vorhergehenden (niedrigeren) Komplexionen bestimmt.

Frage 76. Wie findet man die Rangzahl einer gegebenen Kombination mit Wiederholung mittels Ausschliessung der höheren Komplexionen?

Antwort. Bei derselben Bezeichnung wie in Frage 52 sind von der Gesamtzahl aller Komplexionen:

$$^{w}C_n^k ,$$

hier auszuschliessen:

1) Alle Komplexionen, die an der ersten Stelle ein höheres Element als das $h$te haben; ihre Anzahl ist:

$$^{w}C_{n-h}^k$$

2) Alle Komplexionen, die an der ersten Stelle das $h$te, aber an der zweiten ein höheres Element als das $i$te haben; ihre Anzahl ist:

$$^{w}C_{n-i}^{k-1}$$

u. s. w. analog wie in Frage 52. Die gesuchte Rangzahl ist schliesslich:

$$z = {}^{w}C_n^k - {}^{w}C_{n-h}^k - {}^{w}C_{n-i}^{k-1} - \cdots - {}^{w}C_{n-r}^1$$

Erkl. 117. Obiges Beispiel gibt nach gegenwärtiger Methode folgende Berechnung:

In der gegebenen Komplexion sind die vorkommenden Elemente der Reihe nach das 4., 6., 6., 6., 8.; folglich wird:

$$z = {}^{w}C_8^5 - {}^{w}C_4^5 - {}^{w}C_2^4 - {}^{w}C_2^3 - {}^{w}C_2^2 - {}^{w}C_0^1$$
$$= 792 - (56 + 5 + 4 + 3) = 724$$

Frage 77. Wie kann man eine Kombination mit Wiederholung angeben, die eine bestimmte Rangzahl besitzt, ohne die vorhergehenden zu bilden?

Antwort. Das allgemeine Verfahren entspricht genau dem in Antwort zu Frage 53 Gesagten; die vorhandenen Abweichungen erkennt man leicht aus folgender Durchführung eines Beispieles:

Es soll die 1620. Komplexion zur sechsten Klasse der Elemente:

$$a, b, c, d, e, f, g, h$$

gefunden werden.

Mit a beginnen: $${}^{w}C_8^5 = \frac{8 \cdot 9 \cdot 10 \cdot 11 \cdot 12}{1 \cdot 2 \cdot 3 \cdot 4 \cdot 5} = 792 \text{ Komplexionen}$$

„ b „ $${}^{w}C_7^5 = \frac{7 \cdot 8 \cdot 9 \cdot 10 \cdot 11}{1 \cdot 2 \cdot 3 \cdot 4 \cdot 5} = 462 \text{ „}$$

„ c „ $${}^{w}C_6^5 = \frac{6 \cdot 7 \cdot 8 \cdot 9 \cdot 10}{1 \cdot 2 \cdot 3 \cdot 4 \cdot 5} = 252 \text{ „}$$

$$1506 \text{ „}$$

Mit dd beginnen: $${}^{w}C_5^4 = \frac{5 \cdot 6 \cdot 7 \cdot 8}{1 \cdot 2 \cdot 3 \cdot 4} = 70 \text{ „}$$

„ de „ $${}^{w}C_4^4 = \frac{4 \cdot 5 \cdot 6 \cdot 7}{1 \cdot 2 \cdot 3 \cdot 3} = 35 \text{ „}$$

$$1611 \text{ „}$$

(Mit dff beginnen: $${}^{w}C_3^3 = \frac{3 \cdot 4 \cdot 5}{1 \cdot 2 \cdot 3} = 10) \text{ „}$$

Da die Zahl 1620 bereits überschritten wurde, so gehört die gesuchte Komplexion zu den letzteren, weshalb man gleich zur vierten Stelle übergeht, nämlich:

Mit $dfff$ beginnen: $${}^{w}C_3^2 = \frac{3 \cdot 4}{1 \cdot 2} = 6 \text{ „}$$

„ $dffg$ „ $${}^{w}C_2^2 = \frac{2 \cdot 3}{1 \cdot 2} = 3 \text{ „}$$

Summe: = 1620 Komplexionen.

Die gesuchte Komplexion ist demnach die letzte von den mit $dffg$ beginnenden, d. h.:

$$dffghh$$

Frage 78. Wie kann eine Kombination von gegebener Rangzahl durch Ausschliessung der höheren Komplexionen gefunden werden?

Antwort. Auch die Beantwortung dieser Frage erledigt sich ganz analog der ähnlichen Frage 54 über Kombinationen ohne Wiederholung. Im vorliegenden Falle geht man von der in Frage 76 gefundenen Gleichung aus, welche gibt:

$${}^{w}C_{n-h}^{k} + {}^{w}C_{n-i}^{k-1} + \cdots + {}^{w}C_{n-r}^{1} = {}^{w}C_n^k - z$$

Im Uebrigen ist die Antwort von Frage 54 wörtlich zu übertragen und nur statt des Zeichens C hier überall das Zeichen ${}^{w}C$ zu setzen.

Preisgekrönt in Frankfurt a. M. 1881.

Der **ausführliche Prospekt** und das **ausführliche Inhaltsverzeichnis** der „vollständig gelösten Aufgabensammlung von Dr. Ad. Kleyer“ kann von jeder Buchhandlung, sowie von der Verlagshandlung **gratis und portofrei** bezogen werden.

Bemerkt sei hier nur:

1). Jedes Heft ist aufgeschnitten und gut brochiert, um den **sofortigen** und **dauernden** Gebrauch zu gestatten.

2). Jedes Kapitel enthält sein besonderes Titelblatt, Inhaltsverzeichnis, Berichtigungen und Erklärungen am Schlusse desselben.

3). Auf jedes einzelne Kapitel kann abonniert werden.

4). Monatlich erscheinen 3—4 Hefte zu dem **Abonnementspreise** von 25 Pfg. pro Heft.

5). Die **Reihenfolge** der Hefte im nachstehenden, kurz angedeuteten Inhaltsverzeichnis ist, **wie aus dem Prospekt ersichtlich, ohne jede Bedeutung** für die Interessenten.

6). Das Werk enthält **Alles**, was sich überhaupt auf mathematische Wissenschaften bezieht, alle Lehrsätze, Formeln und Regeln etc. mit Beweisen, alle praktischen Aufgaben in vollständig gelöster Form mit Anhängen ungelöster analoger Aufgaben und vielen vortrefflichen Figuren.

7). Das Werk ist ein **praktisches Lehrbuch für Schüler aller Schulen, das beste Handbuch** für Lehrer und Examinatoren, **das vorzüglichste Lehrbuch zum Selbststudium, das vortrefflichste Nachschlagebuch** für Fachleute und Techniker jeder Art.

8). Alle Buchhandlungen nehmen Bestellungen entgegen.

☛ Das vollständige

Inhaltsverzeichnis

der bis jetzt erschienenen Hefte

kann durch jede Buchhandlung bezogen werden.

Halbjährlich erscheinen Nachträge über die inzwischen neu erschienenen Hefte.

Druck von Carl Hammer in Stuttgart

1175. Heft.

Preis des Heftes 25 Pf.

Kombinatorik oder die Lehre von den kombinatorischen Operationen.
Forts. v. Heft 1174. — Seite 113—128.

Vollständig gelöste Aufgaben-Sammlung

— nebst Anhängen ungelöster Aufgaben, für den Schul- & Selbstunterricht —

— mit

Angabe und Entwicklung der benutzten Sätze, Formeln, Regeln in Fragen und Antworten

erläutert durch

viele Holzschnitte & lithograph. Tafeln,

aus allen Zweigen

der Rechenkunst, der niederen (Algebra, Planimetrie, Stereometrie, ebenen u. sphärischen Trigonometrie, synthetischen Geometrie etc.) u. höheren Mathematik (höhere Analysis, Differential- u. Integral-Rechnung, analytische Geometrie der Ebene u. des Raumes etc.); — aus allen Zweigen der Physik, Mechanik, Graphostatik, Chemie, Geodäsie, Nautik, mathemat. Geographie, Astronomie; des Maschinen-, Strafsen-, Eisenbahn-, Wasser-, Brücken- u. Hochbau's; der Konstruktionslehren als: darstell. Geometrie, Polar- u. Parallel-Perspective, Schattenkonstruktionen etc. etc.

für

Schüler, Studierende, Kandidaten, Lehrer, Techniker jeder Art, Militärs etc.

zum einzig richtigen und erfolgreichen

Studium, zur Forthülfe bei Schularbeiten und zur rationellen Verwertung der exakten Wissenschaften,

herausgegeben von

Dr. Adolph Kleyer,

Mathematiker, vereideter königl. preuss. Feldmesser, vereideter grossh. hessischer Geometer I. Klasse

in Frankfurt a. M.

unter Mitwirkung der bewährtesten Kräfte.

Kombinatorik

oder

Die Lehre von den kombinatorischen Operationen.

(Permutation, Kombination, Variation.)

Nach System Kleyer bearbeitet von **Prof. H. Staudacher.**

Forts. von Heft 1174. Seite 113—128.

Inhalt:

Kombinationen mit Wiederholung. — Gelöste Aufgaben über Kombinationen mit Wiederholung.

Stuttgart 1892.

Verlag von Julius Maier.

Preisgekrönt in Frankfurt a. M. 1881.

PROSPEKT.

Dieses Werk, welchem kein ähnliches zur Seite steht, erscheint monatlich in 3—4 Heften zu dem billigen Preise von 25 ₰ pro Heft und bringt eine Sammlung der wichtigsten und praktischsten Aufgaben aus dem Gesamtgebiete der Mathematik, Physik, Mechanik, math. Geographie, Astronomie, des Maschinen-, Strassen-, Eisenbahn-, Brücken- und Hochbaues, des konstruktiven Zeichnens etc. etc. und zwar in vollständig gelöster Form, mit vielen Figuren, Erklärungen nebst Angabe und Entwickelung der benutzten Sätze, Formeln, Regeln in Fragen mit Antworten etc., so dass die Lösung jedermann verständlich sein kann, bezw. wird, wenn eine grössere Anzahl der Hefte erschienen ist, da dieselben sich in ihrer Gesamtheit ergänzen und alsdann auch alle Teile der reinen und angewandten Mathematik — nach besonderen selbständigen Kapiteln angeordnet — vorliegen.

Fast jedem Hefte ist ein Anhang von ungelösten Aufgaben beigegeben, welche der eigenen Lösung (in analoger Form, wie die bezüglichen gelösten Aufgaben) des Studierenden überlassen bleiben, und zugleich von den Herren Lehrern für den Schulunterricht benutzt werden können. — Die Lösungen hierzu werden später in besonderen Heften für die Hand des Lehrers erscheinen. Am Schlusse eines jeden Kapitels gelangen: Titelblatt, Inhaltsverzeichnis, Berichtigungen und erläuternde Erklärungen über das betreffende Kapitel zur Ausgabe.

Das Werk behandelt zunächst den Hauptbestandteil des mathematisch-naturwissenschaftlichen Unterrichtsplanes folgender Schulen: Realschulen I. und II. Ord., gleichberechtigten höheren Bürgerschulen, Privatschulen, Gymnasien, Realgymnasien, Progymnasien, Schullehrer-Seminaren, Polytechniken, Techniken, Baugewerkschulen, Gewerbeschulen, Handelsschulen, techn. Vorbereitungsschulen aller Arten, gewerbliche Fortbildungsschulen, Akademien, Universitäten, Land- und Forstwissenschaftsschulen, Militärschulen, Vorbereitungs-Anstalten aller Arten als z. B. für das Einjährig-Freiwillige- und Offiziers-Examen, etc.

Die Schüler, Studierenden und Kandidaten der mathematischen, technischen und naturwissenschaftlichen Fächer, werden durch diese, Schritt für Schritt gelöste, Aufgabensammlung immerwährend an ihre in der Schule erworbenen oder nur gehörten Theorien etc. erinnert und wird ihnen hiermit der Weg zum unfehlbaren Auffinden der Lösungen derjenigen Aufgaben gezeigt, welche sie bei ihren Prüfungen zu lösen haben, zugleich aber auch die überaus grosse Fruchtbarkeit der mathematischen Wissenschaften vorgeführt.

Dem Lehrer soll mit dieser Aufgabensammlung eine kräftige Stütze für den Schulunterricht geboten werden, indem zur Erlernung des praktischen Teiles der mathematischen Disziplinen — zum Auflösen von Aufgaben — in den meisten Schulen oft keine Zeit erübrigt werden kann, hiermit aber dem Schüler bei seinen häuslichen Arbeiten eine vollständige Anleitung in die Hände gegeben wird, entsprechende Aufgaben zu lösen, die gehabten Regeln, Formeln, Sätze etc. anzuwenden und praktisch zu verwerten. Lust, Liebe und Verständnis für den Schul-Unterricht wird dadurch erhalten und belebt werden.

Den Ingenieuren, Architekten, Technikern und Fachgenossen aller Art, Militärs etc. etc. soll diese Sammlung zur Auffrischung der erworbenen und vielleicht vergessenen mathematischen Kenntnisse dienen und zugleich durch ihre praktischen in allen Berufszweigen vorkommenden Anwendungen einem toten Kapitale lebendige Kraft verleihen und somit den Antrieb zu weiteren praktischen Verwertungen und weiteren Forschungen geben.

Alle Buchhandlungen nehmen Bestellungen entgegen. Wichtige und praktische Aufgaben werden mit Dank von der Redaktion entgegengenommen und mit Angabe der Namen verbreitet. — Wünsche, Fragen etc., welche die Redaktion betreffen, nimmt der Verfasser, Dr. Kleyer, Frankfurt a. M. Fischerfeldstrasse 16, entgegen und wird deren Erledigung thunlichst berücksichtigt.

Stuttgart. **Die Verlagshandlung.**

Erkl. 118. Für das in vorhergehender Frage behandelte Beispiel hat man nach dem jetzigen Verfahren, wenn $n = 8$ und die Indizes $(n-h)$, $(n-i) \cdots$ durch u, v, w, x, y, z bezeichnet werden:

$$ {}^wC^6_u + {}^wC^5_v + {}^wC^4_w + {}^wC^3_x + {}^wC^2_y + {}^wC^1_z = {}^wC^5_8 - 1620 = 96 $$

Folglich:

$$ \frac{u(u+1)(u+2)(u+3\ (u+4)(u+5)}{1 \cdot 2 \cdot 3 \cdot 4 \cdot 5 \cdot 6} < 96 $$

als Maximalwert von u folgt hieraus $u' = 4$; da nun:

$$ 96 - {}^wC^6_4 = 12 $$

so wird v aus der Ungleichung:

$$ \frac{v(v+1)(v+2)(v+3)(v+4)}{1 \cdot 2 \cdot 3 \cdot 4 \cdot 5} < 12 $$

bestimmt, die als grössten Wert $v' = 2$ gibt.

Nun wird:

$$ 12 - {}^wC^5_2 = 6 $$

also folgt w aus der Ungleichung:

$$ \frac{w(w+1)(w+2)(w+3)}{1 \cdot 2 \cdot 3 \cdot 4} < 6, \quad w' = 2 $$

Da nun:

$$ 6 - {}^wC^4_2 = 1 $$

so ist:

$$ \frac{x(x+1)(x+2)}{1 \cdot 2 \cdot 3} = 1, \text{ d. h. } x' = 1 $$

demnach:

$$ y = z = 0 \text{ (Siehe Erkl. 82)} $$

Man fand also folgende Ordnungszahlen der in die gesuchte Komplexion eintretenden Elemente:

$$ n - u' = 4, \quad n - v' = 6, \quad n - w' = 6, $$
$$ n - x' = 7, \quad n - y' = n - z' = 8 $$

wonach dieselbe lautet:

dffghh

wie oben.

Frage 79. Kann die Verteilung gegebener Elemente in Fächer (gruppenweise Kombination) auch mit Wiederholung ausgeführt werden?

Antwort. Gegebene Elemente können auch mit Wiederholung in Fächer verteilt (oder gruppenweise kombiuiert) werden. Jedes Element kann dabei in jedem Fache so oft erscheinen, als letzteres Elemente enthalten darf. Die Anzahl der Fächer sowohl, als die Anzahl der Elemente, welche in jedes Fach kommen sollen, ist in diesem Falle unbeschränkt; die Anzahl der verfügbaren Elemente ist insofern unbeschränkt, als jedes Element beliebig oft wiederholt werden darf.

Frage 80. Wie viele Anordnungen erhält man bei der Verteilung von

n Elementen in r Fächer mit Wiederholung, wenn das erste Fach k_1 Elemente, das zweite k_2 u. s. w. das $r$te Fach k_r Elemente enthalten soll?

Erkl. 119. Die Bildung der einzelnen Komplexionen bietet nichts Neues und ist aus folgendem Beispiele leicht zu übersehen:

Die Elemente a, b, c sollen in zwei Fächer so verteilt werden, dass das erste Fach zwei Elemente, das zweite ein Element enthält; man erhält:

1. Fach:	2. Fach:	1. Fach:	2. Fach:	1. Fach:	2. Fach:
aa	a	aa	b	aa	c
ab	a	ab	b	ab	c
ac	a	ac	b	ac	c
bb	a	bb	b	bb	c
bc	a	bc	b	bc	c
cc	a	cc	b	cc	c

Anzahl der Verteilungen:

$$ {}^{w}C_3^2 \cdot {}^{w}C_3^1 = \frac{3\cdot 4}{1\cdot 2}\cdot\frac{3}{1} = 18 $$

Antwort. Die Gesamtzahl der Anordnungen ist das Produkt der Kombinationszahlen, welche sich für die einzelnen Fächer ergeben, wobei für jedes Fach sämtliche Elemente verfügbar bleiben, also:

$$ {}^{w}C_n^{k_1} \cdot {}^{w}C_n^{k_2} \cdots {}^{w}C_n^{k_r} $$

Beweis. Die Anzahl der Komplexionen, welche das erste Fach enthalten kann, ist offenbar:

$$ {}^{w}C_n^{k_1}; $$

analog die des zweiten Faches:

$$ {}^{w}C_n^{k_2} $$

u. s. w. Da aber jede Komplexion des ersten Faches mit jeder Komplexion des zweiten verbunden werden kann, hierauf jede dieser Verbindungen wieder mit jeder Komplexion des dritten Faches u. s. w., so sind offenbar die Kombinationszahlen der einzelnen Fächer zu multiplizieren, um die Gesamtzahl aller Anordnungen zu erhalten.

Frage 81. Wie viele Verteilungsarten in Fächer erhält man aus mehreren Elementenreihen?

Erkl. 120. Wenn z. B. die Elemente der zwei Reihen:

$$ a_1\, a_2\, a_3 $$
$$ b_1\, b_2 $$

so in zwei Fächer verteilt werden sollen, dass das erste Fach 2 Elemente der ersten und 1 Element der zweiten Reihe, das zweite Fach 1 Element der ersten und 1 Element der zweiten Reihe anhält, so entstehen:

$$ {}^{w}C_3^2 \cdot {}^{w}C_3^1 \times C_2^1 \cdot C_2^1 = 72 $$

Verteilungen, nämlich:

1. Fach:	2. Fach:					
$a_1 a_1 b_1$	$a_1 b_1$	$a_1 b_2$	$a_2 b_1$	$a_2 b_2$	$a_3 b_1$	$a_3 b_2$
$a_1 a_2 b_1$	$a_1 b_1$	$a_1 b_2$	$a_2 b_1$	$a_2 b_2$	$a_3 b_1$	$a_3 b_2$
$a_1 a_3 b_1$	$a_1 b_1$	$a_1 b_2$	$a_2 b_1$	$a_2 b_2$	$a_3 b_1$	$a_3 b_2$
$a_2 a_2 b_1$	$a_1 b_1$	$a_1 b_2$	$a_2 b_1$	$a_2 b_2$	$a_3 b_1$	$a_3 b_2$
$a_2 a_3 b_1$	$a_1 b_1$	$a_1 b_2$	$a_2 b_1$	$a_2 b_2$	$a_3 b_1$	$a_3 b_2$
$a_3 a_3 b_1$	$a_1 b_1$	$a_1 b_2$	$a_2 b_1$	$a_2 b_2$	$a_3 b_1$	$a_3 b_2$

Es kann jede Füllung des ersten Faches mit jeder der sechserlei Füllungen des zweiten Faches:

$$ a_1 b_1,\; a_1 b_2,\; a_2 b_1,\; a_2 b_2,\; a_3 b_1,\; a_3 b_2 $$

zusammentreffen, wodurch vorstehende 36 Fälle sich ergeben. Das erste Fach kann aber auch folgende Elemente enthalten:

Antwort. Es seien mehrere Reihen von n_1, $n_2 \cdots$ ungleichen Elementen gegeben, die so in beliebig viele Fächer verteilt werden sollen, dass in das erste Fach k_1 Elemente der ersten Reihe, l_1 Elemente der zweiten u. s. w. kommen, in das zweite Fach k_2 Elemente der ersten, l_2 Elemente der zweiten Reihe u. s. f., sämtliche mit unbeschränkten Wiederholungen. Verfährt man analog wie in Frage 65, so erhält man aus den Elementen der ersten Reihe allein (nach Frage 80):

$$ {}^{w}C_{n_1}^{k_1} \cdot {}^{w}C_{n_1}^{k_2} \cdot {}^{w}C_{n_1}^{k_3} \cdots $$

Verteilungen; ebenso aus der zweiten Reihe allein:

$$ {}^{w}C_{n_2}^{l_1} \cdot {}^{w}C_{n_2}^{l_2} \cdot {}^{w}C_{n_2}^{l_3} \cdots $$

Verteilungen und analog aus den übrigen Reihen. Die Gesamtzahl der Verteilungen aller Elementenreihen auf alle Fächer ist demnach:

$$ {}^{w}C_{n}^{k_1} \cdot {}^{w}C_{n_1}^{k_2} \cdot {}^{w}C_{n_1}^{k_3} \cdots \times {}^{w}C_{n_2}^{l_1} \cdot {}^{w}C_{n_2}^{l_2} \cdots \times \cdots $$

$$a_1 a_1 b_2$$
$$a_1 a_2 b_2$$
$$a_1 a_3 b_2$$
$$a_2 a_2 b_2$$
$$a_2 a_3 b_2$$
$$a_3 a_3 b_2$$

welche wieder mit obigen sechs Füllungen des zweiten Faches verbunden 36 Fälle enthalten; die Gesamtzahl aller Fälle ist also wie vorher angegeben:

72.

Frage 82. Was versteht man unter Kombinationen mit beschränkter Wiederholung?

Erkl. 121. Wäre verlangt, dass ein bestimmtes Element z. B. a_m genau αmal (d. h. nicht weniger oft und auch nicht öfter) in jeder Komplexion erscheinen soll, die übrigen $a_1, a_2, \cdots a_r$ hingegen nur einmal und die $k$te Klasse zu bilden, so werden die hieher gehörigen Komplexionen (d. h. diejenigen, welche a_m^α enthalten) durch Weglassung dieses Elementes gefunden, indem man:

$$C^{k-\alpha}(a_1 a_2 \cdots a_{m-1} a_{m+1} \cdots a_r)$$

bildet, und in jeder hierin enthaltenen Komplexion $(k-\alpha)$ter Klasse das Element a_m^α an der entsprechenden Stelle einfügt; ihre Anzahl ist dann:

$$C_{r-1}^{k-\alpha} = \frac{(r-1)(r-2)\cdots(r-k+\alpha)}{1 \cdot 2 \cdots (k-\alpha)}$$

Soll noch ein zweites Element z. B. a_p genau βmal vorkommen, so werden sowohl a_m^α als a_p^β weggelassen und die übrigen zur Klasse $k-\alpha-\beta$ kombiniert. Die gesuchte Anzahl ist also:

$$C_{r-2}^{(k-\alpha-\beta)} = \frac{(r-2)(r-3)\cdots(r-k+\alpha+\beta-1)}{1 \cdot 2 \cdots (k-\alpha-\beta)}$$

Antwort. Kombinationen mit beschränkter Wiederholung sind solche Verbindungen gegebener Elemente, in denen für jedes Element vorgeschrieben ist, wie oft es in einer Komplexion erscheinen darf. Die Zahl, welche dies anzeigt, wird dem Elemente als Exponent beigefügt.

Eine andere Art von Kombinationen mit beschränkter Wiederholung sind diejenigen, bei welchen der Exponent die Elemente angibt, wie oft dieselben höchstens oder wenigstens in den Komplexionen erscheinen dürfen. In dem ersteren dieser beiden Fälle darf also das Element a^α nicht nur αmal, sondern auch $(\alpha-1)$mal oder $(\alpha-2)$mal u. s. w. oder nur einmal erscheinen; im letzteren darf a mindestens αmal, also auch $(\alpha+1)$mal, $(\alpha+2)$mal u. s. w. vorkommen, so weit es die Klasse erlaubt.

Frage 82a. Welche Bezeichnung wird für Kombinationen mit beschränkter Wiederholung gebraucht, wenn n_1 Elemente $\alpha_1$mal, n_2 Elemente $\alpha_2$mal u. s. w. n_m Elemente $\alpha_m$mal vorkommen und von der ersteren Art k_1 Elemente, von der zweiten k_2 Elemente u. s. w., von der letzten k_m Elemente in jede Komplexion aufgenommen werden sollen?

Antwort. Die in der Frage ausgesprochene Bedingung wird dargestellt durch die Bezeichnung:

$$C(a_1^{\alpha_1} \cdots a_{n_1}^{\alpha_1};\ a_1^{\alpha_2} \cdots a_{n_2}^{\alpha_2};\ \cdots;\ a_1^{\alpha_m} \cdots a_{n_m}^{\alpha_m})_{k_1, k_2, \cdots k_m}$$

Die Grössen $\alpha_1, \alpha_2, \cdots$ sind ganz beliebig, die Elemente aber werden so geordnet, dass:

$$n_1 \leqq n_2 \leqq \cdots \leqq n_m$$

ist (Frage 60).

Der Klassenexponent ergibt sich von selbst; er ist:

$$k = \alpha_1 k_1 + \alpha_2 k_2 + \cdots + \alpha_m k_m$$

Es bedeutet also z. B.:

$$C(a_1^2 a_2^2 a_3^2;\ a_1^4 \cdots a_5^4;\ a_1^3 \cdots a_6^3)_{2, 2, 1}$$

Die Kombinationen, in welche je zwei von den drei Elementen a_1, a_2, a_3, die zweifach vorkommen sollen, je zwei von den fünf Elementen $a_1 \cdots a_5$, die vierfach vorkommen sollen, und je eines der sechs Elemente $a_1 \cdots a_6$, die dreifach vorkommen müssen, aufgenommen werden.

Die möglichen Komplexionen sind in nebenstehender Erkl. 121a aufgeführt. Dieselben gehören der fünfzehnten Klasse an, da:

$$k = 2 \cdot 2 + 2 \cdot 4 + 1 \cdot 3 = 15$$

Erkl. 121a. Die in der Antwort angezeigten Komplexionen, welche in dem Ausdrucke:

$$C(a_1^2 a_2^2 a_3^2;\ a_1^4 \cdot a_5^4;\ a_1^3 \cdots a_6^3)_{2, 2, 1}$$

enthalten sind, lauten:

$a_1^2 a_2^2 a_3^4 a_4^4 a_5^3$	$a_1^2 a_3^2 a_2^4 a_4^4 a_5^3$	$a_2^2 a_3^2 a_1^4 a_4^4 a_5^3$
$a_1^2 a_2^2 a_3^4 a_4^4 a_6^3$	$a_1^2 a_3^2 a_2^4 a_4^4 a_6^3$	$a_2^2 a_3^2 a_1^4 a_4^4 a_6^3$
$a_1^2 a_2^2 a_3^4 a_5^4 a_4^3$	$a_1^2 a_3^2 a_2^4 a_5^4 a_4^3$	$a_2^2 a_3^2 a_1^4 a_5^4 a_4^3$
$a_1^2 a_2^2 a_3^4 a_5^4 a_6^3$	$a_1^2 a_3^2 a_2^4 a_5^4 a_6^3$	$a_2^2 a_3^2 a_1^4 a_5^4 a_6^3$
$a_1^2 a_2^2 a_4^4 a_5^4 a_3^3$	$a_1^2 a_3^2 a_4^4 a_5^4 a_2^3$	$a_2^2 a_3^2 a_4^4 a_5^4 a_1^3$
$a_1^2 a_2^2 a_4^4 a_5^4 a_6^3$	$a_1^2 a_3^2 a_4^4 a_5^4 a_6^3$	$a_2^2 a_3^2 a_4^4 a_5^4 a_6^3$

Frage 82b. Wie gross ist die Anzahl der in dem Ausdrucke:

$$C(a_1^{\alpha_1} \cdots a_{n_1}^{\alpha_1};\ a_1^{\alpha_2} \cdots a_{n_2}^{\alpha_2};\ \cdots;\ a_1^{\alpha_m} \cdots a_{n_m}^{\alpha_m})_{k_1, k_2 \cdots k_m}$$

(nach Frage 82a) enthaltenen Komplexionen?

Antwort. Man denke sich k_1 identische Reihen aus den Elementen:

$$a_1 \cdots a_{n_1}$$

ferner k_2 identische Reihen aus den Elementen:

$$a_1 \cdots a_{n_2}$$

u. s. w., endlich k_m identische Reihen aus den Elementen:

$$a_1 \cdots a_{n_m}$$

und bilde aus ihnen die Kombinationen nach Frage 62, so kann die in Frage 63 gefundene Formel für die Anzahl derselben direkt hieher übertragen werden. Man erhält demnach:

$$C_{n_1}^{k_1} \cdot C_{n_2 - k_1}^{k_2} \cdot C_{n_3 - (k_1 + k_2)}^{k_3} \cdots C_{n_m - (k_1 + k_2 + \cdots + k_{m-1})}^{k_m}$$

Komplexionen.

Erkl. 121b. Für das in vorhergehender Frage entwickelte Beispiel ist:

$$n_1 = 3, \quad n_2 = 5, \quad n_3 = 6$$

$$k_1 = 2, \quad k_2 = 2, \quad k_3 = 1$$

folglich die Anzahl der hieher gehörigen Kombinationen:

$$C_3^2 \cdot C_{5-2}^2 \cdot C_{6-(2+2)}^1 = 3 \cdot 3 \cdot 2 = 18$$

Frage 83. Welche Bezeichnung gilt für Kombinationen mit beschränkter Wiederholung, wenn gegeben ist:

1) wie oft die Elemente der verschiedenen Gruppen **höchstens** vorkommen dürfen;

2) wie oft die Elemente der verschiedenen Gruppen **mindestens** vorkommen müssen?

Antwort. 1) Um anzudeuten, dass die Elemente:

$$a_1 a_2 \cdots a_{n_\alpha}$$

höchstens α mal vorkommen dürfen, die nächstfolgenden Elemente:

$$a_{n_\alpha + 1} \cdots a_{n_\beta}$$

höchstens βmal, die ferneren:

$$a_{n_\beta+1} \cdots a_{n_\gamma}$$

höchstens γmal, wobei vorausgesetzt ist, dass:

$$\alpha > \beta > \gamma$$

schreibt man:

$$C(a_1^\alpha \cdots a_{n_\alpha}^\alpha;\ a_{n_\alpha+1}^\beta \cdots a_{n_\beta}^\beta;\ a_{n_\beta+1}^\gamma \cdots a_{n_\gamma}^\gamma)_{k_\alpha,\ k_{(\alpha-1)},\ \cdots\ k_1}$$

Hier ist also:

$$n_\alpha < n_\beta < n_\gamma$$

und können die Elemente von a_1 bis a_{n_α} auch $(\alpha-1)$mal u. s. f. bis einmal gesetzt werden, die Elemente von $a_{n_\alpha+1}$ bis a_{n_β} auch $(\beta-1) \cdots$ bis einmal, die Elemente von $a_{n_\beta+1}$ bis a_{n_γ} auch $(\gamma-1)$mal $\cdots$ bis einmal. Die Grössen:

$$k_\alpha,\ k_{\alpha-1},\ \cdots\ k_1$$

geben an, wie viele Elemente von jeder Wiederholungszahl in jede Komplexion aufgenommen werden sollen. Die Kombinationsklasse ist hiedurch schon bestimmt und wird deshalb nicht eigens angeschrieben; sie ist:

$$k = \alpha \cdot k_\alpha + (\alpha-1) \cdot k_{\alpha-1} + \cdots + 1 \cdot k_1$$

Erkl. 122. Die symbolische Schreibweise:

$$C(a_1^4 a_2^4 a_3^4;\ a_4^2 a_5^2 a_6^2;\ a_7 \cdots a_{12})_{2,\,1,\,1,\,3}$$

hat nach Antwort 1) zu Frage 83 den Sinn, dass alle Komplexionen gebildet werden sollen, in denen zwei von den Elementen a_1 bis a_3 viermal vorkommen, eines der nämlichen Elemente dreimal, eines der Elemente a_1 bis a_6 zweimal und drei von den Elementen a_1 bis a_{12} einmal. Die Kombinationsklasse ist demnach:

$$4 \cdot 2 + 3 \cdot 1 + 2 \cdot 1 + 1 \cdot 3 = 16$$

und die erste Komplexion würde lauten:

$$a_1^4 a_2^4 a_3^3 a_4^2 a_5 a_6 a_7$$

2) Wenn die Elemente:

$$a_1\ a_2 \cdots a_{n_\alpha}$$

mindestens αmal vorkommen müssen, die nächstfolgenden:

$$a_{n_\alpha+1} \cdots a_{n_\beta}$$

mindestens βmal, die ferneren:

$$a_{n_\beta+1} \cdots a_{n_\gamma}$$

mindestens γmal, wobei nun vorausgesetzt wird, dass:

$$\alpha < \beta < \gamma$$

und dass höhere Exponenten als γ nicht vorkommen, so schreibt man wieder:

$$C(a_1^\alpha \cdots a_{n_\alpha}^\alpha;\ a_{n_\alpha+1}^\beta \cdots a_{n_\beta}^\beta;\ a_{n_\beta+1}^\gamma \cdots a_{n_\gamma}^\gamma)_{k_\alpha,\ k_{(\alpha+1)}\ \cdots\ k_\gamma}$$

Der Unterschied zwischen den Schreibweisen in 1) und 2) besteht darin, dass in ersterer die Exponenten fallend geordnet sind, in letzterer aber steigend.

Erkl. 123. Schreibt man hingegen nach nebenstehender Antwort 2):

$$C(a_1 a_2 \cdots a_6;\ a_7^2 a_8^2 a_9^2;\ a_{10}^4 a_{11}^4 a_{12}^4)_{3,\,1,\,1,\,2}$$

so sind alle Komplexionen zu bilden, in denen drei von den Elementen a_1 bis a_6 einfach vorkommen, eines der Elemente a_1 bis 9 zweifach eines der nämlichen Elemente dreifach und zwei von den Elementen a_1 bis 12 vierfach.

Der Klassenexponent ist 16 und die erste Komplexion:

$$a_1 a_2 a_3 a_4^2 a_5^3 a_6^4 a_7^4$$

Die Grössen:

$$k_\alpha,\ k_{(\alpha+1)} \cdots k_\gamma$$

haben dieselbe Bedeutung wie in 1).

Der Klassenexponent folgt wieder aus:

$$k = \alpha \cdot k_\alpha + (\alpha+1)\, k_{\alpha+1} + \cdots + \gamma \cdot k_\gamma$$

Die Schreibweisen der Kombinationen in 1) und 2) unterscheiden sich von der in Frage 82a, bei welchen nur die Wiederholungszahlen $\alpha_1,\ \alpha_2 \cdots \alpha_m$ und keine zwischenliegenden vorkommen, dadurch, dass bei letzteren die Elemente mit gleichen Exponenten stets von Anfang wiederholt ($a_1 \cdots a_{n_1}$; $a_1 \cdots a_{n_2}, \cdots$), bei den Kombinationen der Frage 83 aber die Zeiger fortlaufend geschrieben sind.

Frage 84. Wie wird die Anzahl der Kombinationen bei beschränkter Wiederholung gefunden, wenn gewisse Elemente höchstens α mal, andere höchstens $(\alpha - 1)$ mal u. s. w. vorkommen dürfen?

Erkl. 124. Die Anzahl der Elemente, welche höchstens α mal vorkommen dürfen, ist nach den Bezeichnungen in der Antwort $= n_\alpha$; die der Elemente, welche höchstens $(\alpha - 1)$ mal vorkommen dürfen, ist $= n_{\alpha-1} - n_\alpha$ u. s. w., endlich die Anzahl der Elemente, welche höchstens einmal vorkommen dürfen, ist $= n_1 - n_2$. Es ist demnach offenbar:

$$n_\alpha < n_{\alpha-1} < \cdots < n_1$$

Erkl. 124a. Um die Kombinationen zu bilden, welche nach Erkl. 122 in der Bezeichnung:

$$C\,(a^3b^3c^3;\ d^2e^2;\ fgh)_{2,\,1,\,3}$$

verstanden werden, hätte man sich folgende identischen Reihen zu denken:

$a^3b^3c^3$
$a^3b^3c^3$
$a^2b^2c^2d^2e^2$
$abcdefgh$
$abcdefgh$
$abcdefgh$

Im gegebenen Beispiele ist nämlich:

$$k_3 = 2,\ k_2 = 1,\ k_1 = 3$$

und die Anzahl der Elemente:

$$n_3 = 3,\ n_2 = 5,\ n_1 = 8$$

weil Elemente, die dreimal vorkommen dürfen, natürlich auch zweimal oder einmal stehen können.

Die Kombinationsklasse ist die elfte und die Anzahl der Komplexionen:

$$C_3^2 \cdot C_{5-2}^1 \cdot C_{5-(2+1)}^3 = C_3^2 \cdot C_3^1 \cdot C_5^3 = 90$$

Antwort. Es seien gegeben:

n_α Elemente, die α mal vorkommen dürfen,
$n_{\alpha-1}$ „ „ $\alpha - 1$ „ „ „
. . . .
n_1 „ „ 1 „ „ „

und sollen in jede Komplexion eintreten:

von der ersten Art k_α,
„ „ zweiten „ $k_{\alpha-1}$,
. . . .
„ „ letzten „ k_1 Elemente,

so dass die Kombinationsklasse heisst:

1) $\alpha k_\alpha + (\alpha - 1) k_{\alpha-1} + \cdots + 1 k_1 = k$

Man schreibe nun an:

k_α identische Reihen aus den n_α Elementen, die α mal vorkommen,
$k_{\alpha-1}$ identische Reihen aus den $n_{\alpha-1}$ Elementen, die $\alpha - 1$ mal vorkommen
u. s. w. endlich:
k_1 identische Reihen aus den n_1 Elementen, die einmal vorkommen.

Aus sämtlichen bilde man die Kombinationen nach Frage 62, so ist wieder wie in Frage 82b die Anzahl derselben:

$$C_{n_\alpha}^{k_\alpha} \cdot C_{n_{\alpha-1}-k_\alpha}^{k_{\alpha-1}} \cdot C_{n_{\alpha-2}-(k_\alpha+k_{\alpha-1})}^{k_{\alpha-2}} \cdots$$
$$\cdots C_{n_1-(k_\alpha+k_{\alpha-1}+\cdots+k_2)}^{k_1} \quad \text{(s. Frage 63.)}$$

Frage 85. Wie viele Kombinationen zur $k$ten Klasse sind möglich aus:

n_1 Elementen, die 1 mal gesetzt werden dürfen,
n_2 „ „ 2 „ „ „ „
. . . .
n_α „ „ α „ „ „ „ ?

Antwort. Da die Klassenzahl k gegeben ist, so müssen in der Gleichung 1) (siehe Antwort zu Frage 84):

$$\alpha k_\alpha + (\alpha - 1) k_{\alpha-1} + \cdots + 1\, k_1 = k$$

die Grössen $k_\alpha, k_{\alpha-1} \cdots k_1$ so gewählt

Erkl. 125. Während in der vorhergehenden Frage 84 gegeben war, wie viele Elemente jeder Art in jede Komplexion aufzunehmen sind und dadurch sich die Kombinationsklasse von selbst ergab, so ist in gegenwärtigem Falle umgekehrt die Klasse vorgeschrieben und muss gesucht werden, wie viele Elemente von den gegebenen Wiederholungszahlen zusammentreten dürfen, um Komplexionen $k$ter Klasse zu bilden. Diese Aufgabe ist im allgemeinen unbestimmt und die Anzahl der Lösungen um so grösser, je grösser m wird.

Erkl. 126. Typus (vom Griech.) bedeutet „Vorbild, Grundform, Muster.“

Erkl. 127. Diese Typen entstehen (ausführlicher geschrieben) aus der Gleichung:

$$\alpha k_\alpha + (\alpha - 1) k_{\alpha-1} + \cdots + k_1 = k$$

folgendermassen:

1) $5\cdot1 + 4\cdot0 + 3\cdot0 + 2\cdot0 + 1\cdot0 = 5$
2) $5\cdot0 + 4\cdot1 + 3\cdot0 + 2\cdot0 + 1\cdot1 = 5$
3) $5\cdot0 + 4\cdot0 + 3\cdot1 + 2\cdot1 + 1\cdot0 = 5$
4) $5\cdot0 + 4\cdot0 + 3\cdot1 + 2\cdot0 + 1\cdot2 = 5$
5) $5\cdot0 + 4\cdot0 + 3\cdot0 + 2\cdot2 + 1\cdot1 = 5$
6) $5\cdot0 + 4\cdot0 + 3\cdot0 + 2\cdot1 + 1\cdot3 = 5$
7) $5\cdot0 + 4\cdot0 + 3\cdot0 + 2\cdot0 + 1\cdot5 = 5$

Erkl. 128. Nimmt man in vorliegender Frage:

$$n_1 = n_2 = n_3 = \cdots = n$$

so dürfen alle Elemente gleich oft, d. h. so oft als es die Klasse m erlaubt, vorkommen. Man muss dann die Kombinationen von n Elementen mit unbeschränkter Wiederholung zu dieser Klasse erhalten. In dem berechneten Beispiele sind in diesem Falle die Summanden:

werden, dass dieselbe erfüllt wird. Dabei können alle diese Grössen die Werte:

$$0,\ 1,\ 2,\ \cdot\ 3,\ \cdots k$$

annehmen, während die Exponenten nur die Werte:

$$1,\ 2,\ 3 \cdots k$$

haben können.

Die Grössen $k_\alpha \cdots k_1$ bestimmen sich dadurch, dass man aus den Summanden:

$$0,\ 1,\ 2 \cdots k$$

auf alle möglichen Arten die Summe k bildet. (Siehe Kombinationen mit Wiederholung zu bestimmter Summe.)

Hiedurch erhält man alle möglichen Kombinationstypen, bestimmt für jeden Typus nach der Formel in Frage 84 die Kombinationszahl und addiert diese letzteren. Ihre Summe ist die verlangte Anzahl der Kombinationen. Seien z. B. die Kombinationen fünfter Klasse verlangt, wenn n_1 Elemente einmal, n_2 Elemente zweimal, n_3 Elemente dreimal, n_4 Elemente viermal und n_5 Elemente fünfmal vorkommen dürfen. Bildet man nun aus den Zahlen 0, 1, 2, 3, 4, 5 auf alle möglichen Arten die Summe 5, so entstehen folgende Kombinationstypen:

1) $5 = 5$
2) $5 = 4 + 1$
3) $5 = 3 + 2$
4) $5 = 3 + 1 + 1$
5) $5 = 2 + 2 + 1$
6) $5 = 2 + 1 + 1 + 1$
7) $5 = 1 + 1 + 1 + 1 + 1$

(1–7: S. Erkl. 127.)

d. h. die fünfte Kombinationsklasse kann gebildet werden:

1)	aus	1	Element	mit	dem	Exponenten	5
2)	„	1	„	„	„	„	4 und
	„	1	„	„	„	„	1
3)	„	1	„	„	„	„	3 und
	„	1	„	„	„	„	2
4)	„	1	„	„	„	„	3 und
	„	2	„	„	„	„	1
5)	„	2	„	„	„	„	2 und
	„	1	„	„	„	„	1
6)	„	1	„	„	„	„	2 und
	„	3	„	„	„	„	1
7)	„	5	„	„	„	„	1

$$n + 2n(n-1) + \frac{2n(n-1)(n-2)}{1\cdot2} + \frac{n(n-1)(n-2)(n-3)}{1\cdot2\cdot3} + \frac{n(n-1)(n-2)(n-3)(n-4)}{1\cdot2\cdot3\cdot4\cdot5}$$

$$= + 4\cdot\frac{n(n-1)}{1\cdot2} + 6\,\frac{n(n-1)(n-2)}{1\cdot2\cdot3} + 4\,\frac{n(n-1)(n-2)(n-3)}{1\cdot2\cdot3\cdot4}$$

$$+ \frac{n(n-1)(n-2)(n-3)(n-4)}{1\cdot2\cdot3\cdot4\cdot5}$$

oder in umgekehrter Anordnung:

$$= C_n^5 + C_n^4 \cdot C_4^1 + C_n^3 \cdot C_4^2 + C_n^2 \cdot C_4^3 + C_n^1 \cdot C_4^4 = C_{n+4}^5 \quad \text{(Frage 50a)}$$

$$= {}^wC_n^5 \quad \text{(Frage 71 und Erkl. 109)}$$

Die Kombinationszahlen für diese sieben Typen folgen nun aus der allgemeinen Formel in Frage 84. In dieser ist zu setzen in jedem Falle:

$$n_\alpha = n_5,\ n_{\alpha-1} = n_4, \cdots n_1 = n_1$$

ferner in den einzelnen Fällen für die Grössen $k_\alpha \cdots k_1$ die eben spezialisierten Werte. Hiedurch erhält man:

1) $C_{n_5}^1 \cdots = n_5$

2) $C_{n_4}^1 \cdot C_{n_1-1}^1 \cdots = n_4 (n_1 - 1)$

3) $C_{n_3}^1 \cdot C_{n_2-1}^1 \cdots = n_3 (n_2 - 1)$

4) $C_{n_3}^1 \cdot C_{n_1-1}^2 \cdots = n_3 \dfrac{(n_1-1)(n_1-2)}{1 \cdot 2}$

5) $C_{n_2}^2 \cdot C_{n_1-2}^1 \cdots = \dfrac{n_2 (n_2-1)}{1 \cdot 2} \cdot (n_1 - 2)$

6) $C_{n_2}^1 \cdot C_{n_1-1}^3 \cdots = n_2 \cdot \dfrac{(n_1-1)(n_1-2)(n_1-3)}{1 \cdot 2 \cdot 3}$

7) $C_{n_1}^5 \cdots = \dfrac{n_1 (n_1-1)(n_1-2)(n_1-3)(n_1-4)}{1 \cdot 2 \cdot 3 \cdot 4 \cdot 5}$

Demnach ist (analog der Bezeichnung in Frage 83):

$$C^5(n_5^5;\ n_4^4;\ n_3^3;\ n_2^2;\ n_1) = n_5 + n_4(n_1 - 1) + n_3(n_2 - 1) + n_3 \frac{(n_1-1)(n_1-2)}{1 \cdot 2} + \frac{n_2(n_2-1)(n_1-2)}{1 \cdot 2} + \frac{n_2(n_1-1)(n_1-2)(n_1-3)}{1 \cdot 2 \cdot 3} + \frac{n_1(n_1-1)(n_2-2)(n_1-3)(n_1-4)}{1 \cdot 2 \cdot 3 \cdot 4 \cdot 5}$$

Frage 85a. Wie ist bei den Kombinationen zu einer bestimmten Klasse zu verfahren, wenn nicht alle Wiederholungszahlen von 1 bis zum Klassenexponenten gegeben sind?

Antwort. Ist eine bestimmte Kombinationsklasse, z. B. die $k$te, verlangt und sind auch Elemente gegeben, die k mal stehen dürfen, so gelten für diese natürlich alle Wiederholungszahlen von k bis herab zu 1 ohne Auslassung; ebenso für diejenigen Elemente, die höchstens $k - m$ mal vorkommen dürfen, alle Wiederholungszahlen von $k - m$ bis 1. Bei Bildung der Typen ist keine dazwischen liegende wegzulassen. Wenn also Elemente, deren Wiederholungszahlen zwischen k und 1 liegen, fehlen, so gilt so lange die vorhergehende Elementenanzahl, bis wieder neue Elemente folgen. Fehlen jedoch die höchsten zulässigen Wiederholungszahlen, so ist die Anzahl der zugehörigen Elemente $= 0$ zu nehmen und die entsprechenden Typen fallen aus; z. B.:

$$1)\ C^4(a_1^4 \cdots a_4^4 a_5^2 \cdots a_8^2 a_9 a_{10})$$

hier ist:

$$n_4 = 4,\ n_3 = 4,\ n_2 = 8,\ n_1 = 10$$

zu nehmen und sind die Typen:

4, 31, 22, 211, 1111

zu bilden. Die Anzahl der Komplexionen ist demnach:

$$C_4^1 + C_4^1 \cdot C_9^1 + C_8^2 + C_8^1 \cdot C_9^2 + C_{10}^4 = 566$$

$$2)\ C^6(a_1^4 \cdots a_6^4 a_7^2 \cdots a_9^2)$$

Man setze:

$$n_6 = 0,\ n_5 = 0,\ n_4 = 6,\ n_3 = 6,\ n_2 = 9,\ n_1 = 9$$

In den zu bildenden Typen können sechsfache und fünffache Elemente nicht vorkommen, so dass die Anzahl der möglichen Komplexionen ist:

$$48 + 168 + 15 + 336 + 336 + 84 + 756 + 70 + 84 = 1897 \quad \text{(Erkl. 129)}$$

Erkl. 129. In dem Beispiele 2) der nebenstehenden Antwort sind die zu bildenden Typen mit ihren Kombinationszahlen folgende neun:

1) 42 $\cdots C_6^1 \cdot C_8^1$

2) 411 $\cdots C_6^1 \cdot C_8^2$

3) 33 $\cdots C_6^2$

4) 321 $\cdots C_6^1 \cdot C_8^1 \cdot C_7^1$

5) 3111 $\cdots C_6^1 \cdot C_8^3$

6) 222 $\cdots C_9^3$

7) 2211 $\cdots C_9^2\, C_7^2$

8) 21111 $\cdots C_9^1 \cdot C_8^4$

9) 111111 $\cdots C_9^6$

Frage 86. Wie wird die Anzahl der Kombinationen gefunden, wenn gewisse Elemente mindestens 1 mal, andere mindestens 2 mal u. s. w. vorkommen sollen?

Antwort. Es seien (analog wie in Frage 84) gegeben:

n_1 Elemente, die mindestens 1 mal vorkommen müssen,

n_2 Elemente, die mindestens β mal vorkommen müssen,

. . . .

n_α Elemente, die mindestens α mal vorkommen müssen,

so wird:

$$n_1 < n_2 < \cdots > n_\alpha$$

sein müssen; denn die Elemente, welche mindestens 1 mal vorkommen dürfen, können auch 2 mal u. s. w. bis α mal stehen, ebenso diejenigen, welche mindestens 2 mal vorkommen, dürfen auch 3 mal $\cdots$ bis α mal gesetzt werden u. s. w. Es sollen ferner in jede Komplexion eintreten:

k_1 Elemente der ersten Art,

k_2 „ „ zweiten „

u. s. f.

Denkt man sich wieder k_1 identische Reihen aus den Elementen n_1, k_2 identische Reihen aus den Elementen n_2 u. s. w., und nimmt man wie früher aus jeder Reihe je ein Element, so wird die Anzahl der möglichen Komplexionen wie im Falle der Frage 84 ausgedrückt durch:

$$C_{n_1}^{k_1} \cdot C_{n_2 - k_1}^{k_2} \cdot C_{n_3 - (k_1 + k_2)}^{k_3} \cdots C_{n_\alpha - (k_1 + k_2 + \cdots + k_{\alpha-1})}^{k_\alpha}$$

Erkl. 130. Es seien die Elemente:

$$a_1\, a_2\, a_3\, a_4\, a_5\, a_6\, a_7$$

gegeben, von denen:

$a_1\, a_2\, a_3\, a_4$ mindestens einmal,

$a_5\, a_6$ „ zweimal,

a_7 „ dreimal

vorkommen sollen. Ferner soll jede Komplexion enthalten:

3 Elemente der ersten Art,

2 „ „ zweiten „

1 Element „ dritten „

Man hat zu bilden:

$$C(a_1\, a_2\, a_3\, a_4\, a_5^2\, a_6^2\, a_7^3)_{3,2,1}$$

wobei zu setzen ist:

$n_1 = 4$ $k_1 = 3$

$n_2 = 6$ $k_2 = 2$

$n_3 = 7$ $k_3 = 1$

Die Kombinationen sind demnach von der zehnten Klasse und die Anzahl der Komplexionen ist:

$$C_4^3 \cdot C_{6-3}^2 \cdot C_{7-(3+2)}^1 = 4 \cdot 3 \cdot 2 = 24$$

Dieselben können offenbar aus folgenden Gruppen identischer Reihen gebildet werden:

$$\left\{\begin{matrix} a_1\, a_2\, a_3\, a_4 \\ a_1\, a_2\, a_3\, a_4 \\ a_1\, a_2\, a_3\, a_4 \end{matrix}\right.$$

$$\left\{\begin{matrix} a_1^2\, a_2^2\, a_3^2\, a_4^2\, a_5^2\, a_6^2 \\ a_1^2\, a_2^2\, a_3^2\, a_4^2\, a_5^2\, a_6^2 \end{matrix}\right.$$

$$a_1^3\, a_2^3\, a_3^3\, a_4^3\, a_5^3\, a_6^3\, a_7^3$$

und lauten:

$a_1\, a_2\, a_3\, a_4^2\, a_5^2\, a_6^3$	$a_1\, a_3\, a_4\, a_2^2\, a_5^2\, a_6^3$
$a_1\, a_2\, a_3\, a_4^2\, a_3^2\, a_7^5$	$a_1\, a_3\, a_4\, a_2^2\, a_5^2\, a_7^3$
$a_1\, a_2\, a_3\, a_4^2\, a_6^2\, a_5^3$	$a_1\, a_3\, a_4\, a_2^2\, a_6^2\, a_5^3$
$a_1\, a_2\, a_3\, a_4^2\, a_6^2\, a_7^3$	$a_1\, a_3\, a_4\, a_2^2\, a_6^2\, a_7^3$
$a_1\, a_2\, a_3\, a_5^2\, a_6^2\, a_4^3$	$a_1\, a_3\, a_4\, a_5^2\, a_6^2\, a_2^3$
$a_1\, a_2\, a_3\, a_5^2\, a_6^2\, a_7^3$	$a_1\, a_3\, a_4\, a_5^2\, a_6^2\, a_7^3$
$a_1\, a_2\, a_4\, a_3^2\, a_5^2\, a_6^3$	$a_2\, a_3\, a_4\, a_1^2\, a_5^2\, a_6^3$
$a_1\, a_2\, a_4\, a_3^2\, a_5^2\, a_7^3$	$a_2\, a_3\, a_4\, a_1^2\, a_5^2\, a_7^3$
$a_1\, a_2\, a_4\, a_3^2\, a_6^2\, a_5^3$	$a_2\, a_3\, a_4\, a_1^2\, a_6^2\, a_5^3$
$a_1\, a_2\, a_4\, a_3^2\, a_6^2\, a_7^3$	$a_2\, a_3\, a_4\, a_1^2\, a_6^2\, a_7^3$
$a_1\, a_2\, a_4\, a_5^2\, a_6^2\, a_3^3$	$a_2\, a_3\, a_4\, a_5^2\, a_6^2\, a_1^3$
$a_1\, a_2\, a_4\, a_5^2\, a_6^2\, a_7^3$	$a_2\, a_3\, a_4\, a_5^2\, a_6^2\, a_7^3$

und die Kombinationsklasse:

$$k = 1 \cdot k_1 + 2 \cdot k_2 + \cdots + \alpha \cdot k_\alpha$$

Frage 86a. Wie ist bei den nach Frage 86 zu bildenden Kombinationen einer bestimmten Klasse zu verfahren, wenn nicht alle Wiederholungszahlen von 1 bis zum Klassenexponenten vorkommen?

Antwort. Im allgemeinen werden die Kombinationen zu einer bestimmten Klasse im vorliegenden Falle in ganz analoger Weise gebildet wie in Frage 85. Man setzt dabei stillschweigend voraus, dass sich die Wiederholungszahlen bis zum Klassenexponenten (k) erheben, wenn die Bedingungen bestimmter Aufgaben es gestatten. Fehlen zwischenliegende Wiederholungszahlen, so sind bei Bildung der Typen doch alle von 1 bis k zu verwenden, wobei so lange die vorhergehende Elementenzahl gilt, bis wieder neue Elemente folgen. Fehlen jedoch Wiederholungszahlen von Anfang an, so fallen die entsprechenden Typen weg, weil keine derartigen Elemente vorhanden sind; z. B.:

1) $C^5(a_1 \cdots a_6;\ a_7^3 \cdots a_{10}^3;\ a_{11}^4 \cdots a_{14}^4)$

Hier ist:

$$n_1 = 6,\ n_2 = 6,\ n_3 = 10,\ n_4 = 14,\ n_5 = 14$$

und die möglichen Typen lauten:

11111, 1112, 113, 122, 14, 23, 5,

denen die Kombinationszahlen entsprechen:

$$C_6^5 + C_6^3 \cdot C_3^1 + C_6^2 \cdot C_8^1 + C_6^1 \cdot C_5^2 + C_6^1 \cdot C_{18}^1 + C_6^1 \cdot C_9^1 + C_{14}^5 = 2380$$

2) $C^9 (a_1^3 \cdots a_5^3;\ a_6^4;\ a_7^5;\ a_8^6;\ a_9^7 \cdot a_{10}^8\, a_{11}^9$

Hier ist:

$$n_1 = n_2 = 0, \quad n_3 = 5, \quad n_4 = 6, \quad n_5 = 7,$$
$$n_6 = 8, \quad n_7 = 9, \quad n_8 = 10, \quad n_9 = 11$$

und die Typen sind:

333, 36, 45, 9,

wonach die Anzahl der Komplexionen:

$$C_5^8 + C_5^1 \cdot C_7^1 + C_6^1 \cdot C_6^1 + C_{11}^9 = 117$$

Frage 87. Wie findet man die Anzahl derjenigen Kombinationen gegebener Elemente zur $k$ten Klasse mit unbeschränkter Wiederholung, in denen irgend ein Element wenigstens μmal enthalten ist?

Antwort. Da wegen der unbeschränkten Wiederholung jedes Element so oft stehen kann als die Klasse erlaubt ($k$mal), so sind alle Elementenzahlen gleich zu nehmen. Man setze also:

$$n_1 = n_2 = n_3 = \cdots = n$$

und hat nun zu bilden:

$$C^k (a_1^\mu\ a_2^\mu \cdots a_n^\mu)$$

Man suche nun alle möglichen Kombinationstypen zur Summe k, in denen wenigstens ein Element μmal oder öfter als μmal vorkommt; die übrigen Elemente dürfen natürlich dabei in minder häufiger Wiederholung stehen; jedoch sind diejenigen Typen auszuschliessen, in denen kein Element mindestens μmal wiederholt erscheint. Die Summe der Kombinationszahlen für alle beibehaltenen Typen ist die gesuchte Zahl.

Erkl. 131. Sollen z. B. die Elemente:

$$a_1\ a_2\ a_3 \cdots a_n$$

zur sechsten Klasse kombiniert und die Anzahl derjenigen Komplexionen angegeben werden, in welchen irgend eines der gegebenen Elemente mindestens dreimal wiederholt ist, so sind folgende Kombinationstypen zu berechnen:

1) 6
2) 51
3) 42
4) 411
5) 33
6) 321
7) 3111

} Siehe Erkl. 127.

Man hat dann:

$$C^6_{(n^\mu)} = C_n^1 + C_n^1 \cdot C_{n-1}^1 + C_n^1 \cdot C_{n-1}^1 + C_n^1 \cdot C_{n-1}^2 + C_n^2 + C_n^1 \cdot C_{n-1}^1 \cdot C_{n-2}^1 + C_n^1 \cdot C_{n-1}^3$$
$$= n + 2n(n-1) + \frac{n(n-1)(n-2)}{1 \cdot 2} + \frac{n(n-1)}{1 \cdot 2}$$
$$+ n(n-1)(n-2) + \frac{n(n-1)(n-2)(n-3)}{1 \cdot 2 \cdot 3}$$

Frage 88. Wie findet man die Anzahl derjenigen Kombinationen mit unbeschränkter Wiederholung zur $k$ten Klasse, in welchen irgend ein Element höchstens μmal vorkommt?

Antwort. Man findet die Anzahl der gesuchten Komplexionen wie in vorhergehender Frage 87 aus:

$$C^k (a_1^\mu\, a_2^\mu \cdots a_n^\mu;\ 0)$$

wenn man aus den Zahlen 0, 1, 2, $\cdots k$ auf alle möglichen Arten die Summe k bildet

Erkl. 132. Die hinter a_n^μ gesetzte 0 soll andeuten, dass die Exponenten fallend geordnet sind und Elemente mit kleineren Exponenten entsprechend der Bezeichnung in Fr. 83 1)

nicht mehr folgen. Analog kann man in Fr. 87 setzen:

$$C^k(0;\ a_1^\mu a_3^\mu \cdots a_n^\mu)$$

wodurch angedeutet wird, dass die Exponenten steigend geordnet sind, entsprechend Fr. 88 2).

und von den so entstehenden Kombinationstypen diejenigen weglässt, in denen ein höherer Summand als μ vorkommt. Die Summe der Kombinationszahlen aller beibehaltenen Typen ist die gesuchte Zahl.

Erkl. 132 a. Die Kombinationen des Ausdruckes:

$$C^6(a_1^2 a_2^2 a_3^2 \cdots a_n^2;\ 0)$$

zur sechsten Klasse, in welchen irgend ein Element höchstens zweimal vorkommt, setzen sich nebenstehender Antwort gemäss aus folgenden Typen zusammen:

1) 222
2) 2211
3) 21111
4) 111111

} Siehe Erkl. 127.

Die Anzahl der darin enthaltenen Komplexionen ist:

$$C_n^3 + C_n^2 \cdot C_{n-2}^2 + C_n^1 \cdot C_{n-1}^4 + C_n^6 = \frac{n(n-1)(n-2)}{1 \cdot 2 \cdot 3} + \frac{n(n-1)}{1 \cdot 2} \cdot \frac{(n-2)(n-3)}{1 \cdot 2}$$
$$+ \frac{n(n-1)(n-2)(n-3)(n-4)}{1 \cdot 2 \cdot 3 \cdot 4} + \frac{n(n-1)(n-2)(n-3)(n-4)(n-5)}{1 \cdot 2 \cdot 3 \cdot 4 \cdot 5 \cdot 6}$$

Frage 89. Wie findet man die Anzahl derjenigen Kombinationen mit unbeschränkter Wiederholung, in denen irgend ein Element gerade μmal vorkommt?

Antwort. Man sucht die Anzahl der Komplexionen, in denen irgend ein Element mindestens μmal vorkommt, sowie derjenigen, in welcher ein Element mindestens $\mu+1$ mal vorkommt (beidemal nach Frage 87) und zieht letztere Zahl von ersterer ab.

Erkl. 133. Analog lässt sich auch die Frage beantworten, in wie vielen Komplexionen irgend ein Element mindestens μmal und höchstens $\mu+\nu$mal enthalten ist. Man sucht die Anzahl der Komplexionen, welche ein Element mindestens μmal enthalten und die Anzahl derjenigen, welche ein Element mindestens $\mu+\nu+1$ mal enthalten und zieht letztere Zahl von ersterer ab.

Frage 89a. Wie erhält man die Anzahl derjenigen Kombinationen mit unbeschränkter Wiederholung zur $k$ten Klasse, in denen jedes darin vorkommende Element mindestens μmal wiederholt ist?

Antwort. Während in Frage 87 nur irgend eines der gegebenen Elemente mindestens μmal in den Komplexionen vorkommen musste, die übrigen Elemente aber auch niedrigere Wiederholungszahlen haben konnten, sind im gegenwärtigen Falle alle Wiederholungszahlen $<\mu$ überhaupt ausgeschlossen. Man bildet also nur diejenigen Typen, welche dieser Bedingung entsprechen und berechnet die Summe ihrer Kombinationszahlen. Handelt es sich also z. B. um die Komplexionen der Elemente:

$$a_1\ a_2\ a_3\ a_4\ a_5$$

zur neunten Klasse, in denen jedes darin

auftretende Element mindestens dreimal erscheint, so gelten nur die Typen:

63, 54, 333

und man findet die Anzahl:

$$C_5^1 \cdot C_4^1 + C_5^1 \cdot C_4^1 + C_5^3 = 20 + 20 + 10 = 50$$

Frage 90. Wie kann die Anzahl der Kombinationen mit beschränkter Wiederholung in allen Klassen angegeben werden?

Antwort. Es seien:

$$a^\alpha,\ b^\beta,\ c^\gamma,\ \cdots m^\mu$$

die zu kombinierenden Elemente, wobei die Exponenten angeben, wie oft das betreffende Element höchstens wiederholt werden darf; unter den Exponenten können auch beliebig viele gleiche sein. Denkt man sich folgende Summen:

$$\begin{array}{l} 1 + a + a^2 + a^3 + \cdots + a^\alpha \\ 1 + b + b^2 + b^3 + \cdots + b^\beta \\ 1 + c + c^2 + c^3 + \cdots + c^\gamma \\ \cdot\ \cdot\ \cdot\ \cdot\ \cdot\ \cdot\ \cdot\ \cdot\ \cdot\ \cdot \\ 1 + m + m^2 + m^3 + \cdots + m^\mu \end{array}$$

miteinander multipliziert, so sind die Glieder des Produktes (mit Ausnahme des aus sämtlichen Anfangsgliedern entstehenden Produktes 1) sämtliche Komplexionen, die aus den gegebenen Elementen zu allen möglichen Klassen (von der ersten bis zur $(\alpha + \beta + \cdots + \mu)$ten) gebildet werden können. Da aber die genannten Summen beziehungsweise $\alpha + 1,\ \beta + 1,\ \cdots\ \mu + 1$ Glieder besitzen, so ist die Anzahl aller Teilprodukte:

$$(\alpha + 1)(\beta + 1)(\gamma + 1) \cdots (\mu + 1)$$

und folglich die Anzahl der Kombinationen der gegebenen Elemente zu allen möglichen Klassen:

$$(\alpha + 1)(\beta + 1)(\gamma + 1) \cdots (\mu + 1) - 1$$

Erkl. 184. Aus den drei Reihen:

$$\begin{array}{l} 1 + a + a^2 + a^3 + a^4 \\ 1 + b + b^2 \\ 1 + c + c^2 + c^3 \end{array}$$

gehen z. B. folgende Produkte hervor (mit Weglassung des ersten Produktes 1):

1. Klasse: $a + b + c$ + 2. Klasse: $a^2 + ab + ac + b^2 + bc + c^2$

3. Klasse:	4. Klasse:	5. Klasse:	6. Klasse:
$+ a^3$	$+ a^4$	$+ a^4 b$	$+ a^4 b^2$
$a^2 b$	$a^3 b$	$a^4 c$	$a^4 bc$
$a^2 c$	$a^3 c$	$a^3 b^2$	$a^4 c^2$
$a b^2$	$a^2 b^2$	$a^3 bc$	$a^3 b^2 c$
abc	$a^2 bc$	$a^3 c^2$	$a^3 b c^2$
$a c^2$	$a^2 c^2$	$a^2 b^2 c$	$a^3 c^3$
$b^2 c$	$a b^2 c$	$a^2 b c^2$	$a^2 b^2 c^2$
$b c^2$	$a b c^2$	$a^2 c^3$	$a^2 b c^3$
c^3	$a c^3$	$a b^2 c^2$	$a b^2 c^3$
	$b^2 c^2$	$a b c^3$	
	$b c^3$	$b^2 c^3$	

7. Klasse:	8. Klasse:	9. Klasse:
$+ a^4 b^2 c$	$+ a^4 b^2 c^2$	$+ a^4 b^2 c^3$
$a^4 b c^2$	$a^4 b c^3$	
$a^4 c^3$	$a^3 b^2 c^3$	
$a^3 b^2 c^2$		
$a^3 b c^3$		
$a^2 b^2 c^3$		

Erkl. 185. Dürfen alle Elemente gleich oft (αmal) stehen, so wird die Anzahl der möglichen Kombinationen:

$$(\alpha + 1)^n - 1$$

wenn n die Anzahl der gegebenen Elemente vorstellt.

Erkl. 186. Die Anzahl der Kombinationen von n Elementen ohne Wiederholung in allen möglichen Klassen wird demnach für:

$$\alpha = \beta = \gamma = \cdots = \mu = 1$$

erhalten, nämlich:

$$(1 + 1)^n - 1 = 2^n - 1$$

oder:

$$C_n^1 + C_n^2 + C_n^3 + \cdots + C_n^n = 2^n - 1$$

Frage 91. Was versteht man unter Kombinationen mit beschränkter Stellenbesetzung ohne oder mit Wiederholung?

Antwort. Es seien m Reihen mit beziehungsweise:

$$n_1, \quad n_2, \quad n_3 \cdots n_m$$

Elementen gegeben und zwar so geordnet, dass:

$$n_1 \leqq n_2 \leqq n_3 \leqq \cdots n_m$$

sind. Die zweite Reihe enthält dann um:

$$n_2 - n_1 = r_2$$

mehr Elemente als die erste, die dritte um:

$$n_3 - n_2 = r_3$$

mehr Elemente als die zweite u. s. f.

Kombiniert man nun die Elemente ohne oder mit Wiederholung derart, dass niemals ein niedrigerer Zeiger auf einen höheren folgt und setzt (der Gleichförmigkeit wegen) $n_1 = r_1$, so können die r_1 Zeiger der ersten Reihe von der ersten Stelle an und auf allen späteren erscheinen, die r_2 Zeiger erst von der zweiten Stelle an, die r_3 Zeiger von der dritten an u. s. w., und zwar stets in steigender Ordnung. Man kann also die ersten Stellen nur mit den Zeigern r_1 besetzen, die zweiten mit Zeigern von r_1 und r_2 (mit Ausnahme des Zeigers 1), die dritten mit Zeigern aus r_1 oder r_2 oder r_3 (mit Ausnahme der Zeiger 1 und 2) u. s. f. (Siehe das Beispiel in Erkl. 137.)

Erkl. 137. Für die Reihen:

$$a_1 \; a_2 \; a_3$$
$$b_1 \; b_2 \; b_3 \; b_4$$
$$c_1 \; c_2 \; c_3 \; c_4 \; c_5 \; c_6$$

ist:

$$n_1 = 3, \quad n_2 = 4, \quad n_3 = 6$$

folglich:

$$r_1 = 3, \quad r_2 = 1, \quad r_3 = 2$$

und es können die zwei Zeiger 1, 2, 3 an allen drei Stellen, der Zeiger 4 nur an der zweiten und dritten, die Zeiger 5 und 6 nur an der dritten Stelle stehen.

Die Kombinationen mit beschränkter Stellenbesetzung heissen nämlich ohne Wiederholung:

$a_1 b_2 c_3$	$a_1 b_3 c_4$	$a_1 b_4 c_6$	$a_2 b_4 c_5$
$a_1 b_2 c_4$	$a_1 b_3 c_5$	$a_2 b_3 c_4$	$a_2 b_4 c_6$
$a_1 b_2 c_5$	$a_1 b_3 c_6$	$a_2 b_3 c_5$	$a_3 b_4 c_5$
$a_1 b_2 c_6$	$a_1 b_4 c_5$	$a_2 b_3 c_6$	$a_3 b_4 c_6$

hingegen mit Wiederholung:

$a_1 b_1 c_1$	$a_1 b_2 c_5$	$a_2 b_2 c_2$	$a_2 b_4 c_4$
$a_1 b_1 c_2$	$a_1 b_2 c_6$	$a_2 b_2 c_3$	$a_2 b_4 c_5$
$a_1 b_1 c_3$	$a_1 b_3 c_3$	$a_2 b_2 c_4$	$a_2 b_4 c_6$
$a_1 b_1 c_4$	$a_1 b_3 c_4$	$a_2 b_2 c_5$	$a_3 b_3 c_3$
$a_1 b_1 c_5$	$a_1 b_3 c_5$	$a_2 b_2 c_6$	$a_3 b_3 c_4$
$a_1 b_1 c_6$	$a_1 b_3 c_6$	$a_2 b_3 c_3$	$a_3 b_3 c_5$
$a_1 b_2 c_2$	$a_1 b_4 c_4$	$a_2 b_3 c_4$	$a_3 b_3 c_6$
$a_1 b_2 c_3$	$a_1 b_4 c_5$	$a_2 b_3 c_5$	$a_3 b_4 c_4$
$a_1 b_2 c_4$	$a_1 b_4 c_6$	$a_2 b_3 c_6$	$a_3 b_4 c_5$
			$a_3 b_4 c_6$

Frage 92. Wie wird die Anzahl der auf vorstehende Art gebildeten Kombinationen zur $k$ten Klasse ohne Wiederholung gefunden?

Antwort. Die Anzahl der Kombinationen wird gefunden, wenn man die Grössen r mit Wiederholung und beschränkter Besetzung (im Sinne der Antwort zu Frage 91) zur $k$ten Klasse kombiniert, für jede derartige Komplexion die Kombinationszahl sucht und diese sämtlich addiert. Für die erste Klasse ist die Anzahl natürlich $= r_1 = n_1$. Für die zweite Klasse (2 Reihen) können die Stellen folgende Besetzungsarten haben:

$$r_1 r_1 \quad \text{oder} \quad r_1 r_2$$

d. h. entweder sind beide Stellen aus den Zeigern r_1 besetzt, oder die erste aus r_1, die zweite aus r_2. Die Kombinationszahl für die erstere Art ist:

$$C^2_{r_1} = C^2_{n_1}$$

Für die letztere:

$$C^1_{r_1} \cdot C^1_{r_2} = C^1_{n_1} \cdot C^1_{n_2 - n_1} = n_1 (n_2 - 1)$$

Erkl. 138. Die Kombinationen der Grössen $r_1 r_2 \cdots$ mit Wiederholung und der oben erwähnten Beschränkung sind:

*) Für die zweite Klasse:

$$r_1 r_1$$
$$r_1 r_2$$

für die dritte Klasse:

$$r_1 r_1 r_1$$
$$r_1 r_1 r_2$$
$$r_1 r_1 r_3$$
$$r_1 r_2 r_2$$
$$r_1 r_2 r_3$$

für die vierte Klasse:

$r_1 r_1 r_1 r_1$
$r_1 r_1 r_1 r_2$
$r_1 r_1 r_1 r_3$
$r_1 r_1 r_1 r_4$
$r_1 r_1 r_2 r_2$
$r_1 r_1 r_2 r_3$
$r_1 r_1 r_2 r_4$
$r_1 r_1 r_3 r_3$
$r_1 r_1 r_3 r_4$
$r_1 r_2 r_2 r_2$
$r_1 r_2 r_2 r_3$
$r_1 r_2 r_2 r_4$
$r_1 r_2 r_3 r_3$
$r_1 r_2 r_3 r_4$

Erkl. 138a. Für das in Erkl. 137 ausgeführte Beispiel von drei Reihen ergibt sich demnach als Anzahl der Komplexionen, da:

$$n_1 = 3, \quad n_2 = 4, \quad n_3 = 6$$

ist:

$$C_3^3 + {}_3^2 \cdot C_1^1 + C_3^2 \cdot C_2^1 + C_3^1 \cdot C_1^2 + C_3^1 \cdot C_1^1 \cdot C_2^1$$
$$= 1 + 3 + 6 + 0 + 6 = 16$$

also enthält die zweite Klasse im ganzen:

$$C_{n_1}^2 + C_{n_1}^1 \, C_{n_2 - n_1}^1$$

Komplexionen.

Für 3 Reihen ergeben sich aus den in Erkl. 138 angeführten Besetzungsarten der Stellen folgende Kombinationen dritter Klasse:

$$C_{r_1}^3 + C_{r_1}^2 \cdot C_{r_2}^1 + C_{r_1}^2 \cdot C_{r_3}^1 + C_{r_1}^1 \cdot C_{r_2}^2$$
$$+ C_{r_1}^1 \cdot C_{r_2}^1 \cdot C_{r_3}^1$$
$$= C_{n_1}^3 + C_{n_1}^2 \cdot C_{n_2 - n_1}^1$$
$$+ C_{n_1}^2 \cdot C_{n_3 - n_2}^1 + C_{n_1}^1 \cdot C_{n_2 - n_1}^2$$
$$+ C_{n_1}^1 \cdot C_{n_2 - n_1}^1 \cdot C_{n_3 - n_2}^1$$

Für 4 Reihen (Kombinationen vierter Klasse) setzt sich die Gesamtanzahl der Komplexionen bereits aus 14 verschieden gebildeten Kombinationen zusammen (s. Erkl. 138) und lautet demnach:

$$C_{n_1}^4 + C_{n_1}^3 \cdot C_{n_2 - n_1} + C_{n_1}^3 \cdot C_{n_3 - n_2} + C_{n_1}^3 \cdot C_{n_4 - n_3}$$
$$+ C_{n_1}^2 \cdot C_{n_2 - n_1}^2 + C_{n_1}^2 \cdot C_{n_2 - n_1}^1 \cdot C_{n_3 - n_2}^1$$
$$+ C_{n_1}^2 \cdot C_{n_2 - n_1}^1 \cdot C_{n_4 - n_3}^1 + C_{n_1}^2 \cdot C_{n_3 - n_2}^2$$
$$+ C_{n_1}^2 \cdot C_{n_3 - n_2}^1 \cdot C_{n_4 - n_3}^1 + C_{n_1}^1 \cdot C_{n_2 - n_1}^3$$
$$+ C_{n_1}^1 \cdot C_{n_2 - n_1}^2 \cdot C_{n_3 - n_2}^1 + C_{n_1}^1 \cdot C_{n_2 - n_1}^2 \cdot C_{n_4 - n_3}^1$$
$$+ C_{n_1}^1 \cdot C_{n_2 - n_1}^1 \cdot C_{n_3 - n_2}^2$$
$$+ C_{n_1}^1 \cdot C_{n_2 - n_1}^1 \cdot C_{n_3 - n_2}^1 \cdot C_{n_4 - n_3}^1$$

Man sieht, dass die Ausdrücke für die höheren Klassen sehr weitläufig werden; doch ist es immer leicht, alle Zusammensetzungsarten in den Grössen r aufzustellen und daraus die zu addierenden Kombinationszahlen zu bilden.

Frage 92a. Wie gross ist die Anzahl der Kombinationen mit Wiederholung bei beschränkter Stellenbesetzung in der $k$ten Klasse?

Antwort. Für Kombinationen mit Wiederholung bei beschränkter Stellenbesetzung wird die Anzahl der Komplexionen durch die nämlichen Formeln bestimmt, wie in vorhergehender Frage, mit dem einzigen Unterschiede, dass für C überall ${}^{w}C$ zu setzen ist. Man hat also für die zweite Klasse:

$${}^{w}C_{n_1}^2 + C_n^1 \cdot C_{n_2 - n_1}^1$$

für die dritte Klasse:

$${}^{w}C_{n_1}^3 + {}^{w}C_{n_1}^2 \cdot C_{n_2 - n_1}^1 + {}^{w}C_{n_1}^2 \cdot C_{n_3 - n_2}^1$$
$$+ C_{n_1}^1 \cdot {}^{w}C_{n_2 - 1}^2 + C_{n_1}^1 \cdot C_{n_2 - n_1}^1 \cdot C_{n_3 - n_2}^1$$

u. s. w.

Erkl. 139. In dem Beispiel von Erkl. 137 hat man demnach die Kombinationszahlen:

$${}^{w}C_3^3 + {}^{w}C_3^2 \cdot C_1^1 + {}^{w}C_3^2 \cdot C_2^1 + C_3^1 \cdot {}^{w}C_1^2$$
$$+ C_3^1 \cdot C_1^1 \cdot C_2^1 = 10 + 6 + 12 + 3 + 6 = 37$$

---

e) Gelöste Aufgaben über Kombinationen mit Wiederholung.

Aufgabe 188. Es sollen entwickelt werden:

1) ${}^{w}C^{3}\,(a, b, c, d, e)$

2) ${}^{w}C^{6}\,(1, 2, 3)$

Auflösung. Man erhält:

1) ${}^{w}C^{3}\,(a, b, c, d, e) =$

aaa	*acc*	*bbe*	*cce*
aab	*acd*	*bcc*	*cdd*
aac	*ace*	*bcd*	*cde*
aad	*add*	*bce*	*cee*
aae	*ade*	*bdd*	*ddd*
abb	*aee*	*bde*	*dde*
abc	*bbb*	*bee*	*dee*
abd	*bbc*	*ccc*	*eee*
abe	*bbd*	*ccd*	

2) ${}^{w}C^{6}(1, 2, 3) =$

111111	111223	113333	222222
111112	111233	122222	222223
111113	111333	122223	222233
111122	112222	122233	222333
111123	112223	122333	223333
111133	112233	123333	233333
111222	112333	133333	333333

Aufgabe 189. Wie gross sind folgende Kombinationszahlen:

1) ${}^{w}C^{3}_{10}$; 2) ${}^{w}C^{10}_{2}$; 3) ${}^{w}C^{n}_{n}$; 4) ${}^{w}C^{n+1}_{n-1}$?

Auflösung. Nach Frage 71 ergibt sich:

1) $${}^{w}C^{3}_{10} = \frac{10\cdot 11\cdot 12}{1\cdot 2\cdot 3} = 220$$

2) $${}^{w}C^{10}_{2} = \frac{2\cdot 3\cdot 4\cdot 5\cdot 6\cdot 7\cdot 8\cdot 9\cdot 10\cdot 11}{1\cdot 2\cdot 3\cdot 4\cdot 5\cdot 6\cdot 7\cdot 8\cdot 9\cdot 10} = 11$$

3) $${}^{w}C^{n}_{n} = \frac{n\,(n+1)\,(n+2)\cdots(2n-1)}{1\cdot 2\cdot 3\cdots n} = \frac{(n+1)\,(n+2)\cdots(2n-1)}{1\cdot 2\cdots(n-1)}$$

4) $${}^{w}C^{n+1}_{n-1} = \frac{(n-1)\,n\,(n+1)\cdots(2n-1)}{1\cdot 2\cdot 3\cdots(n+1)} = \frac{(n+2)\,(n+3)\cdots(2n-1)}{1\cdot 2\cdots(n-2)}$$

Aufgabe 190. Wie können folgende Kombinationszahlen durch Fakultäten dargestellt werden:

1) ${}^{w}C^{5}_{12}$; 2) ${}^{w}C^{12}_{5}$; 3) ${}^{w}C^{2n-1}_{n-1}$?

Auflösung. Nach Erkl. 111 kann man setzen:

1) $${}^{w}C^{5}_{12} = \frac{16\,!}{5\,!\,11\,!};\quad 2)\ {}^{w}C^{12}_{5} = \frac{16\,!}{12\,!\,4\,!};$$

3) $${}^{w}C^{2n-1}_{n-1} = \frac{(3n-3)\,!}{(2n-1)\,!\,(n-2)\,!}$$

Druck von Carl Hammer in Stuttgart

1181. Heft.

Preis des Heftes 25 Pf.

Kombinatorik oder die Lehre von den kombinatorischen Operationen. Forts. v. Heft 1175. — Seite 129—144.

Vollständig gelöste

Aufgaben-Sammlung

— nebst Anhängen ungelöster Aufgaben, für den Schul- & Selbstunterricht —
mit
Angabe und Entwicklung der benutzten Sätze, Formeln, Regeln, in Fragen und Antworten
erläutert durch
viele Holzschnitte & lithograph. Tafeln,
aus allen Zweigen
der Rechenkunst, der niederen (Algebra, Planimetrie, Stereometrie, ebenen u. sphärischen Trigonometrie, synthetischen Geometrie etc.) u. höheren Mathematik (höhere Analysis, Differential- u. Integral-Rechnung, analytische Geometrie der Ebene u. des Raumes etc.); — aus allen Zweigen der Physik, Mechanik, Graphostatik, Chemie, Geodäsie, Nautik, mathemat. Geographie, Astronomie; des Maschinen-, Strassen-, Eisenbahn-, Wasser-, Brücken- u. Hochbau's; der Konstruktionslehren als: darstell. Geometrie, Polar- u. Parallel-Perspektive, Schattenkonstruktionen etc. etc.
für
Schüler, Studierende, Kandidaten, Lehrer, Techniker jeder Art, Militärs etc.
zum einzig richtigen und erfolgreichen
Studium, zur **Forthülfe** bei Schularbeiten und zur **rationellen Verwertung** der exakten Wissenschaften,
herausgegeben von

Dr. Adolph Kleyer,
Mathematiker, vereideter königl. preuss. Feldmesser, vereideter grossh. hessischer Geometer I. Klasse
in **Frankfurt a. M.**

unter Mitwirkung der bewährtesten Kräfte.

Kombinatorik

oder

Die Lehre von den kombinatorischen Operationen.

(Permutation, Kombination, Variation.)

(Nach System Kleyer bearbeitet von **Prof. H. Staudacher.**

Fortsetzung v. Heft 1175. — Seite 129—144.

Inhalt:

Gelöste Aufgaben über Kombinationen mit Wiederholung.

Stuttgart 1893.
Verlag von Julius Maier.

Preisgekrönt in Frankfurt a. M. 1881.

PROSPEKT.

Dieses Werk, welchem **kein ähnliches** zur Seite steht, erscheint monatlich in 3—4 Heften zu dem **billigen Preise** von 25 ₰ pro Heft und bringt eine Sammlung der wichtigsten und **praktischsten Aufgaben aus dem Gesamtgebiete der Mathematik, Physik, Mechanik, math. Geographie, Astronomie, des Maschinen-, Strassen-, Eisenbahn-, Brücken- und Hochbaues, des konstruktiven Zeichnens** etc. etc. und zwar in **vollständig gelöster Form, mit vielen Figuren, Erklärungen** nebst **Angabe** und **Entwickelung** der **benutzten Sätze, Formeln, Regeln** in **Fragen** mit **Antworten** etc., so dass die Lösung jedermann verständlich sein kann, bezw. wird, wenn eine grössere Anzahl der Hefte erschienen ist, **da dieselben sich in ihrer Gesamtheit ergänzen** und alsdann auch **alle Teile der reinen und angewandten** Mathematik — nach besonderen selbständigen Kapiteln angeordnet — vorliegen.

Fast jedem Hefte ist ein **Anhang** von **ungelösten** Aufgaben beigegeben, welche der eigenen Lösung (in analoger Form wie die bezüglichen gelösten Aufgaben) des Studierenden überlassen bleiben, und zugleich von den Herren Lehrern für den Schulunterricht benutzt werden können. Die **Lösungen** hierzu werden später in besonderen Heften für die Hand des Lehrers erscheinen. Am Schlusse eines jeden Kapitels gelangen: Titelblatt, Inhaltsverzeichnis, Berichtigungen und erläuternde Erklärungen über das betreffende Kapitel zur Ausgabe.

Das Werk behandelt zunächst den Hauptbestandteil des mathematisch-naturwissenschaftlichen Unterrichtsplanes folgender Schulen: **Realschulen I. und II. Ordn., gleichberechtigten höheren Bürgerschulen, Privatschulen, Gymnasien, Realgymnasien, Progymnasien, Schullehrer-Seminaren, Polytechniken, Techniken, Baugewerkschulen, Gewerbeschulen, Handelsschulen, techn. Vorbereitungsschulen** aller Arten, **gewerbliche Fortbildungsschulen, Akademien, Universitäten, Land- und Forstwissenschaftsschulen, Militärschulen, Vorbereitungs-Anstalten** aller Arten als z. B. für das **Einjährig-Freiwillige- und Offiziers-Examen** etc.

Die **Schüler, Studierenden** und **Kandidaten** der mathematischen, technischen und naturwissenschaftlichen Fächer werden durch diese, **Schritt für Schritt gelöste**, Aufgabensammlung **immerwährend** an ihre in der Schule erworbenen oder nur gehörten Theorien etc. erinnert und wird ihnen hiermit der Weg zum **unfehlbaren Auffinden** der Lösungen derjenigen Aufgaben gezeigt, welche sie bei ihren **Prüfungen** zu lösen haben, zugleich aber auch die **überaus grosse Fruchtbarkeit** der mathematischen Wissenschaften vorgeführt.

Dem **Lehrer** soll mit dieser Aufgabensammlung eine kräftige Stütze für den Schul-Unterricht geboten werden, indem zur Erlernung des **praktischen Teils** der mathematischen Disciplinen — **zum Auflösen von Aufgaben** — in den meisten Schulen oft keine Zeit erübrigt werden kann, **hiermit** aber dem Schüler bei seinen häuslichen Arbeiten eine vollständige Anleitung in die Hände gegeben wird, **entsprechende Aufgaben zu lösen**, die gehabten **Regeln, Formeln, Sätze** etc. **anzuwenden** und **praktisch zu verwerten**. Lust, Liebe und Verständnis für den Schulunterricht wird dadurch erhalten und belebt werden.

Den **Ingenieuren, Architekten, Technikern** und Fachgenossen aller Art, **Militärs** etc. etc. soll diese Sammlung **zur Auffrischung** der erworbenen und vielleicht vergessenen mathematischen Kenntnisse dienen und zugleich durch ihre **praktischen in allen Berufszweigen vorkommenden Anwendungen** einem **toten Kapital lebendige** Kraft verleihen und somit den **Antrieb** zu weiteren **praktischen Verwertungen** und **weiteren Forschungen** geben.

Alle Buchhandlungen nehmen Bestellungen entgegen. Wichtige und praktische Aufgaben werden mit Dank von der Redaktion entgegengenommen und mit Angabe der Namen verbreitet. — Wünsche, Fragen etc., welche die Redaktion betreffen, nimmt der Verfasser, Dr. Kleyer, Frankfurt a. M., Fischerfeldstrasse 16, entgegen, und wird deren Erledigung thunlichst berücksichtigt.

Stuttgart. **Die Verlagshandlung.**

Aufgabe 191. Die Anzahl derjenigen Kombinationen fünfter Klasse der Ziffern:

$$0, 1, 2, \cdots 9$$

anzugeben, 1) welche die Ziffern 0, 5 und 9 nicht enthalten; 2) in denen die Ziffern 0, 5 und 9 vorkommen.

Auflösung. 1) Nach Frage 72 ist die Anzahl der gesuchten Kombinationen:

$$C^5_{10-3} = C^5_7 = 462$$

2) Nach Erkl. 112 gibt es von den verlangten Komplexionen:

$$C^5_{10} - C^5_7 = 2002 - 462 = 1540$$

Aufgabe 192. Folgende Summen in Form von Kombinationszahlen anzugeben:

1) ${}^wC^0_5 + {}^wC^1_5 + {}^wC^2_5 + {}^wC^3_5 + \cdots + {}^wC^{20}_5$;

2) $1 + \frac{n}{1} + \frac{n(n+1)}{1 \cdot 2} + \frac{n(n+1)(n+2)}{1 \cdot 2 \cdot 3} + \cdots + \frac{n(n+1)(n+2)\cdots(2n-2)}{1 \cdot 2 \cdot 3 \cdots (n-1)}$;

(n eine **ganze** Zahl);

3) ${}^wC^7_1 + {}^wC^7_2 + {}^wC^7_3 + \cdots + {}^wC^7_{12}$;

4) $1 + \frac{x+1}{1} + \frac{(x+1)(x+2)}{1 \cdot 2} + \frac{(x+1)(x+2)(x+3)}{1 \cdot 2 \cdot 3} + \cdots + \frac{(x+1)(x+2)\cdots(2x-1)}{1 \cdot 2 \cdots (x-1)}$;

(x eine **ganze** Zahl).

Auflösung. 1) Man erhält sofort nach Frage 74 1. Satz:

$${}^wC^0_5 + {}^wC^1_5 + {}^wC^2_5 + \cdots + {}^wC^{20}_5 = {}^wC^{20}_6$$

2) Diese Summe ist nichts anderes als:

$${}^wC^0_n + {}^wC^1_n + {}^wC^2_n + {}^wC^3_n + \cdots + {}^wC^{n-1}_n$$
$$= {}^wC^n_n = \frac{(n+1)(n+2)\cdots(2n-1)}{1 \cdot 2 \cdots (n-1)}$$

3) Nach Frage 74 2. Satz ist unmittelbar:

$${}^wC^7_1 + {}^wC^7_2 + \cdots + {}^wC^7_{12} = {}^wC^8_{12}$$

4) Multipliziert man Zähler und Nenner jedes Gliedes mit denjenigen Faktoren, welche seinen Nenner zu $x!$ ergänzen, so wird:

$$\frac{x+1}{1} = \frac{2 \cdot 3 \cdots (x+1)}{1 \cdot 2 \cdots x} = {}^wC^x_2$$

$$\frac{(x+1)(x+2)}{1 \cdot 2} = \frac{3 \cdot 4 \cdots (x+2)}{1 \cdot 2 \cdots x} = {}^wC^x_3$$

. . . .

$$\frac{(x+1)(x+2)\cdots(2x-1}{1 \cdot 2 \cdots (x-1)} = \frac{x(x+1)\cdots(2x-1)}{1 \cdot 2 \cdots x} = {}^wC^x_x$$

Folglich ist die gegebene Summe identisch mit:

$${}^wC^x_1 + {}^wC^x_2 + {}^wC^x_3 + \cdots + {}^wC^x_x = {}^wC^{x+1}_x$$
$$= \frac{x(x+1)(x+2)\cdots 2x}{1 \cdot 2 \cdot 3 \cdots (x+1)} = \frac{(x+2)(x+3)\cdots 2x}{1 \cdot 2 \cdots (x-1)}$$

Aufgabe 193. Die wievielste Kombination sechster Klasse der Elemente:

$$0, 1, 2, 3, 4, 5, 6, 7, 8, 9$$

heisst:

$$335788?$$

Die Aufgabe ist zu lösen:

1) durch Ausschliessung der niedrigeren Komplexionen,
2) durch Ausschliessung der höheren Komplexionen.

Auflösung. 1) Nach Frage 75 berechnet sich die Anzahl der **vorausgehenden** Komplexionen folgendermassen:

Anfangselemente:	Verfügbare Elemente für die späteren Stellen:	Kombinationszahl:
0	0, 1, 2, 3, 4, 5, 6, 7, 8, 9	${}^{w}C^{5}_{10} = 2002$
1	1, 2, 3, 4, 5, 6, 7, 8, 9	${}^{w}C^{5}_{9} = 1287$
2	2, 3, 4, 5, 6, 7, 8, 9	${}^{w}C^{5}_{8} = 792$
333	3, 4, 5, 6, 7, 8, 9	${}^{w}C^{3}_{7} = 84$
334	4, 5, 6, 7, 8, 9	${}^{w}C^{3}_{6} = 56$
3355	5, 6, 7, 8, 9	${}^{w}C^{2}_{5} = 15$
3356	6, 7, 8, 9	${}^{w}C^{2}_{4} = 10$
33577	7, 8, 9	${}^{w}C^{1}_{3} = 3$
		4249

Erkl. 140. Zu Auflösung 1): Von den mit 3 beginnenden Komplexionen gehen die gesuchten nur diejenigen voraus, die mit:

333 oder 334

beginnen.

Die erste mit 33578 beginnende Komplexion ist die gegebene; deren Rangzahl demnach:

4250

2) Nach Frage 76 hat man folgende Berechnung: Die gegebene Komplexion enthält der Reihe nach das 4., 4., 6., 8., 9., 9. gegebene Element. Von der Anzahl:

$${}^{w}C^{6}_{10}$$

aller Komplexionen sind demnach auszuschliessen alle Komplexionen, die an der ersten Stelle ein höheres Element als das vierte, an der zweiten ein höheres als das vierte, an der dritten ein höheres als das sechste u. s. w. haben. Danach ist die gesuchte Rangzahl:

$${}^{w}C^{6}_{10} - {}^{w}C^{6}_{6} - {}^{w}C^{5}_{6} - {}^{w}C^{4}_{4} - {}^{w}C^{3}_{2} - {}^{w}C^{2}_{1} - {}^{w}C^{1}_{1} = 5005 - (462 + 252 + 35 + 4 + 1 + 1) = 4250$$

Aufgabe 194. Wie heisst die 12071. Kombination der vierten Klasse mit Wiederholung aus den 26 Buchstaben des Alphabetes? (Durch Ausschliessung der Komplexionen niedrigeren Ranges zu berechnen.)

Erkl. 141. Etwas kürzer ist die Berechnung der Komplexion nach Frage 78.

Man erhält im gegebenen Falle (Erkl. 108):

$${}^{w}C^{4}_{u} + {}^{w}C^{3}_{v} + {}^{w}C^{2}_{w} + C^{1}_{x} = C^{4}_{26} - 12071$$
$$= 11680$$

Demnach muss sein:

$${}^{w}C^{4}_{u} = \frac{u\,(u+1)\,(u+2)\,(u+3)}{1 \cdot 2 \cdot 3 \cdot 4} < 11680$$

Man findet daraus als grössten Wert:

$$u' = 21$$

und

$$11680 - {}^{w}C^{4}_{21} = 1054$$

Auflösung. Nach Frage 77 erhält man:

Anfangselement:	Kombinationszahl:
a	${}^{w}C^{3}_{26} = 3276$
b	${}^{w}C^{3}_{25} = 2925$
c	${}^{w}C^{3}_{24} = 2600$
d	${}^{w}C^{3}_{23} = 2300$
	11101

Werden noch die mit *e* anfangenden Komplexionen hinzugezählt, so wird die gegebene Rangzahl überschritten. Die gesuchte Komplexion beginnt also mit:

e

Man hat nun:

$${}^wC^3_v = \frac{v(v+1)(v+2)}{1\cdot 2\cdot 3} \leqq 1054$$

woraus der Maximalwert:

$$v' = 17$$

folgt. Da nun:

$$1054 - {}^wC^3_{17} = 85$$

so wird jetzt sein müssen:

$${}^wC^2_w = \frac{w(w+1)}{1\cdot 2} \leqq 85$$

Hieraus ergiebt sich als grösster Wert:

$$w' = 12$$

und

$$85 - {}^wC^2_{12} = 7$$

Endlich hat man:

$$C^1_x = x = 7$$

Es steht demnach:

An 1. Stelle das $26 - 21 = 5.$ Element *e*
„ 2. „ „ $26 - 17 = 9.$ „ *i*
„ 3. „ „ $26 - 12 = 14.$ „ *n*
„ 4. „ „ $26 - 7 = 19.$ „ *s*

Ferner erhält man:

Anfangselement:	Kombinationszahl:
ee	${}^wC^2_{23} = 253$
ef	${}^wC^2_{21} = 231$
eg	${}^wC^2_{20} = 210$
eh	${}^wC^2_{19} = 190$

Bisherige Gesamtzahl = 11985

Die mit *ei* beginnenden Komplexionen überschreiten die gegebene Rangzahl; also beginnt auch die gesuchte mit:

ei

Nun folgen die mit:

eii, eij, eik, eil, eim

beginnenden Komplexionen mit den Zahlen:

$$C^1_{18} + C^1_{17} + C^1_{16} + C^1_{15} + C^1_{14} = 80$$

Die Gesamtzahl ist nunmehr:

$$11983 + 80 = 12065$$

und die gesuchte Komplexion beginnt mit:

ein

Die 12066. Kombination ist damnach:

einn

und die 12071. lautet:

eins

Aufgabe 195. Weisse und schwarze Kugeln sollen so auf alle möglichen Arten in drei Fächer verteilt werden, dass das erste Fach 2 Kugeln, das zweite 3 Kugeln, das dritte 1 Kugel von beliebiger Farbe enthalte; wie viele Verteilungsarten sind möglich?

Erkl. 142. Das erste Fach kann din Füllungsarten:

aa, ab, bb

enthalten, das zweite die Füllungsarten:

aaa, aab, abb, bbb

das dritte:

a, b

Dieselben können auf $3 \cdot 4 \cdot 2 = 24$ Arten miteinander verbunden werden.

Auflösung. Bezeichnet man die weissen Kugeln mit *a*, die schwarzen mit *b*, so sind zwei Elemente gegeben, welche mit Wiederholung in die drei Fächer verteilt werden sollen. Die Füllung des ersten Faches kann auf:

$${}^wC^2_2$$

Arten geschehen, die des zweiten auf:

$${}^wC^3_2$$

Arten, die des dritten auf:

$$C^1_2$$

Arten. Da aber jede Füllungsart des ersten Faches mit jeder Füllungsart des zweiten und dritten Faches zusammentreffen kann, so ist die Anzahl aller möglichen Fälle:

$${}^wC^2_2 \cdot {}^wC^3_2 \cdot C^1_2 = 3\cdot 4\cdot 2 = 24$$

Aufgabe 196. Die Nummern 0 bis 9 sollen in fünf Fächer so verteilt werden, dass das erste 3 Nummern, das zweite 4, das dritte 6, das vierte 5 und das fünfte 2 Nummern in beliebiger Wahl enthält.

Auflösung. Man hat hier 10 verschiedene Elemente, die mit unbeschränkter Wiederholung in fünf Fächer verteilt werden sollen (so dass im einfachsten Falle alle Fächer nur ein und dieselbe Nummer enthalten können). Wie in vorhergehender Aufgabe hat man:

$$^{w}C^{3}_{10} \cdot {}^{w}C^{4}_{10} \cdot {}^{w}C^{6}_{10} \cdot {}^{w}C^{5}_{10} \cdot {}^{w}C^{2}_{10} = 220 \cdot 715 \cdot 5005 \cdot 2002 \cdot 55 = 86688116515000$$

Aufgabe 197. Die Komplexionen von:

$$^{w}C^{2}_{5}\,(a, b, c, d, e, f)$$

seien gebildet. Wie viele derselben enthalten

1) das Element a zweimal,

2) das Element b einmal und c zweimal?

Auflösung. 1) Wenn a zweimal vorkommen soll, so müssen die beiden andern Stellen der Komplexion durch die übrigen Elemente besetzt sein. Man schliesst also a aus und bildet:

$$^{w}C^{2}_{5} = 15$$

Dies ist die gesuchte Anzahl.

2) Sollen b einmal und c zweimal vorkommen, so muss das vierte Element der Komplexion eines der übrigen (a, d, e, f) sein. Es gibt demnach:

$$C^{1}_{4} = 4$$

Komplexionen der verlangten Art.

Aufgabe 198. Die Komplexionen von:

$$^{w}C^{4}\,(1, 2, 3, 4 \cdots 9)$$

seien gebildet. Wie viel gibt es darunter, die mit der Komplexion:

13558

ein, zwei, drei oder vier gemeinsame Elemente haben?

Auflösung. Soll nur **ein** gemeinsames Element da sein, also entweder 1, oder 3, oder 5, oder 8, so dürfen die fraglichen Komplexionen nach Abtrennung dieses Elements im ersten Falle die Elemente 3, 5, 8 **nicht** enthalten, im zweiten Falle nicht die Elemente 1, 5, 8, im dritten Falle 1, 3, 5, 8, im vierten Falle nicht 1, 3, 5. Diese Fälle geben folgende Kombinationszahlen:

1), 2) und 4) $^{w}C^{4}_{6} = 126$; 3) $^{w}C^{4}_{5} = 70$

Gesamtzahl der gesuchten Komplexionen:

$$3 \cdot 126 + 70 = 448$$

Komplexionen, die mit der gegebenen zwei gemeinsame Elemente haben, müssen eine der folgenden Verbindungen enthalten:

1.	2.	3.	4.	5.	6.	7.
13,	15,	18,	35,	38,	55,	58;

demnach dürfen nach Abtrennung dieser Elemente **nicht mehr** vorkommen:

1.	2.	3.	4.	5.	6.	7.
5,8	3,5,8	3,5	1,5,8	1,5	1,3,8	1,3,5

Daraus folgen die Kombinationszahlen:

$$1)\ 3)\ \text{und}\ 5)\ {}^{w}C_6^3 = 84$$

$$2)\ 4)\ 6)\ \text{und}\ 7)\ {}^{w}C_7^3 = 56$$

Die Gesamtzahl der fraglichen Komplexionen ist demnach:

$$3 \cdot 84 + 4 \cdot 56 = 476$$

Als drei gemeinsame Elemente sind folgende Gruppen möglich:

1.	2.	3.	4.	5.	6.	7.
135	138	155	158	355	358	558

Nach Abtrennung dieser Elemente darf die Komplexion der zwei übrigen nicht enthalten:

1.	2.	3.	4.	5.	6.	7.
5,8	5	3,8	3,5	1,8	1,5	1,3

woraus die Kombinationszahlen:

$$6 \cdot {}^{w}C_7^2 + {}^{w}C_8^2 = 204$$

Vier gemeinschaftliche Elemente können die Gruppen bilden:

1.	2.	3.	4.
1355	1358	1558	3558

Nach Abtrennung dieser Elemente darf die übrige Stelle nicht besetzt sein durch:

1.	2.	3.	4.
8	5	3	1

Hieraus ist die Anzahl der hieher gehörigen Komplexionen:

$$4 \cdot C_8^1 = 32$$

Erkl. 148. Addiert man alle in nebenstehender Auflösung gefundenen Mengen der Komplexionen und zählt hiezu noch diejenigen, welche mit der gegebenen kein Element gemeinsam haben, d. h. aus den Elementen:

2, 4, 6, 7, 9

gebildet sind, deren Anzahl:

$${}^{w}C_5^5 = 126$$

ist, und ausserdem noch die gegebene Komplexion selbst, so ist die Gesamtzahl:

$$448 + 476 + 204 + 32 + 126 + 1 = 1287 = {}^{w}C_9^5$$

Hierin liegt eine Probe für die Richtigkeit der Rechnung.

Aufgabe 199. In einer Urne befinden sich 8 weisse und 6 schwarze numerierte Kugeln; man nimmt auf einmal 5 Kugeln heraus. Wie viele verschiedene Ziehungen können eintreten und wie oft kann jede derselben vorkommen?

Auflösung. Die Anzahl der verschiedenen Ziehungen ist offenbar:

$${}^{w}C_2^5 = 6$$

Bezeichnet man die weissen Kugeln durch a, die schwarzen durch b, so können vorkommen die Ziehungen:

a^5	auf	$C_8^5 =$	56	Arten
$a^4 b$	„	$C_8^4 \cdot C_6^1 =$	420	„
$a^3 b^2$	„	$C_8^3 C_6^2 =$	840	„
$a^2 b^3$	„	$C_8^2 C_6^3 =$	560	„
$a b^4$	„	$C_8^1 C_6^4 =$	120	„
b^5	„	$C_6^5 =$	6	„
		Summe $=$	2002	Arten.

Aufgabe 200. Wie viele Steine muss ein Dominospiel haben, wenn es alle Verbindungen von Doppel-Null bis Doppel-Sechs enthalten soll?

Auflösung. Jeder Stein des Spieles enthält eine Kombination zweiter Klasse mit Wiederholung von den Elementen:

$$0,\ 1,\ 2,\ 3,\ 4,\ 5,\ 6;$$

die Anzahl der Steine muss daher:

$$^{w}C_7^2 = \frac{7\cdot 8}{1\cdot 2} = 28$$

betragen.

Aufgabe 201. Wie viele verschiedene Würfe sind mit 3 Würfeln möglich?

Auflösung. Jeder Würfel kann eine der sechs ersten natürlichen Zahlen zeigen, also ist die Anzahl aller verschiedenen Würfe:

$$^{w}C_6^3 = \frac{6\cdot 7\cdot 8}{1\cdot 2\cdot 3} = 56$$

Aufgabe 202. Wie viele Glieder hat ein vollständiges homogenes Polynom $n$ten Grades:

1) aus zwei Grössen,

2) aus k Grössen?

Erkl. 144. Ein homogenes Polynom $n$ten Grades heisst ein solches, in welchem die Summe der Exponenten aller Buchstabenfaktoren in jedem Gliede $= n$ ist; vollständig heisst dasselbe, wenn von jeder Buchstabengrösse alle Potenzen von der 0ten bis zur $n$ten in demselben vorkommen. So ist z. B.:

$$a^3 + a^2b + ab^2 + b^3$$

ein homogenes Polynom (vollständig) des dritten Grades aus zwei Grössen a und b, und:

$$x^4+x^3y+x^3z+x^2y^2+x^2yz+x^2z^2+xy^3+xy^2z+xyz^2+xz^3+y^4+y^3z+y^2z^2+yz^3+z^4$$

ein solches vierten Grades aus drei Grössen.

Auflösung. Aus den in Erkl. 144 angegebenen Beispielen sieht man leicht, dass ein vollständiges homogenes Polynom $n$ten Grades so viele Glieder haben muss, als sich die in dasselbe eintretenden Buchstabengrössen mit Wiederholung zur $n$ten Klasse kombinieren lassen, wobei die einzelnen Komplexionen als Produkte betrachtet werden. Man erhält demnach:

$$1)\ {}^{w}C_2^n = \frac{(n+1)!}{n!} = n+1 \quad \text{(Siehe Erkl. 111)}$$

$$2)\ {}^{w}C_k^n = \frac{(n+k-1)!}{n!\,(k-1)!}$$

$$= \frac{(n+1)(n+2)\cdots(n+k-1)}{1\cdot 2\cdots(k-1)}$$

$$= C_{n+k-1}^{k-1}$$

Aufgabe 203. Wie viele Glieder hat ein vollständiges Polynom $n$ten Grades:

1) aus zwei Grössen,

2) aus k Grössen?

Auflösung. Das vollständige (nicht homogene) Polynom $n$ten Grades enthält als einzelne Glieder sämtliche Kombinationen mit Wiederholung der gegebenen Grössen zu allen Klassen von der 0ten bis zur $n$ten, wobei die Komplexionen als Produkte anzusehen sind. Man hat demnach:

1) Für zwei Grössen:

$$C_1^0 + C_2^1 + {}^{w}C_2^2 + \cdots + {}^{w}C_2^n = {}^{w}C_3^n \quad \text{(Frage 74)}$$

$$= \frac{(n+2)!}{n!\,2!} = \frac{(n+2)(n+1)}{1\cdot 2} = C_{n+2}^2$$

2) Für k Grössen:

$$C_k^0 + C_k^1 + {}^wC_k^2 + \cdots + {}^wC_k^n = {}^wC_{k+1}^n$$

$$= \frac{(n+k)!}{n!\,k!} = \frac{(n+k)(n+k-1)\cdots(n+1)}{1\cdot 2\cdots k}$$

$$= C_{n+k}^k$$

Aufgabe 204. Die Buchstaben:

b, c, d, f, g, h, k, l, m

n, p, q, r, s, t, v, w, x, z

a, e, i, o, u, y

sollen in zwei Fächer so verteilt werden, dass das erste Fach enthalte:

2 Buchstaben der ersten Reihe,
2 „ „ zweiten „
2 „ „ dritten „

das zweite Fach:

2 Buchstaben der ersten Reihe,
3 „ „ zweiten „
3 „ „ dritten „

Hiebei seien für jeden Buchstaben Wiederholungen zugelassen, soweit es die gegebenen Bedingungen gestatten. Wie viele Verteilungen sind möglich?

Auflösung. Nach Frage 81 können die Buchstaben der ersten Reihe in die zwei Fächer verteilt werden auf:

$${}^wC_9^2 \cdot {}^wC_9^2 = 45^2$$

Arten; die Buchstaben der zweiten Reihe auf:

$${}^wC_{10}^2 \cdot {}^wC_{10}^3 = 55 \cdot 220$$

Arten; endlich die der dritten Reihe auf:

$${}^wC_6^2 \cdot {}^wC_6^3 = 21 \cdot 56$$

Arten. Da nun jede Verteilung aus der ersten Reihe mit jeder Verteilung aus der zweiten oder dritten Reihe zusammentreffen kann, so entstehen im ganzen:

$$45^2 \cdot 55 \cdot 220 \cdot 21 \cdot 56 = 519288000$$

Verteilungsarten.

Aufgabe 205. Wie viele Kombinationen der Ziffern:

$$0, 1, \cdots 9$$

zur neunten Klasse gibt es, in welchen die Ziffer 0 dreimal, die Ziffer 9 zweimal und die übrigen je einmal vorkommen?

Auflösung. Nach Erkl. 121 sondert man die Elemente:

$$0^3\, 9^2$$

ab, wonach die übrigen acht Elemente noch zur vierten Klasse ohne Wiederholung zu kombinieren sind. Man hat demnach:

$$C_8^4 = 70$$

Kombinationen.

Aufgabe 206. Sämtliche Komplexionen darzustellen, die in dem Symbol:

$$C(a_1^3 a_2^3;\ b_1^2 b_2^2;\ c_1 c_2 c_3)_{1,2,1}$$

enthalten sind.

Auflösung. Nach Frage 83 dürfen in den verlangten Komplexionen die Elemente a_1 und a_2 höchstens dreimal (also auch zweimal oder einmal), die Elemente b_1 und b_2 höchstens zweimal (also auch einmal) und die Elemente c_1, c_2, c_3 nur einmal vorkommen. Man bildet die Reihen:

$$a_1^3\, a_2^3$$

$$a_1^2\, a_2^2\, b_1^2\, b_2^2$$

$$a_1^2\, a_2^2\, b_1^2\, b_2^2$$

$$a_1\, a_2\, b_1\, b_2\, c_1\, c_2\, c_3$$

woraus Kombinationen zur Klasse:

$$3\cdot 1 + 2\cdot 2 + 1\cdot 1 = 8$$

entstehen. Die Komplexionen sind:

$a_1^3 a_2^2 b_1^2 b_2$	$a_1^3 a_2^2 b_2^2 c_2$	$a_2^3 a_1^2 b_1^2 b_2$	$a_2^3 a_1^2 b_2^2 c_2$
$a_1^3 a_2^2 b_1^2 c_1$	$a_1^3 a_2^2 b_2^2 c_3$	$a_2^3 a_1^2 b_1^2 c_1$	$a_2^3 a_1^2 b_2^2 c_3$
$a_1^3 a_2^2 b_1^2 c_2$	$a_1^3 b_1^2 b_2^2 a_2$	$a_2^3 a_1^2 b_1^2 c_2$	$a_2^3 b_1^2 b_2^2 a_1$
$a_1^3 a_2^2 b_1^2 c_3$	$a_1^3 b_1^2 b_2^2 c_1$	$a_2^3 a_1^2 b_1^2 c_3$	$a_2^3 b_1^2 b_2^2 c_1$
$a_1^3 a_2^2 b_2^2 b_1$	$a_1^3 b_1^2 b_2^2 c_2$	$a_2^3 a_1^2 b_2^2 b_1$	$a_2^3 b_1^2 b_2^2 c_2$
$a_1^3 a_2^2 b_2^2 c_1$	$a_1^3 b_1^2 b_2^2 c_3$	$a_2^3 a_1^2 b_2^2 c_1$	$a_2^3 b_1^2 b_2^2 c_3$

Die Anzahl derselben findet sich nach Frage 84, wo:

$$n_3 = 3, \quad n_2 = 4, \quad n_1 = 7$$

zu nehmen ist:

$$C_2^1 \cdot C_3^2 \cdot C_4^1 = 2\cdot 3\cdot 4 = 24$$

Aufgabe 207. Bei einem Wohlthätigkeitsvereine befinden sich drei Mitglieder, die sich zu einem monatlichen Beitrage von höchstens 10 ℳ verpflichteten, fünf Mitglieder, die monatlich höchstens 5 ℳ, zehn Mitglieder, die höchstens 2 ℳ und zwölf Mitglieder, die nur 1 ℳ monatlich beitragen wollen. Jedes Mitglied einer höheren Beitragsklasse kann jedoch entsprechenden Falles auch bloss mit den Beiträgen der niedrigeren Klassen in Anspruch genommen werden. Wenn nun monatliche Sammlungen so stattfinden, dass jedesmal zwei Mitglieder je 10 ℳ, vier Mitglieder je 5 ℳ, zehn Mitglieder je 2 ℳ und vierzehn Mitglieder je 1 ℳ zu zahlen haben; wie viele solche Sammlungen sind dann möglich und wie lange dauert der ganze Turnus?

Auflösung. Bezeichnet man die Mitglieder von der höchsten Klasse beginnend der Reihe nach durch:

$$a_1\ a_2\ a_3 \cdots a_{30}$$

so hat man zu bilden:

$$C(a_1^{10} a_2^{10} a_3^{10};\ a_4^5 \cdots a_8^5;\ a_9^2 \cdots a_{18}^2;\ a_{19} \cdots a_{30})_{2,4,10,14}$$

Als Kombinationsklasse ergibt sich:

$$10\cdot 2 + 5\cdot 4 + 2\cdot 10 + 1\cdot 14 = 74$$

und die Anzahl der Komplexionen wird:

$$C_3^2 \cdot C_6^4 \cdot C_{12}^{10} \cdot C_{14}^{14} = 3\cdot 15\cdot 66\cdot 1 = 2970$$

Der ganze Sammlungsturnus würde demnach:

2970 Monate = 247 Jahre 6 Monate

dauern.

Aufgabe 208. Wie viele Kombinationen vierter Klasse gibt es aus:

1) n_1 Elementen, die 1 mal vorkommen dürfen?
2) n_2 „ „ 2 mal „ „
3) n_3 „ „ 3 mal „ „
4) n_4 „ „ 4 mal „ „

Erkl. 145. Sollen z. B. 5 Elemente einmal vorkommen, 3 Elemente zweimal, 2 Elemente dreimal und 2 Elemente viermal, so hat man:

$$C^4(a_1^4 a_2^4;\ a_1^3 a_2^3;\ a_1^2 a_2^2 a_3^2;\ a_1 a_2 a_3 a_4 a_5)$$

Auflösung. Die in Frage 84 gefundene Gleichung für die Klassenzahl der verlangten Kombinationen lautet:

$$4k_4 + 3k_3 + 2k_2 + 1k_1 = 4$$

Hierin können (nach Frage 85) die Grössen:

$$k_4,\ k_3,\ k_2,\ k_1$$

Hier dürfen nach Frage 85 die Elemente $a_1 a_2$ höchstens viermal (aber auch drei-, zwei- oder einmal) vorkommen, a_3 höchstens zweimal (oder auch einmal), a_4 und a_5 nur einmal.

Die Kombinationstypen sind die gleichen wie in nebenstehender Auflösung und die Anzahl der Komplexionen ist:

$$C^4(2^4;\ 2^3;\ 3^2;\ 5^1)$$
$$= C_2^1 + C_2^1\cdot C_4^1 + C_3^2 + C_3^1\cdot C_4^2 + C_5^4$$
$$= 2 + 2\cdot 4 + 3 + 3\cdot 6 + 5 = 36$$

irgend einen der Werte:

0, 1, 2, 3, 4

haben wie in Erkl. 127.

Daraus entstehen die Kombinationstypen:

1) 4
2) 31
3) 22
4) 211
5) 1111

denen folgende Kombinationszahlen entsprechen:

1) $C^1_{n_4} = n_4$

2) $C^1_{n_3}\, C^1_{n_1-1} = n_3\,(n_2-1)$

3) $C^2_{n_2} = \frac{n_2\,(n_2-1)}{1\cdot 2}$

4) $C^1_{n_2}\cdot C^2_{n_1-1} = n_2 \frac{(n_1-1)\,(n_1-2)}{1\cdot 2}$

5) $C^4_{n_1} = \frac{n_1\,(n_1-1)\,(n_1-2)\,(n_1-3)}{1\cdot 2\cdot 3\cdot 4}$

Demnach hat man:

$$C^4(n_4^4;\ n_3^3;\ n_2^2;\ n_1^1) = n_4 + n_3\,(n_1-1) + \frac{n_2\,(n_2-1)}{1\cdot 2}$$
$$+ n_2\frac{(n_1-1)\,(n_1-2)}{1\cdot 2} + n_1\frac{(n_1-1)\,(n_1-2)\,(n_1-3)}{1\cdot 2\cdot 3}$$

Aufgabe 209. Wie viele Kombinationen sechster Klasse erhält man aus:

n_1 Elementen, die nur 1 mal vorkommen dürfen?
n_2 " " " 2 mal " "
n_3 " " " 3 mal " "
n_4 " " " 4 mal " "
n_5 " " " 5 mal " "
n_6 " " " 6 mal " "

Auflösung. Die Gleichung der Klassenzahl ist hier:

$$6k_6 + 5k_5 + 4k_4 + 3k_3 + 2k_2 + 1k_1 = 6$$

Die Anzahl der in eine Komplexion eintretenden Elemente, nämlich die Grössen k_6, k_5, $\cdots$ können also die Werte 0, 1 $\cdots$ 6 haben; die Exponenten haben die Werte 1 bis 6, wonach folgende elf Kombinationstypen zu bilden sind:

6	3111
51	222
42	2211
411	21111
33	111111
321	

Ihnen entspricht die Summe der Kombinationszahlen:

$$C^1_{n_6} + C^1_{n_5}\cdot C^1_{n_1-1} + C^1_{n_4}\cdot C^1_{n_2-1} + C^1_{n_4}\cdot C^2_{n_1-1}$$
$$+ C^2_{n_3} + C^1_{n_3}\cdot C^1_{n_2-1}\cdot C^1_{n_1-2} + C^1_{n_3}\cdot C^3_{n_1-1} + C^3_{n_2} + C^2_{n_2}\, C^2_{n_1-2} + C^1_{n_2}\cdot C^4_{n_1-1} + C^6_{n_1}$$

Aufgabe 210. Wie viele Komplexionen erhält die Bezeichnung:

$$C^{10}(a_1^2 a_2^2 a_3^2 a_4^2 a_5^2 a_6)?$$

Auflösung. Hier ist zu setzen:

$$n_1 = 6,\ n_2 = 5,\ n_3 = n_4 = \cdots = n_{10} = 0$$

so dass nur die vier Typen:

22222
222211
2221111
22111111

existieren. Die zugehörigen Kombinationszahlen geben die Summe:

$$C^5_{n_2} + C^4_{n_2}\cdot C^2_{n_1-4} + C^3_{n_2}\cdot C^4_{n_1-3} + C^2_{n_2}\cdot C^6_{n_1-2} = C^5_5 + C^4_5\cdot C^2_2 + 0 = 6$$

Aufgabe 211. Man hat 4 weisse, 3 rote, 3 grüne, 5 blaue, 2 gelbe und 1 schwarze Kugel; wie viele in den Farben verschiedene „Quadrate" kann man aus je vier derselben zusammensetzen?

Auflösung. Man hat hier sechserlei Elemente, die zur vierten Klasse zu kombinieren, d. h. in Quadrate von folgender Form zusammenzustellen sind:

⊙⊙
⊙⊙

Bezeichnen wir der Reihe nach **blau** mit a_1, **weiss** mit a_2, **rot** mit a_3 u. s. w., so hat man zu bilden:

$$C^4(a_1^4 a_2^4;\ a_3^3 a_4^3;\ a_5^2;\ a_6)$$

Allerdings wäre a_1 fünfmal vorhanden, kann jedoch in der vierten Kombinationsklasse **höchstens viermal** gesetzt werden.

Die Anzahl der möglichen Verbindungen ist bereits allgemein in Aufgabe 208 berechnet; in der dort gefundenen Formel hat man für den vorliegenden Fall zu setzen:

$$n_1 = 6,\ n_2 = 5,\ n_3 = 4,\ n_4 = 2$$

wonach erhalten wird:

$$C^1_2 + C^1_4\cdot C^1_5 + C^2_5 + C^1_5\cdot C^2_5 + C^4_6 = 2 + 4\cdot5 + \frac{5\cdot4}{1\cdot2} + 5\cdot\frac{5\cdot4}{1\cdot2} + \frac{6\cdot5\cdot4\cdot3}{1\cdot2\cdot3\cdot4} = 97$$

Aufgabe 212. Wie viele Komplexionen erhält man:

aus 3 Elementen, die 1-, 3- oder 4 mal,
„ 3 „ „ 3- oder 4 mal

zu setzen sind und:

aus 1 Element, das nur 4 mal

zu setzen ist, wenn in jeder Komplexion 2 Elemente der erstern Art, 3 der zweiten und 1 Element der dritten Art vorkommen sollen und wie heissen dieselben?

Auflösung Wir bezeichnen die Elemente, welche **mindestens** einmal (oder drei- oder viermal) vorkommen sollen, durch:

$$a_1\ a_2\ a_3$$

die Elemente, welche **mindestens** dreimal (oder viermal) stehen sollen, durch:

$$a_4\ a_5\ a_6$$

und das **mindestens** viermal vorkommende Element durch: a_7

und drückt die Aufgabe symbolisch aus durch:

$$C(a_1\,a_2\,a_3;\; a_1^3 \cdots a_6^3;\; a_1^4 \cdots a_7^4)_{2,3,1}$$

Man bildet die identischen Reihengruppen:

$$\begin{cases} a_1\,a_2\,a_3 \\ a_1\,a_2\,a_3 \end{cases}$$

$$\begin{cases} a_1^3\,a_2^3\,a_3^3\,a_4^3\,a_5^3\,a_6^3 \\ a_1^3\,a_2^3\,a_3^3\,a_4^3\,a_5^3\,a_6^3 \\ a_1^3\,a_2^3\,a_3^3\,a_4^3\,a_5^3\,a_6^3 \end{cases}$$

$$a_1^4\,a_2^4\,a_3^4\,a_4^4\,a_5^4\,a_6^4\,a_7^4$$

Die Anzahl der Komplexionen hieraus ist:

$$C_3^2 \cdot C_4^3\,C_2^1 = 3 \cdot 4 \cdot 2 = 24$$

Dieselben sind von der fünfzehnten Klasse und lauten:

$a_1\,a_2\,a_3^3\,a_4^3\,a_5^3\,a_6^4$	$a_1\,a_3\,a_2^3\,a_4^3\,a_5^3\,a_6^4$	$a_2\,a_3\,a_1^3\,a_4^3\,a_5^3\,a_6^4$
$a_1\,a_2\,a_3^3\,a_4^3\,a_5^3\,a_7^4$	$a_1\,a_3\,a_2^3\,a_4^3\,a_5^3\,a_7^4$	$a_2\,a_3\,a_1^3\,a_4^3\,a_5^3\,a_7^4$
$a_1\,a_2\,a_3^3\,a_4^3\,a_6^3\,a_5^4$	$a_1\,a_3\,a_2^3\,a_4^3\,a_6^3\,a_5^4$	$a_2\,a_3\,a_1^3\,a_4^3\,a_6^3\,a_5^4$
$a_1\,a_2\,a_3^3\,a_4^3\,a_6^3\,a_7^4$	$a_1\,a_3\,a_2^3\,a_4^3\,a_6^3\,a_7^4$	$a_2\,a_3\,a_1^3\,a_4^3\,a_6^3\,a_7^4$
$a_1\,a_2\,a_3^3\,a_5^3\,a_6^3\,a_4^4$	$a_1\,a_3\,a_2^3\,a_5^3\,a_6^3\,a_4^4$	$a_2\,a_3\,a_1^3\,a_5^3\,a_6^3\,a_4^4$
$a_1\,a_2\,a_3^3\,a_5^3\,a_6^3\,a_7^4$	$a_1\,a_3\,a_2^3\,a_5^3\,a_6^3\,a_7^4$	$a_2\,a_3\,a_1^3\,a_5^3\,a_6^3\,a_7^4$
$a_1\,a_2\,a_4^3\,a_5^3\,a_6^3\,a_3^4$	$a_1\,a_3\,a_4^3\,a_2^3\,a_6^3\,a_2^4$	$a_2\,a_3\,a_4^3\,a_5^3\,a_6^3\,a_1^4$
$a_1\,a_2\,a_4^3\,a_5^3\,a_6^3\,a_7^4$	$a_1\,a_3\,a_4^3\,a_5^3\,a_6^3\,a_7^4$	$a_2\,a_3\,a_4^3\,a_5^3\,a_6^3\,a_4^7$

Aufgabe 213. Die Anzahl der Komplexionen anzugeben, die in folgenden Schreibweisen enthalten sind:

1) $C^2(a_1\,a_2 \cdots a_{n_1};\; a_{n_1+1}^2 \cdots a_{n_2}^2)$

2) $C^3(a_1\,a_2 \cdot\cdot\, a_{n_1};\; a_{n_1+1}^2 \cdot\cdot\, a_{n_2}^2;\; a_{n_2+1}^3 \cdot\cdot\, a_{n_3}^3)$

Auflösung. Das Symbol 1) enthält also Komplexionen, in welchen entweder zwei von den n_1 Elementen, die **mindestens** einmal stehen, vorkommen, oder eines der n_2 Elemente, die **mindestens** zweimal stehen, d. h. die Typen:

11
2;

diesen entsprechen die Kombinationszahlen:

$$C_{n_1}^2 = \frac{n_1(n_1-1)}{1 \cdot 2} \text{ und } C_{n_2}^1 = n_2$$

Die Summe beider ist die gesuchte Zahl.

2) Dieser Fall umfasst die Typen:

111
12
3

für welche die Kombinationszahlen:

$$C_{n_1}^3 = \frac{n_1(n_1-1)(n_1-2)}{1 \cdot 2 \cdot 3}$$

$$C^1_{n_1} \cdot C^1_{n_2 - 1} = n_1 (n_2 - 1)$$
$$C^1_{n_3} = n_3$$

gelten, deren Summe die verlangte Zahl ist.

Aufgabe 214. Wie viele Komplexionen enthält das Symbol:

$$C^5 (a_1\, a_2\, a_3^2\, a_4^4\, a_5^4\, a_6^5)\,?$$

Auflösung. Die Aufgabe besagt, dass die Elemente zur fünften Klasse so zu kombinieren seien, dass a_1 und a_2 mindestens einmal, a_3 mindestens zweimal, a_4, a_5 mindestens viermal, a_6 mindestens fünfmal in den Komplexionen vorkommen.

Die zu bildenden Typen sind demnach:

1) 113
2) 122
3) 14
4) 23
5) 5

Niedrigere Formen (wie z. B. 1112) können nicht gebildet werden, weil nur zwei Elemente gegeben sind, die einfach stehen dürfen.

Man hat daraus:

$$C^5 (a_1\, a_2\, a_3^2\, a_4^4\, a_5^4\, a_6^5) = C^2_2 \cdot C^1_1 + C^1_2 \cdot C^2_2 + C^1_2 \cdot C^1_4 + C^1_3\, C^1_2 + C^1_6 = 1 + 2 + 8 + 6 + 6 = 23$$

Aufgabe 215. In einem Setzkasten befinden sich die Ziffern I, II, III, IV in grösserer Anzahl durcheinander. Auf wie viele (hinsichtlich der Ziffern verschiedene) Arten ist es möglich, neun dieser Lettern so herauszugreifen, dass sich darunter mindestens ein I und mindestens je zweimal die Ziffern II, III und IV befinden und wie heissen dieselben?

Erkl. 146. In gegenwärtiger Aufgabe wird von der in Frage 86a angegebenen Forderung nur bis zur Wiederholungszahl 4 Gebrauch gemacht (siehe Auflösung).

Die Typenzahl wäre bedeutend grösser, wenn nur eine oder mehrere der vier Lettern I, II, III, IV bei jedem Herausgreifen vorkommen müssten. Man hätte nämlich in diesem Falle folgende:

1224	2223	333	45	9
1233	225	36		
126	234			
135	27			
144				
18				

Typen, die aus mehr als vier Grössen bestehen, sind in jedem Falle unzulässig, da nicht

Auflösung. Die Aufgabe ist so zu verstehen, dass bei jedem Herausgreifen alle viererlei Ziffern zugleich mindestens in der angegebenen Zahl erhalten werden sollen. Dieselbe wird symbolisch dargestellt durch:

$$C^9 (a_1\, a_2^2\, a_3^2\, a_4^2)$$ (Frage 83 und Erkl. 123).

Hier gelten vorstehender Bedingung gemäss von den Typen zur Summe 9 nur die aus vier Grössen zusammengesetzten:

1224
1233
2223

deren Kombinationszahlen sind:

$$C^1_1 \cdot C^2_3 \cdot C^1_1 + C^1_1\, C^1_3\, C^2_2 + C^3_4 \cdot C^1_1$$
$$= 3 + 3 + 4 = 10$$

worin a_1 die Ziffer I, a_2 die Ziffer II u. s. w bedeutet.

mehr als vier verschiedene Lettern gegeben sind; in der That wäre z. B. die Kombinationszahl des Typus 12222 folgende:

$$C_1^1 \cdot C_3^4 = 0$$

Die brauchbaren Komplexionen sind folgende:

$$\begin{array}{lll} a_1 a_2^2 a_3^2 a_4^4 & a_1 a_2^2 a_3^3 a_4^3 & a_1^2 a_2^2 a_3^2 a_4^3 \\ a_1 a_2^2 a_4^2 a_3^4 & a_1 a_3^2 a_2^3 a_4^3 & a_1^2 a_2^2 a_4^2 a_3^3 \\ a_1 a_3^2 a_4^2 a_2^4 & a_1 a_4^2 a_2^3 a_3^3 & a_1^2 a_3^2 a_4^2 a_2^3 \\ & & a_2^2 a_3^2 a_4^2 a_1^3 \end{array}$$

Aufgabe 216. Wie viele Kombinationen fünfter Klasse aus den Elementen:

$$a_1\ a_2 \cdots a_{10}$$

gibt es, in denen irgend eines derselben wenigstens d r e i m a l vorkommt?

Auflösung. Da die Wiederholungen hier offenbar unbeschränkt sind, so bildet man aus:

$$C^5 (0\,;\ a_1^3 \cdots a_{10}^3);$$

nach Frage 87 diejenigen Typen, welche wenigstens e i n Element drei- oder mehrfach enthalten. Dieselben sind:

5, 41, 32, 311

Hiebei ist:

$$n_1 = n_2 = n_3 = n_4 = n_5 = 10$$

also die Anzahl der gesuchten Komplexionen:

$$C_{10}^1 + C_{10}^1 \cdot C_9^1 + C_{10}^1 \cdot C_9^1 + C_{10}^1 C_9^2 = 550$$

Aufgabe 217. In einem Sacke befinden sich Gold-, Silber-, Nickel- und Kupfermünzen durcheinander in beliebiger Anzahl, aber von jeder Sorte mindestens zehn Stück. Man greift blindlings hinein und zieht 10 Münzen auf einmal heraus. Auf wie viele verschiedene Arten können die gezogenen Münzen hinsichtlich der Sorten sich zusammensetzen, wenn mindestens vier von einer Sorte dabei sein sollen?

Erkl. 147. Unter nebenstehenden Typen haben folgende die Kombinationszahl 0:

61111
511111
52111
4111111
421111
42211
43111

Auflösung. Nach Frage 87 sind aus:

$$C^{10} (0\,;\ a_1^4 a_2^4 a_3^4 a_4^4);$$

die Typen herauszuheben, die wenigstens e i n vierfaches Element enthalten, nämlich:

10, 91, 811, 82, 7111, 721, 73, 61111, 6211, 622, 631, 64, 511111, 52111, 5221, 5311, 532, 541, 55, 4111111, 421111, 42211, 4222, 43111, 4321, 433, 4411, 442

Ferner ist:

$$n_1 = n_2 = n_{10} = 4$$

und die Anzahl der Ziehungen:

$$C_4^1 + C_4^1 C_3^1 + C_4^1 C_3^2 + C_4^1 C_3^1 + C_4^1 C_3^3 + C_4^1 C_3^1 C_2^1 + C_4^1 \cdot C_3^1 + C_4^1 \cdot C_3^1 \cdot C_2^2 + C_4^1 C_3^2 + C_4^1 \cdot C_3^1 C_2^1$$
$$+ C_4^1 C_3^1 + C_4^1 \cdot C_3^2 \cdot C_1^1 + C_4^1 \cdot C_3^1 C_2^2 + C_4^1 \cdot C_3^1 \cdot C_2^2 + C_4^1 \cdot C_3^1 C_2^1 + C_4^2 + C_4^1 \cdot C_3^3 + C_4^1 \cdot C_3^1 C_2^1 \cdot C_1^1$$
$$+ C_4^1 \cdot C_3^2 + C_4^2 C_2^2 + C_4^2 C_2^1 = 4 + 12 + 12 + 12 + 4 + 24 + 12 + 12 + 12 + 24 + 12 + 12$$
$$+ 12 + 24 + 24 + 6 + 4 + 24 + 12 + 6 + 12 = 276$$

Aufgabe 218. Wie viele Kombinationen fünfter Klasse aus den Elementen:

$$a_1\ a_2\ a_3\ a_4\ a_5\ a_6$$

sind möglich, in denen irgend eines höchstens dreimal vorkommt?

Auflösung. Die Auflösung ist nach Frage 88 enthalten in dem Symbol:

$$C^5(a_1^3 \cdots a_6^3;\ 0^2)$$

$$n_1 = n_2 = \cdots = n_5 = 6$$

und verlangt die Typen:

32, 311, 221, 2111, 11111

Die gesuchte Anzahl ist demnach:

$$C_6^1 \cdot C_5^1 + C_6^1 \cdot C_5^2 + C_6^2 \cdot C_4^1 + C_6^1 \cdot C_5^3 + C_6^5 = 30 + 60 + 60 + 30 + 6 = 186$$

Aufgabe 219. Auf wie viele Arten können die 10 Münzen in Aufgabe 218 gezogen werden, wenn von irgend einer Sorte höchstens vier dabei sein sollen?

Erkl. 148. Kein Element darf fünfmal oder öfter vorkommen; die entsprechenden Typen 55, 541, ··· fallen also aus. Ebenso zeigte sich schon aus der Auflösung von Aufgabe 215, dass Typen, die aus mehr als vier Zahlen zusammengesetzt sind, die Kombinationszahl 0 haben.

Auflösung. Man hat aus

$$C^{10}(a_1^4\, a_2^4\, a_3^4\, a_4^4;\ 0)$$

die Typen zu berechnen:

442, 4411, 433, 4321, 4222 (Erkl. 150)

Demnach die Anzahl der Ziehungen:

$$C_4^2 \cdot C_2^1 + C_4^2 \cdot C_2^2 + C_4^1\, C_3^2 + C_4^1 \cdot C_3^1\, C_2^1 + C_4^1\, C_3^3$$
$$= 12 + 6 + 12 + 24 + 4 = 58$$

Aufgabe 220. Aus den Nummern 1 bis 100 sollen 16 so ausgewählt werden, dass von jeder Dekade höchstens 2 darunter sind. Auf wie viele Arten ist dies möglich?

Erkl. 149. Dekade (v. griech.) bedeutet „Zehnzahl“. Die erste Dekade umfasst also die Zahlen 1 bis 10, die zweite 11 bis 20, u. s. w. Die zehnte 91 bis 100.

Auflösung. Bezeichnet man die verschiedenen Dekaden durch:

$$a_1\, a_2 \cdots a_{10}$$

so ist zu bilden:

$$C^{16}(a_1^2\, a_2^2 \cdots a_{10}^2;\ 0)$$

und zwar gelten nur die Typen:

22222222
222222211
2222221111

Die gesuchte Zahl ist demnach:

$$C_{10}^8 + C_{10}^7 \cdot C_3^2 + C_{10}^6 \cdot C_4^4 = 45 + 120 \cdot 3 + 210 = 615$$

Aufgabe 221. Aus acht Sorten von Rosen sollen Sträusse von je 12 Stück so gebunden werden, dass in jedem mindestens je zwei oder höchstens drei Rosen von derselben Sorte sind. Wie viele Zusammenstellungen sind möglich?

Auflösung. Die Komplexionen zwölfter Klasse, die irgend welche der 8 Elemente mindestens zweimal und höchstens dreimal enthalten, entsprechen den Typen:

3333, 33222, 222222

Ihre Anzahl ist demnach, da

$$n_1 = n_2 = \cdots = 8$$

gesetzt werden muss:

$$C_8^4 + C_8^2 \cdot C_6^3 + C_8^6 = 70 + 28 \cdot 20 + 28 = 658$$

Aufgabe 222. Aepfel, Birnen, Trauben und Pfirsiche sollen unter eine Anzahl Kinder so verteilt werden, dass jedes Kind 12 Stück erhält, worunter von jeder Sorte mindestens zwei sich befinden. Wie viele Verteilungsarten sind möglich?

Auflösung. Für die hier brauchbaren Typen sind zweierlei Bedingungen zu erfüllen. Erstens müssen in jedem alle vier Elemente vorkommen, zweitens jedes mindestens zweimal. Diesen Beschränkungen entsprechen nur:

3333, 4332, 4422, 5322

Folglich ist die Anzahl der möglichen Verteilungsarten:

$$C_4^4 + C_4^1 \cdot C_3^2 \cdot C_1^1 + C_4^2 \cdot C_2^2 + C_4^1 \cdot C_3^1 \cdot C_2^2 = 31$$

Aufgabe 223. Wie viele Kombinationen in allen möglichen Klassen zusammengenommen geben die Elemente

$$a_1^3\, a_2^5\, a_3^4\, a_4^2?$$

Auflösung. Nach Frage 91 ist die Anzahl aller Komplexionen von der ersten bis zur vierzehnten Klasse:

$$(3+1)(5+1)(4+1)(2+1) - 1 = 359$$

Aufgabe 224. Wie gross ist die Summe der Kombinationszahlen von 20 Elementen, wenn dieselben von der ersten bis zwanzigsten Klasse ohne Wiederholung kombiniert werden?

Auflösung. Nach Erkl. 136 wird die verlangte Summe:

$$C_{20}^1 + C_{20}^2 + \cdots + C_{20}^{20} = 2^{20} - 1 = 1048575$$

Aufgabe 225. Wie viele Teiler hat die Zahl 49392?

Auflösung. Die gegebene Zahl lässt sich als das Produkt

$$2^4 \cdot 3^2 \cdot 7^3$$

darstellen. Teiler derselben sind also die Zahlen 2, 3, 7, sowie alle Verbindungen von zwei oder drei derselben, in welchen keine höheren Exponenten vorkommen, als die obigen, wobei diese Verbindungen — die Kombinationen der Elemente 2, 3, 7 zu allen möglichen Klassen — als **Produkte** zu betrachten sind. Die Anzahl der Teiler ist also, wenn auch 1 als solcher gezählt wird:

$$5 \cdot 3 \cdot 4 = 60$$

Aufgabe 226. Wie viele Teiler hat das Produkt:

$$[9216\,(x+y)^3\,(x^2-y^2)^4]^2?$$

Auflösung. Das gegebene Produkt kann in die Form

$$[3^2 \cdot 2^{10} \cdot (x+y)^7\,(x-y)^4]^2 = 3^4 \cdot 2^{20}\,(x+y)^{14}\,(x-y)^8$$

gebracht werden. Die Anzahl seiner Teiler ist folglich nach vorhergehender Auflösung:

$$5 \cdot 21 \cdot 15 \cdot 9 = 14175$$

wobei die Zahl 1 als Teiler mitgezählt wurde.

Aufgabe 227. Die Kombinationen ohne Wiederholung bei beschränkter Stellenbesetzung für die Elemente folgender Reihen anzugeben:

$$a_1 a_2$$
$$b_1 b_2 b_3 b_4$$
$$c_1 c_2 c_3 c_4 c_5 c_6$$

Auflösung. Nach Frage 91 können hier die Zeiger 1, 2 auf allen drei **Stellen**, 3, 4 nur auf den zwei letzten, 5, 6 nur auf der letzten stehen. Die Komplexionen ohne Wiederholung sind:

$a_1 b_2 c_3$	$a_1 b_4 c_5$
$a_1 b_2 c_4$	$a_1 b_4 c_6$
$a_1 b_2 c_5$	$a_2 b_3 c_4$
$a_1 b_2 c_6$	$a_2 b_3 c_5$
$a_1 b_3 c_4$	$a_2 b_3 c_6$
$a_1 b_3 c_5$	$a_2 b_4 c_5$
$a_1 b_3 c_6$	$a_2 b_4 c_6$

Aufgabe 228. Wie gross ist die Anzahl der Kombinationen mit beschränkter Stellenbesetzung aus folgenden Reihen (ohne Wiederholung):

$$a_1 a_2 a_3 a_4$$
$$a_1 a_2 a_3 a_4 a_5 a_6$$
$$a_1 a_2 \cdot \cdot \cdot \cdot \cdot a_{10} ?$$

Auflösung. Man hat hier:

$$r_1 = 4, \quad r_2 = 2, \quad r_3 = 4$$

woraus nach Frage 92 und Erkl. 138 folgende Kombinationszahlen folgen:

$$C_4^3 + C_4^2 \cdot C_2^1 + C_4^2 \cdot C_4^1 + C_4^1 \cdot C_2^2 + C_4^1 \cdot C_2^1 \cdot C_4^1$$
$$= 4 + 12 + 24 + 4 + 32 = 76$$

Aufgabe 229. Die Kombinationen mit beschränkter Stellenbesetzung aus den Reihen:

$$a_1 a_2$$
$$a_1 a_2 a_3 a_4$$
$$a_1 a_2 a_3 a_4 a_5$$

mit Wiederholung zu bilden und die Anzahl derselben zu berechnen.

Erkl. 150. Wäre die Stellenbesetzung nicht beschränkt, sondern nur verlangt, dass die Zeiger 1 und 2 dreimal, die Zeiger 3 und 4 zweimal, der Zeiger 5 nur einmal vorkommen dürfen, so würde die Anzahl der Komplexionen sich nach Frage 85 berechnen für die Typen 3, 21, 111:

$$C_2^1 + C_4^1 \cdot C_4^1 + C_5^3 = 2 + 16 + 10 = 28$$

Es treten nämlich zu den obigen Komplexionen noch hinzu:

$$a_3 a_3 a_4$$
$$a_3 a_3 a_5$$
$$a_3 a_4 a_4$$
$$a_3 a_4 a_5$$
$$a_4 a_4 a_5$$

Auflösung. Hier können die Zeiger 1 und 2 auf allen drei Stellen also dreimal wiederholt werden, die Zeiger 3 und 4 können zweimal wiederholt werden, aber nur auf der zweiten und dritten Stelle, Zeiger 5 kann nur auf der dritten Stelle sein.

Die verlangten Komplexionen sind also:

$a_1 a_1 a_1$	$a_1 a_3 a_3$	$a_2 a_3 a_3$
$a_1 a_1 a_2$	$a_1 a_3 a_4$	$a_2 a_3 a_4$
$a_1 a_1 a_3$	$a_1 a_3 a_5$	$a_2 a_3 a_5$
$a_1 a_1 a_4$	$a_1 a_4 a_4$	$a_2 a_4 a_4$
$a_1 a_1 a_5$	$a_1 a_4 a_5$	$a_2 a_4 a_5$
$a_1 a_2 a_2$	$a_2 a_2 a_2$	
$a_1 a_2 a_3$	$a_2 a_2 a_3$	
$a_1 a_2 a_4$	$a_2 a_2 a_4$	
$a_1 a_2 a_5$	$a_2 a_2 a_5$	

Die Anzahl der Komplexionen ergibt sich nach Frage 92 a, da hier:

$$r_1 = 2, \quad r_2 = 2, \quad r_3 = 1$$

zu setzen ist:

$${}^{w}C_2^3 + {}^{w}C_2^2 \cdot C_2^1 + {}^{w}C_2^2 \cdot C_1^1 + C_2^1 \cdot {}^{w}C_2^2 + C_2^1 \cdot C_2^1 \cdot C_1^1 = 4 + 6 + 3 + 6 + 4 = 23$$

Druck von Carl Hammer in Stuttgart.

1182. Heft. | Preis des Heftes 25 Pf. | Kombinatorik oder die Lehre von den kombinatorischen Operationen. Forts. v. Heft 1181. — Seite 145—164.

Vollständig gelöste

Aufgaben-Sammlung

— nebst Anhängen ungelöster Aufgaben, für den Schul- & Selbstunterricht —

mit

Angabe und Entwicklung der benutzten Sätze, Formeln, Regeln in Fragen und Antworten

erläutert durch

viele Holzschnitte & lithograph. Tafeln,

aus allen Zweigen

der Rechenkunst, der niederen (Algebra, Planimetrie, Stereometrie, ebenen u. sphärischen Trigonometrie, synthetischen Geometrie etc.) u. höheren Mathematik (höhere Analysis, Differential- u. Integral-Rechnung, analytische Geometrie der Ebene u. des Raumes etc.); — aus allen Zweigen der Physik, Mechanik, Graphostatik, Chemie, Geodäsie, Nautik, mathemat. Geographie, Astronomie; des Maschinen-, Strafsen-, Eisenbahn-, Wasser-, Brücken- u. Hochbau's; der Konstruktionslehren als: darstell. Geometrie, Polar- u. Parallel-Perspective, Schattenkonstruktionen etc. etc.

für

Schüler, Studierende, Kandidaten, Lehrer, Techniker jeder Art, Militärs etc.

zum einzig richtigen und erfolgreichen

Studium, zur Forthülfe bei Schularbeiten und zur rationellen Verwertung der exakten Wissenschaften,

herausgegeben von

Dr. Adolph Kleyer,

Mathematiker, vereideter königl. preuss. Feldmesser, vereideter grossh. hessischer Geometer I. Klasse

in Frankfurt a. M.

unter Mitwirkung der bewährtesten Kräfte.

Kombinatorik

oder

Die Lehre von den kombinatorischen Operationen.

(Permutation, Kombination, Variation.)

Nach System Kleyer bearbeitet von **Prof. H. Staudacher.**

Fortsetzung v. Heft 1181. — Seite 145—164.

Inhalt:

Ungelöste Aufgaben über Kombinationen mit Wiederholung. — Kombinationen zu bestimmten Summen. — Gelöste Aufgaben über die Kombinationen zu bestimmten Summen.

Stuttgart 1893.

Verlag von Julius Maier.

Das vollständige Inhaltsverzeichnis der bis jetzt erschienenen Hefte kann durch jede Buchhandlung bezogen werden.

Preisgekrönt in Frankfurt a. M. 1881.

PROSPEKT.

Dieses Werk, welchem **kein ähnliches** zur Seite steht, erscheint monatlich in 3—4 **Heften** zu dem **billigen Preise** von 25 ₰ pro Heft und bringt eine Sammlung der wichtigsten und praktischsten **Aufgaben** aus dem **Gesamtgebiete** der **Mathematik, Physik, Mechanik, math. Geographie, Astronomie,** des **Maschinen-, Strassen-, Eisenbahn-, Brücken- und Hochbaues,** des **konstruktiven Zeichnens** etc. etc. und zwar in **vollständig gelöster Form,** mit **vielen Figuren, Erklärungen** nebst **Angabe** und **Entwickelung** der **benutzten Sätze, Formeln, Regeln** in **Fragen** mit **Antworten etc.,** so dass die Lösung jedermann verständlich sein kann, bezw. wird, wenn eine grössere Anzahl der Hefte erschienen ist, da **dieselben sich in ihrer Gesamtheit ergänzen** und alsdann auch **alle Teile** der **reinen** und **angewandten** Mathematik — nach besonderen **selbständigen** Kapiteln **angeordnet** — vorliegen.

Fast jedem Hefte ist ein **Anhang** von **ungelösten** Aufgaben beigegeben, welche der eigenen Lösung (in analoger Form, wie die bezüglichen gelösten Aufgaben) des Studierenden überlassen bleiben, und zugleich von den Herren Lehrern für den Schulunterricht benutzt werden können. — Die **Lösungen** hierzu werden später in besonderen Heften für die Hand des Lehrers erscheinen. Am Schlusse eines jeden Kapitels gelangen: **Titelblatt, Inhaltsverzeichnis, Berichtigungen** und **erläuternde Erklärungen über das betreffende Kapitel** zur Ausgabe.

Das Werk behandelt zunächst den Hauptbestandteil des mathematisch-naturwissenschaftlichen Unterrichtsplanes folgender Schulen: **Realschulen I. und II. Ord., gleichberechtigten höheren Bürgerschulen, Privatschulen, Gymnasien, Realgymnasien, Progymnasien, Schullehrer-Seminaren, Polytechniken, Techniken, Baugewerkschulen, Gewerbeschulen, Handelsschulen, techn. Vorbereitungsschulen aller Arten, gewerbliche Fortbildungsschulen, Akademien, Universitäten, Land- und Forstwissenschaftsschulen, Militärschulen, Vorbereitungs-Anstalten aller Arten** als z. B. **für das Einjährig-Freiwillige- und Offiziers-Examen,** etc.

Die **Schüler, Studierenden** und **Kandidaten** der mathematischen, technischen und naturwissenschaftlichen Fächer, werden durch diese, **Schritt für Schritt gelöste,** Aufgabensammlung **immerwährend** an ihre in der Schule erworbenen oder nur gehörten Theorien etc. erinnert und wird ihnen hiermit der Weg zum **unfehlbaren Auffinden** der Lösungen derjenigen Aufgaben gezeigt, welche sie bei ihren **Prüfungen** zu lösen haben, zugleich aber auch die **überaus grosse Fruchtbarkeit** der mathematischen Wissenschaften vorgeführt.

Dem **Lehrer** soll mit dieser Aufgabensammlung eine **kräftige Stütze** für den Schulunterricht geboten werden, indem zur Erlernung des **praktischen Teiles** der mathematischen Disziplinen — **zum Auflösen von Aufgaben** — in den meisten Schulen oft keine Zeit erübrigt werden kann, **hiermit** aber dem Schüler bei seinen häuslichen Arbeiten eine vollständige Anleitung in die Hände gegeben wird, **entsprechende Aufgaben zu lösen,** die gehabten **Regeln, Formeln, Sätze** etc. **anzuwenden** und **praktisch** zu **verwerten. Lust, Liebe** und **Verständnis** für den Schul-Unterricht wird dadurch **erhalten** und **belebt** werden.

Den **Ingenieuren, Architekten, Technikern** und **Fachgenossen aller Art, Militärs** etc. etc. soll diese Sammlung zur **Auffrischung** der erworbenen und vielleicht vergessenen mathematischen Kenntnisse dienen und zugleich durch **ihre praktischen in allen Berufszweigen vorkommenden Anwendungen** einem **toten Kapitale lebendige** Kraft verleihen und somit den **Antrieb** zu weiteren **praktischen** Verwertungen und **weiteren Forschungen** geben.

Alle Buchhandlungen nehmen Bestellungen entgegen. Wichtige und praktische Aufgaben werden mit Dank von der Redaktion entgegengenommen und mit Angabe der Namen verbreitet. — Wünsche, Fragen etc., welche die Redaktion betreffen, nimmt der **Verfasser, Dr. Kleyer, Frankfurt a. M. Fischerfeldstrasse 16, entgegen** und **wird deren Erledigung** thunlichst **berücksichtigt.**

Stuttgart. **Die Verlagshandlung.**

f) Ungelöste Aufgaben über Kombinationen mit Wiederholung.

Aufgabe 230. Sämtliche Komplexionen von:

1) ${}^{w}C^4\,(0, 1, 2)$; 2) ${}^{w}C^7\,(abc)$

zu entwickeln.

Andeutung. Analog der Aufgabe 188.

Aufgabe 231. Folgende Kombinationszahlen in einfachster Form anzugeben:

1) ${}^{w}C_3^9$; 2) ${}^{w}C_9^3$; 3) ${}^{w}C_n^{2n+1}$

Andeutung. Analog der Aufgabe 189.

Aufgabe 232. Folgende Kombinationszahlen durch Fakultäten auszudrücken:

1) ${}^{w}C_8^{16}$; 2) ${}^{w}C_n^n$; 3) ${}^{w}C_{2n-1}^{n-1}$

Andeutung. Analog der Aufgabe 190.

Aufgabe 233. Wie viele Komplexionen von:

${}^{w}C^6\,(abcdefghi)$

enthalten keinen Vokal? Wie viele enthalten alle drei gegebenen Vokale?

Andeutung. Analog der Aufgabe 191.

Aufgabe 234. Folgende Summen in Form von Kombinationszahlen anzugeben:

1) ${}^{w}C_7^1 + {}^{w}C_7^2 + {}^{w}C_7^3 + \cdots C_7^n$

2) $1 + \frac{2n+1}{1} + \frac{(2n+1)(2n+2)}{1\cdot 2} + \cdots + \frac{(2n+1)\cdots 3n}{1\cdots n}$

3) $C_1^n + {}^{w}C_2^n + {}^{w}C_3^n + \cdots + {}^{w}C_n^n$

Andeutung. Analog der Aufgabe 192.

Aufgabe 235. Die wie vielste Kombination der Elemente:

abcdeuvxyz

zur fünften Klasse heisst:

ceuvy?

Die Aufgabe ist zu lösen:

1) durch Ausschliessung der niedrigeren,
2) durch Ausschliessung der höheren Komplexionen.

Andeutung. Analog der Aufgabe 193.

Aufgabe 236. Wie heisst die 128217te Komplexion der Kombinationen fünfter Klasse mit Wiederholung aus den 26 Buchstaben des Alphabets?

Andeutung. Sowohl nach Frage 77 als nach Frage 78 zr berechnen.

Aufgabe 237. Die wie vielste Kombination fünfter Klasse mit Wiederholung aus den 26 Buchstaben des Alphabets heisst:

CHLOR?

Andeutung. Analog der Aufgabe 193

Aufgabe 238. Silber- und Kupfermünzen sollen auf alle möglichen Arten so in vier Fächer verteilt werden, dass im ersten 10, im zweiten 12, im dritten 11 und im vierten 13 Münzen von beliebiger Art enthalten sind. Auf wie viel Arten kann die Verteilung gemacht werden?

Andeutung. Analog der Aufgabe 195

Aufgabe 239. Weisse, schwarze, gelbe, blaue und rote Kugeln sollen in 3 Fächer so verteilt werden, dass im ersten 3, im zweiten 4, im dritten 6 Kugeln beliebiger Farbe enthalten sind. Wie viele Verteilungsarten sind möglich?

Andeutung. Analog der Aufgabe 196.

Aufgabe 240. Wie viele Komplexionen von:

$$^{w}C^{5}\,(0, 1, 2, \cdots 9)$$

enthalten

1) das Element 5 dreimal?

2) das Element 0 zweimal, 4 einmal und 8 zweimal?

Andeutung. Analog der Aufgabe 197.

Aufgabe 241. Die Komplexionen von:

$$^{w}C^{6}\,(abcdefghi)$$

seien gebildet.

Wie viele sind darunter, welche mit der Komplexion:

accddd

zwei, drei, vier oder fünf gemeinsame Elemente haben?

Andeutung. Analog der Aufgabe 198.

Aufgabe 242. In einer Urne befinden sich 11 rote und 13 schwarze Nummern; wenn man auf einmal 6 Stück herausnimmt, auf wie viel verschiedene Arten hinsichtlich der Farben kann das geschehen und wie oft kann jede Ziehungsform vorkommen?

Andeutung. Analog der Aufgabe 199.

Aufgabe 243. Wie viele Steine enthält das sogenannte grosse Dominospiel, dessen Nummern von Doppel-Null bis Doppel-Zwölf sich erstrecken?

Andeutung. Analog der Aufgabe 200.

Aufgabe 244. Wie viele verschiedene Würfe können gemacht werden

1) mit fünf Würfeln,

2) mit drei regulären Dodekaëdern, auf deren Flächen die Nummern 1 bis 12 stehen?

Andeutung. 1) Analog der Aufgabe 201. 2) Ebenso. Ein Dodekaëder ist ein Körper, der von zwölf gleichen regulären Fünfecken begrenzt ist. (Siehe Kleyer, Lehrbuch der Körperberechnungen.)

Aufgabe 245. Wie viele Glieder hat ein vollständiges homogenes Polynom

1) fünften Grades aus drei Grössen,

2) $n$ten Grades aus $2n$ Grössen?

Andeutung. Analog der Aufgabe 202.

Aufgabe 246. Die Anzahl der Glieder eines vollständigen Polynoms

1) vierten Grades aus vier Grössen,

2) $2k$ten Grades aus k Grössen

anzugeben.

Andeutung. Analog der Aufgabe 203.

Aufgabe 247. Die Zahlen 0 bis 99 sind in folgende vier Reihen geordnet:

I. 0, 1, 2, 3, · · 9

II. 10, 11, · · · · · · · · 29

III. 30, 31, · · · · · · · · · · · · · 59

IV. 60, 61, · · · · · · · · · · · · · · · · 99

Dieselben sollen in drei Fächer so verteilt werden, dass das erste Fach von den Reihen I., II., III., IV. eine, zwei, drei, vier Zahlen enthalte, das zweite Fach in derselben Ordnung zwei, vier, vier, sechs Zahlen, das dritte Fach drei, drei, fünf, acht Zahlen. Wie viele Verteilungen gibt es?

Andeutung. Analog der Aufgabe 204.

Aufgabe 248. Alle Komplexionen darzustellen, die in der Bezeichnung:

$$C(1^4, 2^4;\ 3^2, 4^2, 5^2;\ 6, 7, 8, 9)_{1,\,3,\,4}$$

enthalten sind. Wie gross ist deren Anzahl?

Andeutung. Analog der Aufgabe 206.

Aufgabe 249. Die Grössen a, b, c können höchstens dreimal, d, e, f, g, h, i höchstens zweimal wiederholt werden, während x und y nur einmal stehen können; wie viele Komplexionen gibt es, wenn von den dreifachen Grössen je eine, von den zweifachen je 4, von den einfachen je 5 aufzunehmen sind?

Andeutung. Analog der vorhergehenden Aufgabe.

Aufgabe 250. Wie viele Kombinationen dritter Klasse können gebildet werden, wenn je n Elemente **höchstens** dreimal, oder höchstens zweimal vorkommen dürfen?

Andeutung. Analog der **Aufgabe** 208.

Aufgabe 251. Wie viele Kombinationen vierter Klasse lassen sich bilden aus n Elementen, die **höchstens** viermal und n andern Elementen, die höchstens zweimal in jede Komplexion aufgenommen werden dürfen?

Andeutung. Analog der vorhergehenden Aufgabe 250.

Aufgabe 252. Wie viele Komplexionen enthält der Ausdruck:

$$C^4\left(a_1^6\,;\ a_2^4\,a_3^4\,a_4^4\,;\ a_5^2\cdots a_8^2\,;\ a_9\,a_{10}\right)$$

Andeutung. Analog der Aufgabe 210.

Aufgabe 253. Man hat 10 weisse, 6 rote und 6 blaue quadratische Plättchen von gleicher Grösse. Aus je 16 derselben sollen grössere Quadrate gebildet werden. Auf wie viele Arten ist das möglich, wenn nur die Verschiedenheit der verwendeten Farben, nicht ihre Anordnung in Betracht kommt?

Andeutung. Analog der Aufgabe 211.

Aufgabe 254. Eine Gesellschaft besteht aus 4 Vorstandsmitgliedern, 10 ordentlichen und 15 ausserordentlichen Mitgliedern. Es soll eine Kommission von 7 Personen gewählt werden, welcher höchstens 2 Vorstandsmitglieder und 3 ausserordentliche angehören sollen, in der aber jede Mitgliederklasse vertreten sein muss. Auf wie viel verschiedene Arten kann die Zusammensetzung dieser Kommission geschehen und wie oft könnte jede dieser Zusammensetzungen aus der gegebenen Mitgliederzahl hergestellt werden?

Andeutung. Man hat drei Arten von Mitgliedern, von denen die ordentlichen **höchstens** fünfmal (aber auch weniger oft) in der Kommission vertreten sein können. Das Weitere nach Aufgabe 210. Für die letzte Frage vergl. Aufgabe 200.

Aufgabe 255. Alle Komplexionen zu entwickeln, die in dem Ausdrucke:

$$C(1,2,3,4;\ 5^2,6^2;\ 7^3,8^3;\ 9^4)_{3,2,1,3}$$

enthalten sind.

Andeutung. Analog der Aufgabe 212.

Aufgabe 256. Wie viele Komplexionen enthält der Ausdruck:

$$C^3\left(a_1\,a_2\cdots a_{n_1}\,;\ a_{n_1+1}^2\cdots a_{n_2}^2\right)$$

Dieselben vollständig anzugeben, wenn $n_1 = 3$, $n_2 = 5$ ist.

Andeutung. Analog der Aufgabe 213.

Aufgabe 257. Die Anzahl der Komplexionen anzugeben, die in dem Ausdrucke:

$$C^6\left(a_1\,a_2\,a_3;\; a_4^3\,a_5^3;\; a_6^5\,a_7^5\right)$$

enthalten sind.

Andeutung. Analog der Aufgabe 214.

Aufgabe 258. Zur Erhebung einer ausserordentlichen Umlage, die eine Reihe von Jahren dauern wird, werden die Mitglieder einer Gemeinde je nach ihrem Besitzstande in fünf Klassen eingeteilt? Die Umlage soll jährlich nur von 12 Mitgliedern der Gemeinde erhoben werden, unter denen aus der ersten (untersten) und zweiten Klasse mindestens eines, aus der dritten und vierten Klasse mindestens zwei und aus der höchsten Klasse mindestens drei sich befinden sollen. Die Verteilung soll jedes Jahr auf andere Art bewerkstelligt und die zur Zahlung heranzuziehenden Mitglieder der einzelnen Klassen sollen jedesmal durch das Los bestimmt werden. Wie viele verschiedene Verteilungen sind möglich?

Andeutung. Analog der Aufgabe 215. Man bezeichne die verschiedenen Klassen durch $a_1, a_2 \cdots$

Aufgabe 259. Die Anzahl der Kombinationen sechster Klasse aus den Elementen:

$$1, 2, 3, 4, 5, 6, 7, 8, 9$$

zu finden, in denen eines oder mehrere derselben

1) mindestens dreimal,

2) mindestens viermal

vorkommen.

Andeutung. Analog der Aufgabe 216.

Aufgabe 260. Aus einem Spiel von 36 Karten werden 7 gegeben; auf wie viele Arten können dieselben hinsichtlich der Farben zusammengesetzt sein, wenn mindestens 3 Karten von einer Farbe sein sollen?

Andeutung. Analog der Aufgabe 217.

Aufgabe 261. Wie oft können in dem vorhergehenden Falle mindestens 3 Karten von gleichem Range dabei sein?

Andeutung. Analog der vorhergehenden Aufgabe.

Aufgabe 262. Wie viele Kombinationen sechster Klasse aus den Elementen:

$$abcdefgh$$

sind möglich, in denen irgend eines höchstens dreimal vorkommt?

Andeutung. Analog der Aufgabe 218.

Aufgabe 263. Auf wie viel Arten können aus einer Karte von 32 Blättern 8 gezogen werden, dass höchstens 3 Karten von einer Farbe darunter sind?

Andeutung. Analog der Aufgabe 219.

Aufgabe 264. Aus zehn Sorten Obst sollen Körbchen von je 15 Stück so zusammengestellt werden, dass in jedem mindestens zwei und höchstens vier Stück von einer Sorte sind. Wie viele Zusammenstellungen sind möglich?

Andeutung. Analog der Aufgabe 221.

Aufgabe 265. Aus einem Spiele von 36 Karten sollen 11 so verteilt werden, dass mindestens je zwei von gleicher Farbe darunter sind. Auf wie viele Arten ist das möglich?

Andeutung. Analog der Aufgabe 222.

Aufgabe 266. Wenn aus 36 Karten 13 so verteilt werden sollen, dass von jedem Rang mindestens eine dabei ist, auf wie viele Arten kann das sein?

Andeutung. Analog der vorhergehenden Aufgabe.

Aufgabe 267. Wie viele Kombinationen in allen möglichen Klassen geben die Elemente:

$$a^5 b^4 c^3 d^2 ?$$

Andeutung. Analog der Aufgabe 223.

Aufgabe 268. Wie viele Kombinationen ohne Wiederholung geben die Elemente:

$$0, 1, 2, 3, 4, 5, 6, 7, 8, 9$$

in allen möglichen Klassen zusammen?

Andeutung. Analog der Aufgabe 224.

Aufgabe 269. Wie viele Teiler hat die Zahl:

$$363\,825 ?$$

Andeutung. Analog der Aufgabe 225.

Aufgabe 270. Wie viele reelle Teiler besitzt das Produkt?

$$a^8 b^4 (a^8 - b^8) ?$$

Andeutung. Man zerlege zuerst $a^8 - b^8$ so weit als möglich in Faktoren.

---

g) Kombinationen zu bestimmten Summen.

Frage 93. Was versteht man unter Kombinationen zu bestimmten Summen und welche Arten derselben gibt es?

Antwort. Verbindet man gegebene Elemente derart, dass die Summe ihrer Indices stets die gleiche Zahl gibt, so nennt man diese Verbindungen die Kombinationen der Elemente zu einer bestimmten Summe.

Diese Kombinationen können zu beliebigen Klassen gebildet werden und zwar mit oder ohne Wiederholung oder auch mit beschränkter Wiederholung. In den beiden letzten Fällen ist die Klassenzahl natürlich wieder durch die Anzahl der vorhandenen Elemente begrenzt.

Frage 93a. Wie wird die Aufgabe des Kombinierens zu einer bestimmten Summe bezeichnet?

Antwort. Sollen die Elemente

$$a_1\, a_2\, a_3 \cdots a_n$$

zur $k$ten Klasse mit der Summe s kombiniert werden, so bezeichnet man diese Aufgabe durch

$$\underset{s}{C^k}(a_1, a_2 \cdot\cdot a_n) \text{ oder } \underset{s}{{}^wC^k}(a_1, a_2 \cdot\cdot a_n)$$

je nachdem Wiederholungen ausgeschlossen oder unbeschränkt zugelassen werden. Sind die Wiederholungen beschränkt, so setzt man wieder die Anzahl der erlaubten als Exponent den einzelnen Elementen bei, z. B.:

$$\underset{s}{C^k}\left(a_1^{\alpha}\, a_2^{\beta} \cdots a_n^{\nu}\right)$$

Frage 93b. Wie viele Elemente müssen gegeben sein, um alle denkbaren Kombinationen mit Wiederholung zu einer bestimmten Summe und Klasse bilden zu können?

Erkl. 151. Wir behandeln im gegenwärtigen Abschnitte die Kombinationen mit Wiederholung vor denen ohne Wiederholung, weil sich die für letztere geltenden Sätze leichter aus denjenigen ableiten lassen, die man für erstere finden wird, als umgekehrt.

Antwort. Sollen alle denkbaren Kombinationen mit Wiederholung in der $k$ten Klasse zur Summe $s = n$ gebildet werden, so müssen die Zeiger der Elemente die Zahlen:

$$1; 2, 3, \cdots n - k + 1$$

sein. Die erste hieher gehörige Komplexion enthält nämlich $(k-1)$ mal das niedrigste Element 1, während das zur Ergänzung der Klasse noch fehlende Element den Zeiger $n - k + 1$ haben muss; dann ist nämlich:

$$(k-1) + (n-k+1) = n$$

Die Elementenreihe heisst dann eine vollständige, indem kein Element ausgeschlossen ist, das zur Erzeugung der verlangten Summe verwendbar ist.

Es können jedoch auch Elemente am Anfange oder am Ende der Reihe oder auch gewisse gesetzmässig angeordnete Zwischenelemente fehlen. Die Anzahl der möglichen Kombinationen ist in diesen Fällen natürlich geringer.

Im folgenden soll die gegebene Elementenreihe stets als vollständig vorausgesetzt werden, wenn nicht ausdrücklich anders bestimmt ist.

Frage 94. Wie werden die vollständigen Kombinationen mit Wiederholung in einer gegebenen Klasse zu einer bestimmten Summe gebildet?

Antwort. Wie bereits in Antwort zu Frage 93 gesagt wurde, besteht die erste Komplexion aus dem Elemente 1 — dieses $(k-1)$ mal wiederholt — und dem Elemente $n-k+1$, lautet also:

$$111 \cdots 1\,(n-k+1)$$

Die folgenden Komplexionen werden hieraus gebildet, indem man zunächst alle Elemente von Anfang bis zum vorletzten unverändert lässt, dieses selbst aber jedesmal um eine Einheit erhöht und das letzte um eine Einheit erniedrigt, wodurch die Summe stets die gleiche bleibt. Dieses Verfahren setzt man so lange fort, bis die beiden letzten Elemente gleich geworden sind oder das letzte nur noch um 1 grösser ist als das vorletzte. Nun erhöht man das drittletzte Element um 1, besetzt auch die vorletzte Stelle mit diesem erhöhten Elemente und die letzte mit dem zur Summe n nötigen Ergänzungselemente; es entsteht zunächst die Komplexion:

$$111 \cdots 22\,(n-k-1)$$

Mit den beiden letzten Elementen werden nun die nämlichen Veränderungen wie vorher durchgemacht, hierauf das drittletzte abermals um 1 erhöht u. s. w., bis alle Elemente gleich geworden sind, oder sich nur um eine Einheit unterscheiden.

Erkl. 152. Nach der nebenstehenden Erklärung finden sich in der vierten Klasse zur Summe 10 folgende Komplexionen:

1117
1126
1135
1144
1225
1234
1333
2224
2233

In der fünften Klasse zur Summe 12:

11118	12225
11127	12234
11136	12333
11144	22224
11226	22233
11235	
11244	
11334	

Frage 95. Welche Beziehung besteht zwischen der Anzahl der Kombinationen zu einer bestimmten Summe in zwei auf einander folgenden Klassen?

Antwort. Die Anzahl der Kombinationen zur Summe n in der $k$ten Klasse ist gleich der Summe der Kombinationszahlen zur Summe $n-1$ in der $(k-1)$ten Klasse und zur Summe $n-k$ in der $k$ten Klasse, d. h.:

$$\underset{s=n}{{}^{w}C^{k}} = \underset{s=n-1}{{}^{w}C^{k-1}} + \underset{s=n-k}{{}^{w}C^{k}}$$

Beweis. Die Kombinationen zur Summe n in der $k$ten Klasse lassen sich in zwei Gruppen teilen, nämlich in:

Erkl. 153. Die beiden in der Antwort zu Frage 95 unterschiedenen Gruppen sind z. B. für:

$$\underset{s=11}{{}^{w}C^{4}}$$

folgende:

Gruppe der mit 1 beginnenden Komplexionen:	Gruppe der mit höheren Elementen beginnenden Komplexionen:
1|118	2225
1|127	2234
1|136	2333
1|145	
1|226	
1|235	
1|244	
1|334	

Sondert man das erste Element 1 durch den vertikalen Strich ab, so sind die rechts vom Striche stehenden Komplexionen die vollständigen Kombinationen der dritten Klasse zur Summe 10, ihre Anzahl demnach:

$$ {}^{w}C^{3}_{s=10} $$

Nimmt man in der zweiten Gruppe von jedem Elemente eine Einheit weg, so entstehen die Komplexionen:

1114
1123
1222

d. h. sämtliche Kombinationen der vierten Klasse zur Summe 7, deren Anzahl durch:

$$ {}^{w}C^{4}_{s=7} $$

bezeichnet wird.

Es ist folglich:

$$ {}^{w}C^{4}_{s=11} = {}^{w}C^{3}_{s=10} + {}^{w}C^{4}_{s=7} $$

der Behauptung entsprechend.

1) Komplexionen, die mit dem Elemente 1 beginnen,

2) Komplexionen, die mit einem höheren Elemente anfangen.

Sondert man von jeder Komplexion der ersten Gruppe das erste Element 1 ab, so bleiben offenbar die Kombinationen in der $(k-1)$ten Klasse zur Summe $n-1$ übrig.

Wird ferner in allen Kombinationen der zweiten Gruppe jedes Element um eine Einheit erniedrigt, so entstehen daraus die Kombinationen der ebensovielsten (k)ten Klasse aber nur zur Summe $n-k$; die Anzahl der Komplexionen bleibt unverändert und zwar ist ${}^{w}C^{k}_{s=n-k}$ ebensogross als die Anzahl der Komplexionen in der zweiten Gruppe. Denn erstens sind alle durch Wegnehmen der Einheiten entstandenen Komplexionen unter sich verschieden, weil diejenigen der zweiten Gruppe auch verschieden waren; zweitens kann unter den neu entstandenen Komplexionen zur Summe $n-k$ keine fehlen: denn jede etwa fehlende würde durch Hinzufügen einer Einheit zu jeder Stelle auch in eine Komplexion zur Summe n übergehen, welche unter denen der zweiten Gruppe nicht enthalten wäre, was der Voraussetzung widerspricht, indem die ursprünglich aufgestellte Reihe der Kombinationen vollständig sein soll.

Damit ist die Behauptung erwiesen.

Frage 96. Welche rekurrierende Formel lässt sich aufstellen, um die Kombinationszahl zur Summe n in irgend einer Klasse aus den Kombinationszahlen zu niedrigeren Summen in der vorhergehenden Klasse zu finden?

Erkl. 154. An sich ist klar, dass:

$$ C^{1}_{s=n} = 1 $$

sein muss, denn in der ersten Klasse kann nur das einzige Element n selbst die Summe n geben.

Antwort. Wendet man den in vorhergehender Frage gefundenen Satz wiederholt zur Zerlegung des zweiten Gliedes auf der rechten Seite der Behauptung an, so erhält man der Reihe nach:

$$ {}^{w}C^{k}_{s=n} = {}^{w}C^{k-1}_{s=n-1} + {}^{w}C^{k}_{s=n-k} $$

$$ {}^{w}C^{k}_{s=n-k} = {}^{w}C^{k-1}_{s=n-k-1} + {}^{w}C^{k}_{s=n-2k} $$

$$ {}^{w}C^{k}_{s=n-2k} = {}^{w}C^{k-1}_{s=n-2k-1} + {}^{w}C^{k}_{s=n-3k} $$

. . . .

woraus durch Addition unter Weglassung der beiderseits gleichen Glieder die rekurrierende Formel:

$$ {}^{w}C^{k}_{s=n} = {}^{w}C^{k-1}_{s=n-1} + {}^{w}C^{k-1}_{s=n-k-1} + {}^{w}C^{k-1}_{s=n-2k-1} + {}^{w}C^{k-1}_{s=n-3k-1} + \cdots $$

Erkl. 155. Durch die hier abgeleitete rekurrierende Formel erhält man z. B. folgende Zerlegung:

$$\underset{s=13}{{}^{w}C^{4}} = \underset{s=12}{{}^{w}C^{3}} + \underset{s=8}{{}^{w}C^{3}} + \underset{s=4}{{}^{w}C^{3}} + \underset{s=0}{{}^{w}C^{3}}$$

Der letzte Summand ist selbst Null. Ferner wird:

$$\underset{s=12}{{}^{w}C^{3}} = \underset{s=11}{{}^{w}C^{2}} + \underset{s=8}{{}^{w}C^{2}} + \underset{s=5}{{}^{w}C^{2}} + \underset{s=2}{{}^{w}C^{2}} \text{ u. s. w.}$$

Diese Berechnungsart ist übrigens sehr umständlich.

entsteht, welche abbricht, wenn s negativ oder Null würde.

Frage 97. Wie gross ist die Anzahl der Kombinationen zur Summe n in allen Klassen von der ersten bis zur $k$ten zusammengenommen?

Antwort. Die Anzahl der Kombinationen zur Summe n in allen Klassen von der ersten bis zur $k$ten Klasse ist gleich der Anzahl der Kombinationen zur Summe $n+k$ in der $k$ten Klasse.

Beweis. Nimmt man zu den bisher kombinierten Elementen:

$$a_1\ a_2\ a_3 \cdots$$

noch ein Anfangselement a_0 hinzu und bildet nach Frage 94:

$$\underset{s=n}{{}^{w}C^{k}}\ (a_0, a_1, a_2 \cdots);$$

erhöht sodann in jeder Komplexion jeden Zeiger um eine Einheit, so verschwindet der Zeiger 0 wieder und man erhält die Kombinationen der Elemente:

$$a_1, a_2, a_3 \cdots$$

zur Summe $n+k$ vollständig. Demnach ist:

$$\underset{s=n}{{}^{w}C^{k}}\ (a_0, a_1, a_2 \cdots) = \underset{s=n+k}{{}^{w}C^{k}}\ (a_1, a_2 \cdots) \qquad (*)$$

Werden aber in den oben entwickelt gedachten Kombinationen der Zeiger 0, 1, 2 $\cdots$ alle Zeiger 0 wieder unterdrückt, so ändert sich die Summe nirgends, die Komplexionen lassen sich aber nun in folgende Gruppen abteilen:

1) Die erste Komplexion:

$$000 \cdots 0n$$

welche $k-1$ mal den Zeiger 0 enthielt, verwandelt sich in:

$$n;$$

dieselbe kommt nur einmal vor, gibt also für sich eine Gruppe:

$$\underset{s=n}{C^{1}}$$

2) Die Komplexionen, welche $(k-2)$ mal den Zeiger 0 enthielten, verwandeln sich in solche der zweiten Klasse mit den Zeigern 1, 2, 3 $\cdots$; ihre Anzahl ist demnach:

$$\underset{s=n}{{}^{w}C^{2}}$$

Erkl. 156. Zur Verdeutlichung des Beweises werden im folgenden als Beispiel die Kombinationen vierter Klasse zur Summe 8 mit Inbegriff des Zeigers 0 aufgestellt. Dieselben sind:

00008	01115
00017	01124
00026	01133
00035	01223
00044	02222
00116	11114
00125	11123
00134	11222
00224	
00233	

Durch Erhöhung jedes Zeigers um eine Einheit entstehen die Kombinationen vierter Klasse zur Summe 13 aus den Zeigern 1, 2, 3 $\cdots$, nämlich:

11119	11227	12226	22225
11128	11236	12235	22234
11137	11245	12244	22333
11146	11335	12334	
11155	11344	13333	

Unterdrückt man aber die Zeiger 0, so können die obigen Kombinationen zur Summe 8 in folgende Gruppen geteilt werden:

$$8 = \underset{s=8}{C^{1}}(1, 2, \cdots)$$

$$\left.\begin{matrix}17\\26\\35\\44\end{matrix}\right\} = \underset{s=8}{{}^{w}C^{2}}(1, 2, \cdots) \qquad \left.\begin{matrix}116\\125\\134\\224\\233\end{matrix}\right\} = \underset{s=8}{{}^{w}C^{3}}(1, 2, \cdots)$$

$$\left.\begin{matrix}1115\\1124\\1133\\1223\\2222\end{matrix}\right\} = \underset{s=8}{{}^{w}C^{4}}(1, 2, \cdots) \qquad \left.\begin{matrix}11114\\11123\\11222\end{matrix}\right\} = \underset{s=8}{{}^{w}C^{5}}(1, 2, \cdots)$$

Demnach ist:

$$\underset{s=13}{{}^{w}C^{5}} = 1 + \underset{s=8}{{}^{w}C^{2}} + \underset{s=8}{{}^{w}C^{3}} + \underset{s=8}{{}^{w}C^{4}} + \underset{s=8}{{}^{w}C^{5}}$$

3) Die Komplexionen, welche $(k-3)$ mal den Zeiger 0 enthielten, verwandeln sich in solche der dritten Klasse mit den Zeigern 1, 2, 3 ···; ihre Anzahl ist:

$$\underset{s=n}{{}^{w}C^{3}}$$

Mit Hinsicht auf obige Gleichung (*) erhält man somit:

$$\underset{s=n+k}{{}^{w}C^{k}} = 1 + \underset{s=n}{{}^{w}C^{2}} + \underset{s=n}{{}^{w}C^{3}} + \cdots + \underset{s=n}{{}^{w}C^{k}}$$

alle Kombinationen aus den Zeigern 1, 2, 3 ··· gebildet.

Frage 98. Wie lässt sich die Anzahl der Kombinationen zur Summe n in einer bestimmten Klasse durch eine independente Formel ausdrücken?

Erkl. 157. Man erhält z. B. für eine gerade Summe:

$$\underset{s=12}{{}^{w}C^{2}} = \underset{s=11}{C^{1}} + \underset{s=9}{C^{1}} + \underset{s=7}{C^{1}} + \underset{s=5}{C^{1}} + \underset{s=3}{C^{1}} + \underset{s=1}{C^{1}} = 6$$

Die verschiedenen Werte von s sind alle ungeraden Zahlen von $n-1$ bis 1, deren Anzahl $\frac{n}{2}$ ist.

Für eine ungerade Summe hingegen z. B.:

$$\underset{s=13}{{}^{w}C^{2}} = \underset{s=12}{C^{1}} + \underset{s=10}{C^{1}} + \underset{s=8}{C^{1}} + \underset{s=6}{C^{1}} + \underset{s=4}{C^{1}} + \underset{s=2}{C^{1}} = 6$$

Hier sind die Werte von s lauter gerade Zahlen von $n-1$ bis 2, deren Anzahl $\frac{n-1}{2}$ ist.

Erkl. 158. Unter einem in eckige Klammern gesetzten Bruche soll im folgenden die grösste ganze Zahl verstanden werden, die in dem eingeklammerten Bruche enthalten ist. Es bedeutet also:

$$\left[\frac{18}{2}\right] = \left[\frac{19}{2}\right] \text{ die Zahl } 9;$$

$$\left[\frac{30}{5}\right], \left[\frac{31}{5}\right], \left[\frac{32}{5}\right], \left[\frac{33}{5}\right], \left[\frac{34}{5}\right] \text{ die Zahl 6 u. s. w.}$$

Erkl. 159. Setzt man in dem Bruche:

$$\left[\frac{n-(3m+1)}{2}\right]$$

statt m der Reihe nach die Zahlen 0, 1, 2, 3, ··· so entstehen daraus die Glieder der Reihe:

$$\left[\frac{n-1}{2}\right], \left[\frac{n-4}{2}\right], \left[\frac{n-7}{2}\right], \left[\frac{n-10}{2}\right] \cdots$$

Antwort. Eine independente Formel für die Anzahl der Kombinationen zur Summe n in einer bestimmten Klasse findet man auf folgende Art:

Die rekurrierende Formel in Antwort zu Frage 96 gibt für die erste Klasse:

$$\underset{s=n}{C^{1}} = 1$$

für die zweite Klasse:

$$\underset{s=n}{{}^{w}C^{2}} = \underset{s=n-1}{C^{1}} + \underset{s=n-3}{C^{1}} + \underset{s=n-5}{C^{1}} + \cdots$$
$$= 1 + 1 + 1 + \cdots$$

Ist nun n eine gerade Zahl, so wird diese Reihe abbrechen bei:

$$\underset{s=n-(n-1)}{C^{1}} = \underset{s=1}{C^{1}}$$

und die Anzahl der Glieder ist $\frac{n}{2}$, also:

$$\underset{s=n}{{}^{w}C^{2}} = \frac{n}{2}$$

(wenn n gerade).

Ist n aber ungerade, so bricht die Reihe ab bei:

$$\underset{s=n-(n-2)}{C^{1}} = \underset{s=2}{C^{1}}$$

und die Anzahl ihrer Glieder ist $\frac{n-1}{2}$, folglich:

$$\underset{s=n}{{}^{w}C^{2}} = \frac{n-1}{2}$$

(wenn n ungerade).

Beide Fälle können zusammengefasst werden in der Schreibweise:

$$\underset{s=n}{{}^{w}C^{2}} = \left[\frac{n}{2}\right] \text{ (S. Erkl. 132).}$$

Ferner gibt die rekurrierende Formel (Frage 96):

$$\underset{s=n}{{}^{w}C^{3}} = \underset{s=n-1}{{}^{w}C^{2}} + \underset{s=n-4}{{}^{w}C^{2}} + \underset{s=n-7}{{}^{w}C^{2}} + \cdots$$

Ersterer Bruch stellt also das allgemeine Gesetz vor, nach welchem die einzelnen Glieder sich bilden und heisst deshalb das allgemeine Glied der Reihe. Das Schlussglied der Reihe geht aus dem allgemeinen Gliede hervor, wenn man in diesem:

$$m = \left[\frac{n-1}{3}\right]$$

setzt; denn der Zähler wird für grössere Werte von m kleiner als 2.

Erkl. 160. Die symbolische Bezeichnung:

$$\sum_{m=0}^{m=\frac{n-1}{3}} \left[\frac{n-(3m+1)}{2}\right]$$

wird gelesen:

„Summe von $m=0$ bis $\frac{n-1}{3}$ aus

$$\left[\frac{n-(3m+1)}{2}\right]\text{“}$$

und bedeutet, dass man in diesem Bruche für m nach und nach alle ganzen Zahlen von 0 bis $\frac{n-1}{3}$ einsetzen und die jedesmal erhaltenen Werte sämtlich addieren soll. Diese beiden äussersten Werte heissen die Grenzen der Summe und zwar ist in obiger Formel $m=0$ die untere, $m=\left[\frac{n-1}{3}\right]$ die obere Grenze.

Erkl. 161. Der Sinn des doppelten Summenzeichens ist folgender:

Man setze zunächst in dem eingeklammerten Ausdruck nach und nach:

$$m = 0, 1, 2, \cdots \left[\frac{n-1}{3}\right]$$

und hierauf in jedem der hiedurch erhaltenen Brüche die Werte:

$$m_1 = 0, 1, 2, \cdots \left[\frac{n-1}{4}\right]$$

und addiere sämtliche Resultate. Brüche, deren Zähler < 2 ausfallen, werden natürlich sofort weggelassen. Ob man zuerst für m und dann für m_1 oder umgekehrt die Werte einsetzt (d. h. die erste oder zweite Summe zuerst berechnet), ist vollständig gleichgültig.

Analog erklären sich die folgenden mehrfachen Summenzeichen.

Erkl. 162. Die Berechnung der einzelnen Summanden in nebenstehendem Beispiele ist folgende:

1) $m = 0, 1, 2, 3, 4$; Summanden:

$$\sum_{m_2=0}^{m_2=2} \sum_{m_1=0}^{m_1=3} \left[\frac{12-5m_2-4m_1}{2}\right] + \left[\frac{9-5m_2-4m_1}{2}\right]$$

$$+ \left[\frac{6-5m_2-4m_1}{2}\right] + \left[\frac{3-5m_2-4m_1}{2}\right]$$

oder unter Anwendung des für die zweite Klasse gefundenen Wertes:

$$\underset{s=n}{{}^{w}C^{3}} = \left[\frac{n-1}{2}\right] + \left[\frac{n-4}{2}\right] + \left[\frac{n-7}{2}\right] + \cdots$$

welche Reihe abbricht, wenn der Zähler eines Bruches < 2 wird. Ein beliebiges $(m+1)$tes Glied dieser Reihe lautet:

$$\left[\frac{n-(3m+1)}{2}\right] \text{ (S. Erkl. 133).}$$

und die Summe der Reihe stellt man am kürzesten durch folgende symbolische Bezeichnung dar:

$$\underset{s=n}{{}^{w}C^{3}} = \sum_{m=0}^{m=\left[\frac{n-1}{3}\right]} \left[\frac{n-(3m+1)}{2}\right] \text{ (S. Erkl. 156)}$$

Die rekurrierende Formel (Frage 96) gibt nun weiter:

$$\underset{s=n}{{}^{w}C^{4}} = \underset{s=n-1}{{}^{w}C^{3}} + \underset{s=n-5}{{}^{w}C^{3}} + \underset{s=n-9}{{}^{w}C^{3}} \pm \cdots$$

Die Werte von s haben in dieser Reihe die allgemeine Form:

$$s = n - (4m_1 + 1)$$

und die Reihe bricht ab, wenn:

$$m_1 = \left[\frac{n-1}{4}\right]$$

Man kann sie demnach symbolisch darstellen durch:

$$\underset{s=n}{{}^{w}C^{4}} = \sum_{m_1=0}^{m_1=\left[\frac{n-1}{4}\right]} \left(\underset{s=n-(4m_1+1)}{{}^{w}C^{3}}\right)$$

oder indem man den oben für die dritte Klasse gefundenen Ausdruck einsetzt, wobei hier statt n zu setzen ist $n-(4m_1+1)$, so wird:

$$\underset{s=n}{{}^{w}C^{4}} = \sum_{m_1=0}^{m_1=\left[\frac{n-1}{4}\right]} \sum_{m=0}^{m=\left[\frac{n-1}{3}\right]} \left[\frac{n-(4m_1+1)-(3m+1)}{2}\right]$$

(Siehe Erkl. 157).

Auf gleiche Weise ergibt sich nun für die fünfte Klasse:

$$\underset{s=n}{{}^{w}C^{5}} = \sum_{m_2=0}^{m_2=\left[\frac{n-1}{5}\right]} \sum_{m_1=0}^{m_1=\left[\frac{n-1}{4}\right]} \sum_{m=0}^{m=\left[\frac{n-1}{3}\right]} \left[\frac{n-(5m_2+1)-(4m_1+1)-(3m+1)}{2}\right]$$

Die Formel ist leicht analog auf beliebige Klassen auszudehnen, obwohl ihre Schreib-

2) $m_1 = 0, 1, 2, 3$:

$$\sum_{m_2=0}^{m_2=2}\left[\frac{12-5m_2}{2}\right]+\left[\frac{9-5m_2}{2}\right]+\left[\frac{6-5m_2}{2}\right]+\left[\frac{3-5m_2}{2}\right]$$
$$+\left[\frac{8-5m_2}{2}\right]+\left[\frac{5-5m_2}{2}\right]+\left[\frac{2-5m_2}{2}\right]$$
$$+\left[\frac{4-5m_2}{2}\right]$$

3) $m_2 = 0, 1, 2$:

$$\left[\frac{12}{2}\right], \left[\frac{7}{2}\right], \left[\frac{2}{2}\right]; \quad \left[\frac{9}{2}\right], \left[\frac{4}{2}\right]; \quad \left[\frac{6}{2}\right]; \quad \left[\frac{3}{2}\right]$$
$$\left[\frac{8}{2}\right], \left[\frac{3}{2}\right]; \quad \left[\frac{5}{2}\right]; \quad \left[\frac{2}{2}\right]$$
$$\left[\frac{4}{2}\right]$$

weise und Berechnung immer umständlicher wird.

Als Beispiel mag die Berechnung von:

$$\underset{s=15}{C^5}$$

dienen. Hier ist:

$$n = 15, \left[\frac{n-1}{3}\right] = 4,$$
$$\left[\frac{n-1}{4}\right] = 3, \left[\frac{n-1}{5}\right] = 2$$

folglich:

$$\underset{s=15}{{}^wC^5} = \sum_{m_2=0}^{m_2=2}\sum_{m_1=0}^{m_1=3}\sum_{m=0}^{m=4}\left[\frac{15-(5m_2+1)-(4m_1+1)-(3m+1)}{2}\right]$$
$$= \left[\frac{12}{2}\right]+\left[\frac{7}{2}\right]+\left[\frac{2}{2}\right]+\left[\frac{8}{2}\right]+\left[\frac{3}{2}\right]+\left[\frac{4}{2}\right]$$
$$+\left[\frac{9}{2}\right]+\left[\frac{4}{2}\right]+\left[\frac{5}{2}\right]+\left[\frac{6}{2}\right]+\left[\frac{2}{2}\right]+\left[\frac{3}{2}\right]$$
$$= 6+3+1+4+1+2+4+2+2+3$$
$$+1+1 = 30$$

Frage 99. Wie kann die Anzahl der Kombinationen zur Summe n in allen Klassen (von der ersten bis zur $k$ten) durch eine independente Formel ausgedrückt werden?

Erkl. 163. Will man die Anzahl aller überhaupt möglichen Kombinationen zur Summe n erhalten, so müssen alle Klassen von der ersten bis zur $n$ten einschliesslich addiert werden; diese Anzahl ist dann gleich:

$$\underset{s=2n}{{}^wC^n}$$

also auch:

$$\sum_{m_{n-3}=0}^{m_{n-3}=\left[\frac{2n-1}{n}\right]} \cdots \sum_{m=0}^{m=\left[\frac{2n-1}{3}\right]} \left[\frac{2n-(3m_1+1)-(4m_2+1)\cdots-(nm_n-3+1)}{2}\right]$$

Antwort. Die Antwort auf Frage 97 ergab, dass:

$$\underset{s=n}{C^1}+\underset{s=n}{{}^wC^2}+\underset{s=n}{{}^wC^3}+\cdots+\underset{s=n}{{}^wC^k} = \underset{s=n+k}{{}^wC^k}$$

Für letztere Kombinationszahl hat man aber jetzt den independenten Ausdruck:

$$\underset{s=n+k}{{}^wC^k} = \sum_{m_{k-3}=0}^{m_{k-3}=\left[\frac{n+k-1}{k}\right]} \cdots \sum_{m=0}^{m=\left[\frac{n+k-1}{3}\right]} \left[\frac{n+k-(3m+1)-(4m_1+1)\cdots-(km_{k-3}+1)}{2}\right]$$

Dieser Ausdruck mit dem $(k-2)$-fachen Summenzeichen ist demnach auch die Anzahl aller Kombinationen zur Summe n von der ersten bis $k$ten Klasse einschliesslich.

Frage 100. Wie werden die Kombinationen zu einer bestimmten Summe bei ausgeschlossenen Anfangselementen gebildet und wie gross ist deren Anzahl in einer bestimmten Klasse?

Erkl. 164. Es kann die Bildung der Kombinationen zu einer bestimmten Summe auch derart gefordert werden, dass gewisse höhere

Antwort. Kombinationen zu einer bestimmten Summe bei ausgeschlossenen Anfangselementen sind solche, in welche gewisse am Anfange der Elementenreihe stehende Zeiger, z. B. von 1 bis m nicht aufgenommen

Zeiger (z. B. von $m+1$ an aufwärts) nicht mehr vorkommen dürfen (Kombinationen mit ausgeschlossenen Schlusselementen). Die Aufstellung dieser Komplexionen geschieht wie im früheren Falle. Die Berechnung der Anzahl ist umständlich und wird durch Ausschliessung derjenigen Komplexionen ausgeführt, welche höhere Zeiger als die erlaubten enthalten. Wegen des seltenen Vorkommens dieser Art Kombinationen soll dies nur an einem Beispiele gezeigt werden.

Es seien die Kombinationen mit Wiederholung zur Summe 15 in der fünften Klasse zu bilden, mit Ausschluss der Zeiger, die höher als 4 sind. Die vollständige Elementenreihe würde 11 Zeiger umfassen (s. Frage 93); es müssen also ausgeschlossen werden:

Die Komplexionen, die den Zeiger 11 enthalten, in welchem also die 4 andern Zeiger die Summe 4 geben müssen, d. h.:

$$\underset{s=4}{{}^{w}C^{4}} = 1$$

Komplexionen, die den Zeiger 10 enthalten, deren 4 andre Zeiger die Summe 5 geben, d. h.:

$$\underset{s=5}{{}^{w}C^{4}} = 1$$

Komplexionen mit den Zeigern 9, 8, 7, 6, 5, deren 4 andre Zeiger bezw. die Summen

6, 7, 8, 9, 10

geben, d. h.:

$$\underset{s=6}{{}^{w}C^{4}} = 2;\quad \underset{s=7}{{}^{w}C^{4}} = 3;\quad \underset{s=8}{{}^{w}C^{4}} = 5;\quad \underset{s=9}{{}^{w}C^{4}} = 6;\quad \underset{s=10}{{}^{w}C^{4}} = 9$$

Hiemit hat man diejenigen Komplexionen doppelt ausgeschlossen, welche zwei verschiedene höhere Zeiger enthalten und zwar die Paare:

56, 57

Höhere Paare als solche, welche die Summe 12 geben, sind unmöglich, denn nach Wegnahme des Paares bleibt eine Komplexion dritter Klasse, deren Summe mindestens drei sein muss.

Komplexionen mit dem Paare 56 gibt es also:

$$\underset{s=4}{{}^{w}C^{3}} = 1$$

ebenso eine für das Paar 57.

Ausgeschlossen werden also:

$$1+1+2+3+5+6+9-2 = 25$$

Komplexionen, und da nach der in Frage 97 gemachten Berechnung die Komplexionen der vollständigen Reihe

30

sind, so verbleiben noch:

$$30 - 25 = 5$$

werden sollen, so dass die Reihe der zu kombinierenden Zeiger ist:

$$m+1,\quad m+2,\quad m+3, \cdots$$

Die Bildung der Kombinationen geschieht ebenso wie in Frage 94, nur sind statt der dortigen Zeiger:

$$1,\quad 2,\quad 3, \cdots$$

hier die Zeiger:

$$m+1,\quad m+2,\quad m+3, \cdots$$

zu setzen. In der $k$ten Klasse wird bei diesen letzteren Elementen die Summe um km höher als bei ersteren. Wenn also letztere zur Summe n kombiniert werden (in irgend einer $k$ten Klasse), so erhält man ebenso viele Komplexionen, als wenn erstere in derselben Klasse zur Summe $n - km$ kombiniert werden, d. h. es ist:

$$\underset{s=n}{{}^{w}C^{k}} (a_{m+1}\, a_{m+2} \cdots) = \underset{s=n-km}{{}^{w}C^{k}} (a_1\, a_2 \cdots)$$

Die Berechnung der Anzahl der Komplexionen ist hiemit auf den vorhergehenden Fall der vollständigen Elementenreihe zurückgeführt.

Frage 100a. Wie entstehen Kombinationen zu bestimmten Summen mit ausgeschlossenen Zwischenelementen, und wie wird ihre Anzahl auf die der vollständigen Elementenreihe zurückgeführt?

Antwort. Kombinationen zu bestimmter Summe mit ausgeschlossenen Zwischenelementen entstehen, wenn bei der Bildung der Komplexionen gewisse in gesetzmässigem Abstande von einander befindliche Zeiger ausgelassen werden. Wir betrachten hier eine Zeigerreihe, deren Elemente den konstanten Unterschied d haben und deren erstes Element a_m sei (die also auch ausgeschlossene Anfangselemente hat). Bildet man die $k$te Klasse, so ist die Summe nicht willkürlich, sondern von den verfügbaren Zeigern abhängig. Wenn aber das letzte Element, welches verwendet werden kann, den Zeiger $m + rd$ hat, so heisst die erste Komplexion:

$$m\,m\,m \cdots m\,(m + rd)$$

und hat als Zeigersumme offenbar:

$$km + rd$$

Vermindert man jedes Element um $(m - 1)$ Einheiten und ausserdem noch das letzte um $r(d - 1)$, so erhält man die Kombinationen zur Summe:

$$km + rd - k(m - 1) - r(d - 1) = k + r$$

aus der **vollständigen** Reihe von ebenso vielen (nämlich $r + 1$) Elementen.

Es ist demnach:

$$\underset{s = km + rd}{{}^{w}C^{k}} (m, m + d, \cdots, m + rd) = \underset{s = k + r}{{}^{w}C^{k}} (1, 2, \cdots (r + 1)$$

Frage 101. Wie werden die Kombinationen ohne Wiederholung zu einer bestimmten Summe in einer gegebenen Klasse gebildet?

Antwort. Die Bildung der Kombinationen ohne Wiederholung zu einer bestimmten Summe geschieht in ähnlicher Weise wie in Frage 94 für die Kombinationen mit Wiederholung gezeigt wurde. Soll die $k$te Klasse gebildet werden, so besteht die **erste** Komplexion aus den niedrigsten $k - 1$ Elementen in natürlicher Ordnung, dem als letztes Element dasjenige beizusetzen ist, welches die Summe der vorhergehenden zur verlangten Zahl ergänzt.

Soll z. B. die vierte Klasse zur Summe 15 gebildet werden, so ist die erste Komplexion:

1239

Die Ableitung der übrigen Komplexionen durch Erhöhung des vorletzten und Erniedrigung des letzten Elementes u. s. w., geschieht wie in Frage 94 (nur dass keine **gleichen** Elemente vorkommen dürfen) und wird am einfachsten aus nebenstehendem Beispiele ersichtlich (Erkl. 165).

Erkl. 165. Die in der Antwort zu Frage 101 erwähnten Kombinationen zur Summe 15 sind vollständig:

1239
1248
1257
1347
1356
2346

Frage 102. Welche Beziehung besteht zwischen der Anzahl der Kombinationen ohne Wiederholung zu einer bestimmten Summe und Klasse, und der Anzahl der entsprechenden Kombinationen mit Wiederholung?

Antwort. Die Kombinationen **mit** Wiederholung können dadurch in solche **ohne** Wiederholung übergeführt werden, dass man in jeder

Erkl. 166. Die Summe einer „arithmetischen Progression" von n Gliedern, deren erstes Glied a und deren letztes z heisst, ist:

$$\frac{n(a+z)}{2}$$

(Siehe Kleyer, Lehrbuch der arithmetischen und geometrischen Progressionen.)

Erkl. 167. Es ist also:

$$\underset{s=20}{C^4} = \underset{s=14}{{}^{w}C^4}$$

und nach Frage 98:

$$\underset{s=14}{{}^{w}C^4} = \sum_{m_1=0}^{m_1=3} \sum_{m=0}^{m=4} \left[\frac{12-4m_1-3m}{2}\right]$$

Für $m_1 = 0, 1, 2, 3$ erhält man:

$$\sum_{m=0}^{m=4} \left[\frac{12-3m}{2}\right] + \left[\frac{8-3m}{2}\right] + \left[\frac{4-3m}{2}\right]$$

Hieraus für $m = 0, 1, 2, 3, 4$ unter einander stehend:

$$\begin{array}{lll} \left[\frac{12}{2}\right] = 6, & \left[\frac{8}{2}\right] = 4, & \left[\frac{4}{2}\right] = 2 \\ +\left[\frac{9}{2}\right] = 4, & \left[\frac{5}{1}\right] = 2 & - \\ +\left[\frac{6}{2}\right] = 3, & \left[\frac{2}{2}\right] = 1 & - \\ +\left[\frac{3}{2}\right] = 1 & - & - \\ - & - & - \end{array}$$

Folglich ist auch:

$$\underset{s=20}{C^4} = 6+4+3+1+4+2+1+2 = 23$$

Komplexion derselben das Element der zweiten Stelle um 1, das der dritten Stelle um 2 u. s. w. erhöht, das Element der $k$ten Stelle also um $k-1$. Die Anzahl der Komplexionen ändert sich dabei nicht, aber die Zeigersumme einer jeden vergrössert sich um:

$$1+2+3+\cdots+(k-1) = \frac{k(k-1)}{1\cdot 2}$$

(siehe Erkl. 166.)

Daraus folgt die Beziehung:

$$\underset{s=n+\frac{k(k-1)}{2}}{C^k} = \underset{s=n}{{}^{w}C^k}$$

und umgekehrt:

$$\underset{s=n}{C^k} = \underset{s=n-\frac{k(k-1)}{2}}{{}^{w}C^k}$$

Demnach kann auch die Anzahl der Kombinationen ohne Wiederholung zur Summe n in der $k$ten Klasse durch die independente Formel in Frage 98 angegeben werden, wenn in letzterer statt der Summe n die Summe:

$$n - \frac{k(k-1)}{2}$$

gesetzt wird (siehe Erkl. 167).

Frage 103. Welche Beziehung besteht zwischen der Anzahl der Kombinationen ohne Wiederholung zu einer bestimmten Summe in zwei auf einander folgenden Klassen?

Antwort. Zwischen der Anzahl der Kombinationen ohne Wiederholung zu einer bestimmten Summe in zwei auf einander folgenden Klassen besteht die Beziehung:

$$\underset{s=n}{C^k} = \underset{s=n-k}{C^{k-1}} + \underset{s=n-k}{C^k}$$

Erkl. 168. Zur besseren Uebersicht des Beweises seien die Kombinationen ohne Wiederholung zur Summe 15 in der vierten Klasse gebildet:

1. Gruppe.	2. Gruppe.
1234	2346
1248	
1356	

Erstere geht durch Abtrennung des ersten Elementes und Erniedrigung der übrigen über in:

$$\left.\begin{array}{l} 128 \\ 137 \\ 245 \end{array}\right\} = \underset{s=11}{C^3}$$

Beweis. Denkt man sich die Kombinationen zur Summe n in der $k$ten Klasse alle entwickelt, so kann ihre Gesamtzahl in zwei Gruppen geteilt werden.

Die erste Gruppe umfasst alle mit 1 beginnenden Komplexionen. Trennt man dieses Anfangselement ab, und erniedrigt jedes der andern um eine Einheit, so bilden diese verwandelten Komplexionen die $(k-1)$te Klasse zur Summe $n-k$ (weil [illegible] einschliesslich des ersten Elementes k Einheiten wegbleiben).

Druck von Carl Hammer in Stuttgart

1183. Heft. | Preis des Heftes 25 Pf. | Kombinatorik oder die Lehre von den kombinatorischen Operationen. Forts. v. Heft 1182. — Seite 165—176.

Vollständig gelöste

Aufgaben-Sammlung

— nebst Anhängen ungelöster Aufgaben, für den Schul- & Selbstunterricht —

mit

Angabe und Entwicklung der benutzten Sätze, Formeln, Regeln, in Fragen und Antworten

erläutert durch

viele Holzschnitte & lithograph. Tafeln,

aus allen Zweigen

der **Rechenkunst**, der **niederen** (Algebra, Planimetrie, Stereometrie, ebenen u. sphärischen Trigonometrie, synthetischen Geometrie etc.) u. **höheren Mathematik** (höhere Analysis, Differential- u. Integral-Rechnung, analytische Geometrie der Ebene u. des Raumes etc.); — aus allen Zweigen der **Physik, Mechanik, Graphostatik, Chemie, Geodäsie, Nautik, mathemat. Geographie, Astronomie**; des **Maschinen-, Strassen-, Eisenbahn-, Wasser-, Brücken- u. Hochbau's**; der **Konstruktionslehren** als: **darstell. Geometrie, Polar- u. Parallel-Perspektive, Schattenkonstruktionen** etc. etc.

für

Schüler, Studierende, Kandidaten, Lehrer, Techniker jeder Art, **Militärs** etc.

zum einzig richtigen und erfolgreichen

Studium, zur **Forthülfe** bei Schularbeiten und zur **rationellen Verwertung** der exakten Wissenschaften,

herausgegeben von

Dr. Adolph Kleyer,

Mathematiker, vereideter königl. preuss. Feldmesser, vereideter grossh. hessischer Geometer I. Klasse

in **Frankfurt a. M.**

unter Mitwirkung der bewährtesten Kräfte.

Kombinatorik

oder

Die Lehre von den kombinatorischen Operationen.

(Permutation, Kombination, Variation.)

(Nach **System Kleyer** bearbeitet von **Prof. H. Staudacher.**

Fortsetzung v. Heft 1182. — Seite 165—176.

Inhalt:

Gelöste und ungelöste Aufgaben über die Kombinationen zu bestimmten Summen. — Von den Variationen. — Variationen ohne Wiederholung.

Stuttgart 1893.

Verlag von Julius Maier.

Preisgekrönt in Frankfurt a. M. 1881.

PROSPEKT.

Dieses Werk, welchem **kein ähnliches** zur Seite steht, erscheint monatlich in 3—4 **Heften zu dem billigen Preise** von 25 ₰ pro Heft und bringt eine Sammlung der wichtigsten und praktischsten **Aufgaben aus dem Gesamtgebiete der Mathematik, Physik, Mechanik, math. Geographie, Astronomie, des Maschinen-, Strassen-, Eisenbahn-, Brücken- und Hochbaues, des konstruktiven Zeichnens** etc. etc. und zwar in **vollständig gelöster Form, mit vielen Figuren, Erklärungen nebst Angabe und Entwickelung der benutzten Sätze, Formeln, Regeln in Fragen mit Antworten** etc., so dass die Lösung jedermann verständlich sein kann, bezw. wird, wenn eine grössere Anzahl der Hefte erschienen ist, **da dieselben sich in ihrer Gesamtheit ergänzen** und alsdann auch **alle Teile der reinen und angewandten** Mathematik — nach besonderen selbständigen Kapiteln angeordnet — vorliegen.

Fast jedem Hefte ist ein Anhang von **ungelösten** Aufgaben beigegeben, welche der eigenen Lösung (in analoger Form wie die bezüglichen gelösten Aufgaben) des Studierenden überlassen bleiben, und zugleich von den Herren Lehrern für den Schulunterricht benutzt werden können. Die **Lösungen** hierzu werden später in besonderen Heften für die Hand des Lehrers erscheinen. Am Schlusse eines jeden Kapitels gelangen: Titelblatt, Inhaltsverzeichnis, Berichtigungen und erläuternde Erklärungen über das betreffende Kapitel zur Ausgabe.

Das Werk behandelt zunächst den Hauptbestandteil des mathematisch-naturwissenschaftlichen Unterrichtsplanes folgender Schulen: **Realschulen I. und II. Ordn., gleichberechtigten höheren Bürgerschulen, Privatschulen, Gymnasien, Realgymnasien, Progymnasien, Schullehrer-Seminaren, Polytechniken, Techniken, Baugewerkschulen, Gewerbeschulen, Handelsschulen, techn. Vorbereitungsschulen** aller Arten, **gewerbliche Fortbildungsschulen, Akademien, Universitäten, Land- und Forstwissenschaftsschulen, Militärschulen, Vorbereitungs-Anstalten** aller Arten als z. B. für das **Einjährig-Freiwillige- und Offiziers-Examen** etc.

Die **Schüler, Studierenden** und **Kandidaten** der mathematischen, technischen und naturwissenschaftlichen Fächer werden durch diese, **Schritt für Schritt gelöste, Aufgabensammlung immerwährend** an ihre in der Schule erworbenen oder nur gehörten Theorien etc. erinnert und wird ihnen hiermit der Weg zum **unfehlbaren** Auffinden der Lösungen derjenigen Aufgaben gezeigt, welche sie bei ihren **Prüfungen** zu lösen haben, zugleich aber auch die **überaus grosse Fruchtbarkeit** der mathematischen Wissenschaften vorgeführt.

Dem Lehrer soll mit dieser Aufgabensammlung eine kräftige Stütze für den Schul-Unterricht geboten werden, indem zur Erlernung des **praktischen Teils** der mathematischen Disciplinen — **zum Auflösen von Aufgaben** — in den meisten Schulen oft keine Zeit erübrigt werden kann, **hiermit** aber dem Schüler bei seinen häuslichen Arbeiten eine vollständige Anleitung in die Hände gegeben wird, **entsprechende Aufgaben zu lösen,** die gehabten **Regeln, Formeln, Sätze** etc. **anzuwenden** und **praktisch zu verwerten.** Lust, Liebe und Verständnis für den Schulunterricht wird dadurch erhalten und belebt werden.

Den **Ingenieuren, Architekten,** Technikern und Fachgenossen aller Art, **Militärs** etc. etc. soll diese Sammlung **zur Auffrischung** der erworbenen und vielleicht vergessenen mathematischen Kenntnisse dienen und zugleich durch ihre **praktischen in allen Berufszweigen vorkommenden Anwendungen** einem **toten Kapital** lebendige Kraft verleihen und somit den **Antrieb** zu weiteren praktischen Verwertungen und **weiteren Forschungen** geben.

Alle Buchhandlungen nehmen Bestellungen entgegen. Wichtige und praktische Aufgaben werden mit Dank von der Redaktion entgegengenommen und mit Angabe der Namen verbreitet. — Wünsche, Fragen etc., welche die Redaktion betreffen, nimmt der Verfasser, Dr. Kleyer, Frankfurt a. M., Fischerfeldstrasse 16, entgegen, und wird deren Erledigung thunlichst berücksichtigt.

Stuttgart. **Die Verlagshandlung.**

Die zweite geht über in:

$$1235 = \underset{s=11}{C^4}$$

folglich:

$$\underset{s=15}{C^4} = \underset{s=11}{C^3} + \underset{s=11}{C^4}$$

Die zweite Gruppe umfasst alle mit höheren Elementen als 1 beginnenden Komplexionen. Wird in allen hieher gehörigen jede der k Stellen um eine Einheit erniedrigt, so ist die Summe in jeder Komplexion um k kleiner, während Klasse und Anzahl unverändert bleibt. Dieselben gehen also über in:

$$\underset{s=n-k}{C^k}$$

Daraus folgt unmittelbar die Behauptung.

Erkl. 169. Der in Frage 103 bewiesene Satz ist einer Erweiterung fähig.

Wendet man die bewiesene Zerlegung jedesmal wieder auf das zweite Glied der rechten Gleichungsseite an, so entsteht nach und nach:

$$\underset{s=n}{C^k} = \underset{s=n-k}{C^{k-1}} + \underset{s=n-k}{C^k}$$

$$\underset{s=n-k}{C^k} = \underset{s=n-2k}{C^{k-1}} + \underset{s=n-2k}{C^k}$$

$$\underset{s=n-2k}{C^k} = \underset{s=n-3k}{C^{k-1}} + \underset{s=n-3k}{C^k}$$

. . . .

Die Addition dieser Gleichungen gibt:

$$\underset{s=n}{C^k} = \underset{s=n-k}{C^{k-1}} + \underset{s=n-2k}{C^{k-1}} + \underset{s=n-3k}{C^{k-1}} + \cdots$$

eine Reihe, welche von selbst abbricht, wenn s so klein wird, dass die Bildung der $(k-1)$ten Klasse nicht mehr möglich ist.

Frage 104. Wie kann aus dem vorhergehenden Satze eine independente Formel für die Anzahl der Kombinationen ohne Wiederholung zu einer bestimmten Summe und Klasse abgeleitet werden?

Antwort. Es ist unmittelbar:

$$\underset{s=n}{C^1} = 1$$

Für die zweite Klasse folgt aus dem in Erkl. 165 gefundenen Satze:

$$\underset{s=n}{C^2} = \underset{s=n-2}{C^1} + \underset{s=n-4}{C^1} + \cdots = 1 + 1 + \cdots$$

Die Anzahl dieser Summanden ist:

$$\frac{n-2}{2}$$

wenn n gerade, hingegen:

$$\frac{n-1}{2}$$

wenn n ungerade ist. Beide Fälle können vereinigt werden in der Schreibweise:

$$\underset{s=n}{C^2} = \left[\frac{n-1}{2}\right] \quad \text{(s. Erkl. 154.)}$$

Ferner gibt Erkl. 165:

Erkl. 170. Die hier gefundene Formel ist mit der in Erkl. 163 benutzten identisch.

$$\underset{s=n}{C^3} = \underset{s=n-3}{C^2} + \underset{s=n-6}{C^2} + \cdots = \left[\frac{n-4}{2}\right] + \left[\frac{n-7}{2}\right] + \cdots = \sum_{m=1}^{m=\left[\frac{n-1}{3}\right]} \left[\frac{n-1-3m}{2}\right]$$

Analog wird:

$$\underset{s=n}{C^4} = \sum_{m_1=1}^{m_1=\left[\frac{n-1}{4}\right]} \sum_{m=1}^{m=\left[\frac{n-1}{3}\right]} \left[\frac{n-1-3m-4m_1}{2}\right]$$

und allgemein:

$$\underset{s=n}{C^k} = \sum_{m_{k-3}=1}^{m_{3k}=\left[\frac{n-1}{k}\right]} \cdots \sum_{m=1}^{m=\left[\frac{n-1}{3}\right]} \left[\frac{n-1-3m-\cdots-k\,m_{k-3}}{2}\right]$$

Frage 105. Wie wird die Anzahl der Kombinationen ohne Wiederholung bei ausgeschlossenen Anfangselementen auf die der Kombinationen aus der vollständigen Elementenreihe zurückgeführt?

Erkl. 171. Die Kombinationen mit ausgeschlossenen Schlusselementen werden in ähnlicher Weise behandelt, wie in Erkl. 160 für solche mit Wiederholung angegeben wurde.

Antwort. Ist die verfügbare Zeigerreihe:

$$m+1,\quad m+2,\quad m+3, \cdots$$

so entstehen (analog wie in Frage 100) durch Verminderung jedes Zeigers um m Einheiten die Kombinationen derselben ($k$ten) Klasse zu einer um km kleineren Summe. Man hat demnach:

$$\underset{s=n}{C^k}(m+1,\ m+2, \cdots) = \underset{s=n-km}{C^k}(1, 2, \cdots)$$

Frage 106. Wie wird die Anzahl der Kombinationen ohne Wiederholung bei ausgeschlossenen Anfangs- und Zwischenelementen auf die aus der vollständigen Elementenreihe hervorgehende zurückgeführt?

Antwort. Angenommen, die Zeiger haben wieder den konstanten Unterschied d und bilden die Reihe:

$$m,\quad m+d,\quad m+2d \cdots m+rd$$

so ist die erste Komplexion der $k$ten Klasse:

$$m\ (m+d) \cdots\ [m+(k-2)\,d]\ \ (m+rd)$$

und demnach die Zeigersumme jeder Komplexion:

$$s = km + \frac{(k-2)(k-1)}{1 \cdot 2}d + rd = n_1$$

Vermindert man jedes Element um $m-1$ Einheiten und ausserdem das zweite um $d-1$, das dritte um $2(d-1) \cdots$, das vorletzte um $(k-2)(d-1)$ und das letzte um $r(d-1)$, so heisst die erste Komplexion:

$$1\ 2 \cdots (k-1)\ \ (r+1)$$

und ihre Zeigersumme ist nun:

$$s = \frac{k(k-1)}{1 \cdot 2} + r + 1 = n_2$$

Demnach besteht die Gleichung:

$$\underset{s=n_1}{C^k}(m,\ m+d, \cdots m+rd) = \underset{s=n_2}{C^k}[1, 2, \cdots (r+1)]$$

wobei n_1 und n_2 abgekürzt für die obigen Werte von s gesetzt sind.

h) Gelöste Aufgaben über die Kombinationen zu bestimmten Summen.

Aufgabe 271. Wie viele Elemente sind nötig, um folgende Kombinationen vollständig zu bilden und wie lauten diese letzteren:

1) ${}^{w}C^{3}_{s=13}(a_1\,a_2\cdots)$; 2) ${}^{w}C^{6}_{s=17}(1, 2, 3\cdots)$?

Antwort. 1) Die Anzahl der zu verwendenden Elemente ist:

$$13-3+1=11$$

und die Kombinationen lauten:

$a_1a_1a_{11}$ $\quad a_2a_2a_9$ $\quad a_3a_3a_7$ $\quad a_4a_4a_5$

$a_1a_2a_{10}$ $\quad a_2a_3a_8$ $\quad a_3a_4a_6$

$a_1a_3a_9$ $\quad a_2a_4a_7$ $\quad a_3a_5a_5$

$a_1a_4a_8$ $\quad a_2a_5a_6$

$a_1a_5a_7$

$a_1a_6a_6$

2) Die Elementenzahl ist:

$$17-6+1=12$$

und die Kombinationen, wenn nur die Indices angeschrieben werden:

11111$\overline{12}$	111239	111446	112346	122237	123344
11112$\overline{11}$	111248	111455	112355	122246	133334
11113$\overline{10}$	111257	111229	112445	122255	222227
111149	111266	112238	113336	122336	222236
111158	111338	112247	113345	122345	222245
111167	111347	112256	113444	122444	222335
11122$\overline{10}$	111356	112337	122228	123335	222344
					223334
					233333

Aufgabe 272. Die Anzahl der Kombinationen vierter Klasse mit Wiederholung zur Summe 10 durch die rekurrierende Formel in Frage 96 auf Kombinationszahlen der zweiten Klasse zurückzuführen.

Andeutung. Nach der Formel in Frage 96 wird zunächst:

$$\begin{aligned}
{}^{w}C^{4}_{s=10} &= {}^{w}C^{3}_{s=9} + {}^{w}C^{3}_{s=5}\\
{}^{w}C^{3}_{s=9} &= {}^{w}C^{2}_{s=8} + {}^{w}C^{2}_{s=5} + {}^{w}C^{2}_{s=3}\\
{}^{w}C^{3}_{s=5} &= {}^{w}C^{2}_{s=4}\\
\hline
{}^{w}C^{4}_{s=10} &= {}^{w}C^{2}_{s=8} + {}^{w}C^{2}_{s=5} + {}^{w}C^{2}_{s=4} + {}^{w}C^{2}_{s=3}
\end{aligned}$$

Aufgabe 273. Wie gross ist die Anzahl der Kombinationen zur Summe 20 in allen Klassen von der ersten bis zur zehnten?

Auflösung. Nach Frage 97 gibt die dort abgeleitete Formel:

$$C^{1}_{s=20} + {}^{w}C^{2}_{s=20} + {}^{w}C^{3}_{s=20} + \cdots + {}^{w}C^{10}_{s=20} = {}^{w}C^{10}_{s=30}$$

Aufgabe 274. Wie gross ist die Anzahl:

$$\underset{s=10}{{}^{w}C^{4}}$$

nach der in Aufgabe 272 ausgeführten Zerlegung in Kombinationen zweiter Klasse?

Auflösung. Frage 98 gibt gemäss der dort erklärten Bezeichnung:

$$\underset{s=10}{{}^{w}C^{4}} = \left[\frac{8}{2}\right]+\left[\frac{5}{2}\right]+\left[\frac{4}{2}\right]+\left[\frac{3}{2}\right]$$
$$= 4+2+2+1 = 9$$

Aufgabe 275. Auf wie viele Arten lässt sich die Zahl 17 in 2, 3, 4, 5 oder 6 Summanden zerlegen?

Auflösung. Die Zerlegung der Zahl n in k Summanden ist auf so viele Arten möglich, als es Kombinationen $k$ter Klasse mit Wiederholung zur Summe n gibt. Im fraglichen Falle ist also die gesuchte Zahl von Zerlegungen:

$$\underset{s=17}{{}^{w}C^{2}} + \underset{s=17}{{}^{w}C^{3}} + \underset{s=17}{{}^{w}C^{4}} + \underset{s=17}{{}^{w}C^{5}} + \underset{s=17}{{}^{w}C^{6}}$$

Diese Summe lässt sich nach Frage 97 zusammenfassen in:

$$\underset{s=23}{{}^{w}C^{6}} - 1$$

Die Berechnung dieser Kombinationszahl mittels der independenten Formel von Frage 98 ist folgende:

$$\underset{s=23}{{}^{w}C^{2}} = \sum_{m'''=0}^{m'''=3}\sum_{m''=0}^{m''=4}\sum_{m'=0}^{m'=5}\sum_{m=0}^{m=7}\left[\frac{19-3m-4m'-5m''-6m'''}{2}\right]$$

$$=\left[\frac{19}{2}\right]+\left[\frac{16}{2}\right]+\left[\frac{13}{2}\right]+\left[\frac{10}{2}\right]+\left[\frac{7}{2}\right]+\left[\frac{4}{2}\right]$$
$$+\left[\frac{15}{2}\right]+\left[\frac{12}{2}\right]+\left[\frac{9}{2}\right]+\left[\frac{6}{3}\right]+\left[\frac{3}{2}\right]$$
$$+\left[\frac{11}{2}\right]+\left[\frac{8}{2}\right]+\left[\frac{5}{2}\right]+\left[\frac{2}{2}\right]$$
$$+\left[\frac{7}{2}\right]+\left[\frac{4}{2}\right]$$
$$+\left[\frac{3}{2}\right]$$
$$+\left[\frac{14}{2}\right]+\left[\frac{11}{2}\right]+\left[\frac{8}{2}\right]+\left[\frac{5}{2}\right]+\left[\frac{2}{2}\right]$$
$$+\left[\frac{10}{2}\right]+\left[\frac{7}{2}\right]+\left[\frac{4}{2}\right]+\left[\frac{6}{2}\right]+\left[\frac{3}{2}\right]+\left[\frac{2}{2}\right]$$
$$+\left[\frac{9}{2}\right]+\left[\frac{6}{2}\right]+\left[\frac{3}{2}\right]+\left[\frac{5}{2}\right]+\left[\frac{2}{2}\right]+\left[\frac{4}{2}\right]$$
$$+\left[\frac{13}{2}\right]+\left[\frac{10}{2}\right]+\left[\frac{7}{2}\right]+\left[\frac{4}{2}\right]$$
$$+\left[\frac{9}{2}\right]+\left[\frac{6}{2}\right]+\left[\frac{3}{2}\right]+\left[\frac{5}{2}\right]+\left[\frac{2}{2}\right]$$

Erkl. 172. Als obere Grenzen der zu berechnenden Summen findet sich für $n = 23$:

$$\left[\frac{n-1}{3}\right]-\left[\frac{22}{3}\right]=7;\ \left[\frac{n-1}{4}\right]=\left[\frac{22}{4}\right]=5;$$
$$\left[\frac{n-1}{5}\right]=\left[\frac{22}{5}\right]=4;\ \left[\frac{n-1}{6}\right]=\left[\frac{22}{6}\right]=3$$

Die ziemlich weitläufige Berechnung ist nun folgende:

1) $m''' = 0, 1, 2, 3$ gibt die Summanden:

$$\sum_{m''=0}^{m''=4}\sum_{m'=0}^{m'=5}\sum_{m=0}^{m=7}\left[\frac{19-3m-4m'-5m''}{2}\right]$$
$$+\left[\frac{13-3m-4m'-5m''}{2}\right]$$
$$+\left[\frac{7-3m-4m'-5m''}{2}\right]$$

2) $m'' = 0, 1, 2, 3, 4$ gibt hieraus:

$$\sum_{m'=0}^{m'=5}\sum_{m=0}^{m=7}\left[\frac{19-3m-4m'}{2}\right]$$
$$+\left[\frac{14-3m-4m'}{2}\right]+\left[\frac{9-3m-4m'}{2}\right]$$
$$+\left[\frac{4-3m-4m'}{2}\right]$$
$$+\left[\frac{13-3m-4m'}{2}\right]+\left[\frac{8-3m-4m'}{2}\right]$$
$$+\left[\frac{3-3m-4m'}{2}\right]$$
$$+\left[\frac{7-3m-4m'}{2}\right]+\left[\frac{2-3m-4m'}{2}\right]$$

3) Aus diesen Brüchen entstehen ferner für $m' = 0, 1, 2, 3, 4, 5$ die folgenden:

$$\sum_{m=0}^{m=7}\left[\frac{19-3m}{2}\right]+\left[\frac{15-3m}{2}\right]+\left[\frac{11-3m}{2}\right]$$
$$+\left[\frac{7-3m}{2}\right]+\left[\frac{3-3m}{2}\right]$$
$$+\left[\frac{14-3m}{2}\right]+\left[\frac{10-3m}{2}\right]+\left[\frac{6-3m}{2}\right]$$
$$+\left[\frac{2-3m}{2}\right]$$

$$+\left[\frac{9-3m}{2}\right]+\left[\frac{5-3m}{2}\right]+\left[\frac{4-3m}{2}\right]$$
$$+\left[\frac{13-3m}{2}\right]+\left[\frac{9-3m}{2}\right]+\left[\frac{5-3m}{2}\right]$$
$$+\left[\frac{8-3m}{2}\right]+\left[\frac{4-3m}{2}\right]+\left[\frac{3-3m}{2}\right]$$
$$+\left[\frac{7-3m}{2}\right]+\left[\frac{3-3m}{2}\right]+\left[\frac{2-3m}{2}\right]$$

und endlich aus diesen für $m = 0, 1, 2 \cdots 7$ die nebenstehenden Werte.

$$+\left[\frac{8}{2}\right]+\left[\frac{5}{2}\right]+\left[\frac{2}{2}\right]+\left[\frac{4}{2}\right]+\left[\frac{3}{2}\right]$$
$$+\left[\frac{7}{2}\right]+\left[\frac{4}{2}\right]+\left[\frac{3}{2}\right]+\left[\frac{2}{2}\right] = 163$$

Die gesuchte Anzahl von Zerlegungen ist demnach:

162

Aufgabe 276. Auf wie viele verschiedene Arten kann mit drei Würfeln die Augenzahl 14 geworfen werden?

Auflösung. Da jeder Würfel die Nummern 1 bis 6 auf seinen sechs Flächen trägt, so sind die Kombinationen mit Wiederholung zur dritten Klasse und Summe 14 zu bilden, wobei höhere Elemente als 6 ausgeschlossen sind. Die vollständige Reihe würde 12 Elemente erfordern, weil die erste Komplexion:

1 1 12

ist. Anstatt die verlangte Anzahl nach Erkl. 138 zu berechnen, ist es viel einfacher, die Komplexionen wirklich zu bilden. Dieselben sind:

266
356
446
455

Aufgabe 277. Auf wie viele verschiedene Arten kann mit fünf Würfeln die Augenzahl 12 geworfen werden?

Auflösung. Man hat zu bilden:

$$\underset{s=12}{{}^{w}C^{5}}$$

mit Ausschluss der Elemente 7 und 8, die zur vollständigen Reihe gehören würden. Die vollständige Anzahl der Komplexionen wäre nach Frage 98:

$$\underset{s=12}{{}^{w}C^{5}} = \sum_{m_2=0}^{m_2=2}\ \sum_{m_1=0}^{m_1=2}\ \sum_{m=0}^{m=3} \left[\frac{9-3m-4m_1-5m_2}{2}\right] = 13$$

Komplexionen, die den Zeiger 8 enthalten, kann es nicht mehr als eine geben, nämlich:

11118

mit dem Zeiger 7 gibt es ebenfalls nur eine Komplexion, nämlich:

11127

also ist die gesuchte Zahl:

11

Erkl. 178. Berechnung nebenstehender Summen:

1) $m_2 = 0, 1, 2$:

$$\sum_{m_1=0}^{m_1=2}\ \sum_{m=0}^{m=3}\left[\frac{9-3m-4m_1}{2}\right]+\left[\frac{4-3m-4m_1}{2}\right]$$

2) $m_1 = 0, 1, 2$:

$$\sum_{m=0}^{m=3}\left[\frac{9-3m}{2}\right]+\left[\frac{5-3m}{2}\right]+\left[\frac{4-3m}{2}\right]$$

3) $m = 0, 1, 2, 3$:

$$\left[\frac{9}{2}\right]+\left[\frac{6}{2}\right]+\left[\frac{3}{2}\right]+\left[\frac{5}{2}\right]+\left[\frac{2}{2}\right]+\left[\frac{4}{2}\right]$$
$$= 4+3+1+2+1+2 = 13$$

Aufgabe 278. Je 20 Kugeln von schwarzer, weisser und roter Farbe sind mit den Nummern 1 bis 20 bezeichnet. Wie oft können 3 derselben von verschiedenen Farben so zusammengestellt werden, dass ihre Nummern:

die Summe 40

geben, wobei es als gleichgültig angesehen werden soll, welche Nummer schwarz oder weiss oder rot ist?

Auflösung. Zur vollständigen Reihe braucht man:

$$40 - 3 + 1 = 38$$

Nummern; es müssen also die Zeiger 21 bis 38 ausgeschlossen werden. In keiner Komplexion können zwei derselben vorkommen, da ihre Summe bereits 40 übersteigen würde. Schliesst man den Zeiger 38 aus, so müssen die beiden übrig bleibenden die Summe 2 geben, bei Ausschluss von 37 die Summe 3 u. s. w., endlich bei Ausschluss des Zeigers 21 die Summe 19. Die Lösung lautet also nach Erkl. 160:

$$\underset{s=40}{{}^{w}C^{3}} - \left(\underset{s=2}{{}^{w}C^{2}} + \underset{s=3}{{}^{w}C^{2}} + \cdots + \underset{s=19}{{}^{w}C^{2}}\right) = \sum_{m=0}^{m=13}\left[\frac{39-3m}{2}\right] - \left(\left[\frac{2}{2}\right]+\left[\frac{3}{2}\right]+\cdots+\left[\frac{19}{2}\right]\right) = 43$$

Aufgabe 279. Auf wie viele Arten kann die Zahl 100 aus drei zweiziffrigen Summanden gebildet werden, wenn jeder Summand so oft wiederholt werden darf als es angeht?

Auflösung. Man hat die Kombinationen dritter Klasse zur Summe 100 zu bilden mit Ausschluss der Zeiger 1 bis 9, indem nur zweiziffrige Summanden zugelassen sind. Nach Frage 100 ist aber:

$$\underset{s=100}{{}^{w}C^{3}}(10, 11, \cdots) = \underset{s=73}{{}^{w}C^{3}}(1, 2, \cdots) = \sum_{m=0}^{m=24}\left[\frac{72-3m}{2}\right] = 36+34+33+31+30+28+27$$
$$+25+24+22+21+19+18+16+15+13+12+10+9+7+6+4+3+1 = 444$$

Aufgabe 280. Die Zahl 60 so oft als möglich in eine Summe von fünf geraden Summanden zu zerlegen.

Erkl. 174. Die Berechnung der hier zu bildenden dreifachen Summe gibt folgende Summanden:

1) $m_2 = 0, 1, 2, 3, 4, 5$:

$$\sum_{m_1=0}^{m_1=7}\sum_{m=0}^{m=9}\left[\frac{27-3m-4m_1}{2}\right]+\left[\frac{22-3m-4m_1}{2}\right]$$
$$+\left[\frac{17-3m-4m_1}{2}\right]+\left[\frac{12-3m-4m_1}{2}\right]$$
$$+\left[\frac{7-3m-4m_1}{2}\right]+\left[\frac{2-3m-4m_1}{2}\right]$$
$$=\sum_{m=0}^{m=9}\left[\frac{27-3m}{2}\right]+\left[\frac{23-3m}{2}\right]+\left[\frac{19-3m}{2}\right]$$
$$+\left[\frac{15-3m}{2}\right]+\left[\frac{11-3m}{2}\right]+\left[\frac{7-3m}{2}\right]$$
$$+\left[\frac{3-3m}{2}\right]+\left[\frac{22-3m}{2}\right]+\left[\frac{18-3m}{2}\right]$$

Auflösung. Es muss hier bei Bildung der Komplexionen das Anfangselement 1, sowie je ein Zwischenelement ausgeschlossen werden. Nach Frage 100a ist aber:

$$\underset{s=60}{{}^{w}C^{5}}(2, 4, 6, \cdots) = \underset{s=30}{{}^{w}C^{5}}(1, 2, 3, \cdots)$$

Man hat nämlich in der allgemeinen Lösung zu setzen:

$$k = 5, \quad m = 2, \quad d = 2, \quad s = 60$$

und aus der Bedingung:

$$km + rd = s$$

folgt hier:

$$r = 25$$

Die gesuchte Anzahl von Komplexionen ist dann:

$$\underset{s=30}{{}^{w}C^{5}} = \sum_{m_2=0}^{m_2=5}\sum_{m_1=0}^{m_1=7}\sum_{m=0}^{m=9}\left[\frac{27-3m-4m_1-5m_2}{2}\right] = 377$$

$$+\left[\frac{14-3m}{2}\right]+\left[\frac{10-3m}{2}\right]+\left[\frac{6-3m}{2}\right]+\left[\frac{2-3m}{2}\right]$$
$$+\left[\frac{17-3m}{2}\right]+\left[\frac{13-3m}{2}\right]+\left[\frac{9-3m}{2}\right]+\left[\frac{5-3m}{2}\right]$$
$$+\left[\frac{12-3m}{2}\right]+\left[\frac{8-3m}{2}\right]+\left[\frac{4-3m}{2}\right]$$
$$+\left[\frac{7-3m}{2}\right]+\left[\frac{3-3m}{2}\right]+\left[\frac{2-3m}{2}\right]$$

$$
\begin{aligned}
&= 13+12+10+9+7+6+4+3+1\\
&\quad +11+10+8+7+5+4+2+1\\
&\quad +9+8+6+5+3+2\\
&\quad +7+6+4+3+1\\
&\quad +5+4+2+1\\
&\quad +3+2+1\\
&\quad +11+9+8+6+5+3+2\\
&\quad +9+7+6+4+3+1\\
&\quad +7+5+4+2+1\\
&\quad +5+3+2+3+1+1\\
&\quad +8+7+5+4+2+1\\
&\quad +6+5+3+2\\
&\quad +4+3+1\\
&\quad +2+1\\
&\quad +6+4+3+1\\
&\quad +4+2+1+2\\
&\quad +3+2+1+1
\end{aligned}
$$

Aufgabe 281. Es sollen die Kombinationen ohne Wiederholung:

1) in der vierten Klasse zur Summe 20,
2) „ „ fünften „ „ „ 21

gebildet werden.

Auflösung. 1) Die Kombinationen vierter Klasse zur Summe 20 sind folgende:

1 2 3 14	1 3 6 10	2 3 6 9
1 2 4 13	1 3 7 9	2 3 7 8
1 2 5 12	1 4 5 10	2 4 5 9
1 2 6 11	1 4 6 9	2 4 6 8
1 2 7 10	1 4 7 8	2 5 6 7
1 2 8 9	1 5 6 8	3 4 5 8
1 3 4 12	2 3 4 11	3 4 6 7
1 3 5 11	2 3 5 10	

2) Die Kombinationen fünfter Klasse zur Summe 21 sind:

1 2 3 4 11	1 2 4 6 8
1 2 3 5 10	1 2 5 6 7
1 2 3 6 9	1 3 4 5 8
1 2 3 7 8	1 3 4 6 7
1 2 4 5 9	2 3 4 5 7

Aufgabe 282. Die Anzahl der Kombinationen in der vorhergehenden Aufgabe zu finden, ohne die Komplexionen zu bilden.

Auflösung. Nach Frage 102 ist allgemein:

$$\underset{s=n}{C^k} = \underset{s=n-\frac{k(k-1)}{2}}{{}^{w}C^k} ;$$

folglich erhält man:

$$1)\quad \underset{s=20}{C^4} = \underset{s=14}{{}^{w}C^4} = 23 \text{ (Berechnung siehe Erkl. 163).}$$

$$2)\quad \underset{s=21}{C^5} = \underset{s=11}{{}^{w}C^5} = \sum_{m_2=0}^{m_2=2}\sum_{m_1=0}^{m_1=2}\sum_{m=0}^{m=3}\left[\frac{8-3m-4m_1-5m_2}{2}\right]$$

$$= \sum_{m_1=0}^{m_1=2}\sum_{m=0}^{m=3}\left[\frac{8-3m-4m_1}{2}\right]+\left[\frac{3-3m-4m_1}{2}\right]$$

$$= \sum_{m=0}^{m=3}\left[\frac{8-3m}{2}\right]+\left[\frac{4-3m}{2}\right]+\left[\frac{3-3m}{2}\right]$$

$$= 4+2+1+2+1 = 10$$

Aufgabe 283. Die Kombinationszahl:

$$\underset{s=32}{C^5}$$

in eine Summe von Kombinationszahlen der nächst niederen Klasse zu zerlegen.

Auflösung. Nach Erkl. 165 erhält man:

$$\underset{s=32}{C^5} = \underset{s=27}{C^4} + \underset{s=22}{C^4} + \underset{s=17}{C^4} + \underset{s=12}{C^4}$$

Die Reihe bricht hier ab, weil in der vierten Klasse mindestens:

$$s = 1+2+3+4 = 10$$

sein muss.

Aufgabe 284. Folgende Summe durch eine Kombinationszahl auszudrücken:

$$\underset{s=nk}{C^k} + \underset{s=(n-1)k}{C^k} + \underset{s=(n-2)k}{C^k} + \cdots$$

Welches ist der kleinste Wert, den s in dieser Reihe haben kann?

Auflösung. In der Formel von Erkl. 165 ist im gegebenen Falle der Klassenexponent k statt $k-1$ und die Summe:

$$nk = (n+1)k + 1 - (k+1)$$

zu setzen, wonach:

$$\underset{s=nk}{C^k} + \underset{s=(n-1)k}{C^k} + \underset{s=(n-2)k}{C} + \cdots = \underset{s=(n+1)k+1}{C^{k+1}}$$

sich ergibt.

Der kleinste Wert, den s haben kann, ist:

$$s = 1+2+3+\cdots+k = \frac{k(k+1)}{2}$$

Aufgabe 285. Die Anzahl der Kombinationen sechster Klasse zur Summe 28 durch die in Frage 104 gefundene independente Formel auszudrücken.

Erkl. 175. Bei Berechnung der Summen können alle Brüche weggelassen werden, bei denen im Zähler das erste Glied nicht mindestens um 2 grösser ist, als die Summe der noch folgenden Koëffizienten von m, m_1, m_2 u. s. w. Man braucht deshalb hier nur $m_3 = 1$, 2 zu setzen, m_2 und m_1 ebenso.

Auflösung. Die in Frage 104 erhaltene independente Formel gestattet die Anzahl der Kombinationen ohne Wiederholung direkt zu berechnen, ohne sie auf die für Kombinationen mit Wiederholung gefundene Formel zurückzuführen. Man erhält:

$$\underset{s=28}{C^6} = \sum_{m_3=1}^{m_3=4} \sum_{m_2=1}^{m_2=5} \sum_{m_1=1}^{m_1=6} \sum_{m=1}^{m=9} \left[\frac{27-3m-4m_1-5m_2-6m_3}{2}\right]$$

$$= \sum_{m_2=1}^{m_2=5} \sum_{m_1=1}^{m_1=6} \sum_{m=1}^{m=9} \left[\frac{21-3m-4m_1-5m_2}{2}\right] + \left[\frac{15-3m-4m_1-5m_2}{2}\right]$$

$$= \sum_{m_1=1}^{m_1=6} \sum_{m=1}^{m=9} \left[\frac{16-3m-4m_1}{2}\right] + \left[\frac{11-3m-4m_1}{2}\right] + \left[\frac{10-3m-4m_1}{2}\right]$$

$$= \sum_{m=1}^{m=9} \left[\frac{12-3m}{2}\right] + \left[\frac{8-3m}{2}\right] + \left[\frac{7-3m}{2}\right] + \left[\frac{6-3m}{2}\right]$$

$$= 4+3+1+2+1+2+1 = 14$$

Aufgabe 286. In einer Urne befinden sich 25 numerierte Kugeln, von denen 3 auf einmal gezogen werden. In wie vielen Fällen wird die Summe der gezogenen Nummern 36 sein können, wenn es gleichgültig ist, in welcher Ordnung die Nummern gezogen wurden?

Auflösung. Zur Bildung der Summe 36 in der dritten Klasse besteht die vollständige Reihe der zu verwendenden Zeiger aus den Nummern 1 bis 33. Da hier nur 25 Nummern gegeben sind, so müssen die Schlusselemente 26 bis 33 ausgeschlossen werden. Die vollständige Reihe würde ergeben:

$$\underset{s=36}{C^3} = \sum_{m=1}^{m=11} \left[\frac{35-3m}{2}\right] = 16+14+13+11+10+8+7+5+4+2+1 = 91$$

Komplexionen.

Davon werden ausgeschlossen:

$$\underset{s=3}{C^2} + \underset{s=4}{C^2} + \underset{s=5}{C^2} + \cdots + \underset{s=10}{C^2} = 1+1+2+2+3+3+4+4 = 20$$

Die Anzahl der möglichen Fälle ist demnach:

$$91 - 20 = 71$$

Aufgabe 287. Von den 90 Nummern des Zahlenlottos werden 3 gezogen. In wie vielen Fällen ist es möglich, dass keine der gezogenen Nummern kleiner als 20 und ihre Summe 90 beträgt?

Auflösung. Zur vollständigen Reihe der Kombinationen zur Summe 90 in der dritten Klasse sind die Zeiger 1 bis 87 erforderlich; da hier 90 Nummern zur Verfügung stehen, so fehlt kein Schlusselement; wohl aber müssen die Anfangselemente 1 bis 19 einschliesslich weggelassen werden. Nach Frage 105 kann man aber setzen:

$$\underset{s=90}{C^3}(20, 21, 22, \cdots) = \underset{s=90-57}{C^3}(1, 2, 3, \cdots)$$

und hat somit:

$$\underset{s=33}{C^3} = \sum_{m=1}^{m=10} \left[\frac{32-3m}{3}\right] = 9+8+7+6+5+4+3+2+1 = 45$$

Aufgabe 288. Auf wie viele Arten kann die Zahl 343 aus vier Summanden zusammengesetzt werden, welche Vielfache von 7 sind?

Auflösung. Die gegebenen Zeiger sind hier:

$$7,\ 14,\ 21, \cdots$$

und ihre Anzahl folgt nach Frage 106 aus der Gleichung:

$$4\cdot 7 + \frac{2\cdot 3}{1\cdot 2}\,7 + 7r = 343$$

$$r = 42$$

so dass der letzte zu verwendende Zeiger:

$$7 + 7\cdot 42 = 301$$

heisst. Man hat somit die gewöhnlichen Kombinationen zur Summe:

$$s = \frac{4\cdot 3}{1\cdot 2} + 42 + 1 = 49$$

zu bilden, indem:

$$\underset{s=343}{C^4}(7, 14, \cdots 301) = \underset{s=49}{C^4}(1, 2, \cdots 43)$$

ist. Folglich wird die gesuchte Anzahl:

$$\underset{s=49}{C^4} = \sum_{m_1=1}^{m_1=12}\sum_{m=1}^{m=16}\left[\frac{48-3m-4m_1}{2}\right] = 588$$

Erkl. 176. Die Berechnung der Summenformel ist folgende:

$$\sum_{m_1=1}^{m_1=12}\sum_{m=1}^{m=16}\left[\frac{48-3m-4m_1}{2}\right]$$

$$= \sum_{m=1}^{m=16}\left[\frac{44-3m}{2}\right] + \left[\frac{40-3m}{2}\right]$$

$$+ \left[\frac{36-3m}{2}\right] + \left[\frac{32-3m}{2}\right] + \left[\frac{28-3m}{2}\right]$$

$$+ \left[\frac{24-3m}{2}\right] + \left[\frac{20-3m}{2}\right] + \left[\frac{16-3m}{2}\right]$$

$$+ \left[\frac{12-3m}{2}\right] + \left[\frac{8-3m}{2}\right]$$

$$\begin{aligned}
= 20 &+ 19 + 17 + 16 + 14 + 13 + 11 + 10 + 8 + 7 + 5 + 4 + 2 + 1 \\
&+ 18 + 17 + 15 + 14 + 12 + 11 + 9 + 8 + 6 + 5 + 3 + 2 \\
&+ 16 + 15 + 13 + 12 + 10 + 9 + 7 + 6 + 4 + 3 + 1 \\
&+ 14 + 13 + 11 + 10 + 8 + 7 + 5 + 4 + 2 + 1 \\
&+ 12 + 11 + 9 + 8 + 6 + 5 + 3 + 2 \\
&+ 10 + 9 + 7 + 6 + 4 + 3 + 1 \\
&+ 8 + 7 + 5 + 4 + 2 + 1 \\
&+ 6 + 5 + 3 + 2 \\
&+ 4 + 3 + 1 \\
&+ 2 + 1
\end{aligned}$$

---

i) Ungelöste Aufgaben über die Kombinationen zu bestimmten Summen.

Aufgabe 289. Es sollen vollständig angegeben werden:

1) $\underset{s=14}{{}^wC^4}(a_1\, a_2 \cdots)$

2) $\underset{s=16}{{}^wC^7}(1, 2, \cdots)$

Wie viele Elemente sind nötig und wie lauten die Komplexionen?

Andeutung. Analog der Aufgabe 271.

Aufgabe 290. Es soll die Anzahl der Kombinationen fünfter Klasse mit Wiederholung zur Summe 11 durch die Rekursionsformel in Frage 96 auf Kombinationszahlen zweiter Klasse zurückgeführt werden.

Andeutung. Analog der Aufgabe 272.

Aufgabe 291. Die Anzahl der Kombinationen mit Wiederholung zur Summe 25 in allen Klassen von der 1ten bis zur 25ten anzugeben.

Andeutung. Analog der Aufgabe 273.

Aufgabe 292. Wie gross ist:

$$\underset{s=11}{{}^{w}C^{5}}$$

nach der Zerlegung in Aufgabe 290?

Andeutung. Verfahre nach Frage 98.

Aufgabe 293. Wie viele Zerlegungen der Zahl 25 in zwei, drei oder vier Summanden sind möglich?

Andeutung. Analog der Aufgabe 275.

Aufgabe 294. Auf wie viele verschiedene Arten kann man mit drei Würfeln die Zahl 12 werfen?

Andeutung. Analog der Aufgabe 276.

Aufgabe 295. Auf wie viele verschiedene Arten kann:

1) mit fünf Würfeln die Summe 14,
2) mit drei achteckigen Prismen, auf deren Seitenflächen die Zahlen 1 bis 8 stehen, die Summe 10

geworfen werden?

Andeutung. Analog den Aufgaben 276 und 277.

Aufgabe 296. In vier Urnen befinden sich je 16 Nummern, und aus jeder wird eine Nummer gezogen. Wie oft ist es möglich, dass die Summe derselben:

$$25$$

gibt, wenn nur die Verschiedenheit der Summanden, aber nicht die der Urnen berücksichtigt wird, aus welchen sie gezogen wurden?

Andeutung. Analog der Aufgabe 278.

Aufgabe 297. Die Zahl 66 soll aus drei Summanden zusammengesetzt werden, die grösser als 6 sind. Auf wie viele Arten ist das möglich?

Andeutung. Analog der Aufgabe 279.

Aufgabe 298. Die Zahl 52 in eine Summe aus vier Summanden zu zerlegen, die durch 3 teilbar sind. Auf wie viele Arten ist das möglich?

Andeutung. Analog der Aufgabe 280.

Aufgabe 299. Sechs Personen legen eine Summe von 30 ℳ zusammen, wobei keine weniger als 4 und mehr als 10 ℳ gibt. Auf wie viele Arten kann dies geschehen?

Andeutung. Analog der Aufgabe 279.

Aufgabe 300. In zwei Gefässen befinden sich die Nummern 0 bis 9, in zwei anderen die Nummern 10 bis 90. Man zieht aus jedem eine Nummer. In wie vielen Fällen kann die Summe der vier gezogenen Nummern den Wert 100 haben?

Andeutung. Man kombiniere die in den beiden ersten Gefässen befindlichen Nummern zu den Summen 0 bis 18, die in den beiden andern enthaltenen zu den Summen 100 bis 82 u. s. w.

Aufgabe 301. Die Kombinationen ohne Wiederholung in der siebenten Klasse zur Summe 33 zu bilden.

Andeutung. Analog der Aufgabe 281.

Aufgabe 302. Welche Werte haben folgende Ausdrücke:

$$1)\ \underset{s=27}{C^4};\quad 2)\ \underset{s=23}{C^7}\ ?$$

Andeutung. Analog der Aufgabe 282.

Aufgabe 303. Die Kombinationszahlen:

$$1)\ \underset{s=33}{C^7},\quad 2)\ \underset{s=6n}{C^n}$$

durch Kombinationszahlen der nächst niedrigeren Klasse auszudrücken.

Andeutung. Analog der Aufgabe 283.

Aufgabe 304. Die Summe:

$$\underset{s=24}{C^3} + \underset{s=21}{C^3} + \underset{s=18}{C^3} + \cdots$$

durch eine einzige Kombinationszahl auszudrücken. Wie heisst das letzte Glied der fraglichen Summe?

Andeutung. Analog der Aufgabe 284.

Aufgabe 305. Die Anzahl der Kombinationen fünfter Klasse ohne Wiederholung zur Summe 25 durch die independente Formel in Frage 104 auszudrücken.

Andeutung. Analog der Aufgabe 285.

Aufgabe 306. Wie oft kann die Zahl 60 aus vier verschiedenen Summanden, die höchstens den Wert 50 erreichen, zusammengesetzt werden?

Andeutung. Analog der Aufgabe 286.

Aufgabe 307. Die Zahl 101 soll auf alle möglichen Arten in je fünf verschiedene zweiziffrige Summanden zerlegt werden. Wie viele Fälle sind möglich?

Andeutung. Analog der Aufgabe 287.

Aufgabe 308. Es soll die Zahl 1001 so oft als möglich aus je vier Summanden zusammengesetzt werden, welche Vielfache von 11 sind; wie viele Fälle sind möglich?

Andeutung. Analog der Aufgabe 288.

C. Von den Variationen.

Frage 107. Welches Gesetz liegt der Operation des Variierens zu Grunde?

Erkl. 177. Variation (vom lat. „variatio") heisst „Veränderung, Abwechslung."

Antwort. Gegebene Elemente variieren heisst, dieselben in vorgeschriebener Anzahl so zu verbinden, dass sich die einzelnen Komplexionen nicht nur durch die Elemente unterscheiden, die in ihnen vorkommen, sondern dass auch die Stellung der Elemente in denselben als unterscheidend in Betracht kommt. Zwei Komplexionen sind also auch dann als verschieden zu betrachten, wenn sie die nämlichen Elemente in verschiedener Stellung enthalten. Die einzelnen Komplexionen heissen die Variationen der gegebenen Elemente und die Anzahl der in jede derselben aufzunehmenden Elemente bestimmt die Variationsklasse.

Frage 108. Welche Arten von Variationen unterscheidet man?

Antwort. Man unterscheidet Variationen ohne Wiederholung, bei welchen in jeder Komplexion lauter ungleiche Elemente vorkommen müssen, und Variationen mit Wiederholung, bei welchen ein Element so oft in einer Komplexion enthalten sein darf, als es die Klasse erlaubt; endlich gibt es Variationen mit beschränkter Wiederholung, bei welchen gewisse Elemente nur innerhalb bestimmter Grenzen wiederholt werden dürfen.

Frage 109. Welche Beziehung besteht zwischen dem Variieren und den beiden vorhergehenden Operationen?

Erkl. 178. Aus dem Gesetze des Variierens in Frage 107 folgt sogleich, dass die Variationen von n Elementen zur ebensovielsten ($n$ten) Klasse mit den Permutationen von n Elementen identisch sind, denn die

Antwort. Vergleicht man die in Frage 107 gegebene Definition des Variierens mit den bereits bekannten Operationen des Kombinierens und Permutierens, so erkennt man leicht, dass die Variationen gegebener Elemente nichts anders sind, als die permutierten Kombinationen derselben. Diese Bemerkung gilt sowohl für die Variationen ohne Wiederholung, als auch für die

Komplexionen der ersteren enthalten stets die nämlichen n Elemente in allen möglichen Anordnungen.

mit unbeschränkter oder beschränkter Wiederholung.

a) Variationen ohne Wiederholung.

Frage 110. Welche Bezeichnungsweise gilt für Variationen ohne Wiederholung?

Antwort. Um auszudrücken, dass die Elemente:

$$a_1\ a_2\ a_3 \cdots a_n$$

zur $k$ten Klasse variiert und alle möglichen Komplexionen wirklich gebildet werden sollen, schreibt man:

$$V^k\,(a_1\ a_2\ a_3 \cdots a_n)$$

Will man aber nur die **Anzahl** der hiebei möglichen Komplexionen angeben, so dient dazu das Symbol:

$$V_n^k$$

(d. h. Variationszahl von n Elementen zur $k$ten Klasse).

Frage 111. Wie werden die Variationen von n Elementen zur $k$ten Klasse gebildet?

Antwort. Als niedrigste (erste) Komplexion schreibt man die ersten k Elemente in natürlicher Ordnung; hierauf ersetzt man in derselben das späteste (d. h. am weitesten nach rechts befindliche) Element, welches noch einer Erhöhung fähig ist, durch das nächsthöhere, welches in der Komplexion noch nicht steht, und lässt hierauf stets die übrigen (in der Komplexion noch nicht enthaltenen) Elemente vom niedrigsten an in steigender Ordnung folgen.

Bei Bildung von:

$$V^4\,(1, 2, 3, 4, 5)$$

heisst also die erste Komplexion:

1234

dann folgt:

1235

hierauf:

1243

1245

1253 u. s. f. (Siehe Erkl. 179.)

Erkl. 179. Sämtliche in dem Ausdrucke:

$$V^4\,(1, 2, 3, 4, 5)$$

enthaltenen Komplexionen sind der Reihe nach folgende:

1234	1423	2134	2413	3124	3412
1235	1425	2135	2415	3125	3415
1243	1432	2143	2431	3142	3421
1245	1435	2145	2435	3145	3425
1253	1452	2153	2451	3152	3451
1254	1453	2154	2453	3154	3452
1324	1523	2314	2513	3214	3512
1325	1524	2315	2514	3215	3514
1342	1532	2341	2531	3241	3521
1345	1534	2345	2534	3245	3524
1352	1542	2351	2541	3251	3541
1354	1543	2354	2543	3254	3542

4123	4312	5123	5312
4125	4315	5124	5314
4132	4321	5132	5321
4135	4325	5134	5324
4152	4351	5142	5341
4153	4352	5143	5342
4213	4512	5213	5412
4215	4513	5214	5413
4231	4521	5231	5421
4235	4523	5234	5423
4251	4531	5241	5431
4253	4532	5243	5432

Frage 112. Wie können die Variationen $k$ter Klasse auf rekurrente Art gebildet werden?

Erkl. 180. Nach Frage 109 muss man sämtliche Variationen auch erhalten, wenn man aus den gegebenen Elementen die Kombinationen $k$ter Klasse bildet und jede Komplexion permutiert.

Die Reihenfolge der Komplexionen wird dadurch eine ganz veränderte; in obigem Beispiele hätte man zuerst die 24 Permutationen von:

1234

hierauf folgen abermals 24 Permutationen von:

1235

u. s. w., zuletzt die 24 Permutationen von:

2345

Antwort. Die erste Klasse besteht aus den einzeln genommenen Elementen. Verbindet man jedes derselben mit jedem anderen gegebenen Elemente, so entsteht die zweite Klasse; z. B.:

$V^1\,(1, 2, 3, 4, 5) = 1,\quad 2,\quad 3,\quad 4,\quad 5$

$V^2\,(1, 2, 3, 4, 5) =$	12	21	31	41	51
	13	23	32	42	52
	14	24	34	43	53
	15	25	35	45	54

Fügt man wieder zu jeder Komplexion der Reihe nach jedes nicht darin vorkommende Element, so entstehen die Ternionen; z. B.:

aus 12: 123 124 125

„ 13: 132 134 135

u. s. w.

Ebenso folgen hieraus die Quaternionen:

1234 1243 1253 1324

1235 1245 1254 1325

u. s. w.

Die Reihenfolge der Komplexionen ist hier dieselbe, wie bei der independenten Bildungsweise nach Frage 111.

Frage 113. Wie findet man die Anzahl der Variationen $k$ter Klasse aus n Elementen?

Erkl. 181. Das gleiche Resultat wie in nebenstehender Antwort erhält man aus Frage 109. Da nämlich:

$$C_n^k = \frac{n\,(n-1)\cdots(n-k+1)}{1\cdot 2\cdots k}$$

ist und jede Komplexion aus k verschiedenen Elementen besteht, die sich $n!$ mal permutieren lassen, so muss sein:

$$V_n^k = C_n^k \cdot P_k = n(n-1)(n-2)\cdots(n-k+1)$$

Antwort. Die Anzahl der Variationen von n Elementen zur $k$ten Klasse ist:

$$V_n^k = n(n-1)(n-2)\cdots(n-k+1)$$

Beweis. Denkt man sich die Variationen zur $(k-1)$ten Klasse alle gebildet und ihre Anzahl durch:

$$V_n^{k-1}$$

bezeichnet, so erhält man daraus nach Frage 112 die Variationen der $k$ten Klasse, wenn jede Komplexion mit jedem der in ihr nicht vorkommenden $n-(k-1)$ Elemente nach und nach verbunden wird. Demnach ist:

$$V_n^k = (n-k+1)\ V_n^{k-1}$$

Wird in dieser Rekursionsformel $k = 1, 2, 3$ u. s. w. gesetzt, so folgt, da:

$$V_n^1 = n$$
$$V_n^2 = (n-1)\ V_n^1$$
$$V_n^3 = (n-2)\ V_n^2$$
$$\cdots\cdots\cdots$$
$$V_n^{k-1} = (n-k+2)\ V_n^{k-2}$$
$$V_n^k \quad = (n-k+1)\ V_n^{k-1}$$

durch Multiplikation sämtlicher Gleichungen:

$$V_n^k = n(n-1)(n-2)\cdots(n-k+1)$$

wie oben behauptet wurde.

Frage 114. Wie können die Variationszahlen durch Fakultäten ausgedrückt werden?

Antwort. Nach Erkl. 176 erhält man unmittelbar:

$$V_n^k = C_n^k \cdot P_k = \frac{n!}{k!\,(n-k)!} \cdot k! = \frac{n!}{(n-k)!}$$

Frage 115. Wie gross ist die Anzahl derjenigen Variationen von n Elementen zur $k$ten Klasse, in welchen von p bestimmten Elementen keines enthalten ist?

Antwort. Die Anzahl derjenigen Variationen $k$ter Klasse von n Elementen, in denen von p bestimmten Elementen keines vorkommt, ist:

$$V_{n-p}^k$$

Denn nimmt man die p nicht erlaubten Elemente von den gegebenen weg, so lassen die $n-p$ übrigen noch so viele Variationen zu, als vorstehendes Symbol ausdrückt.

Erkl. 182. Die Anzahl der Komplexionen, in denen **mindestens** eines von p bestimmten Elementen enthalten ist, muss demnach sein:

$$V_n^k - V_{n-p}^k$$

Frage 116. Wie gross ist die Anzahl derjenigen Variationen von n Elementen zur $k$ten Klasse, in denen p bestimmte Elemente enthalten sind?

Antwort. Die Anzahl der Variationen von n Elementen zur $k$ten Klasse, in denen p bestimmte Elemente vorkommen, ist:

$$V_{n-p}^{k-p} \cdot P_k^{(k-p)} = \frac{(n-p)!\,k!}{(n-k)!\,(k-p)!}$$

Beweis. Nimmt man die p bestimmten Elemente heraus, so dürfen die übrigen $n-p$ Elemente noch zur $(k-p)$ten Klasse variiert werden, wodurch:

$$V_{n-p}^{k-p} = \frac{(n-p)!}{(n-k)!}$$

Komplexionen entstehen. Jede Komplexion besteht, wenn die herausgenommenen p Ele-

Erkl. 183. Da nach Frage 114 gesetzt werden kann:

$$V_k^p = \frac{k!}{(k-p)!}$$

so ist die Anzahl der in Frage 116 verlangten Komplexionen auch gegeben durch:

$$V_{n-p}^{k-p} \cdot V_k^p$$

Druck von Carl Hammer in Stuttgart.

1184. Heft.	Preis des Heftes 25 Pf.	Kombinatorik oder die Lehre von den kombinatorischen Operationen. Forts. v. Heft 1183. — Seite 177—192.

Vollständig gelöste

Aufgaben-Sammlung

— nebst Anhängen ungelöster Aufgaben, für den Schul- & Selbstunterricht —
mit
Angabe und Entwicklung der benutzten Sätze, Formeln, Regeln in Fragen und Antworten
erläutert durch
viele Holzschnitte & lithograph. Tafeln,
aus allen Zweigen
der Rechenkunst, der niederen (Algebra, Planimetrie, Stereometrie, ebenen u. sphärischen Trigonometrie, synthetischen Geometrie etc.) u. höheren Mathematik (höhere Analysis, Differential- u. Integral-Rechnung, analytische Geometrie der Ebene u. des Raumes etc.); — aus allen Zweigen der Physik, Mechanik, Graphostatik, Chemie, Geodäsie, Nautik, mathemat. Geographie, Astronomie; des Maschinen-, Strafsen-, Eisenbahn-, Wasser-, Brücken- u. Hochbau's; der Konstruktionslehren als: darstell. Geometrie, Polar- u. Parallel-Perspective, Schattenkonstruktionen etc. etc.
für
Schüler, Studierende, Kandidaten, Lehrer, Techniker jeder Art, Militärs etc.
zum einzig richtigen und erfolgreichen
Studium, zur Forthülfe bei Schularbeiten und zur rationellen Verwertung der exakten Wissenschaften,
herausgegeben von

Dr. Adolph Kleyer,
Mathematiker, vereideter königl. preuss. Feldmesser, vereideter grossh. hessischer Geometer I. Klasse
in Frankfurt a. M.

unter Mitwirkung der bewährtesten Kräfte.

Kombinatorik

oder

Die Lehre von den kombinatorischen Operationen.

(Permutation, Kombination, Variation.)

Nach System Kleyer bearbeitet von **Prof. H. Staudacher.**

Fortsetzung v. Heft 1183. — Seite 177—192.

Inhalt:

Variationen ohne Wiederholung. — Gelöste Aufgaben über Variationen ohne Wiederholung.

Stuttgart 1893.
Verlag von Julius Maier.

Preisgekrönt in Frankfurt a. M. 1881.

PROSPEKT.

Dieses Werk, welchem **kein ähnliches** zur Seite steht, erscheint monatlich in 3—4 Heften zu dem billigen Preise von 25 ₰ pro Heft und bringt eine Sammlung der wichtigsten und praktischsten Aufgaben aus dem Gesamtgebiete der **Mathematik, Physik, Mechanik, math. Geographie, Astronomie,** des **Maschinen-, Strassen-, Eisenbahn-, Brücken- und Hochbaues,** des **konstruktiven Zeichnens** etc. etc. und zwar in **vollständig gelöster Form,** mit **vielen Figuren, Erklärungen** nebst **Angabe** und **Entwickelung** der **benutzten Sätze, Formeln, Regeln in Fragen mit Antworten** etc., so dass die Lösung jedermann verständlich sein kann, bezw. wird, wenn eine **grössere** Anzahl der Hefte erschienen ist, **da dieselben sich in ihrer Gesamtheit ergänzen** und alsdann auch alle **Teile der reinen und angewandten Mathematik** — nach besonderen selbständigen Kapiteln angeordnet — vorliegen.

Fast jedem Hefte ist ein **Anhang** von **ungelösten** Aufgaben beigegeben, welche der eigenen Lösung (in analoger Form, wie die bezüglichen gelösten Aufgaben) des Studierenden überlassen bleiben, und zugleich von den Herren Lehrern für den Schulunterricht benutzt werden können. — **Die Lösungen hierzu werden später in besonderen Heften für die Hand des Lehrers erscheinen.** Am Schlusse eines jeden Kapitels gelangen: **Titelblatt, Inhaltsverzeichnis, Berichtigungen** und **erläuternde Erklärungen über das betreffende Kapitel zur Ausgabe.**

Das Werk behandelt zunächst den Hauptbestandteil des mathematisch-naturwissenschaftlichen Unterrichtsplanes folgender Schulen: **Realschulen I. und II. Ord., gleichberechtigten höheren Bürgerschulen, Privatschulen, Gymnasien, Realgymnasien, Progymnasien, Schullehrer-Seminaren, Polytechniken, Techniken, Baugewerkschulen, Gewerbeschulen, Handelsschulen, techn. Vorbereitungsschulen aller Arten, gewerbliche Fortbildungsschulen, Akademien, Universitäten, Land- und Forstwissenschaftsschulen, Militärschulen, Vorbereitungs-Anstalten aller Arten** als z. B. **für das Einjährig-Freiwillige- und Offiziers-Examen,** etc.

Die **Schüler, Studierenden** und **Kandidaten** der mathematischen, technischen und naturwissenschaftlichen Fächer, werden durch diese, **Schritt für Schritt** gelöste, Aufgabensammlung **immerwährend** an ihre in der Schule erworbenen oder nur gehörten Theorien etc. erinnert und wird ihnen hiermit der Weg zum **unfehlbaren** Auffinden der Lösungen derjenigen Aufgaben gezeigt, welche sie bei ihren **Prüfungen** zu lösen haben, zugleich aber auch die **überaus grosse Fruchtbarkeit** der mathematischen Wissenschaften vorgeführt.

Dem **Lehrer** soll mit dieser Aufgabensammlung eine **kräftige Stütze** für den Schulunterricht geboten werden, indem zur Erlernung des **praktischen Teiles** der mathematischen Disziplinen — **zum Auflösen von Aufgaben** — in den meisten Schulen oft keine Zeit erübrigt werden kann, **hiermit** aber dem Schüler bei seinen häuslichen Arbeiten eine vollständige Anleitung in die Hände gegeben wird, **entsprechende Aufgaben zu lösen,** die gehabten **Regeln, Formeln, Sätze** etc. **anzuwenden** und **praktisch zu verwerten. Lust, Liebe und Verständnis** für den Schul-Unterricht wird dadurch **erhalten** und **belebt** werden.

Den **Ingenieuren, Architekten, Technikern** und **Fachgenossen aller Art, Militärs** etc. etc. soll diese Sammlung **zur Auffrischung** der erworbenen und vielleicht vergessenen mathematischen Kenntnisse dienen und zugleich durch ihre **praktischen in allen Berufszweigen vorkommenden Anwendungen** einem **toten Kapitale lebendige Kraft** verleihen und somit den **Antrieb** zu weiteren **praktischen Verwertungen** und **weiteren Forschungen** geben.

Alle Buchhandlungen nehmen Bestellungen entgegen. Wichtige und praktische Aufgaben werden mit Dank von der Redaktion entgegengenommen und mit Angabe der Namen verbreitet. — Wünsche, Fragen etc., welche die Redaktion betreffen, nimmt der Verfasser, **Dr. Kleyer,** Frankfurt a. M. Fischerfeldstrasse 16, entgegen und wird deren Erledigung thunlichst berücksichtigt.

Stuttgart. **Die Verlagshandlung.**

Erkl. 184. Die Anzahl der Variationen $k$ter Klasse von n Elementen, in denen p bestimmte nicht (gleichzeitig) enthalten sind, wird demnach:

$$V_n^k - V_{n-p}^{k-p} \cdot V_k^p$$

mente hinzugefügt werden, aus k Elementen, von denen die ihr ursprünglich angehörigen $k-p$ Elemente nicht mehr permutiert werden dürfen, folglich als gleich zu betrachten sind, so dass jede Komplexion noch:

$$P_k^{(k-p)} = \frac{k!}{(k-p)!}$$

Permutationen gibt. Die Gesamtzahl der Variationen ist demnach:

$$V_{n-p}^{k-p} \cdot P_k^{(k-p)}$$

Frage 117. Wie kann die Variationszahl von n Elementen zur $k$ten Klasse durch die Variationszahlen $k$ter Klasse aus allen niedrigeren Elementenzahlen ausgedrückt werden?

Antwort. Zwischen der Anzahl der Variationen von n Elementen zur $k$ten Klasse und denen der niedrigeren Elementenzahlen zur selben Klasse besteht die Beziehung:

$$V_n^k = V_{n-1}^k \cdot \frac{k}{n-k} + V_{n-2}^k \cdot \frac{k}{n-(k+1)} + V_{n-3}^k \cdot \frac{k}{n-(k+2)} + \cdots + V_k^k (k+1)$$

Beweis. Nach Frage 114 ist:

$$V_n^k - V_{n-1}^k = \frac{n!}{(n-k)!} - \frac{(n-1)!}{[n-(k+1)]!}$$

$$= \frac{(n-1!)}{[n-(k+1)]!}\left[\frac{n}{n-k} + 1\right] = \frac{(n-1)!}{[n-(k+1)]!} \, \frac{k}{n-k}$$

oder:

$$V_n^k - V_{n-1}^k = V_{n-1}^k \cdot \frac{k}{n-k}$$

demnach auch:

$$V_{n-1}^k - V_{n-2}^k = V_{n-2}^k \cdot \frac{k}{n-(k+1)}$$

$$V_{n-2}^k - V_{n-3}^k = V_{n-3}^k \cdot \frac{k}{n-(k+2)}$$

. . . .

$$V_{k+1}^k - V_k^k = V_k^k \cdot \frac{k}{1}$$

Die Addition dieser Gleichungen gibt, da sich auf der linken Seite je zwei Glieder aufheben:

$$V_n^k - V_k^k = V_{n-1}^k \cdot \frac{k}{n-k} + V_{n-2}^k \cdot \frac{k}{n-(k+1)} + \cdots + V_k^k \cdot \frac{k}{1}$$

oder:

$$V_n^k = V_{n-1}^k \frac{k}{n-k} + V_{n-2}^k \frac{k}{n-(k+1)} + \cdots + V_k^k (k+1)$$

wie oben behauptet wurde.

Erkl. 185. Der in Frage 117 gefundene Ausdruck kann durch Fakultäten in folgender Weise dargestellt werden:

$$\frac{n!}{(n-k)!} - \frac{k!}{1} = \frac{(n-1)!}{n-(k+1)!} \cdot \frac{k}{n-k} + \frac{(n-2)!}{[n-(k+2)]!} \cdot \frac{k}{n-(k+1)} + \cdots + \frac{k!}{1!} \cdot k$$

$$= \frac{(n-1)!}{(n-k)!} k + \frac{(n-2)!}{[n-(k+1)]!} k + \cdots + \frac{k!}{1!} \cdot k$$

oder:

$$\frac{n!}{(n-k)!} = k\left[\frac{(n-1)!}{(n-k)!} + \frac{(n-2)!}{[n-(k+1)]!} + \cdots + k! + (k-1)!\right]$$

Frage 118. Wie kann die Variationszahl von n Elementen zur $k$ten Klasse durch die Variationszahlen aller vorhergehenden Klassen ausgedrückt werden?

Antwort. Die Variationszahl von n Elementen zur $k$ten Klasse kann mittels der Variationszahlen aller niedrigeren Klassen ausgedrückt werden durch die Gleichung:

$$V_n^k = (n-k)\,V_n^{k-1} + (n-k+1)\,V_n^{k-2} + (n-k+2)\,V_n^{k-3} + \cdots$$
$$+ (n-2)\,V_n^1 + (n-1)\,V_n^0 + 1$$

Erkl. 186. Nachdem in den vorhergehenden Abschnitten gezeigt worden, dass die Symbole

$$P_0 = 1 \text{ und } C_n^0 = 1$$

gesetzt werden müssen, so ist auch:

$$V_n^0 = C_n^0 \cdot P_0 = 1$$

zu nehmen.

Die beiden letzten Glieder der nebenstehenden Gleichung:

$$(n-1)\,V_n^0 + 1$$

sind also zusammen nichts anderes als:

$$n$$

Beweis. Aus der Grundbeziehung in Frage 113:

$$V_n^k = (n-k+1)\,V_n^{k-1}$$

folgt unmittelbar:

$$V_n^k - V_n^{k-1} = (n-k)\,V_n^{k-1}$$

und analog:

$$V_n^{k-1} - V_n^{k-2} = [n-(k-1)]\,V_n^{k-2}$$
$$V_n^{k-2} - V_n^{k-2} = [n-(k-2)]\,V_n^{k-3}$$
$$\cdots\cdots\cdots\cdots\cdots$$
$$V_n^2 - V_n^1 = (n-2)\,V_n^1$$
$$V_n^1 - V_n^0 = (n-1)\,V_n^0$$

Die Addition dieser Gleichungen gibt:

$$V_n^k = (n-k)\,V_n^{k-1} + (n-k+1)\,V_n^{k-2} + (n-k+2)\,V_n^{k-3} + \cdots$$
$$+ (n-2)\,V_n^1 + (n-1)\,V_n^0 + 1 \quad \text{(Siehe Erkl. 186).}$$

Erkl. 187. Ersetzt man in der eben gefundenen Gleichung die Variationszahlen durch ihre Werte in Fakultäten ausgedrückt, so ergibt sich folgende Beziehung:

$$\frac{n!}{(n-k)!} = \frac{(n-k)\,n!}{(n-k+1)!} + \frac{(n-k+1)\cdot n!}{(n-k+2)!} + \frac{(n-k+2)\,n!}{(n-k+3)!} + \cdots + \frac{(n-2)\,n!}{(n-1)!} + \frac{n\cdot n!}{n!}$$

(Siehe Erkl. 186).

Durch Weglassung des beiderseitigen Faktors:

$$n!$$

und Multiplikation der Gleichung mit:

$$(n-k)!$$

folgt hieraus:

$$1 = \frac{n-k}{n-k+1} + \frac{n-k+1}{(n-k+1)(n-k+2)} + \frac{n-k+2}{(n-k+1)(n-k+2)(n-k+3)} + \cdots$$
$$+ \frac{n-2}{(n+k+1)(n-k+2)\cdots(n-1)} + \frac{n}{(n-k+1)(n-k+2)\cdots n}$$

Frage 119. Wie findet man die Rangzahl einer gegebenen Variation von n Elementen zur $k$ten Klasse durch Ausschliessung der vorhergehenden (niedrigeren) Komplexion?

Antwort. Das Anfangselement der gegebenen Komplexion sei das $h$te von den gegebenen Elementen (a_h); da jedes der n variierten Elemente gleich oft an der Spitze der Komplexionen steht, nämlich:

$$(n-1)(n-2)\cdots(n-k+1) = V_{n-1}^{k-1}$$

mal, so sind bereits:

$$(h-1)\, V_{n-1}^{k-1}$$

Komplexionen vorausgegangen, ehe a_h an die Spitze kommt und die Form:

$$a_h\; a_1\; a_2 \cdots a_{k-1}$$

auftritt. Hält man nun a_h an der ersten Stelle fest, so gilt für die übrig bleibenden Komplexionen $(k-1)$ter Klasse, die aus den noch vorhandenen $n-1$ Elementen gebildet werden müssen, dasselbe Verfahren wie vorher. Steht z. B. in der verlangten Komplexion a_i an der zweiten Stelle, so sind bereits:

$$(i-1)\, V_{n-2}^{k-2}$$

Komplexionen vorausgegangen, bis eine mit:

$$a_h\; a_i$$

beginnende an die Reihe kommt.

War aber $h < i$, so beträgt die Anzahl der an zweiter Stelle vorausgehenden Komplexionen nur:

$$(i-2)\, V_{n-2}^{k-2}$$

Ueberhaupt vermindert sich für irgend eine $m$te Stelle der Faktor, mit welchem die Variationszahl der noch übrigen Elemente zu multiplizieren ist, um so viel Einheiten, als niedrigere Elemente bereits festgelegt sind.

So fährt man fort, bis alle Stellen besetzt sind und addiert schlüsslich alle vorausgegangenen Komplexionen; die Rangzahl der gegebenen ist dann:

$$(h-1)\, V_{n-1}^{k-1} + (i-1)\, V_{n-2}^{k-2} + \cdots + 1$$

(Siehe Erkl. 188.)

Erkl. 188. Es seien:

$$a_1\; a_2 \cdots a_9$$

die gegebenen Elemente und die Rangzahl der Komplexion:

$$a_4\; a_6\; a_8\; a_8$$

zu bestimmen.

Die dem Anfangselemente a_4 vorausgehenden:

$$a_1,\; a_2,\; a_3$$

bilden:

$$3 \cdot V_8^3 = 3 \cdot 8 \cdot 7 \cdot 6 = 1008$$

Komplexionen. Bleibt nun a_4 an der Spitze, so gehen dem zweiten Elemente a_6 an der zweiten Stelle voraus:

$$a_1,\; a_2,\; a_3,\; a_5$$

mit:

$$4 \cdot V_7^2 = 4 \cdot 7 \cdot 6 = 168$$

Komplexionen. An der dritten Stelle stehen vor a_3 die Elemente:

$$a_1,\; a_2$$

mit:

$$2 \cdot V_6^1 = 2 \cdot 6 = 12$$

Komplexionen; auf der vierten Stelle gehen dem verlangten Elemente a_8 voraus:

$$a_1,\; a_2,\; a_5,\; a_7$$

zusammen 4 Komplexionen. Die Rangzahl der gegebenen Komplexion ist demnach:

$$Z = 1008 + 168 + 12 + 4 + 1 = 1193$$

Frage 120. Wie findet man die Rangzahl einer gegebenen Variation $k$ter Klasse von n Elementen durch Ausschliessung der Komplexionen höheren Ranges?

Antwort. Es seien:

$$h,\; i, \cdots m$$

die Zeiger der an der ersten, zweiten, $\cdots$ $k$ten Stelle der gegebenen Komplexion stehenden Elemente.

Von der Gesamtzahl der möglichen Variationen:

$$V_n^k$$

sind abzuziehen:

1) alle Komplexionen, welche ein höheres Element als das $h$te an der ersten Stelle haben; ihre Anzahl ist:

$$(n-h)\, V_{n-1}^{k-1} \text{ (siehe Frage 119),}$$

2) die Komplexionen, welche zwar mit a beginnen, aber an der zweiten Stelle ein

Erkl. 189. Um die Rangzahl der Variation:

3215

aus fünf Elementen zu finden, hat man nach der Methode von Frage 120 von der Gesamtzahl:

$$V_5^4 = 120$$

auszuschliessen:

1) $(5-3)\, V_4^3 = 2 \cdot 4 \cdot 3 \cdot 2 = 48$

2) $[5-(2+1)]\, V_3^2 = 2 \cdot 3 \cdot 2 = 12$

3) $[5-(1+2)]\, V_2^1 = 2 \cdot 2 = 4$

4) $(5-5)\, V_1^0 = 0 \cdot 1 = 0$

Bei 2) muss (nach der Bemerkung in Antwort zu Frage 120) ausser dem Zeiger 2 noch ein vorhergehendes höheres Element (3) abgezogen werden, bei 3) ausser dem Zeiger 1 noch zwei vorausgehende höhere Elemente (3 und 2).

Die gesuchte Rangzahl ist demnach:

$$Z = 120-(48+12+4+0) = 120-64 = 56$$

höheres Element als das $i$te haben; die Anzahl derselben ist:

$$(n-i)\, V_{n-2}^{k-2}$$

u. s. w.;

endlich alle Komplexionen, welche an den ersten $k-1$ Stellen die verlangten Elemente besitzen, aber an der $k$ten Stelle ein höheres als das $r$te, deren Anzahl ist noch:

$$(n-r)\, V_{n-k}^{0}$$

Bei der Berechnung der Differenzen:

$$(n-i), \cdots (n-r)$$

ist folgende wichtige Bemerkung nicht zu übersehen. Wenn in der gegebenen Komplexion höhere Elemente niedrigeren vorausgehen, so sind bei Variationen ohne Wiederholung diese höheren Elemente für die Besetzung der späteren Stellen nicht mehr verwendbar. Man muss deshalb zur richtigen Bestimmung der Differenzen $(n-i), \cdots (n-r)$ nicht nur die Indices $i, \cdots r$ von n subtrahieren, sondern auch noch die Anzahl derjenigen bereits auf vorhergehenden Stellen stehender Elemente, welche höher als der betreffende Index $i, \cdots r$ sind (siehe Beispiel in Erkl. 189).

Die verlangte Rangzahl findet sich also aus:

$$Z = V_n^k - \left[(n-h)\, V_{n-1}^{k-1} + (n-i)\, V_{n-2}^{k-2} + \cdots + (n-r)\, V_{n-k}^{0}\right]$$

Frage 121. Wie wird eine Variation von gegebener Rangzahl gefunden, ohne die übrigen zu bilden und zwar durch Ausschliessung der vorhergehenden Komplexionen?

Antwort. Um aus den Komplexionen von:

$$V_n^k$$

eine bestimmte von gegebener Rangzahl z einzeln herauszuheben, dividiert man zunächst:

$$z : V_{n-1}^{k-1};$$

ist q_1 der Quotient und r_1 der Rest, so weiss man damit, dass die gesuchte Komplexion mit dem (q_1+1)ten Element beginnt und die $r_1$te dieser Gruppe ist. Wäre:

$$r_1 = 0$$

so würde die letzte mit dem $q_1$ten Elemente beginnende Komplexion die gesuchte sein.

Hierauf bilde man:

$$r_1 : V_{n-2}^{k-2} = q_2 + \frac{r_2}{V_{n-2}^{k-2}}$$

An die zweite Stelle der gesuchten Komplexion ist dann das (q_2+1)te Element (nach Ausschluss des bereits an erster

Erkl. 190. Um z. B. die 107. Variation von fünf Elementen zur vierten Klasse zu finden, dividiert man:

$$107 : 4 \cdot 3 \cdot 2$$

und erhält als Quotient und Rest:

$$q_1 = 4, \quad r_1 = 11$$

weshalb an der Spitze der Komplexion das Element:

$$5$$

steht. Ferner gibt:

$$11 : 3 \cdot 2$$

als Quotient und Rest:

$$q_2 = 1, \quad r_2 = 5$$

wonach an die zweite Stelle das Element:

$$2$$

zu setzen ist. Hierauf gibt die Division:

$$5 : 2$$

$$q_3 = 2, \quad r_3 = 1$$

Da aber von den ursprünglich vorhandenen Elementen:

$$1, (2), 3, 4, (5)$$

die eingeklammerten bereits verwendet sind, so kommt an die dritte Stelle das (q_3+1)te, d. h. dritte Element 4 und die gesuchte Komplexion ist die erste dieser Gruppe; sie heisst demnach:

5241 (siehe Erkl. 179).

Stelle befindlichen) zu setzen. Wäre hier:

$$r_2 = 0$$

so würde die letzte Komplexion der mit dem $q_2$ten Elemente (an der zweiten Stelle) beginnenden Gruppe zu nehmen sein.

In ganz gleicher Weise fährt man fort, bis alle Stellen besetzt sind.

Frage 122. Wie wird eine Variation von gegebener Rangzahl z gefunden, ohne die übrigen zu bilden, durch Ausschliessung der nachfolgenden Komplexionen?

Erkl. 191. Für die 50. Komplexion von:

$$V_5^4$$

erhält man auf nebenstehende Weise durch Ausschliessung der:

$$120 - 50 = 70$$

späteren Komplexionen:

$$70 = 2 \cdot V_4^3 + 22$$

$$22 = 3 \cdot V_3^2 + 4$$

$$4 = 2 \cdot V_2^1 + 0$$

$$0 = 0 V_1^0$$

Es ist demnach zu besetzen, indem man die Elemente von rechts nach links zählt:

die erste	Stelle durch das	3.	Element:	3
„ zweite	„ „ „	4.	„	: 1
„ dritte	„ „ „	3.	„	: 2
„ vierte	„ „ „	1.	„	: 5

Die verfügbare Elementenreihe ist nämlich:

für die erste Stelle:	1, 2, 3, 4, 5
„ „ zweite „ :	1, 2, 4, 5
„ „ dritte „ :	2, 4, 5
„ „ vierte „ :	2, 5

Die verlangte Komplexion heisst demnach:

3125

Antwort. Man bildet zuerst die Differenz:

$$V_n^k - z$$

und erhält durch analoge Divisionen wie in vorhergehender Aufgabe die Gleichungen:

$$V_n^k - z = q_1 \cdot V_{n-1}^{k-1} + r_1$$

$$r_1 = q_2 \, V_{n-2}^{k-2} + r_2$$

$$\cdots\cdots\cdots$$

$$r_{k-2} = q_{k-1} \, V_{n-k+1}^1 + r_{k-1}$$

$$r_{k-1} = q_k \, V_{n-k}^0$$

Die gesuchte Komplexion hat demnach:

an der ersten	Stelle das	(q_1+1)te	Element
„ „ zweiten	„ „	(q_2+1)te	„
. . . . .			
„ „ vorletzten	„ „	$(q_{k-1}+1)$te	„
„ „ letzten	„ „	(q_k+1)te	„

wobei die Elemente von rückwärts (d. h. von a_n nach a_1 hin) zu zählen und die bereits auf früheren Stellen verwendeten jedesmal auszuschliessen sind.

Tritt bei der Aufstellung obiger Gleichungen der Rest 0 auf, so setzt man nichts destoweniger die Gleichungen fort, bis der Divisor eine Variationszahl der 0ten Klasse, d. h. 1 wird. In dem Beispiel von Erkl. 191 ist dieses bei der letzten Gleichung geschehen.

Frage 123. Wie kann nach dem in Erkl. 180 angegebenen Bildungsverfahren der Variationen:

1) zu einer gegebenen Komplexion die Rangzahl,
2) die einer gegebenen Rangzahl entsprechende Komplexion

gefunden werden?

Antwort. 1) Man sucht zuerst die Rangzahl der Kombination, aus welcher die gegebene Variation durch Permutation hervorgeht (nach Frage 52 oder 53), und hierauf nach einer der Methoden, die in den Fragen 21,

23 oder 26 angegeben sind, die wievielste Permutation hievon gebildet werden muss, um die gegebene Komplexion zu erhalten. Z. B. entsteht (s. Erkl. 180) die Variation:

4513

aus der Kombination:

1345

welche als **vierte** in dem Symbol:

$$C^4(1, 2, 3, 4, 5)$$

enthalten ist. Die vorausgehenden drei Kombinationen ergeben bereits:

$$3 \cdot P_4 = 3 \cdot 4! = 72$$

Variationen, und nach der **lexikographischen** Anordnung ist 4513 die 17. Permutation von 1345; folglich die Rangzahl der gegebenen Variation:

$$72 + 17 = 89$$

2) Man dividiere die gegebene Rangzahl z durch die der Klasse entsprechende Permutationszahl P_k, so dass man hat:

$$z = P_k \cdot q + r$$

Hieraus folgt, dass die gesuchte Komplexion nichts anders ist, als die $r$te Permutation der $(q+1)$ten Kombination aus sämtlichen gegebenen Elementen.

Erkl. 192. Um z. B. nach 2) in nebenstehender Antwort die 101. Komplexion von:

$$V^4(1, 2, 3, 4, 5)$$

zu finden, hat man:

$$101 = 4 \cdot 4! + 5$$

da aus jeder Kombination 4! Variationen entstehen. Sie ist also die 5. Permutation der Kombination:

2345

welche selbst als fünfte in dem Ausdrucke:

$$C^4(1, 2, 3, 4, 5)$$

enthalten ist, und lautet demnach in der lexikographischen Anordnung:

2534,

in der cyklischen Anordnung hingegen:

2453

Frage 124. Wie werden Variationen aus mehreren Elementenreihen gebildet?

Antwort. Man bezeichnet die Elemente jeder Reihe durch denselben Buchstaben $(a, b, \cdots)$ und unterscheidet sie durch die Zeiger 1, 2, 3, $\cdots$ Ferner denke man sich die gegebenen Reihen so geordnet, dass keine spätere weniger Elemente enthält als irgend eine vorhergehende, und verbinde nun jedes Element der ersten Reihe mit jedem **nicht ähnlichen** (siehe Frage 60) der zweiten, jede dieser Verbindungen wieder mit jedem **nicht ähnlichen Element** der dritten Reihe u. s. w. Auf diese Weise erhält man die Variationen ohne Wiederholung, deren Klassenexponent gleich der Anzahl der Reihen ist. Seien z. B. die drei Reihen:

$$a_1 a_2 a_3$$
$$b_1 b_2 b_3 b_4$$
$$c_1 c_2 c_3 c_4$$

gegeben, so folgen daraus die 18 in Erkl. 193 angeführten Variationen zur dritten Klasse.

Sollen aus einer Reihe mehrere Elemente in jede Komplexion aufgenommen werden, so ist eine solche Reihe ebenso oft zu setzen (identische Reihen). Es seien z. B. die Reihen:

$$a_1 a_2 a_3 a_4$$
$$b_1 b_2 b_3 b_4$$

Erkl. 193. Die in der Antwort erwähnten Variationen sind:

$a_1 b_2 c_3$	$a_2 b_1 c_3$	$a_3 b_1 c_2$
$a_1 b_2 c_4$	$a_2 b_1 c_4$	$a_3 b_1 c_4$
$a_1 b_3 c_2$	$a_2 b_3 c_1$	$a_3 b_2 c_1$
$a_1 b_3 c_4$	$a_2 b_3 c_4$	$a_3 b_2 c_4$
$a_1 b_4 c_2$	$a_2 b_4 c_1$	$a_3 b_4 c_1$
$a_1 b_4 c_3$	$a_2 b_4 c_3$	$a_3 b_4 c_2$

Dieselben sind identisch mit den in Frage 60 erklärten Kombinationen, da aus jeder Reihe nur ein Element genommen wird und in der ersten Klasse zwischen Variationen und Kombinationen kein Unterschied ist.

Erkl. 194. Man bezeichnet die Aufgabe des Variierens der Elemente mehrerer Reihen ganz analog wie die des Kombinierens (siehe Frage 64).

Die in Erkl. 193 ausgeführte Aufgabe wird also bezeichnet:

$$V(a_1 a_2 a_3 ; b_1 b_2 b_3 b_4 ; c_1 c_2 c_3 c_4)_{1,1,1}$$

und zwar bedeuten die ausserhalb der Klammer stehenden Zeiger, dass zur Bildung der Komplexionen aus jeder Reihe **ein** Element genommen werden soll.

Analog wird die nebenstehende Aufgabe, bei welcher aus jeder der zwei gegebenen Reihen zwei Elemente gewählt werden sollen, bezeichnet durch:

$$V(a_1 \cdots a_4;\ b_1 \cdots b_4)_{2,2}$$

Diese unterscheiden sich von den Kombinationen nach Frage 63 dadurch, dass die Zeiger der Elemente, die identischen Reihen angehören, hier in beliebiger Ordnung folgen können, bei den Kombinationen hiegegen nur in steigender Ordnung.

gegeben und aus jeder je zwei Elemente zu entnehmen, so setzt man jede Reihe zweimal und erhält folgende Variationen:

$a_1 a_2 b_3 b_4$	$a_2 a_1 b_3 b_4$	$a_3 a_1 b_2 b_4$	$a_4 a_1 b_2 b_3$
$a_1 a_2 b_4 b_3$	$a_2 a_1 b_4 b_3$	$a_3 a_1 b_4 b_2$	$a_4 a_1 b_3 b_2$
$a_1 a_3 b_2 b_4$	$a_2 a_3 b_1 b_4$	$a_3 a_2 b_1 b_4$	$a_4 a_2 b_1 b_3$
$a_1 a_3 b_4 b_2$	$a_2 a_3 b_4 b_1$	$a_3 a_2 b_4 b_1$	$a_4 a_2 b_3 b_1$
$a_1 a_4 b_2 b_3$	$a_2 a_4 b_1 b_3$	$a_3 a_4 b_1 b_2$	$a_4 a_3 b_1 b_2$
$a_1 a_4 b_3 b_2$	$a_2 a_4 b_3 b_1$	$a_3 a_4 b_2 b_1$	$a_4 a_3 b_2 b_1$

Frage 125. Wie wird die Anzahl der Variationen aus mehreren Elementenreihen gefunden?

Antwort. Sind die gegebenen Elementenreihen:

$$a_1 a_2 \cdot \cdot \cdot a_m$$
$$b_1 b_2 \cdot \cdot \cdot \cdot \cdot b_n$$
$$c_1 c_2 \cdot \cdot \cdot \cdot \cdot \cdot \cdot \cdot c_p$$
$$\cdot \cdot \cdot \cdot \cdot \cdot \cdot \cdot \cdot \cdot \cdot \cdot$$

und sollen aus der ersten Reihe α, aus der zweiten β, aus der dritten γ Elemente u. s. f. in jede Komplexion aufgenommen werden, so ist:

$$V(m;\ n;\ p;\ \cdots)_{\alpha,\beta,\gamma\cdots} = V_m^\alpha \cdot V_{n-\alpha}^\beta \cdot V_{p-(\alpha+\beta)}^\gamma \cdots$$

Beweis. Wie aus den Beispielen in Frage 124 hervorgeht, besteht die Bildung der verlangten Komplexionen darin, dass man zuerst die Elemente der ersten Reihe zur Klasse α variiert und sie hierauf mit den Variationen zur Klasse β aus den Elementen der zweiten Reihe mit Ausschluss der α ähnlichen Elemente zusammensetzt, wobei jede Variation der ersteren Gruppe mit jeder der zweiten verbunden werden kann. Man hat hiemit:

$$V_m^\alpha \cdot V_{(n-\alpha)}^\beta$$

Komplexionen. Jede zusammengesetzte Komplexion kann nun wieder mit jeder Variation zur Klasse γ aus der dritten Reihe verbunden werden, wenn in dieser die Zeiger unterdrückt werden, welche schon in den beiden ersten Gruppen der zusammengesetzten Komplexion vorkommen.

Die Anzahl der dadurch erhaltenen (aus drei Gruppen bestehenden) Komplexionen ist nun:

$$V_m^\alpha \cdot V_{n-\alpha}^\beta \cdot V_{p-(\alpha+\beta)}^\gamma$$

Offenbar lässt sich dieser Schluss auf jede weitere Elementenreihe ausdehnen.

Erkl. 195. In dem Beispiele Frage 124 entstehen aus der ersten Reihe die nachfolgenden:

$$V_4^2 = 4 \cdot 3$$

Komplexionen, welche mit den daneben stehenden:

$$V_{4-2}^2 = 2 \cdot 1$$

Komplexionen aus den unähnlichen Elementen der zweiten Reihe verbunden werden müssen:

$a_1 a_2$	zu verbinden mit	$b_3 b_4$	und	$b_4 b_3$
$a_1 a_3$	" " "	$b_2 b_4$	"	$b_4 b_2$
$a_1 a_4$	" " "	$b_2 b_3$	"	$b_3 b_2$
$a_2 a_1$	" " "	$b_3 b_4$	"	$b_4 b_3$
$a_2 a_3$	" " "	$b_1 b_4$	"	$b_4 b_1$
$a_2 a_4$	" " "	$b_1 b_3$	"	$b_3 b_1$
$a_3 a_1$	" " "	$b_2 b_4$	"	$b_4 b_2$
$a_3 a_2$	" " "	$b_1 b_4$	"	$b_4 b_1$
$a_3 a_4$	" " "	$b_1 b_2$	"	$b_2 b_1$
$a_4 a_1$	" " "	$b_2 b_3$	"	$b_3 b_2$
$a_4 a_2$	" " "	$b_1 b_3$	"	$b_3 b_1$
$a_4 a_3$	" " "	$b_1 b_2$	"	$b_2 b_1$

Im ganzen:

$$V_4^2 \cdot V_2^2 = 4 \cdot 3 \times 2 \cdot 1 = 24$$

Komplexionen.

Frage 126. Wie viele Variationen entstehen aus mehreren Elementenreihen, wenn die aus den einzelnen Reihen genommenen Elementengruppen nicht beisammen bleiben müssen, sondern mit den Elementen der übrigen Gruppen ihre Stellen vertauschen können?

Erkl. 196. In obigem Beispiel entstehen durch Versetzung der Elemente der zwei verschiedenen Reihen aus jeder Komplexion:

$$\frac{4!}{2!\,2!} = 6$$

z. B.:

$a_1 a_2 b_3 b_4$
$a_1 b_3 a_2 b_4$
$a_1 b_3 b_4 a_2$
$b_3 a_1 a_2 b_4$
$b_3 a_1 b_4 a_2$
$b_3 b_4 a_1 a_2$

Antwort. Nach den Bezeichnungen der vorhergehenden Frage wird die Anzahl der Komplexionen im verlangten Falle:

$$\frac{(\alpha+\beta+\gamma+\cdots)!}{\alpha!\,\beta!\,\gamma!\cdots} V_m^\alpha \cdot V_{n-\alpha}^\beta \cdot V_{p-(\alpha+\beta)}^\gamma \cdots$$

Denn jede Komplexion besteht aus:

$$\alpha+\beta+\gamma+\cdots$$

Elementen, von denen jedoch die der nämlichen Gruppe angehörigen $\alpha, \beta, \gamma\cdots$ Elemente nicht mehr vertauscht werden dürfen, da sie bereits in den vorhandenen Komplexionen alle möglichen verschiedenen Stellungen einnehmen. Man muss sie deshalb als unter sich gleich betrachten, so dass jede einzelne Komplexion nochmals:

$$P^{(\alpha,\beta,\gamma\cdots)}_{(\alpha+\beta+\gamma+\cdots)} = \frac{(\alpha+\beta+\gamma+\cdots)!}{\alpha!\,\beta!\,\gamma!\cdots}$$

Permutationen zulässt.

Frage 127. Wie gross ist die Anzahl der Variationen aus mehreren Elementenreihen, wenn auch ähnliche Elemente in die nämliche Komplexion aufgenommen werden können?

Erkl. 197. Sollen z. B. aus den Reihen:

$a_1 a_2 a_3$
$b_1 b_2 b_3 b_4$

Variationen so gebildet werden, dass aus jeder Reihe je zwei Elemente in jede Komplexion aufgenommen und auch ähnliche Elemente zugelassen werden, so erhält man folgende Komplexionen:

1. Gruppe:	2. Gruppe:	
$a_1 a_2$	$b_1 b_2$	$b_3 b_1$
$a_1 a_3$	$b_1 b_3$	$b_3 b_2$
$a_2 a_1$	$b_1 b_4$	$b_3 b_4$
$a_2 a_3$	$b_2 b_1$	$b_4 b_1$
$a_3 a_1$	$b_2 b_3$	$b_4 b_2$
$a_3 a_2$	$b_2 b_4$	$b_4 b_3$

und jede Komplexion der 1. Gruppe kann mit jeder aus der 2. Gruppe zusammengesetzt werden, so dass die Anzahl der entstehenden Variationen:

$$V_3^2 \cdot V_2^4 = 3\cdot 2 \times 4\cdot 3 = 72$$

wird.

Erkl. 198. In Zukunft soll die Aufgabe, Variationen aus mehreren Reihen zu bilden, unter Zulassung von ähnlichen Elementen durch das Zeichen:

$$V'$$

Antwort. Wenn auch ähnliche Elemente in eine Komplexion eintreten können, so wird bei derselben Bezeichnung wie in Frage 125 die Anzahl der Variationen:

$$V_m^\alpha \cdot V_n^\beta \cdot V_p^\gamma \cdots$$

Für die Variationen zur Klasse β aus den Elementen der zweiten Reihe, zur Klasse γ der dritten Reihe u. s. f. sind nämlich in vorliegendem Falle stets sämtliche Zeiger der betreffenden Reihen verwendbar.

angedeutet werden; die in Erkl. 197 behandelte Aufgabe wird also bezeichnet durch:

$$V'(a_1 a_2 a_3 ; b_1 b_2 b_3 b_4)_{2,2}$$

Frage 128. Wie gross ist die Anzahl der Variationen in der vorhergehenden Frage, wenn die Elemente der verschiedenen Gruppen auch unter sich ihre Stellen vertauschen können?

Antwort. Aus demselben Grunde wie in Frage 126 ist im vorliegenden Falle die Anzahl der Variationen:

$$\frac{(\alpha+\beta+\gamma+\cdots)!}{\alpha!\,\beta!\,\gamma!\cdots} V_m^\alpha \cdot V_n^\beta \cdot V_p^\gamma \cdots$$

Frage 129. In wie vielen Komplexionen, die in dem Ausdruck:

$$V'(a_1 \cdots a_m ; b_1 \cdots b_n ; c_1 \cdots c_p ; \cdots)_{\alpha, \beta, \gamma, \cdots}$$

enthalten sind und in welchen die Elemente verschiedener Reihen auch unter sich ihre Stellen vertauschen können, befinden sich:

1) Gruppen von **mindestens** μ Elementen einer Reihe,

2) Gruppen von **genau** μ Elementen einer Reihe?

Erkl. 199. Es seien die Reihen:

$$a_1 a_2 a_3 a_4$$
$$b_1 b_2 b_3 b_4 b_5$$
$$c_1 c_2 c_3 c_4 c_5$$

gegeben und soll angegeben werden, in wie vielen Komplexionen von:

$$V'(a_1 \cdots a_4 ; b_1 \cdots b_5 ; c_1 \cdots c_5)_{2,4,3}$$

von den Elementen b mindestens drei nebeneinander stehen, wenn die Elemente der verschiedenen Reihen untereinander beliebig vertauscht werden. Hier ist:

$$m = 4, \quad n = 5, \quad p = 5$$

ferner:

$$\alpha = 2, \quad \beta = 4, \quad \gamma = 3$$

und tritt β an die Stelle von α in der allgemeinen Auflösung; endlich ist:

$$\mu = 3$$

zu nehmen.

Die Anzahl der Komplexionen, in denen **mindestens** drei Elemente b nebeneinander stehen, ist demnach:

$$\frac{(\alpha+\beta-\mu+\gamma)!}{\alpha!\,(\beta-\mu)!\,\gamma!} V_m^\alpha V_n^\beta V_p^\gamma (1+\alpha+\gamma)$$
$$= \frac{6!}{2!\,1!\,3!} V_4^2 V_5^4 V_5^3 \cdot 6$$
$$= 3 \cdot 4 \cdot 5 \cdot 6 \times 4 \cdot 3 \times 5 \cdot 4 \cdot 3 \cdot 2 \times 5 \cdot 4 \cdot 3$$
$$= 31104000$$

Antwort. Da in die Variationen mit ähnlichen Elementen alle Reihen mit unverminderter Elementenzahl eintreten, so ist es für die folgende Ableitung gleichgültig, aus welcher Reihe die verlangte Folge von mindestens μ Elementen entnommen ist. Angenommen, dieselben sollten der **ersten** Reihe angehören, so denke man sich aus den

$$V^\mu (a_1 a_2 \cdots a_m)$$

eine bestimmte herausgenommen und ferner alle Komplexionen gebildet, welche aus

$\alpha - \mu$ Elementen der ersten Reihe
β " " zweiten "
γ " " dritten "

u. s. w. bestehen (natürlich mit Ausschluss jener μ Elemente, welche in der ausgewählten Komplexion der μten Klasse vorkommen; deren Anzahl ist nach Frage 128, worin $\alpha - \mu$ statt α und $m - \mu$ statt m gesetzt werden muss:

$$\frac{(\alpha-\mu+\beta+\gamma+\cdots)!}{(\alpha-\mu)!\,\beta!\,\gamma!\cdots} V_{m-\mu}^{\alpha-\mu} \cdot V_n^\beta \cdot V_p^\gamma \cdots$$

Setzt man die ausgeschiedene Gruppe der μ Elemente der ersten Reihe im ganzen an alle möglichen Stellen dieser sämtlichen Komplexionen, so entstehen aus jeder derselben:

$$1+\alpha-\mu+\beta+\gamma+\cdots$$

Komplexionen, und die Gesamtzahl aller nun vorhandenen ist:

$$(1+\alpha-\mu+\beta+\gamma+\cdots)\frac{(\alpha-\mu+\beta+\gamma+\cdots)!}{(\alpha-\mu)!\,\beta!\,\gamma!\cdots} V_{m-\mu}^{\alpha-\mu} V_n^\beta V_p^\gamma \cdots$$
$$= \frac{(1+\alpha-\mu+\beta+\gamma+\cdots)!}{(\alpha-\mu)!\,\beta!\,\gamma!\cdots} V_{m-\mu}^{\alpha-\mu} V_n^\beta V_p^\gamma \cdots$$

Die Anzahl der Komplexionen, in denen gerade drei Elemente der zweiten Reihe nebeneinander stehen, ist sodann:

$$\frac{(\alpha+\beta-\mu-1+\gamma)!}{\alpha!\,(\beta-\mu)!\,\gamma!} V_m^\alpha V_n^\beta V_p^\gamma (1+\alpha+\gamma)(\alpha+\gamma)$$
$$= \frac{5!}{2!\,1!\,3!} 4\cdot3\cdot5\cdot4\cdot3\cdot2\cdot5\cdot4\cdot3\cdot6\cdot5$$
$$= 25920000$$

Diese Formel gibt an, wie oft die ausgewählte bestimmte Folge von μ Elementen der ersten Reihe sich in sämtlichen Komplexionen findet. Da aber aus der ersten Reihe:

$$V_m^\mu$$

verschiedene solche Folgen gebildet werden können, von denen jede gleich oft vorkommt, so ist die vorhergehende Formel noch mit dieser Variationszahl zu multiplizieren. Bemerkt man dabei, dass:

$$V_m^\mu \cdot V_{m-\mu}^{\alpha-\mu} = m(m-1)\cdots(m-\mu+1)\times(m-\mu)\cdots(m-\mu-\alpha+\mu+1)$$
$$= V_m^\alpha$$

so wird die obige Zahl:

$$\frac{(1+\alpha-\mu+\beta+\gamma+\cdots)!}{(\alpha-\mu)!\,\beta!\,\gamma!\cdots} V_m^\alpha \cdot V_n^\beta \cdot V_p^\gamma \cdots$$

Da jedoch die Gruppe der μ Elemente der ersten Reihe in den verschiedenen Komplexionen auch noch mit anderen Elementen derselben Reihe zusammentreffen kann, so werden dadurch auch Folgen von $\mu+1$, $\mu+2,\cdots$ Elementen der ersten Reihe entstehen. In einer Folge von $\mu+1$ Elementen sind aber zwei Folgen von μ Elementen enthalten, indem man entweder vom ersten bis vorletzten oder vom zweiten bis letzten der $\mu+1$ Elemente zählen kann; ebenso sind in jeder Folge von $\mu+2$ Elementen der ersten Reihe drei Folgen von je μ Elementen enthalten u. s. w.

Bezeichnet man also die Anzahl der Gruppen von gerade μ Elementen, die in obiger Formel vorkommen, durch G_μ, die Anzahl der Gruppen von $\mu+1$ Elementen durch $G_{\mu+1}$ u. s. f., so hat man:

$$G_\mu + 2G_{\mu+1} + 3G_{\mu+2} + \cdots = \frac{(1+\alpha-\mu+\beta+\gamma+\cdots)!}{(\beta-\mu)!\,\beta!\,\gamma!\cdots} V_m^\alpha V_n^\beta V_p^\gamma \cdots$$

Verwandelt man in dieser Gleichung μ in $\mu+1$, so wird:

$$G_{\mu+1} + 2G_{\mu+2} + 3G_{\mu+3} + \cdots = \frac{(\alpha-\mu+\beta+\gamma+\cdots)!}{(\alpha-\mu-1)!\,\beta!\,\gamma!\cdots} V_m^\alpha V_n^\beta V_p^\gamma \cdots$$

folglich erhält man durch Subtraktion beider Gleichungen die Anzahl der Gruppen von mindestens μ Elementen der ersten Reihe:

$$G_\mu + G_{\mu+1} + G_{\mu+2} + \cdots = \frac{(\alpha-\mu+\beta+\gamma+\cdots)!}{(\alpha-\mu-1)!\,\beta!\,\gamma!\cdots} V_m^\alpha V_n^\beta V_p^\gamma \cdots \left[\frac{1+\alpha-\mu+\beta+\gamma\cdots}{\alpha-\mu} - 1\right]$$
$$= \frac{(\alpha-\mu+\beta+\gamma+\cdots)!}{(\alpha-\mu)!\,\beta!\,\gamma!\cdots} V_m^\alpha V_n^\beta V_p^\gamma \cdots (1+\beta+\gamma+\cdots)$$

2) Um hieraus die Anzahl der Gruppen von gerade μ Elementen der ersten

Reihe zu erhalten, ersetzt man in letzter Gleichung wieder μ durch $\mu + 1$, wodurch:

$$G_{\mu+1} + G_{\mu+2} + G_{\mu+3} + \cdots = \frac{(\alpha - \mu - 1 + \beta + \gamma + \cdots)!}{(\alpha - \mu - 1)!\,\beta!\,\gamma!\cdots} V_m^\alpha V_n^\beta V_p^\gamma \cdots (1 + \beta + \gamma + \cdots)$$

entsteht und subtrahiert beide von einander; dann folgt als gesuchte Anzahl:

$$G_\mu = \frac{(\alpha - \mu - 1 + \beta + \gamma + \cdots)!}{(\alpha - \mu)!\,\beta!\,\gamma!\cdots} V_m^\alpha V_n^\beta V_p^\gamma \cdots (1 + \beta + \gamma + \cdots)(\beta + \gamma + \cdots)$$

Frage 130. Auf wie viele Arten lassen sich n gegebene Elemente in (mehr als n) Fächer so verteilen, dass kein Fach mehr als e i n Element enthält, und nicht nur die Auswahl der Fächer, sondern auch die A n o r d n u n g der Elemente in denselben einen Unterschied in der Verteilung bedingt?

Antwort. Die Anzahl der Verteilungsarten von n Elementen in p ($> n$) Fächer ist, soweit die Verschiedenheit der besetzten Fächer in Frage kommt, schon in Aufgabe 145 gefunden worden, wobei jedoch die Elemente stets in steigender Ordnung der Indices zu nehmen waren. Können aber (wie in Frage 130 verlangt ist) die Elemente auch unter sich alle möglichen Vertauschungen erleiden, so bestehen sovielmal mehr Anordnungen, als sich die gegebenen Elemente permutieren lassen. Man erhält also deren

$$C_p^n \cdot P_n = V_p^n$$

Frage 131. Wie viele Anordnungen ergeben sich im vorhergehenden Falle, wenn von den n gegebenen Elementen jeweils nur k solche in die p Fächer verteilt werden sollen?

Erkl. 200. Die in Frage 131 erhaltene Formel geht wieder in die speziellere von Frage 130 über, sobald man in derselben:

$$k = n$$

setzt.

Erkl. 201. In dem Falle von Frage 131 kann natürlich auch:

$$n > p$$

sein, keinenfalls aber $k > p$.

Antwort. Wenn von n gegebenen Elementen jedesmal k in p Fächer mit Vertauschungen verteilt werden sollen, so ist die Anzahl der möglichen Verteilungen:

$$C_n^k \cdot V_p^k$$

Denn aus den gegebenen n Elementen lassen sich Gruppen von je k solchen auf:

$$C_n^k$$

Arten auswählen und jede Gruppe kann nach Frage 130 in die vorhandenen p Fächer auf:

$$V_p^k$$

Arten verteilt werden; im ganzen ergeben sich also:

$$C_n^k \, V_p^k$$

Verteilungen.

Frage 132. Wie viele Anordnungen sind möglich, wenn die Elemente m e h r e r e r R e i h e n so auf gegebene Fächer verteilt werden sollen, dass kein Fach mehr als ein Element enthält und Vertauschungen der Elemente als verschiedene Besetzungen angesehen werden?

Antwort. Seien zwei Reihen, die eine von m, die andere von n Elementen gegeben und sollen aus der ersteren je k_1, aus der zweiten je k_2 Elemente in p gegebene Fächer verteilt werden, so ist die Anzahl der möglichen Anordnungen:

$$C_m^{k_1} \cdot C_n^{k_2} \cdot V_p^{k_1+k_2}$$

Zunächst lassen sich nämlich aus den m Elementen der ersten Reihe:

$$C_m^{k_1}$$

Gruppen bilden, welche nach Frage 131:

$$C_m^{k_1} \cdot V_p^{k_1}$$

Verteilungen ermöglichen. Aus den Elementen der zweiten Reihe entstehen sodann:

$$C_n^{k_2}$$

Gruppen, welche sich auf die noch vorhandenen:

$$p - k_1$$

leeren Fächer auf:

$$C_n^{k_2} \cdot V_{p-k_1}^{k_2}$$

Arten verteilen lassen. Da aber jede Verteilung der erstreihigen Elemente mit jeder der zweitreihigen zusammentreffen kann, so hat man im ganzen:

$$C_m^{k_1} \cdot V_p^{k_1} \cdot C_n^{k_2} \cdot V_{p-k_1}^{k_2}$$

Da jedoch:

$$V_p^{k_1} \cdot V_{p-k_1}^{k_2} = p\,(p-1) \cdots (p-k_1+1) \times (p-k_1) \cdots (p-k_1-k_2+1) = V_p^{k_1+k_2}$$

ist, so ergibt sich der obige Ausdruck.

Erkl. 202. Die Anzahl der Verteilungen aus nebenstehender Formel bleibt die gleiche, wenn man zuvor die Elemente der zweiten Reihe und dann die der ersten verteilt.

Man erhält dann:

$$C_n^{k_2} \cdot V_p^{k_2} \cdot C_m^{k_1} \cdot V_{p-k_2}^{k_1}$$

Es ist aber:

$$V_p^{k_2} \cdot V_{p-k_2}^{k_1} = p\,(p-1) \cdots (p-k_2+1) \times (p-k_2) \cdots (p-k_2-k_1+1) = V_p^{k_1+k_2}$$

Erkl. 203. Die nämliche Frage lässt sich auch auf folgende Weise beantworten:

Aus den p Fächern wähle man k_1; dies ist auf:

$$C_p^{k_1}$$

Arten möglich und jede solche Gruppe von Fächern kann aus den Elementen der ersten Reihe auf:

$$V_m^{k_1}$$

Arten besetzt werden. Aus den noch übrigen $p - k_1$ Fächern werden nun k_2 auf:

$$C_{p-k_1}^{k_2}$$

Arten gewählt und jede derartige Gruppe mit den Elementen der zweiten Reihe auf:

$$V_n^{k_2}$$

Arten besetzt. Die Gesamtzahl der Besetzungen ist dann:

$$C_p^{k_1} \cdot C_{p-k_1}^{k_2} \cdot V_m^{k_1} \cdot V_n^{k_2}$$

Dieser Ausdruck ist identisch mit dem in der Antwort erhaltenen. Man hat nämlich:

$$C_p^{k_1} \cdot C_{p-k_1}^{k_2} \cdot V_m^{k_1} \cdot V_n^{k_2} = \frac{p!}{k_1!\,(p-k_1)!} \cdot \frac{(p-k_1)!}{k_2!\,(p-k_1-k_2)!} \cdot \frac{m!}{(m-k_1)!} \, \frac{n!}{(n-k_2)!}$$

$$= \frac{m!}{k_1!\,(m-k_1)!} \cdot \frac{n!}{k_2!\,(n-k_2)!} \cdot \frac{p!}{(p-k_1-k_2)!} = C_m^{k_1} \cdot C_n^{k_2} \cdot V_p^{k_1+k_2}$$

Frage 133. Was versteht man unter absoluten Variationen?

Antwort. Absolute Variationen nennt man diejenigen Komplexionen, in denen kein Element an derjenigen Stelle steht, die sein Index anzeigt. Wir bezeichnen dieselben bei Variationen $k$ter Klasse aus n Elementen durch:

$${}^{a}V_n^k$$

analog wie früher (siehe Frage 27) bereits bei den Permutationen geschah.

Frage 134. Was versteht man unter „Normalstellen"?

Erkl. 204. Sind z. B. fünf Elemente:

$$a_1\ a_2\ a_3\ a_4\ a_5$$

gegeben, die zur dritten Klasse variiert werden sollen, so können nur die Elemente:

$$a_1\ a_2\ a_3$$

Normalstellen einnehmen. In der folgenden Entwickelung sind dieselben, wo sie an solchen auftreten, mit grossen Buchstaben bezeichnet:

$A_1 A_2 A_3$	$a_2\ a_1 A_3$	$a_3\ a_1\ a_2$	$a_4\ a_1\ a_2$	$a_5\ a_1\ a_2$
$A_1 A_2\ a_4$	$a_2\ a_1\ a_4$	$a_3\ a_1\ a_4$	$a_4\ a_1 A_3$	$a_5\ a_1 A_3$
$A_1 A_2\ a_5$	$a_2\ a_1\ a_5$	$a_3\ a_1\ a_5$	$a_4\ a_1\ a_5$	$a_5\ a_1\ a_4$
$A_1\ a_3\ a_2$	$a_2\ a_3\ a_4$	$a_3 A_2\ a_1$	$a_4 A_2\ a_1$	$a_5 A_2\ a_1$
$A_1\ a_3\ a_4$	$a_2\ a_3\ a_4$	$a_3 A_2\ a_4$	$a_4 A_2 A_3$	$a_5 A_2 A_3$
$A_1\ a_3\ a_5$	$a_2\ a_3\ n_5$	$a_3 A_2\ a_5$	$a_4 A_2\ a_5$	$a_5 A_2\ a_4$
$A_1\ a_4\ a_2$	$a_2\ a_4\ a_1$	$a_3\ a_4\ a_1$	$a_4\ a_3\ a_1$	$a_5\ a_3\ a_1$
$A_1\ a_4 A_3$	$a_2\ a_4 A_3$	$a_3\ a_4\ a_2$	$a_4\ a_3\ a_2$	$a_5\ a_3\ a_2$
$A_1\ a_4\ a_5$	$a_2\ a_4\ a_5$	$a_3\ a_4\ a_5$	$a_4\ a_3\ a_5$	$a_5\ a_3\ a_4$
$A_1\ a_5\ a_2$	$a_2\ a_5\ a_1$	$a_3\ a_5\ a_1$	$a_4\ a_5\ a_1$	$a_5\ a_4\ a_1$
$A_1\ a_5 A_3$	$a_2\ a_5 A_3$	$a_3\ a_5\ a_2$	$a_4\ a_5\ a_2$	$a_5\ a_4\ a_2$
$A_1\ a_5\ a_4$	$a_2\ a_5\ a_4$	$a_3\ a_5\ a_4$	$a_4\ a_5 A_3$	$a_5\ a_4 A_3$

Die Anzahl der absoluten Variationen ist demnach:

32

die der Variationen mit Normalstellen:

28

Antwort. Normalstellen werden in jeder Komplexion diejenigen Stellen genannt, deren Ordnungsnummern mit den Zeigern der sie besetzenden Elemente übereinstimmen. So enthält z. B. die Komplexion:

$$a_2\ a_4\ a_3\ a_1$$

eine Normalstelle (mit a_3 besetzt), hingegen die Komplexion:

$$a_1\ a_5\ a_2\ a_4\ a_3$$

zwei Normalstellen, mit a_1 und a_4 besetzt.

Jede Variation, die keine Normalstelle enthält, z. B.:

$$a_5\ a_3\ a_6\ a_2$$

ist demnach eine absolute. (Siehe Frage 133).

Die Anzahl der Komplexionen, welche Normalstellen enthalten, einerseits und die Anzahl der absoluten Variationen anderseits ergänzen sich demnach zur Gesamtzahl der Komplexionen.

Frage 135. Wie gross ist die Anzahl der absoluten Variationen von n Elementen zur $k$ten Klasse?

Erkl. 205. Wendet man das hier gezeigte Beweisverfahren auf die Entwicklung der absoluten Variationen in dem Beispiele der vorhergehenden Erkl. 204 an, so erhält man:

1) Gesamtzahl aller Variationen:

$$V_5^3 = 60$$

2) Abzuziehende Komplexionen, die irgend eines der Elemente a_1, a_2, a_3 auf Normalstellen enthalten:

$$C_3^1 \cdot V_4^2 = 36$$

Unter diesen sind die Komplexionen, welche zwei Normalstellen (d. h. $a_1 a_2$, $a_1 a_3$ oder $a_2 a_3$) enthalten, zweimal gerechnet, die Komplexion $a_1 a_2 a_3$ mit drei Normalstellen aber dreimal. Die Anzahl der erstgenannten ist:

$$C_3^2\, V_2^1 = 9$$

welche wieder addiert werden müssen. Dadurch wird aber die (hier einzige) Komplexion:

$$a_1\ a_2\ a_3$$

Antwort. Die Anzahl der absoluten Variationen von n Elementen zur $k$ten Klasse ist:

$$^{a}V_n^k = V_n^k - C_k^1\, V_{n-1}^{k-1} + C_k^2\, V_{n-2}^{k-2} - \cdots$$

$$+ (-1)^k C_k^k\, V_{n-k}^0 = \sum_{r=0}^{r=k} (-1)^r C_k^r \cdot V_{n-r}^{k-r}$$

Beweis. Die Anzahl der absoluten Variationen ergibt sich, wenn von der Gesamtzahl der Variationen diejenigen abgezogen werden, welche Normalstellen enthalten. Von den gegebenen n Elementen können überhaupt nur die k ersten auf Normalstellen erscheinen. Nimmt man von diesen irgend eines heraus, variiert die $n-1$ übrigen zur $(k-1)$ten Klasse und fügt in jede Komplexion das ausgeschlossene Element auf seiner Normalstelle ein, so ergeben sich:

$$k \cdot V_{n-1}^{k-1} = C_k^1\, V_{n-1}^{k-1}$$

Komplexionen, welche irgend ein Element

mit drei Normalstellen dreimal addiert (wegen $a_1 a_2$, $a_1 a_3$ und $a_2 a_3$) und muss demnach wieder subtrahiert werden, so dass noch:

$$1 = C_3^3 V_2^0$$

als negatives Glied hinzutritt.

Man hat demnach im ganzen:

$${}^aV_5^3 = V_5^3 - C_3^1 V_4^2 + C_3^2 V_3^1 - C_3^3 V_2^0$$

$$= 5 \cdot 4 \cdot 3 - 3 \cdot 4 \cdot 3 + 3 \cdot 3 - 1 = 32$$

Erkl. 206. Durch das in nebenstehendem Beweise eingehaltene Verfahren werden z. B. alle Komplexionen, welche i Normalstellen ($i \leqq k$) enthalten, zuerst von der Gesamtzahl aller Variationen $i$mal (oder C_i^1 mal) abgezogen, hierauf C_i^2 mal addiert, dann wieder C_i^3 mal subtrahiert u. s. w.; da jedoch nach Frage 51:

$$C_i^1 - C_i^2 + C_i^3 - C_i^4 + \cdots + (-1)^{i-1} C_i^i = 1$$

so sind dieselben schliesslich auf diese Weise von V_n^k nur einmal abgezogen worden, wie es in der That sein muss. Die im Beweise für 1, 2 und 3 Normalstellen durchgeführte Schlussweise bestätigt sich demnach für jede beliebige Anzahl von solchen.

Erkl. 207. Variiert man die gegebenen n Elemente zur $n$ten Klasse, so gehen die Variationen in die Permutationen über, und die gefundene Formel gibt nun:

$${}^aP_n = P_n - C_n^1 P_{n-1} + C_n^2 P_{n-2} - \cdots + (-1)^n C_n^n P_0$$

$$= n! - \frac{n!}{1} + \frac{n!}{2} - \cdots + (-1)^n \frac{n!}{n!}$$

$$= n! \sum_{r=0}^{r=n} \frac{(-1)^r}{r!}$$

übereinstimmend mit der Formel, welche in Frage 30 auf anderem Wege gefunden wurde.

auf einer Normalstelle enthalten und von der Gesamtzahl der Variationen:

$$V_n^k$$

abgezogen werden müssen. Dabei sind aber diejenigen Komplexionen, welche zwei Normalstellen enthalten, doppelt abgezogen worden; deren Anzahl ist:

$$C_k^2 V_{n-2}^{k-2};$$

denn zwei Normalstellen können aus den k verwendbaren auf:

$$C_k^2$$

Arten ausgewählt werden (denn bei Normalstellen kann kein niedrigerer Index auf einen höheren folgen) und sind dann mit den Variationen der übrigen $n-2$ Elemente zur Klasse $k-2$ zu verbinden.

Addiert man also diese Anzahl wieder zur vorhergehenden Differenz, so sind damit jene Komplexionen, welche drei Normalstellen (z. B. $a_1\,a_2\,a_3$) enthalten, dreifach addiert (für $a_1 a_2$, $a_1 a_3$, $a_2 a_1$), während sie anfänglich dreifach subtrahiert wurden (für a_1, a_2 und a_3). Diese müssen also noch einmal subtrahiert werden, d. h. es muss wieder der negative Summand:

$$C_k^3 V_{n-3}^{k-3}$$

der ihre Anzahl ausdrückt, beigesetzt werden.

Derselbe Schluss wiederholt sich für die Komplexionen, welche vier Normalstellen enthalten, deren Zahl:

$$C_k^4 V_{n-4}^{k-4}$$

ist und welche nun wieder addiert werden müssen u. s. w. bis zu k Normalstellen (siehe Erkl. 206).

Durch Zusammenstellung dieser abwechselnd positiven und negativen Summanden entsteht offenbar die oben behauptete Formel.

Ueber das Summenzeichen Σ siehe Erklärung 156.

Frage 136. Wie gross ist die Anzahl derjenigen Variationen von n Elementen zur $k$ten Klasse, in welchen überhaupt Normalstellen vorkommen?

Antwort. Nach der Schlussbemerkung in Antwort zu Frage 134 und der Formel für die absoluten Variationen in Frage 135 ist die Anzahl der Komplexionen, die überhaupt Normalstellen enthalten:

$$C_k^1 V_{n-1}^{k-1} - C_2^k V_{n-2}^{k-2} + \cdots + (-1)^k C_k^k V_{n-k}^0 = \sum_{r=1}^{r=k} (-1)^{r-1} C_k^r V_{n-r}^{k-r}$$

Erkl. 208. Die Formel (in Frage 136) bestätigt sich an dem Beispiel von Erkl. 204; in diesem gibt sie für die Anzahl der Komplexionen mit Normalstellen überhaupt:

$$C_3^1 V_4^2 - C_3^2 V_3^1 + C_3^3 V_2^0 = 3 \cdot 4 \cdot 3 - 3 \cdot 3 + 1 = 28$$

Frage 137. Wie gross ist die Anzahl derjenigen Variationen von n Elementen zur $k$ten Klasse, in denen gerade i Normalstellen vorkommen ($i \leq k$)?

Antwort. Die Anzahl derjenigen Variationen von n Elementen zur $k$ten Klasse, welche genau i Normalstellen enthalten, ist:

$$C_k^i \cdot {}^aV_{n-i}^{k-i}$$

oder wenn für letzteres Symbol sein Wert aus Frage 135 eingesetzt wird, indem man daselbst $n-i$ statt n und $k-i$ statt k schreibt:

$$C_k^i \left[V_{n-i}^{k-i} - C_{k-i}^1 \cdot V_{n-i-1}^{k-i-1} + C_{k-i}^2 \cdot V_{n-i-2}^{k-i-2} - \cdots + (-1)^{k-i} C_{k-i}^{k-i} \cdot V_{n-k}^0\right]$$

$$= C_k^i \sum_{r=0}^{r=k-i} (-1)^r C_{k-i}^r \cdot V_{n-i-r}^{k-i-r}$$

Denn zunächst können die verlangten i Normalstellen aus den k möglichen auf:

$$C_k^i$$

Arten angenommen werden. Hat man eine bestimmte Wahl getroffen, so dürfen unter den $k-i$ noch leeren Stellen keine Normalstellen mehr vorkommen, d. h. die noch vorhandenen $n-i$ Elemente müssen zur $(k-i)$ten Klasse absolut variiert werden. Man hat also im ganzen:

$$C_k^i \cdot {}^aV_{n-i}^{k-i}$$

Komplexionen, wie oben behauptet wurde.

Erkl. 209. Es lässt sich nunmehr auch die Frage beantworten:

„Wie gross ist die Anzahl der Permutationen von n Elementen, in denen genau i Normalstellen vorkommen (oder in denen $n-i$ Elemente absolut permutiert sind)?"

Die Lösung besteht einfach darin, dass man in der nebenstehenden Formel n statt k setzt, wodurch die Variationen $k$ter Klasse in Permutationen von n Elementen übergehen; man erhält demnach als gesuchte Anzahl:

$$C_n^i \cdot {}^aP_{n-1}$$

Drückt man C_n^i durch Fakultäten aus und setzt für ${}^aP_{n-i}$ den Wert, der aus ${}^aP_n$ (siehe Frage 30) folgt, wenn $n-i$ statt n geschrieben wird, so gibt der gefundene Ausdruck:

$$\frac{n!}{i!}\left[1 - \frac{1}{1!} + \frac{1}{2!} - \frac{1}{3!} + \cdots + (-1)^{n-1} \frac{1}{(n-i)!}\right]$$

Frage 138. Wie gross ist die Anzahl derjenigen Variationen von n Elementen zur $k$ten Klasse, in welchen

1) höchstens i Normalstellen,

2) wenigstens i Normalstellen

vorkommen?

Antwort. 1) Die verlangte Anzahl der Variationen, die höchstens i Normalstellen enthalten, setzt sich aus folgenden Summanden zusammen:

Variationen ohne Normalstellen:			${}^aV_n^k$
„	mit 1	„	$C_k^1 \cdot {}^aV_{n-1}^{k-1}$
„	„ 2	„	$C_k^2 \cdot {}^aV_{n-2}^{k-2}$
. . . . .	. . . . .	. . . . .	. . . . .
„	„ i	„	$C_k^i \, {}^aV_{n-i}^{k-i}$

und ist demnach:

$${}^aV_n^k + C_k^1 \, {}^aV_{n-1}^{k-1} + C_k^2 \, {}^aV_{n-2}^{k-2} + \cdots + C_k^i \, {}^aV_{n-i}^{k-i} = \sum_{r=0}^{r=i} C_k^r \cdot {}^aV_{n-r}^{k-r}$$

2) Die Anzahl der Variationen, welche wenigstens i Normalstellen enthalten, wird

Erkl. 210. Analog erhält man die Anzahl der Permutationen mit höchstens i Normalstellen (oder mit wenigstens $n-i$ absolut variierten Elementen) wenn man in nebenstehender Formel $k=n$ setzt, sie lautet dann:

$${}^aP_n + C_n^1 \, {}^aP_{n-1} + C_n^2 \, {}^aP_{n-2} + \cdots + C_n^i \, {}^aP_{n-i} = \sum_{r=0}^{r=i} C_n^r \, {}^aP_{n-r}$$

Setzt man für den beliebig gewählten Buchstaben r nach und nach die Werte $0, 1, 2 \cdots i$, so entstehen der Reihe nach die obigen Summanden.

Die Anzahl der **Permutationen mit wenigstens** i Normalstellen (oder: höchstens $n-i$ absolut variierten Elementen) folgt ebenso aus der letzten Formel in Antwort zu Frage 138, nämlich:

$$C_n^{i}\,{}^aP_{n-i} + C_n^{i+1}\,{}^aP_{n-i-1} + \cdots + C_n^{n}\,{}^aP_0 = \sum_{r=0}^{r=n-i} C_n^{i+r}\,{}^aP_{n-i-r}$$

gefunden, wenn man von der Gesamtzahl aller Variationen diejenigen subtrahiert, welche **höchstens** $i-1$ Normalstellen enthalten und deren Anzahl in 1) angegeben ist mit Ausschluss des letzten Summanden.

Man kann auch direkt verfahren, indem man die Anzahl der Variationen bestimmt, welche i, $i+1$, $\cdots$, k Normalstellen enthalten und diese Zahlen addiert; in diesem Falle entsteht der Ausdruck:

$$C_k^{i}\cdot{}^aV_{n-i}^{k-i} + C_k^{i+1}\,{}^aV_{n-i-1}^{k-i-1} + \cdots + C_k^{k}\cdot{}^aV_{n-k}^{0} = \sum_{r=0}^{r=k-i} C_k^{i+r}\cdot{}^aV_{n-i-r}^{k-i-r}$$

Anmerkung 1. Ueber Normalstellen bei Variationen aus **mehreren Elementenreihen** siehe Frage 152 ff.

Ueber Variationen bei **beschränkter Stellenbesetzung** Frage 169 ff.

---

b) Gelöste Aufgaben über Variationen ohne Wiederholung.

Aufgabe 309. Die Variationen zu bilden, welche in folgenden Ausdrücken enthalten sind:

1) $V^3(1, 2, 3, 4)$; 2) $V^3(a, b, c, d, e)$.

Auflösung. Nach der in Frage 111 gelehrten Erhöhungsmethode hat man:

1)

123	213	312	412
124	214	314	413
132	231	321	421
134	234	324	423
142	241	341	431
143	243	342	432

2)

abc	*bac*	*cab*	*dab*	*eab*
abd	*bad*	*cad*	*dac*	*eac*
abe	*bae*	*cae*	*dae*	*ead*
acb	*bca*	*cba*	*dba*	*eba*
acd	*bcd*	*cbd*	*dbc*	*ebc*
ace	*bce*	*cbe*	*dbe*	*ebd*
adb	*bda*	*cda*	*dca*	*eca*
adc	*bdc*	*cdb*	*dcb*	*ecb*
ade	*bde*	*cde*	*dce*	*ecd*
aeb	*bea*	*cea*	*dea*	*eda*
aec	*bec*	*ceb*	*deb*	*edb*
aed	*bed*	*ced*	*dec*	*edc*

Aufgabe 310. Wie viele Komplexionen enthalten die Ausdrücke:

1) V_7^3; 2) V_{10}^5; 3) V_{2n}^n?

Auflösung. Nach Frage 113 erhält man:

1) $V_7^3 = 7\cdot4\cdot5 = 210$

2) $V_{10}^5 = 10\cdot9\cdot8\cdot7\cdot6 = 30240$

3) $V_{2n}^n = 2n\,(2n-1)(2n-2)\cdots(n+1)$

Druck von Carl Hammer in Stuttgart

1192. Heft.

Preis des Heftes 25 Pf.

Kombinatorik oder die Lehre von den kombinatorischen Operationen.
Forts. v. Heft 1184. — Seite 193—208.

Vollständig gelöste Aufgaben-Sammlung

— nebst Anhängen ungelöster Aufgaben, für den Schul- & Selbstunterricht —

mit

Angabe und Entwicklung der benutzten Sätze, Formeln, Regeln, in Fragen und Antworten

erläutert durch

viele Holzschnitte & lithograph. Tafeln,

aus allen Zweigen

der Rechenkunst, der niederen (Algebra, Planimetrie, Stereometrie, ebenen u. sphärischen Trigonometrie, synthetischen Geometrie etc.) u. höheren Mathematik (höhere Analysis, Differential- u. Integral-Rechnung, analytische Geometrie der Ebene u. des Raumes etc.); — aus allen Zweigen der Physik, Mechanik, Graphostatik, Chemie, Geodäsie, Nautik, mathemat. Geographie, Astronomie; des Maschinen-, Strassen-, Eisenbahn-, Wasser-, Brücken- u. Hochbau's; der Konstruktionslehren als: darstell. Geometrie, Polar- u. Parallel-Perspektive, Schattenkonstruktionen etc. etc.

für

Schüler, Studierende, Kandidaten, Lehrer, Techniker jeder Art, Militärs etc.

zum einzig richtigen und erfolgreichen

Studium, zur **Forthülfe** bei Schularbeiten und zur **rationellen** Verwertung der exakten Wissenschaften,

herausgegeben von

Dr. Adolph Kleyer,

Mathematiker, vereideter königl. preuss. Feldmesser, vereideter grossh. hessischer Geometer I. Klasse

in **Frankfurt a. M.**

unter Mitwirkung der bewährtesten Kräfte.

Kombinatorik

oder

Die Lehre von den kombinatorischen Operationen.

(Permutation, Kombination, Variation.)

(Nach **System Kleyer** bearbeitet von **Prof. H. Staudacher.**

Fortsetzung v. Heft 1184. — Seite 193—208.

Inhalt:

Gelöste und ungelöste Aufgaben über die Variationen ohne Wiederholung. — Variationen mit Wiederholung.

Stuttgart 1893.

Verlag von Julius Maier.

Preisgekrönt in Frankfurt a. M. 1881.

PROSPEKT.

Dieses Werk, welchem kein ähnliches zur Seite steht, erscheint monatlich in 3—4 Heften zu dem billigen Preise von 25 ₰ pro Heft und bringt eine Sammlung der wichtigsten und praktischsten Aufgaben aus dem Gesamtgebiete der Mathematik, Physik, Mechanik, math. Geographie, Astronomie, des Maschinen-, Strassen-, Eisenbahn-, Brücken- und Hochbaues, des konstruktiven Zeichnens etc. etc. und zwar in vollständig gelöster Form, mit vielen Figuren, Erklärungen nebst Angabe und Entwickelung der benutzten Sätze, Formeln, Regeln in Fragen mit Antworten etc., so dass die Lösung jedermann verständlich sein kann, bezw. wird, wenn eine grössere Anzahl der Hefte erschienen ist, da dieselben sich in ihrer Gesamtheit ergänzen und alsdann auch alle Teile der reinen und angewandten Mathematik — nach besonderen selbständigen Kapiteln angeordnet — vorliegen.

Fast jedem Hefte ist ein Anhang von ungelösten Aufgaben beigegeben, welche der eigenen Lösung (in analoger Form wie die bezüglichen gelösten Aufgaben) des Studierenden überlassen bleiben, und zugleich von den Herren Lehrern für den Schulunterricht benutzt werden können. Die Lösungen hierzu werden später in besonderen Heften für die Hand des Lehrers erscheinen. Am Schlusse eines jeden Kapitels gelangen: Titelblatt, Inhaltsverzeichnis, Berichtigungen und erläuternde Erklärungen über das betreffende Kapitel zur Ausgabe.

Das Werk behandelt zunächst den Hauptbestandteil des mathematisch-naturwissenschaftlichen Unterrichtsplanes folgender Schulen: Realschulen I. und II. Ordn., gleichberechtigten höheren Bürgerschulen, Privatschulen, Gymnasien, Realgymnasien, Progymnasien, Schullehrer-Seminaren, Polytechniken, Techniken, Baugewerkschulen, Gewerbeschulen, Handelsschulen, techn. Vorbereitungsschulen aller Arten, gewerbliche Fortbildungsschulen, Akademien, Universitäten, Land- und Forstwissenschaftsschulen, Militärschulen, Vorbereitungs-Anstalten aller Arten als z. B. für das Einjährig-Freiwillige- und Offiziers-Examen etc.

Die Schüler, Studierenden und Kandidaten der mathematischen, technischen und naturwissenschaftlichen Fächer werden durch diese, Schritt für Schritt gelöste, Aufgabensammlung immerwährend an ihre in der Schule erworbenen oder nur gehörten Theorien etc. erinnert und wird ihnen hiermit der Weg zum unfehlbaren Auffinden der Lösungen derjenigen Aufgaben gezeigt, welche sie bei ihren Prüfungen zu lösen haben, zugleich aber auch die überaus grosse Fruchtbarkeit der mathematischen Wissenschaften vorgeführt.

Dem Lehrer soll mit dieser Aufgabensammlung eine kräftige Stütze für den Schul-Unterricht geboten werden, indem zur Erlernung des praktischen Teils der mathematischen Disciplinen — zum Auflösen von Aufgaben — in den meisten Schulen oft keine Zeit erübrigt werden kann, hiermit aber dem Schüler bei seinen häuslichen Arbeiten eine vollständige Anleitung in die Hände gegeben wird, entsprechende Aufgaben zu lösen, die gehabten Regeln, Formeln, Sätze etc. anzuwenden und praktisch zu verwerten. Lust, Liebe und Verständnis für den Schulunterricht wird dadurch erhalten und belebt werden.

Den Ingenieuren, Architekten, Technikern und Fachgenossen aller Art, Militärs etc. etc. soll diese Sammlung zur Auffrischung der erworbenen und vielleicht vergessenen mathematischen Kenntnisse dienen und zugleich durch ihre praktischen in allen Berufszweigen vorkommenden Anwendungen einem toten Kapital lebendige Kraft verleihen und somit den Antrieb zu weiteren praktischen Verwertungen und weiteren Forschungen geben.

Alle Buchhandlungen nehmen Bestellungen entgegen. Wichtige und praktische Aufgaben werden mit Dank von der Redaktion entgegengenommen und mit Angabe der Namen verbreitet. — Wünsche, Fragen etc., welche die Redaktion betreffen, nimmt der Verfasser, Dr. Kleyer, Frankfurt a. M., Fischerfeldstrasse 16, entgegen, und wird deren Erledigung thunlichst berücksichtigt.

Stuttgart. **Die Verlagshandlung.**

Aufgabe 311. Durch Fakultäten auszudrücken:

1) V^n_{2n}; 2) V^{n-k}_{n+k}

Auflösung. Nach Frage 114 wird:

1) $V^n_{2n} = \frac{(2n)!}{n!}$

2) $V^{n-k}_{n+k} = \frac{(n+k)!}{(2k)!}$

Aufgabe 312. Wie viele Zahlen gibt es, die mit vier verschiedenen ungeraden Ziffern geschrieben werden; und wie viele die mit fünf solchen Ziffern geschrieben werden?

Erkl. 211. Die Variationszahlen der beiden höchsten Klassen von n Elementen sind immer gleich; denn:

$$V^{n-1}_n = \frac{n!}{1!} = n!$$

und

$$V^n_n = \frac{n!}{0!} = n! = P_n$$

da:

$$0! = 1$$

gesetzt werden muss.

Auflösung. Die gesuchte Anzahl ist identisch mit der Anzahl der Variationen vierter Klasse aus den Elementen 1, 3, 5, 7, 9. Man erhält demnach:

$$V^4_5 = 5 \cdot 4 \cdot 3 \cdot 2 = 120$$

Ebenso ist die Anzahl der mit fünf verschiedenen ungeraden Ziffern geschriebenen Zahlen:

$$V^5_5 = 5 \cdot 4 \cdot 3 \cdot 2 \cdot 1 = 120$$

Aufgabe 313. Wie viele Komplexionen von:

$$V^4(a\,b\,c\,d\,e\,f)$$

enthalten wenigstens eines der Elemente:

a oder e?

Auflösung. Nach Erkl. 182 ist die Anzahl der gesuchten Komplexionen:

$$V^4_6 - V^4_4 = 6 \cdot 5 \cdot 4 \cdot 3 - 4 \cdot 3 \cdot 2 \cdot 1 = 336$$

Aufgabe 314. Wie viele Komplexionen von:

$$V^5(123456789)$$

enthalten:

1) wenigstens eine gerade Ziffer?
2) die Ziffern 1 und 9?

Auflösung. 1) Man hat nach Erkl. 182:

$$V^5_9 - V^5_5 = \frac{9!}{4!} - 5! = 15000$$

2) Nach Frage 116 lautet die Lösung von 2):

$$V^3_7 \cdot P^{(3)}_5 = 7 \cdot 6 \cdot 5 \cdot \frac{5!}{3!} = 4200$$

Aufgabe 315. Wie viele Zahlen gibt es, die mit 6 verschiedenen Ziffern geschrieben werden, und wie viele darunter enthalten:

1) vier ungerade Ziffern,
2) drei gerade Ziffern?

Auflösung. Die Ziffern 0 bis 9 geben:

$$V^6_{10}$$

Komplexionen, wovon alle mit 0 beginnenden abzuziehen sind. Da jede Ziffer gleich oft an der Spitze erscheint, so bleiben:

$$V^6_{10} - \frac{1}{10} V^6_{10} = 9 \cdot 9 \cdot 8 \cdot 7 \cdot 6 \cdot 5 = 136080$$

Erkl. 212. Die zwei zur Ergänzung der Klasse nötigen Elemente können nur aus den geraden Ziffern:

0, 2, 4, 6, 0

genommen, also auf:

$$C_5^2$$

Arten ausgewählt werden. Jede solche Verbindung, z. B.:

135702

muss sodann zur 6. Klasse variiert (oder, was hier dasselbe ist, permutiert) werden.

1) Nimmt man eine bestimmte Gruppe von 4 ungeraden Ziffern, z. B. 1357 heraus, so gibt es in der 6. Klasse:

$$C_5^2\, V_6^6$$

Komplexionen, welche diese Ziffern enthalten. Von diesen beginnen mit 0:

$$C_4^1\, V_5^5$$

Komplexionen, je nachdem 01357 noch mit:

2, 4, 6, 8

verbunden ist; jede solche Verbindung gibt:

$$V_5^5$$

Versetzungen, wenn 0 an der Spitze festgehalten wird. Man hat demnach:

$$C_5^2\, V_6^6 - C_4^1\, V_5^5$$

Zahlen, welche die ungeraden Ziffern 1357 enthalten. Da aber aus den ungeraden Ziffern 1, 3, 5, 7, 9:

$$C_5^4$$

solcher Gruppen herausgenommen werden können, so ist die Gesamtzahl der verlangten Zahlen:

$$\left(C_5^2\, V_6^6 - C_4^1\, V_5^5\right) C_5^4 = \left(\frac{5 \cdot 4}{1 \cdot 2} \cdot 6\,! - 4 \cdot 5\,!\right) 5 = 33600$$

2) Je drei gerade Ziffern werden mit je drei ungeraden verbunden und variiert; dies kann auf:

$$C_5^3 \cdot C_5^3 \cdot V_6^6$$

Arten geschehen. Von diesen Komplexionen beginnen mit 0:

$$C_4^2 \cdot C_5^3 \cdot V_5^5$$

so dass die Anzahl der gesuchten Zahlen ist:

$$C_5^3 \cdot C_5^3 \cdot V_6^6 - C_4^2 \cdot C_5^3 \cdot V_5^5 = 64800$$

Aufgabe 316. Von den Farben weiss, blau, grün, gelb, rot und schwarz sollen je vier auf alle möglichen Arten verbunden werden; wie viele Verbindungen gibt es und in wie vielen kommen die Farben weiss und blau vor?

Auflösung. Die Anzahl aller Verbindungen ist offenbar:

$$V_6^4 = 6 \cdot 5 \cdot 4 \cdot 3 = 360.$$

Verbindungen, welche weiss und blau in beliebiger Folge enthalten, sind darunter nach Frage 116:

$$V_4^2 \cdot P_4^{(2)} = 4 \cdot 3 \cdot \frac{4\,!}{2\,!} = 144$$

Aufgabe 317. Wie kann die Variationszahl von 12 Elementen zur 5. Klasse durch eine Summe von Variationszahlen derselben Klasse ausgedrückt werden?

Auflösung. Man kann hierzu die in Frage 117 abgeleitete Formel benützen, wonach ist:

$$V_{12}^5 = V_{11}^5 \cdot \frac{5}{7} + V_{10}^5 \cdot \frac{5}{6} + V_9^5 \cdot \frac{5}{5} + V_8^5 \cdot \frac{5}{4} + V_7^5 \cdot \frac{5}{3} + V_6^5 \cdot \frac{5}{2} + V_5^5 \cdot 6 = 95040$$

Aufgabe 318. Wie kann folgende Summe:

$$\frac{(2n-1)!}{n!}+\frac{(2n-2)!}{(n-1)!}+\frac{(2n-3)!}{(n-2)!}+\cdots+\frac{n!}{1}+(n-1)!$$

kurz ausgedrückt werden?

Auflösung. In der Formel von Erkl. 185 kann man setzen:

$2n$ statt n und n statt k

so wird:

$$\frac{(2n-1)!}{n!}+\frac{(2n-2)!}{(n-1)!}+\cdots+\frac{n!}{1}+(n-1)!=\frac{(2n)}{n!\,n}$$

Aufgabe 319. Wie kann die Variationszahl von 12 Elementen zur 9. Klasse durch eine Summe von Variationszahlen aller vorhergehenden Klassen ausgedrückt werden?

Auflösung. Nach Frage 118 erhält man im gegebenen Beispiele:

$$V_{12}^9=3V_{12}^8+4V_{12}^7+5V_{12}^6+6V_{12}^5+$$
$$+7V_{12}^4+8V_{12}^3+9V_{12}^2+10V_{12}^1+$$
$$+11V_{12}^0+1=78933600$$

Aufgabe 320. Wie gross ist folgende Summe:

$$\frac{2}{3}+\frac{3}{3\cdot4}+\frac{4}{3\cdot4\cdot5}+\frac{5}{3\cdot4\cdot5\cdot6}+\cdots+\frac{10}{3\cdot4\cdots11}+\frac{12}{3\cdot4\cdots12}?$$

Auflösung. Nach Erkl. 187 hat diese Summe, wenn man:

$n=12$ und $k=10$

nimmt, den Wert 1.

Aufgabe 321. Die Rangzahl der Variation ohne Wiederholung:

60921

aus den Elementen 0 bis 9 zu finden:

1) durch Ausschliessung der niedrigeren,
2) durch Ausschliessung der höheren Komplexionen.

Auflösung. 1) Die erste Stelle ist von den Elementen:

0, 1, 2, 3, 4, 5

besetzt, in:

$$6\,V_9^4=18144$$

Komplexionen. Hierauf folgen sogleich die mit:

60

beginnenden. Die dritte Stelle enthält die Elemente:

1, 2, 3, 4, 5, 7, 8

in

$$7\,V_7^2=294$$

Komplexionen; die vierte enthält 1 in:

$$1\,V_6^1=6$$

Komplexionen. Gesamtzahl der bisherigen Komplexionen:

18444

also hat die gesuchte Komplexion die Rangzahl:

18445

2) Die Anzahl sämtlicher Komplexionen ist:

$$V_{10}^{5} = 30240$$

Davon werden nach Frage 120 und Erkl. 185 ausgeschlossen:

$$(10-7)\ V_{9}^{4} = 9072$$
$$(10-2)\ V_{8}^{3} = 2688$$
$$(10-10)\ V_{7}^{2} = 0$$
$$(10-5)\ V_{6}^{1} = 30$$
$$(10-5)\ V_{5}^{0} = 5$$
$$11795$$

Demnach ist die Rangzahl der gesuchten Komplexion:

$$30240 - 11795 = 18445$$

Aufgabe 322. Die 3167458467. Variation 8. Klasse ohne Wiederholung aus den 26 Buchstaben des deutschen Alphabetes durch Ausschliessung der vorhergehenden Komplexionen zu bestimmen.

Auflösung Nach Frage 121 dividiert man die gegebene Rangzahl durch:

$$V_{25}^{7} = 2422728000$$

und erhält:

$$q_1 = 1, \quad r_1 = 744730467$$

wonach die erste Stelle durch den Buchstaben:

$$b$$

zu besetzen ist. — Nun gibt:

$$r_1 : V_{24}^{6} = 744730467 : 96909120$$

die Werte:

$$q_2 = 7, \quad r_2 = 66366627$$

Die zweite Stelle erhält also den 8. Buchstaben (nach Ausschluss von b), d. h.:

$$i$$

Weiter ist:

$$r_2 : V_{23}^{5} = 66366627 : 4037880$$

zu berechnen, woraus man:

$$q_3 = 16, \quad r_3 = 1760547$$

und als dritte Stelle s erhält. Aus:

$$r_3 : V_{22}^{4} = 1760547 : 175560$$

folgt nun:

$$q_4 = 10, \quad r_4 = 4947$$

und an vierter Stelle m. Hierauf gibt:

$$r_4 : V_{21}^{3} = 4947 : 7980$$
$$q_5 = 0, \quad r_5 = 4947$$

so dass an die fünfte Stelle der Buchstabe a kommt.

$$r_5 : V_{20}^{2} = 4947 : 380$$

gibt:

$$q_6 = 13, \quad r_6 = 7$$

also kommt an die sechste Stelle der Buchstabe r.

$$r_6 : V_{19}^1 = 7 : 19$$

gibt:

$$q_7 = 0, \quad r_7 = 7$$

d. h. auf der siebenten Stelle den nunmehrigen ersten Buchstaben c, und auf der achten Stelle den siebenten Buchstaben k. Die gesuchte Komplexion ist demnach:

„bismarck“

Aufgabe 323. Es soll die 75900. Variation 6. Klasse ohne Wiederholung aus den Elementen 0 bis 9 durch Ausschliessung der späteren Komplexionen gefunden werden.

Auflösung. Es ist:

$$V_{10}^6 = 10 \cdot 9 \cdot 8 \cdot 7 \cdot 6 \cdot 5 = 151200,$$

also sind auszuschliessen:

$$151200 - 75900 = 75300$$

Komplexionen. Man hat nun:

$$75300 = 4\,V_9^5 + 14820$$

$$14820 = 8\,V_8^4 + 1380$$

$$1380 = 6\,V_7^3 + 120$$

$$120 = 4\,V_6^2 + 0$$

$$0 = 0\,V_5^1 + 0$$

$$0 = 0\,V_4^0 + 0$$

Die Stellenbesetzung ist also folgende:

Stelle:	Ordnungszahl des Elem.:	Wert desselben:
1.	5	5
2.	9	0
3.	7	2
4.	5	4
5.	1	9
6.	1	8

Folglich ist die gesuchte Komplexion:

502498

Aufgabe 324. Wie heisst die 10410. Variation der in dem Worte „HARMONIE“ enthaltenen Buchstaben?

Auflösung. Es handelt sich um eine Variation 6. Klasse aus den 8 Elementen:

a, e, h, i, m, n, o, r

Man bildet demnach:

$$10410 = 4\,V_7^5 + 330$$

$$330 = 0\,V_6^4 + 330$$

$$330 = 5\,V_5^3 + 30$$

$$30 = 2\,V_4^2 + 6$$

$$6 = 2\,V_3^1 + 0$$

und erhält daraus als gesuchtes Wort:

„MARINE“.

Aufgabe 325. Die wievielste Variation des in vorhergehender Aufgabe genannten Wortes heisst „RAHMEN“?

Durch Ausschliessung der Komplexionen höheren Ranges zu bestimmen.

Auflösung. Die Gesamtzahl der hierher gehörigen Variationen ist:

$$V_8^6 = 20160$$

da die Zeiger der Buchstaben des gesuchten Wortes in der alphabetischen Reihenfolge der gegebenen Buchstaben:

$$8,\ 1,\ 3,\ 5,\ 2,\ 6$$

sind, so werden ausgeschlossen:

$$\begin{aligned}
(8-8)\,V_7^5 &= 0 \text{ Komplexionen}\\
(8-2)\,V_6^4 &= 2160 \quad ,,\\
(8-4)\,V_5^3 &= 240 \quad ,,\\
(8-6)\,V_4^2 &= 24 \quad ,,\\
(8-5)\,V_3^1 &= 9 \quad ,,\\
(8-7)\,V_2^0 &= 1 \quad ,,\\
\hline
& 2434 \text{ Komplexionen}
\end{aligned}$$

Die Rangzahl der gegebenen Komplexion ist demnach:

$$20160 - 2434 = 17726$$

Aufgabe 326. In wie vielen Variationen der Elemente:

$$1,\ 2,\ 3,\ 4,\ 5$$

zur 4. Klasse stehen die Elemente 15 in dieser oder umgekehrter Ordnung neben einander?

Auflösung. Man betrachtet 15 als ein untrennbares Element a und sucht in wie vielen Komplexionen von:

$$V^3\,(a,\ 2,\ 3,\ 4)$$

dieses Element vorkommt. Dies ergibt sich, wenn man die Anzahl der Variationen, in denen a nicht vorkommt, d. h. die Komplexionen von:

$$V^3\,(2,\ 3,\ 4)$$

deren es:

$$3 \cdot 2 \cdot 1 = 6$$

gibt von der Anzahl der in vorhergehendem Ausdrucke enthaltenen:

$$4 \cdot 3 \cdot 2 = 24$$

Komplexionen abzieht. Das Doppelelement a kommt also:

$$24 - 6 = 18$$

mal vor, ebenso oft die Verbindung 51; die Elemente 1 und 5 stehen demnach 36 mal neben einander.

Aufgabe 327. Die Variationen aus den Elementenreihen:

$$\begin{matrix} a_1\,a_2 \\ b_1\,b_2\,b_3 \\ c_1\,c_2\,c_3\,c_4\,c_5 \\ c_1\,c_2\,c_3\,c_4\,c_5 \end{matrix}$$

Auflösung. Die Aufgabe wird dargestellt durch die Bezeichnung:

$$V\,(a_1\,a_2;\ b_1\,b_2\,b_3;\ c_1\,c_2 \cdots c_5)_{1,\,1,\,2}$$

und gibt folgende Variationen:

mit Ausschluss ähnlicher Elemente zu bilden, wenn die Elemente verschiedener Reihen nicht unter einander vertauscht werden.

$a_1 b_2 c_3 c_4$	$a_1 b_3 c_2 c_4$	$a_2 b_1 c_3 c_4$	$a_2 b_3 c_1 c_4$
$a_1 b_2 c_3 c_5$	$a_1 b_3 c_2 c_5$	$a_2 b_1 c_3 c_5$	$a_2 b_3 c_1 c_5$
$a_1 b_2 c_4 c_3$	$a_1 b_3 c_4 c_2$	$a_2 b_1 c_4 c_3$	$a_2 b_3 c_4 c_1$
$a_1 b_2 c_4 c_5$	$a_1 b_3 c_4 c_5$	$a_2 b_1 c_4 c_5$	$a_2 b_3 c_4 c_5$
$a_1 b_2 c_5 c_3$	$a_1 b_3 c_5 c_2$	$a_2 b_1 c_5 c_3$	$a_2 b_3 c_5 c_1$
$a_1 b_2 c_5 c_4$	$a_1 b_3 c_5 c_4$	$a_2 b_1 c_5 c_4$	$a_2 b_3 c_5 c_4$

Aufgabe 328. Die Anzahl der in folgenden Ausdrücken enthaltenen Variationen anzugeben:

1) $V(a_1 \cdots a_4;\ b_1 \cdots b_4;\ c_1 \cdots c_3)_{1,2,3}$

2) $V(a_1 \cdots a_9;\ b_1 \cdots b_5)_{4,5}$

und zwar a), wenn die Elemente jeder Reihe beisammen stehen,

b) wenn die Elemente, welche verschiedenen Reihen angehören, unter sich ihre Plätze wechseln können.

Auflösung. Nach Frage 125 und 126 wird die gesuchte Anzahl:

1) a) $V_4^1 \cdot V_3^2 \cdot V_3^3 = 4 \times 3 \cdot 2 \times 3 \cdot 2 \cdot 1 = 144$

b) $\frac{6!}{2!\,3!} V_4^1 \cdot V_3^2 \cdot V_3^3 = 60 \cdot 144 = 8640$

2) a) $V_9^4 \cdot V_5^5 = 9 \cdot 8 \cdot 7 \cdot 6 \times 5! = 362880$

b) $\frac{9!}{4!\,5!} \cdot V_9^4 \cdot V_5^5 = 126 \cdot 362880 = 45722880$

Aufgabe 329. In vier Gefässen befinden sich je sechs Kugeln von verschiedenen Grössen; in jedem Gefässe sind die Kugeln von anderer Farbe, während die Grössen überall dieselben sind. Auf wie viel Arten kann man aus den Gefässen vier Kugeln so herausnehmen, dass jede von verschiedener Farbe und verschiedener Grösse ist?

Auflösung. Man bezeichne die Grössen (ab- oder zunehmend) durch die Zeiger 1 bis 6, ferner die Kugeln des ersten Gefässes mit a, die des zweiten mit b u. s. f. Man hat sodann die Anzahl der Variationen in dem Ausdrucke:

$$V(a_1 \cdots a_6;\ b_1 \cdots b_6;\ c_1 \cdots c_6;\ d_1 \cdots d_6)_{1,1,1,1}$$

zu suchen; dieselbe ist:

$$V_6^1 \cdot V_5^1 \cdot V_4^1 \cdot V_3^1 = 360$$

Aufgabe 330. Die Variationen aus den Elementenreihen:

$a_1 a_2 a_3$

$a_1 a_2 a_3$

$b_1 b_2 b_3 b_4 b_5$

zu bilden, wenn auch ähnliche Elemente in eine Komplexion eintreten können.

Auflösung. Die Aufgabe, welche nach Erkl. 194 durch das Symbol:

$$V'(a_1 a_2 a_3;\ b_1 \cdots b_5)_{2,1}$$

bezeichnet wird, enthält folgende Variationen:

$a_1 a_2 b_1$	$a_1 a_3 b_1$	$a_2 a_1 b_1$	$a_2 a_3 b_1$	$a_3 a_1 b_1$	$a_3 a_2 b_1$
$a_1 a_2 b_2$	$a_1 a_3 b_2$	$a_2 a_1 b_2$	$a_2 a_3 b_2$	$a_3 a_1 b_2$	$a_3 a_2 b_2$
$a_1 a_2 b_3$	$a_1 a_3 b_3$	$a_2 a_1 b_3$	$a_2 a_3 b_3$	$a_3 a_1 b_3$	$a_3 a_2 b_3$
$a_1 a_2 b_4$	$a_1 a_3 b_4$	$a_2 a_1 b_4$	$a_2 a_3 b_4$	$a_3 a_1 b_4$	$a_3 a_2 b_4$
$a_1 a_2 b_5$	$a_1 a_3 b_5$	$a_2 a_1 b_5$	$a_2 a_3 b_5$	$a_3 a_1 b_5$	$a_3 a_2 b_5$

Aufgabe 331. Die Anzahl der in folgenden Ausdrücken enthaltenen Variationen anzugeben:

1) $V'(a_1 \cdots a_5;\ b_1 \cdots b_5;\ c_1 \cdots c_6)_{1,2,1}$

2) $V'(a_1 \cdots a_7;\ b_1 \cdots b_8)_{4,3}$

wenn die Elemente verschiedener Reihen auch unter sich ihre Rollen vertauschen können.

Auflösung. Nach Frage 128 ergibt sich:

1) $\frac{4!}{2!} V_5^1 \cdot V_5^2 \cdot V_6^1 = 3 \cdot 4 \times 5 \times 5 \cdot 4 \times 6 = 7200$

2) $\frac{7!}{4!\,3!} V_7^4 \cdot V_8^3 = 5 \cdot 7 \times 7 \cdot 6 \cdot 5 \cdot 4 \times 8 \cdot 7 \cdot 6$
$= 9878400$

Aufgabe 332. Die Anzahl derjenigen, in dem Ausdruck:

$V'(a_1\, a_2\, a_3\, a_4;\ b_1\, b_2\, b_3)_{3,2}$

enthaltenen Variationen anzugeben, in welchen Gruppen von mindestens zwei Elementen a vorkommen.

Auflösung. Nach Frage 129 ist die Anzahl der verlangten Komplexionen:

$\frac{(3-2+2)!}{1!\,2!} V_4^3 \cdot V_3^2 (1+2)$
$= 3 \times 4 \cdot 3 \cdot 2 \times 3 \cdot 2 \times 3 = 1296$

Aufgabe 333. Die Anzahl der Variationen des Ausdruckes:

$V'(a_1\, a_2\, a_3\, a_4;\ b_1\, b_2\, b_3;\ c_1\, c_2 \cdots c_5)_{1,2,5}$

anzugeben, in denen

1) Gruppen von mindestens 4 Elementen,

2) Gruppen von genau 4 Elementen der dritten Reihe enthalten sind.

Auflösung. Die in Frage 129 gefundenen Formeln geben:

1) $\frac{(1+2+5-4)!}{1!\,2!\,1!} V_4^1 \cdot V_3^2 \cdot V_5^5 (1+1+2)$
$= 12 \cdot 4 \cdot 6 \cdot 120 \cdot 4 = 138240$

2) $\frac{(1+2+5-5)!}{1!\,2!\,1!} \cdot V_4^1 \cdot V_3^2 \cdot V_5^5 (1+1+2)(1+2)$
$= 3 \cdot 4 \cdot 6 \cdot 120 \cdot 4 \cdot 3 = 103680$

Aufgabe 334. In sieben nummerierte Fächer sollen fünf Kugeln von verschiedenen Farben so verteilt werden, dass in keinem Fache mehr als eine Kugel sich befindet. Auf wie viele Arten ist das möglich?

Auflösung. Da sowohl die Fächer als die Kugeln unter einander verschieden sind, so ist nach Frage 130 zu verfahren und die gesuchte Anzahl:

$V_7^5 = 7 \cdot 6 \cdot 5 \cdot 4 \cdot 3 = 2520$

Aufgabe 335. Auf wie viele verschiedene Arten können 10 Personen auf 11 nummerierten Stühlen Platz nehmen?

Auflösung. Die Anzahl der Besetzungsarten ist nach Frage 130:

$V_{11}^{10} = 11! = 39916800$

Aufgabe 336. Von sieben verschiedenfarbigen Kugeln sollen je vier in fünf Fächer verteilt werden; auf wie viel Arten ist das möglich?

Auflösung. Nach Frage 131 erhält man:

$C_7^4 \cdot V_5^4 = \frac{7 \cdot 6 \cdot 5}{1 \cdot 2 \cdot 3} \cdot 5! = 4200$

Verteilungsarten.

Aufgabe 337. Von 15 Knaben und 10 Mädchen sollen je 3 Knaben und 2 Mädchen auf 5 Plätze einer Bank gesetzt werden; auf wie viele Arten kann es geschehen?

Auflösung. Man hat zwei Reihen von 15 und 10 Elementen; von den ersteren sollen je 3 auf 5 Fächer verteilt werden, von den letzteren je 2 auf die noch leeren 2 Fächer. Folglich ist die gesuchte Zahl nach Frage 132:

$$C^3_{11} \cdot C^2_{10} \cdot C^5_5 = 2457000$$

Dasselbe Resultat gibt die in Erkl. 203 aufgestellte Formel:

$$C^3_5 \cdot C^2_2 \cdot V^3_{15} \cdot V^2_{10} = \frac{5 \cdot 4}{1 \cdot 2} \times 1 \times 15 \cdot 14 \cdot 13 \times 10 \cdot 9$$
$$= 2457000$$

Aufgabe 338. Unter 15 Personen werden 10 nummerierte Marken verteilt und zwar 5 mit schwarzen, 3 mit blauen und 2 mit roten Nummern, welche verschiedene Bedeutung haben. Auf wie viele Arten kann die Verteilung gemacht werden? Auf wie viele Arten, wenn von den schwarzen Nummern 10, von den blauen 6 und von den roten 3 vorhanden wären?

Auflösung. Man hat hier drei Reihen mit:

5, 3, 2

Elementen, welche **sämtlich** in 15 Fächer verteilt werden; man kann also auch sagen, es sollen überhaupt $5 + 3 + 2 = 10$ Elemente in 15 Fächer verteilt werden. Anzahl der Verteilungen:

$$V^{10}_{15} = 15 \cdot 14 \cdot 13 \cdot 12 \cdot 11 \cdot 10 \cdot 9 \cdot 8 \cdot 7 \cdot 6$$
$$= 10897286400$$

Bei der letzteren Angabe hat man nach Frage 132 zu verfahren, indem aus den 10 schwarzen Nummern nur je 5, aus den 6 blauen nur je 3 und aus den 3 roten je 2 zur Verteilung gelangen. Die Anzahl wäre dann:

$$C^5_{10} \cdot C^3_6 \cdot C^2_3 \cdot V^{10}_{15} = 15120 \cdot V^{10}_{15}$$

Aufgabe 339. Die Anzahl der absoluten Variationen der Elemente:

$$a_1, a_2 \cdots a_7$$

zur fünften Klasse zu bestimmen.

Auflösung. Nach Frage 135 ist die Zahl der absoluten Variationen:

$$^aV^5_7 = V^5_7 - C^1_5 V^4_6 + C^2_5 V^3_5 - C^3_5 V^2_4 + C^4_5 V^1_3 - C^5_5 = 2520 - 1800 + 600 - 120 + 15 - 1 = 1214$$

Aufgabe 340. Wie viele Variationen vierter Klasse können aus den fünf Vokalen:

a e i o u

gebildet werden, in welchen

Auflösung. 1) Die erste Frage verlangt die Komplexionen, welche eine oder zwei Normalstellen enthalten. Dieselben folgen aus Frage 137 und 138:

1) mindestens zwei,

2) gerade drei derselben

an der ebensovielten Stelle stehen, wie in der Angabe?

a) $C_4^1 [V_4^3 - C_3^1 V_3^2 + C_3^2 V_2^1 - C_3^3] = 44$

b) $C_4^2 [V_3^2 - C_2^1 V_2^1 + C_2^2] = 18$

Gesamtzahl derselben:

$$44 + 18 = 62$$

2) $C_4^3 [V_2^1 - C_1^1] = 4$

Der Vokal *u* kann hier nie auf seiner Normalstelle erscheinen.

Aufgabe 341. Zehn Persönen stehen an den Ecken eines Zehnecks. Auf wie viele Arten können sie ihre Plätze so wechseln, dass:

1) stets 3 von ihnen,

2) wenigstens 6 derselben

auf den anfänglich eingenommenen Plätzen sich befinden!

Auflösung. 1) Es sind hier Permutationen von 10 Elementen mit drei Normalstellen zu bilden; ihre Anzahl ist nach Erkl. 209:

$$\frac{10!}{3!}\left[1 - \frac{1}{1!} + \frac{1}{2!} - \frac{1}{3!} + \frac{1}{4!} - \frac{1}{5!} + \frac{1}{6!} - \frac{1}{7!}\right] = 122060$$

2) Nach Erkl. 210 ist die Anzahl der Permutation mit wenigstens 6 Normalstellen:

$$\sum_{r=0}^{r=4} C_{10}^{6+r} \cdot {}^aP_{4-r} = C_{10}^6\, {}^aP_4 + C_{10}^7\, {}^aP_3 + C_{10}^8\, {}^aP_2 + C_{10}^9\, {}^aP_1 + C_{10}^{10}\, {}^aP_0$$

$$= 210 \cdot 9 + 120 \cdot 2 + 45 \cdot 1 + 0 = 2175$$

---

c) Ungelöste Aufgaben über die Variationen ohne Wiederholung.

Aufgabe 342. Es sollen diejenigen Komplexionen von:

$$V^4 (1, 2, 3, 4, 5)$$

gebildet werden, welche mit 4 beginnen.

Andeutung. Verfahre nach der Erhöhungsmethode in Frage 111.

Aufgabe 343. Wie viele Komplexionen enthalten die Ausdrücke:

1) V_{n+m}^m 2) V_{n+m}^{n-m} 3) V_{2n-1}^{n+1}?

Andeutung. Analog der Aufgabe 310.

Aufgabe 344. Die in vorhergehender Aufgabe enthaltenen Ausdrücke sollen durch Fakultäten dargestellt werden.

Andeutung. Wie in Aufgabe 311.

Aufgabe 345. Wie viele Zahlen gibt es, die mit lauter verschiedenen Ziffern geschrieben werden?

Andeutung. Man überlege, in wie vielen Variationsklassen solche Zahlen auftreten können.

Aufgabe 346. Wie viele Komplexionen von:

$$V^5(a, b, c, d, e, f, g, h, i)$$

enthalten wenigstens einen Vokal?

Andeutung. Nach Aufgabe 313.

Aufgabe 347. Wie viele Komplexionen des vorhergehenden Ausdruckes enthalten:

1) wenigstens drei Konsonanten,
2) höchstens drei Konsonanten?

Andeutung. Analog der Aufgabe 314.

Aufgabe 348. Die 26 Buchstaben des deutschen Alphabetes sollen zu je 6 auf alle möglichen Arten verbunden sein; in wie vielen Verbindungen kommen die 4 Buchstaben a, i, l, m vor?

Andeutung. Analog der Aufgabe 316.

Aufgabe 349. Die Variationszahl von $2n$ Elementen zur $(n+1)$ten Klasse durch eine Summe von Variationszahlen dieser Klasse auszudrücken.

Andeutung. Wie Aufgabe 317.

Aufgabe 350. Die Variationszahl von 9 Elementen zur siebenten Klasse durch eine Summe von Variationszahlen ebensovieler Elemente zu allen vorhergehenden Klassen auszudrücken.

Andeutung. Analog der Aufgabe 319.

Aufgabe 351. Wie gross ist die Summe folgender Produkte:

$$n(n-1)(n-2)\cdots 3 + 2n(n-1)\cdots 4 + 3n(n-1)\cdots 5 + \cdots + (n-2)n + (n-1)?$$

Andeutung. Umkehrung der in Aufgabe 319 angewandten Formel.

Aufgabe 352. Die Permutationszahl:

$$P_n$$

als eine Summe von Produkten darzustellen; ebenso:

$$P_{10}$$

Andeutung. Wie vorhergehende Aufgabe zu lösen.

Aufgabe 353. Die wievielste Variation der 26 Buchstaben des deutschen Alphabetes heisst:

aeiou?

Durch Ausschliessung der niedrigeren Komplexionen zu bestimmen.

Andeutung. Analog der Aufgabe 321.

Aufgabe 354. Man hat je eine Kugel in den Farben weiss, schwarz, rot, orange, gelb, grün, hellblau, dunkelblau, violet. Welche Farbenfolge zeigt die 10000. Variation fünfter Klasse, wenn von der angegebenen Ordnung ausgegangen wird?

Durch Ausschliessung der höheren Komplexionen zu suchen.

Andeutung. Analog der Aufgabe 322.

Aufgabe 355. Die wievielste Variation der Farben in der Aufeinanderfolge von vorhergehender Aufgabe ist hellblau-weiss-schwarz-gelb?

Andeutung. Nach Frage 122 zu lösen.

Aufgabe 356. Wie heisst die 6143. Variation fünfter Klasse der im Worte „HARMONIE" enthaltenen Buchstaben?

Andeutung. Analog der Aufgabe 324.

Aufgabe 357. In wie vielen Variationen der Farben weiss, rot, orange, gelb, grün, blau, violet, schwarz zur vierten Klasse sind schwarz und rot neben einander? In wie vielen schwarz-weiss-rot in dieser Folge?

Andeutung. Man verfahre nach der Anleitung in Aufgabe 325.

Aufgabe 358. Die in dem Ausdrucke:

$$V(a_1\, a_2\, a_3;\ b_1\, b_2 \cdots b_5)_{2,\,3}$$

enthaltenen Komplexionen zu bilden.

Andeutung. Analog der Aufgabe 327.

Aufgabe 359. Die Anzahl der Komplexionen anzugeben, die in den Ausdrücken:

1) $V(a_1 \cdots a_5;\ b_1 \cdots b_5;\ c_1 \cdots c_7)_{3,\,2,\,2}$

2) $V(a_1 \cdots a_{10};\ b_1 \cdots b_{12};\ c_1 \cdots c_{16})_{7,\,6,\,5}$

enthalten sind.

Andeutung. Analog der Aufgabe 328.

Aufgabe 360. Von drei Familien besteht die erste aus Vater, Mutter und Sohn, die beiden andern aus Vater, Mutter, Sohn und Tochter. Wie oft können je drei, verschiedenen Familien angehörige Personen so zusammenkommen, dass niemals zwei von gleicher Eigenschaft (2 Väter u. s. w.) dabei sind?

Andeutung. Analog der Aufgabe 328.

Aufgabe 361. Die 36 Blätter einer deutschen Karte sind ihrem Range nach so in vier Reihen aufgelegt, dass jede

Reihe die Blätter einer Farbe enthält. Auf wie viele Arten lassen sich aus jeder Reihe zwei Karten so herausnehmen, dass alle von verschiedenem Range sind?

Andeutung. Analog der Aufgabe 329.

Aufgabe 362. Die Anzahl der Variationen, welche in den Ausdrücken:

1) $V'(a_1 a_2;\ b_1 b_2 b_3;\ c_1 c_2 c_3)_{1,\,2,\,2}$

2) $V'(a_1 \cdots a_n;\ b_1 \cdots b_m)_{m,\ n-m}$

enthalten sind, anzugeben.

Andeutung. Analog der Aufgabe 330.

Aufgabe 363. Die Anzahl derjenigen Variationen des Ausdruckes:

$$V'(a_1 a_2 a_3;\ b_1 b_2 b_3 b_4 b_5)_{2,\,3}$$

anzugeben; in denen:

1) wenigstens zwei,

2) gerade zwei

Elemente *b* neben einander stehen.

Andeutung. Nach Aufgabe 331 und 332.

Aufgabe 364. Die Anzahl derjenigen Variationen vorhergehender Aufgabe anzugeben, in denen:

1) die Elemente *a*,

2) die Elemente *b*

nur einzeln stehen.

Andeutung. Nach Aufgabe 331 und 332.

Aufgabe 365. Auf die acht Querreihen eines Schachbrettes sollen die sechs verschiedenen Figuren des Spieles so gestellt werden, dass auf jeder besetzten Reihe nur e i n e Figur steht. Auf wie viele Arten kann die Besetzung geschehen?

Andeutung. Analog der Aufgabe 334.

Aufgabe 366. Ein Wohlthäter gibt an 10 Arme Unterstützungen in der Art, dass wöchentlich 5 derselben 1 *M.*, $1^1/_2$ *M.*, 2 *M.*, $2^1/_2$ *M.*, 3 *M.* (nach ihrer Reihenfolge) erhalten. Wie lange würde es dauern, bis alle möglichen Zusammenstellungen der Unterstützten vorgekommen wären und wie viel würde der Wohlthäter dabei ausgeben müssen?

Andeutung. Analog der Aufgabe 336.

Aufgabe 367. Von acht Konsonanten und fünf Vokalen sollen je vier Konsonanten und drei Vokale zu Wörtern von sieben Buchstaben vereinigt werden. Wie viele verschiedene Wörter sind möglich?

Andeutung. Analog der Aufgabe 337.

Aufgabe 368. Die Anzahl der absoluten Variationen fünfter Klasse aus den Buchstaben des Wortes „COLUMBIA“ anzugeben.

Andeutung. Analog der Aufgabe 339. Man bezeichne die Buchstaben in der gegebenen Folge mit $a_1 a_2 \cdots$

Aufgabe 369. In wie vielen Variationen fünfter Klasse aus den Buchstaben dieses Wortes befinden sich:

1) höchstens vier,
2) mindestens vier,
3) gerade vier

Buchstaben auf ihren Normalstellen?

Andeutung. Analog der Aufgabe 340.

Aufgabe 370. Zwölf Personen sitzen um einen runden Tisch. Auf wie viele Arten können sie ihre Plätze so vertauschen, dass höchstens fünf derselben ihre anfänglichen Plätze wieder einnehmen?

Andeutung. Analog der Aufgabe 341.

---

d) Variationen mit Wiederholung.

Frage 139. Welche Bezeichnungen gelten für Variationen mit unbeschränkter Wiederholung?

Antwort. Die vollständige Darstellung der Variationen k ter Klasse von n Elementen mit unbeschränkter Wiederholung bezeichnet man durch:

$${}^{w}V^{k}(a_1, a_2 \cdots a_n) \text{ oder auch } {}^{w}V^{k}(1, 2, \cdots n)$$

Soll aber nur die Anzahl der hiebei entstehenden Komplexionen angegeben werden, so zeigt man dies durch:

$${}^{w}V_n^k$$

an.

Frage 140. Wie werden die Variationen mit Wiederholung in irgend einer Klasse gebildet?

Erkl. 213. Es sollen vollständig dargestellt werden:

$${}^{w}V^{3}(1, 2, 3, 4,) =$$

111	211	311	411
112	212	312	412
113	213	313	413
114	214	314	414
121	221	321	421
122	222	322	422

Antwort. Die erste Komplexion besteht aus dem niedrigsten Elemente, so oft gesetzt, als der Klassenexponent erlaubt.

Um aus einer bereits gefundenen Komplexion die nächsthöhere abzuleiten, erhöht man in derselben das späteste noch erhöhbare Element so wenig als möglich (um eine Einheit) und füllt alle etwa noch folgenden Stellen mit dem niedrigsten der gegebenen Elemente aus.

Aus dem in Erkl. 213 vollständig entwickelten Beispiele ist die Anwendung dieser Regel leicht ersichtlich.

123	223	323	423
124	224	324	424
131	231	331	431
132	232	332	432
133	233	333	433
134	234	334	434
141	241	341	441
142	242	342	442
143	243	343	443
144	244	344	444

Die hier gezeigte Bildungsweise der Komplexionen heisst das independente Verfahren, weil dadurch jede Klasse unabhängig von den übrigen sofort gebildet werden kann.

Frage 141. Wie können die Variationen mit Wiederholung in irgend einer Klasse rekurrent gebildet werden?

Antwort. Die erste Klasse besteht aus den gegebenen Elementen, einzeln genommen.

Die zweite Klasse wird erhalten, wenn man jeder Komplexion der ersten Klasse jedes gegebene Element in natürlicher Ordnung vorsetzt.

Ebenso entsteht die dritte Klasse, wenn man jeder Komplexion zweiter Klasse jedes gegebene Element vorsetzt u. s. w.

Erkl. 214. In vorhergehendem Beispiele heisst die erste Klasse:

1, 2, 3, 4;

die zweite Klasse demnach:

11	12	13	14
21	22	23	24
31	32	33	34
41	42	43	44

und hieraus entsteht die dritte Klasse:

111	112	113	114
121	122	123	124
131	132	133	134
141	142	143	144
211	212	213	214
221	222	223	224
231	232	233	234
241	242	243	244
311	312	313	314

u. s. f.

Frage 142. Wie können die Variationen mit Wiederholung aus den Kombinationen gebildet werden?

Antwort. Um die Variationen von n Elementen zur $k$ten Klasse mit Wiederholung zu erhalten, genügt es, die Kombinationen:

$$^{w}C^{k}(1, 2, \cdots n)$$

zu bilden und die Elemente jeder Komplexion zu permutieren, analog wie bei den Variationen ohne Wiederholung. Die Anzahl der Permutationtn ist aber hier nicht für jede Komplexion dieselbe, sondern hängt von der Anzahl der gleichen Elemente ab, die in derselben vorkommen.

Um z. B.:

$$^{w}V^{4}(1, 2, 3, 4)$$

zu entwickeln, bildet man zuerst:

$$^{w}C^{4}(1, 2, 3, 4)$$

und erhält dadurch 35 Komplexionen (siehe Frage 71).

Unter diesen kommen folgende Zusammensetzungen vor, aus welchen die beigesetzten Permutationen hervorgehen:

1) 4 gleiche Elemente;	Anzahl der Permutationen	$\frac{4!}{4!} = 1$
2) 3 gleiche "	" " "	$\frac{4!}{3!} = 4$
3) 2 und 2 gleiche Elemente;	" " "	$\frac{4!}{2!\,2!} = 6$
4) 2 gleiche Elemente;	" " "	$\frac{4!}{2!} = 12$
5) nur ungleiche Elemente;	" " "	$4! = 24$

Frage 143. Wie gross ist die Anzahl der Variationen von n Elementen zur $k$ten Klasse?

Antwort. Die Anzahl der Variationen von n Elementen zur $k$ten Klasse ist:

$$^{w}V_n^k = n^k$$

Beweis. Aus der vorhergehenden rekurrenten Entwicklung folgt unmittelbar, dass die erste Klasse:

$$^{w}V_n^1 = n$$

Komplexionen enthält, die zweite:

$$^{w}V_n^2 = n \cdot V_n^1 = n^2$$

die dritte:

$$^{w}V_n^3 = n \, {}^{w}V_n^2 = n^3$$

u. s. f. und allgemein die $k$te Klasse:

$$^{w}V_n^k = n V_n^{k-1} = n^k$$

Komplexionen.

Frage 144. Wie viele Variationsklassen können von n Elementen gebildet werden?

Antwort. Da jedes Element so oft wiederholt werden kann, als man will, so ist die Anzahl der Variationsklassen eine unbeschränkte.

Frage 145. Wie wird eine Variation von gegebener Rangzahl z durch Ausschliessung der Komplexionen niedrigeren Ranges gefunden?

Antwort. Da jedes Element gleich oft an der Spitze erscheint, also bei Variationen $k$ter Klasse von n Elementen n^{k-1} mal, so dividiert man die gegebene Rangzahl z durch n^{k-1}. Wenn nun:

$$z = q_1 \cdot n^{k-1} + r_1$$

so beginnt die gesuchte Komplexion mit dem $(q_1 + 1)$ten Elemente; ist ferner:

$$r_1 = q_2 \cdot n^{k-2} + r_2$$

so steht an zweiter Stelle das $(q_2 + 1)$te Element.

Man fährt so fort, bis endlich:

$$r_{k-2} = q_{k-1} \cdot n + r_{k-1}$$

Erkl. 215. Um z. B. die 10000. Variation fünfter Klasse aus den Elementen:

$$1,\ 2,\ 3,\ 4,\ 5,\ 6,\ 7$$

zu bestimmen, dividiert man zunächst die Rangzahl durch $7^4 = 2401$, wodurch man findet:

$$\begin{aligned} 10000 &= 4 \cdot 7^4 + 396 \\ 396 &= 1 \cdot 7^3 + 53 \\ 53 &= 1 \cdot 7^2 + 4 \\ 4 &= 0 \cdot 7 + 4 \end{aligned}$$

Man hat demnach zu besetzen:

Druck von Carl Hammer in Stuttgart.

1193. Heft. | Preis des Heftes 25 Pf. | Kombinatorik oder die Lehre von den kombinatorischen Operationen. Forts. v. Heft 1192. — Seite 209—224.

Vollständig gelöste Aufgaben-Sammlung

— nebst Anhängen ungelöster Aufgaben, für den Schul- & Selbstunterricht —

mit

Angabe und Entwicklung der benutzten Sätze, Formeln, Regeln in Fragen und Antworten

erläutert durch

viele Holzschnitte & lithograph. Tafeln,

aus allen Zweigen

der Rechenkunst, der niederen (Algebra, Planimetrie, Stereometrie, ebenen u. sphärischen Trigonometrie, synthetischen Geometrie etc.) u. **höheren Mathematik** (höhere Analysis, Differential- u. Integral-Rechnung, analytische Geometrie der Ebene u. des Raumes etc.); — **aus allen Zweigen der Physik, Mechanik, Graphostatik, Chemie, Geodäsie, Nautik, mathemat. Geographie, Astronomie; des Maschinen-, Strafsen-, Eisenbahn-, Wasser-, Brücken- u. Hochbau's; der Konstruktionslehren als: darstell. Geometrie, Polar- u. Parallel-Perspective, Schattenkonstruktionen** etc. etc.

für

Schüler, Studierende, Kandidaten, Lehrer, Techniker jeder Art, Militärs etc.

zum einzig richtigen und erfolgreichen

Studium, zur **Forthülfe** bei Schularbeiten und zur **rationellen Verwertung** der exakten Wissenschaften,

herausgegeben von

Dr. Adolph Kleyer,

Mathematiker, vereideter königl. preuss. Feldmesser, vereideter grossh. hessischer Geometer I. Klasse

in **Frankfurt a. M.**

unter Mitwirkung der bewährtesten Kräfte.

Kombinatorik

oder

Die Lehre von den kombinatorischen Operationen.

(Permutation, Kombination, Variation.)

Nach **System Kleyer** bearbeitet von **Prof. H. Staudacher.**

Fortsetzung v. Heft 1192. — Seite 209—224.

Inhalt:

Variationen mit Wiederholung.

Stuttgart 1893.

Verlag von Julius Maier.

Preisgekrönt in Frankfurt a. M. 1881.

PROSPEKT.

Dieses Werk, welchem **kein ähnliches** zur Seite steht, erscheint monatlich in 3—4 **Heften zu dem billigen Preise** von 25 ₰ pro Heft und bringt eine Sammlung der wichtigsten und praktischsten **Aufgaben aus dem Gesamtgebiete der Mathematik, Physik, Mechanik, math. Geographie, Astronomie,** des **Maschinen-, Strassen-, Eisenbahn-, Brücken- und Hochbaues, des konstruktiven Zeichnens** etc. etc. und zwar in **vollständig gelöster Form, mit vielen Figuren, Erklärungen** nebst Angabe und **Entwickelung** der **benutzten Sätze, Formeln, Regeln in Fragen mit Antworten** etc., so dass die Lösung jedermann verständlich sein kann, bezw. wird, wenn eine grössere Anzahl der Hefte erschienen ist, **da dieselben sich in ihrer Gesamtheit ergänzen** und alsdann auch **alle Teile der reinen und angewandten Mathematik** — nach besonderen selbständigen Kapiteln angeordnet — vorliegen.

Fast jedem Hefte ist ein **Anhang** von **ungelösten** Aufgaben beigegeben, welche der eigenen Lösung (in analoger Form, wie die bezüglichen gelösten Aufgaben) des Studierenden überlassen bleiben, und zugleich von den Herren Lehrern für den Schulunterricht benutzt werden können. — Die **Lösungen** hierzu werden später in besonderen Heften für die Hand des Lehrers erscheinen. Am Schlusse eines jeden Kapitels gelangen: **Titelblatt, Inhaltsverzeichnis, Berichtigungen** und **erläuternde Erklärungen über das betreffende Kapitel** zur Ausgabe.

Das Werk behandelt zunächst den Hauptbestandteil des mathematisch-naturwissenschaftlichen Unterrichtsplanes folgender Schulen: **Realschulen I. und II. Ord.**, **gleichberechtigten höheren Bürgerschulen, Privatschulen, Gymnasien, Realgymnasien, Progymnasien, Schullehrer-Seminaren, Polytechniken, Techniken, Baugewerkschulen, Gewerbeschulen, Handelsschulen, techn. Vorbereitungsschulen aller Arten, gewerbliche Fortbildungsschulen, Akademien, Universitäten, Land- und Forstwissenschaftsschulen, Militärschulen, Vorbereitungs-Anstalten aller Arten als z. B. für das Einjährig-Freiwillige- und Offiziers-Examen,** etc.

Die **Schüler, Studierenden** und **Kandidaten** der mathematischen, technischen und naturwissenschaftlichen Fächer, werden durch diese, **Schritt für Schritt gelöste**, Aufgabensammlung **immerwährend** an ihre in der Schule erworbenen oder nur gehörten Theorien etc. erinnert und wird ihnen hiermit der Weg zum **unfehlbaren Auffinden** der Lösungen derjenigen Aufgaben gezeigt, welche sie bei ihren **Prüfungen** zu lösen haben, zugleich aber auch **die überaus grosse Fruchtbarkeit** der mathematischen Wissenschaften vorgeführt.

Dem **Lehrer** soll mit dieser Aufgabensammlung eine **kräftige Stütze** für den Schulunterricht geboten werden, indem zur Erlernung des **praktischen Teiles** der mathematischen Disziplinen — **zum Auflösen von Aufgaben** — in den meisten Schulen oft keine Zeit erübrigt werden kann, **hiermit** aber dem Schüler bei seinen häuslichen Arbeiten eine vollständige Anleitung in die Hände gegeben wird, **entsprechende Aufgaben zu lösen**, die gehabten **Regeln, Formeln, Sätze** etc. **anzuwenden** und **praktisch zu verwerten. Lust, Liebe** und **Verständnis** für den Schul-Unterricht wird dadurch **erhalten** und **belebt** werden.

Den **Ingenieuren, Architekten, Technikern** und **Fachgenossen aller Art, Militärs** etc. etc. soll diese Sammlung **zur Auffrischung** der erworbenen und vielleicht vergessenen mathematischen Kenntnisse dienen und zugleich durch ihre **praktischen in allen Berufszweigen vorkommenden Anwendungen** einem **toten Kapitale lebendige Kraft** verleihen und somit den Antrieb zu weiteren **praktischen Verwertungen** und **weiteren Forschungen** geben.

Alle Buchhandlungen nehmen Bestellungen entgegen. Wichtige und praktische Aufgaben werden mit Dank von der Redaktion entgegengenommen und mit Angabe der Namen verbreitet. — Wünsche, Fragen etc., welche die Redaktion betreffen, nimmt der Verfasser, **Dr. Kleyer, Frankfurt a. M. Fischerfeldstrasse 16,** entgegen und wird deren Erledigung thunlichst berücksichtigt.

Stuttgart. Die Verlagshandlung.

die 1. Stelle mit dem Elemente 5
„ 2. „ „ „ „ 2
„ 3. „ „ „ „ 2
„ 4. „ „ „ „ 1
„ 5. „ „ „ „ 4
und die gesuchte Komplexion lautet:
52214

sich ergibt, wonach die vorletzte Stelle mit dem $(q_{k-1}+1)$ten, die letzte mit dem r_{k-1}ten Element zu besetzen ist. (Siehe Erkl. 215.)

Frage 146. Wie wird eine Variation von gegebener Rangzahl z durch Ausschliessung der Komplexionen höheren Ranges gefunden?

Antwort. Das Verfahren unterscheidet sich nicht vom vorhergehenden. Im Beispiel von Erkl. 215 ist die verlangte Komplexion die

$$^{w}V_7^5 - 9999 = 6808\text{te.}$$

vom Ende der Reihe gerechnet.

Mit dieser Zahl macht man dieselbe Zerlegung wie vorher, nämlich:

$$6808 = 2\cdot 7^4 + 2006$$
$$2006 = 5\cdot 7^3 + 291$$
$$291 = 5\cdot 7^2 + 46$$
$$46 = 6\cdot 7 + 4$$

Die Stellen sind also der Reihe nach zu besetzen mit dem 3., 6., 6., 7., 4. Element, wobei aber letztere von rückwärts gezählt werden müssen.

Frage 147. Wie wird die einer gegebenen Variation zugehörige Rangzahl gefuuden durch Ausschliessung der niedrigeren Komplexionen?

Erkl. 216. Die Rangzahl der Variation:
defcd
aus den Elementen:
$a,\ b,\ c,\ d,\ e,\ f$
ergibt sich der Anleitung gemäss auf folgende Art:

Vorausgehende Komplexionen:

für die 1. Stelle $3\cdot V_4^6 = 3\cdot 6^4 = 3888$
„ „ 2. „ $4\,^{w}V_6^3 = 4\cdot 6^3 = 864$
„ „ 3. „ $5\,^{w}V_6^2 = 5\cdot 6^2 = 180$
„ „ 4. „ $2\cdot V_6^1 = 2\cdot 6 = 12$
„ „ 5. „ $3\cdot V_6^0 = 3\cdot 1 = 3$
Summe 4947

Die gegebene Variation ist demnach die
4948te.

Antwort. Es seien n Elemente vorhanden und die gegebene Variation von der $k$ten Klasse und laute:

$$a_h\, a_i \cdots a_m$$

Da jedes Element gleich oft an jeder Stelle steht, so sind bereits:

$$(h-1)\cdot {}^{w}V_n^{k-1} = (h-1)\,n^{k-1}$$

Komplexionen vorausgegangen, ehe a_h an die Spitze tritt. Hält man dieses Element hier fest, so folgen wieder:

$$(i-1)\,^{w}V_n^{k-2} = (i-1)\,n^{k-2}$$

Komplexionen, bis a_i an der zweiten Stelle erscheint.

Man fährt so fort bis zur letzten Stelle und addiert alle gefundenen Zahlen. (Siehe Erk. 216.)

Frage 148. Wie wird die einer gegebenen Variation zugehörige Rangzahl gefunden durch Ausschliessung der höheren Komplexionen?

Antwort. Ist wieder:

$$a_h\, a_i \cdots a_m$$

Erkl. 217. Das Beispiel in vorhergehender Erklärung stellt sich nun folgendermassen:

Gesamtzahl der Variationen:

$$^{w}V_6^5 = 7776$$

Anzahl der abzuziehenden Komplexionen:

$$\begin{array}{llrl} 1.\ \text{Stelle} & (6-4)\,{}^{w}V_6^4 & = & 2592 \\ 2.\ \ " & (6-5)\,{}^{w}V_6^3 & = & 216 \\ 3.\ \ " & (6-6)\,{}^{w}V_6^2 & = & 0 \\ 4.\ \ " & (6-3)\,V_6^1 & = & 18 \\ 5.\ \ " & (6-4)\,V_6^0 & = & 2 \\ \hline & & \text{Summe} & 2828 \end{array}$$

Folglich die Rangzahl:

$$z = 7776 - 2828 = 4948$$

wie oben.

die gegebene Variation $k$ter Klasse, so sind von der Gesamtzahl:

$$^{w}V_n^k = n^k$$

folgende Summanden abzuziehen:

Nachfolgende Komplexionen

$$\begin{array}{ll} \text{für die 1. Stelle} & (n-h)\,{}^{w}V_n^{k-1} \\ \text{" " 2. "} & (n-i)\,{}^{w}V_n^{k-2} \\ \dots\dots & \\ \text{für die } k\text{te Stelle} & (n-m)\,{}^{w}V_n^0 \end{array}$$

Die gesuchte Rangzahl ist demnach:

$$z = n^k - (n-h)\,n^{k-1} - (n-i)\,n^{k-2} - \dots - (n-m)$$

Frage 149. Wie gross ist die Anzahl derjenigen Variationen von n Elementen zur $k$ten Klasse, welche p bestimmte Elemente enthalten?

Antwort. Man bildet die Kombinationen mit Wiederholung zur $(k-p)$ten Klasse:

$$^{w}C^{k-p}(1, 2, \cdots n)$$

ergänzt jede Komplexion durch Hinzufügung der p bestimmten Elemente auf die $k$te Klasse, sucht die Permutationszahl ihrer k Elemente und addiert sämtliche Permutationszahlen: die Summe ist die verlangte Anzahl.

Da die einzelnen Komplexionen eine verschiedene Anzahl gleicher Elemente oder auch mehrere Gruppen solcher enthalten können, so lässt sich keine allgemeine Formel angeben. Aehnlich zusammengesetzte Komplexionen haben natürlich gleiche Permutationszahlen. In der fünften Klasse können z. B. vorkommen:

	Perm.-Zahl
a) Komplexionen mit 5 gleichen Elem.	$\frac{5!}{5!}$
b) " " 4 " "	$\frac{5!}{4!}$
c) " " 3 u. 2 " "	$\frac{5!}{3!\,2!}$
d) " " 3 " "	$\frac{5!}{3!}$
e) " " 2 u. 2 " "	$\frac{5!}{2!\,2!}$
f) " " 2 " "	$\frac{5!}{2!}$
g) " " nur ungleichen El.	$5!$

und zwar alle genannten Arten nur dann, wenn die Anzahl der gegebenen Elemente

Erkl. 218. Die Ausführung der nebenstehenden Anleitung erhellt am besten aus einem Beispiele. Es soll angegeben werden, wie viele in

$$^{w}V^4(1, 2, 3)$$

enthaltenen Komplexionen die Elemente 1, 3 führen. Man erhält:

$$^{w}C^2(1, 2, 3) = 11,\ 12,\ 13,\ 22,\ 23,\ 33$$

Ergänzt man jede Komplexion durch Beisetzung der gegebenen Elemente 13 zur vierten Klasse, so entstehen folgende Komplexionen mit den nachstehenden Permutationszahlen:

1113	Permutationszahl	$P_4^{(3)}$	$= 4$
1213	"	$P_4^{(2)}$	$= 12$
1313	"	$P_4^{(2,2)}$	$= 6$
2213	"	$P_4^{(2)}$	$= 12$
2313	"	$P_4^{(2)}$	$= 12$
3313	"	$P_4^{(3)}$	$= 4$
		Summe	$= 50$

Unter den 81 Variationen von $^{w}V^4(1, 2, 3)$ befinden sich also 50, welche die Elemente 1 und 3 enthalten.

mindestens 5 beträgt. (Vergl. das Beispiel in Erkl. 218).

Frage 150. Wie findet man die Anzahl derjenigen Variationen von n Elementen zur $k$ten Klasse, welche p bestimmte Elemente nicht gleichzeitig enthalten?

Antwort. Man sucht nach vorhergehender Frage 149 die Anzahl der Variationen, welche die p bestimmten Elemente gleichzeitig enthalten, und subtrahiert dieselbe von der Gesamtzahl aller Variationen.

Frage 151. Wie findet man die Anzahl derjenigen Variationen von n Elementen zur $k$ten Klasse, welche überhaupt irgend eines oder mehrere von p bestimmten Elementen enthalten?

Antwort. Man sucht die Anzahl der Variationen, in welchen die gegebenen p Elemente überhaupt nicht vorkommen; dieselbe ist:

$$^{w}V_{n-p}^{k}$$

Zieht man diese Zahl von der Gesamtzahl aller Variationen ab, so bleiben die verlangten übrig, deren also:

$$^{w}V_{n}^{k} - {}^{w}V_{n-p}^{k}$$

vorhanden sind.

Frage 152. Auf wie viele Arten können in den Variationen ohne Wiederholung aus r Elementenreihen i Normalstellen besetzt werden?

Antwort. Aus den Elementen von r verschiedenen Reihen können i Normalstellen einer Komplexion auf:

$$^{w}V_{r}^{i}$$

Arten besetzt werden.

Beweis. Auf den Normalstellen können nur die ersten i Elemente jeder Reihe stehen, d. h. die Elemente:

$$\begin{matrix} a_1\, a_2 \cdots a_i \\ b_1\, b_2 \cdots b_i \\ c_1\, c_2 \cdots c_i \\ \cdot\;\cdot\;\cdot\;\cdot\;\cdot \end{matrix}$$

und es ist offenbar gleichgültig, ob auf einer dieser Stellen das entsprechende Element der ersten oder irgend einer andern Reihe steht.

Wären z. B. zwei Reihen gegeben und sollen drei Normalstellen besetzt sein, so wären folgende Fälle möglich:

$$\begin{matrix} a_1 a_2 a_3 & b_1 a_2 a_3 \\ a_1 a_2 b_3 & b_1 a_2 b_3 \\ a_1 b_2 a_3 & b_1 b_2 a_3 \\ a_1 b_2 b_3 & b_1 b_2 b_3 \end{matrix}$$

Erkl. 219. Die Variationen aus den gegebenen Reihen sind hier in anderer Weise aufgefasst als in Frage 124. Während nämlich dort aus jeder Reihe nur eine bestimmte Anzahl von Elementen in die Komplexionen eintrat und sich der Klassenexponent hiernach bestimmte, ist im gegenwärtigen Falle der Klassenexponent gegeben und folgen daraus die möglichen Variationstypen analog wie bei den Kombinationen in den Fragen 82 u. ff. So sind z. B. bei zwei Reihen in der 3. Klasse die Typen:

3, d. h. 3 Elemente aus einer Reihe,
21, „ „ 2 „ „ „ „
1 Element aus der andern

zu variieren.

Ebenso sind für drei Reihen in der 2. Klasse die Typen zu bilden:

2 d. h. 2 Elemente einer Reihe,
11 „ „ je 1 Element aus zwei Reihen.

Die Anzahl der jedem Typus entsprechenden Komplexionen ist leicht zu bestimmen, obwohl hier eigentlich unnötig. So werden diese Zahlen für die beiden Typen des ersten Beispiels:

$$C^1_2 \cdot \frac{3!}{3!} = 2 \text{ und } C^1_2 C^1_1 \cdot \frac{3!}{2!} = 6; \text{ Summe} = 8.$$

Für die beiden Typen des zweiten Beispiels:

$$C^1_3 \cdot \frac{2!}{2!} = 3 \text{ und } C^2_3 \cdot 2! = 6; \text{ Summe} = 9.$$

Oder bei drei Reihen und zwei Normalstellen:

$$\begin{matrix} a_1 a_2 & b_1 a_2 & c_1 a_2 \\ a_1 b_2 & b_1 b_2 & c_1 b_2 \\ a_1 c_2 & b_1 c_2 & c_1 c_2 \end{matrix}$$

Die Anzahl dieser Besetzungsarten ist leicht anzugeben. Man kann nämlich im ersten Beispiele die erste Stelle auf zweierlei Art besetzen (mit a_1 oder b_1), ebenso die zweite (mit a_2 oder b_2) und die dritte (mit a_3 oder b_3), so dass:

$$2 \cdot 2 \cdot 2 = 2^3$$

verschiedene Besetzungen sich ergeben. Im zweiten Beispiele kann sowohl die erste als die zweite Stelle auf je drei Arten besetzt werden, wodurch:

$$3 \cdot 3 = 3^2$$

Besetzungen entstehen.

Die Anzahl der Besetzungen ist also in jedem Falle gleich der Anzahl der Variationen mit Wiederholung aus so viel Elementen, als Reihen vorhanden, zu einer Klasse, die der Anzahl der Normalstellen gleich ist (im ersten Falle ist ihre Anzahl $V^3_2 = 8$, im zweiten $V^2_3 = 9$). Da das Bildungsgesetz der Komplexionen stets dasselbe bleibt, so ist bei r Elementenreihen die Anzahl der Komplexionen mit i Normalstellen:

$${}^wV^i_r = r^i$$

wie behauptet.

Frage 153. Wie gross ist die Anzahl der **absoluten Variationen** aus r Reihen von je n Elementen zur $k$ten Klasse?

Antwort. Die Anzahl der absoluten Variationen aus r Reihen von je n Elementen zur $k$ten Klasse ist:

$$V^k_{rn} - C^1_k \cdot {}^wV^1_r \cdot V^{k-1}_{rn-1} + C^2_k \cdot {}^wV^2_r \cdot V^{k-2}_{rn-2} - \cdots$$
$$\cdots + (-1)^k C^k_k \cdot {}^wV^k_r \cdot V^0_{rn-k}$$

Beweis. Man erhält die Anzahl der absoluten Variationen, wenn man von der Gesamtzahl aller Komplexionen diejenigen subtrahiert, welche überhaupt Normalstellen enthalten.

Nun können hier von jeder Reihe die ersten k Elemente Normalstellen besetzen. Um also die Anzahl der Komplexionen zu finden, in denen irgend ein Element auf seiner Normalstelle steht, hat man die $rn-1$ andern Elemente zur $(k-1)$ten Klasse zu variieren und jedesmal das betreffende ausgeschiedene Element an seiner Normalstelle einzufügen. Dadurch entstehen:

Erkl. 220. Die Anzahl der absoluten Variationen aus den drei Reihen:

$$\begin{matrix} a_1 a_2 a_3 \cdots a_7 \\ b_1 b_2 b_3 \cdots b_7 \\ c_1 c_2 c_3 \cdots c_7 \end{matrix}$$

zur 4. Klasse setzt sich nach nebenstehender Auflösung wie folgt zusammen:

1) Anzahl der Variationen überhaupt:

$$V^4_{21}$$

2) Variationen, in denen irgend eines der Elemente:

$$\begin{matrix} a_1 a_2 a_3 a_4 \\ b_1 b_2 b_3 b_4 \\ c_1 c_2 c_3 c_4 \end{matrix}$$

seine Normalstelle einnimmt:

$$4 \cdot 3 \cdot V^3_{20}$$

3) Variationen, in denen irgend **zwei** Elemente auf ihren Normalstellen stehen:

$$C_4^2 \cdot {}^wV_3^2 \cdot V_{19}^2$$

4) Variationen mit drei Elementen auf ihren Normalstellen:

$$C_4^3 \cdot {}^wV_3^3 \cdot V_{18}^1$$

5) Variationen mit vier Elementen auf ihren Normalstellen:

$$C_4^4 \cdot {}^wV_3^4 \cdot V_{17}^0$$

Folglich ist die Anzahl der absoluten Variationen:

$$\begin{aligned} {}^aV^4(1, 2 \cdots 7)_3 &= V_{21}^4 - C_4^1 \cdot {}^wV_3^1 \cdot V_{20}^3 \\ &+ C_4^2 \cdot {}^wV_3^2 \cdot V_{19}^2 - C_4^3 \cdot {}^wV_3^3 \cdot V_{18}^1 \\ &+ C_4^4 \cdot {}^wV_3^4 \cdot C_{17}^0 \\ &= 21 \cdot 20 \cdot 19 \cdot 18 - 4 \cdot 3 \cdot 20 \cdot 19 \cdot 18 \\ &+ 6 \cdot 3^2 \cdot 19 \cdot 18 + 3^4 \\ &= 143640 - 82080 + 18468 \\ &- 1944 + 81 = 78165 \end{aligned}$$

$$k \cdot r \cdot V_{rn-1}^{k-1}$$

oder, was dasselbe ist:

$$C_k^1 \cdot {}^wV_r^1 \cdot V_{rn-1}^{k-1}$$

Komplexionen, welche von der Gesamtzahl:

$$V_{rn}^k$$

aller Variationen in Abzug zu bringen sind. Dadurch wurden aber diejenigen Komplexionen, welche **zwei** Elemente auf Normalstellen besitzen, doppelt abgezogen, müssen also wieder einmal addiert werden. Die Anzahl dieser Komplexionen ist:

$$C_k^2 \cdot {}^wV_r^2 \cdot V_{rn-2}^{k-2}$$

denn erstens können aus k Normalelementen je zwei auf:

$$C_k^2$$

Arten herausgewählt werden, zweitens können bei r Reihen die zwei gewählten Indices ihre Normalstellen auf:

$${}^wV_r^2.$$

Arten besetzen (s. Frage 152) und drittens ist jede solche Besetzung in jede Variation aus den $rn - 2$ anderen Elementen zur $(k - 2)$ten Klasse an den entsprechenden Stellen einzufügen.

Damit wurden aber auch wieder alle jene Komplexionen addiert, welche **drei** Normalstellen enthalten; diese sind also wieder zu subtrahieren und ihre Anzahl ist:

$$C_k^3 \cdot {}^wV_r^3 \cdot V_{rn-3}^{k-3}$$

ganz analog wie vorher bei zwei Normalstellen. So fährt man fort, bis zu den Komplexionen mit lauter (k) Normalstellen, welche nach Frage 152 auf:

$${}^wV_r^k = C_k^k \cdot {}^wV_r^k \cdot V_{rn-k}^0$$

Arten besetzt werden können. Vereinigt man alle diese Zahlen mit ihren abwechselnden Vorzeichen, so entsteht die Behauptung.

Frage 154. Wie gross ist die Anzahl derjenigen Variationen aus r Reihen von je n Elementen zur $k$ten Klasse, welche gerade i Normalstellen enthalten?

Antwort. Die Anzahl der Variationen, welche gerade i Normalstellen enthalten, ist:

$$C_k^i \, {}^wV_r^i \cdot \left[V_{rn-i}^{k-i} - C_{k-i}^1 \, {}^wV_r^1 \cdot V_{rn-i-1}^{k-i-1} + C_{k-i}^2 \, {}^wV_r^2 \, V_{rn-i-2}^{k-i-2} - \cdots + (-1)^{k-i} \, {}^wV_r^{k-}\right.$$

Diese Variationen entstehen nämlich, analog wie in Frage 152 dadurch, dass man i Indices aus den k Normalelementen auf alle möglichen (C_k^i) Arten auswählt, welche sodann (wegen der r Reihen) ${}^wV_r^i$ verschiedene Besetzungen der Normalstellen liefern (s. Frage 152), und jede solche Besetzung mit den **absoluten** Variationen der $rn - i$ übrigen Elemente zur $(k-1)$. Klasse verbindet, denn die übrigen Elemente dürfen **nicht mehr** auf Normalstellen erscheinen. Die Anzahl dieser absoluten Variationen ist aber der eingeklammerten Summe in der Behauptung gleich; denn sie geht aus der Formel in Frage 153 hervor, wenn man $rn - i$ statt rn und $k - i$ statt k in derselben setzt.

Frage 155. Wie werden die Variationen mit Wiederholung aus mehreren Elementenreihen gebildet?

Antwort. Es seien gegeben die Reihen:

$$a_1\, a_2 \cdots a_n$$
$$b_1\, b_2 \cdots b_m$$
$$c_2\, c_2 \cdots c_p$$
$$\cdot\;\cdot\;\cdot\;\cdot\;\cdot\;\cdot$$

und solle jede Komplexion aus der ersten Reihe α Elemente, aus der zweiten β, aus der dritten $\gamma \cdots$ enthalten, so dass der Klassenexponent:

$$\alpha + \beta + \gamma + \cdots = k$$

sei. Diese Aufgabe wird dann analog wie in Erkl. 194 bezeichnet durch:

$$^{w}V(a_1 \cdots a_n;\; b_1 \cdots b_m;\; c_1 \cdots c_p;\; \cdots)_{\alpha, \beta, \gamma, \cdots}$$

Man bildet aus jeder Reihe für sich die Variationen zu den entsprechenden Klassen $\alpha, \beta, \gamma \cdots$ und verbindet jede Komplexion der ersten Reihe mit jeder aus der zweiten, jede solche Verbindung wieder mit jeder Komplexion aus der dritten Reihe u. s. w. Die Anordnung der Reihen ist hier gleichgültig. Die Ausführung einer solchen Entwicklung siehe in Erkl. 221.

Es kann ausserdem noch verlangt sein, dass in jeder Komplexion die Elemente **verschiedener Reihen** unter sich vertauscht werden sollen; dabei müssen jedoch die Indices der Elemente, die einer und derselben Reihe angehören, stets ihre urprüngliche Ordnung beibehalten.

Erkl. 221. Der Anleitung gemäss gibt die Entwicklung von:

$$^{w}V(a_1\, a_2\, a_3;\; b_1\, b_2)_{2,\,2}$$

folgende Variationen:

$a_1 a_1 b_1 b_1$	$a_1 b_1 b_1 b_2$	$a_1 a_1 b_2 b_1$	$a_1 a_1 b_2 b_2$
$a_1 a_2 b_1 b_1$	$a_1 a_2 b_1 b_2$	$a_1 a_2 b_2 b_1$	$a_1 a_2 b_2 b_2$
$a_1 a_3 b_1 b_1$	$a_1 a_3 b_1 b_2$	$a_1 a_3 b_2 b_1$	$a_1 a_3 b_2 b_2$
$a_2 a_1 b_1 b_1$	$a_2 a_1 b_1 b_2$	$a_2 a_1 b_2 b_1$	$a_2 a_1 b_2 b_2$
$a_2 a_2 b_1 b_1$	$a_2 a_2 b_1 b_2$	$a_2 a_2 b_2 b_1$	$a_2 a_2 b_2 b_2$
$a_2 a_3 b_1 b_1$	$a_2 a_3 b_1 b_2$	$a_2 a_3 b_2 b_1$	$a_2 a_3 b_2 b_2$
$a_3 a_1 b_1 b_1$	$a_3 a_1 b_1 b_2$	$a_3 a_1 b_2 b_1$	$a_3 a_1 b_2 b_2$
$a_3 a_2 b_1 b_1$	$a_3 a_2 b_1 b_2$	$a_3 a_2 b_2 b_1$	$a_3 a_2 b_2 b_2$
$a_3 a_3 b_1 b_1$	$a_3 a_3 b_1 b_2$	$a_3 a_3 b_2 b_1$	$a_3 a_3 b_2 b_2$

Sollen auch noch die Elemente verschiedener Reihen ihre Stellen vertauschen können, so entstehen z. B. aus der Komplexion $a_3\, a_2\, b_1\, b_2$ folgende:

$$a_3 a_2 b_1 b_2$$
$$a_3 b_1 a_2 b_2$$
$$a_3 b_1 b_2 a_2$$
$$b_1 a_3 a_2 b_2$$
$$b_1 a_3 b_2 a_2$$
$$b_1 b_2 a_3 a_2$$

Dieselben Vertauschungen sind mit jeder der oben gefundenen Komplexionen vorzunehmen.

Frage 156. Wie wird die Anzahl der Variationen aus mehreren Elementenreihen gefunden?

Antwort. Die Anzahl der in dem Ausdrucke:

$$^{w}V(a_1 \cdots a_m;\; b_1 \cdots b_n;\; c_1 \cdots c_p;\; \cdots)_{\alpha, \beta, \gamma, \cdots}$$

enthaltenen Komplexionen ist:

$$^{w}V^{\alpha+\beta+\gamma+\cdots}_{m;\,n;\,p;\,\cdots} = {}^{w}V^{\alpha}_{m} \cdot {}^{w}V^{\beta}_{n} \cdot {}^{w}V^{\gamma}_{p} \cdots$$
$$= m^{\alpha} \cdot n^{\beta} \cdot p^{\gamma} \cdots$$

Die Richtigkeit dieser Formel geht aus der Zusammensetzung der Komplexionen, wie sie

Erkl. 222. In vorhergehendem Beispiele hat man demnach als Anzahl der Komplexionen:

$${}^{w}V_3^2 . {}^{w}V_2^2 = 3^2 . 2^2 = 36$$

und bei nochmaliger Vertauschung innerhalb jeder einzelnen Komplexion im ganzen:

$$\frac{4!}{2!\,2!}\, {}^{w}V_3^2 . {}^{w}V_2^2 = 216$$

in voriger Antwort gezeigt wurde, unmittelbar hervor.

Werden auch noch die Elemente, welche verschiedenen Reihen angehören, vertauscht, so erhöht sich diese Anzahl auf:

$$\frac{(\alpha+\beta+\gamma+\cdots)!}{\alpha!\,\beta!\,\gamma!\cdots}\, {}^{w}V_m^{\alpha} . {}^{w}V_n^{\beta} . {}^{w}V_p^{\gamma} \ldots$$

aus demselben Grunde wie in Frage 126.

Frage 157. Was wird aus den Variationen, wenn die gegebenen Reihen identisch sind?

Erkl. 223. Bei identischen Reihen wird in den Anwendungen häufig verlangt, dass die einzelnen Komplexionen als Produkte angesehen werden und sämtlich addiert werden sollen.

Bei dieser Anschauung sind natürlich alle diejenigen Komplexionen als gleich zu betrachten, welche die nämlichen Elemente in verschiedener Ordnung enthalten. Man bildet deshalb nur die Kombinationen mit Wiederholung und permutiert jede; die Permutationszahl gibt dann an, wie oft die betreffende Kombination als Summand gesetzt werden muss.

Auch bei nicht identischen Reihen wird manchmal die obige Anschauung der Variationen vorausgesetzt; z. B. bei der Multiplikation von Polynomen (s. Aufgabe 390), während identische Reihen bei der Potenzierung von Polynomen auftreten (s. Aufgabe 392 u. f.).

Antwort. Sind die gegebenen Reihen identisch und werden aus jeder gleich viele Elemente in jede Komplexion aufgenommen, so geht die Entwicklung über in die Variationen mit unbeschränkter Wiederholung aus einer Elementenreihe zur nämlichen Klasse; z. B. wird die Entwicklung von:

$${}^{w}V(a_1\,a_2\,a_3;\; a_1\,a_2\,a_3;\; a_1\,a_2\,a_3)_{1,\,1,\,1}$$

identisch mit:

$${}^{w}V^3(a_1\,a_2\,a_3)_1$$

oder wenn aus jeder Reihe zwei Elemente genommen werden sollen, identisch mit:

$${}^{w}V^6(a_1\,a_2\,a_3)$$

u. s. w.

Frage 158. In wie vielen Komplexionen des Ausdruckes:

$${}^{w}V(a_1 \cdots a_m;\; b_1 \cdots b_n;\; c_1 \cdots c_p;\; \cdots)_{\alpha,\,\beta,\,\gamma,\cdots}$$

befinden sich:

1) Gruppen von mindestens μ Elementen einer Reihe,

2) Gruppen von gerade μ Elementen einer Reihe, wenn die Elemente, welche gleichen Reihen angehören, unter sich vertauscht werden?

Antwort. Die Beantwortung dieser Frage stimmt genau mit derjenigen überein, welche in Frage 129 über die Variationen ohne Wiederholung gegeben wurde. Der Unterschied besteht nur darin, dass hier die μ Elemente der anfangs ausgeschiedenen Variation bei Bildung der folgenden nicht weggelassen werden dürfen, so dass man anstatt der dortigen:

$$V_{m-\mu}^{\alpha-\mu}$$

nun setzen muss:

$${}^{w}V_m^{\alpha-\mu}$$

Hiedurch erhält man das Produkt:

$${}^{w}V_m^{\mu} . {}^{w}V_m^{\alpha-\mu} = m^{\mu} . m^{\alpha-\mu} = m^{\alpha}$$
$$= {}^{w}V_m^{\alpha}$$

und die schliesslich entstehenden Formeln lauten deshalb

1) für Gruppen von mindestens μ Elementen:

$$G_\mu + G_{\mu+1} + \cdots = \frac{(\alpha - \mu + \beta + \gamma + \cdots)!}{(\alpha - \mu)!\,\beta!\,\gamma!\cdots}\,{}^wV^\alpha_m \cdot {}^wV^\beta_n \cdot {}^wV^\gamma_p \cdots (1 + \beta + \gamma + \cdots)$$

2) für Gruppen von gerade μ Elementen:

$$G_\mu = \frac{(\alpha - \mu - 1 + \beta + \cdots)!}{(\alpha - \mu)!\,\beta!\,\gamma!\cdots}\,{}^wV^\alpha_m \cdot {}^wV^\beta_n \cdot {}^wV^\gamma_p \cdots (1 + \beta + \gamma + \cdots)(\beta + \gamma + \cdots)$$

Frage 159. Wie findet man die Anzahl der Variationen bei beschränkter Wiederholung der Elemente?

Erkl. 224. Die hier und im Folgenden gebrauchten Bezeichnungen sind ganz analog denjenigen, welche bei den Kombinationen mit beschränkter Wiederholung bereits vorgekommen und erklärt sind.

Es bedeutet also z. B.:

$$V(a_1 a_2 \cdots a_{n_1};\, a_1^2 a_2^2 \cdots a_{n_2}^2;\, \cdots;\, a_1^r a_2^r \cdots a_{n_r}^r)_{k_1 k_2 \cdots k_r}$$

die Variationen, in welchen n_1 Elemente nur einmal, n_2 Elemente zweimal u. s. w. wiederholt erscheinen dürfen und zwar so, dass von der ersten Gruppe k_1, von der zweiten k_2 u. s. w. Elemente in jede Komplexion eingehen.

Antwort. Zur Aufsuchung der Variationen mit beschränkter Wiederholung kann man die bei den Kombinationen mit beschränkter Wiederholung erhaltenen Resultate herübernehmen. Man findet daraus die Variationen selbst, wenn man die Elemente jeder Komplexion auf alle möglichen Arten permutiert, und die Anzahl derselben, wenn man jede Komplexion mit der Permutationszahl ihrer Elemente multipliziert.

Frage 160. Wie gross ist die Anzahl der Variationen aus n_1 Elementen, die einmal vorkommen dürfen, aus n_2 Elementen, die zweimal vorkommen dürfen u. s. f., wenn von der ersten Art k_1 Elemente, von der zweiten k_2 Elemente u. s. f. in jede Komplexion eintreten sollen?

Antwort. Da in jeder Komplexion k_1 Elemente einfach vorkommen, k_2 Elemente doppelt u. s. w. bis k_r Elemente $r$fach, so ist die Permutationszahl für jede Komplexion die gleiche; und zwar, da der Klassenexponent:

$$k = 1k_1 + 2k_2 + 3k_3 + \cdots + rk_r$$

ist, wird dieselbe:

$$\frac{k!}{(1!)^{k_1}\cdot(2!)^{k_2}\cdot(3!)^{k_3}\cdots(r!)^{k_r}}$$

Unter Berücksichtigung der zu Frage 82b gefundenen Lösung hat man also:

$$V(a_1 a_2 \cdots a_{n_1};\, a_1^2 a_2^2 \cdots a_{n_2}^2;\, \cdots;\, a_1^r a_2^r \cdots a_{n_r}^r)_{k_1 k_2 \cdots k_r}$$

$$= \frac{k!}{(1!)^{k_1}\cdot(2!)^{k_2}\cdots(r!)^{k_r}}\, C^{k_1}_{n_1} \cdot C^{k_2}_{n_2 - k_1} \cdots C^{k_r}_{n_r - (k_1 + k_2 + \cdots + k_{r-1})}$$

Erkl. 225. Es ist nicht nötig, dass die Wiederholungsexponenten die aufeinander folgenden Zahlen 1, 2, 3 ⋯ seien; dieselben können auch beliebig angenommen werden, ohne dass die Formel eine wesentliche Aenderung erleidet. Man erhält z. B.:

$$V(a_1^{\alpha_1} a_2^{\alpha_1} \cdots a_{n_1}^{\alpha_1};\, a_1^{\alpha_2} a_2^{\alpha_2} \cdots a_{n_2}^{\alpha_2}, \cdots)_{k_1 k_2 \cdots} = \frac{k!}{(\alpha_1!)^{k_1}\cdot(\alpha_2!)^{k_2}\cdots}\, C^{k_1}_{n_1} \cdot C^{k_2}_{n_2 - k_1}\, C^{k_3}_{n_3 - (k_1 + k_2} \cdots$$

wenn diesmal:

$$k = \alpha_1 k_1 + \alpha_2 k_2 + \cdots$$

gesetzt wurde.

Frage 161. Wie erhält man die Anzahl der Variationen einer gegebenen Elementenzahl zur $k$ten Klasse, wenn n_k Elemente höchstens $k$mal, n_{k-1} Elemente höchstens $(k-1)$mal $\cdots$, n_1 Elemente 1mal vorkommen dürfen?

Antwort. Zur Beantwortung dieser Frage bildet man zuerst die Kombinationszahlen für alle vorkommenden Typen nach Frage 85 und multipliziert jede derselben mit der Permutationszahl, die dem betreffenden Typus zugehört. Addiert man sodann sämtliche Produkte, so ist die Summe die gesuchte Anzahl von Variationen.

So wird z. B. die Anzahl der in dem Ausdrucke:

1) $V^2(a_1^2 \cdots a_{n_2}^2\; a_{n_2+1} \cdots a_{n_1})$

enthaltenen Komplexionen:

$$n_2 + n_1(n_1 - 1)$$

Analog gibt der Ausdruck:

2) $V^3(a_1^3 \cdots a_{n_3}^3\; a_{n_3+1}^2 \cdots a_{n_2}^2\; a_{n_2} \cdots a_{n_1})$

die Komplexionszahlen:

$$n_3 + 3n_2(n_1 - 1) + n_1(n_1 - 1)(n_1 - 2)$$

(Siehe Erkl. 226.)

Erkl. 226. Im Beispiel 1) der nebenstehenden Antwort kommen nach Frage 85 die Typen vor:

2, mit der Kombinationszahl n_2

11, " " " $\frac{n(n-1)}{1\cdot 2}$

Der erste Typus besteht nur aus einem zweifachen Element, hat also die Permutationszahl:

$$P_2^{(2)} = 1$$

Der zweite Typus besteht aus zwei verschiedenen Elementen mit der Permutationszahl:

$$P_2 = 2$$

Folglich wird die Zahl der Variationen:

$$n_2 \cdot 1 + \frac{n(n-1)}{1\cdot 2} \cdot 2! = n_2 + n(n-1)$$

In Beispiel 2) sind die Typen enthalten:

3 Kombinationszahl n_3

21 " $n_2(n_1-1)$

111 " $\frac{n_1(n_1-1)(n_1-2)}{1\cdot 2\cdot 3}$

Die entsprechenden Permutationszahlen sind:

$$P_3^{(3)} = 1$$
$$P_3^{(2)} = 3$$
$$P_3 = 3!$$

Folglich ist die Zahl der Variationen die in der Antwort angegebene.

Frage 162. Wie erhält man die Variationszahl einer gegebenen Elementenzahl zur $k$ten Klasse, wenn gewisse Elemente wenigstens einmal, andere wenigstens zweimal u. s. w. wiederholt erscheinen?

Antwort. Man bildet auch hier die Kombinationszahlen genau nach Frage 86, multipliziert jede mit der entsprechenden Permutationszahl und addiert die Produkte.

Analog wie in Frage 159 können z. B. in dem Ausdrucke:

$$V^4(a_1 \cdots a_{n_1}\; a_{n_1+1}^2 \cdots a_{n_2}^2,\; a_{n_2+1}^3 \cdots a_{n_3}^3,\; a_{n_3+1}^4 \cdots a_{n_4}^4)$$

n_1 Elemente einmal
n_2 " zweimal
n_3 " dreimal
n_4 " viermal

vorkommen und sind die entsprechenden Typen in Erkl. 227 angegeben.

Erkl. 227. Hier sind die Typen zu berechnen:

1111 Kombinationszahl $\frac{n(n-1)(n-2)(n-3)}{1\cdot 2\cdot 3\cdot 4}$

112 " $\frac{n_1(n-1)}{1\cdot 2}(n_2-2)$

22 Kombinationszahl $\frac{n_2(n_2-1)}{1\cdot 2}$

13 " $n_1(n_3-1)$

4 " n_4

denen folgende Permutationszahlen entsprechen:

$$P_4 = 4!$$
$$P_4^{(2)} = 12$$
$$P_4^{(2,2)} = 6$$
$$P_4^{(3)} = 4$$
$$P_4^{(4)} = 1$$

Daraus folgt nebenstehende Anzahl.

Die Variationszahlen lauten sodann:

$$n_1(n_1-1)(n_1-2)(n_1-3)+6n_1(n_1-1)(n_2-2)$$
$$+3n_2(n_2-1)+4n_1(n_3-1)+n_4$$

Frage 163. Wie erhält man die Anzahl der Variationen von n Elementen zur $k$ten Klasse, in denen irgend ein Element wenigstens μmal wiederholt erscheint?

Erkl. 228. Wenn nur irgend ein Element μmal vorkommen soll, so ist erlaubt, dass andere Elemente auch in beliebig niedrigerer Wiederholung oder nur einmal vorkommen.

Antwort. Man verfährt wie bei den Kombinationen in Frage 87, indem man die Typen so aufgestellt, dass mindestens ein μfaches Element darin vorkommt; die Kombinationszahl jedes Typus multipliziere man mit der entsprechenden Permutationszahl (der $k$ten Klasse) und addiere sämtliche Produkte.

Frage 164. Wie erhält man die Anzahl der Variationen von n Elementen $k$ter Klasse, in denen irgend ein Element höchstens μmal erscheint?

Antwort. Analog den Kombinationen in Frage 88 sind alle Typen zu bilden, in denen wenigstens ein Element nicht öfter als μmal erscheint, während die übrigen Elemente auch öfter vorkommen dürfen; das weitere wie in vorhergehender Antwort.

Frage 165. Wie erhält man die Anzahl der Variationen von n Elementen zur $k$ten Klasse, in denen irgend ein Element gerade μmal vorkommt?

Antwort. Man sucht die Anzahl der Variationen, in denen irgend ein Element höchstens μmal wiederholt erscheint, und subtrahiert davon die Anzahl der Variationen, in welchen dasselbe höchstens $(\mu-1)$mal vorkommen darf; — oder man bestimmt, in wie vielen Komplexionen irgend ein Element wenigstens μmal erscheinen kann, und zieht die Zahl der Komplexionen davon ab, in denen ein Element wenigstens $(\mu+1)$mal auftritt.

Frage 166. Wie findet man die Anzahl der Variationen von n Elementen zur $k$ten Klasse, in denen jedes Element wenigstens μmal auftritt?

Antwort. Man bildet nur diejenigen Typen, welche gar keine niedrigere Zahl

Erkl. 228a. Soll jedes Element höchstens μ mal vorkommen, oder, was dasselbe heisst, kein Element öfter als μ mal, so gelten nur jene Typen, in denen keine Zahl vorkommt, die grösser als μ ist.

als μ enthalten und verfährt mit den entsprechenden Kombinationszahlen wie in den vorhergehenden Fragen.

Frage 167. Auf wie viele Arten lassen sich von n gegebenen Elementen je k in p Fächer verteilen ($p > k$), so dass kein Fach mehr als ein Element enthält, wenn Vertauschungen der Elemente unter sich als verschiedene Besetzungen der Fächer angesehen und Wiederholungen unbeschränkt zugelassen werden?

Antwort. Werden von n Elementen je k auf p Fächer einzeln verteilt, wobei die Vertauschungen der Elemente berücksichtigt und Wiederholungen derselben zugelassen werden, so ist die Anzahl der möglichen Besetzungen:

$$C_p^k \cdot {}^wV_n^k$$

Dem aus p Fächern lassen sich Gruppen von je k Fächern auf:

$$C_p^k$$

Arten auswählen und jede solche Gruppe kann aus den n gegebenen Elementen auf:

$${}^wV_n^k$$

Arten in der verlangten Weise besetzt werden. Die Gesamtzahl der Besetzungen ist also die oben behauptete.

Erkl. 229. Werden jedesmal alle gegebenen Elemente in die p Fächer verteilt, so hat man:

$$n = k$$

zu setzen und erhält als Anzahl der Besetzungen:

$$C_p^n \cdot {}^wV_n^n$$

Frage 168. Wie viele Besetzungen sind unter den Bedingungen der Frage 167 möglich, wenn mehrere Reihen von Elementen dazu verfügbar sind?

Antwort. Seien (analog wie in Frage 132) zwei Reihen, die eine von m, die andere von n Elementen, gegeben und sollen von der ersteren k_1 Elemente, von der letzteren k_2 in die gegebenen p Fächer verteilt werden, wobei:

$$k_1 + k_2 \leq p$$

sein muss, so ist die Anzahl der möglichen Besetzungen:

$$C_p^{k_1} \cdot C_{p-k_1}^{k_2} \cdot {}^wV_m^{k_1} \cdot {}^wV_n^{k_2} = \frac{p!}{k_1!\,k_2!\,[p-(k_1+k_2)]} m^{k_1} \cdot n^{k_2}$$

Es können nämlich (wie in Erkl. 203) aus den p Fächern deren k_1 auf:

$$C_p^{k_1}$$

Arten ausgewählt und jedes mit:

$${}^wV_m^{k_1}$$

verschiedenen Komplexionen aus den Elementen der ersten Reihe besetzt werden. Aus den $p - k_1$ noch leeren Fächern lassen sich nun abermals k_2 auf:

$$C_{p-k_1}^{k_2}$$

Erkl. 230. Es ist leicht zu sehen, dass die Antwort in ganz analoger Weise auf drei Reihen u. s. f. ausgedehnt werden kann, immer unter der Bedingung, dass:

$$k_1 + k_2 + k_3 + \cdots \leq p$$

sei.

Arten wählen und jedes mit:

$$ {}^{w}V_n^{k_2} $$

verschiedenen Komplexionen aus den Elementen der zweiten Reihe besetzen. Da ferner jede Besetzung der letzteren k_2 Fächer mit jeder Besetzung der k_1 erstgewählten zusammentreffen kann, so ist die Anzahl aller möglichen Fälle das Produkt:

$$ C_p^{k_1}\, C_{p-k_1}^{k_2}\, {}^{w}V_m^{k_1}\, {}^{w}V_n^{k_2} $$

Frage 169. Wie werden die Variationen bei beschränkter Stellenbesetzung ohne und mit Wiederholung gebildet?

Antwort. Die Variationen aus mehreren Elementenreihen werden bei beschränkter Stellenbesetzung so gebildet, dass die n_1 Zeiger der ersten Reihe auf allen Stellen variiert erscheinen dürfen, die

$$ n_2 - n_1 = r_2 \text{ (siehe Frage 91)} $$

Zeiger, um welche die zweite Reihe mehr enthält als die erste, nur von der zweiten Stelle an, die

$$ n_3 - n_2 = r_3 $$

Zeiger, die erst in der dritten Reihe auftreten, von der dritten Stelle ab u. s. w.

Es sind also z. B. die Variationen dieser Art aus den Reihen:

$$ a_1 a_2 $$
$$ a_1 a_2 a_3 a_4 $$
$$ a_1 a_2 a_3 a_4 a_5 a_6 $$

ohne Wiederholung die folgenden:

$a_1 a_2 a_3$	$a_1 a_3 a_5$	$a_2 a_1 a_3$	$a_2 a_3 a_5$
$a_1 a_2 a_4$	$a_1 a_3 a_6$	$a_2 a_1 a_4$	$a_2 a_3 a_6$
$a_1 a_2 a_5$	$a_1 a_4 a_2$	$a_2 a_1 a_5$	$a_2 a_4 a_1$
$a_1 a_2 a_6$	$a_1 a_4 a_3$	$a_2 a_1 a_6$	$a_2 a_4 a_3$
$a_1 a_3 a_2$	$a_1 a_4 a_5$	$a_2 a_3 a_1$	$a_2 a_4 a_5$
$a_1 a_3 a_4$	$a_1 a_4 a_6$	$a_2 a_3 a_4$	$a_2 a_4 a_6$

Dieselben mit Wiederholung siehe in Erkl. 231.

Erkl. 231. Die Variationen mit Wiederholung aus den drei in der Antwort gegebenen Reihen sind (wenn bloss die Zeiger geschrieben werden):

$a_1 a_1 a_1$	$a_1 a_3 a_1$	$a_2 a_1 a_1$	$a_2 a_3 a_1$
1 1 2	1 3 2	2 1 2	2 3 2
1 1 3	1 3 3	2 1 3	2 3 3
1 1 4	1 3 4	2 1 4	2 3 4
1 1 5	1 3 5	2 1 5	2 3 5
1 1 6	1 3 6	2 1 6	2 3 6
1 2 1	1 4 1	2 2 1	2 4 1
1 2 2	1 4 2	2 2 2	2 4 2
1 2 3	1 4 3	2 2 3	2 4 3
1 2 4	1 4 4	2 2 4	2 4 4
1 2 5	1 4 5	2 2 5	2 4 5
1 2 6	1 4 6	2 2 6	2 4 6

Frage 170. Wie gross ist die Anzahl der Variationen $k$ter Klasse bei beschränkter Stellenbesetzung:

1) ohne Wiederholung,
2) mit Wiederholung?

Antwort. 1) Die Anzahl der Variationen $k$ter Klasse mit beschränkter Stellenbesetzung ohne Wiederholung ist, wenn k Reihen mit $n_1, n_2, \cdots n_k$ Elementen gegeben sind:

$$ n_1 (n_2 - 1)(n_3 - 2) \cdots (n_k - k + 1) $$

denn jedes der n_1 Elemente der ersten Reihe kann gleich oft die erste Stelle einnehmen, während auf der zweiten jedes der n_2 Elemente der zweiten Reihe, mit Ausnahme des bereits an erster Stelle befindlichen, erscheinen kann; ebenso kann auf der dritten Stelle jedes Element der dritten Reihe stehen, ausgenommen zwei, die bereits auf den vorhergehenden Stellen sich befinden u. s. w. Die Gesamtzahl der Komplexionen ist deshalb:

$$n_1 (n_2 - 1)(n_3 - 2) \cdots (n_k - k + 1)$$

2) Die Anzahl der Variationeu k ter Klasse bei beschränkter Stellenbesetzung mit Wiederholung ist:

$$n_1 \cdot n_2 \cdot n_3 \cdots n_k$$

denn bei Zulassung von Wiederholungen fällt die in 1) gemachte Ausnahme der nicht mehr erscheinenden $1, 2, \cdots, k-1$ Elemente weg, indem jedes Element der nächsten Reihe an der folgenden Stelle wieder erscheinen kann. Hiedurch geht die in 1) gefundene Anzahl über in:

$$n_1 \cdot n_2 \cdot n_3 \cdots n_k$$

Frage 171. Was versteht man unter Variationen mit beschränkter Wiederholung bei beschränkter Stellenbesetzung?

Antwort. Wenn mehrere Reihen von $n_1, n_2, n_3 \cdots$ Elementen gegeben sind, die so variiert werden sollen, dass eine gewisse Zahl von Elementen einmal, eine andre zweimal, eine dritte dreimal u. s. w. in jeder Komplexion vorkommen darf und dass zugleich die n_1 Elemente der ersten Reihe an allen Stellen erscheinen können, die $n_2 - n_1$ Elemente der zweiten Reihe (die sie mit der ersten nicht gemeinschaftlich hat) erst von der zweiten Stelle an, die $n_2 - n_3$ Elemente der dritten Reihe (die mit der zweiten nicht gemeinschaftlich sind), von der dritten Stelle an u. s. w., so heissen diese Komplexionen Variationen mit beschränkter Wiederholung bei beschränkter Stellenbesetzung. Da aus jeder Reihe ein Element genommen wird, so ist der Klassenexponent gleich der Anzahl der Reihen.

Erkl. 232. Es sind nach nebenstehender Definition die Variationen aus drei Reihen:

$$a_1 a_2$$
$$a_1 a_2 a_3 a_4$$
$$a_1 a_2 a_3 a_4 a_5 a_6$$

wenn 1 Element zweimal und 1 Element einmal gesetzt werden darf, also nach dem Typus 21, der nach der ersten Komplexion auch durch $a_1^2 a_2$ ausgedrückt werden kann, folgende:

$a_1 a_1 a_2$	$a_2 a_1 a_1$
$a_1 a_1 a_3$	$a_2 a_1 a_2$
$a_1 a_1 a_4$	$a_2 a_2 a_1$
$a_1 a_1 a_5$	$a_2 a_2 a_3$
$a_1 a_1 a_6$	$a_2 a_2 a_4$
$a_1 a_2 a_1$	$a_2 a_2 a_5$
$a_1 a_2 a_2$	$a_2 a_2 a_6$
$a_1 a_3 a_1$	$a_2 a_3 a_2$
$a_1 a_3 a_3$	$a_2 a_3 a_3$
$a_1 a_4 a_1$	$a_2 a_4 a_2$
$a_1 a_4 a_4$	$a_2 a_4 a_4$

Frage 172. Wie wird die Anzahl der in vorhergehender Antwort definierten Variationen für irgend einen gegebenen Typus gefunden?

Antwort. Es seien die Variationen nach Frage 172 und dem Typus:

$$a_1^{\alpha_1} a_2^{\alpha_2} a_3^{\alpha_3} \cdots a_m^{\alpha_m}$$

verlangt. Die Klasse dieser Variationen ist dann:

$$\alpha_1 + \alpha_2 + \alpha_3 + \cdots + \alpha_m = k;$$

Erkl. 233. Zum besseren Verständnisse der in der Antwort enthaltenen allgemeinen Darstellung soll hier ein bestimmtes Beispiel nach demselben Entwicklungsgange vollständig durchgerechnet werden.

Es seien gegeben die Reihen:

$$a_1\, a_2$$
$$a_1\, a_2\, a_3$$
$$a_1\, a_2\, a_3\, a_4$$
$$a_1\, a_2\, a_3\, a_4\, a_5$$

und die Variationen mit beschränkter Stellenbesetzung nach dem Typus:

$$a_1^2\, a_2^2$$

zu bilden, beziehungsweise ihre Anzahl zu bestimmen.

Hier dürfen erscheinen:

an der 1. Stelle die Zeiger 1, 2
" " 2. " " " 1, 2, 3
" " 3. " " " 1, 2, 3, 4
" " 4. " " " 1, 2, 3, 4, 5

Die Klasse der Variationen ist:

$$k = 4$$

und in jede Komplexion dürfen:

$$m = 2$$

verschiedene Elemente eintreten.

Die (zunächst unvollständige) Besetzung der vier Stellen durch zwei verschiedene Elemente ist auf

$$C_3^1 = 3$$

Arten möglich und liefert folgende Komplexionen, in welcher die noch leeren Stellen durch Punkte angedeutet sind:

Gruppierung:	I	II	III
	12 · ·	1 · 2 ·	1 · · 2
	13 · ·	1 · 3 ·	1 · · 3
	21 · ·	1 · 4 ·	1 · · 4
	23 · ·	2 · 1 ·	1 · · 5
		2 · 3 ·	2 · · 1
		2 · 4 ·	2 · · 3
			2 · · 4
			2 · · 5

Die Anzahl der Komplexionen folgt aus Formel 1), Frage 170, nämlich, da:

$$n_1 = 2, \quad n_2 = 3, \quad n_3 = 4, \quad n_4 = 5$$

ist,

für Gruppierung I: $n_1\,(n_2 - 1) = 2 \cdot 2 = 4$
" " II: $n_1\,(n_3 - 1) = 2 \cdot 3 = 6$
" " III: $n_1\,(n_4 - 1) = 2 \cdot 4 = 8$

Zur Ausfüllung der leeren Stellen hat man hier:

in Gruppierung I: für die 1. leere Stelle $n'_1 = 2$ El.
" " I: " " 2. " " $n'_2 = 2$ "
" " II: " " 1. " " $n'_1 = 1$ "
" " II: " " 2. " " $n'_2 = 2$ "
" " III: " " 1. " " $n'_1 = 1$ "
" " III: " " 2. " " $n'_2 = 1$ "

ebenso gross muss die Anzahl der gegebenen Reihen sein, von denen die erste n_1, die zweite $n_2 \cdots$, die letzte n_k Elemente enthalten soll. In jede Komplexion $k$ter Klasse treten jedoch nur m verschiedene Elemente ein.

Mit letzteren denke man sich zunächst m Stellen jeder Komplexion besetzt, unter denen stets die erste sein soll, so dass noch:

$$C_{k-1}^{m-1}$$

Besetzungsarten möglich sind, welche im folgenden „Gruppierungen" genannt werden sollen.

Wegen der ungleichen Elemente, aus denen sie bestehen, sind diese (unvollständigen) Komplexionen jeder Gruppierung Variationen ohne Wiederholung mit beschränkter Stellenbesetzung.

Man lässt nämlich an jede Stelle nur diejenigen Elemente treten, die dort stehen dürfen (siehe Frage 171), d. h.:

n_1 Elemente der ersten Reihe an alle Stellen,
$n_2 - n_1$ Elemente der zweiten Reihe von der 2. Stelle an,
$n_3 - n_2$ Elemente der dritten Reihe von der 3. Stelle an,
u. s. w.

Die Anzahl der Komplexionen folgt demnach für jede Gruppierung aus der Formel 1), Frage 170. (Siehe das Beispiel in Erkl. 233.)

Jede Komplexion enthält nun noch $k - m$ leere Stellen, zu deren Besetzung die bereits in ihr enthaltenen Elemente verwendet werden müssen, und zwar ein Element noch $\alpha_1 - 1$ mal, ein Element $\alpha_2 - 1$ mal u. s. w., endlich ein Element $\alpha_m - 1$ mal.

Da nun aber nach dem Grundgesetze der Variationen auf alle Stellen die möglichst niedrigen Elemente zu setzen sind, so darf man für jede leere Stelle nur diejenigen Elemente verwenden, welche derselben bereits vorausgehen, aber niemals höhere, indem sonst die nämliche Komplexion mehrfach entstehen könnte.

Die Anzahl der Elemente, welche diese Bedingung erfüllen, sei:

für die erste leere Stelle $= n'_1$
" " zweite " " $= n'_2$

u. s. w., Zahlen, die für jede Gruppierung eigens bestimmt werden müssen. Diese Bestimmung ist sehr leicht, wenn die Zusammensetzung einer Gruppierung bekannt ist.

denn in Gruppierung I gehen sowohl der ersten als der zweiten leeren Stelle je 2 Elemente voraus, in II der ersten leeren Stelle 1 Element, der zweiten 2, in III geht der ersten und zweiten leeren Stelle nur je 1 Element voraus.

Nach Anleitung der Antwort könnte man die Werte von n'_1, n'_2 auf folgende Weise finden:

Man bildet:

$$C^1(2,3,4) = \begin{matrix}2\\3\\4\end{matrix}$$

und

$$^wC^2(1,2) = \begin{matrix}11\\12\\22\end{matrix}$$

Die ersteren zeigen an, dass (ausser der ersten Stelle) bereits besetzt sind:

in Gruppierung I: die 2. Stelle,
" " II: " 3. "
" " III: " 4. "

Die letzteren geben an, dass diesen Stellen vorausgehen:

in Gruppierung I: 2 Elemente jeder freien Stelle,
" " II: 1 bezw. 2 Elemente,
" " III: 1 Element jeder freien Stelle.

Dies sind die Werte, welche schon oben für die drei Gruppierungen gefunden und für jede mit n'_1 und n'_2 bezeichnet wurden.

Die vollständige Besetzung der leeren Stellen kommt nun darauf zurück, die Variationen mit beschränkter Stellenbesetzung nach dem Typus:

$$a_1 a_2$$

zu bilden, aus zwei Reihen, deren Elementenzahlen n'_1 und n'_2 sind. Da die Elemente des Typus ungleich sind, so findet man die Anzahl der Komplexionen desselben nach Formel 1) in Frage 170:

$$Z = n'_1(n'_2 - 1)$$

und zwar ergibt sich nach obigen Werten von n'_1 und n'_2:

für die Gruppierung I: $Z_1 = 2(2-1) = 2$
" " " II: $Z_2 = 1(2-1) = 1$
" " " III: $Z_3 = 1(1-1) = 0$

d. h. aus jeder Komplexion der Gruppierung I entstehen durch Besetzung der leeren Stellen zwei Variationen, aus jeder Komplexion der Gruppierung II nur eine Variation, während die Komplexionen der Gruppierung III mit den vorhandenen Elementen nicht besetzt werden können, also ganz wegfallen.

Mit den Werten Z multipliziert man nun die oben bereits gefundene Anzahl der Kom- Am einfachsten geschieht dieselbe mechanisch auf folgende Weise:

Man bildet:

$$C^{m-1}(2,3,\cdots k)$$

und schreibt daneben hin die Komplexionen von:

$$^wC^{k-m}(1,2,\cdots m)$$

nach den in Frage 41 und 70 gelehrten Methoden, so geben die Zahlen, aus denen die Komplexionen des ersteren Ausdruckes bestehen, an, welche Stellen in den (ebensovielen) Gruppierungen besetzt sind (mit Ausnahme der stets besetzten ersten Stelle), wobei die letzte Komplexion der Gruppierung I, die vorletzte der Gruppierung II u. s. w. entspricht. Hingegen sagen die Zahlen, aus denen die Komplexionen des letzteren Ausdruckes sich zusammensetzen, aus, wie viele Elemente jeder einzelnen der $k-m$ freien Stellen vorausgehen, wobei:

die erste Komplexion der letzten,
die zweite Komplexion der vorletzten,
die letzte Komplexion der ersten

Gruppierung entspricht.

Die Zahlen der Komplexionen von:

$$^wC^{k-m}(1,2,\cdots m)$$

sind also für jede Gruppierung die oben mit

$$n'_1, n'_2, \cdots$$

bezeichneten Grössen und zwar entspricht jede Komplexion der ebensovielsten Gruppierung.

In der That ist die Anzahl der Gruppierungen:

$$C^{m-1}(2,3,\cdots k) = C^{m-1}_{k-1} = C^{k-m}_{k-1}$$

(siehe Frage 43)

und die Anzahl der Komplexionen von:

$$^wC^{k-m}(1,2,\cdots m) = {^wC^{k-m}_m}$$
$$= C^{k-m}_{m+k-m-1} = C^{k-m}_{k-1}$$

(siehe Frage 71, 1. Beweis)

d. h. es gibt ebensoviele Komplexionen als Gruppierungen.

Nachdem nun die Grössen n'_1, n'_2 gefunden sind, müssen an die leeren Stellen Variationen mit beschränkter Stellenbesetzung vom Typus:

$$a_1^{\alpha_1-1} a_2^{\alpha_2-1} \cdots a_m^{\alpha_m-1}$$

treten, wodurch die Aufgabe auf die Lösung einer ähnlichen, aber von niedrigerem Typus zurückgeführt plexionen jeder Gruppierung und erhält als Summe dieser Produkte:

$$2n_1(n_2-1)+n_1(n_3-1)$$

oder für die gegebenen speziellen Werte:

$$2\cdot 4+6=14$$

Variationen der verlangten Art.

Dieselben sind:

Gruppierung I:	Gruppierung II:
$a_1\,a_2\,a_1\,a_2$	$a_1\,a_1\,a_2\,a_2$
$a_1\,a_2\,a_2\,a_1$	$a_1\,a_1\,a_3\,a_3$
$a_1\,a_3\,a_1\,a_3$	$a_1\,a_1\,a_4\,a_4$
$a_1\,a_3\,a_3\,a_1$	$a_2\,a_2\,a_1\,a_1$
$a_2\,a_1\,a_1\,a_2$	$a_2\,a_2\,a_3\,a_3$
$a_2\,a_1\,a_2\,a_1$	$a_2\,a_2\,a_4\,a_4$
$a_2\,a_3\,a_2\,a_3$	
$a_2\,a_3\,a_3\,a_2$	

ist. Bei dieser neuen Aufgabe sind die Elementenzahlen der verschiedenen Reihen nicht mehr wie vorher n_1, $n_2, \cdots$, sondern n'_1, $n'_2, \cdots$ und der Klassenexponent nur noch $k-m$.

Kennt man nun bereits die allgemeine Formel für die Anzahl der Variationen des neuen Typus, so setzt man in diese nach und nach die zusammengehörigen Werte von n'_1, $n_2, \cdots$ ein und findet dadurch jedesmal eine Zahl (Z), welche angibt, wie viele neue Variationen aus jeder Komplexion derjenigen Gruppierung entstehen, welcher die gebrauchten Werte von n'_1, $n'_2, \cdots$ angehören.

Die Anzahl der Komplexionen jeder anfangs erhaltenen Gruppierung ist demnach mit dem zugehörigen Werte von Z zu multiplizieren und die Summe aller dieser Produkte ist die Anzahl der verlangten Variationen.

Wäre aber die allgemeine Lösung für die Anzahl der Variationen des niedrigeren Typus, auf den die Aufgabe zurückgeführt wurde, noch nicht bekannt, so hätte man erst für diesen die nämliche Aufgabe zu lösen, wodurch man abermals auf einen niedrigeren Typus geführt wird. Im folgenden sollen deshalb noch diese Formeln für die niedrigsten Klassen (bis zur dritten) angegeben werden.

Frage 173. Wie gross ist die Anzahl der Variationen mit beschränkter Stellenbesetzung für folgende Klassen und Typen:

a) 1. Klasse, Typus: a_1

b) 2. Klasse, Typen: a_1^2 und $a_1\,a_2$

c) 3. Klasse, Typen: a_1^3, $a_1^2\,a_2$, $a_1\,a_2\,a_3$?

Erkl. 284. Die Variationen des Typus $a_1^2\,a_2$ können auch bereits nach der allgemeinen Methode der vorhergehenden Frage gesucht werden.

Es ist hier:

$$k=3,\quad m=2$$

die Zahl der Gruppierungen:

$$C_2^1=2$$

nämlich:

$$12\cdot \qquad 1\cdot 2$$

Die Anzahl der Komplexionen ist demnach (Formel 1, Frage 170 ff.):

in Gruppierung I: $n_1(n_2-1)$

" " II: $n_1(n_3-1)$

Antwort. Die Elementenzahlen der gegebenen Reihen seien wieder n_1, n_2, n_3. Dann hat man unmittelbar:

1. Klasse:

Typus a_1: Anzahl der Variationen $= n_1$

2. Klasse:

Typus a_1^2: " " " $= n_1$

Typus $a_1 a_2$: " " " $= n_1(n_2-1)$;

denn bei ungleichen Elementen gilt [Formel 1) in Frage 170]:

3. Klasse:

Typus a_1^3: Anzahl der Variationen $= n_1$

Typus $a_1^2 a_2$: Die hieher gehörigen Variationen entstehen:

1) wenn man dem Typus a_1^2 auf der dritten Stelle die Elemente der dritten Reihe (mit Ausnahme des schon an den vorhergehenden Stellen befindlichen) beisetzt, wodurch:

$$n_1(n_3-1)$$

Komplexionen erhalten werden;

Druck von Carl Hammer in Stuttgart

1194. Heft.

Preis des Heftes 25 Pf.

Kombinatorik oder die Lehre von den kombinatorischen Operationen. Forts. v. Heft 1193. — Seite 225—240.

Vollständig gelöste

Aufgaben-Sammlung

— nebst Anhängen ungelöster Aufgaben, für den Schul- & Selbstunterricht —

mit

Angabe und Entwicklung der benutzten Sätze, Formeln, Regeln in Fragen und Antworten

erläutert durch

viele Holzschnitte & lithograph. Tafeln,

aus allen Zweigen

der Rechenkunst, der niederen (Algebra, Planimetrie, Stereometrie, ebenen u. sphärischen Trigonometrie, synthetischen Geometrie etc.) u. **höheren Mathematik** (höhere Analysis, Differential- u. Integral-Rechnung, analytische Geometrie der Ebene u. des Raumes etc.); — **aus allen Zweigen** der **Physik, Mechanik, Graphostatik, Chemie, Geodäsie, Nautik, mathemat. Geographie, Astronomie;** des **Maschinen-, Strafsen-, Eisenbahn-, Wasser-, Brücken- u. Hochbau's;** der **Konstruktionslehren** als: **darstell. Geometrie, Polar- u. Parallel-Perspective, Schattenkonstruktionen** etc. etc.

für

Schüler, Studierende, Kandidaten, Lehrer, Techniker jeder Art, Militärs etc.

zum einzig richtigen und erfolgreichen

Studium, zur **Forthülfe** bei Schularbeiten und zur **rationellen Verwertung** der exakten Wissenschaften,

herausgegeben von

Dr. Adolph Kleyer,

Mathematiker, vereideter königl. preuss. Feldmesser, vereideter grossh. hessischer Geometer I. Klasse

in **Frankfurt a. M.**

unter Mitwirkung der bewährtesten Kräfte.

Kombinatorik

oder

Die Lehre von den kombinatorischen Operationen.

(Permutation, Kombination, Variation.)

Nach System Kleyer bearbeitet von **Prof. H. Staudacher.**

Fortsetzung v. Heft 1193. — Seite 225—240.

Inhalt:

Variationen mit Wiederholung. — Gelöste Aufgaben über die Variationen mit Wiederholung.

Stuttgart 1893.

Verlag von Julius Maier.

Preisgekrönt in Frankfurt a. M. 1881.

PROSPEKT.

Dieses **Werk**, welchem **kein ähnliches** zur Seite steht, erscheint monatlich in 3—4 **Heften** zu dem **billigen Preise** von 25 ₰ pro Heft und bringt eine Sammlung der wichtigsten und praktischsten **Aufgaben** aus dem **Gesamtgebiete der Mathematik, Physik, Mechanik, math. Geographie, Astronomie**, des **Maschinen-, Strassen-, Eisenbahn-, Brücken- und Hochbaues**, des **konstruktiven Zeichnens** etc. etc. und zwar in **vollständig gelöster Form**, mit **vielen Figuren, Erklärungen** nebst **Angabe** und **Entwickelung** der **benutzten Sätze, Formeln, Regeln in Fragen mit Antworten** etc., so dass die Lösung jedermann verständlich sein kann, bezw. wird, wenn eine grössere Anzahl der Hefte erschienen ist, **da dieselben sich in ihrer Gesamtheit ergänzen** und alsdann auch alle **Teile der reinen und angewandten Mathematik** — nach besonderen selbständigen Kapiteln angeordnet — vorliegen.

Fast jedem Hefte ist ein **Anhang** von **ungelösten** Aufgaben beigegeben, welche der **eigenen Lösung** (in **analoger Form**, wie die bezüglichen gelösten Aufgaben) des Studierenden überlassen bleiben, und zugleich von **den Herren** Lehrern für den Schulunterricht benutzt werden können. — Die **Lösungen** hierzu werden später in besonderen Heften für die Hand des Lehrers erscheinen. Am Schlusse eines jeden Kapitels gelangen: **Titelblatt, Inhaltsverzeichnis, Berichtigungen** und **erläuternde Erklärungen über das betreffende Kapitel** zur Ausgabe.

Das Werk behandelt zunächst den Hauptbestandteil des mathematisch-naturwissenschaftlichen Unterrichtsplanes folgender Schulen: **Realschulen I. und II. Ord.**, **gleichberechtigten höheren Bürgerschulen, Privatschulen, Gymnasien, Realgymnasien, Progymnasien, Schullehrer-Seminaren, Polytechniken, Techniken, Baugewerkschulen, Gewerbeschulen, Handelsschulen, techn. Vorbereitungsschulen aller Arten, gewerbliche Fortbildungsschulen, Akademien, Universitäten, Land- und Forstwissenschaftsschulen, Militärschulen, Vorbereitungs-Anstalten aller Arten** als z. B. **für das Einjährig-Freiwillige- und Offiziers-Examen**, etc.

Die **Schüler, Studierenden** und **Kandidaten** der mathematischen, technischen und naturwissenschaftlichen Fächer, werden durch diese, **Schritt für Schritt gelöste**, Aufgabensammlung **immerwährend** an ihre in der Schule erworbenen oder nur gehörten Theorien etc. erinnert und wird ihnen hiermit der Weg zum **unfehlbaren Auffinden** der Lösungen derjenigen Aufgaben gezeigt, welche sie bei ihren **Prüfungen** zu lösen haben, zugleich aber auch **die überaus grosse Fruchtbarkeit** der mathematischen Wissenschaften vorgeführt.

Dem **Lehrer** soll mit dieser Aufgabensammlung eine **kräftige Stütze** für den Schulunterricht geboten werden, indem zur Erlernung des **praktischen Teiles** der mathematischen Disziplinen — **zum Auflösen von Aufgaben** — in den meisten Schulen oft keine Zeit erübrigt werden kann, **hiermit** aber dem Schüler bei seinen häuslichen Arbeiten eine vollständige Anleitung in die Hände gegeben wird, **entsprechende Aufgaben zu lösen**, die gehabten **Regeln, Formeln, Sätze** etc. **anzuwenden** und **praktisch** zu **verwerten. Lust, Liebe** und **Verständnis** für den Schul-Unterricht wird dadurch **erhalten** und **belebt** werden.

Den **Ingenieuren, Architekten, Technikern** und **Fachgenossen aller Art, Militärs** etc. etc. soll diese Sammlung **zur Auffrischung** der erworbenen und vielleicht vergessenen mathematischen Kenntnisse dienen und zugleich durch ihre **praktischen in allen Berufszweigen vorkommenden Anwendungen** einem **toten Kapitale lebendige** Kraft verleihen und somit den **Antrieb** zu weiteren **praktischen Verwertungen** und **weiteren Forschungen** geben.

Alle Buchhandlungen nehmen Bestellungen entgegen. Wichtige und praktische Aufgaben werden mit Dank von der Redaktion entgegengenommen und mit Angabe der Namen verbreitet. — Wünsche, Fragen etc., welche die Redaktion betreffen, nimmt der Verfasser, Dr. Kleyer, Frankfurt a. M. Fischerfeldstrasse 16, entgegen und wird deren Erledigung thunlichst berücksichtigt.

Stuttgart. **Die Verlagshandlung.**

Zur Bestimmung der Grössen n' hat man:

$$C^1(2,3) = \underset{3}{2} \qquad {}^wC^1(1,2) = \underset{2}{1}$$

d. h. es existiert nur $n_1' = 2$ für Gruppierung I

$n_1' = 1$ „ „ II

Die Aufgabe ist nun auf den Typus der ersten Klasse (a_1) zurückgeführt, für welchen die Anzahl der Variationen:

$$Z = n_1'$$

wird; demnach in Gruppierung I: $Z_1 = 2$

„ „ II: $Z_2 = 1$

Die Gesamtzahl der Variationen des Typus:

$$a_1^2 a_2$$

wird also:

$$2n_1(n_2 - 1) + n_1(n_3 - 1)$$

2) wenn man den Komplexionen des Typus $a_1 a_2$ entweder das erste oder das zweite schon darin befindliche Element zusetzt, wodurch also:

$$2n_1(n_3 - 1)$$

Komplexionen erhalten werden. Die Anzahl der Variationen des Typus $a_1^2 a_2$ ist demnach:

$$2n_1(n_2 - 1) + n_1(n_3 - 1)$$

Typus $a_1 a_2 a_3$: Anzahl der Variationen:

$$= n_1(n_2 - 1)(n_3 - 2)$$

[Formel 1), siehe Frage 161].

Frage 174. Was versteht man unter Permutationen mit beschränkter Stellenbesetzung?

Antwort. Wenn eine beliebige Anzahl (n) Elemente permutiert werden sollen, bei denen jedoch die Bedingung besteht, dass von diesen Elementen:

n_1 auf allen Stellen
n_2 erst von der zweiten Stelle an
n_3 „ „ „ dritten „ „
. . . .

stehen können, so heissen die derartig gebildeten Komplexionen „Permutationen mit beschränkter Stellenbesetzung“.

Es sind dabei zwei Fälle zu unterscheiden, indem:

1) nur ungleiche
2) auch gleiche Elemente

gegeben sein können; im ersteren Falle entstehen Permutationen ohne Wiederholung, im letzteren Permutationen mit Wiederholung.

Erkl. 235. Unter sechs ungleichen Elementen sollen z. B. die Elemente:

1 und 2 auf allen Stellen
3 von der zweiten Stelle an
4 von der dritten Stelle an
5 und 6 auf den zwei letzten Stellen

stehen dürfen. Die Permutationen sind folgende sechzehn:

123456	213456
123465	213465
124356	214356
124365	214365
132456	231456
132465	231465
134256	234156
134265	234165

Sind jedoch z. B. die Elemente:

1123334

gegeben, von denen das Element:

1 auf allen Stellen
2 von der zweiten an
3 von der dritten an
4 von der sechsten an

stehen darf, so ergeben sich folgende Permutationen:

1123334	1213334
1123343	1213343
1132334	1231334
1132343	1231343
1133234	1233134
1133243	1233143
1133324	1233314
1133342	1233341

Frage 175. Wie findet man die Anzahl der Permutationen **ohne** Wiederholung bei beschränkter Stellenbesetzung?

Erkl. 286. Es seien gegeben die Elemente
1, 2, 3, die auf allen Stellen stehen können,
4, 5, „ von der 2. Stelle an stehen können,
6, das „ „ 3. „ „ „ kann,
7, „ „ „ 6. „ „ „ „

Dann sind zu verwenden:

für die 1. Stelle: 1, 2, 3,
„ „ 2. „ 1, 2, 3, 4, 5
„ „ 3. „ 1, 2, 3, 4, 5, 6
„ „ 4. „ 1, 2, 3, 4, 5, 6
„ „ 5. „ 1, 2, 3, 4, 5, 6
„ „ 6. „ 1, 2, 3, 4, 5, 6, 7
„ „ 7. „ 1, 2, 3, 4, 5, 6, 7

also ist:

$$n_1 = 3,\ n_2 = 5,\ n_3 = 6,\ n_4 = 6,\ n_5 = 6$$
$$n_6 = 7,\ n_7 = 7$$

Zunächst bildet man die $P_{n_1} = 6$ Permutationen:

123 213 312
132 231 321

zu jeder kann jetzt das Element 4 an drei Stellen gesetzt werden z. B. bei 123:

1234
1243
1423

und ebenso bei den übrigen. Zu jeder neuen Permutation kann man das Element 5 nun auf vier Stellen setzen und erhält z. B. aus 1234:

12345
12354
12534
15234

Die Anzahl der Komplexionen ist nun:

$$3! \cdot 3 \cdot 4 = V_3^3 \cdot V_4^2 = V_{n_1}^{n_1} \cdot V_{n_2-1}^{n_2-n_1}$$

Permutationen.

Nun kann das Element 6 an alle Stellen gesetzt werden mit Ausnahme der zwei ersten; z. B. in 12345:

123456
123465
123645
126345

Die Anzahl der Komplexionen vervierfacht sich hiedurch und man hat im ganzen:

$$3! \times 3 \cdot 4 \times 4 = V_3^3 \cdot V_4^2 \cdot V_4^1 = V_{n_1}^{n_1}\, V_{n_2-1}^{n_2-n_1}\, V_{n_3-2}^{n_3-n_2}$$

Für n_4 und n_5 wächst die Anzahl der Komplexionen nicht, weil die Faktoren:

$$V_{n_4-3}^{n_4-n_3} \cdot V_{n_5-4}^{n_5-n_4} = V_3^0 \cdot V_2^0 = 1$$

werden.

Zuletzt ergibt sich demnach als Gesamtzahl:

$$V_3^3 \cdot V_4^2 \cdot V_4^1 \cdot V_3^0 \cdot V_2^0 \cdot V_2^1 \cdot V_1^0 = 3!\, 12 \cdot 4 \cdot 2 = 576$$

Antwort. Wenn n_1 Elemente auf allen Stellen:

n_2 Elemente von der zweiten Stelle an,
n_3 „ „ „ dritten „ „
. . . .
n_k „ „ „ $k$ten „ „

stehen dürfen, ist die Anzahl der Permutationen:

$$V_{n_1}^{n_1} \cdot V_{n_2-1}^{n_2-n_1} \cdot V_{n_3-2}^{n_3-n_2} \dots V_{n_k-(k-1)}^{n_k-n_{k-1}}$$

Beweis. Man permutiere zunächst die n_1 Elemente, wodurch:

$$P_{n_1} = V_{n_1}^{n_1}$$

Komplexionen entstehen.

Ausser diesen n_1 können von der **zweiten** Stelle an noch:

$$n_2 - n_1$$

Elemente in diese Komplexionen eintreten. Das erste von diesen kann ihnen auf allen Stellen mit Ausnahme der ersten, d. h. auf n_1 Stellen, beigesetzt werden, so dass aus jeder Komplexion n_1 neue folgen.

Wird diesen das nächste der $n_2 - n_1$ Elemente beigefügt, so kann es auf $n_1 + 1$ Stellen gesetzt werden, so dass wieder jede Komplexion $n_1 + 1$ neue liefert. Man fährt so fort und kann das letzte dieser Elemente an:

$$n_1 + (n_2 - n_1) - 1 = n_2 - 1$$

Stellen setzen, so dass abermals je $n_2 - 1$ neue Komplexionen entstehen. Im ganzen sind also nun:

$$P_{n_1} \cdot n_1 (n_1 + 1)(n_1 + 2) \cdots (n_2 - 1) = V_{n_1}^{n_1} \cdot V_{n_2-1}^{n_2-n_1}$$

Komplexionen **aus je n_2 Elementen** vorhanden.

Ausser den bereits gesetzten Elementen können von der dritten Stelle an noch:

$$n_3 - n_2$$

neue verwendet werden. Setzt man **eines** derselben den bisherigen Komplexionen bei, so darf es auf allen Stellen mit Ausnahme der **zwei ersten**, also auf:

$$n_2 - 1$$

Stellen stehen, wodurch sich die Anzahl der Komplexionen wieder ebenso vielmal vermehrt. Das folgende Element kann nun auf n_2 Stellen gesetzt werden, das dritte auf $n_2 + 1$ u. s. f., das letzte dieser Gruppe auf:

$$n_2 + (n_3 - n_2) - 2 = n_3 - 2$$

Stellen. Die Zahl der nun vorhandenen Komplexionen aus n_3 Elementen ist also:

$$V_{n_1}^{n_1} \cdot V_{n_2-1}^{n_2-n_1} \cdot V_{n_3-2}^{n_3-n_2}$$

In dieser Weise bis zu den:

$$n_k - n_{k-1}$$

Elementen fortfahrend, welche ausser den bereits vorhandenen von der $k$ten Stelle an stehen dürfen, erhält man schliesslich als **Gesamtzahl der Permutationen aus allen n_k Elementen:**

$$V_{n_1}^{n_1} \cdot V_{n_2-1}^{n_2-n_1} \cdot V_{n_3-2}^{n_3-n_2} \dots V_{n_k-(k-1)}^{n_k-n_{k-1}}$$

Frage 176. Wie findet man die Anzahl der Permutationen mit Wiederholung bei beschränkter Stellenbesetzung?

Antwort. Es werde angenommen, dass sich unter den gegebenen Elementen verschiedene Gruppen gleicher Elemente befinden und zwar:

unter den	n_1 Elementen	α_1 gleiche,	β_1 gleiche,	$\cdots$
„ „	n_2-n_1 „	α_2 „	β_2 „	$\cdots$,
. . . . . .	. . . . . .	. . . .	. . . .	. . .
„ „	n_k-n_{k-1} „	α_k „	β_k „	$\cdots$,

die zuerst permutierten n_1 Elemente geben dann nur:

$$\frac{P_{n_1}}{\alpha_1!\,\beta_1!\cdots}$$

Komplexionen. Setzt man die α_2 gleichen Elemente, die in n_2-n_1 enthalten sind, vorerst als ungleich voraus und fügt sie wie vorher den vorhandenen bei, so fallen, sobald sie als gleich angesehen werden, je $\alpha_2!$ Komplexionen in eine zusammen (s. Erkl. 237) und ebenso je $\beta_2!$, wenn die nächste Gruppe von gleichen Elementen beigesetzt wird u. s. w.

Die Gesamtzahl der verbleibenden Komplexionen ist also in diesem Falle:

$$\frac{V_{n_1}^{n_1}}{\alpha_1!\,\beta_1!\cdots} \cdot \frac{V_{n_2-1}^{n_2-n_1}}{\alpha_2!\,\beta_2!\cdots} \cdot \frac{V_{n_3-2}^{n_3-n_2}}{\alpha_3!\,\beta_3!\cdots} \cdots \frac{V_{n_k-(k-1)}^{n_k-n_{k-1}}}{\alpha_k!\,\beta_k!\cdots}$$

Erkl. 237. Um das Zusammenfallen von $\alpha_2!$ Komplexionen durch Beisetzung von α_2 gleichen Elementen besser übersehen zu können, diene folgendes Beispiel. Es sei $n_1 = 1$ und enthalte $n_2 - n_1$ drei gleiche Elemente 2, 2, 2. Man betrachtet sie zuerst als ungleich und unterscheidet sie durch Accente:

2, 2′, 2″.

Fügt man nun das Element 2 der bisherigen einzigen Komplexion $P_{n_1} = 1$ bei, so entsteht:

12

Hiezu wird nun 2′ an zwei Stellen gesetzt, wodurch man erhält:

122′
12′2

Zu diesen kommt 2″ an drei Stellen und gibt:

122′2″	12′22″
122″2′	12′2″2
12″22′	12″2′2

Durch Weglassung der Accente gehen offenbar sämtliche 6 Komplexionen in die einzige:

1222

über, d. h. die Anzahl derselben wird:

$$\frac{V_{n_2-1}^{n_2-n_1}}{\alpha!} = \frac{V_{4-1}^{4-1}}{3!} = 1,$$

wie in der Antwort behauptet wurde.

---

e) Gelöste Aufgaben über die Variationen mit Wiederholung.

Aufgabe 371. Die in dem Ausdrucke:

$${}^{w}V_{(a,\,b)}^{5}$$

enthaltenen Komplexionen vollständig darzustellen.

Auflösung. Nach der in Frage 140 gezeigten Methode erhält man:

$$^{w}V^{5}_{(a,b)} =$$

aaaaa	*abaaa*	*baaaa*	*bbaaa*
aaaab	*abaab*	*baaab*	*bbaab*
aaaba	*ababa*	*baaba*	*bbaba*
aaabb	*ababb*	*baabb*	*bbabb*
aabaa	*abbaa*	*babaa*	*bbbaa*
aabab	*abbab*	*babab*	*bbbab*
aabba	*abbba*	*babba*	*bbbba*
aabbb	*abbbb*	*babbb*	*bbbbb*

Aufgabe 372. Wie gross sind folgende Variationszahlen:

1) $^{w}V^{3}_{7}$ 2) $^{w}V^{12}_{2}$?

Auflösung. Nach Frage 143 hat man:

1) $^{w}V^{3}_{7} = 7^3 = 343$

2) $^{w}V^{12}_{2} = 2^{12} = 4096$

Aufgabe 373. Die 216607. Variation vierter Klasse aus den 26 Buchstaben des deutschen Alphabetes anzugeben.

Auflösung. Mittels Ausschliessung der Komplexionen niedrigeren Grades erhält man nach Frage 145:

$$216607 = 12 \cdot 26^3 + 5095$$
$$5095 = 8 \cdot 26^2 + 287$$
$$287 = 11 \cdot 26 + 1$$

Es steht demnach in der gesuchten Komplexion an:

1. Stelle das 13. Element *m*
2. „ „ 9. „ *i*
3. „ „ 12. „ *l*
4. „ „ 1. „ *a*;

Die 216607. Variation ist also:

„MILA“.

Aufgabe 374. Die wievielste Variation der Buchstaben:

a, b, c, d, e, f, g, h, i

heisst „EICHE“? Die Rangzahl ist:

1) durch Ausschliessung der niedrigeren,

2) durch Ausschliessung der höheren Komplexionen zu berechnen.

Auflösung. 1) Nach Frage 147 ist die Anzahl der vorausgehenden (niedrigeren) Komplexionen:

Für die 1. Stelle: $4\,^{w}V^{4}_{9} = 4 \cdot 9^4 = 26244$

„ „ 2. „ $8\,^{w}V^{3}_{9} = 8 \cdot 9^3 = 5832$

„ „ 3. „ $2\,^{w}V^{2}_{9} = 2 \cdot 9^2 = 162$

„ „ 4. „ $7\,^{w}V^{1}_{9} = 7 \cdot 9 = 63$

„ „ 5. „ $4\,^{w}V^{0}_{9} = 4$

Summe 32305

Die Rangzahl des gegebenen Wortes ist:

32306

2) Gesamtzahl der Variationen:

$$^{w}V^{5}_{9} = 59049$$

Anzahl der abzuziehenden Komplexionen:

1. Stelle:	$(9-5)\,{}^wV_9^4 =$	26244
2. „	$(9-9)\,{}^wV_9^3 =$	0
3. „	$(9-3)\,{}^wV_9^2 =$	486
4. „	$(9-8)\,{}^wV_9^1 =$	9
5. „	$(9-5)\,{}^wV_9^0 =$	4
	Summe	26743

Demnach die gesuchte Rangzahl:

$$z = 59049 - 26743 = 32306 \text{ (Frage 148).}$$

Aufgabe 375. Die Anzahl derjenigen Komplexionen von:

$${}^wV^4\,(abcdef)$$

anzugeben, welche die Elemente b und d enthalten.

Auflösung. Man bildet nach Frage 149 zunächst:

$${}^wC^2\,(abcdef)$$

fügt jeder Komplexion noch die Elemente b und d bei und permutiert ihre nunmehrigen Elemente. Unter den Kombinationen, deren Anzahl:

$${}^wC_6^2 = 21$$

ist, kommen 6 Komplexionen mit zwei gleichen Elementen vor, unter denen bb und dd hervorzuheben sind, weil sie nach der Ergänzung drei gleiche Elemente enthalten, die übrigen 4 nur zwei gleiche. Ausserdem entstehen 15 Komplexionen mit ungleichen Elementen, worunter bd nach der Ergänzung zweimal zwei gleiche Elemente enthält, hiegegen ab, ad, bc, be, bf, cd, de, df nur zwei gleiche, die 7 übrigen vier ungleiche Elemente. Die Anzahl der gesuchten Komplexionen ist demnach (in genannter Reihenfolge) geschrieben:

$$2P_4^{(3)} + 4P_4^{(2)} + 1P_4^{(2,2)} + 8P_4^2 + 7P_4$$
$$= 8 + 48 + 6 + 96 + 168 = 326$$

Aufgabe 376. Neun Sorten numerierter Kugeln, unter denen sich drei Sorten schwarze befinden, von jeder Nummer mindestens fünf Stück, sind gegeben und sollen zu je fünf auf alle möglichen Arten gezogen werden. Wie viele verschiedene Ziehungen sind möglich, bei welchen drei verschieden numerierte schwarze Kugeln erscheinen?

Auflösung. Man bezeichne die drei schwarzen Kugeln mit 1, 2, 3, die übrigen mit 5, 6, 7, 8, 9. Man bildet nun:

$${}^wC_9^2$$

und ergänzt jede Komplexion durch Beifügung von:

$$1\,2\,3$$

zur fünften Klasse. Zur Bestimmung der entsprechenden Permutationszahlen hat man bei obigen Kombinationen folgende Gruppen zu unterscheiden:

1) die Gruppe der gleichen Elemente:

11, 22, 33

2) die Gruppe der ungleichen Elemente:

12, 13, 23

3) die Gruppe der gleichen Elemente:

44, ⋯, 99, Anzahl ⋯ 6

und der ungleichen:

14, ⋯, 39, Anzahl $3 \cdot 6 = 18$

4) die Gruppe der ungleichen Elemente:

45, ⋯, 89, Anzahl $C_6^2 = 15$

Die Permutationszahlen werden nun:

für Gruppe 1): $P_5^{(3)} = 20$

" " 2): $P_5^{(2,2)} = 30$

" " 3): $P_5^{(2)} = 60$

" " 4): $P_5 = 120$

Folglich ist die Anzahl der verlangten Komplexionen:

$$3 \cdot 20 + 3 \cdot 30 + 24 \cdot 60 + 15 \cdot 120 = 3390$$

Erkl. 288. Die Komplexionen der ersten Gruppe sind gebildet nach dem Muster:

11123

die der zweiten Gruppe nach:

12123,

die der dritten Gruppe nach:

14123 und 44123,

die der vierten Gruppe nach:

45123,

woraus sich die Permutationszahlen in der Antwort leicht ergeben.

Aufgabe 377. Die Anzahl der Komplexionen von:

$$^{w}V^4(abcdef)$$

anzugeben, in denen die Elemente b und d nicht zugleich vorkommen.

Auflösung. Nach Aufgabe 375 ist die Zahl der Komplexionen, welche b und d ententhalten:

326

Die Anzahl aller Variationen ist:

$$^{w}V_6^4 = 1296$$

folglich sind b und d nicht gleichzeitig enthalten in:

$$1296 - 326 = 970$$

Komplexionen.

Aufgabe 378. Die Anzahl derjenigen Ziehungen in Aufgabe 376 anzugeben, welche überhaupt eine oder mehrere schwarze Kugeln enthalten.

Auflösung. Schliesst man die Nummern:

1, 2, 3

der schwarzen Kugeln ganz aus, so sind noch:

$$^{w}V_6^5 = 7776$$

Ziehungen möglich; da aber die Gesamtzahl aller möglichen Fälle:

$$^{w}V_9^5 = 59049$$

ist, so gibt es:

$$59049 - 7776 = 51273$$

Ziehungen, die wenigstens eine schwarze Kugel enthalten.

Aufgabe 379. Wie gross ist die Anzahl der vierzifferigen Zahlen:

a) überhaupt,

b) mit vier ungeraden Ziffern,

c) mit vier geraden Ziffern?

Auflösung. Die vierzifferigen Zahlen sind die Variationen vierter Klasse mit Wiederholung aus den Elementen:

0, 1, 2, 3, 4, 5, 6, 7, 8, 9

mit Ausschluss derjenigen Komplexionen, die mit 0 beginnen. Man erhält demnach:

a) ${}^{w}V_{10}^{4} - {}^{w}V_{10}^{3} = 10000 - 1000 = 9000$

b) ${}^{w}V_{5}^{4} = 625$

c) ${}^{w}V_{5}^{4} - {}^{w}V_{5}^{3} = 625 - 125 = 500$

Aufgabe 380. Die Anzahl der fünfziffrigen Zahlen anzugeben, die mit den Ziffern:

1) 1, 9

2) 0, 1, 9

geschrieben werden können.

Auflösung. 1) Mit 1, 9 können geschrieben werden:

$${}^{w}V_{2}^{5} = 32 \text{ Zahlen.}$$

2) Mit 0, 1, 9 können geschrieben werden:

$${}^{w}V_{3}^{5} - {}^{w}V_{3}^{4} = 243 - 81 = 162 \text{ Zahlen.}$$

Aufgabe 381. Wie vielerlei Würfe können mit d r e i Würfeln gemacht werden:

1) überhaupt,

2) mit einem Pasch (d. h. zwei gleichen Nummern),

3) mit drei gleichen Nummern?

Auflösung. Die Aufgabe gehört zu den Variationen, wenn ein Unterschied darin gemacht wird, w e l c h e r von den drei Würfeln eine gewisse Zahl zeigt. In diesem Falle ist die Anzahl der Würfe:

1) ${}^{w}V_{6}^{3} = 216$

2) $V_{6}^{1} \cdot C_{3}^{2} \cdot V_{5}^{1} = 6 \cdot 3 \cdot 5 = 90$

Es gibt nämlich sechs verschiedene Pasche, die mit irgend zwei von den drei Würfeln geworfen werden können; der dritte Würfel muss dann eine der fünf andern Nummern zeigen.

3) $V_{6}^{1} = 6$

Aufgabe 382. Durch die Elemente dreier verschiedenen Reihen sollen drei Normalstellen besetzt werden. Auf wie viele Arten ist das möglich und wie heissen die entsprechenden Variationen?

Auflösung. Es seien:

$$a_1\, a_2\, a_3$$
$$b_1\, b_2\, b_3$$
$$c_1\, c_2\, c_3$$

die in Betracht kommenden Elemente der drei Reihen, so ist die Anzahl der Varia-

Erkl. 239. Die Variationstypen (s. Erkl. 219) mit ihren Permutationszahlen sind hier folgende:

3;	Anzahl:	$C_3^1 \cdot \frac{3!}{3!}$	$= 3$
21;	„	$C_3^1 \cdot C_2^1 \cdot \frac{3!}{2!}$	$= 18$
111;	„	$C_3^3 \cdot 3!$	$= 6$
		Summe	$= 27$

tionen, welche die gestellte Bedingung erfüllen:

$${}^wV_3^3 = 27$$

und sie heissen:

$a_1 a_2 a_3$	$b_1 a_2 a_3$	$c_1 a_2 a_3$
$a_1 a_2 b_3$	$b_1 a_2 b_3$	$c_1 a_2 b_3$
$a_1 a_2 c_3$	$b_1 a_2 c_3$	$c_1 a_2 c_3$
$a_1 b_2 a_3$	$b_1 b_2 a_3$	$c_1 b_2 a_3$
$a_1 b_2 b_3$	$b_1 b_2 b_3$	$c_1 b_2 b_3$
$a_1 b_2 c_3$	$b_1 b_2 c_3$	$c_1 b_2 c_3$
$a_1 c_2 a_3$	$b_1 c_2 a_3$	$c_1 c_2 a_3$
$a_1 c_2 b_3$	$b_1 c_2 b_3$	$c_1 c_2 b_3$
$a_1 c_2 c_3$	$b_1 c_2 c_3$	$c_1 c_2 c_3$

Aufgabe 383. Die Anzahl der absoluten Variationen fünfter Klasse aus den vier Reihen:

$$a_1 a_2 \cdots a_6$$
$$b_1 b_2 \cdots b_6$$
$$c_1 c_2 \cdots c_6$$
$$d_1 d_2 \cdots d_6$$

anzugeben.

Auflösung. Nach Frage 153 findet man:

$${}^aV_{24}^5 = V_{24}^5 - C_5^1\, {}^wV_4^1 \cdot V_{23}^4 + C_5^2\, {}^wV_4^2 \cdot V_{22}^3 - C_5^3 \cdot {}^wV_4^3 \cdot V_{21}^2 + C_5^4 \cdot {}^wV_4^4 \cdot V_{20}^1 - C_5^5 \cdot {}^wV_4^5 \cdot V_{19}^0$$
$$= 5100480 - 5\cdot 4 \cdot 212520 + 10 \cdot 4^2 \cdot 9240 - 10 \cdot 4^3 \cdot 420 + 5 \cdot 4^4 \cdot 20 - 4^5$$
$$= 2084256$$

Aufgabe 384. Es soll angegeben werden, wie viele Variationen fünfter Klasse aus den Reihen der vorhergehenden Aufgabe:

1) eine Normalstelle,
2) zwei
3) drei
4) vier
5) fünf

} Normalstellen (2)–5))

enthalten.

Erkl. 240. Addiert man zu sämtlichen hier gefundenen Variationen noch die absoluten aus vorhergehender Aufgabe, so findet sich:

Absolute Variationen	. .		2084256
Variat. mit	1	Normalstelle	2002720
„ „	2	Normalstellen	815360
„ „	3	„	176640
„ „	4	„	20480
„ „	5	„	1024
		Summe:	$5100480 = V_{24}^5$

Auflösung. Mittels der in Frage 154 erhaltenen Formel findet man:

1) $C_5^1 \cdot {}^wV_4^1 \left[V_{23}^4 - C_4^1 \cdot {}^wV_4^1 \cdot V_{22}^3 + C_4^2 \cdot {}^wV_4^2 \cdot V_{21}^2 - C_4^3\, {}^wV_4^3\, V_{20}^1 + {}^wV_4^4\right]$
$= 5 \cdot 4\,[212520 - 4\cdot 4 \cdot 9240 + 6 \cdot 4^2 \cdot 420 - 4 \cdot 4^3 \cdot 20 + 4^4] = 2002720$

2) $C_5^2 \cdot {}^wV_4^2 \left[V_{22}^3 - C_3^1 \cdot {}^wV_4^1 \cdot V_{21}^2 + C_3^2\, {}^wV_4^2 \cdot V_{20}^1 - {}^wV_4^3\right]$
$= 10 \cdot 4^2\,[9240 - 3 \cdot 4 \cdot 420 + 3 \cdot 4^2 \cdot 20 - 4^3]$
$= 815360$

3) $C_5^3 \cdot {}^wV_4^3 \left[V_{21}^2 - C_2^1\, {}^wV_4^1 \cdot V_{20}^1 + {}^wV_4^2\right]$
$= 10 \cdot 4^3\,[420 - 2 \cdot 4 \cdot 20 + 4^2] = 176640$

4) $C_5^4 \cdot {}^wV_4^4 \left[V_{20}^1 - {}^wV_4^1\right] = 5 \cdot 4^4\,[20 - 4]$
$= 20480$

5) $C_5^5 \cdot {}^wV_4^5 = 4^5 = 1024$

Aufgabe 385. Achtzehn Personen sind in drei Reihen aufgestellt und die Personen jeder Reihe von 1 bis 6 numeriert. Wie oft können je sechs von ihnen sich so aufstellen, dass jede Person dieselbe Stellennummer behält, die sie anfangs hatte:

1) überhaupt,
2) wenn aus jeder Reihe zwei Personen genommen werden sollen,
3) wenn aus einer Reihe drei, aus einer andern zwei und aus der übrig bleibenden eine Person gewählt werden,
4) wenn nur jedesmal zwei Reihen mit je drei Personen zu einer Anordnung verwendet werden?

Auflösung. Die Aufgabe stimmt ihrem Wesen nach überein mit Aufgabe 382; es sind nämlich jedesmal sechs Normalstellen aus drei Reihen von je sechs Elementen zu besetzen. Man findet demnach:

1) $^{w}V_3^6 = 3^6 = 729$

2) Hier gelten nur die Besetzungen nach dem Typus:

$$2\,2\,2$$

deren Anzahl ist:

$$C_3^3 \frac{6!}{2!\,2!\,2!} = 90$$

denn die Reihen können nur auf eine Art gewählt werden, und von den sechs Elementen müssen die der nämlichen Reihe angehörenden auf ihren Plätzen bleiben.

3) Hier ist der Typus:

$$3\,2\,1$$

zu Grunde zu legen, also die Anzahl der Besetzungen:

$$C_3^1 \cdot C_2^1 \cdot \frac{6!}{3!\,2!} = 360$$

denn man kann zunächst drei Elemente aus irgend einer der drei Reihen, dann zwei Elemente aus einer der zwei übrigen Reihen nehmen.

4) Die Besetzungen sind nach dem Typus:

$$3\,3$$

auszuführen, wonach ihre Anzahl:

$$C_3^2 \cdot \frac{6!}{3!\,3!} = 60$$

ist, denn aus den drei Reihen werden je zwei auf C_3^2 Arten ausgewählt.

Aufgabe 386. In einer Karte von 32 Blättern ist die Rangordnung derselben:

Siebener, Achter, Neuner, Zehner, Bube, Dame, König, Ass.

Wie oft kann man acht Blätter dieser Karte so nebeneinander legen, dass:

1) vier Blätter,
2) wenigstens fünf Blätter

an ihren Rangstellen liegen?

Auflösung. Man bezeichne die Blätter jeder Farbe ihrer Rangordnuug nach mit fortlaufendem Zeiger 1 bis 8, so hat man vier Reihen von je acht Elementen, die auf alle möglichen Arten zu je 8 so angeordnet werden sollen, dass:

1) vier Normalstellen,
2) wenigstens fünf Normalstellen

in jeder Anordnung auftreten.

1) Nach der Formel von Frage 154 hat man:

$$C_8^4\,{}^wV_4^4\left[V_{28}^4 - C_4^1 \cdot {}^wV_4^1 \cdot V_{27}^3 + C_4^2 \cdot {}^wV_4^2 \cdot V_{26}^2 - C_4^3 \cdot {}^wV_4^3 \cdot V_{25}^1 + {}^wV_4^4\right]$$

$$= 70 \cdot 4^4\,[491400 - 4 \cdot 4 \cdot 17550 + 6 \cdot 4^2 \cdot 650 - 4 \cdot 4^3 \cdot 25 + 4^4]$$

$$= 4782059520$$

2) Die verlangten Anordnungen sind die Summe derjenigen, welche 5, 6, 7 oder 8 Normalstellen enthalten; es gibt aber:

a) Anordnungen mit fünf Normalstellen:

$$C_8^5 \cdot {}^wV_4^5\left[V_{27}^3 - C_3^1\,{}^wV_4^1 \cdot V_{26}^2 + C_3^2\,{}^wV_4^2 \cdot V_{25}^1 - {}^wV_4^3\right]$$

$$= 56 \cdot 4^5\,[17550 - 3 \cdot 4 \cdot 650 + 3 \cdot 16 \cdot 25 - 64] = 624246784$$

b) Anordnungen mit sechs Normalstellen:

$$C_8^6\,{}^wV_4^6\left[V_{26}^2 - C_2^1\,{}^wV_4^1 \cdot C_{25}^1 + {}^wV_4^2\right] = 28 \cdot 4^6\,[650 - 2 \cdot 4 \cdot 25 + 16]$$

$$= 53444608$$

c) Anordnungen mit sieben Normalstellen:

$$C_8^7 \cdot {}^wV_4^7\left[V_{25}^1 - {}^wV_4^1\right] = 8 \cdot 4^7\,[25 - 4] = 2752512$$

d) Anordnungen mit acht Normalstellen:

$${}^wV_4^8 = 65536$$

Die Summe aller Anordnungen ist demnach:

680509440

Aufgabe 387. Die Variationen mit Wiederholung zu entwickeln, die in folgendem Ausdrucke enthalten sind:

$${}^wV(a_1 a_2 a_3;\ b_1 b_2 b_3)_{1,\,2}$$

Auflösung. Nach Frage 155 entstehen zunächst die Komplexionen:

$a_1\,b_1\,b_1$	$a_2\,b_1\,b_1$	$a_3\,b_1\,b_1$
$a_1\,b_1\,b_2$	$a_2\,b_1\,b_2$	$a_3\,b_1\,b_2$
$a_1\,b_1\,b_3$	$a_2\,b_1\,b_3$	$a_3\,b_1\,b_3$
$a_1\,b_2\,b_1$	$a_2\,b_2\,b_1$	$a_3\,b_2\,b_1$
$a_1\,b_2\,b_2$	$a_2\,b_2\,b_2$	$a_3\,b_2\,b_2$
$a_1\,b_2\,b_3$	$a_2\,b_2\,b_3$	$a_3\,b_2\,b_3$
$a_1\,b_3\,b_1$	$a_2\,b_3\,b_1$	$a_3\,b_3\,b_1$
$a_1\,b_3\,b_2$	$a_2\,b_3\,b_2$	$a_3\,b_3\,b_2$
$a_1\,b_3\,b_3$	$a_2\,b_3\,b_3$	$a_3\,b_3\,b_3$

Aus jeder dieser Komplexionen gehen drei hervor, wenn die Elemente der beiden Reihen unter sich vertauscht werden dürfen; z. B.:

$a_1\,b_1\,b_1$		$a_1\,b_2\,b_3$	
$b_1\,a_1\,b_1$	oder	$b_2\,a_1\,b_3$	u. s. f.
$b_1\,b_1\,a_1$		$b_2\,b_3\,a_1$	

Aufgabe 388. Wie gross ist die Anzahl der in folgenden Ausdrücken enthaltenen Variationen:

1) ${}^wV(a_1, a_2 \cdots a_5;\ b_1 \cdots b_5)_{3,\,3}$

2) ${}^wV(a_1 \cdots a_4;\ b_1 \cdots b_5;\ c_1 \cdots c_4)_{2,\,3,\,2}$

3) ${}^wV(a_1 \cdots a_9;\ b_1 \cdots b_7;\ c_1 \cdots c_5;\ d_1 \cdots d_3)_{4,\,2,\,1,\,1}$

Auflösung. Nach Frage 155 werden die gesuchten Variationen:

1) ${}^wV_5^3 \cdot {}^wV_5^3 = 5^3 \cdot 5^3 = 15625$

2) Unter der Annahme, dass die verschiedenen Reihen angehörenden Elemente

auch noch vertauscht werden sollen (siehe Frage 156) hat man:

$$\frac{7!}{2!\,3!\,2!}\,{}^{w}V_4^2 \cdot {}^{w}V_5^3 \cdot {}^{w}V_4^2 = 6300000$$

$$3)\quad \frac{8!}{4!\,2!}\,{}^{w}V_9^4 \cdot {}^{w}V_7^2 \cdot {}^{w}V_5^1 \cdot {}^{w}V_8^1 = 4030761400$$

Komplexionen.

Aufgabe 389. Die Anzahl der fünfziffrigen Ziffern:

1) mit vier geraden und einer ungeraden Ziffer,
2) mit drei geraden und zwei ungeraden Ziffern,
3) mit zwei geraden und drei ungeraden Ziffern,
4) mit einer geraden und vier ungeraden Ziffern

zu bestimmen.

Auflösung. Man sondert die Ziffern 0 bis 9 in die zwei Reihen:

0, 2, 4, 6, 8

1, 3, 5, 7, 9

und hat nun zu suchen:

$$1)\quad {}^{w}V^5_{(5;\,5)_{4,1}} = \frac{5!}{4!}\,{}^{w}V_5^4 \cdot {}^{w}V_5^1 = 15625$$

Hievon sind abzuziehen die mit 0 beginnenden Zahlen, nämlich:

$${}^{w}V^4_{(5;\,5)_{3,1}} = \frac{4!}{3!}\,{}^{w}V_5^3 \cdot {}^{w}V_5^1 = 2500$$

Von den verlangten Zahlen gibt es also:

$$15625 - 2500 = 13125$$

2) Auf analoge Weise werden erhalten:

$${}^{w}V^5_{(5;\,5)_{3,2}} - {}^{w}V^4_{(5;\,5)_{2,2}} = \frac{5!}{3!\,2!}\,{}^{w}V_5^3 \cdot {}^{w}V_5^2 - \frac{4!}{2!\,2!}\,{}^{w}V_5^2 \cdot {}^{w}V_5^2 = 27500$$

$$3)\quad {}^{w}V^5_{(5;\,5)_{2,3}} - {}^{w}V^4_{(5;\,5)_{1,3}} = \frac{5!}{2!\,3!}\,{}^{w}V_5^2 \cdot {}^{w}V_5^3 - \frac{4!}{3!}\,{}^{w}V_5^1 \cdot {}^{w}V_5^3 = 28750$$

$$4)\quad {}^{w}V^5_{(5;\,5)_{1,4}} - {}^{w}V^4_{(5;\,5)_{0,4}} = \frac{5!}{4!}\,{}^{w}V_5^1 \cdot {}^{w}V_5^4 - \frac{4!}{4!}\,{}^{w}V_5^0 \cdot {}^{w}V_5^4 = 15000$$

Erkl. 241. Berechnet man noch die Anzahl der fünfziffrigen Zahlen:

a) aus 5 geraden Ziffern: ${}^{w}V_5^5 - {}^{w}V_5^4 = 2500$

b) aus 5 ungeraden „ : ${}^{w}V_5^5 = 3125$

und addiert hiezu die in der Auflösung unter 1) bis 4) gefundenen Zahlen:

	13125
	27500
	28750
	15000
so wird die Summe	90000

d. h. gleich der Anzahl aller möglichen fünfziffrigen Zahlen von 10000 bis 99999 einschlüsslich.

Aufgabe 390. Welche Glieder gibt das Produkt der Polynome:

$$(a_1 + a_2 + a_3 + a_4)(b_1 + b_2 + b_3 + b_4 + b_5)?$$

Auflösung. Die Glieder des verlangten Produktes sind identisch mit den Komplexionen von:

$$V(a_1 \cdots a_4;\ b_1 \cdots b_5)_{1,\,1}$$

wobei dieselben als Produkte anzusehen und zu addieren sind.

Aufgabe 391. Welche und wie viele Glieder gibt das Produkt der Polynome: $(a_1+a_2+a_3)(b_1+b_2)(c_1+c_2+c_3+c_4)(d_1+d_2+d_3)$?

Auflösung. Das Produkt der gegebenen Polynome enthält als Glieder sämtliche in dem Ausdrucke:

$$V(a_1 a_2 a_3;\ b_1 b_2;\ c_1 c_2 c_3 c_4;\ d_1 d_2 d_3)_{1,1,1,1}$$

enthaltenen Komplexionen, deren Anzahl:

$$V_3^1 \cdot V_2^1 \cdot V_4^1 \cdot V_3^1 = 3 \cdot 2 \cdot 4 \cdot 2 = 72$$

ist.

Aufgabe 392. Die Glieder anzugeben, aus denen:

$$(a_1 + a_2 + a_3)^4$$

sich zusammensetzt.

Erkl. 242. Man erhält die Kombinationsformen:

$a_1 a_1 a_1 a_1$ $\quad a_1 a_1 a_3 a_3$ $\quad a_2 a_2 a_2 a_2$
$a_1 a_1 a_1 a_2$ $\quad a_1 a_2 a_2 a_2$ $\quad a_2 a_2 a_2 a_3$
$a_1 a_1 a_1 a_3$ $\quad a_1 a_2 a_2 a_3$ $\quad a_2 a_2 a_3 a_3$
$a_1 a_1 a_2 a_2$ $\quad a_1 a_2 a_3 a_3$ $\quad a_2 a_3 a_3 a_3$
$a_1 a_1 a_2 a_3$ $\quad a_1 a_3 a_3 a_3$ $\quad a_3 a_3 a_3 a_3$

Bezüglich der Schreibweise in der Antwort siehe Frage 66.

Auflösung. Die gesuchten Glieder dieser Potenz ergeben sich aus den Variationen von vier identischen Reihen, aus denen je ein Element in jede Komplexion eintritt. Nach Frage 157 erhält man dieselben aus:

$$^{w}V^4(a_1 a_2 a_3)$$

Da die Komplexionen jedoch als Produkte anzusehen sind, so werden alle diejenigen gleich, welche dieselben Elemente in verschiedener Ordnung enthalten. Man bildet deshalb:

$$^{w}C^4(a_1 a_2 a_3)$$

und multipliziert jede Komplexion mit ihrer Permutationszahl; diese gibt an, wie viele Variationen (als Produkte betrachtet) der betreffenden Kombinationsform gleich werden, bildet also den Koëffizienten dieses Produktes.

Die erhaltenen Kombinationen können im gegebenen Falle eine der folgenden Zusammensetzungen haben:

1) 4 gleiche Elemente . . . . Permutationszahl $\frac{4!}{4!} = 1$

2) 3 „ „ . . . . „ $\frac{4!}{3!} = 4$

3) 2 u. 2 „ „ . . . . „ $\frac{4!}{2!\,2!} = 6$

4) 2 „ „ . . . . „ $\frac{4!}{2!} = 12$

(s. Erkl. 242). Die Entwicklung der verlangten Potenz lautet demnach:

$$(a_1 + a_2 + a_3)^4 = a_1^4 + 4a_1^3a_2 + 4a_1^3a_3 + 6a_1^2a_2^2 + 12a_1^2a_2a_3 + 6a_1^2a_3^2 + 4a_1a_2^3 + 12a_1a_2^2a_3 + 12a_1a_2a_3^2 + 4a_1a_3^3 + a_2^4 + 4a_2^3a_3 + 6a_2^2a_3^2 + 4a_2a_3^3 + a_3^4$$

Aufgabe 393. Die Glieder der Potenz:

$$(a + b)^8$$

zu entwickeln.

Auflösung. Man denkt sich acht identische Reihen, jede bestehend aus den Elementen:

$$a,\ b$$

Die durch Variation entstehenden Komplexionen sind identisch mit:

$$^{w}V^8(a, b)$$

Bildet man wieder zuerst die Kombinationen und multipliziert jede mit ihrer Permutationszahl, so gibt diese wieder die Anzahl der gleich werdenden Produkte an und bildet in der Summe den Koëffizienten der betreffenden Kombination (siehe Erkl. 223). Man erhält schliesslich:

$$(a+b)^8 = a^8 + 8a^7b + 28a^6b^2 + 56a^5b^3 \\ + 70a^4b^4 + 56a^3b^5 + 28a^2b^6 \\ + 8ab^7 + b^8$$

Erkl. 243. Die aus ${}^{w}C^8(ab)$ entstehenden Komplexionen sind:

a^8	a^3b^5
a^7b	a^2b^6
a^6b^2	$a\,b^7$
a^5b^3	b^8
a^4a^4	

Ihre Zusammensetzungen sind folgende:

1) 8 gleiche Elemente . . . . Permutationszahl $\frac{8!}{8!} = 1$

2) 7 „ „ . . . . „ $\frac{8!}{7!} = 8$

3) 6 u. 2 „ „ . . . . „ $\frac{8!}{6!\,2!} = 28$

4) 5 u. 3 „ „ . . . . „ $\frac{8!}{5!\,3!} = 56$

5) 4 u. 4 „ „ . . . . „ $\frac{8!}{4!\,5!} = 70$

Erkl. 244. Diese und die vorhergehende Aufgabe bilden besondere Fälle des sogenannten **binomischen und polynomischen Lehrsatzes**, der in einem andern Teil dieser Encyklopädie ausführlich behandelt wird. Es wird deshalb an dieser Stelle nicht weiter darauf eingegangen.

Aufgabe 394. Wie viele Variationen geben 4 Elemente, von denen 2 einmal, 3 zweimal, 4 dreimal vorkommen dürfen, wenn von den einfachen Elementen 2, von den andern je eines in jede Komplexion aufzunehmen sind?

Auflösung. Die Aufgabe ist enthalten in dem Symbol:

$$V(a_1a_2,\ a_1^2a_2^2a_3^2;\ a_1^3a_2^3a_3^3a_4^3)_{2,1,1}$$

Der **Klassenexponent** wird:

$$k = 1\cdot 2 + 2\cdot 1 + 3\cdot 1 = 7$$

und die Anzahl der Komplexionen nach Frage 160:

$$\frac{7!}{(1!)^2\cdot 2!\,3!}\cdot C_2^2\cdot C_{3-2}^1\cdot C_{4-3}^1 - 420$$

Aufgabe 395. Die Anzahl der Variationen aus 10 Elementen anzugeben, von denen 3 fünfmal, 5 dreimal und 10 einmal vorkommen dürfen, wenn von den fünffachen Elementen je 1, von den dreifachen je 3, von den einfachen je 4 in jede Komplexion aufgenommen werden sollen.

Auflösung. Nach Erkl. 224 ist die Aufgabe folgendermassen darzustellen:

$$V(a_1^5a_2^5a_3^5;\ a_1^3\cdots a_5^3;\ a_1\cdots a_{10})_{1,3,4}$$

Der Klassenexponent ist in diesem Falle:

$$k = 1\cdot 5 + 3\cdot 3 + 4\cdot 1 = 18$$

und die Anzahl der Variationen nach Fr. 160:

$$\frac{18!}{5!\,(3!)^3\cdot(1!)^4}\cdot C_3^1\cdot C_4^3\cdot C_6^4 = 44460928512000$$

Aufgabe 396. Auf wie viel Arten ist es möglich, mit 10 Würfeln von je sechs Flächen eine Zahl dreimal, zwei Zahlen je zweimal und drei Zahlen je einmal zu werfen?

Auflösung. Von den sechs Zahlen jedes Würfels dürfen 3 einmal vorkommen, 2 zweimal und 1 dreimal; der Klassenexponent ist:

$$1\cdot 3 + 2\cdot 2 + 3\cdot 1 = 10$$

und die Komplexionen sind enthalten in dem Ausdrucke:

$$V(a_1 a_2 \cdots a_6;\ a_1^2 a_2^2 \cdots a_6^2;\ a_1^3 a_2^3 \cdots a_6^3)_{3,2,1}$$

Die Anzahl derselben ist demnach:

$$\frac{10!}{(1!)^3\cdot(2!)^2\cdot 3!}\cdot C_6^3\cdot C_3^2\cdot C_1^1 = 9072000$$

Aufgabe 397. Auf wie viele Arten kann mit drei Würfeln ein Pasch (d. h. zwei gleiche Nummern) geworfen werden?

Auflösung. Die Aufgabe entspricht der Bezeichnung:

$$V^3(0;\ a_1^2 a_2^2 \cdots a_6^2)$$

und zwar gelten nur die Typen:

12, 3

Die entsprechenden Variationszahlen sind:

$$C_6^1\cdot C_5^1\cdot\frac{3!}{2!} + C_6^1\cdot\frac{3!}{3!} = 96$$ (s. Frage 162)

Aufgabe 398. Auf wie viele Arten können mit sechs Würfeln wenigstens zwei gleiche Zahlen geworfen werden?

Auflösung. Die Aufgabe wird dargestellt durch den Ausdruck:

$$V^6(0;\ a_1^2 a_2^2 \cdots a_6^2)$$

Die zu addierenden Variationszahlen entsprechen den beistehenden Typen und lauten:

11112	$C_6^4\cdot C_2^1\cdot\frac{6!}{2!}$	$= 10800$
1113	$C_6^3\cdot C_3^1\cdot\frac{6!}{3!}$	$= 7200$
1122	$C_6^2\cdot C_4^2\cdot\frac{6!}{2!\,2!}$	$= 16200$
114	$C_6^2\cdot C_4^1\cdot\frac{6!}{4!}$	$= 1800$
123	$C_6^1\cdot C_5^1\cdot C_4^1\cdot\frac{6!}{2!\,3!}$	$= 7200$
15	$C_6^1\cdot C_5^1\cdot\frac{6!}{5!}$	$= 180$
222	$C_6^3\cdot\frac{6!}{2!\,2!\,2!}$	$= 1800$
24	$C_6^1\cdot C_5^1\cdot\frac{6!}{2!\,4!}$	$= 450$
33	$C_6^2\cdot\frac{6!}{3!\,3!}$	$= 300$
6	$C_6^1\cdot\frac{6!}{6!}$	$= 6$
		Summe $= 45936$

Erkl. 245. Kürzer wird die Aufgabe gelöst, wenn man beachtet, dass die verlangten Würfe alle möglichen Fälle der Wiederholungen in sich begreifen mit Ausnahme derjenigen, bei welchen Wiederholungen ganz ausgeschlossen sind (Typus 111111). Die gesuchte Anzahl ist demnach einfach:

$${}^{w}V_6^6 - V_6^6 = 6^6 - 6! = 46656 - 720 = 45936$$

Aehnliches gilt von der vorhergehenden Aufgabe.

Aufgabe 399. Von sieben Elementen sollen 3 höchstens dreimal, 2 höchstens zweimal und 2 nur einmal genommen werden dürfen: wie viele Variationen vierter Klasse sind möglich?

Auflösung. Die Aufgabe wird durch die Bezeichnung:

$$V^4\left(a_1^3\,a_2^3\,a_3^3;\ a_4^2\,a_5^2;\ a_6\,a_7\right)$$

dargestellt und man hat dabei (Frage 161):

$n_3 = 3$ Elemente, die dreimal vorkommen dürfen
$n_2 = 5$ „ „ zweimal „ „
$n_1 = 7$ „ „ einmal „ „

Die hier möglichen Typen sind:

31, 22, 211, 1111

denen die Kombinationszahlen:

$$C^1_{n_3}\cdot C^1_{n_1-1} = n_3(n_1-1) = 3\cdot 6 = 18$$

$$C^2_{n_2} = \frac{n_2(n_2-1)}{1\cdot 2} = \frac{5\cdot 4}{1\cdot 2} = 10$$

$$C^1_{n_2}\cdot C^2_{n_1-1} = n_2\frac{(n_1-1)(n_1-2)}{1\cdot 2} = \frac{5\cdot 6\cdot 5}{1\cdot 2} = 75$$

$$C^n_{4_1} = \frac{n\cdot(n_1-1)(n_1-2)(n_1-3)}{1\cdot 2\cdot 3\cdot 4} = \frac{7\cdot 6\cdot 5}{1\cdot 2\cdot 3} = 35$$

entsprechen.

Diese sind noch bezüglich mit den Permutationszahlen:

$$\frac{4!}{3!} = 4,\ \frac{4!}{2!\,2!} = 6,\ \frac{4!}{2!} = 12,\ 4 = 24$$

zu multiplizieren:

Die Gesamtzahl der möglichen Variationen ist also:

$$18\cdot 4 + 10\cdot 6 + 75\cdot 12 + 35\cdot 24 = 1872$$

Aufgabe 400. Wie viele sechsziffrige Zahlen gibt es, in denen die ungeraden Ziffern 1, 3, 5, 7, 9 höchstens je dreimal, die geraden Ziffern 2, 4, 6, 8 höchstens je zweimal, die Null höchstens einmal vorkommt?

Auflösung. Die verlangten Zahlen sind in dem Ausdrucke:

$$V^6\,(1^3\,3^3\,5^3\,7^3\,9^3;\ 2^2\,4^2\,6^2\,8^2;\ 0^1)$$

enthalten, wovon diejenigen weggelassen werden müssen, welche mit 0 beginnen. Der Ausdruck enthält die Typen:

33, 321, 3111, 222, 2211, 21111, 111111

Da hier $n_3 = 5$, $n_2 = 9$, $n_1 = 10$ ist, so werden die entsprechenden Kombinationszahlen, multipliziert mit den zugehörigen Permutationszahlen, folgende:

$$C^2_5\cdot\frac{6!}{3!\,3!} = 10\cdot 20 = 200$$

$$C^1_5\cdot C^1_8\cdot C^1_8\cdot\frac{6!}{3!\,2!} = 320\cdot 60 = 19200$$

19400

Uebertrag: 19400

$$C_5^1 \cdot C_9^3 \cdot \frac{6!}{3!} = 420 \cdot 120 = 50400$$

$$C_9^3 \cdot \frac{6!}{2!\,2!\,2!} = 84 \cdot 90 = 7560$$

$$C_9^2 \cdot C_8^2 \cdot \frac{6!}{2!\,2!} = 1008 \cdot 180 = 181440$$

$$C_9^1 \cdot C_9^4 \cdot \frac{6!}{2!} = 1134 \cdot 360 = 408240$$

$$C_{10}^6 \cdot 6! = 352 \cdot 720 = 181440$$

848480

Da die Null nur einmal steht, so erhält man die Anzahl der abzuziehenden Komplexionen, wenn man die Null ausschliesst und die übrigen Elemente zur fünften Klasse variiert nach dem Ausdrucke:

$$V^5 (1^3\, 3^3\, 5^3\, 7^3\, 9^3;\ 2^2\, 4^2\, 6^2\, 8^2);$$

die darin enthaltenen Typen werden:

32, 311, 221, 2111. 11111.

Die permutierten Kombinationen geben die Zahlen:

$$C_5^1 \cdot C_8^1 \cdot \frac{5!}{3!\,2!} = 400$$

$$C_5^1 \cdot C_8^2 \cdot \frac{5!}{3!} = 2800$$

$$C_9^2 \cdot C_7^1 \cdot \frac{5!}{2!\,2!} = 7560$$

$$C_9^1 \cdot C_8^3 \cdot \frac{5!}{2!} = 30240$$

$$C_9^5 \cdot 5! = 15120$$

56120

Die Anzahl der verlangten Zahlen ist demnach:

$$848480 - 56120 = 792360$$

Aufgabe 401. Man hat weisse, schwarze, rote, gelbe, grüne und blaue nummerierte Kugeln, aus denen je fünf ausgewählt werden sollen, so dass die weissen und schwarzen wenigstens einmal, die gelben und grünen wenigstens zweimal, die blauen und roten wenigstens dreimal genommen werden. Auf wie viele Arten kann die Auswahl geschehen?

Auflösung. Die Aufgabe wird dargestellt durch das Symbol:

$$V^5\left(a_1\, a_2\, a_3^2\, a_4^2\, a_5^3\, a_6^3\right)$$

worin $a_1\, a_2$ die weissen und schwarzen, a_3, a_4 die gelben und grünen, a_5, a_6 die roten und blauen Kugeln bedeuten. Man hat hier nach Frage 162:

$$n_1 = 2,\ n_2 = 4,\ n_3 = 6,\ n_4 = 6,\ n_5 = 6$$

da die Wiederholung bis zum Klassenexponenten fortgesetzt werden kann.

Es sind die Typen:

113, 122, 23, 14, 5

Preisgekrönt in Frankfurt a. M. 1881.

Der **ausführliche Prospekt** und das **ausführliche Inhaltsverzeichnis** der „vollständig gelösten Aufgabensammlung von Dr. Ad. Kleyer" kann von jeder Buchhandlung, sowie von der Verlagshandlung **gratis und portofrei** bezogen werden

Bemerkt sei hier nur:

1). Jedes Heft ist aufgeschnitten und gut brochiert um den **sofortigen** und **dauernden** Gebrauch zu gestatten

2). Jedes Kapitel enthält sein besonderes Titelblatt, Inhaltsverzeichnis, Berichtigungen und Erklärungen am Schlusse desselben.

3). Auf jedes einzelne Kapitel kann abonniert werden.

4). Monatlich erscheinen 3—4 Hefte zu dem **Abonnementspreise** von 25 Pfg. pro Heft

5). Die **Reihenfolge** der Hefte im nachstehenden, kurz angedeuteten Inhaltsverzeichnis ist, **wie aus dem Prospekt ersichtlich, ohne jede Bedeutung** für die Interessenten.

6). Das Werk enthält **Alles**, was sich überhaupt auf mathematische Wissenschaften bezieht, alle Lehrsätze, Formeln und Regeln etc. mit Beweisen, alle praktischen Aufgaben in vollständig gelöster Form mit Anhängen ungelöster analoger Aufgaben und vielen vortrefflichen Figuren.

7). Das Werk ist ein **praktisches Lehrbuch für Schüler aller Schulen**, das **beste Handbuch** für Lehrer und Examinatoren, **das vorzüglichste Lehrbuch zum Selbststudium, das vortrefflichste Nachschlagebuch** für Fachleute und Techniker jeder Art.

8). Alle Buchhandlungen nehmen Bestellungen entgegen.

Das vollständige

Inhaltsverzeichnis

der bis jetzt erschienenen Hefte

kann durch jede Buchhandlung bezogen werden.

Halbjährlich erscheinen Nachträge über die inzwischen neu erschienenen Hefte.

Druck von Carl Hammer in Stuttgart

Vollständig gelöste Aufgaben-Sammlung

— nebst Anhängen ungelöster Aufgaben, für den Schul- & Selbstunterricht —
mit
Angabe und Entwicklung der benutzten Sätze, Formeln, Regeln, in Fragen und Antworten
erläutert durch
viele Holzschnitte & lithograph. Tafeln,
aus allen Zweigen
der Rechenkunst, der niederen (Algebra, Planimetrie, Stereometrie, ebenen u. sphärischen Trigonometrie, synthetischen Geometrie etc.) u. höheren Mathematik (höhere Analysis, Differential- u. Integral-Rechnung, analytische Geometrie der Ebene u. des Raumes etc.); — aus allen Zweigen der Physik, Mechanik, Graphostatik, Chemie, Geodäsie, Nautik, mathemat. Geographie, Astronomie; des Maschinen-, Strassen-, Eisenbahn-, Wasser-, Brücken- u. Hochbau's; der Konstruktionslehren als: darstell. Geometrie, Polar- u. Parallel-Perspektive, Schattenkonstruktionen etc. etc.
für
Schüler, Studierende, Kandidaten, Lehrer, Techniker jeder Art, Militärs etc.
zum einzig richtigen und erfolgreichen
Studium, zur **Forthülfe** bei Schularbeiten und zur **rationellen Verwertung** der exakten Wissenschaften,
herausgegeben von

Dr. Adolph Kleyer,
Mathematiker, vereideter königl. preuss. Feldmesser, vereideter grossh. hessischer Geometer I. Klasse
in **Frankfurt a. M.**

unter Mitwirkung der bewährtesten Kräfte.

Kombinatorik

oder

Die Lehre von den kombinatorischen Operationen.

(Permutation, Kombination, Variation.)

(Nach System Kleyer bearbeitet von Prof. **H. Staudacher.**

Fortsetzung v. Heft 1194. — Seite 241—256.

Inhalt:

Gelöste und ungelöste Aufgaben über die Variationen mit Wiederholung.

Stuttgart 1893.
Verlag von Julius Maier.

Preisgekrönt in Frankfurt a. M. 1881.

PROSPEKT.

Dieses Werk, welchem kein ähnliches zur Seite steht, erscheint monatlich in 3—4 Heften zu dem **billigen Preise** von 25 ₰ pro Heft und bringt eine Sammlung der wichtigsten und praktischsten **Aufgaben aus dem Gesamtgebiete der Mathematik, Physik, Mechanik, math. Geographie, Astronomie,** des **Maschinen-, Strassen-, Eisenbahn-, Brücken- und Hochbaues,** des **konstruktiven Zeichnens** etc. etc. und zwar in **vollständig gelöster Form,** mit **vielen Figuren, Erklärungen** nebst Angabe und **Entwickelung** der **benutzten Sätze, Formeln, Regeln in Fragen** mit **Antworten** etc., so dass die Lösung jedermann verständlich sein kann, bezw. wird, wenn eine grössere Anzahl der Hefte erschienen ist, **da dieselben sich in ihrer Gesamtheit ergänzen** und alsdann auch **alle** Teile der **reinen** und **angewandten** Mathematik — nach besonderen selbständigen Kapiteln angeordnet — vorliegen.

Fast jedem Hefte ist ein **Anhang** von **ungelösten** Aufgaben beigegeben, welche der eigenen Lösung (in analoger Form wie die bezüglichen gelösten Aufgaben) des Studierenden überlassen bleiben, und zugleich von den Herren Lehrern für den Schulunterricht benutzt werden können. Die **Lösungen** hierzu werden später in besonderen Heften für die Hand des Lehrers erscheinen. Am Schlusse eines jeden Kapitels gelangen: Titelblatt, Inhaltsverzeichnis Berichtigungen und erläuternde Erklärungen über das betreffende Kapitel zur Ausgabe.

Das Werk behandelt zunächst den Hauptbestandteil des mathematisch-naturwissenschaftlichen Unterrichtsplanes folgender Schulen: **Realschulen I. und II. Ordn., gleichberechtigten höheren Bürgerschulen, Privatschulen, Gymnasien, Realgymnasien, Progymnasien, Schullehrer-Seminaren, Polytechniken, Techniken, Baugewerkschulen, Gewerbeschulen, Handelsschulen, techn.** Vorbereitungsschulen aller Arten, **gewerbliche Fortbildungsschulen, Akademien, Universitäten, Land- und Forstwissenschaftsschulen, Militärschulen, Vorbereitungs-Anstalten** aller Arten als z. B. für das **Einjährig-Freiwillige- und Offiziers-Examen** etc.

Die **Schüler, Studierenden** und **Kandidaten** der mathematischen, technischen und naturwissenschaftlichen Fächer werden durch diese, **Schritt für Schritt gelöste,** Aufgabensammlung **immerwährend** an ihre in der Schule erworbenen oder nur gehörten Theorien etc. erinnert und wird ihnen hiermit der Weg zum **unfehlbaren** Auffinden der Lösungen derjenigen Aufgaben gezeigt, welche sie bei ihren **Prüfungen** zu lösen haben, zugleich aber auch die **überaus grosse Fruchtbarkeit** der mathematischen Wissenschaften vorgeführt.

Dem **Lehrer** soll mit dieser Aufgabensammlung eine kräftige Stütze für den Schul-Unterricht geboten werden, indem zur Erlernung des **praktischen Teils** der mathematischen Disciplinen — **zum Auflösen von Aufgaben** — in den meisten Schulen oft keine Zeit erübrigt werden kann, **hiermit** aber dem Schüler bei seinen häuslichen Arbeiten eine vollständige Anleitung in die Hände gegeben wird, **entsprechende Aufgaben zu lösen,** die gehabten **Regeln, Formeln, Sätze** etc. **anzuwenden** und **praktisch zu verwerten.** Lust, Liebe und Verständnis für den Schulunterricht wird dadurch erhalten und belebt werden.

Den **Ingenieuren, Architekten, Technikern** und Fachgenossen aller Art, **Militärs** etc. etc. soll diese Sammlung **zur Auffrischung** der erworbenen und vielleicht vergessenen mathematischen Kenntnisse dienen und zugleich durch ihre **praktischen in allen Berufszweigen vorkommenden Anwendungen** einem **toten Kapital lebendige Kraft** verleihen und somit den **Antrieb** zu weiteren **praktischen Verwertungen** und **weiteren Forschungen** geben.

Alle Buchhandlungen nehmen Bestellungen entgegen. Wichtige und praktische Aufgaben werden mit Dank von der Redaktion entgegengenommen und mit Angabe der Namen verbreitet. — Wünsche, Fragen etc., welche die Redaktion betreffen, nimmt der Verfasser, Dr. Kleyer, Frankfurt a. M., Fischerfeldstrasse 16, entgegen, und wird deren Erledigung thunlichst berücksichtigt.

Stuttgart. **Die Verlagshandlung.**

herzustellen, (da nur zwei einfache Elemente vorhanden sind), woraus als Variationszahlen sich folgende ergeben:

$$C_2^2 \cdot C_4^1 \cdot \frac{5!}{3!} = 80$$

$$C_2^1 \cdot C_3^2 \cdot \frac{5!}{2!\,2!} = 180$$

$$C_4^1 \cdot C_5^1 \cdot \frac{5!}{2!\,3!} = 200$$

$$C_2^1 \cdot C_5^1 \cdot \frac{5!}{4!} = 50$$

$$C_5^1 \cdot \frac{5!}{5!} = 6$$

Summe aller Anordnungen: 516

Aufgabe 402. Wie gross ist die Anzahl derjenigen Glieder der Potenzentwicklung:

$$(a_1 + a_2 + \cdots + a_8)^6,$$

in denen irgend ein Element wenigstens in der dritten Potenz erscheint?

Erkl. 246. Die Anzahl der wirklich verschiedenen Glieder wird durch die Kombinationszahlen vorgestellt, beträgt also:

$$280 + 336 + 28 + 168 + 56 + 56 + 8 = 932$$

Auflösung. Die verlangten Glieder sind diejenigen Variationen sechster Klasse der Elemente $a_1 \cdots a_8$, welche den Typen:

1113, 123, 33, 114, 24, 15, 6

entsprechen. Hier ist:

$$n_1 = n_2 = \cdots = n_6 = 3$$

folglich ergeben sich folgende Variationszahlen:

$$C_8^3 \cdot C_5^1 \cdot \frac{6!}{3!} = 33600$$

$$C_8^1 \cdot C_7^1 \cdot C_6^1 \cdot \frac{6!}{2!\,3!} = 20160$$

$$C_8^2 \cdot \frac{6!}{3!\,3!} = 560$$

$$C_8^2 \cdot C_6^1 \cdot \frac{6!}{4!} = 5040$$

$$C_8^1 \cdot C_7^1 \cdot \frac{6!}{2!\,4!} = 840$$

$$C_8^1 \cdot C_7^1 \cdot \frac{6!}{5!} = 336$$

$$C_8^1 \cdot \frac{6!}{6!} = 8$$

60544

Aufgabe 403. Die Anzahl der Glieder des vorgenannten Polynoms anzugeben, in denen irgend ein Element höchstens in der 3. Potenz erscheint.

Auflösung. Die hieher gehörigen Typen sind:

111111, 11112, 1113, 1122, 122, 222, 33

und die entsprechenden Variationszahlen:

$$C_8^6 \cdot 6! = 20160$$
$$C_8^4 \cdot C_4^1 \cdot \frac{6!}{2!} = 100800$$
$$C_8^3 \cdot C_5^1 \cdot \frac{6!}{3!} = 33600$$
$$C_8^2 \cdot C_6^2 \cdot \frac{6!}{2!\,2!} = 75600$$
$$C_8^1 \cdot C_7^1 \cdot C_6^1 \cdot \frac{6!}{2!\,3!} = 20160$$
$$C_8^3 \cdot \frac{6!}{2!\,2!\,2!} = 5040$$
$$C_8^2 \cdot \frac{6!}{3!\,3!} = 560$$
$$\overline{255920}$$

Aufgabe 404. Wie viele Glieder enthält das Polynom:

$$(a_1 + a_2 + a_3)^7$$

in denen irgend ein Element gerade in der vierten Potenz erscheint?

Auflösung. Die Anzahl der Glieder, in denen irgend ein Element wenigstens in der vierten Potenz erscheint, folgt aus den Typen:

115, 124, 34, 25, 16, 7

deren Variationszahlen sind:

$$C_3^2 \cdot C_1^1 \cdot \frac{7!}{5!} = 126$$
$$C_3^1 \cdot C_2^1 \cdot C_1^1 \cdot \frac{7!}{2!\,4!} = 630$$
$$C_3^1 \cdot C_2^1 \cdot \frac{7!}{3!\,4!} = 210$$
$$C_3^1 \cdot C_2^1 \cdot \frac{7!}{2!\,5!} = 126$$
$$C_3^1 \cdot C_2^1 \cdot \frac{7!}{6!} = 42$$
$$C_3^1 \cdot \frac{7!}{7!} = 3$$
$$\overline{1137}$$

Die Anzahl der Glieder, welche ein Element wenigstens in der 5. Potenz enthalten, ist ferner aus den Typen:

115, 25, 16, 7

nach vorstehender Berechnung:

$$126 + 126 + 42 + 3 = 297.$$

Die Anzahl der verlangten Glieder demnach:

$$1137 - 297 = 840$$

Aufgabe 405. Wie viele Wörter lassen sich aus 21 Konsonanten und 5 Vokalen bilden, wenn jedes Wort 4 Konsonanten und 2 Vokale enthalten soll und solche Wörter, in denen mindestens 3 Konsonanten aufeinander folgen, ausgeschlossen werden?

Auflösung. Nach Frage 156 ist zu berechnen wie viele Komplexionen des Ausdruckes:

$${}^{w}V_2 (a_1 \cdots a_{21};\; b_1 \cdots b_5)_{4,\,2}$$

Gruppen von mindestens 3 Elementen a enthalten, und sind diese von der Gesamtzahl der Variationen des vorstehenden Ausdruckes zu subtrahieren.

Letztere Anzahl ist:

$$\frac{6!}{4!\,2!}\,{}^{w}V_{21}^{4}\cdot{}^{w}V_{5}^{3} = 364651875$$

Erstere hingegen:

$$\frac{(4-3+2)!}{1!\,2!}\,{}^{w}V_{21}^{4}\cdot{}^{w}V_{5}^{3}(1+2) = 218791125$$

Folglich die Anzahl der gesuchten Wörter:

$$364651875 - 218791125 = 145860750$$

Aufgabe 406. Wie viele fünfziffrige Zahlen gibt es, welche:

1) lauter gleiche Ziffern,
2) zwei verschiedene Ziffern,
3) drei „ „
4) vier „ „
4) fünf „ „

enthalten?

Erkl. 247. Das Verhalten der Null ist das eines Elementes, welches in verschiedene Fächer gebracht werden kann und zwar stehen bei einer $(n+1)$ziffrigen Zahl n Stellen als solche Fächer zur Verfügung, in welche eine, oder zwei ··· bis n Nullen verteilt werden können. Soll die $(n+1)$ziffrige Zahl nur eine Null enthalten, so bildet man die Variationszahl der übrigen Ziffern (1 ··· 9) zur $n$ten Klasse (nach dem für ihre Zusammensetzung vorgeschriebenen Typus) und multipliziert dieselbe mit der Anzahl der Verteilungen, welche mit der Null stattfinden können, d. h. hier (nach Aufgabe 145) mit:

$$C_n^1;$$

sollen zwei Nullen in die Zahl eintreten, so vermehrt sich die Anzahl der Komplexionen der übrigen Ziffern dadurch (Aufgabe 145):

$$C_n^2$$

mal u. s. w., endlich für n Nullen:

$$C_n^n = 1$$

mal.

Hienach sind die Variationszahlen in der Auflösung für jeden einzelnen Typus berechnet.

Erkl. 248. Die Summe aller gefundenen Variationszahlen beträgt:

$$90000 = {}^{w}V_{10}^{5} - {}^{w}V_{10}^{4}$$

d. h. gleich der Anzahl aller fünfziffrigen Zahlen, wodurch die Probe für die Richtigkeit erbracht ist.

Auflösung. Die fünfziffrigen Zahlen können nach folgenden Typen gebildet sein:

1) 5 d. h. gleiche Ziffern,
2) 41, 32 d. h. zwei verschiedene Ziffern,
3) 311, 221 d. h. drei „ „
4) 2111 d. h. vier „ „
5) 11111 d. h. fünf „ „

Ferner ist zu beachten, dass nur die Ziffern 1 bis 9 an allen Stellen stehen, die 0 aber nur von der zweiten Stelle ab vorkommen kann. Ueber den Einfluss derselben auf die Zahl der Variationen siehe nebenstehende Erklärung 247.

1) Zahlen mit gleichen Ziffern:

$$C_9^1 = 9$$

2) Zahlen mit zwei verschiedenen Ziffern:

a. Typus 41:

ohne Nullen: $C_9^1\cdot C_8^1\cdot\frac{5!}{4!} = 360$

mit 1 Null: $C_9^1\cdot C_4^1 = 36$

„ 4 Nullen: $C_9^1\cdot C_4^4 = 9$

b. Typus 32:

ohne Nullen: $C_9^1\cdot C_8^1\cdot\frac{5!}{3!\,2!} = 720$

mit 2 Nullen: $C_9^1\cdot C_4^2 = 54$

„ 3 „ : $C_9^1\cdot C_4^3 = 36$

3) Zahlen mit drei verschiedenen Ziffern:

a. Typus 311:

ohne Nullen: $C_9^1\cdot C_8^2\cdot\frac{5!}{3!} = 5040$

mit 1 Null: $C_9^1\cdot C_8^1\cdot\frac{4!}{3!}C_4^1 = 1152$

„ 3 Nullen: $C_9^2\cdot 2!\cdot C_4^3 = 288$

b. Typus 221:

ohne Nullen: $C_9^2 \cdot C_7^1 \cdot \frac{5!}{2!2!} = 7560$

mit 1 Null: $C_9^2 \cdot \frac{4!}{2!2!} C_4^1 = 864$

„ 2 Nullen: $C_9^1 \cdot C_8^1 \cdot \frac{3!}{2!} C_4^2 = 1296$

4) Zahlen mit vier verschiedenen Ziffern: Typus 2111:

ohne Nullen: $C_9 \cdot C_8^3 \cdot \frac{5!}{2!} = 30240$

mit 1 Null: $C_9^1 \cdot C_8^2 \cdot \frac{4!}{2!} C_4^1 = 12096$

„ 2 Nullen: $C_9^3 \cdot 3!\, C_4^2 = 3024$

5) Zahlen mit fünf verschiedenen Ziffern: Typus 11111:

ohne Nullen: $C_9^5 \cdot 5! = 15120$

mit 1 Null: $C_9^4 \cdot 4!\, C_4^1 = 12096$

Erkl. 249. Man könnte den Variationszahlen der verschiedenen Typen auch nach der Methode in Frage 172 bestimmen (siehe Aufgabe 415), doch ist die hier gezeigte Methode im allgemeinen viel einfacher und kürzer.

Aufgabe 407. Die Anzahl der zehnziffrigen Zahlen anzugeben, in denen zwei verschiedene Ziffern je einmal, zwei andere Ziffern je zweimal und noch eine andere viermal vorkommt.

Auflösung. Die verlangten Zahlen müssen nach dem Typus:

11224

gebildet sein. Mit Ausschluss der Null sind die hieher gehörigen Zahlen in dem Ausdrucke:

$$V(1 \cdots 9;\ 1^2 \cdots 9^2;\ 1^4 \cdots 9^4)_{2,2,1}$$

enthalten und ist ihre Anzahl:

$$C_9^2 \cdot C_7^2 \cdot C_5^1 \cdot \frac{10!}{2!2!4!} = 112884000$$

Ferner gibt es Zahlen der verlangten Art, in denen die Null einmal, zweimal oder viermal vorkommen kann:

Mit 1 Null:

$$C_9^1 C_8^2 \cdot C_6^1 \cdot \frac{9!}{2!2!4!} \cdot C_9^1 = 51438249$$

Mit 2 Nullen:

$$C_9^2 \cdot C_7^1 \cdot C_6^1 \frac{8!}{2!4!} \cdot C_9^2 = 45722880$$

Mit 4 Nullen:

$$C_9^2 C_7^1 \cdot \frac{6!}{2!2!} \cdot C_9^4 = 17146080$$

Folglich die Anzahl aller verlangten Zahlen:

227191200

Aufgabe 408. Auf wie viele Arten lassen sich weisse, gelbe, rote, grüne, blaue, schwarze Kugeln so in fünf Fächer verteilen, dass stets nur drei Fächer mit je einer Kugel besetzt werden und Wiederholungen der Farben zugelassen sind? Wie viele Verteilungen gibt es, wenn acht Fächer vorhanden sind und jedesmal sechs davon besetzt werden?

Auflösung. Von 6 Elementen sollen hier je 3 in fünf Fächer verteilt werden. Nach Frage 167 ist also die Anzahl der Verteilungen (mit Wiederholung):

$$C_5^3 \cdot {}^wV_6^3 = 10 \cdot 6^3 = 2160$$

Sind acht Fächer vorhanden, von denen je sechs mit je einer Kugel besetzt werden, so wird die Anzahl der Verteilungen:

$$C_8^6 \cdot {}^wV_6^6 = 28 \cdot 6^6 = 1306368$$

Aufgabe 409. Acht schwarze Nummern und fünf rote sollen auf 9 Fächer so verteilt werden, dass jedesmal 4 mit schwarzen und 3 mit roten Nummern besetzt seien; die gleichen Nummern sind in genügender Zahl vorhanden, um so oft als möglich wiederholt werden zu können. Wie viele Besetzungen gibt es, wenn kein Fach mehr als eine Nummer enthalten darf?

Auflösung. Nach Frage 168 hat man zwei Reihen von 8 und 5 Elementen und sollen von der ersteren 4, von der letzteren 3 Elemente in 9 Fächer mit Wiederholung verteilt werden.

Die Anzahl der Verteilungen ist dann:

$$C_9^4 \cdot C_5^3 \cdot {}^wV_8^4 \cdot {}^wV_5^3 = \frac{9!}{4!\,3!\,2!} 8^4 \cdot 5^3$$
$$= 645120000$$

Aufgabe 410. Die Variationen ohne Wiederholung bei beschränkter Stellenbesetzung aus folgenden Reihen zu bilden:

$a_1 a_2$
$a_1 a_2 a_3$
$a_1 a_2 a_3 a_4$
$a_1 a_2 a_3 a_4 a_5$

Auflösung. Hier dürfen die Zeiger 1, 2 auf allen Stellen erscheinen, der Zeiger 3 erst von der zweiten an, 4 von der dritten an, 5 nur in der vierten Stelle.

Die Komplexionen sind also:

$a_1 a_2 a_3 a_4$	$a_1 a_3 a_2 a_4$	$a_2 a_1 a_3 a_4$	$a_2 a_3 a_1 a_4$
$a_1 a_2 a_3 a_5$	$a_1 a_3 a_2 a_5$	$a_2 a_1 a_3 a_5$	$a_2 a_3 a_1 a_5$
$a_1 a_2 a_4 a_3$	$a_1 a_3 a_4 a_2$	$a_2 a_1 a_4 a_3$	$a_2 a_3 a_4 a_1$
$a_1 a_2 a_4 a_5$	$a_1 a_3 a_4 a_5$	$a_2 a_1 a_4 a_5$	$a_2 a_3 a_4 a_5$

Aufgabe 411. Die Variation mit Wiederholung bei beschränkter Stellenbesetzung aus den Elementenreihen:

12
123
12345

zu bilden.

Auflösung. Die Komplexionen sind zur dritten Klasse zu bilden, so dass die Zeiger 1, 2 auf allen Stellen, 3 von der zweiten an, 4 und 5 nur auf der letzten Stelle stehen; sie sind demnach:

111	121	131	211	221	231
112	122	132	212	222	232
113	123	133	213	223	233
114	124	134	214	224	234
115	125	135	215	225	235

Aufgabe 412. Wie gross ist die Anzahl der Variationen aus fünf Reihen von 3, 5, 6, 9, 10 Elementen bei beschränkter Stellenbesetzung:

a) ohne Wiederholung,

b) mit Wiederholung?

Auflösung. Nach Frage 170 hat man aus dort entwickelter Formel:

a) ohne Wiederholung:

$$3(5-1)(6-2)(9-3)(10-4) = 3\cdot 4\cdot 4\cdot 6\cdot 6 = 1728$$

Komplexionen;

b) mit Wiederholung:

$$3\cdot 5\cdot 6\cdot 9\cdot 10 = 8100$$

Komplexionen.

Aufgabe 413. Die Variationen mit beschränkter Stellenbesetzung aus den Reihen:

$$a_1\,a_2\,a_3$$
$$a_1\,a_2\,a_3\,a_4$$
$$a_1\,a_2\,a_3\,a_4$$
$$a_1\,a_2\,a_3\,a_4\,a_5$$

zu bilden, wenn zwei Elemente je zweimal gesetzt werden dürfen.

Auflösung. Nach Frage 171 werden die gesuchten Variationen folgende:

$a_1 a_1 a_2 a_2$	$a_1 a_2 a_2 a_1$	$a_2 a_3 a_2 a_3$	$a_3 a_3 a_1 a_1$
$a_1 a_1 a_3 a_3$	$a_1 a_3 a_3 a_1$	$a_2 a_3 a_3 a_2$	$a_3 a_2 a_2 a_3$
$a_1 a_1 a_4 a_4$	$a_1 a_4 a_4 a_1$	$a_2 a_2 a_4 a_4$	$a_3 a_2 a_3 a_2$
$a_1 a_2 a_1 a_2$	$a_2 a_1 a_1 a_2$	$a_2 a_4 a_2 a_4$	$a_3 a_3 a_2 a_2$
$a_1 a_3 a_1 a_3$	$a_2 a_1 a_2 a_1$	$a_2 a_4 a_4 a_2$	$a_3 a_3 a_4 a_4$
$a_1 a_4 a_1 a_4$	$a_2 a_2 a_1 a_1$	$a_3 a_1 a_1 a_3$	$a_3 a_4 a_3 a_4$
	$a_2 a_2 a_3 a_3$	$a_3 a_1 a_3 a_1$	$a_3 a_4 a_4 a_3$

Aufgabe 414. Die Anzahl der Variationen bei beschränkter Stellenbesetzung aus den Reihen:

$$a_1\,a_2 \cdots a_{n_1}$$
$$a_1\,a_2 \cdots\cdots a_{n_2}$$
$$a_1\,a_2 \cdots\cdots\cdots a_{n_3}$$
$$a_1\,a_2 \cdots\cdots\cdots\cdots a_{n_4}$$
$$a_1\,a_2 \cdots\cdots\cdots\cdots\cdots a_{n_5}$$

für die Form:

$$a_1^3\,a_2\,a_3 \text{ (Typus 311)}$$

zu finden.

Auflösung. Nach dem allgemeinen Verfahren in Frage 172 ist hier:

$$k = 5, \quad m = 3$$

folglich die Anzahl der Gruppierungen:

$$C_4^2 = 6$$

Die besetzten Stellen folgen aus:

$$C^2(2, 3, 4, 5) = 23,\ 24,\ 25,\ 34,\ 35,\ 45$$

wozu überall noch die Stelle 1 gehört, folglich ist die Anzahl der Komplexionen in den sechs Gruppierungen:

I. $n_1(n_2 - 1)(n_3 - 2)$
II. $n_1(n_2 - 1)(n_4 - 2)$
III. $n_1(n_2 - 1)(n_5 - 2)$
IV. $n_1(n_3 - 1)(n_4 - 2)$
V. $n_1(n_3 - 1)(n_5 - 2)$
VI. $n_1(n_4 - 1)(n_5 - 2)$

Da ferner:

$${}^{w}C^2(1, 2, 3) = 11,\ 12,\ 13,\ 22,\ 23,\ 33$$

so sind die Grössen n' für die beiden freien Stellen:

	Gruppierung					
	I:	II:	III:	IV:	V:	VI:
$n_1' =$	3	2	2	1	1	1
$n_2' =$	3	3	2	3	2	1

Erkl. 250. Für die Reihen, in denen:

$$n_1 = 2,\ n_2 = 2,\ n_3 = n_4 = n_5 = 4$$

ist, beträgt also die Anzahl der Variationen des Typus:

$$a_1^3\,a_2\,a_3$$

$$2(3\cdot 2 + 2\cdot 2 + 2\cdot 2 + 3\cdot 2 + 3\cdot 2 + 3\cdot 2) = 64$$

Dieselben lauten (wenn nur die Zeiger geschrieben werden):

11123	11231	11421	12223
11124	11241	11431	12224
11132	11312	12113	12232
11134	11314	12114	12242
11142	11321	12131	12322
11143	11341	12141	42422
11213	11412	12311	12333
11214	11413	12411	12444
21113	21232	22132	22312
21114	21242	22142	22314
21131	21322	22213	22321
21141	21422	22214	22324
21311	21333	22231	22341
21411	21444	22241	22342
21223	22123	22234	22412
21224	22124	22243	22421

Die noch freien Stellen müssen nach der Form:

$$a_1^2 \text{ (Typus 2)}$$

besetzt werden; für diese Form ist nach Frage 173 (2. Klasse) die Anzahl der Variationen:

$$n_1;$$

Demnach wird:

$$Z = n_1' \;(n_2' \text{ fällt ganz aus})$$

also:

$$Z_1 = 3,\; Z_2 = 2,\; Z_3 = 2,$$
$$Z_4 = 1,\; Z_5 = 1,\; Z_6 = 1$$

Mit diesen Koëffizienten sind die für die einzelnen Gruppierungen oben angegebenen Variationszahlen zu multiplizieren. Die Gesamtzahl aller Variationen nach dem Typus:

$$a_1^3\, a_2\, a_3$$

ist also:

$$n_1\,[3\,(n_2-1)\,(n_3-2) + 2\,(n_2-1)\,(n_4-2) + 2\,(n_2-1)\,(n_5-2)$$
$$+ (n_3-1)\,(n_4-2) + (n_3-1)\,(n_5-2) + (n_4-1)\,(n_5-2)]$$

Aufgabe 415. Die Anzahl der fünfziffrigen Zahlen nach dem Typus 221 (s. Aufgabe 406) oder:

$$a_1^2\, a_2^2\, a_3$$

zu finden.

Auflösung. Man setzt hier als gegebene Reihen voraus:

$$a_1\, a_2 \cdots a_9$$
$$a_1\, a_2 \cdots a_9\, a_{10}$$
$$a_1\, a_2 \cdots a_9\, a_{10}$$
$$a_1\, a_2 \cdots a_9\, a_{10}$$
$$a_1\, a_2 \cdots a_9\, a_{10}$$

Hier bedeuten die Elemente $a_1 \cdots a_9$ die Ziffern 1 bis 9, welche auf allen Stellen stehen können, a_{10} bedeutet die Null, welche erst von der zweiten Stelle an erscheinen darf. Man hat also:

$$n_1 = 9\,,\quad n_2 = n_3 = n_4 = n_5 = 10$$
$$k = 5\,,\quad m = 3$$

Die Gruppierungen und die Anzahl der ihnen zugehörigen Komplexionen sind wieder dieselben wie in der vorigen Aufgabe und auch n_1' und n_2' haben wieder dieselben nämlichen Werte.

Die noch freien Stellen müssen aber jetzt nach dem Typus:

$$a_1\, a_2$$

besetzt werden, für welchen nach Frage 173 (2. Klasse) die Anzahl:

$$Z = n_1'\,(n_2' - 1)$$

wird. Dadurch ergibt sich:

$$Z_1 = 6,\; Z_2 = 4,\; Z_3 = 2,\; Z_4 = 2,\; Z_5 = 1,\; Z_6 = 0$$

und die Anzahl der gesuchten Zahlen:

$$6 \cdot 9 \cdot 9 \cdot 8 + 4 \cdot 9 \cdot 9 \cdot 8 + 2 \cdot 9 \cdot 9 \cdot 8 + 2 \cdot 9 \cdot 9 \cdot 8 + 9 \cdot 9 \cdot 8 = 15 \cdot 9 \cdot 9 \cdot 8 = 9720$$

ebenso in Aufgabe 406.

Erkl. 251. Der allgemeine Ausdruck für die Anzahl der Variationen des Typus $a_1^2\, a_2^2\, a_3$ ist dann:

$$n_1\,[6\,(n_2-1)\,(n_3-2) + 4\,(n_2-1)\,(n_4-2)$$
$$+ 2\,(n_2-1)\,(n_5-2) + 2\,(n_3-1)\,(n_4-2)$$
$$+ (n_3-1)\,(n_5-2)]$$

Aufgabe 416. Jemand wirft mit drei Klötzchen (im erweiterten Sinne auch „Würfel“ genannt). Das erste hat 2 numerierte Flächen, das zweite 3, das dritte 4 solche. Wie viel verschiedene Würfe sind möglich?

Erkl. 252. Die verschiedenen Würfe sind:

1) 111, 222

2) 112, 121, 133, 221, 232
113, 121, 211, 223, 233
114, 131, 212, 224

3) 123, 132, 213, 231
124, 134, 214, 234

Auflösung. Man hat hier die Elementenreihen, nämlich die Nummern der drei „Würfel“:

1 2
1 2 3
1 2 3 4

Die Nummern 1, 2 können auf jedem Würfel erscheinen, 3 nur auf dem zweiten und dritten, 4 nur auf dem dritten. Bei den einzelnen Würfen können folgende Typen vorkommen:

1) a_1^3 (3) d. h. eine Zahl dreimal,

2) $a_1^2 a_2$ (21) d. h. eine Zahl zweimal, eine andere einmal,

3) $a_1 a_2 a_3$ (111) jede Zahl einmal.

Die Anzahl der Variationen sind für diese Typen bereits in Frage 173 gefunden, nämlich für:

1) n_1

2) $2n_1(n_2 - 1) + n_1(n_3 - 1)$

3) $n_1(n_2 - 1)(n_3 - 2)$

Da nun hier:

$$n_1 = 2, \quad n_2 = 3, \quad n_3 = 4$$

so erhält man:

$$2 + 14 + 8 = 24$$

Würfe.

Aufgabe 417. Die Permutationen ohne Wiederholung mit beschränkter Stellenbesetzung zu bilden, wenn die Elemente:

a, b, ...	von der 1. Stelle an	
a, b, c . . .	„ „ 2. „ „	
a, b, c, d, e .	„ „ 4. „ „	

auftreten dürfen.

Auflösung. Die verlangten Permutationen sind folgende acht:

abcde *bacde*
abced *baced*
acbde *bcade*
acbed *bcaed*

Aufgabe 418. Die Anzahl der Permutationen ohne Wiederholung anzugeben, wenn:

von der 1. Stelle an die Elemente	1, 2, 3
„ „ 3. „ „ „ „	4, 5, 6
„ „ 4. „ „ „ „	7, 8
„ „ 5. „ „ „ „	9
„ „ 7. „ „ „ „	0

stehen dürfen.

Auflösung. Es sind die Permutationen von 10 Elementen zu bilden, von denen stehen können:

an der 1. Stelle	1, 2, 3	$n_1 = 3$
„ „ 2. „	1, 2, 3	$n_2 = 3$
„ „ 3. „	1, 2, 3, 4, 5, 6	$n_3 = 6$
„ „ 4. „	1, 2, 3, 4, 5, 6, 7, 8	$n_4 = 8$
„ „ 5. „	1, 2, 3, 4, 5, 6, 7, 8, 9	$n_5 = 9$

von der 6. Stelle an 1,2,3,4,5,6,7,8,9, $n_6 = 9$
„ „ 7. „ „ 1,2,3,4,5,6,7,8,9,0 $n_7 = 10$
„ „ 8. „ „ 1,2,3,4,5,6,7,8,9,0 $n_8 = 10$
„ „ 9. „ „ 1,2,3,4,5,6,7,8,9,0 $n_9 = 10$
auf „ 10. „ 1,2,3,4,5,6,7,8,9,0 $n_{10} = 10$

Die Anzahl der Permutation wird also nach Frage 174:

$$V_3^3 \cdot V_2^0 \cdot V_4^3 \cdot V_5^2 \cdot V_5^1 \cdot V_4^0 \cdot V_4^1 \cdot V_3^0 \cdot V_2^0 \cdot V_1^0 = 3\cdot2\cdot1 \times 4\cdot3\cdot2 \times 5\cdot4 \times 5 \times 4 = 57600$$

Aufgabe 419. Die Anzahl der Stellungen anzugeben, welche folgende 8 Figuren auf einem Schachbrette einnehmen können, wenn auf jeder Querreihe nur eine Figur stehen soll:

die beiden Könige auf allen Querreihen,
eine Königin nur auf den 7 letzten,
ein Springer „ „ „ 6 „
„ Turm „ „ „ 5 „
„ Läufer „ „ „ 4 „
„ weisser und ein schwarzer Bauer auf den 2 letzten.

Wie lauten alle möglichen Permutationen?

Auflösung. Man bezeichne den weissen König durch 1, den schwarzen König durch 2, die Königin durch 3, den Springer durch 4, den Turm durch 5, den Läufer durch 6, den weissen Bauer durch 7, den schwarzen durch 8.

Man hat sodann:

$$n_1 = 2$$
$$n_2 = 3$$
$$n_3 = 4$$
$$n_4 = 5$$
$$n_5 = 6$$
$$n_6 = 7$$
$$n_7 = 8$$
$$n_8 = 8$$

und die Anzahl der möglichen Stellungen:

$$V_2^2 \cdot V_2^1 \cdot V_2^1 \cdot V_2^1 V_2^1 V_2^1 \cdot V_1^0 = 2^6 = 64$$

Dieselben sind die folgenden:

12345678	13245678	21345678	23145678
12345687	13245687	21345678	23145687
12346578	13246578	21346578	23146578
12346587	13246587	21346587	23146587
12354678	13254678	21354678	23154678
12354687	13254687	21354687	23154687
12356478	13256478	21356478	23156478
12356487	13256487	21356487	23156487
12435678	13425678	21435678	23415678
12435687	13425687	21435687	23415687
12436578	13426578	21436578	23416578
12436587	13426587	21436587	23416587
12453678	13452678	21453678	23451678
12453687	13452687	21453687	23451687
12456378	13456278	21456378	23456173
12456387	13456287	21456387	23456187

Aufgabe 420. Die Anzahl der Permutationen anzugeben, wenn auftreten dürfen:

Auflösung. Man hat in diesem Falle folgende Elemente:

von der 1. Stelle an: a, a, b
„ „ 2. „ „ c, c, c
„ „ 4. „ „ d, d
„ „ 6. „ „ e

an der 1. Stelle a, a, b
„ „ 2. „ a, a, b, c, c, c
„ „ 3. „ a, a, b, c, c, c
„ „ 4. „ a, a, b, c, c, c, d, d
„ „ 5. „ a, a, b, c, c, c, d, d
„ „ 6. „ $a, a, b, c, c, c, d, d, e$
„ „ 7. bis 9. Stelle dieselben Elemente

Hier ist:

$n_1 = 3$ · · · · · mit 2 gleichen Elementen
$n_2 = 6$ $n_2 - n_1 = 3$ „ 3 „ „
$n_3 = 6$ $n_3 - n_2 = 0$
$n_4 = 8$ $n_4 - n_3 = 2$ „ 2 „ „
$n_5 = 8$ $n_5 - n_4 = 0$
$n_6 \cdots n_9 = 9$ $n_6 - n_5 = 1$

Alle folgenden Differenzen $= 0$.

Die Anzahl der Permutationen wird hiermit:

$$\frac{V_3^3}{2!} \cdot \frac{V_5^3}{3!} \cdot V_4^0 \cdot \frac{V_5^2}{2!} \cdot V_4^0 \cdot V_4^1 = 3 \cdot 10 \cdot 10 \cdot 4 = 1200$$

Aufgabe 421. Wie gross wird in Aufgabe 419 die Anzahl der Permutationen, wenn die beiden Könige und die beiden Bauern als gleich gelten, und wie heissen dieselben?

Auflösung. Bei der jetzigen Voraussetzung wird in obiger Aufgabe:

$n_1 = 2$ mit 2 gleichen Elementen,
$n_7 - n_6 = 2$ „ 2 „ „

Die Anzahl der Permutationen ist demnach:

$$\frac{V_2^2}{2!} \cdot V_2^1 \cdot V_2^1 \cdot V_2^1 \cdot V_2^1 \cdot \frac{V_2^1}{2!} = 16$$

Dieselben sind:

11234566	11324566	12134566	12314566
11235466	11325466	12135466	12315466
11243566	11342566	12143566	12341566
11245366	11345266	12145366	12345166

Aufgabe 422. Die Anzahl derjenigen Permutationen von $2n$ Elementen, unter denen je zwei gleiche sich befinden, anzugeben, in welchen nirgends eine Folge von zwei gleichen Elementen vorkommt.

Auflösung. Die gegebenen Elemente seien:

$$a_1 a_1 a_2 a_2 a_3 a_3 \cdots a_n a_n$$

Permutiert man zuerst die n verschiedenen Elemente:

$$a_1 \, a_2 \, a_3 \cdots a_n$$

so ist die Anzahl der Komplexionen:

$$P_n = A_0$$

Lässt man zu diesen a_1 hinzutreten, so ergeben sich:

$$\frac{P_{n+1}}{2!}$$

Erkl. 253. Seien die gegebenen Elemente:

$$a_1\, a_1\, a_2\, a_2\, a_3\, a_3$$

Aus $a_1\, a_2\, a_3$ erhält man zunächst:

$$P_3 = 6$$

Komplexionen. Nimmt man nochmal das Element a_1 hinzu, so entstehen:

$$\frac{P_4}{2} = 12$$

Komplexionen, unter denen $P_3 = 6$ das Doppelelement $a_1\, a_1$ enthalten, die 6 übrigen nicht. Das Gleiche gilt, wenn statt a_1 das Element a_2 oder a_3 hinzugenommen wird, so dass man 18 Permutationen aus 4 Elementen hat, welche kein doppeltes enthalten.

Bildet man die Permutationen aus:

$$a_1\, a_1\, a_2\, a_2\, a_3$$

deren Anzahl:

$$\frac{P_5}{2^2} = 30$$

ist, so sind darunter mit $a_2\, a_2$ offenbar 6, weil man zu den oben gefundenen 6 Komplexionen, die kein Doppelelement enthielten, nur das neue a_2 neben das schon vorhandene zu setzen braucht; ebenso müssen 6 Komplexionen mit $a_1\, a_1$ darunter sein. Die beiden Doppelelemente $a_1\, a_1\, a_2\, a_2$ enthalten ebenfalls 6 Komplexionen, so dass deren:

$$30 - 3 \cdot 6 = 12$$

ohne Doppelelemente sind. Ebensoviele enthalten die Permutationen aus $a_1\, a_1\, a_2\, a_3\, a_3$ und aus $a_1\, a_2\, a_2\, a_3\, a_3$, im ganzen also 36 Permutationen aus 5 Elementen, in denen kein doppeltes vorkommt.

Es sind nun noch die Permutationen von:

$$a_1\, a_1\, a_2\, a_2\, a_3\, a_3$$

zu bilden, deren Anzahl:

$$\frac{P_6}{2^3} = 90$$

ist. Davon gehen ab 12 Komplexionen, welche $a_3\, a_3$ enthalten, weil man in den vorher gefundenen 12 Komplexionen ohne Doppelelement nur a_3 zu den bereits vorhandenen zu setzen braucht; ebensoviele gehen ab mit $a_1\, a_1$ oder $a_2\, a_2$. Mit $a_1\, a_1\, a_3\, a_3$ erhält man 6, indem man in den 6 Komplexionen, welche bereits $a_1\, a_1$ enthielten (siehe oben) neben a_3 nur das neue a_3 zu setzen braucht; ebensoviele mit $a_1\, a_1\, a_2\, a_2$ und mit $a_1\, a_1\, a_3\, a_3$. Endlich geben alle 3 Doppelelemente 6 Permutationen, so dass im ganzen:

$$90 - 3 \cdot 12 - 3 \cdot 6 - 6 = 30$$

ohne Doppelelemente übrig bleiben. Dies ist die Anzahl der verlangten Permutationen aus den 6 Elementen:

$$a_1\, a_1\, a_2\, a_2\, a_3\, a_3$$

Komplexionen, von denen diejenigen wegzulassen sind, welche $a_1\, a_1$ enthalten; man findet diese Anzahl, wenn man $a_1\, a_1$ als ein Element betrachtet und mit den übrigen $n-1$ Elementen permutiert, gleich:

$$P_n;$$

folglich hat man jetzt:

$$1)\quad \frac{P_{n+1}}{2} - P_n = A_1$$

Komplexionen von $n+1$ Elementen. Tritt nun a_2 hinzu, so hat man:

$$\frac{P_{n+2}}{2 \cdot 2}$$

Permutationen, unter denen diejenigen wegzulassen sind, welche $a_1\, a_1$ oder $a_2\, a_2$ oder beide Doppelelemente enthalten. Die Anzahl der letzteren ist wieder $= P_n$ (wie sich ergibt, indem man sowohl $a_1\, a_1$ als auch $a_2\, a_2$ als ein Element betrachtet). Die Komplexionen, welche $a_2\, a_2$ allein enthalten, entstehen aus den Formen in 1), wenn man zu jeder a_2 hinzusetzt; ihre Zahl ist also ebenfalls:

$$\frac{P_{n+1}}{2} - P_n$$

und ebensoviele enthalten auch $a_1\, a_1$. Die Anzahl der übrig bleibenden Komplexionen aus $n+2$ Elementen ist demnach:

$$2)\quad \frac{P_{n+2}}{2 \cdot 2} - 2\left(\frac{P_{n+1}}{2} - P_n\right) - P_n$$

$$= \frac{P_{n+1}}{2^2} - 2A_1 - A_0 = A_2$$

Tritt zu den bisherigen Elementen noch a_3, so gibt es im ganzen:

$$\frac{P_{n+3}}{2 \cdot 2 \cdot 2}$$

Komplexionen, worunter mit $a_3\, a_3$ soviele, als 2) enthält (weil man nur a_3 zu diesen hinzuzunehmen braucht).

Ebensoviele enthalten $a_2\, a_2$ oder $a_1\, a_1$.

Es kommen aber auch Komplexionen vor, welche $a_1\, a_1$ und $a_3\, a_3$ enthalten, und zwar wieder:

$$\frac{P_{n+1}}{2} - P_n,$$

denn sie ergeben sich, wenn man in diesen Komplexionen, welche nach obigem bereits $a_1\, a_1$ enthalten, das neue a_3 neben das bereits vorhandene setzt.

Ebensoviele Komplexionen enthalten $a_1\, a_1$ und $a_2\, a_2$ und ebensoviele $a_2\, a_2$ und $a_3\, a_3$.

Man hätte also:

$$
\begin{array}{lll}
\text{aus } a_1 a_2 a_3 \cdots\cdots & 6 & \text{Kompl. ohne Doppelel.} \\
\text{„ } a_1 a_1 a_2 a_3 \\
\text{„ } a_1 a_2 a_2 a_3 & \left.\right\} 3\cdot 6 = 18 & \text{„ „ „} \\
\text{„ } a_1 a_2 a_3 a_3 \\
\text{„ } a_1 a_1 a_2 a_2 a_3 \\
\text{„ } a_1 a_1 a_2 a_3 a_3 & \left.\right\} 3\cdot 12 = 36 & \text{„ „ „} \\
\text{„ } a_1 a_2 a_2 a_3 a_3 \\
\text{„ } a_1 a_1 a_2 a_2 a_3 a_3 \cdots & 30 & \text{„ „ „} \\
\hline
\text{Summe:} & 90 = P_6^{(2,2,2)}
\end{array}
$$

Erkl. 254. Aus der in der Antwort gefundenen rekurrenten Formel für A_n folgt durch Umstellung:

$$\frac{P_{2n}}{2^n} = A_n + C_n^1 A_{n-1} + C_n^2 A_{n-2} + \cdots + C_n^n A_0$$

d. h. wenn man die Permutationen aus n verschiedenen Elementen bildet, zu diesen nach und nach 1, 2, $\cdots n$ neue Elemente, von denen jedes einem der bereits vorhandenen gleich ist, hinzutreten lässt, wobei diese neuen Elemente jedesmal auf alle möglichen Arten auszuwählen sind, und mit den vermehrten Elementen diejenigen Permutationen bildet, welche keine Folge gleicher Elemente enthalten, so ist die Summe aller erhaltenen Komplexionen gleich der Anzahl aller Permutationen von $2n$ Elementen, unter denen je zwei gleich sind.

Das Zahlenbeispiel in vorhergehender Erklärung bestätigt diesen Satz; man hat dort:

$$P_6^{(2,2,2)} = \frac{P_6}{2^3} = 30 + C_3^1 \cdot 12 + C_3^2 \cdot 6 + C_3^3 \cdot 6 = 90$$

Die Komplexionen selbst sind folgende (nach der Grösse der Zahlen geordnet):

$C_3^3 A_0 =$ 123 132 213 231 312 321

$C_3^2 A_1 =$ 1213 1231 1312 1321 2131 3121
1232 2123 2132 2312 2321 3212
1323 2313 3123 3132 3213 3231

$C_3^1 A_2 =$

12123 12132 12312 12321 13212 21213
21231 21312 21321 23121 31212 32121
12313 13123 13132 13213 13231 21313
23131 31232 32123 32132 32312 32321
12323 13232 21323 23123 23132 23213
23231 31332 32123 32132 32322 32321

$A_3 =$

121323 123123 123132 123213 123231
131232 132123 132132 132312 132321
212313 213123 213132 213213 213231
231213 231231 231312 231321 232131
312123 312132 312312 312321 313212
321213 321231 321312 321321 323121

Komplexionen endlich, welche $a_1 a_1$, $a_2 a_2$ und $a_3 a_3$ gleichzeitig enthalten, gibt es wieder:

$$P_n,$$

wie sich zeigt, wenn man die drei Doppelelemente als je eines betrachtet und sie mit den Komplexionen der übrigen verbindet.

Die Anzahl der Permutationen aus den jetzigen $n+3$ Elementen ist also:

$$\frac{P_{n+3}}{2^3} - 3\left[\frac{P_{n+2}}{2^2} - 2\left(\frac{P_{n+1}}{2} - P_n\right) - P_n\right] - 3\left[\frac{P_{n+1}}{2} - P_n\right] - P_n$$
$$= \frac{P_{n+3}}{2^3} - 3A_2 - 3A_1 - A_0 = A_3$$

Die Koëffizienten:

3, 3, 1

der drei negativen Glieder dieses Ausdruckes sind nichts anderes als die Kombinationszahlen:

$$C_3^1,\ C_3^2,\ C_3^3;$$

der erste rührt nämlich von der Vertauschung der drei Doppelelemente:

$$(a_1 a_1),\ (a_2 a_2),\ (a_3 a_3)$$

her, der zweite von deren Kombinationen zweiter Klasse:

$$(a_1 a_1)(a_2 a_2),\ (a_1 a_1)(a_3 a_3),\ (a_2 a_2)(a_3 a_3)$$

und der dritte von deren Kombinationen dritter Klasse, d. h. von:

$$(a_1 a_1)(a_2 a_2)(a_3 a_3)$$

Da Aehnliches auch bei dem Ausdruck 2) bereits stattfand, so folgt für die Anzahl der Komplexionen ohne Doppelelemente:

bei n einfachen Elementen:

$$A_0 = P_n$$

bei $n+1$ Elementen (d. h. $n-1$ einfache und ein doppeltes):

$$A_1 = \frac{P_{n+1}}{2} - C_1^1 A_0$$

bei $n+2$ Elementen ($n-2$ einfache, zwei doppelte):

$$A_2 = \frac{P_{n+2}}{2^2} - C_2^1 A_1 - C_2^2 A_0$$

bei $n+3$ Elementen ($n-3$ einfache. drei doppelte):

$$A_3 = \frac{P_{n+3}}{2^3} - C_3^1 A_2 - C_3^2 A_1 - C_3^3 A_0$$

Da die gemachten Schlüsse immer dieselben bleiben, so folgt analog:

bei $(n+k)$ Elementen ($n-k$ einfache, k doppelte):

$$A_k = \frac{P_{n+k}}{2^k} - C_k^1 A_{k-1} - C_k^2 A_{k-2} - \cdots - C_k^k A_0$$

und wenn:

$$k = n$$

gesetzt wird, dass die **Anzahl der Komplexionen ohne Doppelelemente** bei $2n$ Elementen, die sämtlich doppelt vorkommen können, ist:

$$A_n = \frac{P_{2n}}{2^n} - C_n^1 A_{n-1} - C_n^2 A_{n-2} - \cdots - C_n^n A_0$$

Ersetzt man die Grössen A durch ihre Werte, in P ausgedrückt, so ergibt sich:

$$A_0 = P_n$$

$$A_1 = \frac{P_{n+1}}{2^1} - P_n$$

$$A_2 = \frac{P_{n+2}}{2^2} - C_2^1 \frac{P_{n+1}}{2} + C_2^2 P_n$$

$$A_3 = \frac{P_{n+3}}{2^3} - C_3^1 \frac{P_{n+2}}{2^2} + C_3^2 \frac{P_{n+1}}{2} - C_3^3 P_n$$

und allgemein:

$$A_n = \frac{P_{2n}}{2^n} - C_n^1 \frac{P_{2n-1}}{2^{n-1}} + C_n^2 \frac{P_{2n-2}}{2^{n-2}} - \cdots + (-1)^n C_n^n P_n$$

(Vergl. Cantor in Zeitschr. f. M. u. Ph., Bd. II. Ebenda eine independente Formel.)

Aufgabe 423. Auf wie viele Arten können vier Ehepaare an einem runden Tische so Platz nehmen, dass niemals ein Herr neben seiner Frau sitzt?

Auflösung. Man bezeichne die Paare durch:

$$a_1 a_1, \quad a_2 a_2, \quad a_3 a_3, \quad a_4 a_4$$

und bilde die Permutationen so, dass keine gleichen Zeiger aufeinander folgen. Dies gibt:

$$A_4 = \frac{P_8}{2^4} - 4\frac{P_7}{2^3} + 6\frac{P_6}{2^2} - 4\frac{P_5}{2} + P_4 = 864$$

Anordnungen. Davon sind jedoch diejenigen auszuschliessen, bei denen der nämliche Index am Anfang und Ende der Komplexion steht, z. B.:

12324341

weil sonst an dem runden Tische 1 mit 1 zusammenkommen würde. Komplexionen, die mit 1 anfangen und enden, gibt es aber:

$A_3 = 30$ (siehe vorhergehende Aufgabe)

und ebensoviele, die mit einem andern Zeiger anfangen und enden, also im ganzen:

$$4 \cdot A_3 = 120$$

Demnach ist die Anzahl der brauchbaren Anordnungen:

$$864 - 120 = 744$$

---

f) Ungelöste Aufgaben über die Variationen mit Wiederholung.

Aufgabe 424. Diejenigen Komplexionen des Ausdruckes:

$$^{w}V^{4}(1, 2, 3, 4)$$

darzustellen, welche mit 3 anfangen.

Andeutung. Man geht von der Komplexion 3111 aus.

Aufgabe 425. Die Anzahl der Variationen von:

$$^{w}V_{n}$$

von der ersten bis zur $k$ten Klasse anzugeben. Ebenso die Anzahl der Variationen von:

$$^{w}V_{4}$$

von der vierten bis zur achten Klasse einschlüsslich.

Andeutung. Nach Frage 143.

Aufgabe 426. Wie heisst die 3994479. Variation sechster Klasse aus den 25 Buchstaben des lateinischen Alphabetes?

Andeutung. Analog der Aufgabe 373.

Aufgabe 427. Die wie vielste Variation der Buchstaben:

$$e, f, g, h, i, k, l, m, n, o, p, q, r$$

heisst KRONE? Durch Ausschliessung

1) der niedrigeren,

2) der höheren Komplexionen zu berechnen.

Andeutung. Analog der Aufgabe 374.

Aufgabe 428. Die Anzahl der Komplexionen von:

$$^{w}V^{5}(1, 2, 3, 4, 5, 6, 7)$$

anzugeben, in denen die Elemente 2, 4, 6 vorkommen.

Andeutung. Analog der Aufgabe 375.

Aufgabe 429. Die Anzahl der Komplexionen von:

$$V^{5}(1, 2, 3, 4, 5, 6, 7)$$

anzugeben, in denen die Elemente 2, 4, 6 nicht gleichzeitig vorkommen.

Andeutung. Nach Frage 150.

Aufgabe 430. Acht verschiedene Sorten nummerierter Kugeln sind gegeben, worunter zwei Sorten von besonderer Farbe, von jeder Sorte vier Stück. Wie viele verschiedene Ziehungen von je 4 Kugeln sind möglich, wenn darunter stets 2 verschiedene von der besonderen Farbe sein sollen?

Andeutung. Analog der Aufgabe 376.

Aufgabe 431. Wie gross ist die Anzahl aller sechsziffrigen Zahlen, die:

1) mit den Ziffern 7, 8, 9,
2) mit den Ziffern 0, 1, 2, 3, 4, 5, 6

geschrieben werden können?

Andeutung. Analog der Aufgabe 380.

Aufgabe 432. Wie viele verschiedene Würfe können mit vier Würfeln gemacht werden:

1) überhaupt,
2) mit einem Pasch,
3) mit drei gleichen Zahlen,
4) mit zwei verschiedenen Paschen?

Andeutung. Analog der Aufgabe 381.

Aufgabe 433. Durch die Elemente von 4 gegebenen Reihen sollen vier Normalstellen besetzt werden; wie viele Besetzungen gibt es und welches sind die möglichen Typen und die Anzahl der zugehörigen Komplexionen?

Andeutung. Analog der Aufgabe 382.

Aufgabe 434. Die Anzahl der absoluten Variationen vierter Klasse aus vier Reihen von je 8 verschiedenen Elementen anzugeben.

Andeutung. Analog der Aufgabe 383.

Aufgabe 435. Wie viele Variationen vierter Klasse aus den Reihen:

$$\begin{matrix} a_1 & a_2 & a_3 & a_4 & a_5 \\ b_1 & b_2 & b_3 & b_4 & b_5 \\ c_1 & c_2 & c_3 & c_4 & c_5 \end{matrix}$$

enthalten:

1) eine Normalstelle,
2) zwei Normalstellen,
3) drei Normalstellen?

Andeutung. Analog der Aufgabe 384.

Aufgabe 436. Man hat drei Reihen nummerierter Kugeln, in jeder Reihe sieben von folgender Farbenfolge: weiss, rot, gelb, grün, blau, violett, schwarz. Wie oft kann man je 7 Kugeln so anordnen, dass die verschiedenen Farben die oben vorgeschriebenen Stellen einnehmen:

1) überhaupt,

2) wenn aus 2 Reihen je zwei, aus der anderen drei Kugeln genommen werden,

3) wenn aus einer Reihe 4, aus einer anderen 3 Kugeln gewählt werden sollen?

Andeutung. Analog der Aufgabe 385.

Aufgabe 437. Wie oft lassen sich aus einem Kartenspiele von 36 Blättern neun Karten so neben einander legen, dass gerade 4 an ihren Rangstellen liegen.

Andeutung. Analog der Aufgabe 386.

Aufgabe 438. Die Variationen mit Wiederholung anzuschreiben, die in dem Ausdrucke:

$$^{w}V(a_1 a_2;\ b_1 b_2;\ c_1 c_2)_{1,3,2}$$

enthalten sind.

Andeutung. Analog der Aufgabe 387.

Aufgabe 439. Die Anzahl der Variationen zu bestimmen, die in folgenden Bezeichnungen enthalten sind:

1) $^{w}V(1, 2;\ 3, 4, 5;\ 6, 7, 8, 9)_{3,2,1}$

2) $^{w}V(a, b, c;\ d, e, f;\ g)_{4,1,2}$

Andeutung. Analog der Aufgabe 388.

Aufgabe 440. Es soll die Anzahl derjenigen sechsziffrigen Zahlen berechnet werden, welche geschrieben werden:

1) mit 3 geraden und 3 ungeraden Ziffern,

2) mit 4 geraden und 2 ungeraden Ziffern,

3) mit 5 geraden und einer ungeraden Ziffer.

Andeutung. Analog der Aufgabe 389.

Aufgabe 441. Die Anzahl der Glieder der Potenz:

$$(a_1 + a_2 + a_3)^5$$

zu bestimmen und diese selbst anzuschreiben.

Andeutung. Analog der Aufgabe 392.

Aufgabe 442. Die Glieder des Ausdruckes:

$$(a + b)^{11}$$

anzugeben.

Andeutung. Analog der Aufgabe 393.

Preisgekrönt in Frankfurt a. M. 1881.

Der **ausführliche Prospekt** und das **ausführliche Inhaltsverzeichnis** der „vollständig gelösten Aufgabensammlung von Dr. Ad. Kleyer“ kann von jeder Buchhandlung, sowie von der Verlagshandlung **gratis und portofrei** bezogen werden.

Bemerkt sei hier nur:

1). Jedes Heft ist aufgeschnitten und gut brochiert, um den **sofortigen** und **dauernden** Gebrauch zu gestatten.

2). Jedes Kapitel enthält sein besonderes Titelblatt, Inhaltsverzeichnis, Berichtigungen und Erklärungen am Schlusse desselben.

3). Auf jedes einzelne Kapitel kann abonniert werden.

4). Monatlich erscheinen 3—4 Hefte zu dem **Abonnementspreise** von 25 Pfg. pro Heft.

5). Die **Reihenfolge** der Hefte im nachstehenden, kurz angedeuteten Inhaltsverzeichnis ist, **wie aus dem Prospekt ersichtlich, ohne jede Bedeutung** für die Interessenten.

6). Das Werk enthält **Alles**, was sich überhaupt auf mathematische Wissenschaften bezieht, alle Lehrsätze, Formeln und Regeln etc. mit Beweisen, alle praktischen Aufgaben in vollständig gelöster Form mit Anhängen ungelöster analoger Aufgaben und vielen vortrefflichen Figuren.

7). Das Werk ist ein **praktisches Lehrbuch für Schüler aller Schulen, das beste Handbuch** für Lehrer und Examinatoren, **das vorzüglichste Lehrbuch zum Selbststudium, das vortrefflichste Nachschlagebuch** für Fachleute und Techniker jeder Art.

8). Alle Buchhandlungen nehmen Bestellungen entgegen.

☛ Das vollständige

Inhaltsverzeichnis

der bis jetzt erschienenen Hefte

kann durch jede Buchhandlung bezogen werden.

Halbjährlich erscheinen Nachträge über die inzwischen neu erschienenen Hefte.

Druck von Carl Hammer in Stuttgart.

1196. Heft.	Preis des Heftes 25 Pf.	Kombinatorik oder die Lehre von den kombinatorischen Operationen. Forts. v. Heft 1195. — Seite 257—272.

Vollständig gelöste

Aufgaben-Sammlung

— nebst Anhängen ungelöster Aufgaben, für den Schul- & Selbstunterricht —

mit

Angabe und Entwicklung der benutzten Sätze, Formeln, Regeln in Fragen und Antworten

erläutert durch

viele Holzschnitte & lithograph. Tafeln,

aus allen Zweigen

der **Rechenkunst**, der niederen (Algebra, Planimetrie, Stereometrie, ebenen u. sphärischen Trigonometrie, synthetischen Geometrie etc.) u. **höheren Mathematik** (höhere Analysis, Differential- u. Integral-Rechnung, analytische Geometrie der Ebene u. des Raumes etc.); — aus allen Zweigen der **Physik, Mechanik, Graphostatik, Chemie, Geodäsie, Nautik, mathemat. Geographie, Astronomie**; des **Maschinen-, Strafsen-, Eisenbahn-, Wasser-, Brücken- u. Hochbau's**; der **Konstruktionslehren** als: **darstell. Geometrie, Polar- u. Parallel-Perspective, Schattenkonstruktionen** etc. etc.

für

Schüler, Studierende, Kandidaten, Lehrer, Techniker jeder Art, Militärs etc.

zum einzig richtigen und erfolgreichen

Studium, zur **Forthülfe** bei Schularbeiten und zur **rationellen Verwertung** der exakten Wissenschaften,

herausgegeben von

Dr. Adolph Kleyer,

Mathematiker, vereideter königl. preuss. Feldmesser, vereideter grossh. hessischer Geometer I. Klasse

in **Frankfurt a. M.**

unter Mitwirkung der bewährtesten Kräfte.

Kombinatorik

oder

Die Lehre von den kombinatorischen Operationen.

(Permutation, Kombination, Variation.)

Nach System Kleyer bearbeitet von **Prof. H. Staudacher.**

Fortsetzung v. Heft 1195. — Seite 257—272.

Inhalt:

Ungelöste Aufgaben über die Variationen mit Wiederholung. – Variationen zu bestimmten Summen.

Stuttgart 1893.

Verlag von Julius Maier.

Preisgekrönt in Frankfurt a. M. 1881.

PROSPEKT.

Dieses Werk, welchem **kein ähnliches** zur Seite steht, erscheint monatlich in 3—4 Heften zu dem billigen Preise von 25 ₰ pro Heft und bringt eine Sammlung der wichtigsten und praktischsten **Aufgaben aus dem Gesamtgebiete der Mathematik, Physik, Mechanik, math. Geographie, Astronomie, des Maschinen-, Strassen-, Eisenbahn-, Brücken- und Hochbaues, des konstruktiven Zeichnens** etc. etc. und zwar in **vollständig gelöster Form, mit vielen Figuren, Erklärungen** nebst **Angabe und Entwickelung der benutzten Sätze, Formeln, Regeln** in **Fragen mit Antworten** etc., so dass die **Lösung** jedermann verständlich sein kann, bezw. wird, wenn eine grössere Anzahl der Hefte erschienen ist, **da dieselben sich in ihrer Gesamtheit ergänzen und alsdann auch alle Teile der reinen und angewandten Mathematik** — nach besonderen selbständigen Kapiteln angeordnet — vorliegen.

Fast jedem Hefte ist ein **Anhang** von **ungelösten** Aufgaben beigegeben, welche der eigenen Lösung (in analoger Form, wie die bezüglichen gelösten Aufgaben) des Studierenden überlassen bleiben, und zugleich von den Herren Lehrern für den Schulunterricht benutzt werden können. — Die **Lösungen** hierzu werden später in besonderen Heften für die Hand des Lehrers erscheinen. Am Schlusse eines jeden Kapitels gelangen: **Titelblatt, Inhaltsverzeichnis, Berichtigungen** und **erläuternde Erklärungen über das betreffende Kapitel** zur Ausgabe.

Das Werk behandelt zunächst den Hauptbestandteil des mathematisch-naturwissenschaftlichen Unterrichtsplanes folgender Schulen: **Realschulen I. und II. Ord., gleichberechtigten höheren Bürgerschulen, Privatschulen, Gymnasien, Realgymnasien, Progymnasien, Schullehrer-Seminaren, Polytechniken, Techniken, Baugewerkschulen, Gewerbeschulen, Handelsschulen,** techn. **Vorbereitungsschulen aller Arten, gewerbliche Fortbildungsschulen, Akademien, Universitäten, Land- und Forstwissenschaftsschulen, Militärschulen, Vorbereitungs-Anstalten aller Arten** als z. B. **für das Einjährig-Freiwillige- und Offiziers-Examen,** etc.

Die **Schüler, Studierenden** und **Kandidaten** der mathematischen, technischen und naturwissenschaftlichen Fächer, werden durch diese, **Schritt für Schritt gelöste,** Aufgabensammlung **immerwährend** an ihre in der Schule erworbenen oder nur gehörten Theorien etc. erinnert und wird ihnen hiermit der Weg zum **unfehlbaren Auffinden** der Lösungen derjenigen Aufgaben gezeigt, welche sie bei ihren **Prüfungen** zu lösen haben, zugleich aber auch **die überaus grosse Fruchtbarkeit** der mathematischen Wissenschaften vorgeführt.

Dem **Lehrer** soll mit dieser Aufgabensammlung eine **kräftige Stütze** für den Schulunterricht geboten werden, indem zur Erlernung des **praktischen Teiles** der mathematischen Disziplinen — **zum Auflösen von Aufgaben** — in den meisten Schulen oft keine Zeit erübrigt werden kann, **hiermit** aber dem Schüler bei seinen häuslichen Arbeiten eine **vollständige Anleitung** in die Hände gegeben wird, entsprechende **Aufgaben zu lösen,** die gehabten **Regeln, Formeln, Sätze** etc. **anzuwenden** und **praktisch zu verwerten. Lust, Liebe** und **Verständnis** für den Schul-Unterricht wird dadurch **erhalten** und **belebt** werden.

Den **Ingenieuren, Architekten, Technikern** und **Fachgenossen aller Art, Militärs** etc. etc. soll diese Sammlung **zur Auffrischung** der erworbenen und vielleicht vergessenen mathematischen Kenntnisse dienen und zugleich durch ihre **praktischen** in **allen Berufszweigen vorkommenden Anwendungen** einem **toten Kapitale lebendige Kraft** verleihen und somit den **Antrieb** zu weiteren **praktischen Verwertungen** und **weiteren Forschungen** geben.

Alle Buchhandlungen nehmen Bestellungen entgegen. Wichtige und praktische Aufgaben werden mit Dank von der **Redaktion** entgegengenommen und mit Angabe der Namen verbreitet. — Wünsche, Fragen etc., welche die **Redaktion** betreffen, nimmt der Verfasser, **Dr. Kleyer, Frankfurt a. M. Fischerfeldstrasse 16, entgegen** und **wird** deren **Erledigung thunlichst berücksichtigt.**

Stuttgart. **Die Verlagshandlung.**

Aufgabe 443. Wie viel Variationen geben fünf Elemente, von denen drei nur einmal, und fünf dreimal vorkommen dürfen, wenn von der erstern Art je 2, von der zweiten nur eines in jede Komplexion aufgenommen werden?

Andeutung. Analog der Aufgabe 394.

Aufgabe 444. Die Anzahl der Variationen aus 7 Elementen anzugeben, von denen 2 dreimal, 5 zweimal und 7 einmal vorkommen dürfen, wenn von den dreifachen Elementen je eines, von den zweifachen je 3, von den einfachen je 2 in jede Komplexion eintreten können.

Andeutung. Analog der Aufgabe 395.

Aufgabe 445. Auf wie viel Arten kann man mit 5 Würfeln (von je sechs Flächen) zwei Zahlen je zweimal (2 Pasche) werfen, wie oft eine Zahl dreimal und eine zweimal?

Andeutung. Analog der Aufgabe 396.

Aufgabe 446. Auf wie viel Arten kann man mit 5 Würfeln wenigstens drei gleiche Zahlen werfen?

Andeutung. Analog der Aufgabe 398.

Aufgabe 447. Wenn von 6 Elementen 2 höchstens dreimal, 2 höchstens zweimal und 2 höchstens einmal genommen werden können, wie viel Variationen vierter Klasse sind möglich?

Andeutung. Analog der Aufgabe 399.

Aufgabe 448. Wie viele fünfziffrige Zahlen gibt es, in denen die ungeraden Ziffern 1, 3, 5, 7, 9 höchstens zweimal, die geraden Ziffern 2, 4, 6, 8 ebenfalls höchstens zweimal, die Null höchstens einmal erscheint?

Andeutung. Analog der Aufgabe 400.

Aufgabe 449. Die Anzahl derjenigen Glieder des Polynoms:

$$(a_1 + a_2 + a_3 + a_4 + a_5)^6$$

anzugeben, in denen irgend eine Grösse wenigstens in der dritten Potenz vorkommt.

Andeutung. Analog der Aufgabe 402.

Aufgabe 450. Die Anzahl der Glieder desselben Polynoms zu finden, in denen irgend eine Grösse höchstens in der dritten Potenz erscheint.

Andeutung. Analog der Aufgabe 403.

Aufgabe 451. Die Anzahl derjenigen Glieder des Polynoms:

$$(a+b+c+d)^6$$

anzugeben, in denen irgend ein Element in der 4. Potenz steht?

Andeutung. Analog der Aufgabe 404.

Aufgabe 452. Auf wie viele Arten können aus den Konsonanten:

$$b\,c\,d\,f\,g\,h\,k\,l\,m$$

und den Vokalen:

$$a\,e\,i$$

Wörter von je 4 Buchstaben aus 2 Konsonanten und 2 Vokalen gebildet werden, in denen nie 2 Konsonanten aufeinanderfolgen?

Andeutung. Analog der Aufgabe 405.

Aufgabe 453. Wie oft werden in den Anordnungen der vorhergehenden Aufgabe zwei Vokale neben einander stehen?

Andeutung. Verfahre ähnlich wie in der vorhergehenden Aufgabe.

Aufgabe 454. Wie viele sechsziffrige Zahlen gibt es:

1) mit nur gleichen Ziffern,

2) mit 2, 3) mit 3, 4) mit 4, 5) mit 5,

6) mit 6 verschiedenen Ziffern?

Andeutung. Analog der Aufgabe 406.

Aufgabe 455. Wie viele elfziffrige Zahlen gibt es, die 10 verschiedene Ziffern enthalten?

Wie viele, die nur 2 verschiedene Ziffern enthalten?

Andeutung. Analog der Aufgabe 407.

Aufgabe 456. Auf wie viele Arten können die 16 Bilder einer deutschen Karte so zu je 7 neben einander aufgelegt werden, dass sich an zwei Stellen „Herz“ befindet, wenn jedes Bild in genügender Anzahl vorhanden ist, um so oft als nötig wiederholt gelegt werden zu können.

Andeutung. Analog der Aufgabe 408.

Aufgabe 457. Die Variationen ohne Wiederholung bei beschränkter Stellenbesetzung aus den Reihen:

$$a_1\,a_2$$
$$a_1\,a_2\,a_3$$
$$a_1\,a_2\,a_3\,a_4\,a_5$$
$$a_1\,a_2\,a_3\,a_4\,a_5$$

zu bilden.

Andeutung. Analog der Aufgabe 410.

Aufgabe 458. Die Variationen mit Wiederholung bei beschränkter Stellenbesetzung aus den Reihen:

$a\,b\,c$
$a\,b\,c$
$a\,b\,c\,d$

zu bilden.

Andeutung. Analog der Aufgabe 411.

Aufgabe 459. Wie viele Variationen ohne und mit Wiederholung geben die Reihen:

1, 2, 3, 4
1, 2, 3, 4, 5, 6
1, 2, 3, 4, 5, 6
1, 2, 3, 4, 5, 6 ?

Andeutung. Analog der Aufgabe 412.

Aufgabe 460. Die Variationen mit beschränkter Stellenbesetzung aus den Reihen:

a, b, c, d
a, b, c, d, e
a, b, c, d, e
a, b, c, d, e

zu bilden, wenn ein Element zweimal, und zwei Elemente je einmal gesetzt werden dürfen.

Andeutung. Analog der Aufgabe 413 nach Frage 171.

Aufgabe 461. Wie viele Variationen erhält man aus fünf Reihen von n_1, n_2, n_3, n_4, n_5 Elementen, wenn ein Element zweimal, drei nur einmal gesetzt werden dürfen?

Andeutung. Nach dem Verfahren in Frage 171.

Aufgabe 462. Die Anzahl der fünfziffrigen Zahlen zu finden, in denen eine Ziffer dreimal, eine andere zweimal vorkommt.

Andeutung. Die Auflösung soll nach dem Verfahren von Frage 171 geschehen.

Aufgabe 463. Von sechs Prismen mit nummerierten Flächen hat das erste 3, das zweite und dritte 4, das vierte 6, das fünfte 11, das sechste 13 Flächen. Wie oft ist es möglich:

1) eine Nummer einmal und eine andere zweimal,

2) zwei Nummern dreimal

zu werfen?

Andeutung. Analog der Aufgabe 416.

Aufgabe 464. Die Permutationen ohne Wiederholung mit beschränkter

Stellenbesetzung zu bilden, wenn die Elemente a, b, c an allen Stellen, d von der zweiten, e von der dritten Stelle an erscheinen darf.

Andeutung. Analog der Aufgabe 417.

Aufgabe 465. Die Anzahl der Permutationen mit beschränkter Stellenbesetzung anzugeben, wenn die Elemente a, b von der 1. Stelle an, c, d, e von der 2. Stelle, f, g, h von der 4. Stelle, i, k, l, m von der 6. Stelle an stehen können.

Andeutung. Analog der Aufgabe 418.

Aufgabe 466. Eine Reisegesellschaft von 6 Personen kommt in einen Gasthof, um zu übernachten. Der Wirt erklärt, im ersten Stockwerk 2 Zimmer zur Verfügung zu haben, im zweiten ebenfalls 2, die beiden übrigen Personen müssten im dritten Stockwerk untergebracht werden. Mit Rücksicht auf die verschiedenen Preise erklären sich drei Mitglieder bereit, in irgend einem Stockwerk ihre Zimmer zu nehmen, zwei andere wünschen solche im zweiten oder dritten Stockwerk, ein Mitglied will nur im dritten wohnen. Auf wie viele Arten kann die Unterbringung geschehen?

Andeutung. Man denke sich 6 Elemente, von denen 3 auf allen sechs Stellen, 2 erst von der dritten Stelle an, eines nur auf der fünften oder sechsten stehen kann.

Aufgabe 467. Drei rote, vier gelbe und fünf blaue gleichgrosse und nicht nummerierte Kugeln sollen so in eine Reihe geordnet werden, dass die roten auf allen Stellen, die gelben von der zweiten Stelle, die blauen von der dritten an erscheinen dürfen. Wie viele Anordnungen sind möglich?

Andeutung. Analog der Aufgabe 419.

Aufgabe 468. Die Anzahl derjenigen Variationen von:

$$a_1 a_1 a_2 a_2 a_3 a_3 a_4 a_4 a_5 a_5 a_6 a_6$$

anzugeben, in denen keine Folge gleicher Elemente vorkommt.

Andeutung. Analog der Aufgabe 422.

g) Variationen zu bestimmten Summen.

Frage 177. Was versteht man unter Variationen zu bestimmten Summen und welche Arten derselben gibt es?

Antwort. Wählt man von den Variationen gegebener Elemente:

$$a_1\, a_2\, a_3 \cdots a_n$$

nur diejenigen aus, in welchen die Zeiger der in ihnen vorkommenden Elemente eine bestimmte stets gleiche Summe haben, so nennt man diese Komplexionen die Variationen zu einer bestimmten Summe. — Dieselben können zu beliebigen Klassen gebildet werden und zwar mit oder ohne Wiederholung, oder auch mit beschränkter Wiederholung. Im allgemeinen ist die Klassenzahl durch die Anzahl der vorhandenen Elemente und die Grösse der verlangten Summe begrenzt.

Frage 178. Wie wird die Aufgabe des Variierens zu einer bestimmten Summe bezeichnet?

Antwort. Um auszudrücken, dass die Elemente a_1 bis a_r in der $k$ten Klasse zur Summe $s = n$ variiert werden sollen, schreibt man:

$$\underset{s=n}{V^k}(a_1\, a_2 \cdots a_r) \text{ oder } \underset{s=n}{{}^wV^k}(a_1\, a_2 \cdots a_r)$$

erstere Bezeichnung gilt für Variationen ohne Wiederholung, letztere für solche mit unbeschränkter Wiederholung. Bei beschränkten Wiederholungen setzt man die Anzahl der erlaubten als Exponenten bei, z. B.:

$$\underset{s=n}{V^k}\left(a_1^\alpha\, a_2^\beta \cdots a_r^\gamma\right)$$

Soll bloss die Anzahl aller möglichen Variationen $k$ter Klasse zur Summe $s = n$ bezeichnet werden, so schreibt man kürzer:

$$\underset{s=n}{V^k} \text{ und } \underset{s=n}{{}^wV^k}$$

Frage 179. Wie werden die Variationen mit Wiederholung in der $k$ten Klasse zur Summe s gebildet?

Antwort. Um die niedrigste Komplexion von:

$$\underset{s=n}{{}^wV^k}(1, 2 \cdots r)$$

zu bilden, besetzt man alle Stellen mit Ausnahme der letzten mit dem niedrigsten Elemente 1 und die letzte mit demjenigen Elemente, welches die Summe der vorhergehenden zu n ergänzt. Aus einer bereits vorhandenen erhält man die nächst höhere Komplexion, wenn man die späteste Stelle sucht, auf der sich noch ein Element befindet, das sich erhöhen lässt und auf welches an irgend einer späteren Stelle ein Element folgt, das erniedrigt werden kann. Das erhöhbare Element erhöhe man nun um eine Einheit, besetze die folgenden Stellen mit dem niedrigsten Elemente (1) bis auf die letzte, welche die Ergänzung der vorhergehenden Zeigersumme zu n erhält. Sollen z. B.:

$$\underset{s=8}{{}^wV^4}(1, 2, 3, 4, 5)$$

gebildet werden, so beginnt man mit:

1115

Erkl. 255. Die Anzahl der Elemente, die notwendig sind, um alle denkbaren Variationen $k$ter Klasse zur Summe $s = n$ bilden zu können, ist wie in Erkl. 151 wieder:

$$r = n - k + 1$$

Höhere Elemente tragen zur Summe s nichts mehr bei.

Erkl. 256. Die vollständige Entwicklung von:

$$ {}^{w}V^4_{s=8}\,(1, 2, 3, 4, 5) $$

ist:

1115	1331	2231
1124	1412	2312
1133	1421	2321
1142	1511	2411
1151	2114	3113
1214	2123	3122
1223	2132	3131
1232	2141	3212
1241	2213	3221
1313	2222	3311
1322		4112
		4121
		4211
		5111

Erkl. 257. Es werden hier wieder die Variationen mit Wiederholung vor denen ohne Wiederholung behandelt, weil erstere nicht nur einfachere Formeln geben, sondern auch für die Anwendung die weitaus wichtigeren sind. Wo im folgenden nicht ausdrücklich Variationen ohne Wiederholung genannt werden, sind überall solche mit Wiederholung zu verstehen.

dann folgen:

1124
1133
1142
1151

Es kann nun 5 nicht mehr erhöht werden, weil sonst schon die ersten drei Stellen die Summe 8 hätten und die folgende Stelle kann nicht mehr erniedrigt werden, weil sie schon das niedrigste Element 1 enthält. Man muss also jetzt die zweite Stelle erhöhen, besetzt die dritte mit 1 und die letzte mit der Ergänzung zur Summe 8; die Komplexion heisst also:

1214

u. s. w. Nebenstehende Erkl. 256 enthält sämtliche Variationen vierter Klasse zur Summe 8.

Frage 180. In welcher Beziehung stehen die Variationen gegebener Elemente in einer bestimmten Klasse zur Summe s zu den Kombinationen der nämlichen Elemente in derselben Klasse und zur selben Summe s?

Antwort. Die Variationen $k$ter Klasse mit Wiederholung zur Summe $s = n$ aus den Elementen:

$$ a_1,\ a_2 \cdots a_{n-k+1} $$

entstehen auch dadurch, dass man die Kombinationen $k$ter Klasse mit Wiederholung aus den nämlichen Elementen zur Summe s bildet und in jeder Komplexion die Elemente so oft als möglich permutiert. Bezeichnet man die letztgenante Operation an den Komplexionen durch PC (d. h. permutierte Kombinationen), so kann man schreiben:

$$ V^k_{s=n}(1, 2, \cdots) = PC^k_{s=n}(1, 2, \cdots) $$

Erkl. 258. In dem Beispiele der vorhergehenden Erkl. 257 sind die Kombinationen nach Frage 94 folgende:

1115, Anzahl der Permutationen = 4
1124, " " " = 12
1133, " " " = 6
1223, " " " = 12
2222, " " " = 1

Man überzeugt sich leicht, dass diese Permutationen vollständig mit den oben aufgeführten Variationen übereinstimmen.

Frage 181. Wie ergibt sich eine rekurrierende Formel für die Anzahl der Variationen $k$ter Klasse zur Summe s mit Wiederholung?

Antwort. Denkt man sich die vollständige Reihe der Variationen $k$ter Klasse mit Wiederholung zur Summe $s = n$ aus den Zeigern unter einander geschrieben und durch einen Vertikalstrich alle Anfangselemente abgetrennt, so bilden die rechts vom Striche stehen bleibenden Elemente wieder

Erkl. 259. Entwickelt man die Variationen vierter Klasse zur Summe 6, so entstehen, wenn man nur die Zeiger anschreibt, folgende Komplexionen:

1	113
1	122
1	131
1	212
1	221
1	311
2	112
2	121
2	211
3	111

Hier enthält offenbar die erste Gruppe, von der das Element 1 abgetrennt wurde, die vollständigen Variationen dritter Klasse zur Summe 5, die zweite Gruppe die Variationen dritter Klasse zur Summe 4, die dritte Gruppe die (einzig mögliche) Variation dritter Klasse zur Summe 3.

Man drückt diese Zerfällung in Gruppen aus durch die Gleichung:

$$\underset{s=6}{{}^{w}V^{4}}(a_1\,a_2\,a_3) = a_1\,\underset{s=5}{{}^{w}V^{3}}(a_1\,a_2\,a_3) + a_2\,\underset{s=4}{{}^{w}V^{3}}(a_1\,a_2) + a_3\,\underset{s=3}{{}^{w}V^{3}}(a_1)$$

und, wenn nur die Anzahl der Komplexionen gemeint ist:

$$\underset{s=6}{{}^{w}V^{4}} = \underset{s=5}{{}^{w}V^{3}} + \underset{s=4}{{}^{w}V^{3}} + \underset{s=3}{V^{3}}$$

vollständige Reihen von Variationen der nächst niedrigeren $(k-1)$ten Klasse und zwar bildet diejenige Gruppe, bei welcher der Zeiger 1 abgetrennt wurde, die Variationen $(k-1)$ter Klasse zur Summe $n-1$, d. h.:

$$\underset{s=n-1}{{}^{w}V^{k-1}}[1,\,2\cdots(n-k+1)]$$

Die Gruppe, bei welcher der Zeiger 2 abgetrennt wurde, enthält nur die Variationen $(k-1)$ter Klasse zur Summe $n-2$, d. h.:

$$\underset{s=n-2}{{}^{w}V^{k-1}}(1,\,2\cdots(n-k)$$

Die folgende Gruppe (Zeiger 3) gibt:

$$\underset{s=n-3}{{}^{w}V^{k-1}}[1,\,2\cdots(n-k-1)]$$

u. s. w., endlich die letzte Komplexion, die mit dem Zeiger $n-k+1$ begann, nämlich:

$$(n-k+1)\,11\cdots 1$$

gibt noch:

$$\underset{s=k-1}{{}^{w}V^{k-1}}(1)$$

Denkt man sich nun, nachdem die Komplexionen in vorgenannte Gruppen zusammengefasst sind, jeder Gruppe das von ihr abgetrennte Anfangselement wieder vorgesetzt, so entsteht die Gleichung:

$$\underset{s=n}{{}^{w}V^{k}}[a_1\,a_2\cdots a_{(n-k+1)}] = a_1\,\underset{s=n-1}{{}^{w}V^{k-1}}(a_1\,a_2\cdots a_{n-k+1}) + a_2\,\underset{s=n-2}{{}^{w}V^{k-1}}(a_1\,a_2\cdots a_{n-k})$$
$$+ a_3\,\underset{s=n-3}{{}^{w}V^{k-1}}(a_1\,a_2\cdots a_{n-k-1}) + \cdots + a_{n-k+1}\,\underset{s=k-1}{{}^{w}V^{k-1}}(a_1)$$

In dieser Rekursionsformel bedeuten die vor dem Zeichen V stehenden Grössen a_1, $a_2\cdots$ natürlich keine Faktoren, sondern nur dasjenige Element, welches den Komplexionen der darauf folgenden Variationsgruppe als Anfangselement vorzusetzen ist.

Soll wieder nur die Anzahl der Komplexionen angegeben werden, so schreibt man einfacher:

$$\underset{s=n}{{}^{w}V^{k}} = \underset{s=n-1}{{}^{w}V^{k-1}} + \underset{s=n-2}{{}^{w}V^{k-1}} + \underset{s=n-3}{{}^{w}V^{k-1}} + \cdots + \underset{s=k-1}{{}^{w}V^{k-1}}$$

Frage 182. Wie kann aus der vorher gefundenen Rekursionsformel ein independenter Ausdruck für die Anzahl der vollständigen Variationen $k$ter Klasse zur Summe $s=n$ mit Wiederholung abgeleitet werden?

Antwort. Die Anzahl der vollständigen Variationen $k$ter Klasse mit Wiederholung zur Summe $s=n$ ist:

$$\underset{s=n}{{}^{w}V^{k}} = \frac{(n-1)(n-2)(n-3)\cdots(n-k+1)}{1\cdot 2\cdot 3\cdots(k-1)}$$

Erkl. 260. Die Zahl der Variationen erster Klasse zu irgend einer Summe muss stets $= 1$ sein, indem nur dasjenige Element einmal gesetzt werden kann, dessen Zeiger der verlangten Summe gleich ist.

Erkl. 261. Die Anzahl der Variationen $k$ter Klasse zur Summe n kann nach nebenstehender Formel auch in der Form:

$$\underset{s=n}{{}^{w}V^{k}} = C_{n-1}^{k-1}$$

geschrieben werden, denn der Wert dieses Ausdruckes ist ebenfalls:

$$\frac{(n-1)(n-2)\cdots(n-k+1)}{2\cdots(k-1)}$$

Beweis. Die Rekursionsformel der vorhergehenden Frage gibt, wenn $k=2$ gesetzt wird:

$$\underset{s=n}{{}^{w}V^{2}} = \underset{s=n-1}{{}^{w}V^{1}} + \underset{s=n-2}{{}^{w}V^{1}} + \cdots + \underset{s=1}{V^{1}}(a_1)$$
$$= 1+1+\cdots+1 = n-1 \text{ (s. Erkl. 261).}$$

Für $k = 3$ findet man analog:

$$\underset{s=n}{{}^{w}V^{3}} = \underset{s=n-1}{{}^{w}V^{2}} + \underset{s=n-2}{{}^{w}V^{2}} + \cdots + \underset{s=2}{V^{2}}(a_1)$$
$$= (n-1)+(n-2)+\cdots+1$$
$$= \frac{(n-1)(n-2)}{1\cdot 2} = C_{n-1}^{2}$$

Demnach ergibt sich für $k = 4$:

$$\underset{s=n}{{}^{w}V^{4}} = \underset{s=n-1}{{}^{w}V^{3}} + \underset{s=n-2}{{}^{w}V^{3}} + \underset{s=n-3}{{}^{w}V^{3}} + \cdots + \underset{s-3}{{}^{w}V^{3}} = C_{n-1}^{2}+C_{n-2}^{2}+\cdots+C_{2}^{2} = C_{n-1}^{3}$$

(siehe Erkl. 74).

Da sich aber dieselbe Zerlegung für jede folgende Klasse nach der rekurrierenden Formel wiederholt, so ist allgemein:

$$\underset{s=n}{{}^{w}V^{k}} = C_{n-1}^{k-2} + C_{n-2}^{k-2} + \cdots + C_{k-2}^{k-2} = C_{k-1}^{k-1} = \frac{(n-1)(n-2)\cdots(n-k+1)}{1\cdot 2\cdots(k-1)}$$

Frage 183. Welche Beziehung besteht zwischen der Anzahl der vollständigen Variationen zur nämlichen Summe in zwei auf einander folgenden Klassen?

Erkl. 262. Wegen der bestehenden einfachen Beziehung der Variationszahlen zu bestimmter Summe zu den Kombinationszahlen lassen sich alle über letztere in den Fragen 49, 50 ff. bewiesenen Sätze analog auf die Variationszahlen übertragen.

Dieselben werden deshalb hier nicht weiter aufgeführt.

Antwort. Zwischen der Anzahl der vollständigen Variationen zur Summe n in zwei auf einander folgenden Klassen besteht die Beziehung:

$$\underset{s=n}{{}^{w}V^{k}} + \underset{s=n}{{}^{w}V^{k-1}} = \underset{s=n+1}{{}^{w}V^{k}}$$

Denn nach Erkl. 261 ist:

$$\underset{s=n}{{}^{w}V^{k}} = C_{n-1}^{k-1}$$
$$\underset{s=n}{{}^{w}V^{k-1}} = C_{n-1}^{k-2}$$

folglich:

$$\underset{s=n}{{}^{w}V^{k}} + \underset{s=n}{{}^{w}V^{k-1}} = C_{n}^{k-1} \quad \text{(Frage 49)}$$
$$= \underset{s=n_1+1}{{}^{w}V^{k}} \quad \text{(Erkl. 261).}$$

Frage 184. Wie gross ist die Anzahl der vollständigen Variationen $k$ter Klasse zur Summe n, wenn auch ein Element mit dem Zeiger 0 vorhanden ist?

Antwort. Verfährt man genau wie in Frage 181, indem man von den vollständig entwickelt gedachten Komplexionen die Anfangselemente abtrennt und die Gruppen, welche das gleiche Anfangselement 0, 1, ⋯ haben, zusammenfasst, so entsteht offenbar die rekurrierende Formel:

$$\underset{s=n}{{}^{w}V^{k}}(a_0 a_1 \cdots a_n) = a_0 \underset{s=n}{{}^{w}V^{k-1}}(a_0 a_1 \cdots a_n) + a_1 \underset{s=n-1}{{}^{w}V^{k-1}}(a_0 a_1 \cdots a_{n+1})$$
$$+ a_2 \underset{s=n-2}{{}^{w}V^{k-1}}(a_0 a_1 \cdots a_{n-2}) + \cdots + a_n \underset{s=0}{{}^{w}V^{k-1}}(a_0)$$

Erkl. 263. Die Bildung der Variationen mit Einschluss des Elementes a_0 wird genau nach der Vorschrift in Frage 3 ausgeführt, wie nachstehendes Beispiel zeigt:

$$\underset{s=4}{{}^{w}V^{4}}(a_0\,a_1\cdots a_4)$$

=

0004	1003	2002	3001
0013	1012	2011	3010
0022	1021	2020	3100
0031	1030	2101	
0040	1102	2110	4000
0103	1111	2200	
0112	1120		
0121	1201		
0130	1210		
0202	1300		
0211			
0220			
0301			
0310			
0400			

Will man nur die Anzahl der Variationen mit Einschluss des Zeigers 0 bezeichnen, so schreibt man:

$$\underset{s=n}{{}^{w}V_0^{k}}$$

Die Anzahl der zur vollständigen Entwicklung nötigen Elemente ist hier n, weil die niedrigste Komplexion:

$$000\cdots0a_n$$

lauten muss.

Die Summanden der Rekursionsformel erstrecken sich hier bis zur Summe $s=0$, welche natürlich nur aus dem Zeiger 0 allein gebildet werden kann. (Siehe die Entwicklung in Erkl. 263.)

Die Anzahl der Variationen mit Einschluss des Zeigers 0 ist dann in rekurrierender Form dargestellt:

$$\underset{s=n}{{}^{w}V_0^{k}} = \underset{s=n}{{}^{w}V_0^{k-1}} + \underset{s=n-1}{{}^{w}V_0^{k-1}} + \cdots + \underset{s=1}{{}^{w}V_0^{k-1}} + \underset{s=0}{{}^{w}V_0^{k-1}}$$

Frage 185. Wie lautet die independente Formel für die Anzahl der Variationen $k$ter Klasse mit Wiederholung zur Summe $s=n$ mit Einschluss des Zeigers 0?

Erkl. 264. Die in der Antwort vorkommende Reihe:

$$(n+1)+n+(n-1)+\cdots+1$$

wird entweder, wie dort geschehen, als arithmetische Reihe summiert (siehe Kleyer, Lehrbuch der arithmetischen und geometrischen Progressionen), oder man kann dafür auch setzen:

$$C^1_{n+1}+C^1_n+\cdots+C^1_1=C^2_{n+1}$$

nach Erkl. 74.

Erkl. 265. Die Variationen mit Einschluss des Zeigers 0 erhält man auch dadurch, dass man in den Variationen aus der Zeigerreihe 1, 2, 3, ⋯ jedes Element um eine Einheit erniedrigt. War dann in den letzteren Variationen die Summe $s=n$, so wird in den daraus entstehenden Gruppen mit dem Zeiger 0 nur noch $s=n-k$ sein, aber die Anzahl der Komplexionen unverändert bleiben.

Umgekehrt ist also:

$$\underset{s=n}{{}^{w}V_0^{k}} = \underset{s=n+k}{{}^{w}V^{k}} = C^{k-1}_{n+k-1} = {}^{w}C^{k-1}_{n+1}$$

und deshalb auch:

$$\underset{s=n}{{}^{w}V^{k}}(a_0\,a_1\cdots a_n) = \underset{s=n+k}{{}^{w}V^{k}}(a_1\,a_2\cdots a_{n+1})$$

Antwort. Die independente Formel für die Anzahl der Variationen mit Einschluss des Zeigers 0 lautet:

$$\underset{s=n}{{}^{w}V_0^{k}} = \frac{(n+1)(n+2)\cdots(n+k-1)}{1\cdot2\cdots(k-1)} = {}^{w}C^{k-1}_{n+1}$$

Beweis. Offenbar ist:

$$\underset{s=n}{{}^{w}V_0^{1}} = 1$$

folglich nach der Rekursionsformel:

$$\underset{s=n}{{}^{w}V_0^{2}} = \underset{s=n}{{}^{w}V_0^{1}} + \underset{s=n-1}{{}^{w}V_0^{1}} + \cdots + \underset{s=0}{V_0^{1}}$$

$$= 1+1+\cdots+1 = n+1$$

Ferner:

$$\underset{s=n}{{}^{w}V_0^{3}} = \underset{s=n}{{}^{w}V_0^{2}} + \underset{s=n-1}{{}^{w}V_0^{2}} + \cdots + \underset{s=0}{V_0^{1}}$$

$$= (n+1)+n+\cdots+1 = \frac{(n+1)\,(n+2)}{1\cdot2}$$

$$= {}^{w}C^2_{n+1} \text{ (Frage 71).}$$

Daraus ergibt sich nun sofort:

$$\underset{s=n}{{}^{w}V_0^{4}} = {}^{w}C^2_{n+1} + {}^{w}C^2_n + \cdots + {}^{w}C^2_2 = {}^{w}C^3_{n+1}$$

(Frage 74)

und da diese Schlüsse immer die nämlichen bleiben, so ist allgemein:

$$\underset{s=n}{{}^{w}V_0^{k}} = {}^{w}C^{k-1}_{n+1}$$

wie oben behauptet.

Frage 186. Wie gross ist die Anzahl der Variationen mit Wiederholung zur Summe $s = n$ in allen Klassen von der ersten bis $n$ten zusammengenommen:

1) mit Ausschluss des Zeigers 0,
2) mit Einschluss des Zeigers 0?

Antwort. 1) Die Anzahl der Variationen mit Wiederholung zur Summe n in allen Klassen von der ersten bis $n$ten aus den Elementen:

$$a_1\, a_2\, a_3 \cdots$$

ist:

$$\underset{s=n}{{}^{w}V^{1}} + \underset{s=n}{{}^{w}V^{2}} + \cdots + \underset{s=n}{{}^{w}V^{n}} = 2^{n-1}$$

Denn setzt man statt der Variationszahlen die gleichwertigen Kombinationszahlen, so ergibt sich sofort:

$$C^{0}_{n-1} + C^{1}_{n-1} + \cdots + C^{n-1}_{n-1} = 2^{n-1}$$

(Erkl. 74).

2) Die Anzahl der Variationen mit Wiederholung zur Summe n in allen Klassen von der ersten bis $n$ten aus den Elementen:

$$a_0\, a_1\, a_2 \cdots a_n$$

ist:

$$\underset{s=n}{{}^{w}V^{1}_{0}} + \underset{s=n}{{}^{w}V^{2}_{0}} + \cdots + \underset{s=n}{{}^{w}V^{n}_{0}} = {}^{w}C^{n-1}_{n+2}$$

Denn setzt man wieder nach Frage 185 die gleichwertigen Kombinationszahlen, so folgt:

$${}^{w}C^{0}_{n+1} + {}^{w}C^{1}_{n+1} + {}^{w}C^{2}_{n+1} + \cdots + {}^{w}C^{n-1}_{n+1} = {}^{w}C^{n-1}_{n+2} \quad \text{(Siehe Frage 50).}$$

Frage 187. Was versteht man unter Variationen mit Wiederholung zu einer bestimmten Summe bei fehlenden Anfangselementen und wie wird die Anzahl der hieher gehörigen Komplexionen gefunden?

Erkl. 266. Die Variationen vierter Klasse aus den Elementen:

$$a_4,\, a_5,\, a_6,\, \cdots$$

zur Summe 18 mit den daneben gesetzten Variationen der vollständigen Reihe:

$$a_1,\, a_2,\, a_3,\, \cdots$$

zur Summe 6 sind z. B.:

Summe 18:	Summe 6:
$a_4 a_4 a_4 a_6$	$a_1 a_1 a_1 a_3$
$a_4 a_4 a_5 a_5$	$a_1 a_1 a_2 a_2$
$a_4 a_4 a_6 a_4$	$a_1 a_1 a_3 a_1$
$a_4 a_5 a_4 a_5$	$a_1 a_2 a_1 a_2$
$a_4 a_5 a_5 a_4$	$a_1 a_2 a_2 a_1$
$a_4 a_6 a_4 a_4$	$a_1 a_3 a_1 a_1$
$a_5 a_4 a_4 a_5$	$a_2 a_1 a_1 a_2$
$a_5 a_4 a_5 a_4$	$a_2 a_1 a_2 a_1$
$a_5 a_5 a_4 a_4$	$a_2 a_2 a_1 a_1$
$a_6 a_4 a_4 a_4$	$a_3 a_1 a_1 a_1$

Antwort. Wenn in der Reihe der gegebenen Elemente gewisse Zeiger vom Anfange an $(1, 2, 3, \cdots m)$ fehlen, so dass die verwendbaren Zeiger:

$$m+1,\ m+2,\ \cdots$$

sind, so werden die Variationen nach demselben Verfahren wie früher gebildet (siehe Erkl. 266).

In der $k$ten Klasse wird die Summe jetzt um km höher, als wenn die Zeiger mit 1 beginnen würden. Die Anzahl der Variationen zur Summe n ist deshalb im gegenwärtigen Falle ebenso gross, als wenn die vollständige Zeigerreihe zur Summe $n - km$ variiert worden wäre, d. h. man hat:

$$\underset{s=n}{{}^{w}V^{k}} (a_{m+1}\ a_{m+2}, \cdots a_{n-k+1})$$

$$\underset{s=n-km}{{}^{w}V^{k}} (a_1\, a_2 \cdots a_{n-m-k+1})$$

Die Berechnung der Anzahl der Komplexionen ist hiemit auf die Frage 182 für die **vollständige** Zeigerreihe zurückgeführt.

Die wirkliche Berechnung ist mit den bisherigen Hilfsmitteln natürlich nur dann möglich, wenn die Zeigerreihe:

$$1, 2, \cdots (n - m - k - 1)$$

zur vollständigen Entwicklung der Variationen $k$ter Klasse zur Summe $n - km$ hinreicht; andernfalls muss das in der folgenden Frage beschriebene Verfahren angewandt werden.

Frage 188. Was versteht man unter Variationen mit Wiederholung zu einer bestimmten Summe bei fehlenden Schlusselementen und wie wird die Anzahl der möglichen Komplexionen in diesem Fall gefunden?

Antwort. Die Variationen zu einer bestimmten Summe bei fehlenden Schlusselementen sind zu bilden, wenn die Reihe der Elemente nicht vollständig ist, d. h. bei der $k$ten Klasse zur Summe n sich nicht bis zum Zeiger $n - k + 1$ erstreckt. Die Bildungsweise bleibt dieselbe wie früher. Sind also verlangt:

$$\underset{s=n}{{}^{w}V^{k}} (a_1\, a_2 \cdots a_m), \quad m < n - k + 1$$

so hat man bei Aufstellung der Komplexionen nur zu beachten, dass kein höherer Zeiger als m gebraucht werden darf; die Anzahl der Komplexionen wird dadurch vermindert und zwar ist, wenn das Zeichen ${}^{w}V$ (ohne Zusatz der Zeiger) die vollständigen Variationen bedeutet:

$$\underset{s=n}{{}^{w}V^{k}} (1, 2, \cdots m) = \underset{s=n}{{}^{w}V^{k}} - C_k^1 \underset{s=n-m}{{}^{w}V^{k}} + C_k^2 \underset{s=n-2m}{{}^{w}V^{k}} - C_k^3 \underset{s=n-3m}{{}^{w}V^{k}} + \cdots$$

welche Reihe von selbst abbricht, wenn eine der Variationszahlen $= 0$ wird.

Beweis. In der behaupteten Formel stellt das erste Glied rechts vom Gleichheitszeichen die vollständige Anzahl der Variationen zur Summe n in der $k$ten Klasse vor. Hievon werden nach und nach alle Komplexionen ausgeschlossen, welche die Zeiger:

$$n - k + 1,\ n - k + 2, \cdots, m + 1$$

enthalten würden.

Schliesst man zuerst den Zeiger:

$$n - k + 1$$

aus, so müssen die übrigen Zeiger in der $(k - 1)$ten Klasse zur Summe $k - 1$ variiert werden; dies gibt:

$$\underset{s=k-1}{{}^{w}V^{k-1}}$$

Komplexionen und da in jeder derselben das ausgeschlossene Element k verschiedene Stellen einnehmen kann, so gibt es:

$$k \cdot \underset{s=k-1}{{}^{w}V^{k-1}} = C_k^1 \underset{s=k-1}{{}^{w}V^{k-1}}$$

Erkl. 267. Es soll hier zur Erläuterung des allgemeinen Beweises das Beispiel:

$$\underset{s=20}{{}^{w}V^{5}} (1, 2, 3, 4)$$

durchgeführt werden. Man weiss hier im voraus, dass nur die einzige Komplexion:

$$44444$$

möglich ist; auch die bewiesene Formel liefert:

$$\underset{s=20}{{}^{w}V^{5}} (1, 2, 3, 4) = \underset{s=20}{{}^{w}V^{5}} - C_5^1 \underset{s=16}{{}^{w}V^{5}} + C_5^2 \underset{s=12}{{}^{w}V^{5}} - C_5^3 \underset{s=8}{{}^{w}V^{5}}$$
$$= C_{19}^4 - C_5^1 C_{15}^4 + C_5^2 C_{11}^4 - C_5^3 C_7^4$$
$$= 3876 - 6825 + 3300 - 350$$
$$= 7176 - 7175 = 1$$

Die Entwicklung des ganzen Verfahrens ist folgende.

Die vollständige Reihe der Variationen fünfter Klasse zur Summe 20 verlangt:

$$20 - 5 + 1 = 16$$

Elemente und gibt:

$$\underset{s=20}{{}^{w}V^{5}} = 3876$$

Komplexionen.

1) Die Elemente:

16, 15, 14, 13 ⋯ 5

werden nun einzeln ausgeschlossen und somit folgende Summe subtrahiert:

$${}^{w}V^{4}_{s=4} + {}^{w}V^{4}_{s=5} + {}^{w}V^{4}_{s=6} + \cdots + {}^{w}V^{4}_{s=15} = {}^{w}V^{5}_{s=16}$$

welche mit C_5^1 multipliziert werden muss, da in jeder Komplexion der ausgeschlossene Zeiger auf 5 verschiedenen Stellen stehen kann; das Produkt:

$$C_5^1 \; {}^{w}V^{5}_{s=16} = 6825$$

bildet das zweite Glied der rechten Seite in obiger Formel. Die Zahlwerte der ersten zwei Glieder zeigen sofort, dass zu viele Komplexionen abgezogen wurden.

2) Während die mit den Zeigern:

16, 15, 14, 13

verbundenen Variationsgruppen vierter Klasse aus den gegebenen Zeigern vollständig gebildet werden können, ist dies bei dem Zeiger 12 nicht mehr der Fall, sondern diese Gruppe enthält eine Komplexion:

$$1115\,\overline{12}$$

in der zwei nicht gegebene Zeiger (5 und 12) vorkommen. Bei Ausscheidung des Zeigers 11 ergeben sich zwei solche Komplexionen:

$$1116\,\overline{11}$$

$$1125\,\overline{11}$$

beim Zeiger 10 drei solche, beim Zeiger 9 vier u. s. w.

Der Ausschluss dieser Doppelelemente ergibt folgende wieder zu addierende Variationszahlen:

Zeiger:	Variationszahlen:	Summe:
12	${}^{w}V^{3}_{s=3}$	$= {}^{w}V^{4}_{s=4}$
11	${}^{w}V^{3}_{s=3} + {}^{w}V^{3}_{s=4}$	$= {}^{w}V^{4}_{s=5}$
10	${}^{w}V^{3}_{s=3} + {}^{w}V^{3}_{s=4} + {}^{w}V^{3}_{s=5}$	$= {}^{w}V^{4}_{s=6}$
. . .	. . . .	. . .
5	${}^{w}V^{3}_{s=3} + {}^{w}V^{3}_{s=4} + {}^{w}V^{3}_{s=5} + \cdots + V^{3}_{s=10}$	$= {}^{w}V^{4}_{s=11}$
	Totalsumme	$= {}^{w}V^{5}_{s=12}$

Da ferner jede Komplexion mit

$$C_5^2$$

Stellungen der ausgeschlossenen Elemente zulässt (siehe Beweis), so ist die Anzahl der wieder addierten Komplexionen:

$$C_5^2 \cdot {}^{w}V^{5}_{s=12} = 3300$$

und entspricht dem dritten Gliede in obiger Formel.

Komplexionen, die das Element a_{n-k+1} enthalten.

Bei Ausschluss des Zeigers:

$$n - k$$

müssen die niedrigeren Zeiger in der $(k-1)$ten Klasse zur Summe k variiert werden und in jeder Komplexion kann der ausgeschlossene Zeiger wieder k verschiedene Stellen einnehmen; also liefert dieser Zeiger wieder:

$$C_k^1 \; {}^{w}V^{k-1}_{s=k}$$

auszuschliessende Komplexionen.

Fährt man so fort bis zum Zeiger $m + 1$, so ist die Gesamtzahl der bis dahin ausgeschlossenen Komplexionen folgende:

$$C_k^1 \left[{}^{w}V^{k-1}_{s=k-1} + {}^{w}V^{k-1}_{s=k} + {}^{w}V^{k-1}_{s=k+1} + \cdots + {}^{w}V^{k-1}_{s=n-(m+1)} \right] = C_k^1 \cdot {}^{w}V^{k}_{s=n-m}$$

(siehe Frage 181).

Da aber in dieser Reihe die Zeichen V stets die vollständigen Variationen zur betreffenden Summe bedeuten, so gibt sie die wirklich abzuziehenden Komplexionen so lange, als der Zeiger des ausgeschlossenen Elements so gross ist, dass die sonstigen in der betreffenden vollständigen Variationsgruppe $(k-1)$ter Klasse vorkommenden Zeiger nicht grösser als m werden.

Wird jedoch der ausgeschlossene Zeiger einem der eben genannten gleich, oder kommen unter letzteren noch grössere vor, so würde man durch Wegnahme der vollständigen in obiger Reihe stehenden Gruppe Komplexionen abgezogen haben, die bereits bei Ausschliessung eines vorhergehenden höheren Elementes abgezogen worden sind, und man muss deshalb zu obiger Reihe wieder so viele Komplexionen addieren, als zu viel abgezogen wurden.

Dieser Fall tritt zuerst ein bei dem Elemente, dessen Zeiger

$$n - m - k + 1$$

ist, indem bei diesem bereits ein nicht gegebener Zeiger

$$m + 1$$

benötigt wird, um die vollständigen Variationen $k$ter Klasse bilden zu können; denn die erste ihrer Komplexionen wird:

$$11 \cdot\cdot 1\,(m+1)\,(n-m-k+1)$$

mit der Zeigersumme:

$$(k-2) + (m+1) + (n-m-k+1) = n$$

3) Bei Ausschluss des Zeigers 8 ergibt sich zum erstenmal eine Komplexion, die drei fremde Zeiger enthält, nämlich:

Komplexion:	Variationszahl:
11558	${}^{w}V^{2}_{s=2} = {}^{w}V^{3}_{s=3} = {}^{w}V^{4}_{s=4}$

Der Zeiger 7 gibt deren drei, nämlich:

Komplexionen:	Variationszahlen:
11567, 12557	${}^{w}V^{2}_{s=2} + {}^{w}V^{2}_{s=3}$
11657	${}^{w}V^{2}_{s=2}$
Summe:	${}^{w}V^{3}_{s=3} + {}^{w}V^{3}_{s=4} = {}^{w}V^{4}_{s=5}$

Der Zeiger 6 gibt 6 Komplexionen mit drei fremden Zeigern:

Komplexionen:	Variationszahlen:
11576, 12566, 13556	${}^{w}V^{2}_{s=2} + {}^{w}V^{2}_{s=3} + {}^{w}V^{2}_{s=4}$
11666, 12656	${}^{w}V^{2}_{s=2} + {}^{w}V^{2}_{s=3}$
11756	${}^{w}V^{2}_{s=2}$
Summe:	${}^{w}V^{3}_{s=3} + {}^{w}V^{3}_{s=4} + {}^{w}V^{3}_{s=5} = {}^{w}V^{6}_{s=4}$

Der Zeiger 5 gibt 10 solche Komplexionen:

Komplexionen:	Variationszahlen:
11585, 12575, 13565, 14555	${}^{w}V^{2}_{s=2} + {}^{w}V^{2}_{s=3} + {}^{w}V^{2}_{s=4} + {}^{w}V^{2}_{s=5}$
11675, 12665, 13655	${}^{w}V^{2}_{s=2} + {}^{w}V^{2}_{s=3} + {}^{w}V^{2}_{s=4}$
11765, 12755	${}^{w}V^{2}_{s=2} + {}^{w}V^{2}_{s=3}$
11855	${}^{w}V^{2}_{s=2}$
Summe:	${}^{w}V^{3}_{s=3} + {}^{w}V^{3}_{s=4} + {}^{w}V^{3}_{s=5} + {}^{w}V^{3}_{s=6} = {}^{w}V^{4}_{s=7}$

Die Summe der letzten Vertikalreihe ist aber wieder:

$${}^{w}V^{4}_{s=4} + {}^{w}V^{4}_{s=5} + {}^{w}V^{4}_{s=6} + {}^{w}V^{4}_{s=7} = {}^{w}V^{5}_{s=8}$$

Multipliziert man dieselbe noch mit der Anzahl der Verteilungen von drei Elementen auf fünf Stellen, so ergibt sich:

$$C_3^5 \; {}^{w}V^{5}_{s=8} = 350$$

und somit das letzte Glied obiger Formel.

Komplexionen, die mehr als drei fremde Zeiger enthalten, kommen im gewählten Beispiele nicht vor.

Dieser Komplexion entspricht die Variationszahl:

$${}^{w}V^{k-2}_{s=k-2} = V^{k-1}_{s=k-1}$$

Bei dem nächst kleineren Zeiger $n-m-k$ werden zwei Paare ausgeschlossen, nämlich:

$$(m+2)(n-m-k)$$

und

$$(m+1)(n-m-k),$$

denen:

$${}^{w}V^{k-2}_{s=k-2} + {}^{w}V^{k-2}_{s=k-1} = {}^{w}V^{k-1}_{s=k}$$

Variationen entsprechen. Mit dem folgenden werden drei Paare ausgeschlossen, enthaltend die Variationszahlen:

$${}^{w}V^{k-2}_{s=k-2} + {}^{w}V^{k-2}_{s=k-1} + {}^{w}V^{k-1}_{s=k} = {}^{w}V^{k-1}_{s=k+1}$$

. . . .

Endlich mit dem Zeiger $m+1$ werden $n-2m-k$ Paare ausgeschlossen, enthaltend die Variationszahlen:

$${}^{w}V^{k-2}_{s=k-2} + {}^{w}V^{k-2}_{s=k-1} + \cdots + {}^{w}V^{k-2}_{s=n-2m-2}$$
$$= {}^{w}V^{k-1}_{s=n-2m-1}$$

Die Gesamtzahl der wieder zu addierenden Komplexionen ist folglich:

$${}^{w}V^{k-1}_{s=k-1} + {}^{w}V^{k-1}_{s=k} + {}^{w}V^{k-1}_{s=k+2} + \cdots$$
$$+ {}^{w}V^{k-1}_{s=n-2m-1} = {}^{w}V^{k}_{s=n-2m}$$

Da aber die beiden ausgeschiedenen Elemente in jeder Komplexion auf allen k Stellen stehen dürfen — was dasselbe ist, als wenn zwei Elemente in k Fächer verteilt werden, wobei:

$$C_k^2$$

Verteilungen möglich sind — so ist die oben gefundene Anzahl noch mit diesem Faktor zu multiplizieren.

Die zu viel ausgeschlossenen Komplexionen betragen demnach:

$$C_k^2 \; {}^{w}V^{k}_{s=n-2m}$$

Sobald aber die Zeiger der ausgeschiedenen Elemente wieder um m abgenommen haben, also vom Zeiger:

$$n-2m-k+1$$

angefangen, treten bereits in der drittletzten Stelle der Komplexionen Elemente auf, deren Zeiger grösser als m sein müssen.

Von da wiederholt sich die ähnliche Bemerkung wie oben, d. h. man hat jetzt zu viele Komplexionen addiert, die nun wieder weggenommen werden müssen. Dies geschieht, indem man drei Elemente auf einmal ausscheidet, so dass noch Komplexionen $(k-3)$ter Klasse übrig bleiben.

Diese Zeigergruppen mit ihren zugehörigen Variationszahlen sind:

Zeigergruppen:	Variationszahlen:
1) $(m+1)(m+1)(n-2m-k+1)$	${}^{w}\underset{s=k-3}{V^{k-3}}$
2) $(m+1)(m+2)(n-2m-k),\ (m+1)(m+1)(n-2m-k)$	${}^{w}\underset{s=k-3}{V^{k-3}} + {}^{w}\underset{s=k-2}{V^{k-3}}$
$(m+2)(m+1)(n-2m-k)$	${}^{w}\underset{s=k-3}{V^{k-3}}$
3) $[(m+1)(m+3),\ (m+1)(m+2),\ (m+1)(m+1)](n-2m-k-1)$	${}^{w}\underset{s=k-3}{V^{k-3}} + {}^{w}\underset{s=k-2}{V^{k-3}} + {}^{w}\underset{s=k-1}{V^{k-3}}$
$[(m+2)(m+2),\ (m+2)(m+1)](n-2m-k-1)$	${}^{w}\underset{s=k-3}{V^{k-3}} + {}^{w}\underset{s=k-2}{V^{k-3}}$
$(m+3)(m+1)(n-2m-k-1)$	${}^{w}\underset{s=k-3}{V^{k-3}}$
4) $[(m+1)(m+4),\ (m+1)(m+3),\ (m+1)(m+2),\ (m+1)(m+1)](n-2m-k-2)$	${}^{w}\underset{s=k-3}{V^{k-3}} + {}^{w}\underset{s=k-2}{V^{k-3}} + {}^{w}\underset{s=k-1}{V^{k-3}} + {}^{w}\underset{s=k}{V^{k-3}}$
$[(m+2)(m+3),\ (m+2)(m+2),\ (m+2)(m+1)](n-2m-k-2)$	${}^{w}\underset{s=k-3}{V^{k-3}} + {}^{w}\underset{s=k-2}{V^{k-3}} + {}^{w}\underset{s=k-1}{V^{k-3}}$
$[(m+3)(m+2),\ (m+3)(m+1)](n-2m-k-2)$	${}^{w}\underset{s=k-3}{V^{k-3}} + {}^{w}\underset{s=k-2}{V^{k-3}}$
$(m+4)(m+1)(n-2m-k-2)$	${}^{w}\underset{s=k-3}{V^{k-3}}$
5)	. . . .

Addiert man in den einzelnen Gruppen 1), 2), 3), 4) ··· die untereinander stehenden Variationszahlen, so ergibt sich, wenn in den Summen statt ${}^{w}\underset{s=k-3}{V^{k-3}}$ stets das gleichwertige ${}^{w}\underset{s=k-2}{V^{k-2}}$ gesetzt wird:

1) $${}^{w}\underset{s=k-2}{V^{k-2}} = {}^{w}\underset{s=k-1}{V^{k-1}}$$

2) $${}^{w}\underset{s=k-2}{V^{k-2}} + {}^{w}\underset{s=k-1}{V^{k-2}} = {}^{w}\underset{s=k}{V^{k-1}}$$

3) $${}^{w}\underset{s=k-2}{V^{k-2}} + {}^{w}\underset{s=k-1}{V^{k-2}} + {}^{w}\underset{s=k}{V^{k-2}} = {}^{w}\underset{s=k+1}{V^{k-1}}$$

4) $${}^{w}\underset{s=k-2}{V^{k-2}} + {}^{w}\underset{s=k-1}{V^{k-2}} + {}^{w}\underset{s=k}{V^{k-2}} + {}^{w}\underset{s=k+1}{V^{k-2}} = {}^{w}\underset{s=k+2}{V^{k-1}}$$

5) . . . .

⋮ . . . . $= {}^{w}\underset{s=n-3m-1}{V^{k-1}}$

Endlich lässt sich auch die **letzte Vertikalreihe** nochmals in einen Ausdruck zusammenziehen und gibt:

$$ {}^{w}V^{k}_{s=n-3m} $$

Da ausserdem die drei abgetrennten Zeiger auf k Stellen stehen können, was mit der Verteilung von 3 Elementen in k Fächer übereinkommt, so ist die wirkliche Anzahl der zu viel addierten Komplexionen:

$$ C_k^3 \quad {}^{w}V^{k}_{s=n-3m} $$

Dieselben Schlüsse setzen sich weiter fort, so oft die Zeiger um m kleiner werden und die Zusammenstellung der bisherigen Resultate gibt demnach die Behauptung.

Das in der Erkl. 267 durchgeführte Beispiel wird den allgemeinen Beweis vollständig erläutern.

Frage 189. Wie gross ist die Anzahl der Variationen $k$ter Klasse aus einer unvollständigen Elementenreihe:

$$ a_1 \, a_2 \cdots a_m $$

zu allen Summen von:

$$ s = k \text{ bis } s = n? $$

Antwort. Aus der in Frage 188 gefundenen Formel erhält man, wenn nach und nach:

$$ s = k, \; k+1, \; k+2, \cdots, k+m \cdots, \; n $$

gesetzt wird:

$$ {}^{w}V^{k}_{s=k} $$

$$ {}^{w}V^{k}_{s=k+1} $$

$$ {}^{w}V^{k}_{s=k+2} $$

$$ \vdots $$

$$ {}^{w}V^{k}_{s=k+m} \quad - C_k^1 \cdot {}^{w}V^{k}_{s=k} $$

$$ {}^{w}V^{k}_{s=k+m+1} \quad - C_k^1 \cdot {}^{w}V^{k}_{s=k+1} $$

$$ \cdots\cdots\cdots\cdots $$

$$ {}^{w}V^{k}_{s=k+2m} \quad - C_k^1 \cdot {}^{w}V^{k}_{s=k+m} + C_k^2 \cdot {}^{w}V^{k}_{s=k} $$

$$ \cdots\cdots\cdots\cdots\cdots\cdots $$

$$ {}^{w}V^{k}_{s=n} \quad - C_k^1 \cdot {}^{w}V^{k}_{s=n-m} + C_k^2 \cdot {}^{w}V^{k}_{s=n-2m} - C_k^3 \cdot {}^{w}V^{k}_{s=n-3m} + \cdots $$

Addiert man alle Vertikalreihen, so entsteht die Summe:

$$ \sum_{s=k}^{s=n} {}^{w}V^{k}_{s}(a_1 \, a_2 \cdots a_m) = {}^{w}V^{k+1}_{s=n+1} - C_k^1 \cdot {}^{w}V^{k+1}_{s=n-m+1} + C_k^2 \cdot {}^{w}V^{k+1}_{s=n-2m+1} - \cdots $$

Erkl. 268. Die hier abgeleitete Formel kann benutzt werden, um die Anzahl der Variationen zu finden, deren Zeigersummen zwischen gewissen Grenzen liegen, z. B. zwischen n_1 und n_2. Man sucht die Anzahl der Variationen zu allen Summen von k bis n_1, dann von k bis n_2 und zieht erstere Anzahl von der letzteren ab.

Frage 190. Wie gross ist die Anzahl der Variationen zu einer bestimmten Summe bei fehlenden Schlusselementen, wenn die Reihe der gegebenen Zeiger mit 0 beginnt?

Antwort. Aus Erkl. 265 (zu Frage 185) folgt für die Variationen $k$ter Klasse zur Summe n aus der unvollständigen Zeigerreihe:

$$0,\ 1,\ 2, \cdots m$$

dass:

$${}^{w}V^{k}_{s=n}(0, 1, 2, \cdots m) = {}^{w}V^{k}_{s=n+k}(1, 2, \cdots m+1)$$

und deshalb nach Frage 188, wenn $n+k$ statt n und $m+1$ statt m gesetzt wird:

$${}^{w}V^{k}_{s=n}(0, 1, 2, \cdots m) = {}^{w}V^{k}_{s=n+k} - C_k^1 \;.\; {}^{w}V^{k}_{s=n+k-m-1} + C_k^2 \;.\; {}^{w}V^{k}_{s=n+k-2m-2} - C_k^3 \;.\; {}^{w}V^{k}_{s=n+k-3m-3} + \cdots$$

Frage 191. Wie gross ist die Anzahl der Variationen zu einer bestimmten Summe bei fehlenden Anfangs- und Schlusselementen?

Antwort. Wenn die gegebene Elementenreihe nach beiden Seiten unvollständig ist, z. B.:

$$a_{i+1},\ a_{i+2}, \cdots,\ a_m$$

so erhält man durch Verbindung der in Frage 187 und Frage 188 gefundenen Resultate folgendes:

Nach Frage 187 muss:

$${}^{w}V^{k}_{s=n}(a_{i+1}\, a_{i+2} \cdots a_m) = {}^{w}V^{k}_{s=n-ki}(a_1\, a_2 \cdots a_{m-i})$$

sein und wenn in der Formel von Frage 188 $n-ki$ statt n und $m-i$ statt m gesetzt wird, so hat man:

$${}^{w}V^{k}_{s=n}(i+1, i+2, \cdots m) = {}^{w}V^{k}_{s=n-ki} + C_k^1 \;.\; {}^{w}V^{k}_{s=n-m-(k-1)i} + C_k^2 \;.\; {}^{w}V^{k}_{s=n-2m-(k-2)i} - C_k^3 \;.\; {}^{w}V^{k}_{s=n-3m-(k-3)i} + \cdots$$

Frage 192. Wie erhält man die Anzahl der Variationen $k$ter Klasse zu einer bestimmten Summe n, wenn in der vollständigen Elementenreihe von a_1 bis a_{n-k+1} eine gewisse Gruppe:

$$a_{i+1}\ a_{i+2} \cdots a_m$$

fehlt?

Antwort. Um die Anzahl der Variationen $k$ter Klasse zur Summe m aus den Elementen:

$$a_1\, a_2 \cdots a_i\, a_{m+1}\, a_{m+2} \cdots a_{n-k+1}$$

unter denen die Elementengruppe:

$$a_{i+1}\, a_{i+2} \cdots a_m$$

Preisgekrönt in Frankfurt a. M. 1881.

Der **ausführliche Prospekt** und das **ausführliche Inhaltsverzeichnis** der „vollständig gelösten Aufgabensammlung von Dr. Ad. Kleyer" kann von jeder Buchhandlung, sowie von der Verlagshandlung **gratis und portofrei** bezogen werden.

Bemerkt sei hier nur:

1). Jedes Heft ist aufgeschnitten und gut brochiert um den **sofortigen** und **dauernden** Gebrauch zu gestatten.

2). Jedes Kapitel enthält sein besonderes Titelblatt, Inhaltsverzeichnis, Berichtigungen und Erklärungen am Schlusse desselben.

3). Auf jedes einzelne Kapitel kann abonniert werden.

4). Monatlich erscheinen 3—4 Hefte zu dem **Abonnementspreise** von 25 Pfg. pro Heft.

5). Die **Reihenfolge** der Hefte im nachstehenden, kurz angedeuteten Inhaltsverzeichnis ist, **wie aus dem Prospekt ersichtlich, ohne jede Bedeutung** für die Interessenten.

6). Das Werk enthält **Alles**, was sich überhaupt auf mathematische Wissenschaften bezieht, alle Lehrsätze, Formeln und Regeln etc. mit Beweisen, alle praktischen Aufgaben in vollständig gelöster Form mit Anhängen ungelöster analoger Aufgaben und vielen vortrefflichen Figuren.

7). Das Werk ist ein **praktisches Lehrbuch für Schüler aller Schulen, das beste Handbuch** für Lehrer und Examinatoren, **das vorzüglichste Lehrbuch zum Selbststudium, das vortrefflichste Nachschlagebuch** für Fachleute und Techniker jeder Art.

8). Alle Buchhandlungen nehmen Bestellungen entgegen.

☛ Das vollständige

Inhaltsverzeichnis

der bis jetzt erschienenen Hefte

kann durch jede Buchhandlung bezogen werden.

Halbjährlich erscheinen Nachträge über die inzwischen neu erschienenen Hefte.

Druck von Carl Hammer in Stuttgart

1197. Heft.	Preis des Heftes 25 Pf.	Kombinatorik oder die Lehre von den kombinatorischen Operationen. Forts. v. Heft 1196. — Seite 273—288.

Vollständig gelöste

Aufgaben-Sammlung

— nebst Anhängen ungelöster Aufgaben, für den Schul- & Selbstunterricht —
mit
Angabe und Entwicklung der benutzten Sätze, Formeln, Regeln, in Fragen und Antworten
erläutert durch
viele Holzschnitte & lithograph. Tafeln,
aus allen Zweigen
der Rechenkunst, der niederen (Algebra, Planimetrie, Stereometrie, ebenen u. sphärischen Trigonometrie, synthetischen Geometrie etc.) u. höheren Mathematik (höhere Analysis, Differential- u. Integral-Rechnung, analytische Geometrie der Ebene u. des Raumes etc.); — aus allen Zweigen der Physik, Mechanik, Graphostatik, Chemie, Geodäsie, Nautik, mathemat. Geographie, Astronomie; des Maschinen-, Strassen-, Eisenbahn-, Wasser-, Brücken- u. Hochbau's; der Konstruktionslehren als: darstell. Geometrie, Polar- u. Parallel-Perspektive, Schattenkonstruktionen etc. etc.
für
Schüler, Studierende, Kandidaten, Lehrer, Techniker jeder Art, Militärs etc.
zum einzig richtigen und erfolgreichen
Studium, zur Forthülfe bei Schularbeiten und zur rationellen Verwertung der exakten Wissenschaften,
herausgegeben von

Dr. Adolph Kleyer,
Mathematiker, vereideter königl. preuss. Feldmesser, vereideter grossh. hessischer Geometer I. Klasse
in Frankfurt a. M.
unter Mitwirkung der bewährtesten Kräfte.

Kombinatorik

oder

Die Lehre von den kombinatorischen Operationen.

(Permutation, Kombination, Variation.)
(Nach System Kleyer bearbeitet von Prof. H. Staudacher.
Fortsetzung v. Heft 1196. — Seite 273—288.

Inhalt:

Variationen zu bestimmten Summen. — Gelöste und ungelöste Aufgaben über die Variationen zu bestimmten Summen.

Stuttgart 1893.
Verlag von Julius Maier.

Preisgekrönt in Frankfurt a. M. 1881.

PROSPEKT.

Dieses Werk, welchem **kein ähnliches** zur Seite steht, erscheint monatlich in 3—4 Heften zu dem **billigen Preise** von 25 ₰ pro Heft und bringt eine Sammlung der wichtigsten und praktischsten **Aufgaben aus dem Gesamtgebiete der Mathematik, Physik, Mechanik, math. Geographie, Astronomie, des Maschinen-, Strassen-, Eisenbahn-, Brücken- und Hochbaues, des konstruktiven Zeichnens** etc. etc. und zwar in **vollständig gelöster Form**, mit **vielen Figuren, Erklärungen** nebst **Angabe** und **Entwickelung** der **benutzten Sätze, Formeln, Regeln** in **Fragen** mit **Antworten** etc., so dass die Lösung jedermann verständlich sein kann, bezw. wird, wenn eine grössere Anzahl der Hefte erschienen ist, **da dieselben sich in ihrer Gesamtheit ergänzen** und alsdann auch alle Teile der reinen und angewandten Mathematik — nach besonderen selbständigen Kapiteln angeordnet — vorliegen.

Fast jedem Hefte ist ein **Anhang** von **ungelösten** Aufgaben beigegeben, welche der eigenen Lösung (in analoger Form wie die bezüglichen gelösten Aufgaben) des Studierenden überlassen bleiben, und zugleich von den Herren Lehrern für den Schulunterricht benutzt werden können. Die **Lösungen** hierzu werden später in besonderen Heften für die Hand des Lehrers erscheinen. Am Schlusse eines jeden Kapitels gelangen: Titelblatt, Inhaltsverzeichnis Berichtigungen und erläuternde Erklärungen über das betreffende Kapitel zur Ausgabe.

Das Werk behandelt zunächst den Hauptbestandteil des mathematisch-naturwissenschaftlichen Unterrichtsplanes folgender Schulen: **Realschulen I. und II. Ordn., gleichberechtigten höheren Bürgerschulen, Privatschulen, Gymnasien, Realgymnasien, Progymnasien, Schullehrer-Seminaren, Polytechniken, Techniken, Baugewerkschulen, Gewerbeschulen, Handelsschulen, techn.** Vorbereitungsschulen aller Arten, gewerbliche **Fortbildungsschulen, Akademien, Universitäten, Land- und Forstwissenschaftsschulen, Militärschulen, Vorbereitungs-Anstalten** aller Arten als z. B. für das **Einjährig-Freiwillige- und Offiziers-Examen** etc.

Die **Schüler, Studierenden** und **Kandidaten** der mathematischen, technischen und naturwissenschaftlichen Fächer werden durch diese, **Schritt für Schritt gelöste**, Aufgabensammlung **immerwährend** an ihre in der Schule erworbenen oder nur gehörten Theorien etc. erinnert und wird ihnen hiermit der Weg zum **unfehlbaren** Auffinden der Lösungen derjenigen Aufgaben gezeigt, welche sie bei ihren **Prüfungen zu lösen haben**, zugleich aber auch die **überaus grosse Fruchtbarkeit** der mathematischen Wissenschaften vorgeführt.

Dem **Lehrer** soll mit dieser Aufgabensammlung eine kräftige Stütze für den Schul-Unterricht geboten werden, indem zur Erlernung des **praktischen Teils** der mathematischen Disciplinen — **zum Auflösen von Aufgaben** — in den meisten Schulen oft keine Zeit erübrigt werden kann, **hiermit** aber dem Schüler bei seinen häuslichen Arbeiten eine vollständige Anleitung in die Hände gegeben wird, **entsprechende Aufgaben zu lösen**, die gehabten **Regeln, Formeln, Sätze** etc. **anzuwenden** und **praktisch zu verwerten**. Lust, Liebe und Verständnis für den Schulunterricht wird dadurch erhalten und belebt werden.

Den **Ingenieuren, Architekten, Technikern** und Fachgenossen aller Art, **Militärs** etc. etc. soll diese Sammlung **zur Auffrischung** der erworbenen und vielleicht vergessenen mathematischen Kenntnisse dienen und zugleich durch ihre praktischen **in allen Berufszweigen vorkommenden Anwendungen** einem **toten Kapital lebendige Kraft** verleihen und somit den **Antrieb** zu weiteren **praktischen Verwertungen** und **weiteren Forschungen** geben.

Alle Buchhandlungen nehmen Bestellungen entgegen. Wichtige und praktische Aufgaben werden mit Dank von der Redaktion entgegengenommen und mit Angabe der Namen verbreitet. — Wünsche, Fragen etc., welche die Redaktion betreffen, nimmt der Verfasser, Dr. Kleyer, Frankfurt a. M., Fischerfeldstrasse 16, entgegen, und wird deren Erledigung thunlichst berücksichtigt.

Stuttgart. **Die Verlagshandlung.**

Erkl. 269. Die auszuschliessenden Zeigerpaare mit den zugehörigen Variationszahlen sind für die erste Gruppe ($n-k+1$ bis $i+1$):

Zeigerpaare:	Variationszahlen:	Summe:
$(n-i-k+1)(i+1)$	${}^{w}V^{k-2}_{s=k-2}$	$= {}^{w}V^{k-1}_{s=k-1}$
$(n-i-k)(i+2)$ „ $(i+1)$	${}^{w}V^{k-2}_{s=k-2} + {}^{w}V^{k-2}_{s=k-1}$	$= {}^{w}V^{k-1}_{s=k}$
$(n-i-k-1)(i+3)$ „ $(i+2)$ „ $(i+1)$	${}^{w}V^{k-2}_{s=k-2} + {}^{w}V^{k-2}_{s=k-1} + V^{k-2}_{s=k}$	$= {}^{w}V^{k-1}_{s=k+1}$
$(i+1)(n-i-k+1)$ „ $(n-i-k)$ „ . „ . „ . „ $(i+1)$	${}^{w}V^{k-2}_{s=k-2} + {}^{w}V^{k-2}_{s=k-1} + \cdots + {}^{w}V^{k-2}_{s=n-2i-2}$	$= {}^{w}V^{k-1}_{s=n-2i-1}$
	Gesamtsumme:	${}^{w}V^{k}_{s=n-2i}$

Für die zweite Gruppe ($n-k+1$) bis ($m+1$):

Zeigerpaare:	Variationszahlen:	Summe:
$(n-m-k+1)(m+1)$	${}^{w}V^{k-2}_{s=k-2}$	$= {}^{w}V^{k-1}_{s=k-1}$
$(n-m-k)(m+2)$ „ $(m+1)$	${}^{w}V^{k-2}_{s=k-2} + {}^{w}V^{k-2}_{s=k-1}$	$= {}^{w}V^{k-1}_{s=k}$
. . . . . .	. . . . . .	. . . . . .
$(m+1)(n-m-k+1)$ „ $(n-m-k)$ „ . „ . „ . „ $(i+1)$	${}^{w}V^{k-2}_{s=k-2} + {}^{w}V^{k-2}_{s=k-1} + \cdots + {}^{w}V^{k-2}_{s=n-m-i-2}$	$= {}^{w}V^{k-1}_{s=n-m-i-1}$
	Gesamtsumme:	${}^{w}V^{k}_{s=n-m-i}$

fehlt, zu berechnen, nimmt man zuerst die Variationen aus der vollständigen Zeigerreihe, schliesst davon nach und nach alle Komplexionen aus, welche einen oder mehrere der Zeiger:

$$n-k+1,\ n-k,\ \cdots,\ i+1$$

enthalten und von letzteren Komplexionen wieder diejenigen mit den Elementen:

$$n-k+1,\ n-k,\ \cdots\ m+1$$

Man hat demnach das Verfahren von Frage 188 zweimal anzuwenden.

Die Ausscheidung der zuerst genannten Elemente gibt, da jedes Element auf k verschiedenen Stellen stehen kann, folgende Anzahl von Komplexionen:

$$k \cdot {}^{w}V^{k}_{s=n-i} \quad \text{(s. Frage 188)}$$

die der letztgenannten Gruppe ebenso:

$$k \cdot {}^{w}V^{k}_{s=n-m}$$

so dass im ganzen nun ausgeschieden sind:

$$1)\quad C_k^1\left(\underset{s=n-i}{{}^{w}V^{k}} - \underset{s=n-m}{{}^{w}V^{k}}\right)$$

Komplexionen.

Dadurch wurden aber wieder zu viele ausgeschieden aus demselben Grunde wie in Frage 188 und man muss zwei Elemente auf einmal ausscheiden und die Anzahl der sich so ergebenden Komplexionen wieder hinzufügen. Dieser Fall tritt in ersterer Elementengruppe zum ersten Male bei Ausscheidung des Zeigers:

$$n - i - k + 1$$

auf, in der letzteren Gruppe beim Zeiger:

$$n - m - k + 1$$

Die auszuscheidenden Zeigerpaare mit den zugehörigen Variationszahlen sind in Erkl. 269 aufgeführt. Von jeder dieser Gruppen sind nun aber wie im vorigen Falle wieder eine Reihe von Zeigern auszuscheiden, nämlich für die erste Gruppe die Zeiger:

$$n - i - k + 1 \text{ bis } m + 1,$$

denen als Summe ihrer Variationszahlen:

$$\underset{s=n-i-m}{{}^{w}V^{k}}$$

entspricht, und von der zweiten Gruppe die Zeigerpaare:

$$n - m - k + 1 \text{ bis } m + 1,$$

denen die Summe der Variationszahlen:

$$\underset{s=n-2m}{{}^{w}V^{k}}$$

zukommt.

Da nun ausserdem das ausgeschlossene Elementenpaar auf:

$$C_k^2$$

Arten mit den übrigen Elementen der Komplexionen verbunden werden kann, so ist die Zahl der zu viel ausgeschlossenen Variationen:

$$2)\quad C_k^2\left[\left(\underset{s=n-2i}{{}^{w}V^{k}} - \underset{s=n-i-m}{{}^{w}V^{k}}\right) - \left(\underset{s=n-m-i}{{}^{m}V^{k}} - \underset{s=n-2m}{{}^{w}V^{k}}\right)\right]$$

$$= C_k^2\left[\underset{s=n-2i}{{}^{w}V^{k}} - 2\underset{s=n-i-m}{{}^{w}V^{k}} + \underset{s=n-2m}{{}^{w}V^{k}}\right]$$

Es sind nun wieder zu viele Komplexionen addiert worden, welche abermals entfernt werden müssen, wobei ihre Anzahl durch Ausscheidung von drei Elementen auf einmal sich ergibt. Man erhält dadurch einen Ausdruck, der ebenso dem vorhergehenden Ausdrucke 2) analog gebildet ist, wie dieser dem Ausdrucke 1), nämlich:

$$3)\quad C_k^3\left[\left(\underset{s=n-3i}{{}^{w}V^{k}} - 2\underset{s=n-2i-m}{{}^{w}V^{k}} + \underset{s=n-i-2m}{{}^{w}V^{k}}\right) - \left(\underset{s=n-2i-m}{{}^{w}V^{k}} - 2\underset{s=n-i-2m}{{}^{w}V^{k}} + \underset{s=n-3m}{{}^{w}V^{k}}\right)\right]$$

$$= C_k^3\left[\underset{s=n-3i}{{}^{w}V^{k}} - 3\underset{s=n-2i-m}{{}^{w}V^{k}} + 3\underset{s=n-i-2m}{{}^{w}V^{k}} - \underset{s=n-3m}{{}^{w}V^{k}}\right]$$

Erkl. 270. Man beachte wohl die Bildungsweise der Ausdrücke 1), 2), 3) ⋯ in nebenstehender Antwort. Die beiden Glieder von 1) gehen aus dem ursprünglichen Ausdrucke:

$$\underset{s=n}{{}^{w}V^{k}}$$

in Frage 188 hervor, wenn man das eine Mal $n-i$, das andere Mal $n-m$ statt n setzt. Genau ebenso entstehen die beiden eingeklammerten Glieder von 2) aus denen von 1); setzt man endlich in 2) abermals nach einander $n-i$ und $n-m$ statt n, so erhält man die Glieder von 3). Dieses Gesetz bleibt stets das gleiche, wenn auch noch weitere analoge Ausdrücke 4) ⋯ zu bilden wären.

Analoge Ausdrücke entstehen bei Ausscheidung von vier Elementen u. s. w.

Die Vereinigung der Resultate (1) (2) (3) ⋯ führt dann noch zu folgender Beantwortung der gestellten Frage:

$$\underset{s=n}{{}^{w}V^{k}}[1, 2, \cdots i, m+1, m+2, \cdots (n-k+1)]$$

$$= \underset{s=n}{{}^{w}V^{k}} - C_k^1\left(\underset{s=n-i}{{}^{w}V^{k}} - \underset{s=n-m}{{}^{w}V^{k}}\right) + C_k^2\left(\underset{s=n-2i}{{}^{w}V^{k}} - 2\underset{n-i-m}{{}^{w}V^{k}} + \underset{n-2m}{{}^{w}V^{k}}\right)$$

$$- C_k^3\left(\underset{s=n-3i}{{}^{w}V^{k}} - 3\underset{s=n-2i-m}{{}^{w}V^{k}} + 3\underset{s=n-i-2m}{{}^{w}V^{k}} - \underset{s=n-3m}{{}^{w}V^{k}}\right) + \cdots$$

Die in den eingeklammerten Ausdrücken vorkommenden Zahlenfaktoren:

$$1, 2, 1; \; 1, 3, 3, 1; \cdots$$

sind die Kombinationszahlen:

$$C_2^0, C_2^1, C_2^2; \; C_3^0, C_3^1, C_3^2, C_3^3; \cdots$$

Die Glieder des nächsten Summanden würden die Zahlenfaktoren:

$$C_4^0, C_4^1, C_4^2, C_4^3, C_4^4$$

haben u. s. w.

Frage 193. Wie erhält man die Anzahl der Variationen $k$ter Klasse zu einer bestimmten Summe n, wenn innerhalb der unvollständigen Elementenreihe:

$$a_1 a_2 \cdots a_r$$

eine gewisse Elementengruppe:

$$a_{i+1}, \cdots a_m$$

fehlt?

Antwort. Um aus der gegebenen unvollständigen Elementenreihe mit fehlender Zwischengruppe:

$$a_1, a_2 \cdots a_i, a_{m+1} \cdots a_r$$

die Anzahl der Variationen $k$ter Klasse zur Summe n zu finden, nimmt man zuerst die vollständige Elementenreihe:

$$a_1 a_2 \cdots a_{n-k+1}$$

an, schliesst hievon die Reihe:

$$a_{i+1} \cdots a_{n-k+1}$$

aus, von dieser wieder die Reihe:

$$a_{m+1} \cdots a_{n-k+1}$$

und endlich von letzterer nochmals die Reihe:

$$a_{r+1} \cdots a_{n-k+1}$$

Hiezu braucht man nur das in Frage 188 gefundene Resultat auf die drei genannten Elementenreihen anzuwenden und findet, dass von der Anzahl der vollständigen Variationen zuerst auszuschliessen sind:

$$1) \; C_k^1\left[\underset{s=n-i}{{}^{w}V^{k}} - \underset{s=n-m}{{}^{w}V^{k}} + \underset{s=n-r}{{}^{w}V^{k}}\right]$$

Die Variationszahlen wurden wie früher durch Ausschliessung je eines Elementes erhalten. Der Faktor C_k^1 bezieht sich wieder auf die verschiedenen möglichen Stellungen des ausgeschlossenen Elementes. Man hat aber dadurch wieder zu viele Komplexionen ausgeschlossen und muss nun wieder diejenigen hinzufügen, welche **zwei** fremde Elemente enthalten. Wie man in beiden vorhergehenden Fragen gesehen hat, geht der diesen Ausschlüssen entsprechende Ausdruck aus 1) hervor, wenn nach und nach $n-i$, $n-m$, $n-r$ statt n gesetzt wird, nämlich:

$$2)\quad C_k^2\Big[\Big({}^{w}V^k_{s=n-i-i}-{}^{w}V^k_{s=n-m-i}+{}^{w}V^k_{s=n-r-i}\Big)-\Big({}^{w}V^k_{s=n-i-m}-{}^{w}V^k_{s=n-m-m}+{}^{w}V^k_{s=n-r-m}\Big)+\Big({}^{w}V^k_{s=n-i-r}-{}^{w}V^k_{s=n-m-r}+{}^{w}V^k_{s=n-r-r}\Big)\Big]$$

$$=C_k^2\Big[{}^{w}V^k_{s=n-2i}-2\,{}^{w}V^k_{s=n-m-i}+2\,{}^{w}V^k_{s=n-r-i}-2\,{}^{w}V^k_{s=n-r-m}+{}^{w}V^k_{s=n-2m}+{}^{w}V^k_{s=n-2r}\Big]$$

wobei der Faktor C_k^2 wieder von den möglichen Stellungen der ausgeschlossenen zwei Elementen herrührt.

Ganz analog folgt dem Ausdruck 2), der nun wieder zu viele addierte Komplexionen erhält, ein zu subtrahierender, durch Ausscheidung von **je 3** fremden Elementen entstehender Ausdruck, wenn man im vorhergehenden statt n zuerst $n-i$, dann $n-m$, dann $n-r$ setzt. Derselbe lautet nach den nötigen Reduktionen:

$$3)\quad -C_k^3\Big[{}^{w}V^k_{s=n-3i}-3\cdot{}^{w}V^k_{s=n-2i-m}+3\cdot{}^{w}V^k_{s=n-2i-r}+3\cdot{}^{w}V^k_{s=n-i-2m}-6\cdot{}^{w}V^k_{s=n-i-m-r}+3\cdot{}^{w}V^k_{s=n-i-2r}-{}^{w}V^k_{s=n-3m}+3\cdot{}^{w}V^k_{s=n-2m-r}-3\cdot{}^{w}V^k_{s=n-m-2r}+{}^{w}V^k_{s=n-3r}\Big]$$

Die in diesen Ausdrücken 1), 2), 3) vorkommenden Zahlenfaktoren sind nichts anderes als die in der Entwicklung der ersten, zweiten, dritten ··· Potenz eines dreigliedrigen Ausdruckes von der Form:

$$(a+b+c)$$

auftretenden Koëffizienten (s. Aufgabe 392).

Auf gleiche Weise ist, wenn noch nötig, aus 3) ein entsprechender Ausdruck 4) zu bilden, welcher die Zahl der wieder zu **addierenden** Komplexionen angibt, die durch gleichzeitige Ausscheidung von 4 Elementen erhalten werden u. s. w.

Die schlüssliche Zusammenstellung sämtlicher Glieder gibt das verlangte Resultat.

Erkl. 271. Diese Untersuchungen lassen sich noch weiter ausdehnen und finden alle ihre hauptsächlichste Anwendung in der Wahrscheinlichkeitsrechnung. Ausführlicheres über diesen Gegenstand und seine Anwendungen siehe in Oettinger's Schrift: „Die Versetzungen mit Wiederholungen zu bestimmten Summen.“ Freiburg 1840.

Frage 194. Wie wird die Anzahl der Variationen $k$ter Klasse zu einer bestimmten Summe gefunden, wenn die Zeiger der gegebenen Elemente eine arithmetische Reihe bilden (Variationen mit fehlenden Zwischenelementen)?

Antwort. Angenommen, die gegebenen Zeiger haben die konstante Differenz d und lauten also:

$$m,\ m+d,\ m+2d,\ \cdots,\ m+rd$$

so ist die erste Komplexion $k$ter Klasse:

$$m\,m\cdots m\,(m+rd)$$

folglich die Zeigersumme:

$$km + rd$$

und man erhält, analog wie in Frage 100a:

$$\underset{s=km+rd}{{}^{w}V^{k}}(m, m+d, \cdots, m+rd) = \underset{s=k+r}{{}^{w}V^{k}}(1, 2 \cdots, r+1)$$

Auch hier ist nur die Zahl der Elemente und die Klasse willkürlich, die Summe hingegen von beiden abhängig.

Frage 195. Wie werden die Variationen zu einer bestimmten Summe ohne Wiederholung gebildet?

Antwort. Das Verfahren zur Bildung der Variationen $k$ter Klasse zur Summe n ohne Wiederholung entspricht ganz der in Frage 178 angegebenen Bildungsweise der Variationen mit Wiederholung; nur wird hier nicht das niedrigste Element so oft als möglich wiederholt, sondern die gegebenen Elemente folgen vom niedrigsten an in natürlicher Ordnung mit Ausnahme derjenigen, die schon in der Komplexion vorausgehen. Die letzte Stelle der Komplexion wird wieder mit demjenigen Elemente besetzt, welches die Summe der vorhergehenden Zeiger zur verlangten Höhe ergänzt; kam dieses Element schon auf einer früheren Stelle der Komplexion vor, so wird die Komplexion unterdrückt.

Sollen z. B. die Variationen vierter Klasse ohne Wiederholung zur Summe 11 gebildet werden, so ist die niedrigste Komplexion:

1235;

die folgende Komplexion würde nach Fr. 178:

1244

heissen, also einen wiederholten Zeiger enthalten, wird also unterdrückt und folgt sogleich nach demselben Verfahren:

1253

Eine Erhöhung des Zeigers 5 ist nicht mehr zulässig, weil sonst die letzte Stelle mit 2 besetzt werden müsste, also wird die zweite Stelle erhöht und folgt:

1325

Die beiden nächsten nach Frage 178 sich ergebenden Komplexionen 1334 und 1343 fallen aus wegen wiederholter Zeiger und kommt sofort:

1352

u. s. w.

Erkl. 272. Im folgenden sind die Variationen vierter Klasse aus nebenstehender Antwort vollständig angegeben:

$\underset{s=11}{V^4}$ =

1235	3125
1253	3152
1325	3215
1352	3251
1523	3512
1532	3521
2135	5123
2153	5132
2315	5213
2351	5231
2513	5312
2531	5321

Man sieht sofort, dass dieselben nichts anders sind, als sämtliche Permutationen der einzigen Kombination zur Summe 11:

1235

Erkl. 273. Um das Unterdrücken von Komplexionen, das nach dem in der Antwort erklärten Verfahren häufig eintreten wird, zu vermeiden, hat man bloss zu bemerken, dass die Variationen ohne Wiederholung zu einer bestimmten Summe und Klasse identisch sind mit den Permutationen der Kombinationen ohne Wiederholung zur nämlichen Summe und Klasse. Man bildet also diese letzteren nach Frage 101 und permutiert jede einzelne Komplexion.

Frage 196. Wie viele Elemente sind zur Bildung der vollständigen Variationen $k$ter Klasse ohne Wiederholung zur Summe n nötig und wie

Antwort. Die Anzahl der Elemente, die zur vollständigen Bildung der Variationen gross ist die **Anzahl** ihrer Komplexionen?

Erkl. 274. Die Begründung dieser und der folgenden Antworten erhellt unmittelbar aus den Beweisen der entsprechenden Fragen über die Kombinationen ohne Wiederholung zu bestimmten Summen. Es wird hier deshalb nur auf letztere verwiesen.

$k$ter Klasse ohne Wiederholung zur Summe n nötig sind, ist dieselbe wie für die Kombinationen ohne Wiederholung zur nämlichen Summe und Klasse, also nach Frage 102:

$$n - \frac{k(k-1)}{1 \cdot 2}$$

und die Anzahl der Komplexionen:

$$P_k \cdot \underset{s=n}{C^k}$$

denn jede Kombination — aus ungleichen Elementen bestehend — gibt:

$$P_k = k!$$

Permutationen.

Frage 197. Wie gross ist die Anzahl der Variationen $k$ter Klasse ohne Wiederholung zur Summe n, wenn auch der Zeiger 0 in die Komplexionen aufgenommen werden darf?

Erkl. 275. Unter beiden Zeichen V stehen gleich viele Elemente; die Reihe:

$$1, 2, 3 \cdots$$

erstreckt sich also bis zu einem Zeiger, der um eine Einheit höher ist, als der höchste Zeiger der Reihe:

$$0, 1, 2, \cdots$$

Antwort. Wird die Anzahl der Variationen mit Einschluss des Zeigers 0 wieder mit:

$$\underset{s=n}{V_0^k}$$

bezeichnet, so gilt die Beziehung:

$$\underset{s=n}{V_0^k} = \underset{s=n+k}{V^k}$$

oder wenn die Variationen selbst aufgestellt werden sollen:

$$\underset{s=n}{V^k}(0, 1, 2, \cdots) = \underset{s=n+k}{V^k}(1, 2, 3 \cdots)$$

Frage 198. Wie gross ist die Anzahl der Variationen $k$ter Klasse ohne Wiederholung zur Summe n bei **fehlenden Anfangselementen**?

Erkl. 276. Die Anzahl der Variationen ohne Wiederholung **mit fehlenden Schlusselementen** wird wieder durch Multiplikation der entsprechenden Kombinationszahl mit P_n erhalten. Die Kombinationszahl ergibt sich nach Frage 104 und Erkl. 164, wenn man von der **vollständigen** Reihe der Komplexionen diejenigen ausschliesst, welche auf einen der fehlenden Zeiger endigen.

Antwort. Die Anzahl der Variationen bei fehlenden Anfangselementen folgt, wenn:

$$m+1,\ m+2,\ m+3, \cdots$$

die gegebene Zeigerreihe ist, aus der Gleichung:

$$\underset{s=n}{V^k}(a_{m+1}\, a_{m+2} \cdots) = \underset{s=n-km}{V^k}(a_1\, a_2 \cdots)$$

Frage 199. Wie gross ist die Anzahl der Variationen $k$ter Klasse ohne Wiederholung **bei fehlenden Zwischenelementen**?

Antwort. Ebenso wie für die Kombinationen in Frage 116 erhält man auch für die Variationen ohne Wiederholung bei fehlenden Zwischenelementen:

$$\underset{s=n_1}{V^k}(m,\ m+d, \cdots,\ m+rd) = \underset{s=n_2}{V^k}(1, 2, \cdots, r+1)$$

worin:

$$n_1 = km + \frac{(k-1)(k-2)}{1 \cdot 2} d + rd$$

und:

$$n_2 = \frac{k(k-1)}{1 \cdot 2} + r + 1$$

zu setzen ist.

---

h) Gelöste Aufgaben über die Variationen zu bestimmten Summen.

Aufgabe 469. Die Variationen vierter Klasse mit Wiederholung zur Summe 9 vollständig aufzustellen.

Auflösung. Nach dem allgemeinen Verfahren in Frage 178 braucht man zur vollständigen Entwicklung sechs Elemente und ergeben sich folgende Komplexionen:

$${}^{w}\underset{s=9}{V^4}(1, 2, \cdots 6) =$$

1116	1233	1422	2142	2331	3213	4131
1125	1242	1431	2151	2412	3222	4212
1134	1251	1512	2214	2421	3231	4221
1143	1314	1521	2223	2511	3312	4311
1152	1323	1611	2232	3114	3321	5112
1161	1332	2115	2241	3123	3412	5112
1215	1341	2124	2313	3132	4113	5211
1224	1413	2133	2322	3141	4122	6111

Aufgabe 470. Folgende Variationszahlen rekurrierend darzustellen:

1) ${}^{w}\underset{s=12}{V^5}(a_1 a_2 \cdots a_8)$

2) ${}^{w}\underset{s=2n-1}{V^{n+1}}$

Auflösung. Nach Frage 5 ergibt sich:

1) $${}^{w}\underset{s=12}{V^5}(a_1 a_2 \cdots a_8) = a_1 \, {}^{w}\underset{s=11}{V^4}(a_1 a_2 \cdots a_8) + a_2 \, {}^{w}\underset{s=10}{V^4}(a_1 \cdots a_8) + \cdots + a_8 \, {}^{w}\underset{s=4}{V^4}$$

2) $${}^{w}\underset{s=2n-1}{V^{n+1}} = {}^{w}\underset{s=2n-2}{V^n} + {}^{w}\underset{s=2n-3}{V^n} + \cdots + {}^{w}\underset{s=n}{V^n}$$

Aufgabe 471. Die Anzahl der Variationen in den Ausdrücken:

1) ${}^{w}\underset{s=9}{V^4}$

2) ${}^{w}\underset{s=12}{V^5}$

3) ${}^{w}\underset{s=2n-1}{V^{n+1}}$

independent zu berechnen.

Auflösung. Nach der in Frage 182 gefundenen Formel hat man sofort:

1) $${}^{w}\underset{s=9}{V^4} = C_8^3 = \frac{8 \cdot 7 \cdot 6}{1 \cdot 2 \cdot 3} = 56$$

2) $${}^{w}\underset{s=12}{V^5} = C_{11}^4 = \frac{11 \cdot 10 \cdot 9 \cdot 8}{1 \cdot 2 \cdot 3 \cdot 4} = 330$$

3) $${}^{w}\underset{s=2n-1}{V^{n+1}} = C_{2n-2}^n = \frac{(2n-2)(2n-3)\cdots(n-1)}{1 \cdot 2 \cdots n} = \frac{(2n-2)(2n-3)\cdots(n+1)}{1 \cdot 2 \cdots (n-2)}$$

Aufgabe 472. Die Anzahl der Variationen in den Ausdrücken:

1) $\underset{s=12}{{}^{w}V_0^5}$

2) $\underset{s=2n-1}{{}^{w}V_0^{n+1}}$

anzugeben.

Auflösung. Nach Frage 186 ist:

1) $\underset{s=12}{{}^{w}V_0^5} = \underset{s=12+5}{{}^{w}V^5} = C_{16}^4 = 1820$

oder auch direkt:

$$\underset{s=12}{{}^{w}V_0^5} = {}^{w}C_{13}^4 = \frac{13\cdot14\cdot15\cdot16}{1\cdot2\cdot3\cdot4} = 1820$$

2) $\underset{s=2n-1}{{}^{w}V_0^{n+1}} = {}^{w}C_{2n-2}^{n}$

$$= \frac{(2n-2)(2n-1)\cdots(3n-3)}{1\cdot2\cdots n}$$

Aufgabe 473. In wie vielen Fällen kann man mit drei Würfeln die Augenzahl 8 werfen?

Auflösung. Da jeder Würfel irgend eine der Zahlen:

$$1, 2, \cdots 6$$

zeigen kann, so sind die möglichen Fälle die Variationen dritter Klasse zur Summe 8 mit Wiederholung. Zu diesen braucht man:

$$8-3+1=6$$

Elemente und ebensoviele sind wirklich vorhanden.

Die gesuchte Anzahl ist demnach:

$$\underset{s=8}{{}^{w}V^3} = C_7^2 = 21$$

Aufgabe 474. In einem Gefässe befinden sich 12 numerierte Kugeln. Man zieht eine heraus, notiert die Nummer, wirft sie wieder hinein und mischt die Kugeln aufs neue. Man wiederholt diese Operation sechsmal nacheinander. In wie vielen verschiedenen Fällen ist es möglich, dass die Nummern der sechs gezogenen Kugeln die Summe 16 geben?

Auflösung. Die verlangten Fälle stimmen überein mit den Variationen mit Wiederholung zur sechsten Klasse und zur Summe 16. Zu diesen wären:

$$16-6+1=11$$

Nummern nötig, die auch sämtlich vorhanden sind; die noch vorhandene Nummer 12 trägt zu den verlangten Fällen nichts bei, kann also überhaupt weggelassen werden, wenn es sich nur um diese handelt.

Die Anzahl der gesuchten Fälle ist demnach:

$$\underset{s=16}{{}^{w}V^6} = C_{15}^5 = 3003$$

Aufgabe 475. In jedem von drei Gefässen befinden sich die Nummern 1 bis 20. Man zieht aus jedem Gefässe eine Nummer heraus und soll angeben, in wie vielen Fällen die Summe der drei gezogenen Nummern 19 ist.

Auflösung. Die günstigen Fälle sind die Variationen dritter Klasse mit Wiederholung zur Summe 19. Zu deren vollständiger Bildung sind:

$$19-3+1=17$$

Elemente erforderlich und auch vorhanden; die Nummern 18, 19, 20 tragen zu den gesuchten Fällen nichts bei. Die Anzahl derselben ist:

$$\underset{s=19}{{}^{w}V^{3}} = C_{18}^{2} = 153$$

Aufgabe 476. Wie viele Fälle würde die vorhergehende Aufgabe liefern, wenn in jedem Gefässe sich auch die Nummer 0 befände?

Auflösung. In diesem Falle brauchte man 19 Elemente und die Anzahl der günstigen Ziehungen wäre dann:

$$\underset{s=19}{{}^{w}V_{0}^{3}} = {}^{w}C_{20}^{2} = 210$$

Aufgabe 477. Die Variationen vierter Klasse mit Wiederholung zur Summe 23 aus den Elementen:

$$a_5\, a_6\, a_7\, a_8$$

zu bilden; wie gross ist ihre Anzahl?

Auflösung. Die Anzahl der verlangten Komplexionen ist nach Frage 187:

$$\underset{s=23}{{}^{w}V^{4}}(a_5 a_6 a_7 a_8) = \underset{s=7}{{}^{w}V^{4}}(a_1 a_2 a_3 a_4) = C_6^3 = 20$$

Dieselben sind:

$a_5\, a_5\, a_5\, a_8$	$a_5\, a_6\, a_6\, a_6$	$a_6\, a_5\, a_5\, a_7$	$a_6\, a_7\, a_5\, a_5$
$a_5\, a_5\, a_6\, a_7$	$a_5\, a_6\, a_7\, a_5$	$a_6\, a_5\, a_6\, a_6$	$a_7\, a_5\, a_5\, a_6$
$a_5\, a_5\, a_7\, a_6$	$a_5\, a_7\, a_5\, a_6$	$a_6\, a_5\, a_7\, a_5$	$a_7\, a_5\, a_6\, a_5$
$a_5\, a_5\, a_8\, a_5$	$a_5\, a_7\, a_6\, a_5$	$a_6\, a_6\, a_5\, a_6$	$a_7\, a_6\, a_5\, a_5$
$a_5\, a_6\, a_5\, a_7$	$a_5\, a_8\, a_5\, a_5$	$a_6\, a_6\, a_6\, a_5$	$a_8\, a_5\, a_5\, a_5$

Aufgabe 478. Es soll die Anzahl der Variationen vierter Klasse zur Summe 22 aus der unvollständigen Elementenreihe:

$$a_1\, a_2\, a_3\, a_4\, a_5\, a_6$$

gefunden werden; die höheren Zeiger sollen nach und nach ausgeschlossen und für jede auszuschliessende Komplexion soll die entsprechende Variationszahl angegeben werden.

Erkl. 277. Die in nebenstehender Aufgabe gefundenen 10 Variationen sind folgende:

4666
5566
5656
5665
6556
6565
6655
6664
6646
6466

Auflösung. Die vollständige Elementenreihe müsste sich zu vorliegender Aufgabe bis zum Zeiger:

19

erstrecken. Man hat also zunächst nach Frage 188 die Zeiger:

19, 18, 17, ⋯ 7

einzeln auszuscheiden.

Die ihnen zugehörigen Variationszahlen sind:

$$\underset{s=3}{{}^{w}V^{3}} + \underset{s=4}{{}^{w}V^{3}} + \cdots + \underset{s=15}{{}^{w}V^{3}} = \underset{s=16}{{}^{w}V^{4}}$$

Vom Zeiger 13 an müssen nach Frage 188 bereits zwei Elemente auf einmal ausgeschieden und ihre Variationszahlen von den vorher ausgeschiedenen wieder weggenommen werden. Es sind dies folgende:

Ausgeschlossene Zeigerpaare:	Variationszahlen:	Summe:
$7\,\overline{13}$	${}^{w}V^{2}_{s=2}$	$= {}^{w}V^{3}_{s=3}$
$8\,\overline{12}$, $7\,\overline{12}$	${}^{w}V^{2}_{s=2} + {}^{w}V^{2}_{s=3}$	$= {}^{w}V^{3}_{s=4}$
$9\,\overline{11}$, $8\,\overline{11}$, $7\,\overline{11}$	${}^{w}V^{2}_{s=2} + {}^{w}V^{2}_{s=3} + {}^{w}V^{2}_{s=4}$	$= {}^{w}V^{3}_{s=5}$
$\overline{10}\,\overline{10}$, $9\,\overline{10}$, $8\,\overline{10}$, $7\,\overline{10}$	${}^{w}V^{2}_{s=2} + {}^{w}V^{2}_{s=3} + {}^{w}V^{2}_{s=4} + {}^{w}V^{2}_{s=5}$	$= {}^{w}V^{3}_{s=6}$
$\overline{11}\,9$, $\overline{10}\,9$, 99, 89, 79	${}^{w}V^{2}_{s=2} + {}^{w}V^{2}_{s=3} + \cdots + {}^{w}V^{2}_{s=6}$	$= {}^{w}V^{3}_{s=7}$
$\overline{12}\,8$, $\overline{11}\,8$, $\overline{10}\,8$, 98, 88, 78	${}^{w}V^{2}_{s=2} + {}^{w}V^{2}_{s=3} + \cdots + {}^{w}V^{2}_{s=7}$	$= {}^{w}V^{3}_{s=8}$
$\overline{13}\,7$, $\overline{12}\,7$, $\overline{11}\,7$, $\overline{10}\,7$, 97, 87, 77	${}^{w}V^{2}_{s=2} + {}^{w}V^{2}_{s=3} + \cdots + {}^{w}V^{2}_{s=8}$	$= {}^{w}V^{3}_{s=9}$
	Gesamtsumme	$= {}^{w}V^{4}_{s=10}$

Ferner treten beim Zeiger 7 **drei** fremde Zeiger auf, die auf einmal auszuscheiden sind, nämlich:

$$777, \text{ Variationszahl } V^{1}_{s=1} = {}^{w}V^{4}_{s=4}$$

Die Anzahl der verlangten Variationen ist demnach:

$$ {}^{w}V^{4}_{s=22}(1, 2, 3, 4, 5, 6) = {}^{w}V^{4}_{s=22} - C^{1}_{4}\; {}^{w}V^{4}_{s=16} + C^{2}_{4}\; {}^{w}V^{4}_{s=10} - C^{3}_{4}\; {}^{w}V^{4}_{s=4}$$

$$= C^{3}_{21} - 4 \cdot C^{3}_{15} + 6\,C^{3}_{9} - 4\,C^{3}_{3} = 1330 - 1820 + 504 - 4 = 10$$

Aufgabe 479. Die Anzahl der Variationen fünfter Klasse zur Summe 32 aus den Elementen:

$$a_1\, a_2 \cdots a_9$$

zu finden.

Auflösung. Die vollständige Elementenreihe würde:

$$32 - 5 + 1 = 28$$

Zeiger enthalten. Nach der Formel in Frage 188 erhält man im gegebenen Falle:

$$ {}^{w}V^{5}_{s=32}(1, 2, \cdots 9) = {}^{w}V^{5}_{s=32} - C^{1}_{5}\; {}^{w}V^{5}_{s=23} + C^{2}_{5}\; {}^{w}V^{5}_{s=14} - C^{3}_{5}\; {}^{w}V^{5}_{s=5}$$

$$= 31465 - 36575 + 7150 - 10 = 2030$$

Aufgabe 480. Zwei Personen wetten miteinander; A will mit drei Würfeln die Zahl 12 werfen, B mit vier Würfeln die Zahl 16; wer hat mehr günstige Fälle für sich?

Auflösung. Die Zahl der für A günstigen Fälle ist:

$$ {}^{w}V^{3}_{s=12}(1, 2, 3, 4, 5, 6)$$

Die gegebene Elementenreihe ist unvollständig, denn zur Summe 12 wären in der dritten Klasse:

$$12 - 3 + 1 = 10$$

Elemente nötig. Man hat demnach die Formel in Frage 188 anzuwenden und findet:

$$\underset{s=12}{{}^{w}V^{3}}(1\cdots 6) = \underset{s=12}{{}^{w}V^{3}} - C_3^1\;\underset{s=6}{{}^{w}V^{3}} = 25$$

Für B sind günstig alle in dem Ausdrucke:

$$\underset{s=16}{{}^{w}V^{4}}(1, 2, 3, 4, 5, 6)$$

enthaltenen Komplexionen, deren Anzahl analog ist:

$$\underset{s=16}{{}^{w}V^{4}}(1\cdots 6) = \underset{s=16}{{}^{w}V^{4}} - C_4^1\;\underset{s=10}{{}^{w}V^{4}} + C_4^2\;\underset{s=4}{{}^{w}V^{4}} = 125$$

Erkl. 278. Obwohl die Zahl der günstigen Fälle für B fünfmal so gross ist als für A, darf man doch daraus nicht schliessen, dass B eher gewinnen werde als A; denn auch die Zahl der möglichen *ungünstigen* Fälle ist für B viel grösser als für A. Man hat vielmehr zur richtigen Beurteilung der Gewinnaussichten für jede Person das Verhältnis der ihr günstigen Fälle zur Anzahl aller möglichen (günstigen und ungünstigen) Fälle in Betracht zu ziehen, welches man die *mathematische Wahrscheinlichkeit* eines Ereignisses nennt. (Siehe *Bobek*, Lehrbuch der Wahrscheinlichkeitsrechnung.)

Im gegebenen Falle sind die *möglichen* Fälle für A:

$${}^{w}V_6^3 = 6^3 = 216$$

für B:

$${}^{w}V_6^4 = 6^4 = 1296$$

folglich die Wahrscheinlichkeit des Gewinnes für A:

$$\frac{25}{216} = \frac{150}{1296}$$

für B hingegen:

$$\frac{125}{1296}$$

folglich hat A eine *grössere* Wahrscheinlichkeit des Gewinnes als B und zwar verhalten sich die Aussichten beider wie:

$$6 : 5$$

Aufgabe 481. Zwei Personen spielen mit drei Würfeln. Beträgt die Augenzahl des Wurfes 11 oder mehr, so gewinnt A; beträgt sie weniger, so gewinnt B. Wer hat mehr günstige Fälle für sich?

Auflösung. Die günstigen Fälle für *A* sind enthalten in dem Ausdruck:

$$\sum_{n=11}^{n=18} \underset{s=n}{{}^{w}V^{3}}(1, 2, 3, 4, 5, 6)$$

$$\begin{aligned}
&= \underset{s=11}{{}^{w}V^{3}} - 3\,\underset{s=5}{{}^{w}V^{3}} &&= 27\\
&+ \underset{s=12}{{}^{w}V^{3}} - 3\,\underset{s=6}{{}^{w}V^{3}} &&= 25\\
&+ \underset{s=13}{{}^{w}V^{3}} - 3\,\underset{s=7}{{}^{w}V^{3}} &&= 21\\
&+ \underset{s=14}{{}^{w}V^{3}} - 3\,\underset{s=8}{{}^{w}V^{3}} &&= 15\\
&+ \underset{s=15}{{}^{w}V^{3}} - 3\,\underset{s=9}{{}^{w}V^{3}} + 3\,\underset{s=3}{V^{3}} &&= 10\\
&+ \underset{s=16}{{}^{w}V^{3}} - 3\,\underset{s=10}{{}^{w}V^{3}} + 3\,\underset{s=4}{V^{3}} &&= 6\\
&+ \underset{s=17}{{}^{w}V^{3}} - 3\,\underset{s=11}{{}^{w}V^{3}} + 3\,\underset{s=5}{{}^{w}V^{3}} &&= 3\\
&+ \underset{s=18}{{}^{w}V^{3}} - 3\,\underset{s=12}{{}^{w}V^{3}} + 3\,\underset{s=6}{V^{3}} &&= 1\\
\hline
& && \text{Summe} = 108
\end{aligned}$$

Erkl. 279. Bei diesem öfters vorkommenden Würfelspiele gelten gewöhnlich nur diejenigen Würfe, welche einen Pasch (2 gleiche Zahlen) enthalten. Bei dieser Bedingung sieht man sofort, dass in den Würfen, deren Summe kleiner als 11 ist, nur die Pasche:

11, 22, 33, 44,

in den Würfen, deren Summe 11 übersteigt, nur die Pasche:

33, 44, 55, 66

vorkommen können. Die Aussichten auf Gewinn sind also für beide Spieler abermals gleich.

Erkl. 280. Die Auflösung dieser Aufgabe könnte auch so geschehen, dass man die *Kombinationen* mit Wiederholung zu den Summen 3 bis 10 oder 11 bis 18 aus den Elementen 1 bis 4 wirklich bildet und jede Komplexion mit ihrer Permutationszahl multipliziert. Die Summe dieser Produkte würde wieder = 108 sein müssen.

Da aber im ganzen:

$${}^{w}V_6^3 = 216$$

Fälle eintreten können, so hat B ebenfalls 108 für sich, also beide Personen gleich viel günstige Fälle.

Aufgabe 482. A und B spielen mit 8 Würfeln unter der Bedingung, dass A gewinnt, wenn eine der Nummern:

$$21, 22 \cdots 35$$

fällt, hiegegen B, wenn eine der übrigen fällt. Wie viele günstige Fälle hat jeder Spieler für sich?

Auflösung. Man verfährt nach der in Frage 189 gefundenen Formel und berechnet:

$$\sum_{s=8}^{s=34} {}^{w}V^8_{(1,2\cdots 6)} - \sum_{s=8}^{s=20} {}^{w}V^8_{(1,2\cdots 6)}$$

$$= \underset{s=36}{{}^{w}V^9} - C_8^1 \underset{s=30}{{}^{w}V^9} + C_8^2 \underset{s=24}{{}^{w}V^9} - C_8^3 \underset{s=18}{{}^{w}V^9}$$

$$+ C_8^4 \underset{s=12}{{}^{w}V^9} - \left(\underset{s=21}{{}^{w}V^9} - C_8^1 \underset{s=15}{{}^{w}V^9} + C_8^2 \underset{s=9}{{}^{w}V^9}\right)$$

$$= 1475668$$

Die günstigen Fälle für B erhält man am einfachsten, wenn man die für A günstigen von der Gesamtzahl aller überhaupt möglichen Fälle:

$${}^{w}V_6^8 = 1679616$$

abzieht; man findet die Zahl:

$$203948$$

folglich ist A ungefähr siebenfach im Vorteile.

Aufgabe 483. In einer Urne sind alle Zahlen enthalten, die nicht mehr als drei Ziffern haben. In wie viel Fällen wird eine beliebig gezogene Nummer die Ziffernsumme 19 geben?

Auflösung. Die gegebenen Elemente sind hier die 10 Ziffern:

$$0, 1, 2 \cdots 9$$

Nach Frage 186 ist in der hier anzuwendenden Formel aus Frage 188 wegen des aufzunehmenden Elementes 0 die Zeigersumme 19 in $19 + 3 = 22$ zu erhöhen.

Demnach ist die gesuchte Anzahl von Fällen:

$$\underset{s=22}{{}^{w}V^3} - C_3^1 \cdot \underset{s=12}{{}^{w}V^3} = 210 - 165 = 45$$

Aufgabe 484. In einer Urne sind alle Zahlen enthalten, welche nicht mehr als 4 Ziffern haben. In wie viel Fällen ist es möglich, dass eine Zahl gezogen wird, deren Ziffern eine gegebene Summe $s = 16$ haben und worin die Ziffern:

$$4, 5, 6$$

nicht vorkommen?

Auflösung. Für die vorgelegte Aufgabe sind alle Komplexionen nötig, welche in dem Ausdruck:

$$\underset{s=16}{{}^{w}V^4}\ (0, 1, 2, 3, 7, 8, 9)$$

enthalten sind. Die Anzahl derselben ergibt sich aus den Resultaten der Frage 193, wenn in denselben wegen des hier vorkommenden Zeigers 0 noch $n+k$ statt n gesetzt wird. Die daselbst erscheinenden Zeiger i, m, r haben hier die Werte:

$$i = 4, \quad m = 7, \quad r = 10;$$

man hat demnach für obigen Ausdruck:

$$\underset{s=20}{{}^{w}V^4} - C_4^1\left(\underset{s=16}{{}^{w}V^4} - \underset{s=13}{{}^{w}V^4} + \underset{s=10}{{}^{w}V^4}\right) + C_4^2\left(\underset{s=12}{{}^{w}V^4} - 2\underset{s=9}{{}^{w}V^4} + 2\underset{s=6}{{}^{w}V^4} + \underset{s=6}{{}^{w}V^4}\right)$$
$$+ C_4^3\left(\underset{s=8}{{}^{w}V^4} - 3\underset{s=5}{{}^{w}V^4}\right) + C_4^4\,\underset{s=4}{{}^{w}V^4} = 969 - 1276 + 558 - 92 + 1 = 160$$

Aufgabe 485. Die vollständige Entwicklung des Ausdruckes:

$$\underset{s=10}{V^3}$$

auszuführen.

Auflösung. Man bildet am einfachsten die Kombinationen ohne Wiederholung und permutiert jede derselben; dadurch entstehen die Komplexionen:

127	136	145	235
172	163	153	253
217	316	415	325
271	361	451	352
712	613	514	523
721	631	541	532

Aufgabe 486. Die Anzahl der Variationen anzugeben, die in folgenden Ausdrücken enthalten sind:

$$1)\ \underset{s=25}{V^4}; \quad 2)\ \underset{s=20}{V^5}$$

Wie viele Elemente sind zur vollständigen Bildung der Komplexionen nötig?

Auflösung. 1) Die Anzahl der nötigen Elemente zur vollständigen Entwicklung der Komplexionen ist:

$$25 - \frac{4 \cdot 3}{1 \cdot 2} = 19$$

und die Anzahl der Komplexionen:

$$\underset{s=25}{V^4} = P_4 \cdot \underset{s=25}{C^4} = P_4 \cdot \sum_{m_1=1}^{m_1=6} \sum_{m=1}^{m=8} \left(\frac{24 - 3m - 4m_1}{2}\right) = 4!\,54 = 1296 \text{ (s. Frage 104).}$$

2) Die vollständige Elementenreihe erstreckt sich bis zum Zeiger:

$$25 - \frac{5 \cdot 4}{1 \cdot 2} = 10$$

Die Anzahl der Komplexionen ist:

$$\underset{s=20}{V^5} = P_5 \cdot \underset{s=20}{C^5} = P_5 \cdot \sum_{m_2=1}^{m_2=3} \sum_{m_1=1}^{m_1=5} \sum_{m=1}^{m=6} \left(\frac{19 - 3m - 4m_1 - 5m_2}{2}\right) = 5!\,7 = 840$$

Aufgabe 487. Wie viele Variationen vierter Klasse zur Summe 40 sind möglich, wenn Elemente, die kleiner als 6 sind, ausgeschlossen werden?

Auflösung. Nach Frage 198 hat man:

$$\underset{s=40}{V^4}(6, 7 \cdots) = \underset{s=40-20}{V^4}(1, 2 \cdots)$$

Im ersten Falle braucht man die Zeiger:

$$6,\ 7 \cdots,\ 19$$

im zweiten die ebenso vielen Zeiger:

$$1,\ 2 \cdots,\ 14$$

Die gesuchte Anzahl ist:

$$\underset{s=20}{V^4} = \sum_{m_1=1}^{m_1=5} \sum_{m=1}^{m=6} \left(\frac{19-3m-4m}{2}\right) = 23$$

Aufgabe 488. Wie oft können je vier mit den ungeraden Zahlen:

$$1,\ 3,\ 5 \cdots$$

numerierte Marken so angeordnet werden, dass ihre Summe 30 beträgt und wie viele braucht man dazu, wenn alle möglichen Fälle vorkommen sollen?

Auflösung. Wenn nicht nur die Verschiedenheit der Nummern, sondern auch ihre Lage in Betracht kommt, so hat man die Variationen vierter Klasse zur Summe 30 aus den ungeraden Zahlen zu bilden. Nach Frage 199 ist die Anzahl der nötigen Elemente aus der Gleichung:

$$30 = 4 + \frac{3 \cdot 2}{1 \cdot 2} \cdot 2 + 2r$$

zu finden, woraus:

$$r = 10$$

so dass die Elemente:

$$1,\ 3,\ 5 \cdots,\ 21$$

gebraucht werden. Dann ist:

$$\underset{s=30}{V^4}(1,\ 3,\ 5,\ \cdots 21) = \underset{s=17}{V^4}(1,\ 2,\ 3,\ \cdots 11)$$

und deren Anzahl:

$$\underset{s=17}{V^4} = \sum_{m_1=1}^{m_1=4} \sum_{m=1}^{m=5} \left(\frac{16-3m-4m_1}{2}\right) = 11$$

---

i) Ungelöste Aufgaben über die Variationen zu bestimmten Summen.

Aufgabe 489. Alle in dem Ausdrucke:

$$\underset{s=10}{{}^{w}V^4}$$

enthaltenen Komplexionen zu entwickeln.

Andeutung. Analog der Aufgabe 469.

Aufgabe 490. Die Variationszahl:

$$\underset{s=20}{{}^{w}V^6}$$

rekurrierend darzustellen.

Andeutung. Analog der Aufgabe 470.

Aufgabe 491. Die Anzahl der Variationen in den Ausdrücken:

$$1)\ \underset{s=25}{{}^{w}V^7}; \quad 2)\ \underset{s=n+k}{{}^{w}V^k}$$

independent zu berechnen.

Andeutung. Analog der Aufgabe 471.

Aufgabe 492. Die Anzahl der in dem Ausdrucke:

$$\underset{s=16}{{}^{w}V_{0}^{6}}$$

enthaltenen Variationen anzugeben.

Andeutung. Analog der Aufgabe 472.

Aufgabe 493. Wie viele Würfe zur Augenzahl 10 sind mit 5 Würfeln möglich?

Andeutung. Analog der Aufgabe 473.

Aufgabe 494. Aus einer Urne, welche 90 nummerierte Kugeln enthält, wird viermal nach einander eine Kugel gezogen und wieder hineingelegt und mit den andern gemischt. In wie vielen Fällen kann die Summe der gezogenen Nummern 72 sein?

Andeutung. Analog der Aufgabe 474.

Aufgabe 495. In jeder von vier Urnen befinden sich die Nummern 0 bis 40. Man zieht aus jeder eine Nummer; in wie vielen Fällen wird die Summe der gezogenen Nummern 39 sein?

Andeutung. Analog der Aufgabe 475.

Aufgabe 496. Die Anzahl der Variationen fünfter Klasse mit Wiederholung zur Summe 30 aus den Elementen:

$$4, 5, 6, \cdots$$

anzugeben. Wie viele Elemente braucht man zur vollständigen Darstellung?

Andeutung. Analog der Aufgabe 477.

Aufgabe 497. Die Anzahl der Variationen sechster Klasse zur Summe 55 aus den Elementen:

$$1, 2, \cdots, 12$$

anzugeben.

Andeutung. Analog der Aufgabe 478.

Aufgabe 498. A will mit 4 Würfeln die Zahl 15, B mit 5 Würfeln die Zahl 21 werfen; wer hat mehr günstige Fälle für sich? Wie gross ist die Zahl der überhaupt möglichen Fälle für jeden und welcher Spieler hat die bessere Aussicht auf Gewinn?

Andeutung. Analog der Aufgabe 480 mit Rücksicht auf Erkl. 277.

Aufgabe 499. A und B spielen mit 6 Würfeln so, dass A gewinnt, wenn die Summe der geworfenen Augen eine Zahl zwischen 6 und 20 beträgt,

B wenn diese Summe 22 bis 36 ausmacht, während die Summe 21 das Spiel unentschieden lassen soll. Wer hat mehr günstige Fälle?

Andeutung. Analog der Aufgabe 481.

Aufgabe 500. In einer Urne sind alle Zahlen von 1 bis 999 enthalten. In wie vielen Fällen wird eine beliebig gezogene Nummer die Ziffernsumme 24 geben?

Andeutung. Analog der Aufgabe 483.

Aufgabe 501. Wie viele Variationen fünfter Klasse zur Summe 18 aus den Elementen 1 bis 11 gibt es, in denen die Elemente 7, 8, 9, 10 nicht vorkommen?

Andeutung. Analog der Aufgabe 484.

Aufgabe 502. In einer Urne befinden sich alle Zahlen 1 bis 9999. In wie vielen Fällen ist es möglich, eine Zahl zu ziehen, deren Ziffern die Summe 12 ergeben und worin die Ziffern 5 und 6 nicht vorkommen?

Andeutung. Analog der Aufgabe 484.

Aufgabe 503. Wie viele Variationen vierter Klasse ohne Wiederholung geben die Summe 27 und wie viele Elemente sind zu ihrer vollständigen Bildung nötig?

Andeutung. Analog der Aufgabe 486.

Aufgabe 504. Die Anzahl der Variationen anzugeben, die in dem Ausdrucke:

$$\underset{s=12}{V_0^5}$$

enthalten sind.

Andeutung. Gemäss Frage 197.

Aufgabe 505. In einer Urne befinden sich die Nummern 10 bis 50; man soll drei derselben so herausnehmen, dass ihre Summe 70 beträgt; auf wie viele Arten ist das möglich?

Andeutung. Analog der Aufgabe 487.

Aufgabe 506. Wie oft lassen sich 10 Blätter 1 bis 10 einer französischen Karte zu vieren so anordnen, dass die Summe ihrer Werte 18 beträgt?

Andeutung. Nach Erkl. 276 und Erkl. 164.

Preisgekrönt in Frankfurt a. M. 1881.

Der **ausführliche Prospekt** und das **ausführliche Inhaltsverzeichnis** der „vollständig gelösten Aufgabensammlung von Dr. Ad. Kleyer“ kann von jeder Buchhandlung, sowie von der Verlagshandlung **gratis und portofrei** bezogen werden

Bemerkt sei hier nur:

1). Jedes Heft ist aufgeschnitten und gut brochiert, um den **sofortigen** und **dauernden** Gebrauch zu gestatten.

2). Jedes Kapitel enthält sein besonderes Titelblatt, Inhaltsverzeichnis, Berichtigungen und Erklärungen am Schlusse desselben.

3). Auf jedes einzelne Kapitel kann abonniert werden.

4). Monatlich erscheinen 3—4 Hefte zu dem **Abonnementspreise** von 25 Pfg. pro Heft.

5). Die **Reihenfolge** der Hefte im nachstehenden, kurz angedeuteten Inhaltsverzeichnis ist, **wie aus dem Prospekt ersichtlich, ohne jede Bedeutung** für die Interessenten.

6). Das Werk enthält **Alles**, was sich überhaupt auf mathematische Wissenschaften bezieht, alle Lehrsätze, Formeln und Regeln etc. mit Beweisen, alle praktischen Aufgaben in vollständig gelöster Form mit Anhängen ungelöster analoger Aufgaben und vielen vortrefflichen Figuren.

7). Das Werk ist ein **praktisches Lehrbuch für Schüler aller Schulen, das beste Handbuch** für Lehrer und Examinatoren, **das vorzüglichste Lehrbuch zum Selbststudium, das vortrefflichste Nachschlagebuch** für Fachleute und Techniker jeder Art.

8). **Alle Buchhandlungen nehmen Bestellungen entgegen.**

☛ Das vollständige

Inhaltsverzeichnis

der bis jetzt erschienenen Hefte

kann durch jede Buchhandlung bezogen werden.

Halbjährlich erscheinen Nachträge über die inzwischen neu erschienenen Hefte.

Druck von Carl Hammer in Stuttgart.

1198. Heft.	Preis des Heftes 25 Pf.	Kombinatorik oder die Lehre von den kombinatorischen Operationen. Forts. v. Heft 1197. — Seite 289—298 und I—VIII. (Schlussheft.)

Vollständig gelöste

Aufgaben-Sammlung

— nebst Anhängen ungelöster Aufgaben, für den Schul- & Selbstunterricht —

mit

Angabe und Entwicklung der benutzten Sätze, Formeln, Regeln in Fragen und Antworten

erläutert durch

viele Holzschnitte & lithograph. Tafeln,

aus allen Zweigen

der Rechenkunst, der niederen (Algebra, Planimetrie, Stereometrie, ebenen u. sphärischen Trigonometrie, synthetischen Geometrie etc.) u. **höheren Mathematik** (höhere Analysis, Differential- u. Integral-Rechnung, analytische Geometrie der Ebene u. des Raumes etc.); — **aus allen Zweigen der Physik, Mechanik, Graphostatik, Chemie, Geodäsie, Nautik, mathemat. Geographie, Astronomie;** des **Maschinen-, Strassen-, Eisenbahn-, Wasser-, Brücken- u. Hochbau's;** der **Konstruktionslehren** als: **darstell. Geometrie, Polar- u. Parallel-Perspective, Schattenkonstruktionen** etc. etc.

für

Schüler, Studierende, Kandidaten, Lehrer, Techniker jeder Art, **Militärs** etc.

zum einzig richtigen und erfolgreichen

Studium, zur **Forthülfe** bei Schularbeiten und zur rationellen **Verwertung** der exakten Wissenschaften,

herausgegeben von

Dr. Adolph Kleyer,

Mathematiker, vereideter königl. preuss. Feldmesser, vereideter grossh. hessischer Geometer I. Klasse

in **Frankfurt a. M.**

unter Mitwirkung der bewährtesten Kräfte.

Kombinatorik

oder

Die Lehre von den kombinatorischen Operationen.

(Permutation, Kombination, Variation.)

Nach **System Kleyer** bearbeitet von **Prof. H. Staudacher.**

Fortsetzung v. Heft 1197. — Seite 289—298 und I—VIII. (Schlussheft.)

Inhalt:

Resultate zu den ungelösten Aufgaben. — Druckfehlerberichtigungen. — Titelblätter. — Vorwort. — Inhaltsverzeichnis.

Stuttgart 1893.

Verlag von Julius Maier.

Preisgekrönt in Frankfurt a. M. 1881.

PROSPEKT.

Dieses Werk, welchem kein ähnliches zur Seite steht, erscheint monatlich in 3—4 Heften zu dem billigen Preise von 25 ₰ pro Heft und bringt eine Sammlung der wichtigsten und praktischsten Aufgaben aus dem Gesamtgebiete der Mathematik, Physik, Mechanik, math. Geographie, Astronomie, des Maschinen-, Strassen-, Eisenbahn-, Brücken- und Hochbaues, des konstruktiven Zeichnens etc. etc. und zwar in vollständig gelöster Form, mit vielen Figuren, Erklärungen nebst Angabe und Entwickelung der benutzten Sätze, Formeln, Regeln in Fragen mit Antworten etc., so dass die Lösung jedermann verständlich sein kann, bezw. wird, wenn eine grössere Anzahl der Hefte erschienen ist, da dieselben sich in ihrer Gesamtheit ergänzen und alsdann auch alle Teile der reinen und angewandten Mathematik — nach besonderen selbständigen Kapiteln angeordnet — vorliegen.

Fast jedem Hefte ist ein Anhang von ungelösten Aufgaben beigegeben, welche der eigenen Lösung (in analoger Form, wie die bezüglichen gelösten Aufgaben) des Studierenden überlassen bleiben, und zugleich von den Herren Lehrern für den Schulunterricht benutzt werden können. — Die Lösungen hierzu werden später in besonderen Heften für die Hand des Lehrers erscheinen. Am Schlusse eines jeden Kapitels gelangen: Titelblatt, Inhaltsverzeichnis, Berichtigungen und erläuternde Erklärungen über das betreffende Kapitel zur Ausgabe.

Das Werk behandelt zunächst den Hauptbestandteil des mathematisch-naturwissenschaftlichen Unterrichtsplanes folgender Schulen: Realschulen I. und II. Ord., gleichberechtigten höheren Bürgerschulen, Privatschulen, Gymnasien, Realgymnasien, Progymnasien, Schullehrer-Seminaren, Polytechniken, Techniken, Baugewerkschulen, Gewerbeschulen, Handelsschulen, techn. Vorbereitungsschulen aller Arten, gewerbliche Fortbildungsschulen, Akademien, Universitäten, Land- und Forstwissenschaftsschulen, Militärschulen, Vorbereitungs-Anstalten aller Arten als z. B. für das Einjährig-Freiwillige- und Offiziers-Examen, etc.

Die Schüler, Studierenden und Kandidaten der mathematischen, technischen und naturwissenschaftlichen Fächer, werden durch diese, Schritt für Schritt gelöste, Aufgabensammlung immerwährend an ihre in der Schule erworbenen oder nur gehörten Theorien etc. erinnert und wird ihnen hiermit der Weg zum unfehlbaren Auffinden der Lösungen derjenigen Aufgaben gezeigt, welche sie bei ihren Prüfungen zu lösen haben, zugleich aber auch die überaus grosse Fruchtbarkeit der mathematischen Wissenschaften vorgeführt.

Dem Lehrer soll mit dieser Aufgabensammlung eine kräftige Stütze für den Schulunterricht geboten werden, indem zur Erlernung des praktischen Teiles der mathematischen Disziplinen — zum Auflösen von Aufgaben — in den meisten Schulen oft keine Zeit erübrigt werden kann, hiermit aber dem Schüler bei seinen häuslichen Arbeiten eine vollständige Anleitung in die Hände gegeben wird, entsprechende Aufgaben zu lösen, die gehabten Regeln, Formeln, Sätze etc. anzuwenden und praktisch zu verwerten. Lust, Liebe und Verständnis für den Schul-Unterricht wird dadurch erhalten und belebt werden.

Den Ingenieuren, Architekten, Technikern und Fachgenossen aller Art, Militärs etc. etc. soll diese Sammlung zur Auffrischung der erworbenen und vielleicht vergessenen mathematischen Kenntnisse dienen und zugleich durch ihre praktischen in allen Berufszweigen vorkommenden Anwendungen einem toten Kapitale lebendige Kraft verleihen und somit den Antrieb zu weiteren praktischen Verwertungen und weiteren Forschungen geben.

Alle Buchhandlungen nehmen Bestellungen entgegen. Wichtige und praktische Aufgaben werden mit Dank von der Redaktion entgegengenommen und mit Angabe der Namen verbreitet. — Wünsche, Fragen etc., welche die Redaktion betreffen, nimmt der Verfasser, Dr. Kleyer, Frankfurt a. M. Fischerfeldstrasse 16, entgegen und wird deren Erledigung thunlichst berücksichtigt.

Stuttgart. **Die Verlagshandlung.**

Resultate zu den ungelösten Aufgaben.

a) Aufgaben über die Permutationen, Seite 50 bis 54.

Auflösung zu No.

49. Auf 479001600 Arten.

50. *amor arom moar oamr oram rmao*
amro armo mora oarm orma rmoa
aomr maor mrao omar ramo roam
aorm maro mroa omra raom roma

51. 521346, 521643; 431256, 431652

52. 25!; 1) 24!; 2) 23! 3) 22!

53. 1) In 5040 Permutationen; 2) in 30240 Permutationen.

54. 1) In 720 Permutationen; 2) in 4320 Permutationen. Sie folgen auf einander in ebenso vielen Komplexionen.

55. *aeknr akrne anekr arekn ernka enkra ekrna eaknr*
aekrn akren anerk arenk ernak enkar ekran eakrn
aenrk akner ankre arkne erank enakr eknar eanrk
aenkr aknre anker arken erakn enark eknra eankr
aerkn akern anrek arnek erkan enrak ekarn earkn
aernk akenr anrke arnke erkna enrka ekanr earnk
u. s. w., im ganzen 120 Komplexionen.

56. 76302415, 57630241, 15763024, 41576302, 24157630, 02415763, 30241576, 63024157

57. *aeiou aeuio aeoui aeiuo aeoiu aeuoi*
aueio aoeui aieou aoeiu aueoi aieuo
aouei aioeu auieo auoei aineo aoieu
aioue auioe aouie aiuoe aoiue auoie

58. 1) 13 Inversionen; 2) 10 Inversionen.

59. 1) 600 Inversionen; 2) 81648000 Inversionen.

60. 1) 40286; 2) *cebfgd*

61. 1) Die 92. Permutation; 2) die 331. Permutation. 62. *pmloni*

63. Die 26418. Permutation. 64. *nlphomi* 65. Ebenso.

66. Die 72458. Permutation. 67. 44 Permutationen bleiben übrig.

68. 1) 14833; 2) 1334961 Permutationen.

69. Der Wechsel dauert bis 19. Januar 1905; nach 1 Jahr ist die Ordnung 4156372; 2) am 1. Januar 1900: 5731642.

70. 5!5!2 = 28800 Arten; a) ein Vokal allein: 5 Silben; b) ein Vokal und ein Konsonant oder umgekehrt: 50 Silben; c) zwei Konsonanten mit einem Vokal dazwischen: 100 Silben.

71. 86400 Arten. 72. Auf 41472000 Arten.

73. 1) 120; 2) 96 Zahlen. 74. 1) 6666600; 2) 18143999998185600

75. 1) Die 78. Permutation; 2) die 72. Permutation; 3) die 102. Permutation.

76. „EILAND."

77. 1) Lexikographisch die 154478. Permutation; 2) durch Vertauschung von je 2 Elementen die 119870. Permutation; 3) cyklisch die 24740. Permutation.

78. 1) in 30240 Komplexionen; 2) in 17280 Komplexionen.

79. 1) 96 Zahlen; 2) 108 Zahlen. 80. 60 Sechsecke.

b) Aufgaben über die Permutationen mit Wiederholung, Seite 55 und 56.

Auflösung zu No.

81. 30240 Komplexionen. **82.** 1) 35; 2) 18900; 3) 27720

83.

000112	001120	010012	011002	020011
000121	001201	010021	011020	020101
000211	001210	010102	011200	020110
001012	002011	010120	012001	021001
001021	002101	010201	012010	021010
001102	002110	010210	012100	021100 u. s. w.,

im ganzen 60 Komplexionen.

84. 1) 35 Komplexionen; 2) 140 Komplexionen; 3) 105 Komplexionen.

85. 1) 60 Komplexionen; 2) 20 Kompl.; 3) 20 Kompl.; 4) 6 Kompl.; 5) 24 Kompl.

86. Die 257. Komplexion. **87.** *ddabacad* **88.** 210 Zahlen.

89. 11760 Zahlen. **90.** 99999900 **91.** 559999980

92. 1) 40 Permutationen; 2) 120 Permutationen; 3) 30 Permutationen in der Ordnung 123; 180mal in beliebiger Ordnung, da in manchen Permutationen mehrere Anordnungen vorkommen.

Andeutung. Man suche, wie oft 123 auf der 1., 2., 3. Stelle, wie oft auf der 2., 3., 4. Stelle u. s. w. stehen kann.

93. 18 Anordnungen.

Andeutung. Man sucht, wie oft *aaa*, *bbb* und beide zugleich in den Komplexionen vorkommen.

94. 1496. Permutation. **95.** Die 87070029872. Permutation.

96. Auf $\frac{(p+q+2)!}{(p+1)!\,(q+1)!}$ Arten.

---

c) Aufgaben über die Kombinationen ohne Wiederholung, Seite 98 bis 104.

146. 1)

123	134	146	159	234	246	259	345	358	389	469	578
124	135	147	167	235	247	267	346	359	456	478	579
125	136	148	168	236	248	268	347	367	457	479	589
126	137	149	169	237	249	269	348	368	458	489	678
127	138	156	178	238	256	278	349	369	459	567	679
128	139	157	179	239	257	279	356	378	467	568	689
129	145	158	189	245	258	289	357	379	468	569	789

2)

abcd	*abde*	*acde*	*adef*	*bcef*
abce	*abdf*	*acdf*	*bcde*	*bdef*
abcf	*abef*	*acef*	*bcdf*	*cdef*

3) Dieselben lauten, wenn bloss die Zeiger geschrieben werden:

12345678	12345789	123467910	123578910
12345679	123457810	123468910	123678910
123456710	123457910	123478910	12456789
12345689	123458910	12356789	124567810
123456810	12346789	123567810	124567910
123456910	123467810	123567910	124568910
		123568910	
124578910	134578910	234567810	235678910
124678910	134678910	234567910	245678910
125678910	135678910	234568910	245678910
13456789	145678910	234578910	
134567810	23456789	234678910	
134567910			
134568910			

Auflösung zu No.

147. 1) 5005; 2) 4060; 3) $\frac{(m-n)(m-n-1)\cdots(m-2n+1)}{1\cdot 2\cdots n}$;

4) $\frac{(2x+y)(2x+y-1)\cdots(x+y+1)}{1\cdot 2\cdots n}$

148. $C_{17}^1 = C_{17}^{16} = 17$; $C_{17}^2 = C_{17}^{15} = 136$; $C_{17}^3 = C_{17}^{14} = 680$; $C_{17}^{13} = C_{17}^4 = 2380$;

$C_{17}^5 = C_{17}^{12} = 5188$; $C_{17}^6 = C_{17}^{11} = 12376$; $C_{17}^7 = C_{17}^{10} = 19448$;

$C_{17}^8 = C_{17}^9 = 24310$.

149. 1) In 15 Komplexionen; dieselben heissen:

abcei	*abegi*	*acefi*	*adefi*	*aefgi*
abdei	*abehi*	*acegi*	*adegi*	*aefhi*
abefi	*acdei*	*acehi*	*adehi*	*aeghi*

2) In 5 Komplexionen; dieselben sind:

abdfh *bcdfh* *bdefh* *bdfgh* *bdfhi*

150. 1) 6 Komplexionen: *bcdfg* *bcdgh* *bdfgh*

bcdfh *bcfgh* *cdfgh*

2) 1 Komplexion: *acegi*

151. 80 Komplexionen.

152. 1) 45431 Kombinationen; 2) 2206 Kombinationen; 3) 65674 Kombinationen.

153. 1) $\frac{(x+y+1)(x+y)\cdots(y+1)}{1\cdot 2\cdots(x+1)}$; 2) $\frac{(n+3)(n+2)(n+1)}{1\cdot 2\cdot 3}$;

2) $\frac{(n+k+1)(n+k)\cdots(n+1)}{1\cdot 2\cdots(k+1)}$; 4) 924; 5) $C_{2(n+k)}^k$

154. Die 1675. Kombination. **155.** Die 33113. Komplexion.

156. *amsuz* **157.** Ebenso.

158. 1) In 45 Kombinationen; 2) in 20 Kombinationen.

159. 1) In 1 Kombination; 2) in 55 Kombinationen; 3) in 150 Kombinationen.

160. 1) 25 Kombinationen; 2) 100 Kombinationen; 3) 100 Kombinationen; 4) 25 Kombinationen; 5) 1 Kombination.

161. 1) 29925 Kombinationen; 2) 13330 Kombinationen; 3) 2100 Kombinationen; 4) 105 Kombinationen; 5) 1 Kombination.

162. 330 Partieen; jedes Mitglied nimmt an 120 Partieen teil.

163. 12 Gerade; $C_n^2 - C_p^2$ Gerade.

164. 175 Gerade; $C_n^2 - C_p^2 - C_{p_1}^2 + 1$ Gerade. **165.** 47 Schnittpunkte.

166. 29 Dreiecke. **167.** 74 Schnittpunkte und 300 Parallelogramme.

168. 630 Verbindungsstrecken. **169.** 198 Schnittpunkte.

170. 206487440 Schnittpunkte. **171.** 5, 35, 495 Schnittpunkte.

172. 120 Dreiecke, 630 Vierecke, 3024 Fünfecke, 12600 Sechsecke.

Andeutung. Man verwende Aufgabe 32.

173. 413869384945336320000 Spiele.

174. 4620 Einladungen; jeder Herr 840 mal, jede Dame 1540 mal.

175. 1) Auf 702464 Arten; 2) auf 4917248 Arten; 3) 68640 Arten.

176. Auf 654729075 Arten.

177. Auf $\frac{(3m)!}{m!(3!)^m}$ Arten; $\frac{(3m+2)!}{m!(3!)^m\cdot 2!}$ Arten. **178.** Auf $\frac{(mn)!}{n!(m!)^n}$ Arten.

179. 64 Teiler. **180.** Auf 688422800 Arten.

Auflösung zu No.

181.

$a_1 b_2 c_3 d_4 e_5 f_6$	$a_1 b_2 c_4 d_3 e_5 f_6$	$a_2 b_1 c_3 d_4 c_5 f_6$	$a_2 b_1 c_4 d_3 e_5 f_6$
$a_1 b_2 c_3 d_4 e_5 f_7$	$a_1 b_2 c_4 d_3 e_5 f_7$	$a_2 b_1 c_3 d_4 e_5 f_7$	$a_2 b_1 c_4 d_3 e_5 f_7$
$a_1 b_2 c_3 d_4 e_5 f_8$	$a_1 b_2 c_4 d_3 e_5 f_8$	$a_2 b_1 c_3 d_4 e_5 f_8$	$a_2 b_1 c_4 d_3 e_5 f_8$
$a_1 b_2 c_3 d_4 e_6 f_5$	$a_1 b_2 c_4 d_3 e_6 f_5$	$a_2 b_1 c_3 d_4 e_6 f_5$	$a_2 b_1 c_4 d_3 e_6 f_5$
$a_1 b_2 c_3 d_4 e_6 f_7$	$a_1 b_2 c_4 d_3 e_6 f_7$	$a_2 b_1 c_3 d_4 e_6 f_7$	$a_2 b_1 c_4 d_3 e_6 f_7$
$a_1 b_2 c_3 d_4 e_6 f_8$	$a_1 b_2 c_4 d_3 e_6 f_8$	$a_2 b_1 c_3 d_4 e_6 f_8$	$a_2 b_1 c_4 d_3 e_6 f_8$
$a_1 b_2 c_3 d_4 e_7 f_5$	$a_1 b_2 c_4 d_3 e_7 f_5$	$a_2 b_1 c_3 d_4 e_7 f_5$	$a_2 b_1 c_4 d_3 e_7 f_5$
$a_1 b_2 c_3 d_4 e_7 f_6$	$a_1 b_2 c_4 d_3 e_7 f_6$	$a_2 b_1 c_3 d_4 e_7 e_6$	$a_2 b_1 c_4 d_3 e_7 f_6$
$a_1 b_2 c_3 d_4 e_7 f_8$	$a_1 b_2 c_4 d_3 e_7 f_8$	$a_2 b_1 c_3 d_4 e_7 f_8$	$a_2 b_1 c_4 d_3 e_7 f_8$

182.

aabbcc	*aabbcc*	*aabbcc*		*aabbcc*
123456	123546	124536		342516
123457	123547	124537		342517
123458	123548	124538		342518
123459	123549	124539		342519
123467	123567	124567	u. s. w. bis	342567
123468	123568	124568		342568
123469	123569	124569		342569
123478	123578	124578		342578
123479	123579	124579		342579
123489	123589	124589		342589

im ganzen 180 Komplexionen.

183. 1) Zwei identische Reihen von 4 Elementen, eine Reihe von 4 andern Elementen, zwei identische Reihen von 5 Elementen und eine Reihe von 8 andern Elementen. Anzahl der Komplexionen = 36.

2) Eine Reihe von 2 Elementen, zwei identische Reihen von 4, drei identische von 6, vier identische von 8 und fünf identische von 10 Elementen. Anzahl der Komplexionen = 0.

184. 20374200 Zusammenstellungen. **185.** Auf 2543365825776000 Arten.

186. Auf 17450721000 Arten, oder noch 319770mal mehr, wenn auch die 8 Betten beliebig ausgewählt werden sollen.

187. 1) Auf 792 Arten; 2) auf 3991680 Arten.

---

d) Aufgaben über Kombinationen mit Wiederholung, Seite 145 bis 150

230. 1)

0000	0011	0111	0222	1122
0001	0012	0112	1111	1222
0002	0022	0122	1112	2222

2)

a^7	a^5bc	a^4bc^2	$a^3b^2c^2$	a^2b^4c	a^2c^5	ab^3c^3	b^7	b^3c^4
a^6b	a^5c^2	a^4c^3	a^3bc^3	$a^2b^3c^2$	ab^6	ab^2c^4	b^6c	b^2c^5
a^6c	a^4b^3	a^3b^4	a^3c^4	$a^2b^2c^3$	ab^5c	abc^5	b^5c^2	bc^6
a^5b^2	a^4b^2c	a^3b^3c	a^2b^5	a^2bc^4	ab^4c^2	ac^6	b^4c^3	c^7

231. 1) 55; 2) 165; 3) $\frac{(2n+2)(2n+3)\cdots 3n}{1\cdot 2\cdots(n-1)}$

232. 1) $\frac{23!}{16!\,7!}$; 2) $\frac{(2n-1)!}{n!\,(n-1)!}$; 3) $\frac{(3n-3)!}{(n-1)!\,(2n-2)!}$

233. 462 Komplexionen; 84 Komplexionen.

234. 1) ${}^wC^n_8 - 1$; 2) ${}^wC^n_{2n+2} = \frac{(2n+2)(2n+3)\cdots(3n+1)}{1\cdot 2\cdots n}$; 3) ${}^wC^{n+1}_n$

235. Die 1443. Komplexion. **236.** *klppt* **237.** Die 55157. Komplexion.

238. Auf 24024 Arten. **239.** 308700 Verteilungsarten.

240. 1) 45 Komplexionen; 2) 7 Komplexionen.

241. 882 Komplexionen, 512 Kompl., 156 Kompl., 24 Kompl.

Auflösung zu No.

242. 7 Ziehungsformen; Anzahl derselben: 462, 6006, 25740, 47190, 39325, 14157, 1716; Gesamtzahl 134596

243. 91 Steine. **244.** 1) 7776 Würfe; 2) 220 Würfe.

245. 1) 21 Glieder; 2) $\frac{2n(2n+1)\cdots(3n-1)}{1\cdot 2\cdots n}$

246. 1) 70 Glieder; 2) $\frac{(2k+1)(2k+2)\cdots 3k}{1\cdot 2\cdots k}$

247. ${}^{w}C^{1}_{10}\cdot {}^{w}C^{2}_{10}\cdot {}^{w}C^{3}_{10}\cdot {}^{w}C^{2}_{20}\cdot {}^{w}C^{4}_{20}\cdot {}^{w}C^{3}_{20}\cdot {}^{w}C^{4}_{40}\cdot {}^{w}C^{6}_{40}\cdot {}^{w}C^{3}_{40}$

248. Klassenexponent = 14; Anzahl der Komplexionen = 40

$1^4 2^2 3^2 4^2$	5678,	5679,	5689,	5789,	6789
$1^4 2^2 3^2 5^2$	4678,	4679,	4689,	4789,	6789
$1^4 2^2 4^2 5^2$	3678,	3679,	3689,	3789,	6789
$1^4 3^2 4^2 5^2$	2678,	2679,	2689,	2789,	6789
$2^4 1^2 3^2 4^2$	5678,	5679,	5689,	5789,	6789
$2^4 1^2 3^2 5^2$	4678,	4679,	4689,	4789,	6789
$2^4 1^2 4^2 5^2$	3678,	3679,	3689,	3789,	6789
$2^4 3^2 4^2 5^2$	1678,	1679,	1689,	1789,	6789

Die ersten vier Elemente gelten für alle Komplexionen in der nämlichen Zeile.

249. 1260 Komplexionen.

250. $n + 2n(2n-1) + \frac{2n(2n-1)(2n-2)}{1\cdot 2\cdot 3}$ Komplexionen.

251. $n(4n^2 - 2n + 1)$ Komplexionen. **252.** 566 Komplexionen.

253. Auf 28 Arten.

Andeutung. $C^{16}(a^{10} b^6 c^6)$

254. Es gibt 6 verschiedene Zusammensetzungen, die der Reihe nach auf 15120, 88200, 18900, 218400, 86400, 122850 Arten hergestellt werden können.

255.

$a\,a\,a\,a^2 a^2 a^3 a^4 a^4 a^4$	$a\,a\,a\,a^2 a^2 a^3 a^4 a^4 a^4$	$a\,a\,a\,a^2 a^2 a^3 a^4 a^4 a^4$	$a\,a\,a\,a^2 a^2 a^3 a^4 a^4 a^4$
1234 5 6 7 8 9	1243 5 6 7 8 9	1342 5 6 7 8 9	2341 5 6 7 8 9
1234 5 7 6 8 9	1243 5 7 6 8 9	1342 5 7 6 8 9	2341 5 7 6 8 9
1234 5 8 6 7 9	1243 5 8 6 7 9	1342 5 8 6 7 9	2341 5 8 6 7 9
1234 6 5 7 8 9	1243 6 5 7 8 9	1342 6 5 7 8 9	2341 6 5 7 8 9
1234 6 7 5 8 9	1243 6 7 5 8 9	1342 6 7 5 8 9	2341 6 7 5 8 9
1234 6 8 5 7 9	1243 6 8 5 7 9	1342 6 8 5 7 9	2341 6 8 5 7 9
1235 6 4 7 8 9	1245 6 3 7 8 9	1345 6 2 7 8 9	2345 6 1 6 8 9
1235 6 7 4 8 9	1245 6 7 3 8 9	1345 6 7 2 8 9	2345 6 7 1 8 9
1235 6 8 4 7 9	1245 6 8 3 7 9	1345 6 8 2 7 9	2345 6 8 1 7 9

Zu jeder Ziffer gehören die oberhalb der Reihen stehenden Exponenten.

256. $\frac{n_1(n_1-1)(n_1-2)}{1\cdot 2\cdot 3} + n_1(n_2-1) + n_2$ Komplexionen; Zahlenbeispiel: 18 Komplexionen; sie lauten: $a_1\,a_2\,a_3$

$a_1\,a_2^2,\ a_1\,a_3^2,\ a_1\,a_4^2,\ a_1\,a_5^2$

$a_2\,a_1^2,\ a_2\,a_3^2,\ a_2\,a_4^2,\ a_2\,a_5^2$

$a_3\,a_1^2,\ a_3\,a_2^2,\ a_3\,a_4^2,\ a_3\,a_5^2$

$a_1^3,\ a_2^3,\ a_3^3,\ a_4^3,\ a_5^3$

257. 58 Komplexionen.

258. 32 Verteilungen.

Andeutung. $C^{12}(a_1\,a_2\,a_3^2\,a_4^2\,a_5^3)$. Brauchbare Typen: 11226, 11235, 11244, 12225, 12234, 12333, 22224, 22233.

Auflösung zu No.

259. 1) 1449 Kombinationen; 2) 405 Kombinationen.

260. Auf 116 Arten.

Andeutung. 4 Elemente, die höchstens 9 mal vorkommen können.

261. Auf 3474 Arten.

Andeutung. 9 Elemente, die höchstens 4 mal vorkommen können.

262. 1428 Kombinationen. **263.** Auf 24 Arten.

264. 25032 Zusammenstellungen. Typen: 4443, 44322, 43332, 432222, 33333 333222, 3222222

265. Auf 20 Arten. **266.** Auf 243 Arten. **267.** 359 Kombinationen.

268. 1023 Kombinationen. **269.** 72 Teiler. **270.** 320 Teiler.

---

e) Aufgaben über die Kombinationen zu bestimmten Summen, Seite 170 bis 173.

289. 1)

$111\overline{11}$	1157	1247	1355	2246	2444
$112\overline{10}$	1166	1256	1445	2255	3335
1139	1229	1337	2228	2336	3344
1148	1238	1346	2237	2345	

2)

$111111\overline{10}$	1111246	1112245	1122334
1111129	1111255	1112335	1123333
1111138	1111336	1112344	1222225
1111147	1111345	1113334	1222234
1111156	1111444	1122226	1222333
1111228	1112227	1122235	2222224
1111237	1112236	1122244	2222233

290. $\underset{s=8}{{}^{w}C^{2}} + \underset{s=5}{{}^{w}C^{2}} + \underset{s=4}{{}^{w}C^{2}} + \underset{s=3}{{}^{w}C^{2}} + \underset{s=2}{{}^{w}C^{2}}$ **291.** $\underset{s=50}{{}^{w}C^{25}}$

292. 10 Komplexionen. **293.** Auf 184 Arten. **294.** Auf 6 Arten.

295. 1) $\underset{s=14}{{}^{w}C^{5}} - \left(\underset{s=4}{{}^{w}C^{4}} + \underset{s=5}{{}^{w}C^{4}} + \underset{s=6}{{}^{w}C^{4}} + \underset{s=7}{{}^{w}C^{4}}\right) = 13$ 2) Auf 8 Arten.

296. $\underset{s=25}{{}^{w}C^{4}} - \left(\underset{s=3}{{}^{w}C^{3}} + \cdots + \underset{s=8}{{}^{w}C^{3}}\right) = 92$ Arten. **297.** Auf 192 Arten.

298. $\underset{s=51}{{}^{w}C^{4}_{4'}}(3, 6, \cdots) = 39$ Arten. **299.** Auf 10 Arten.

300. Auf 1995 Arten, wenn es gleichgültig ist, ob eine Ziffer aus Urne I oder II, aus III oder IV gezogen wird; hingegen auf 6510 Arten, wenn diese Fälle unterschieden werden.

Andeutung. Man berücksichtige die Gleichung (*) in Frage 97.

301.

$123456\overline{12}$	1234689
$123457\overline{11}$	1235679
$123458\overline{10}$	1245678
$123467\overline{10}$	

302. 1) 72; 2) 0

303. 1) $\underset{s=23}{C^{3}} + \underset{s=19}{C^{3}} + \underset{s=15}{C^{3}} + \underset{s=11}{C^{3}} + \underset{s=7}{C^{3}}$ 2) $\underset{s=5n}{C^{n-1}} + \underset{s=4n}{C^{n-1}} + \underset{s=3n}{C^{n-1}} + \cdots$

Die Reihe bricht ab, wenn $s < \frac{1}{2} n (n-1)$ werden würde, weil die niedrigste Komplexion $(n-1)$ter Klasse diese Summe hat. Die Aufgabe ist überhaupt nur möglich, wenn:

$$6n > \frac{n(n+1)}{2}, \text{ also } n < 11$$

Auflösung zu No.

304. $\underset{s=28}{C^4}$; der kleinste Wert von s ist $= 6$. **305.** 30 Kombinationen.

306. $\underset{s=60}{C^4} - \left(\underset{s=6}{C^3} + \underset{s=7}{C^3} + \underset{s=8}{C^3} + \underset{s=9}{C^3}\right) = 1147$

307. $\sum_{m=1}^{m_2=11} \sum_{m=1}^{m_1=14} \sum_{m=1}^{m=18} \left[\frac{55 - 3m - 4m_1 - 5m_2}{2}\right] = 1898$

308. $\sum_{m_1=1}^{m_1=22} \sum_{m=1}^{m=30} \left[\frac{90 - 3m - 4m_1}{2}\right] = 5636$

---

f) Aufgaben über die Variationen ohne Wiederholung, Seite 202 bis 206.

342.

4123	4152	4231	4312	4351	4521
4125	4153	4235	4315	4352	4423
4132	4213	4251	4321	4512	4531
4135	4215	4253	4325	4513	4532

343. 1) $(n+m)(n+m-1)(n+m-2)\cdots(n+1)$;
2) $(n+m)(n+m-1)\cdots(2m+1)$; 3) $(2n-1)(2n-2)\cdots(n-1)$

344. 1) $\frac{(n+m)!}{n!}$; 2) $\frac{(n+m)!}{(2m)!}$; 3) $\frac{(2n-1)!}{(n-2)!}$

345. $(V_{10}^1 - V_9^0) + (V_{10}^2 - V_9^1) + \cdots + (V_{10}^{10} - V_9^9) = 8877690$

346. 14400 Komplexionen. **347.** 1) 13320 Komplexionen; 2) 90000 Komplexionen.

348. In 166320 Verbindungen.

349. $V_{2n-1}^{n+1} \cdot \frac{n+1}{n-1} + V_{2n-2}^{n+1} \cdot \frac{n+1}{n-2} + \cdots + V_{n+2}^{n+1} \cdot \frac{n+1}{2} + V_{n+1}^{n+1} \cdot (n+2)$

350. $2V_9^6 + 3V_9^5 + 4V_9^4 + 5V_9^3 + 6V_9^2 + 7V_9^1 + 8V_9^0 + 1$

351. $n(n-1)\cdots 3\cdot 2 - 1$ oder auch $V_n^{n-1} - 1$

352. 1) $n! = 3\cdot 4\cdot 5\cdot n + 2\cdot 4\cdot 5\cdots n + 3\cdot 5\cdot 6\cdots n + 4\cdot 6\cdot 7\cdots n + \cdots + (n-2)n + n$;
2) $10! = 3\cdot 4\cdots 10 + 2\cdot 4\cdot 5\cdots 10 + 3\cdot 5\cdot 6\cdots 10 + 4\cdot 6\cdot 7\cdots 10 + 5\cdot 7\cdot 8\cdot 9\cdot 10$
$+ 6\cdot 8\cdot 9\cdot 10 + 7\cdot 9\cdot 10 + 8\cdot 10 + 10$

353. Die 39571. Komplexion. **354.** Grün-violett-gelb-schwarz-dunkelblau.

355. Die 2019. Variation. **356.** „RHEIN".

357. In der gegebenen Ordnung kommt schwarz-rot 180 mal vor; schwarz-weiss-rot (in dieser Ordnung) 10 mal.

358.

$a_1a_2b_3b_4b_5$	$a_1a_3b_2b_4b_5$	$a_2a_1b_3b_4b_5$	$a_2a_3b_1b_4b_5$	$a_3a_1b_2b_4b_5$	$a_3a_2b_1b_4b_5$
$a_1a_2b_3b_5b_4$	$a_1a_3b_2b_5b_4$	$a_2a_1b_3b_5b_4$	$a_2a_3b_1b_5b_4$	$a_3a_1b_2b_5b_4$	$a_3a_2b_3b_5b_4$
$a_1a_2b_4b_3b_5$	$a_1a_3b_4b_2b_5$	$a_2a_1b_4b_3b_5$	$a_3a_3b_4b_1b_5$	$a_3a_1b_4b_2b_5$	$a_3a_2b_4b_1b_5$
$a_1a_2b_4b_5b_3$	$a_1a_3b_4b_5b_2$	$a_2a_1b_4b_5b_3$	$a_2a_3b_4b_5b_1$	$a_3a_1b_4b_5b_2$	$a_3a_2b_4b_5b_1$
$a_1a_2b_5b_3b_4$	$a_1a_3b_5b_2b_4$	$a_2a_1b_5b_3b_4$	$a_2a_3b_5b_1b_4$	$a_3a_1b_5b_2b_4$	$a_3a_2b_5b_1b_4$
$a_1a_2b_5b_4b_3$	$a_1a_3b_5b_4b_2$	$a_2a_1b_5b_4b_3$	$a_2a_3b_5b_4b_1$	$a_3a_1b_5b_4b_2$	$a_3a_2b_5b_4b_1$

359. 1) 240 Komplexionen; 2) 0 Komplexionen.

360. $V(a_1a_2a_3;\ b_1b_2b_3b_4;\ c_1c_2c_3c_4)_{1,1,1} = 18$. **361.** Auf 40320 Arten.

362. 1) 72 oder 2160 Komplexionen; letztere Zahl, wenn die Elemente gleicher Reihen ihre Stellen vertauschen; 2) $\frac{n!}{(n-m)!} \cdot \frac{m!}{(2m-n)!}$ oder $\frac{(n!)^2}{(2m-n)!\,[(n-m)!]^2}$ in denselben Fällen; Bedingung der Möglichkeit $n > m \geqq \frac{n}{2}$

Auflösung zu No.

363. 1) In 3240 Variationen; 2) in 2160 Variationen.

364. 1) In 4320 Variationen; 2) in 3240 Variationen.

365. Auf 20160 Arten. Kann jede Figur in derselben Querreihe auf alle Felder rücken, so ist die Anzahl noch mit 6^8 zu multiplizieren.

366. 30240 Wochen (oder nahezu 580 Jahre). Die schliesslich verbrauchte Summe beträgt 302400 ℳ. **367.** 3528000 Wörter. **368.** 3639 absolute Variationen.

369. 1) 6824 Variationen; 2) 21 Variationen; 3) 20 Variationen.

370. 478716930 Vertauschungen. Zur Berechnung der Grössen ${}^aP$ verwendet man am kürzesten die rekurrierende Formel in Erkl. 40, ausgehend von ${}^aP_5 = 44$.

---

g) Aufgaben über die Variationen mit Wiederholung, Seite 254 bis 460.

424.

3111	3131	3211	3231	3311	3331	3411	3431
3112	3132	3212	3232	3312	3332	3412	3432
3113	3133	3213	3233	3313	3333	3413	3433
3114	3134	3214	3234	3314	3334	3414	3434
3121	3141	3221	3241	3321	3341	3421	3441
3122	3142	3222	3242	3322	3342	3422	3442
3123	3143	3223	3243	3323	3343	3423	3443
3124	3144	3224	3244	3324	3344	3424	3444

425. 1) $\frac{n(n^k - 1)}{n - 1}$; 2) $4^4 \frac{4^5 - 1}{4 - 1} = 256 \cdot \frac{1023}{3} = 87296$

426. „ALFRED". **427.** Die 170795. Komplexion. **428.** 1830 Komplexionen.

429. 14977 Komplexionen. **430.** 590 Komplexionen.

431. 1) 81; 2) 2058 Komplexionen. **432.** 1) 1296; 2) 720; 3) 72; 4) 180.

433. Anzahl der Besetzungen 256; Typen: 4, 31, 22, 211, 1111; entsprechende Komplexionszahlen: 4, 48, 36, 144, 24. **434.** 507872.

435. 1) eine Normalstelle: 12924; 2) zwei Normalstellen: 5022; 3) drei Normalstellen: 972.

436. 1) 2187; 2) 630; 3) 210. **437.** 12474656 Lagen.

438.

$a_1 b_1 b_1 b_1 c_1 c_1$	$a_1 b_1 b_2 b_1 c_1 c_1$	$a_1 b_2 b_1 b_1 c_1 c_1$	$a_1 b_2 b_2 b_1 c_1 c_1$
$a_1 b_1 b_1 b_1 c_1 c_2$	$a_1 b_1 b_2 b_1 c_1 c_2$	$a_1 b_2 b_1 b_1 c_1 c_2$	$a_2 b_2 b_2 b_1 c_1 c_2$
$a_1 b_1 b_1 b_1 c_2 c_1$	$a_1 b_1 b_2 b_1 c_2 c_1$	$a_1 b_2 b_1 b_1 c_2 c_1$	$a_1 b_2 b_2 b_1 c_2 c_1$
$a_1 b_1 b_1 b_1 c_2 c_2$	$a_1 b_1 b_2 b_1 c_2 c_2$	$a_1 b_2 b_1 b_1 c_2 c_2$	$a_1 b_2 b_2 b_1 c_2 c_2$
$a_1 b_1 b_1 b_2 c_1 c_1$	$a_1 b_1 b_2 b_2 c_1 e_1$	$a_1 b_3 b_1 b_2 c_1 c_1$	$a_1 b_2 b_2 b_2 c_1 c_1$
$a_1 b_1 b_1 b_2 c_1 c_2$	$a_1 b_1 b_2 b_2 c_1 c_2$	$a_1 b_2 b_1 b_2 c_1 c_2$	$a_1 b_2 b_2 b_2 c_1 c_2$
$a_1 b_1 b_1 b_2 c_2 c_1$	$a_1 b_1 b_2 b_2 c_2 c_1$	$a_1 b_2 b_1 b_2 c_2 c_1$	$a_1 b_2 b_2 b_2 c_2 c_1$
$a_1 b_1 b_1 b_2 c_2 c_2$	$a_1 b_1 b_2 b_2 c_2 c_2$	$a_1 b_2 b_1 b_2 c_2 c_2$	$a_1 b_2 b_2 b_2 c_2 c_2$

Hierzu kommen noch 32 Komplexionen, die sich von dem angeschriebenen nur durch das Element a_2 statt a_1 unterscheiden.

439. 1) 288 Komplexionen; 2) 25515 Komplexionen.

440. 1) 281250 Zahlen; 2) 203125 Zahlen; 3) 78125 Zahlen.

441. 21 Glieder: $a_1^5 + 5a_1^4 a_2 + 5a_1^4 a_3 + 10a_1^3 a_2^2 + 20a_1^3 a_2 a_3 + 10a_1^3 a_2^2 + 10a_1^2 a_2^3$
$+ 30a_1^2 a_2^2 a_3 + 30a_1^2 a_2 a_3^2 + 10a_1^2 a_3^3 + 5a_1 a_2^4 + 20a_1 a_2^3 a_3$
$+ 30a_1 a_2^2 a_3^2 + 20a_1 a_2 a_3^3 + 5a_1 a_3^4 + a_2^5 + 5a_2^4 a_3 + 10a_2^3 a_3^2$
$+ 10a_2^2 a_3^3 + 5a_2 a_3^4 + a_3^5$

442. $a^{11} + 11a^{10}b + 55a^9b^2 + 165a^8b^3 + 330a^7b^4 + 462a^6b^5 + 462a^5b^6 + 330a^4b^7$
$+ 165a^3b^8 + 55a^2b^9 + 11ab^{10} + b^{11}$

443. 540 Komplexionen. **444.** 19958400 Variationen.

445. 1) 1800 mal; 2) 300 mal. **446.** 1656 mal.

Auflösung zu No.

447. 676 Variationen. **448.** 77976 Zahlen.

449. 7525 Glieder, darunter wirklich verschieden 165 Glieder.

450. 9800 Glieder, darunter wirklich verschieden 135 Glieder.

451. 540 Glieder, darunter wirklich verschieden 24 Glieder.

452. 2187 Wörter. **453.** Ebenfalls in 2187 Fällen.

454. 1) 9; 2) 2511; 3) 58320; 4) 294840; 5) 408240; 6) 136080

455. 1) 179625600 Zahlen; 2) Typen: $\overline{10}1$, 92, 83, 74, 65; entsprechende Zahlen: 891, 4455, 13365, 26730, 37422

456. 83607552 mal.

457.

$a_1a_2a_3a_4$	$a_1a_2a_5a_3$	$a_1a_3a_4a_2$	$a_2a_1a_3a_4$	$a_2a_1a_5a_3$	$a_2a_3a_4a_1$
$a_1a_2a_3a_5$	$a_1a_2a_5a_4$	$a_1a_3a_4a_5$	$a_2a_1a_3a_5$	$a_2a_1a_5a_4$	$a_2a_3a_4a_5$
$a_1a_2a_4a_3$	$a_1a_3a_2a_4$	$a_1a_3a_5a_2$	$a_2a_1a_4a_3$	$a_2a_3a_1a_4$	$a_2a_3a_5a_1$
$a_1a_2a_4a_5$	$a_1a_3a_2a_5$	$a_1a_3a_5a_4$	$a_2a_1a_4a_5$	$a_2a_3a_1a_5$	$a_2a_3a_5a_4$

458.

aaa	*abc*	*baa*	*bbc*	*caa*	*cbc*
aab	*abd*	*bab*	*bbd*	*cab*	*cbd*
aac	*aca*	*bac*	*bca*	*cac*	*cca*
aad	*acb*	*bad*	*bcb*	*cad*	*ccb*
aba	*acc*	*bba*	*bcc*	*cba*	*ccc*
abb	*acd*	*bbb*	*bcd*	*cbb*	*ccd*

459. 1) ohne Wiederholung: 180; 2) mit Wiederholung: 864 Variationen.

460. 264 Variationen.

461. $n_1[4(n_2-1)(n_3-n_2)(n_4-3)+3(n_2-1)(n_3-2)(n_5-3)$
$+2(n_2-1)(n_4-2)(n_5-3)+(n_3-1)(n_4-2)(n_5-3)]$

462. 810 Zahlen. **463.** 1) 168 mal; 2) 96 mal.

464.

abcde	*acbde*	*adbce*	*bacde*	*bcade*	*bdace*	*cabde*	*cbade*	*cdabe*
abced	*acbed*	*adbec*	*baced*	*bcaed*	*bdaec*	*cabed*	*cbaed*	*cdaeb*
abdce	*acdbe*	*adcbe*	*badce*	*bcdae*	*bdcae*	*cadbe*	*cbdae*	*cdbae*
abdec	*acdeb*	*adceb*	*badec*	*bcdea*	*bdcea*	*cadeb*	*cbdea*	*cdbea*
abecd	*acebd*	*adebc*	*baecd*	*bcead*	*bdeac*	*caebd*	*cbead*	*cdeab*
abedc	*acedb*	*adecb*	*baedc*	*bceda*	*bdeca*	*caedb*	*cbeda*	*cdeba*

465. 2419200 Permutationen. **466.** 36 Arten.

467. 3780 Anordnungen. **468.** 2631600 Anordnungen.

---

h) Aufgaben über Variationen zu bestimmten Summen, Seite 286 bis 288.

489.

1117	1261	1531	2233	2611	3331	4321
1126	1315	1612	2242	3115	3412	4411
1135	1324	1621	2251	3124	3421	5113
1144	1333	1711	2314	3133	3511	5122
1153	1342	2116	2323	3142	4114	5131
1162	1351	2125	2332	3151	4123	5212
1171	1414	2134	2341	3214	4132	5221
1216	1423	2143	2413	3223	4141	5311
1225	1432	2152	2422	3232	4213	6112
1234	1441	2161	2431	3241	4222	6121
1243	1513	2215	2512	3313	4231	6211
1252	1522	2224	2521	3322	4312	7111

490. $\underset{s=19}{{}^{w}V^5}+\underset{s=18}{{}^{w}V^3}+\underset{s=15}{{}^{w}V^5}+\cdots+\underset{s=5}{{}^{w}V^5}$

491. 1) 134596 Variationen; 2) $\frac{(n+1)(n+2)\cdots(n+k-1)}{1\cdot 2\cdots(k-1)}$ Variationen.

Auflösung zu No.

492. 20349 Variationen. **493.** 126 Würfe. **494.** In 57155 Fällen.

495. In 9880 Fällen.

496. Anzahl der nötigen Elemente = 15; Anzahl der Variationen = 680.

497. 24822 Variationen.

498. A hat 140, B 540 günstige Fälle; Gesamtzahl aller Fälle für A: 196, für B: 7776 Würfe. A hat günstigere Aussicht auf Gewinn.

499. A hat 21162, B ebenso viele günstige Fälle. **500.** 73 Zahlen.

501. 930 Variationen. **502.** 207 Fälle. **503.** 1728 Variationen, 21 Elemente.

504. 240 Variationen. **505.** 792 Variationen.

506. Auf 312 Arten; ausgeschlossen werden 48 Variationen.

Druckfehler-Berichtigungen.

Seite 45, Aufgabe 42, Auflösung, lies überall P_5 statt P_6, also sind alle Resultate durch 6 zu dividieren.
„ 54, rechts, Zeile 2 von oben, lies 29 statt 28.
„ 54, „ „ 6 „ „ „ 28 „ 12.
„ 54, „ „ 7 „ „ „ 29 „ 28.
„ 55, Aufgabe 85, lies „mit bc“ statt „mit be“.
„ 56, rechts, Zeile 1 von unten lies Aufgabe 48 statt 46.
„ 64, rechts, Zeile 15 von oben lies C_{n-3}^{k-2} statt C_{n-2}^{k-2}.
„ 64, Frage 50a, links, lies $C_m^{k-1} C_n^1$ statt $C_m^{k-2} C_n^1$.
„ 82, rechts, Zeile 4 von oben lies Frage 53 statt 52.
„ 94, links, Zeile 7 von oben lies $2m+1$ statt $2m-1$.
„ 98, Aufgabe 146, 3) lies $a_7 a_8 a_9 a_{10}$ statt $a_7 a_{10}$.
„ 102, rechts, Zeile 4 von oben lies Aufgabe 32 statt 130.
„ 102, „ „ 5 „ „ „ „ 130 „ 131.
„ 102, „ „ 6 „ „ „ „ 131 „ 132.
„ 102, „ „ 1 „ unten „ „ 132 „ 133.
„ 103, „ „ 1 „ oben „ „ 133 „ 134.
„ 103, „ „ 2 „ „ „ „ 133 und 134 statt 134 und 134a.
„ 103, links, „ 4 „ unten „ „ 5; 8) statt 5; 5).
„ 104, rechts, „ 1 „ oben „ „ 136 statt 142.
„ 129, „ „ 12 „ „ „ „ ${}^wC_{n+1}^{n-1}$ statt ${}^wC_n^n$.
„ 132, links, Aufgabe 198 lies ${}^wC^5$ statt ${}^wC^4$.
„ 137, rechts, Zeile 13 von oben lies $n_3(n_1-1)$ statt $n_3(n_2-1)$.
„ 137, Aufgabe 209, links, streiche „nur“.
„ 142, Aufgabe 220, links, lies „einer“ statt „jeder“.
„ 146, Aufgabe 240, links, lies „8 einmal“ statt „8 zweimal“.
„ 171, Aufgabe 298, lies 51 statt 52.
„ 172, links, Zeile 5 von oben ergänze: „in ganzen Zahlen“.
„ 200, links, Aufgabe 231, lies „Stellen“ statt „Rollen“.
„ 201, rechts, Zeile 7 von oben lies $C_{15}^3 \cdot C_{10}^2 \cdot V_5^5$ statt $C_{11}^3 \cdot C_{10}^2 \cdot C_5^5$.
„ 204, links, Aufgabe 356, lies 6147 statt 6143.
„ 225, rechts, Zeile 12 von oben, lies Frage 170 statt 161.

Spotted something that isn't quite right?

Let us know and we'll fix it for future reprints.
And as a thank you for your diligence, we'll
send you a free Sothis book of your choice.

publisher@sothis.press

This page intentionally left blank

Made in United States
Cleveland, OH
05 November 2026

47772346R00227